백대명산 묵언수행

묵언수행

청송(青松) 장종표

글쓴이 장종표

경남 창녕 출신으로 부산고등학교와 부산대학교를 졸업하고 삼성그룹 공채로 입사하여 제일모직주식회사 기획실, 마케팅실, 아이비클럽팀 등 주요 부서장을 역임하였다.

이후 2002년부터 (주)패션캠프를 설립하여 성공적으로 운영하다 2020년 1월 말부터는 상호를 (주)청송재로 바꾸어 출판문화사업에 전념하고 있다.

 백대명산 묵언수행

초 판 | **2019년 6월 1일**
개정판 | **2020년 5월 1일**
지은이 | 장종표
펴낸이 | 장종표
펴낸곳 | (주)청송재

신고번호 | 제 **2020-000023** 호
신고일자 | **2020년 2월 11일**
주 소 | 서울시 송파구 송파대로 **201** 송파 테라타워**2** B동 **1620**호
전 화 | **(02) 881-5761**
팩 스 | **(02) 881-5764**
인 쇄 | 대한기획인쇄 **(02)754-0765**

값 **29,000**원

ISBN **979-11-970125-0-1** 03980

백대명산 묵언수행

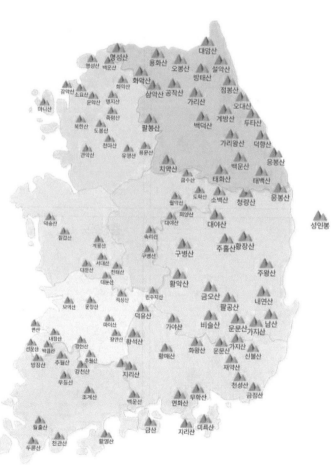

산림청 선정 백대명산 도별 위치도

서울특별시/경기도

명성산 백운산
화악산
감악산 소요산
운악산 명지산
마니산 북한산 축령산
도봉산
천마산
관악산 유명산 용문산

강원도

명성산 웅화산 대암산
오봉산 설악산
화악산 방태산
삼악산 공작산 점봉산
가리산 오대산
계방산 두타산
팔봉산 백덕산
가리왕산 덕항산
응봉산
치악산 백운산
태화산 태백산

충청남도

덕숭산
칠갑산
계룡산
서대산
대둔산 천태산
민주지산

충청북도

금수산 태화산
도락산 소백산
월악산
희양산
대야산
속리산
구병산
서대산
천태산
민주지산

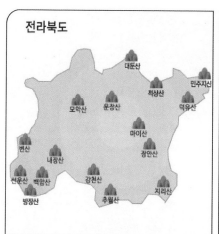

전라북도

대둔산
적상산
민주지산
모악산 운장산 덕유산
마이산
변산 내장산 장안산
선운산 백암산 강천산 지리산
방장산 추월산

경상북도

소백산 청량산 응봉산
회양산 성인봉
속리산 대야산
주흘산 황장산
구병산
주왕산
황악산 금오산 내연산
민주지산 팔공산 남산
가야산 비슬산 운문산 가지산

전라남도

백암산
방장산 추월산
강천산 지리산
무등산 백운산
깃대봉 월출산 조계산 팔영산
두륜산 천관산
제주도 한라산

경상남도

덕유산
가야산 가지산
황석산 황매산 화왕산 운문산 신불산
지리산 재약산 천성산
연화산 금정산
무학산
금산 지리산 미륵산

차례

🖋 청송의 백대명산 묵언수행 일지(날짜 순)

회차	수행 날짜	요일	산 이름	최고봉	높이m	소재지	쪽
1	2013.10.27	일	치악산(雉岳山)	비로봉	1,288	원주, 횡성	042
2	2014.04.20	월	북한산(北漢山)	백운대	837	서울 강북, 고양	044
3	2015.04.12	일	민주지산(岷周之山)	–	1,242	영동, 무주, 김천	047
4	2016.03.26	토	오봉산(五峯山)	–	779	춘천, 화천	050
5	2016.01.21	목	화왕산(火旺山)	–	757	창녕	053
6	2016.09.20	화	설악산(雪嶽山)1	대청봉	1,708	속초, 인제, 양양	058
7	2016.09.24	토	오대산(五臺山)	비로봉	1,563	강릉, 평창, 홍천	066
8	2016.10.01	토	태백산(太白山)	장군봉	1,567	태백, 영월, 봉화	070
9	2016.10.06	목	소백산(小白山)	비로봉	1,439	단양, 영주	076
10	2016.10.16	일	월악산(月岳山)	영봉	1,094	제천, 충주, 단양	082
11	2016.10.22	토	속리산(俗離山)	천왕봉	1,057	보은, 괴산, 상주	086
12	2016.10.26	수	덕유산(德裕山)	향적봉	1,614	무주, 장수, 거창	090
13	2016.10.29	토	계룡산(鷄龍山)1	천황봉	845	대전, 공주, 논산	097
14	2016.11.06	일	지리산(智異山)	천왕봉	1,915	구례, 산청, 하동	103
15	2016.11.12	토	주왕산(周王山)	주봉	721	청송	113
16	2016.11.18	금	내장산(內藏山)	신선봉	763	정읍, 순창, 장수	120
17	2016.11.19	토	무등산(無等山)	천왕봉	1,187	광주, 화순, 담양	124
18	2016.11.26	토	월출산(月出山)	천황봉	809	영암, 강진	130
19	2016.12.10	토	가야산(伽倻山)	우두봉	1,430	성주, 거창, 합천	137
20	2017.02.18	토	가리산(加里山)	–	1,051	춘천, 홍천	141
21	2017.02.26	일	도봉산(道峯山)	자운봉	740	서울, 양주, 의정부	145
22	2017.03.01	수	백운산(白雲山)	–	883	정선, 평창, 원주	149
23	2017.03.12	일	천마산(天摩山)	–	812	남양주	152
24	2017.03.19	일	관악산(冠岳山)	연주대	629	서울, 안양, 과천	157
25	2017.03.24	금	금정산(金井山)	고당봉	802	부산, 양산	160
26	2017.03.25	토	가지산(加智山)	–	1,240	울주, 청도, 밀양	166
27	2017.04.02	일	두륜산(頭輪山)	가련봉	703	해남	173
28	2017.04.09	일	한라산(漢拏山)1	–	1,950	제주	181
29	2017.04.15	토	용문산(龍門山)	가섭봉	1,157	양평	188
30	2017.05.05	금	감악산(紺岳山)	–	675	파주, 양주, 포천	197
31	2017.05.07	일	소요산(逍遙山)	의상대	559	동두천, 포천	201
32	2017.05.13	토	명지산(明智山)	–	923	가평, 포천	205

회차	수행 날짜	요일	산 이름	최고봉	높이m	소재지	쪽
33	2017.05.20	토	백운산(白雲山)	–	904	포천, 화천	211
34	2017.05.27	토	칠갑산(七甲山)	–	561	청양	218
35	2017.05.28	일	덕숭산(德崇山)	–	495	예산	222
36	2017.06.03	토	주흘산(主屹山)	영봉	1,106	문경	230
37	2017.06.04	일	황장산(黃腸山)	–	1,077	문경	236
38	2017.06.10	일	마니산(摩尼山)	–	472	강화	241
39	2017.06.17	토	화악산(華岳山)	중봉	1,468	가평, 화천	247
40	2017.06.24	토	가리왕산(加里旺山)	망운대	1,561	정선, 평창	252
41	2017.06.25	일	대암산(大岩山)	–	1,310	양구, 인제	259
42	2017.07.01	토	삼악산(三岳山)	용화봉	654	춘천	263
43	2017.07.15	토	천관산(天冠山)	연대봉	723	장흥	268
44	2017.07.16	일	팔영산(八影山)	깃대봉	609	고흥	274
45	2017.07.22	토	도락산(道樂山)	–	964	단양	279
46	2017.07.29	토	용화산(龍華山)	–	875	화천	282
47	2017.07.30	일	금수산(錦繡山)	–	1,016	제천, 단양	286
48	2017.08.06	일	금산(錦山)	망대	681	남해	292
49	2017.08.13	일	공작산(孔雀山)	–	887	홍천	296
특별	2017.08.23	수	한라산(漢拏山)2	–	1,950	제주	302
50	2017.09.16	토	대둔산(大芚山)	마천대	878	금산, 논산, 완주	309
51	2017.09.17	일	서대산(西大山)	–	904	금산	314
52	2017.10.05	목	계방산(桂芳山)	–	1,577	평창, 홍천	318
53	2017.10.08	일	백덕산(白德山)	–	1,350	평창, 영월	322
54	2017.10.15	일	천태산(天台山)	–	715	영동, 금산	327
55	2017.10.21	토	방태산(芳台山)	주억봉	1,444	인제, 홍천	333
56	2017.11.05	일	구병산(九屛山)	–	876	보은, 상주	341
57	2017.11.11	토	조계산(曹溪山)	장군봉	884	순천	347
58	2017.11.12	일	백운산(白雲山)	상봉	1,218	광양	355
59	2017.11.19	일	태화산(太華山)	–	1,027	영월, 단양	360
60	2017.12.02	토	팔공산(八公山)	비로봉	1,193	대구, 칠곡, 군위	365
61	2017.12.31	일	대야산(大野山)	–	931	괴산, 문경	371
62	2018.01.06	토	선운산(禪雲山)	수리봉	336	고창	377
63	2018.01.13	토	연화산(蓮華山)	–	524	고성	383
64	2018.01.14	일	지리망산(智異望山)	달바위	398	통영 사량도	389
65	2018.01.20	토	청량산(淸凉山)	장인봉	870	안동, 봉화	394
66	2018.01.21	일	희양산(曦陽山)	–	999	괴산, 문경	402
특별	2018.02.03	토	북한산(北漢山)2	백운대	837	서울 강북, 고양	413

회차	수행 날짜	요일	산 이름	최고봉	높이m	소재지	쪽
67	2018.02.10	토	황악산(黃嶽山)	–	1,111	영동, 김천	422
68	2018.02.11	일	금오산(金烏山)	현월봉	977	구미, 김천, 칠곡	429
69	2018.03.01	목	적상산(赤裳山)	향로봉	1,024	무주	435
70	2018.03.10	토	운장산(雲長山)	운장대	1,126	완주, 진안	443
71	2018.03.17	토	덕항산(德項山)	–	1,071	삼척, 태백	449
72	2018.03.31	토	응봉산(鷹峯山)	–	999	삼척, 울진	455
73	2018.04.01	일	두타산(頭陀山)	–	1,353	동해, 삼척	460
74	2018.04.15	토	비슬산(琵瑟山)	천왕봉	1,084	달성, 청도	473
75	2018.04.28	토	강천산(剛天山)	왕자봉	584	순창, 담양	480
76	2018.04.29	일	추월산(秋月山)	–	731	순창, 담양	486
77	2018.05.05	토	미륵산(彌勒山)	–	461	통영	492
78	2018.05.07	월	황매산(黃梅山)	황매봉	1,108	합천, 산청	499
79	2018.05.12	토	방장산(方丈山)	–	743	정읍, 장성	503
80	2018.05.13	일	백암산(白巖山)	상왕봉	741	순창, 장성	511
81	2018.05.19	토	남산(南山)	금오산	468	경주	521
82	2018.05.21	월	운문산(雲門山)	–	1,188	청도, 밀양	530
83	2018.06.06	수	운악산(雲岳山)	비로봉	938	가평, 포천	539
84	2018.06.09	토	축령산(祝靈山)	–	886	남양주, 가평	547
85	2018.06.10	일	유명산(有明山)	–	862	가평, 양평	553
86	2018.06.16	토	마이산(馬耳山)	암마이봉	686	진안	558
87	2018.06.17	일	장안산(長安山)	–	1,237	장수	564
88	2018.06.23	토	명성산(鳴聲山)	–	923	철원, 포천	569
89	2018.07.07	토	모악산(母岳山)	–	794	전주, 김제, 완주	574
90	2018.07.08	일	변산(邊山)	의상봉	508	부안	580
특별	2018.08.12	일	설악산(雪嶽山)2	대청봉	1,708	속초, 인제, 양양	588
91	2018.08.15	수	팔봉산(八峯山)	2봉	327	홍천	600
92	2018.08.24	금	내연산(內延山)	삼지봉	711	포항, 영덕	606
93	2018.09.02	일	점봉산(點鳳山)	–	1,424	인제, 양양	624
특별	2018.9.8.~9	토,일	영남알프스	–	–	밀양, 울주, 양산	636
94	2018.09.08	토	재약산(載藥山)	사자봉	1,189	밀양, 울주	639
95	2018.09.09	일	신불산(神佛山)	–	1,208	울주, 양산	648
96	2018.09.16	일	천성산(天聖山)	원효봉	922	양산	660
97	2018.09.17	월	무학산(舞鶴山)	–	764	창원	668
98	2018.09.26	수	황석산(黃石山)	–	1,192	함양, 거창	678
99	2018.10.14	일	성인봉(聖人峯)	–	987	울릉도	689
100	2018.12.01	토	깃대봉	–	365	홍도	701

🖋 개정판을 내면서

저의 졸저拙著『백폭 진경산수화 속 주인공되다(부제: 청송靑松의 백대명산 묵언수행기)』를 출간 한지도 벌써 9여 개월이 훌쩍 지났다. 비록 초판初版에서 많은 부수를 출간한 것은 아니었지만, 이제 시중에서 구하기 힘들 정도가 되어가고 있음을 파악하였다. 비록 보잘것없는 내용의 책이지만 독자들의 관심關心과 성원聲援에 힘입은 바라고 말씀드리지 않을 수 없다.

이에 저자는 그동안 독자들이 보내주신 여러 좋은 의견을 참고하여 좀 더 알찬 책을 만드는 것이 독자들의 관심과 성원에 보답하는 길이라는 생각으로 개정판改訂版을 내기로 하였다.

개정판의 주요 내용은 책의 제목『백폭 진경산수화 속 주인공되다』가 너무 추상적이고 관념적이란 독자들의 의견을 수렴하여『백대명산 묵언수행』으로 고치기로 하였고, 초판에서 발생한 오·탈자 교정은 물론, 사진의 배열과 가독성을 높일 수 있도록 내용과 편집을 수정·보완하는 작업을 거듭하였다. 무엇보다도 초판에서 상·하권으로 분리되어 있던 책을 한 권으로 묶는 작업도 병행하였다. 이렇게 하다 보니 책이 많이 두꺼워졌다. 그러나 100대 명산이 두 권에 흩어져 있는 것보다 한 권에 모여 있는 편이 나을 것이며, 독자들의 부담을 조금이라도 줄이는 길이라 생각하여 과감하게 그런 결단을 내리게 되었다.

마지막으로 이 책의 개정판을 위해 노고를 아끼지 않은 도남아카데미 최원호 사장과 ㈜청송재에서『백대명산 묵언수행』개정판을 출간할 수 있도록 선뜻 허용해 주신 도서출판 정음서원 박상영 대표에게 감사드린다.

2020년 4월
청송재에서 저자 씀

추천의 글

한왕용 / 산악인

전문 산악인으로 살아온 나는 종종 사람들로부터 "왜 산에 오르는가?"라는 질문을 자주 받곤 한다. 그때마다 대답은 한결같다. "좋아서요."라는 단순 명쾌한 한마디다. 산이 좋은 이유는 셀 수 없을 정도로 많다. 개인적으로 산이 일러주는 수 많은 교훈 중에 특별한 것은 마음을 비우라는 가르침이다. 산에 들어서면 욕심과 고민이 없어진다. 내가 세계의 지붕으로 일컫는 에베레스트 산맥의 8,000m 이상의 고봉 14좌를 완등할 수 있었던 것은 이러한 비움의 힘에서 나왔다고 해도 과언이 아니다.

내가 저자인 청송(靑松)을 만난 건, 히말라야 칼라파타르 및 EBC(에베레스트 베이스 캠프) 트레킹에서다. 함께 고난의 트레킹을 하면서 나의 눈에 마치 수행승처럼 묵묵히 걷는 그의 모습이 나에게 범상치 않아 보였다. 나에게 조곤조곤 들려주는 그에 관한 이야기는 잔잔한 감동을 불러일으키기에 충분했다. 청소년기부터 체력이 약해 입시에서 곤란을 당한 이야기, 군생활 중에도 구보만 하면 낙오한 이야기, 게다가 몸에 네 번이나 칼을 대고 몹쓸 병마와 싸운 이야기, 사업의 부진과 멀쩡했던 가족의 의료사고사 등 이루 말할 수 없는 고통과 슬픔이 저자인 청송의 행보를 가로 막고 있었다는 것이다.

보통 사람 같으면 너무도 힘든 삶에 방향을 잃고 괴로움의 늪에서 허우적거리기만 했을 것이다. 그러나 청송(靑松)은 달랐다. 몸과 마음이 만신창이가 되어갈 무렵 그는 산림청 선정 백대명산 등정이라는 뚜렷한 목표를 세우고 도전한다. 설악을 넘고, 오대를 오르고, 속리산과 한라산을 종주하고, 어느덧 100대명산을 2년 2개월만에 올랐다. 이러는 사이에 저자는 건강을 되찾았을

뿐만 아니라 저자 앞을 가로막고 있던 장애물들이 마치 청명한 햇살에 구름이 사라지듯 말끔히 걷혔다고 말한다. 이 얼마나 감동스러운 이야기인가.

청송이 초판으로 낸 『백폭 진경산수화속 주인공되다』를 읽고 있으면 현실의 복잡한 문제에서 절로 해방된 듯한 기분이 든다. 자연의 숨결에 순응하며 산과 하나된 청송의 수행 경로 속으로 자신도 모르게 푹 빠져들기 때문이다. 그가 들려주는 산행의 감동은 한 폭의 진경산수화가 되기도 하고, 생활 속 정겨운 민화가 되기도 하고, 한 인간의 인물화가 되기도 한다. 풀 한 포기도 허투루 보지않는 그의 섬세한 관찰력과 산마다 계절마다 다른 풍경과 감동을 시·공간을 초월한 유려한 필체로 그려내 독자들에게 전달하는 솜씨는 전문가를 능가한다. 이 책은 시시각각 자연이 그려내는 아름다운 그림을 글과 사진으로 감칠맛 나게 보여주는 뛰어난 수상록이다.

청송은 이제 『백폭 진경산수화 속 주인공되다』란 수상록을 『백대명산 묵언수행』으로 서명書名을 바꾸고 전면 개편하여 세상에 내놓고자 한다. 인생의 여정에는 엄청난 장애물이 가로막혀 있다. 건강이든 사업이든 연애 문제든 간에 말이다. 이런 여러 장애물에 봉착된 분들에게 이 책의 일독一讀을 권한다. 그러면 여러 어려움들이 술술 풀려나가 홀가분해짐을 느낄 것이다.

청송은 국내의 『백대명산 묵언수행』에 이어 히말라야 주요 트레킹 코스에 대한 수행 경험에 대한 수상록도 출간할 계획이라고 한다. 그의 여러 언행을 보아 허언은 아닐 듯하다. 국내의 명산을 너머 해외 트레킹에 대한 수상록 발간의 성공을 기원하면서 추천의 글을 마무리한다.

추천의 글

홍성광 / 문학박사

연전年前에 절친 청송靑松이 산림청 선정 백대명산을 등반하고 있다는 이야기를 들었다. 그것도 주로 혼자 묵언수행하며 산길을 걷는다는 말을 듣고 참 지독한 친구구나 생각했는데 작년에 결국 100개를 넘어섰다고 한다. 남들이 넘볼 수 없는 대단한 일이다. 나이를 생각하면 더욱 값진 쾌거이다. 가끔 청송의 산행기를 읽으면서 내심 책으로 내면 좋겠다고 생각했는데 정말 책으로 묶여져 나온다니 등산과 수행에 좋은 길잡이가 될 것으로 보인다. 2년 2개월이라는 비교적 짧은 시일 내에 멀리 삼척, 울진의 응봉산에서 제주도의 한라산까지 산림청 선정 백대명산을 다 섭렵했다니 그 노력이 가상하다.

그래서 가끔 청송을 만나는 기회에 체력이 무척 좋은 모양이라고 감탄하면 그렇지 않다고 극력 부인하곤 했다. 어릴 때부터 몸이 좋지 않았다고 한다. 기초체력이 부실해서 체력장이나 달리기 등에서 늘 평균 이하였다는데 저런 대단한 일을 달성하다니 나름 인간 승리이다. 한 걸음 한 걸음 발걸음을 옮기면 결국 정상에 오를 수 있다나. 평범하고 단순한 것에 진리가 있는 법이다. 아마 사업이나 신체상의 여러 가지 어려움을 극복하기 위한 집념의 묵언수행이 아니었나 싶다. 게다가 가까운 친지의 의료 사고까지 겹쳐 어려움이 가중되어 견디기 힘들었던 모양이다. 그러니 니체가 말하듯이 이 묵언수행기는 '남에게 이익이 되도록 전달하며 자기 자신의 극복을 알리는 행위'라고 할 수 있겠다.

누구든 유람을 싫어하는 사람이 있겠냐마는 고독한 힘든 산행이라면 이야기가 달라진다. 그야말로 험난한 길이다. 길을 잃거나 산짐승을 만나는 등 각종 위험도 도사리고 있다. 내가 보기에 청송의 명산 등반에는 자기수행과 자기치료의 의미가 담겨 있다. 헤르만 헤세도 <험난한 길>이라는 동화에서 등반을 치료 과정에 비유하여 서술하고 있다. 거기서 끈기 있는 등산 안내인은 정신과 의사의 기능을 한다. 등산의 결과 '나는 해야 한다.'는 생각이 '나는 하려고 한다.'로 바뀌게 된다. 그렇게 자기 주도적으로 생각함으로써 비로소 산을 무난히 오르며, 전에는 불가능하다고 생각한 자유를 얻을 수 있게 된다.

나 역시 여행하며 경치 구경하는 것을 좋아한다고는 하지만 실제로 실행하는 것은 쉽지 않은 일이다. 하물며 체력을 요구하는 등산은 더욱 어려운 일이다. 등산모임에 나도 가끔 참가하기는 하지만 무릎이 부실해 험한 길은 동참하지 못하는 실정이다. 그런데 이 책에는 좋은 경치가 함께 수록되어 있어 직접 산을 오르지 않고도 눈요기로 즐기기에도 안성맞춤이다. 소위 와유臥遊라고 하던가. 집에서 자리에 누워 TV로 명승지를 구경하듯이 백대 명산을 눈으로 감상하며 즐길 수 있으니 나 같은 사람에게 딱 맞는 책이다.

그리고 글쓴이가 글 쓰는 솜씨가 없다고 짐짓 겸손을 떨기는 하지만 막상 읽어보니 전문가 뺨치는 수준이다. 언제 이런 글 솜씨를 길렀던고? 게다가 문자속도 기특하다. 분망하게 사업을 하면서 언제 시간을 내어 이렇게 많은 책들을 읽었던가? 동서양의 고전을 줄줄 꿰고 있는 걸 보니 걸으면서 책과 대화를 나누며 말없이 사유하지 않았나 싶다. 니체도 책상에 앉아서 생각하지 말고 걸으면서 사유하라고 하지 않았던가. 일생을 사유하며 보낸 사람보다 현장을 직접 다녀온 사람이 오히려 더 나은 법이다. 글을 잘 쓴다는 것은 사유를 잘 한다는 뜻이기도 하다. 그러므로 이 묵언수행기는 사유가 응축되어 나왔다는 점에서 독자의 공감을 얻을 수 있겠다. 또한 글이 저자의 인품을 닮아 소박하고 진솔하다는 점도 커다란 장점이라 할 수 있다.

📝 책을 펴내며

2018년 12월 1일, 이날은 결코 잊을 수 없는 날이다. 내가 '대한민국 산림청 선정 백대명산' 묵언수행黙言修行을 2년 2개월여 만에 마무리한 날이어서이다. 늦은 나이에 백대명산 완등이라는 목표를 세우고 마침내 그 목표를 달성했기에 나에게는 뜻이 더 깊은 날이다. 산행을 묵언수행이라는 말로 표현하니 뭔가 의미심장해 보인다. 사실 나는 묵언수행이란 말에 특별한 의미를 부여해 쓰고 있다. 그러나 이 책을 읽는 독자들이나 이 말을 접하는 다른 이들은 묵언수행을 그저 홀로 산행을 다녔다는 뜻으로 받아들여도 무방할 것 같다. 나에게 묵언수행이 주는 의미는 이 책 본문 중에 따로 밝혀 놓았다.

내가 백대명산을 찾게 된 데는 특별한 계기가 있다. 당시는 내가 영위하던 사업이 여러 가지 이유로 고전을 면치 못하고 있을 때였다. 사업을 시작한 이래 처음으로 2년 연속 적자를 기록해 고통을 당하고 있던 즈음인 2016년 6월 28일, 나는 부산에 사는 제수씨가 건강검진차 수면 위내시경 시술을 받는 도중 사망했다는 비보를 받았다. 사업으로도 어려운 상황에서 가까운 가족이 황당한 의료사고를 당해 병원을 상대로 계란으로 바위 치기 같은 힘겨운 싸움을 하자니 나는 시시각각 찾아드는 스트레스로 몸과 마음이 날로 피폐해갔다. 종국에는 파괴되고 분해될 지경에 이르러 도저히 견딜 수 없었다. 심신의 안정을 찾고 육체의 파멸로부터 탈출하기 위해 뭔가에 기대고 싶었다. 그 돌파구가 백대명산 <나홀로 묵언수행>이었다.

나는 왜 '나홀로'를 고집했는가. 그 이유는 의외로 단순하다. 나는 기초 체력이 약해 남들과 함께 산행을 하면 남들을 따라가기가 힘들었다. 동반 산행은 남들에게도 피해를 줄 뿐더러 내게도 유익하지 않다. 더구나 당시는 상황이 상황이니 만큼 혼자 다니는 것이 더 필요했다. 기초 체력이 약한 것이 나홀로 산행을 하게 된 가장 큰 이유다.

학창시절 중학교 입시 때도, 고등학교 입시 때도 기초 체력을 테스트하는 체력장 시험에서는 만점을 받지 못했다. 특히 400m 트랙을 두 바퀴 반을 도는 고교 입시 체력장 시험인 1,000m 달리기 과목에서는 다른 학생들에게 반 바퀴 이상이나 뒤졌다. 나는 1,000m를 4분 24초로 주파해 다른 친구들보다 1분 이상이나 더 걸렸다. 그 결과 체력장 급수 2급으로 4점을 감점을 받게 되는 수모를 겪었다. 그래서 나에게는 아직도 허약 체질에 대한 트라우마가 남아 있다.

또 군대 생활에서도 체력은 문제였다. 사격은 특등사수였으나 구보驅步만 하면 낙오병이었다. 구보 때만 되면 수많은 얼차려와 고초를 당하면서 겨우겨우 군 생활을 마치게 된다. 군 생활 도중에는 맹장이 터져 복막염으로 번지기 직전에 수술을 받아 50여 일이나 후송 생활을 했다. 성인이 돼서 직장 생활을 하면서도 스트레스와 과로로 내 몸은 병원균들과 바이러스들이 가장 좋아하는 숙주宿主로 변해 있었다. 어쩌면 나는 병을 달고 병원균들과 공생하면서 살아가야 하는 운명으로 태어났는지도 모른다. 각양각색의 병이 내 몸을 떠나지 않았다. 악성 종양 수술과 시술 두 차례를 비롯해 네 차례나 수술과 시술을 받았다. 그러니 약간 과장해서 말하면, 내 몸에는 수술 칼자국과 구멍 뚫린 흔적이 사막의 모래알처럼 여기저기 흩어져 있다.

이렇게 바닥 체력을 가졌으니 소위 산을 잘 타는 산꾼(속칭 산신령)들과 같이 산행을 한다면 그들과 체력 차이가 많아 동행하는 이들에게 피해 아닌 피해를 주게 된다. 실제로 친구들과 동반 산행을 한 경험도 제법 있었지만 그때마다 매번 그렇게 느꼈다. 항상 남들보다 한참을 뒤처져서 따라 올라갈 수밖에 없었고 동반자들에게 많은 불편을 끼쳤다. 그 바람에 내 마음까지도 불편했다. 동반하는 사람들이 아무리 나와 친한 친구라 해도 그들이 내 체력이나 몸 상태에 대해 이해하기는 어렵다. 더구나 내 모든 고민이나 아픔과 어려움을 전부 이해해달라고 할 수도 없다. 설사 그들이 이해해준다 해도 문제를 해결해주는 것은 아니다. 문제 해결은 오롯이 내 몫이다. 사정이 이렇다 보니 의료사고라는 집안의 불상사를 당한 상황에서는 동반 산행이 적당하지 않았다. 결국 <나홀로 묵언수행>을 할 수밖에 없었다.

'백대명산 나홀로 묵언수행'을 목표로 정하면서 처음에는 용두사미龍頭蛇尾가 되지 않을까 걱정도 많았다. 사람들이 대부분 그렇듯 처음 걸어가는 길이나 처음 시도하는 일에 대해서는 어느 정도 불안감을 가질 수밖에 없었다. 나 역시 처음 <나홀로 묵언수행>에 나설 때는 과연 무사히 마칠 수 있을까 하는 의구심이 들기도 했다. 그러나 오래지 않아 <나홀로 묵언수행>이야말로 아무런 속박 없이 가장 편안하고 자유스러운 산행 방법이라는 것을 깨달았다. 그 깨달음은 그렇게 오랜 기간이 필요하지 않았다. 두세 차례 <나홀로 묵언수행>만으로도 충분했다.

제수씨가 의료사고를 당한 지 84일 만에 설악산을 <나홀로 묵언수행>에 나섰다. 묵언수행 시작을 겁도 없이 백대명산 중에서도 가장 까다로운 산을 택했다. 돌이켜보면 나는 학창 시절에 수학을 제법 잘했다는 생각이 든다. 수학 공부를 할 때면 어려운 문제 풀이부터 도전하는 습성이 있었다. 어려운 문제를 풀고 나면 왠지 마음이 뿌듯해지고, 다른 문제 풀이에 더욱 자신감이 생겼다. 비약인지 모르지만 그런 경험을 바탕으로 설악산 나홀로 묵언수행을 무리 없이 완료하고 나면 다른 어떤 백대명산도 무리 없이 묵언수행할 수 있을 것이라는 확신이 들었다.

2016년 9월 20일 새벽 4시 30분 꼭두새벽에 설악산으로 <나홀로 묵언수행>을 떠난다. 남설악 탐방지원센터가 있는 들머리에 도착한 시각은 약 7시 40분이었다. 나홀로 고독한 수행로를 접어든다. 아직도 해가 솟지 않은 어스름 새벽에 안개가 드리워진 묵언수행로는 몽환적인 분위기를 고조시킨다. 가파른 비탈길 수행로를 오르니 온몸에 땀이 송골송골 맺히기 시작한다. 온 대지는 어스름에서 벗어나 빛의 입자들이 흠뻑 스며들며 밝아지니 아름다운 빛깔들이 경연장을 이룬다. 수행로 주변은 이름 모를 아름다운 산꽃들이 향기를 풍기며 도열하여 '으쌰! 으쌰!' 나를 응원하고 있다. 초가을이었지만 정상으로 몸을 옮길수록 단풍나무는 붉은 정열을 서서히 불태우고 있었다. 몸이 힘들어질 무렵 새소리, 물소리가 천상의 교향곡을 울려주고, 살랑대는 바람이 이마에 흐르는 땀을 씻어주며 청량한 공기를 몰아 내 허파 속으로 무한 공급한다. 모든 것이 아름답고도 신비하다. 내 육신은 지쳐가고 있었으나 내 정신 속에는 무언가가 뿌듯하게 밀려오는 것을 느낄 수 있었다. 어느덧 설악산 정상 대청봉을 밟고 있었다. 평생 불가능해 보였던 대청봉을 오른 것이다. 그것도 <나홀로 묵언수행>하면서 말이다. 그 당시 내 가슴속으로 밀물처럼 밀려오는 강한 기운에 내 몸은 전율戰慄을 일으키며 부르르 떨고 있었다. 학창시절 어려운 수학 문제를 끙끙거리며 풀고 난 후에 몰려오는 바로 그런 느낌이었다. 그것은 곧 성취감, 행복감이 아니겠는가.

"아름다웠다. 행복했다. 육체는 고단하고 힘들었지만, 정신만은 상쾌, 통쾌, 유쾌, 3쾌 속에서 유영했다. 한마디로 아름다운 고독 그 자체였다. 여러분들도 무작정 떠나보라. 그러면 피안彼岸이 멀리 있지 않음을 알 수 있을 것이다." (본문 설악산 편에서 인용)

나는 설악산을 나홀로 오름으로써 우리나라의 모든 명산을 <나홀로 묵언수행> 할 수 있다는 자신감을 얻게 되었다. 2016년 9월 20일 설악산을 오르며 묵언수행을 한 후, 2018년 10월 14일 울릉도 성인봉을 아흔아홉 번째로 올랐고, 2018년 12월 1일 친구들의 환영을 받으며 홍도 깃대봉을 오름으로써 대한민국 산림청 선정 백대명산 묵언수행의 대미를 장식하게 된다. 2년 이내에 묵언수행을 완료하겠다는 애당초 목표보다 다소 늦어진 803일, 약 115주, 2년 2개월이 걸린 셈이다. 좀 더 일찍 마무리 할 수 있었으나 백대명산 묵언수행으로 자신감을 얻은 후, 백대명산 묵언수행 일정 도중에 '알프스 3대 미봉(융프라우, 마테호른, 몽블랑)'과 '히말라야산맥 안나푸르나 베이스캠프'를 트레킹 하느라 늦어졌고, 그리고 마지막으로 오르는 백대명산에 동반 산행을 하겠다는 친구들의 청을 거절할 수 없어 마지막 묵언수행 일정을 조율하느라 다소 늦어졌다.

내가 백대명산 묵언수행을 2년여 만에 마치고 나니, 지인들이 참으로 대단한 독종毒種이라며 비난 같은 칭찬으로 치켜세운다. 어떻게 그렇게 짧은 시간 안에 독하게 실행에 옮겼는지 모르겠다며 존경스럽다고까지 한다. 그러나 인간들은 절박切迫한 일을 당하면 누구나 나처럼 이루어낼 수 있을 것이다. 주역에서 말하는 궁즉통窮則通, 즉 궁하면 통한다는 이치理致다. 주위에서 지나치게 치켜세우는 건 아닐까 해서 머쓱하다. 또 어떤 이들은 내가 운영하는 블로그 ≪청송의 세상 살아가는 이야기≫에 올려놓았던 <백대명산 묵언수행기>를 읽어 보고는 너무나 감동적이라며 책을 편집하라고 부추긴다. 적지 않은 나이에 나의 절박함을 해소하기 위해 시작한 일천日淺한 산행 이력을 가지고 수많은 산악 애호가들 앞에 단순히 산 이야기를 꺼내놓는다는 일도 매우 쑥스러운데 하물며 책을 내라니 처음에는 황당했다. 그러나 한편으로는 백대명산을 묵언수행하면서 많은 것을 보고 배우고 느낀 것은 사실이다. 그래서 책을 내보겠다는 자신감이 생겼다.

　　백대명산을 묵언수행하면서 느낀 감동을 회고해보면 감회感懷가 새롭다. 존 러스킨(John Ruskin)은 일찍이 "자연은 우리를 위해 날마다 완벽하게 아름다운 그림을 그리고 있다. 우리가 그 그림을 볼 수 있는 눈을 가졌으면 좋으련만."이란 유명한 말을 남겼다. 그렇다. 자연은 우리에게 사시사철 새로운 아름다움을 선사한다. 날마다 아름다운 그림이 그려진다. 따라서 봄, 여름, 가을, 겨울 계절마다 주는 감동도 다르다. 또 우리나라의 백대명산은 골산骨山과 육산肉山으로 나누어져 산마다 토질이 다르고 식물들의 생태 환경도 많이 달라 산마다 각기 다른 감동을 선사한다. 아침과 저녁으로 느끼는 감동도 다르다. 새벽녘 어슴푸레한 여명기, 일출, 일몰에서 느끼는 감동도 다를 수밖에 없다. 날씨에 따라 느끼는 감동도 다르다. 안개가 아련히 피어오를 때, 이슬비가 보슬보슬 내릴 때, 장대비가 우두둑 내릴 때, 눈이 나풀나풀 내릴 때, 감동이 서로 같을 수 없다. 더구나 사람마다 자연이 내뿜는 아름다움을 똑같이 느낄 수도 없다. 아무리 산행 경험이 풍부한 산악 전문가라도 감수성 차이에 따라 산행의 서정적 느낌을 독자들에게 잘 전달하지 못할 수도 있다. 반대로 산행 초보자도 사람에 따라서는 산행에서 느낀 점을 훌륭하게 표현할 수도 있다. 나는 내가 느낀 감동을 있는 그대로 표현하고 싶었다. 그리고 한편으로는 주위 사람들과 그 감동을 같이 나누고 싶었다.

이러한 생각으로 이번 기회에 용기를 내 책으로 출판하기로 마음을 먹었다. 나는 산행 경력이 일천해, 백대명산 산행 안내서와 같은 세세한 책은 만들 능력이 없는 것이 사실이다. 그러나 <나홀로 묵언수행>에서 느낀 생생한 감동을 서정적 필치로 엮어서 독자 여러분에게 다가가기로 책 발간방향을 정했다.

'백대명산 묵언수행'은 나를 바꿔놓았다. 먼저 가장 두드러진 변화는 내 바닥 체력이 보강되었다는 점이다. 궁窮하여 막혀 터질 뻔한 나를 변變하게 했고, 변하여 통通하게 했고 나아가 쾌족快足(지금의 내 마음 상태가 상쾌하고 만족스럽다는 의미, 大學章句)한 나를 만들었다. 이는 전적으로 가족들의 희생과 친구들의 도움으로 가능했다. 거의 2년간, 토, 일요일의 대부분을 새벽 일찍 훌쩍 산으로 떠나버리는 나에게 불평불만 한마디 하지 않은 아내와 가족들에게 고마움을 전한다. 그리고 '백대명산 나홀로 묵언수행'을 떠나기 전에 많은 조언을 해 준 친구 이 산신령, 손 산신령과 전남 홍도 깃대봉에 같이 올라가 백대명산 묵언수행의 대미大尾를 장식하며 축하해준 5명의 친구 이 산신령, 심 회장, 호박, 정 국장, 최 교수에게 감사 말씀을 드린다.

'백대명산 묵언수행'을 시작하게 된 직접적인 동기는 정말 억울하게 세상을 떠나게 된 제수씨의 의료사고로 인한 고통 때문이었다. 보잘것없는 이 책을 제수씨의 영전에 바친다. 또 나의 묵언수행 기간 중에 태어난 외손녀 채원이가 건강하고 행복하게 잘 자라주길 바라는 마음을 간절히 담아 할아비의 건강한 모습을 책으로 보여주고 싶다. 그리고 건강 문제로 어려움을 겪고 있는 많은 이들과 넘어설 수 없는 세상의 벽에 막혀 답답함을 느끼며 실망하는 모든 이들이 이 책으로 조금이나마 희망을 얻는다면 더없이 좋겠다. 마지막으로 나의 원고 교정을 맡아준 대학교 동기 박준린 군에게 감사드린다.

2019년 5월 청송靑松

나에게 묵언수행黙言修行이란?

　그렇지 않아도 몸에 칼을 네 번이나 댄 나에게 2014년부터 또다시 몰아닥친 사업상 여러 어려움이 나의 육신과 정신을 만신창이滿身瘡痍로 만들어놓았다. 왜 이렇게 혹독한 운명으로 태어났는지 모르겠다. 그러나 운명만을 탓하며 굴할 수 없지 않은가. 어떻게 해야 이 얄궂은 운명의 굴레에서 벗어날 수 있을 것인가를 거듭 고민한 끝에 선택한 것이 묵언수행이었다. 묵언수행이라는 말이 거창하게 들릴지 모르지만 '끊임없이 나홀로 걷고 또 걸으면서 자연 속으로 다가가 자연의 품에 안기기 위해 노력한다.'는 의미 그 이상도 이하도 아니다.

　묵언수행이란 용어는 원래 불교 용어로 아무런 말도 하지 않고 수행하는 참선參禪을을 의미하는 말이다. 참선을 통해 몸과 마음을 정화하는 데 그 목적이 있다. 나의 묵언수행도 나 혼자서 자연 속으로 이리저리 걸어 다니니 필연적으로 묵언하지 않을 수 없다. 불가에서 말하는 묵언수행과는 방법이 다를 뿐이지 그 본질은 같은 것 아니겠는가. 결국, 나에게 묵언수행이란 어떻게 보면 인간이 만든 불완전 그 자체인 인위人爲나 문명을 벗어나 자연의 품속에 안김으로써 자연으로부터 가르침을 받거나 구하고, 자연을 느긋하게 느끼고 즐기는 것이나 다름없다.

　내가 묵언수행을 시작하기로 마음먹었던 때는 아마도 2014년 말부터였던 것 같다. 그때 나는 내 체력이 바닥임을 감안해 한강변 걷기 묵언수행에 나서기로 했다. 그리곤 봄, 여름, 가을, 겨울을 가리지 않고, 비가 오나 눈이 오나 바람이 부나를 가리지 않고, 나홀로 걸어 다니기를 거듭 반복했다. 심지어는 사무실에 출퇴근할 때도 걸어 다녔다. 이후 성수동에서 문정동으로 사무실을 옮긴 2017년 4월 8일까지 무려 73회 약 500km 이상을 걸어서 출퇴근했다. 2016년 추석에는 잠실에서 세빛등등섬을 거쳐 다시 잠실까지 무려 4만 3,000보를 걸었던 적도 있다. 건강 유지에 좋다는 평균 하루 1만 보 이상 걷는 것은 당연했다.

한강변을 걷다 보면 자연은 봄, 여름, 가을, 겨울 매 계절마다 각기 다른 그림을 그려 나에게 아름다움을 선사한다. 이름 모를 수많은 야생화가 방긋 웃고, 새들이 지저귀고, 오리들이 평온히 물속을 유영하면서 나를 반기고 환영한다. 봄날 강변을 걸어가다 보면 잉어나 붕어들이 솟구쳐 오르는 소리에 깜짝 놀라기도 한다. 유유히 흐르는 강물을 보면 상선약수가 생각나고, 일렁거리는 물결은 내 마음을 흔들어댄다. 한강변을 수없이 왔다 갔다 묵언수행하면서 만나는 자연의 아름다움과 경이로움은 이루 말할 수 없었다. 나는 이렇게 한강변을 묵언수행하면서 많은 것을 보고 배우고 느낀다. 그러면서 마음이 평화롭고 느긋해진다. 나날이 건강이 좋아짐을 체감하게 된다.

한강변 묵언수행에 정진하고 있던 2015년 10월 말경, 고등학교 동기생들의 저녁 모임에서 지금은 은퇴한 대법관 친구가 '프레데리크 그로'라는 프랑스 철학자가 지은 ≪걷기, 두 발로 사유하는 철학≫이라는 책 한 권을 나에게 선물했다. 내가 한강변을 묵언수행하고 있다는 사실을 그가 알았는지 몰랐는지는 모르지만 적절한 시기에 받은 귀하고 값진 책이었다. 그 책은 내가 육체와 정신 건강 그리고 행복을 위해 선택한 묵언수행이 참으로 바람직하며 올바른 선택이었음을 가르쳐줬다. 여러 유명 인사들 - 니체, 소로, 루소 등의 사례를 들어 그 사실을 증명하고 있었으며, 나의 묵언수행을 격려하는 내용으로 가득 차 있었다.

"이제 제대로 즐거움을 맛보기 위해서는 혼자 도보 여행을 해야만 한다. 여러 명이 함께, 혹은 심지어는 두 명이 함께 도보 여행을 할 경우라도 그 여행은 이름만 도보 여행이 되고 만다. 그것은 오히려 소풍에 가깝다. 도보 여행은 혼자 해야 한다. 가장 중요한 것은 자유이기 때문이다. 자기가 원하는 대로 자유롭게 멈춰 서기도 하고, 계속 길을 가기도 하고, 이쪽 길이나 저쪽 길을 제 마음대로 따라갈 수도 있기 때문이다. 그리고 자기 리듬대로 걸어야 하기 때문이다."(≪걷기, 두 발로 사유하는 철학≫ p83. <로버트 루이스 스티븐슨 당나귀를 타고 세벤 지방을 여행하다>에서)

이 책에서는 루소의 1778년 6월, 마지막 산책에 대해 "그저 산책길에 있는 나무들과 돌들 사이에 떨림일 뿐이다. 걷는다는 것은 꼭 풍경과 호흡하는 것과 같다."라고 서술하면서 그의 마지막 산책이 더할 나위 없이 만족스럽게 이루어졌음을 밝히고 있다(p.120~p.121). 니체도 1879년부터 알프스 산록에 있는 질스마리아에서 걷고 또 걸으면서 악화된 건강을 회복했고, 특히 니체의 철학적 사유의 완성이라고 할 수 있는 '차라투스트라'와 '영원회귀'에 대한 영감을 얻었다고 밝히고 있다(p.29~p.30).

나는 물론 ≪걷기, 두 발로 사유하는 철학≫을 읽고, 묵언수행을 한다고 내가 무슨 위대한 철학자나 유명한 문학가나 된 것처럼 생각하지는 않았다. 나는 그런 철학자나 문학가가 될 자질도, 그럴 능력도 없는 보통 사람에 지나지 않는다. 평균인일 따름이다. 이 책은 평균인이라도 '나홀로 걷기' 즉 '묵언수행'이 육체와 정신 건강에 얼마나 소중한지를 너무나 잘 알려주고 있었다. 이 책이 나를 격려해주는 것 같았다.

이 책을 읽은 이후 묵언수행에 더욱 매진하게 된다. 평일에도 계속할 수 있는 한강변 묵언수행은 기본으로 계속하고, 한편으로는 북한산 둘레길 묵언수행에 나서기로 마음먹었다. 북한산 둘레길은 모두 21개 코스로 나뉘어져 있고 전체 길이는 71.8km에 달한다. 2016년 1월 16일 토요일부터 별다른 일이 없는 공휴일이면 무조건 배낭을 꾸려 북한산 둘레길 묵언수행에 나섰다. 총 8번으로 나누어 시도했는데 2016년 6월 18일 토요일 21개 전 코스의 묵언수행을 마치게 됐다. 북한산 둘레길 묵언수행에서는 평탄하고 포근한 풍경인 한강변 묵언수행과는 또 다른 느낌과 감흥을 받았다. 북한산 둘레길에서는 아름다운 기암괴석奇巖怪石을 만나기도 하고 기송괴목奇松怪木을 만나기도 한다. 암릉을 걸어야 할 뿐만 아니라 오르막 내리막을 오르내려야 해 제법 힘에 부칠 때도 있지만 북한산과 도봉산의 절경을 감상하면서 때로는 숲속으로 때로는 계곡을 따라 끊임없이 묵언수행을 하다 보면 나

자신이 어느새 자연의 일부가 되어 있음을 느끼기도 한다.

한강변과 북한산 둘레길을 걸어 다니고 가끔씩 산행을 하는 등 가벼운 묵언수행을 계속하면서 심신을 추스르던 중, 2016년 6월 28일 집안에 얼토당토않은 의료사고가 발생한다. 이를 수습하는 과정에서 또다시 엄청난 스트레스를 받게 된다. 운명은 나를 또 한 번 시험에 들게 했다. 한강변이나 둘레길 묵언수행으로는 밀려오는 스트레스를 해소할 수 없을 것 같았다. 이를 해소하는 방편으로 찾은 것이 백대명산 묵언수행이었다.

이런 과정을 거쳐 적지 않은 나이에 한 번도 올라 가본 적이 없는 산림청 선정 백대명산을 찾게 된다. 그것도 나 혼자서 말이다. 때로는 혼자가 아니었다. 소위 산신령급 동료들과 함께 다니기도 했다. 그러나 그들의 산행 능력은 나와는 현격한 차이가 있었다. 그러니 함께 산행한다 하더라도 나는 내 역량대로 다니게 된다. 결국, 함께 산행했더라도 나 혼자 묵언수행 한 것과 다름이 없었다. 간혹 친구들이 위험하게 겁도 없이 나홀로 다닌다고 질책하기도 한다. 나 스스로 그런 생각을 할 때도 있다. 그러나 '자연의 아름다움과 신비감을 만나려면 인위를 버리고 자연 속에 함몰陷沒되지 않으면 안 된다. 그러려면 조그마한 위험은 감수해야 하지 않을까.' 하는 생각이 더 강했다. 어차피 사생은 재명死生在命이요 부귀는 재천富貴在天이지 않던가. 그런데 참으로 신기한 것은 한 좌座 두 좌座를 나홀로, 내 페이스대로, 내 리듬대로 속세를 떠나 자연 속으로 묵언수행을 하니 너무 좋았다. 백대명산은 그야말로 백 폭의 진경산수화였다. 그 산속에서 산수화 속의 주인공이 되기도 하고, 신선이 되기도 한다. 아름다움과 신비스러움을 독점하며 산꼭대기에 서면 내 가슴속에는 행복이 밀물처럼 밀려온다. 황홀하다. 백대명산 묵언수행은 나로 하여금 해방감이 무엇인지, 완전한 자유인이란 어떤 존재인지를 확실하게 깨우쳐주었다. 백대명산 묵언수행은 나를 늦깎이 산山 바람둥이로 만들었다. 좀 더 일찍 산山 바람둥이가 되었으면 더욱 좋았을 텐데.

2019년 2월 7일

출퇴근길 단상

마음 비우기 연습 1

    4월 26일 일요일, 오늘도 어제와 마찬가지로 일찍 한강변을 걸어서 사무실에 출근했다. 내가 국내 굴지의 그룹사를 그만두고 독립해 조그만 사업을 시작한 지 어언 15년이 다 돼 간다. 그런데 요즘 우리 교복업계 경영 환경은 말로 설명하지 못할 만큼 참으로 혹독하다. 사업 15년 만에 몰아닥친 혹한이다. 시베리아 벌판 같다. 얼마나 남길 것인가가 아니라 어떻게 살아남아야 하는가가 화두話頭다.

    현재 우리 업계에는 상황을 왜곡하는 장애물이 네 개 있다. 정치권의 포퓰리즘, 공직자의 무사안일, 시민단체의 이기주의, 제4의 권력인 언론의 횡포, 이 네 개다. 이들 네 집단이 합작으로 만들어 도입한 제도가 <신교복구매제도>다. <신교복구매제도>인 소위 <학교 주관 구매제>는 시장 경제 원리에 철저하게 반하는 제도다. 절대 성공할 수 없는 제도다. 억지 춘향으로 계속 이 제도를 유지해나간다면 교복 공급이 원활하지 않을뿐더러 여러 가지 부작용이 생겨 교복 산업 자체가 붕괴할 가능성이 있다. 앞으로는 학생들에게 교복을 입히지 못하고 일반 패션 의류를 입혀야 할지도 모른다. 학부모들은 교복 가격이 일시적으로 떨어졌다고 결코 좋아할 일이 아니다. 원부자재 공장과 봉제 공장, 그리고 쇼핑백, 포장지 산업 등 전후방 산업이 연관돼 몰락해가고 있다. 이렇게 되면 결국 사회적 비용이 더 드는 구조로 바뀔 것이다.

    교육부, 아니 '교복부'의 <학교 주관 구매제>의 도입으로 모든 교복업계는 멍들다 못해 몰락 직전으로 몰리고 있다. 요즘 교복 대리점들의 매출이익률은

20~30%에도 못 미친다. 교복 공급 본사의 매출이익률은 이보다 훨씬 더 낮다. 예를 들면, 막걸리 한 병을 슈퍼에서는 소매가로 1000원에 살 수 있지만, 식당이나 술집에서 도매로 구매하면 더 싸게 구매할 수 있다. 식당이나 술집에서는 더 싸게 구매한 것을 병당 3000원~4000원에 판다. 소위 매출이익률이 67%가 넘는다. 일반 패션 의류들은 본사와 대리점들의 매출 이익률이 40% 이하면 사업성이 전혀 없다고 인정한다. 교복업계는 매출 이익률이 20% 안팎인데도 교복업계가 폭리를 취한다고 온 천지가 떠들썩거리도록 떠벌린다. 그렇다면 막걸리 한 병의 매출이익률이 70% 안팎이고 패션 의류의 매출이익률이 최소한 40% 이상이라면 그들은 총포로 무장한 날강도들이란 말인가? 아니다. 모두 열심히 정직하게 살아가는 무지렁이 시민들이다. 이렇게 정직하게 살아가는 것을 소위 사회지도층이라는 정치인, 공무원, 시민단체, 언론만 모르는 것 같다.

이 4대 장애물 등쌀에 교복 산업이 서서히 몰락하고 있다. 아니 거의 몰락 직전이다. 선무당이 사람 잡는다는 말이 있다. 이들은 모두 선무당들이다. 그러니 멀쩡한 사업 다 망치게 하고 멀쩡한 영세업자 다 잡는다. 요즘 내가 활동을 자제할 수밖에 없는 이유, 마음을 비우는 이유가 바로 사업 환경이 급변한 데에 있다. 살얼음판을 조심조심 걷고 있다. 살아남기 위해 항상 노심초사한다. 이것이 내가 요즘을 살아가는 모습이다. 더욱이 좋아하는 친구들, 선후배들과 자주 어울리기 힘든 여건이기도 하다. 그래도 나는 살아 있고 앞으로도 살아갈 것이다. 그리고 살아갈 수 있다. 이것이 내 장점이라면 장점이다.

나에게는 부정 에너지보다 긍정 에너지의 기가 훨씬 더 세다. 아무리 주어진 환경이 어렵더라도 어느 누가 아무리 스트레스를 갖다 안기더라도 나는 버텨낸다. 나는 나 나름의 장점이 있다. 나는 시골에서 잡초처럼 자라왔고, 정신적 암이 아닌 육체 암을 2개나 경험했다. 내 육체는 종합병동이다. 이것이 오히려 보통 사람은 경험하기 힘든 나의 경쟁력이라고 하면 남들이 웃을까? ≪명심보감明心寶鑑≫ <순명편順命篇>에 '사생재명부귀재천死生在命富

貴在天'이란 말이 나온다. 자연의 순리대로 살라는 말이다. 종합병동인 나는 이 문구를 제일 좋아한다. 암을 두 개나 증험했으면 적어도 남들보다는 이 말씀의 진의를 조금이라도 더 잘 이해하고 있지 않을까?

오늘은 일요일, 사무실에서 오후 4시 반경에 일을 마치고 잠실 우리 집까지 걸어 퇴근하기로 마음먹었다. 걸어가면서 가장 순수한 자연과 마음대로 이야기하고 싶어서다. 복잡한 마음을 시원한 강바람을 쐬며 흘러가는 물에 띄워 보내버리기로 했다. 상선약수上善若水처럼 살지는 못할지언정 위도일손 爲道日損의 자세로는 살아가야지 않겠나? 이제 비울 것은 비우면서 살아야겠다.

영동대교를 건너 한강 남단 둔치를 걸어 퇴근하기로 했다가 영동대교를 넘지 않고 한강 북단 둔치를 걸어 잠실대교를 넘어가기로 행로를 바꿨다. 평소 잠실대교에서 영동대교까지 한강 남단으로는 자주 걸어 다녀봤기 때문이다. 가보니 바꾸길 참 잘했다는 생각이 든다. 날이 맑고 좋아서인지 물이 좋아서인지, 꽃들이 좋아서인지, 확 틘 자연에서 맛있는 주전부리를 먹을 수 있어서인지, 아니면 그냥 사람이 좋아서인지, 무엇 때문인지는 모른다. 뚝섬 한강공원에는 엄청난 인파들이 모여 제각기 저마다의 방식으로 봄의 기운을 온몸으로 느끼면서 여유를 즐기고 있다. 어떤 이는 자전거를 타고, 어떤 이는 하이킹을 하고, 어떤 이는 조깅을 하고, 어떤 이들은 둘러앉아 무슨 이야기를 하는지 도란도란 끊임없이 이야기하곤 한다. 또 청춘남녀 쌍쌍이 서로를 껴안고 잠을 자거나, 달콤한 밀어를 나누다가 뽀뽀를 하기도 한다. 텐트 안이나 밖에서, 풀밭에 누워서.

둔치의 작은 연못에서는 아이들이 올챙이와 송사리를 잡으면서 즐겁게 뛰어놀고 있다. 때로는 물속에 첨벙 빠지기도 한다. 오랜만에 보는 모습이다. 나는 이런 모습을 보면 아직도 천진난만한 동심의 세계로 빠져든다. 가슴이 뛴다. 아이들이 뛰어노는 모습을 연신 사진으로 찍는다. 뭐 하는지 알면서도 짐짓 모르는 척 아이들에게 다가가 "애들아 뭐하니? 올챙이 잡아?" 하고 묻자 애들은 "올챙이도 잡고요, 송사리도 잡아요!" 하고 맑은 목소리로 대답한다. 동심에 사로잡혀 한참을 쳐다보며 구경하다 갈 길을 간다.

꽤 넓은 자양동 둔치는 온갖 아름다운 꽃을 심어 놓은 꽃밭이다. 꽃들이 어디서나 저마다 아름다움을 뽐내며 벌과 나비를 유혹하고 있었다. 나는 또 사진을 연신 찍어댄다. 나는 사진에 대해서 잘 모른다. 구도가 뭔지, 어떤 배경이 좋은 것인지, 심지어는 역광이 뭔지, 접사가 뭔지조차 개념이 정립되지 않은 무식쟁이다. 그런데도 왜 사진을 찍느냐고 물으면 그냥 "꽃이 예쁘고 아름다우니까."라고 대답하면 그만이다. 사람들이 뭔지 몰라도 와자지껄 시끌벅적하게 깔깔거리거나 조용하게 서로를 마주 보며 밀어를 나누면서 쪽쪽대는 모습도 그냥 좋다.

이런저런 모습을 구경하면서 천천히 집으로 발걸음을 옮기는데, 꽤 정성 스레 가꾸고 있는 꽃밭이 나온다. 꽃들이 저마다 아름다움을 뽐내고 있다. 꽃밭을 가꾸는 곳에서 야생화는 항상 아웃사이더다. 자세히 보지 않으면 보이지 않는다. 그 꽃들 사이에서 이름 모를 야생화가 "여보세요, 나도 좀 보아주세요. 촌놈처럼 구석에서 살아가고 있지만, 자세히 보면 아름다워요. 당신도 야성이 강한 촌놈이니 금방 알아볼 텐데요."라고 나에게 말을 걸어온다. 꽃밭 속의 야생화의 속삭임을 듣고, 야생화를 자세히 살펴본다. 좁쌀만 한 꽃들이 눈에 들어오기 시작했다. 수수한 색깔에 은은한 향기까지 피어오른다. 자세히 뜯어보면 소박하고 깜찍한 아름다움이 숨어 있다. 야생화는 오색 찬란한 꽃밭 언저리나 길가에서 혹은 돌무덤 사이에서 몸부림치면서 치열하게 살아간다. 척박한 곳에서 꽃을 피우고 자손을 번식시켜 자신의 대를 이어 가려고 안간힘을 다 쓴다. 생존 본능으로 모든 정열을 바치는 것, 그것이 진정한 아름다움 아닐까.

나는 잘 가꾸어진 형형 색색의 아름다운 뚝섬 한강공원 꽃밭을 떠난다. 아름답게 가꾸어진 꽃들을 떠나 자연 속에 존재하는 진정한 아름다움, 한강

변 야생화를 만나기 위해서다. 야생화를 찾아서 뚝섬 한강공원을 벗어나 강변 제방으로 접어들었다. 영동대교 북단에서 한강 북단 제방으로 진입하자 강 남단과는 분위기가 사뭇 달랐다. 우선 한강 남단 제방은 시멘트 벽돌로 제방을 보강했으나 강 북단은 큰 바위를 쌓아 제방을 보강하고 있었다. 좀 더 자연 친화적이라는 느낌이 들었다. 그래서 인지 강물도 남단보다 훨씬 깨끗해보였다. 또 평소 강 남단 멀리에서 보았던 윈드서핑 하는 장면을 가까이서 볼 수 있었다. 검게 그을린 청춘 남녀들이 건강미를 과시하며 바람을 맞아 쏜살처럼 물 위를 누빈다. 강 건너편 잠실 한강 공원이 훤히 보인다. 롯데월드타워도 보이고, 우리 아파트 단지도 보인다.

   강 제방에 핀 아름다움을 사진에 담다 보니 어느새 6시다. 날이 어둑어둑해져 가고 있었다. 아름다움과 재미는 시간을 빨리 움직이게 하는 힘이 있나 보다. 집으로 돌아와 시계를 보니 거의 7시가 됐다. 사무실에서 오후 4시 반경에 나와 2시간 반 정도를 걸었다. 오늘 총 걸음 수는 1만 6,500보 정도다. 사무실에서 집까지 약 1만 3,000보 정도 되는 셈이다. 야생화를 보면서 걷다 보니 시간이 빨리도 지나가 버렸다. 집까지 7.5km 이상이나 걸었는데도 피곤하지 않았다. 그냥 흥얼흥얼 즐거웠다. 한강의 모든 자연이 나에게 기를 듬뿍 불어넣었기 때문이리라. 앞으로도 종종 한강변을 걸어서 퇴근해야겠다. 번민으로 가득 찬 내 마음을 비우고 또 비우기 위해.

마음 비우기 연습 2

　지금 걸어서 출근하는 길.

　너 출근하는 모습이 뭐 그러냐고?(등산복 입고 출근하는 모습)

　헐, 그야 내 맴이지.

　벌써 찔레꽃이 피기 시작하네. 병꽃도 만발해 있고, 애기똥풀, 씀바퀴, 돌나물, 클로바도 흰색과 보라색 꽃을 활짝 피웠고, 보라색 개망초꽃도 민들레도 피었네.

　어느덧 탄천에 도착했구먼.

　강태공들은 예나 지금이나 어제나 오늘이나 시간을 낚고 있고.

　자세히 보지 않으면 눈에도 잘 띄지 않는 냉이꽃, 봄까치꽃, 꽃마리꽃들이 아직도 줄지어 피고 있고, 이름 모를 들꽃들이 즐비하게 피어 출근하는 나를 반갑게 손 흔들며 맞아주네.

큰 키에 이파리가 무섭게 생긴 엉겅퀴가 생김새와는 달리 정열의 진보라색 꽃을 활짝 피우고 있고, 풀숲을 자세히 살펴보면 메꽃이 나를 향해 까꿍 거리고.

강가에 명자나무꽃이 외로이 홀로 피어 바람에 흐느끼고 있네. 대부분의 명자나무꽃이 지고 있는데 강가에서 누굴 쓸쓸히 기다리고 있나?

앗! 아카시아가 나를 원망하겠네. 향기에 돌아보니 아카시아가 만발하여 활짝 웃고 있네. 너의 향기가 아니었으면 지나쳐 버릴 뻔. 미안하다 아카시아야. 그래도 너는 나처럼 토종이 아니잖니. 나는 여기저기 토종을 찾아 눈길을 돌리다 보니 너를 볼 새가 없었단다.

아니 갯버들은 이 좋은 봄날, 왜 어깨를 축 떨어뜨리고 있나? 님이 고무신 거꾸로 신었나? 아니면 화려한 벚꽃 철쭉꽃 등 아름다운 꽃들이 그대를 버리고 훌쩍 떠나버려 그러나? 어제 마신 술 취기가 가시지 않았나? 밀려오는 여름 기운에 나른해져 온몸에 힘이 빠져버렸나?

작지만 더미로 핀 화려한 꽃이 향기를 흩뿌리던 조팝나무에는 한두 송이 꽃만 남아 있고, 씨방만 송골 거리고 있네. 자신의 모든 것을 후손의 번식을 위해 온몸을 불태웠으리라.

벌써 영동대교 남단까지 와버렸네. 참말로 시간이 빨리도 가네.

영동대교는 걸어서 출퇴근하는 길에서는 마의 구간. 온갖 공해를 다 만나는 곳. 입 꼭 다물고 가야지. 숨도 적게 쉬고 빨리 통과해야지. 그런 생각으로 영동대교를 올라 건너니 오늘은 지난날과는 사뭇 공기가 다르네. 어제 비 온 데다 서풍까지 부니 내 코에는 매연 냄새보단 강물 내음이 먼저 다가오네.

오랜만에 미세먼지가 적어 영동대교 중간에서 물끄러미 남산을 쳐다보니 남산타워와 그 왼편으로 북한산, 도봉산까지 선명하게 다 보이네. 참으로 천혜의 수도 서울임을 실감할 수 있지. 앞에는 한강 뒤쪽은 인왕산, 북한산, 도봉산이 떡하니 버티고 있으니 배산임수의 명당이 틀림없을 터. 무학대사처럼 풍수·천문지리에 통달하지 않은 나조차도 서울이 명당이라는 것을 알 수 있을 정도니 더 이상 무슨 말이 필요할까?

괭이밥 꽃과 씨가 소복이 달려있다.

어느새 영동대교를 지나 한강 북단 둔치를 통과하고 있네.

여러분은 괭이밥을 아는가? 괭이밥이 여기저기 옹기종기 자라고 우리 어린 시절 시골길에서 자주 만나는 풀이라네. 우리 갱상도에서는 이파리를 먹으면 시큼한 맛이 나기에 그냥 '시금치'라고 불렀거든. 괭이밥을 보고는 걸어가며 글을 쓰는 순간에도 혀 밑에 침이 고인다네. 꽃은 샛노란 색이고 씨방은 마치 하늘로 곧 발사될 로켓 모양으로 괭이밥에 소복이 달려 있는데 익은 씨방을 만지면 똑 터진다네. 그러면 괭이밥이 씨를 '톡' 하고 터뜨리면서 그 자손을 번식시키지. 어린 시절 길을 가다 여기저기서 이 풀을 만나면 이파리를 뜯어 먹기도 하고, 재미로 씨방을 똑똑 터뜨리며 장난을 치기도 하고. 아무튼, 내게는 동심이 서려 있는 친숙한 풀이라네. 이 괭이밥을 초장초, 시금초, 괴싱이라고 부르기도 한다네.

한강 북단 길은 무엇보다 담쟁이와 능소화 천국이라네. 담쟁이와 능소화는 서로 경쟁하듯 강변북로 벽을 기어오르고 담쟁이는 흡착판과 흡착근으로 가파른 절벽을 기어오른다네. 담쟁이의 흡착근 모양을 보면 입을 앙다물고 있는 모습 아니면 거머리나 문어의 빨판처럼 생긴 신기하고 특이한 모습이네. 모든 동식물도 저마다 특기 하나씩을 가지고 있지 않으면 생존이 불가하기 때문이 아닐까. 담쟁이와 능소화는 암벽 타기 전문가. 연약하디 연약한 몸으로 바위면 바위, 나무면 나무, 시멘트벽이면 시멘트벽을 타고 오르고, 넘고. 인간들은 암벽을 훼손하며 오르는데 그들은 어느 하나도 훼손하지 않고 어찌 그리 겁도 없이 잘 기어오르는지. 그냥 단순히 기어오르기만 하는 것이 아닐세. 녹색으로 황량한 암갈색 시멘트벽에 수를 놓으며 벽화를 그리며 기어오른다네. 때로는 구름 모양, 코끼리 모양, 중생대에 지구를 지배했던 공룡의 모습도 거침없이 그려내기도 하고 담쟁이는 담쟁이대로

능소화는 능소화대로 때로는 서로 경쟁하고 협력하고 양보하며. 참으로 신기하고 아름다운 모습. 능소화 꽃이 피는 어느 날, 이곳은 삭막한 시멘트벽이 아름다운 능소화 천국을 이루고 있을 터. 나는 수시로 지나다니니 능소화의 아름다움에 도취할 날도 얼마 남지 않았지. 담쟁이와 능소화 덩굴 벽화를 보고 있노라니 도종환 시인의 <담쟁이>라는 시가 생각나네.

　이제 사무실에 곧 도착할 시각. 11시경 사무실에서 고등학교 동기생 한 명과 후배 한 명이 방문해 있다고 연락이 오네. 이제부터 하루살이 치열한 생존경쟁이 또다시 시작될 시간. ≪중용≫에 '만물병육이불상해萬物並育而不相害, 도병행이불상패道並行而不相悖'란 구절이 나오는데, 만물은 함께 자라도 서로 해치지 아니하며, 도는 함께 행하여져도 서로 거슬리지 않는다는 의미라네. 오늘 출근길에 마주친 아름다운 꽃들과 이름 모를 나무, 이름 모를 잡초들을 보면서 중용의 이런 구절을 생각해 본다면 나는 아직도 무한경쟁으로 치닫는 세상을 너무 모르는 철부지에 지나지 않는 것일까? 아니면 너무나 자신만만한 것인가? 너무 복잡한 생각을 하지 말자. 마음을 비우자.

마음 비우기 연습 3

존 러스킨(John Ruskin, 1819년~1900년)은 사회 비평가, 예술 비평가, 사회 사상가의 길을 차례로 걸었던 19세기 영국의 저명한 지식인이다. 러스킨은 일찍이 "자연은 우리를 위해 날마다 완벽하게 아름다운 그림을 그리고 있다. 우리가 그 그림을 볼 수 있는 눈을 가졌으면 좋으련만."이란 유명한 말을 남겼다.

아침에 일어나 간단한 요기를 하고 난 다음 간편복을 입고 배낭에 생수 한 병을 꽂으면서 오늘만은 한강변을 걸어 출근할 때 다른 호작질 하지 않고 열심히 걸어서 출근해야지 마음속으로 다짐했다. 그러면 집에서 약 7.5km 거리에 있는 사무실까지 1시간 20분이면 충분하다.

그런데 이게 웬일? 나서자마자 보니 자연이 새로운 옷을 서서히 갈아입고 있었고, 또 다른 아름다움을 그리고 있었다. 그런 모습이 내 눈에 들어온다. 아뿔싸, 또 호작질 근성이 발동하나 보다. 집에서 나설 때의 다짐이 작심삼일 아닌 '작심십분'도 안 된다. 남아일언중천금男兒一言重千金이라 했으나 자연이 그리는 시시각각 변하는 아름다운 그림이 나를 매혹하니 변심하지 않을 수 없었다. 에라, 모르겠다. 이것은 남아일언男兒一言으로 내뱉은 말도 아니고, '남아일심男兒一心'으로 한번 생각한 것에 지나지 않으니 마음을 바꿔도 상관 없겠지. '자연이 나로 하여금 변심하게 했으니 어쩔 도리가 없지 않은가.'라며 스스로를 위안한다.

자연과 대화하며 새로운 것, 신기한 것을 마구 사진 찍으면서 관찰하고, 냄새까지 맡아가면서 여기저기 기웃거리며 발걸음을 옮기기 시작했다.

이름 모를 꽃이 하얗게 피어 방긋 웃으며 내 이름을 맞춰보라고 말을 걸어온다. 씨가 멀리서 날아와 풀 사이에서 겨우겨우 힘겹게 생존하면서도 아름답게 꽃을 피우고 있는 수레국화와 금계국이다. 이름 모를 풀에는 무슨 꿀이라도 묻어 있는지 아름다운 초코 사파이어 빛이 나는 이름 모를 벌레가 오르락내리락하고 있다. 씀바귀꽃은 5월 초순부터 5월 하순인 지금까지 지칠 줄 모르고 끊임없이 피고 지고 있다.

5월 초순에 피는 꽃이 진노랑에 가깝다면, 5월 하순인 지금은 씨들이 모여 하얗고 투명한 솜털 뭉치를 여기저기 달고 있고, 새롭게 피어나는 꽃들은 자손의 번식에 그들의 진기를 많이 **빼앗겨서인지** 약간 파리한 연노랑색 꽃이 피고 지고 있었다. 인동초도 여기저기 활짝 펴 아름다운 향기를 흩뿌리고 있었다.

강가에서 자라고 있는 오디나무에 파랗기만 하던 오디는 어느덧 검붉게 익어가고 있었고, 청둥오리 한 쌍은 강물에서 여유롭게 유영을 하면서 노닐고 있다. 때로는 주린 배를 채우기 위해서인지, 무더워서인지 열심히 자맥질한다. 남생이 몇 마리가 바위 위에 올라앉아 일광욕을 즐기고, 지상의 풍광을 휘휘 돌아보며 여유를 즐기고 있는 모습이 이채롭다.

영동대교 위를 걸어 남단에서 북단으로 걸어 건너갈 때 수많은 차량이 품어내는 매연을 조금이라도 적게 들이키려면 되도록 숨을 적게 쉬어야 한다. 숨을 꾹 참으며 걸어가다 왼쪽으로 고개를 돌리니 강 한중간에 오리 떼들이 물의 흐름에 몸을 맡기고 무리를 이루어 여유롭게 오손도손거리고 있었다. 어떤 놈은 자맥질하고 있었고, 어떤 놈은 천하태평으로 여유롭게 유영하고 있었다. 또 어떤 놈들은 멀리서 날아와 강물에 사뿐히 내려앉아 합류하고 어떤 놈들은 무슨 급한 일이 생겼는지 대오隊伍에서 빠져 훌쩍 날아가 버린다. 그 모습은 평화로움 그 자체다. 그 모습을 보는 나 자신도 마음이 평화로워진다. 참으로 자연은 온갖 진기하고 아름다운 모습을 그려낸다.

한강변을 묵언수행하면서 온갖 호작질를 다하면서 사무실로 가다 보니 일만 오백여 보, 1시간 45여 분이나 걸려 사무실에 도착하게 된다. 참 그놈의 호작질. 그런데 호작질은 시간 가는 줄 모르게 만든다. 자연으로부터 배우고 느꼈던 신기함의 백미.

그 신비스러움이 바로 내 사무실 안에서도 일어났다. 아마릴리스가 그 주인공. 며칠 전 전철을 타고 출근하다 리어카에서 팔고 있는 아마릴리스 뿌리를 사서 내 방에 심어두었다. 아마릴리스의 꽃말은 '눈부신 아름다움'이라나. 나는 생명을 잉태하고 있는 뿌리니만큼 싹을 틔우고 잘 살았으면 하는 바람으로 화분에 정성스럽게 심었지만, 사실은 어떤 기대도 하지 않았다. 그런데 어느 날 갑자기 아마릴리스가 싹이 트더니 쑥쑥 자라고 있었다.

오늘 온갖 호작질을 다하다 늦게 사무실에 도착해 내 방으로 들어간 순간 나는 눈을 의심하지 않을 수 없었다. 나는 평소에도 직원들에게 신통하게 정말 잘 자란다며 거의 매일 한마디씩 했던 아마릴리스가 오늘 보니 꽃대로 보이는 '촉'이 자라는 것이 눈에 띌 정도로 자랐다. 하루 이틀 사이에 10cm 이상 자란 것처럼 보이는 게 아닌가? 놀랍다. 자로 꽃대 높이를 재보았다.

큰 꽃대는 38cm, 작은 꽃대는 18cm다. 어제 높이를 재보니 큰 놈이 30cm, 작은 놈이 12cm였다. 하루 동안 무려 8cm와 6cm가 자란 것이다. 완전 폭풍 성장이다. 정말 경이롭지 아니 한가. 아마릴리스의 폭풍 성장은 자연이 나에게 주는 또 다른 경외감 바로 그 자체였다.

모든 자연은 이렇게 매일 매일 싹트고 자라고 꽃을 피우고, 단풍이 들고 낙엽이 지니 시시각각 새로운 옷으로 단장하고 꾸민다. 그러니 매일 새로운 그림을 그리고 있는 것이 분명하다. 게다가 아름다움은 화려함 속에만 존재하는 것도 아니고, 지나치기 쉬운 사소하리만큼 작은 식물, 곤충 등 미물 속에서도 아름다움은 존재한다.

나는 최근 꽃마리꽃을 좋아하게 되었다. 꽃마리꽃은 직경이 1.5mm인 작은 꽃이다. 이런 작은 꽃도 어떤 마음으로 정성과 열정으로 보느냐에 따라 무한미가 담겨 있다는 것을 느꼈다.

러스킨이 말한 것처럼 자연은 우리를 위해 날마다 완벽하게 아름다운 그림을 그리고 있으니, 우리 모두 자연이 그리는 그림을 볼 수 있는 눈을 가지도록 자연을 아끼고 사랑해야만 한다. 그건 말이나 구호로만 이룰 수 있는 것이 결코 아니다. 자연 속으로 겸허하게 묵언수행을 떠나지 않으면 결코 볼 수도 이룰 수 없는 것이다. 그러므로 나는 자연 속으로 더욱 친밀하게 다가갈 것이다. 그러면 마음의 평화까지도 얻을 수 있으리라 확신하면서 더욱 묵언수행에 매진하리라.

* 호작질: 무언가 좋아하는 일이나 행동을 되풀이해서 하는 것을 말하는 경상도 사투리.

2015. 8. 26. 수요일

마음 비우기 연습 4

　한강 북단을 걸어서 퇴근하는 길에 뚝도 시장 단골집에 들렀다. 저녁을 먹고 마음을 비우기 위하여 걸어서 퇴근하기 위해서다. 그곳에는 세상에서 두 번째로 맛있는 올갱이 국이 있다. 첫 번째로 맛있는 집은 대구에 사는 우리 둘째 누나가 끓여주는 올갱이 국이다. 여태까지 내가 먹어본 올갱이 국 중에서 최고로 맛있었다. 7~8km를 걸어서 묵언수행을 하려면 그래도 배는 채워야 한다. '묵언수행도 식후경'이기 때문이다. 올갱이 국 저녁 한 그릇을 하면서 반주로 마신 막걸리 두 잔. 아, 고놈이 글쎄 내 몸 속에서 금방 반응하기 시작한다. 괜스레 기분이 좋아진다. 기분이 좋아지니 만사가 즐겁다.

　그대들 호지를 아는가? 그네를 타며 느끼는 재미, 가을철 산비탈에 자라는 잔디가 말라 누렇게 변할 때 비료 포대를 펴 미끄럼을 타는 재미, 시소를 타며 느끼는 재미와 같은 사소한, 그냥 사소하고 소박한 재미다. 요즘 놀이공원에서 타는 청룡열차, 바이킹과 같은 놀이 기구를 타면서 느끼는 스릴감과 같은 전율은 없다. 그냥 사소하고 소박하나 가슴 깊이 파고드는 그런 재미다.

　반주로 마신 막걸리 두 잔 고놈이 내 몸 안에서 반응하기 시작하니 갑자기 호지를 타는 듯 재미를 느끼며 시적 감흥이 마구 솟구친다. 이럴 때는 정말 답답하다. 내가 작가나 문인이 아니라서 말이다. 그러나 막걸리 두 잔이나 마셨으니 부끄러움이 없어진다. 튀어나오는 대로 막시 한 수를 읊어본다.

<막걸리 두 잔의 행복>

막걸리 두 잔, 고 놈이 글쎄,
마음 속 깊이 숨어 있는 행복을 불러낸다.

막걸리 두 잔, 고 놈이 글쎄,
온 세상을 기우뚱거리는 놀이 기구로 바꾸고
오랜만에 나를 신나게 호지* 태운다.

막걸리 두 잔, 고 놈이 글쎄,
세상을 이리 기우뚱 저리 기우뚱거리게 한다.
내가 기우뚱거리는 것인가?
땅이 기우뚱거리는 것인가?

막걸리 두 잔 고 놈이 글쎄,
고해 지옥 극락 천국, 그런 구분을 없애준다.
몽롱하다. 호지난다. 아! 행복하다.

수양버들 강바람에 살랑거리고,
제방의 능소화는 아직도 피고 지고 있는데
담쟁이는 벌써 단풍이 들고 있구나.

* 호지: '무엇을 타고 몸이 튀거나 쏠릴 때 느끼는 짜릿한 기분'이라는 경상도
  방언

능소화 꽃이 막 피고 있다.

막걸리 두잔 고 놈 때문에 찾아온 행복감, 기분 좋고 행복하면 시간이 빨리 가는가. 막걸리 두 잔의 행복에 겨워, 요즘 내 생각을 가장 잘 대변해주고 있는 당나라 시인 백거이 白居易의 <대주對酒>라는 시를 읊다 보니 어느새 집 대문 앞에 와 있었다.

<對酒대주> / 白居易백거이

蝸牛角上爭何事와우각상쟁하사
石火光中寄此身석화광중기차신
隨富隨貧且歡樂수부수빈차환락
不開口笑是痴人불개구소시치인

<술을 앞에 놓고>
달팽이 뿔 위에서 무엇을 다투는가?
전광석화처럼 짧은 삶이거늘.
부유한 대로 가난한 대로 즐거움 있는 법,
입 벌려 웃지 않는 이 어리석은 자로다.

잠실 롯데타워 주변의 야경

치가 떨리고 악에 받치는 치악산, 나에게 나의 리듬을 선물하다

원주의 진산인 치악산 (1,288m)은 원래 가을 단풍이 아름답다 하여 '적악산'이라 불리었다가 구렁이에게 잡힌 꿩을 구해준 나그네가 그 꿩의 보은報恩으로 나그네 또한 위기에서 목숨을 건졌다고 구전되는 전설에서 꿩 '치雉' 자를 따와 지금의 치악산으로 불리게 됐다고 한다.

구룡소 주변은 아직도 단풍이 한창이다.

치악산은 2013년 10월 고등학교 동문 산악회를 따라 올라갔다. 당시는 산에 올라갈 기회가 고등학교 산행 행사나 직장 동호회 행사, 혹은 동호인 산악회가 아니면 별로 없을 때였다. 선천적인 바닥 체질 탓도 있었지만 건강 상태도 양호하지 못해 산에 올라갈 엄두를 내지 못하고 있었으니까 산행이 많지는 않았다. 1년에 열 차례 이상 넘지 않았다.

그날도 동문회에서 치악산 산행을 한다는 연락을 받았다. 치악산은 산객들 사이에서 '치를 떨고 악에 받쳐 간다.'라고 할 정도로 험하다고 알려진 산이 아닌가. 나는 한참을 망설이다 '죽기 아니면 까무러치기'라는 생각으로 용기를 내서 따라나섰다. 도저히 산을 따라갈 몸 상태는 아니었지만 정말 용감하게 마음먹고 따라 올랐다. 내 상태로 봐서는 용기라기보다는 만용蠻勇에 가까웠다.

비로봉 미륵불탑 앞에서

아나나 다를까 치악산 등산은 참으로 힘에 부치는 등산이었다. 그러나 내 성격상 가다가 포기할 일은 없다. 한 번 마음먹으면 꼭 하고 만다. 굴러서라도 간다. 나는 어떻게 올라갔다 내려왔는지도 모르겠다. 주변의 풍광을 감상할 겨를도 없었고 그저 땅만 보고 일행을 따라 올라갔다 내려왔을 뿐이었다. 그런데 그날부터 나는 후유증에 시달려야 했다. 지하철 계단을 오르내리는데 다리가 뻐근하고, 심지어는 아프기까지도 해 걷기가 힘들었다. 게걸음처럼 옆으로 걸어 오르내려야 했다. 아픔을 못 이겨 엉거주춤 걷기도 했다. 그 후유증은 1주일 이상이나 갔다. 너무 힘이 들고 후유증도 심해 산행을 포기해야겠다는 생각까지 났다.

그러나 2016년 9월부터 혼자 사부작사부작 다니면서 일행들을 의식하지 않아도 되는 오로지 내 페이스와 리듬대로 움직이면 되는 <나홀로 묵언수행>을 지속하고 난 후부터는 험한 산을 묵언수행해도 전혀 그런 후유증을 겪지는 않는다. 건강도 체력도 좋아짐을 스스로 느끼기 시작했다. <나홀로 묵언수행>을 하는 효과가 서서히 드러나는 것 아닐까?

[묵언수행 경로]

황골 탐방지원센터(09:38) > 입석사(10:10) > 정상: 비로봉(11:52) >
사다리병창길 > 구룡사(15:08)

<수행 거리: 12.5km, 소요 시간: 5시간 30분>

고등학교 동기생들과 깡다구로 북한산 정상에 오르다

북한산 정상 백운대에서

　북한산도 백대명산 묵언수행 결심 시점 이전에 올라갔던 산이다. 오래 전 몇 차례 다녀온 적이 있다. 서울에서 살아가는 서울 시민들 중 북한산이나 관악산, 도봉산 등 서울시 주변 명산에 한 번이라도 올라보지 않은 사람이 몇이나 되겠는가. 아마 거의 대부분은 한 번쯤은 다녀왔으리라. 나도 서울 시민이라 예외는 아니다. 혹시 내가 남겨놓은 기록이 있나 이곳저곳 뒤져 보았지만 기록이 남아 있지 않았다. 산을 아주 잘 타고 좋아해 산신령이라는 별명을 가진 고등학교 동기 친구가 남겨놓은 기록이 있어 일부를 발췌해 그대로 올린다. 이 산행기 중 정상을 올라간 3명 중에 나도 끼어 있었다. 물론 동행한 다른 친구들은 수없이 올라갔을 터다.

　그날 같이 산행한 소위 산신령이란 고교 동기 친구가 쓴 산행기를 일부 발췌하여 인용한다.

　"…(전략) 오늘 쾌청하지는 않았지만 모처럼 좋은 날씨에 14명의 동기들이 함께 북한산 산행을 하였다. 오늘 참가자는 강 모, 장 모, 양 모, 손 모 2명, 정 모, 김 모 3명, 유 모 2명, 심 모, 권 모, 이 모 이렇게 모두 14명이었다.

바위에서 꿋꿋이 자라는 소나무 두 그루

　강 모 산악회장은 부활절 미사를 마치고 번개같이 달려와 점심 시간에 합류를 하였고, 미국에서 좀 놀다가 최근 귀국한 심 모 동기도 오랜만에 합류하여, 세상사를 논하며 흥분하여 방방 뜨다가 찬조까지 한다. 참으로 고맙다.

　오늘의 산행은 우이동 - 진달래 능선 - 대동문 - 동장대 - 용암문 - 노적봉 - 백운동암문 - 백운대 - 백운산장 - 하루재 - 공원 지킴터 코스로 점심 식사 시간을 포함하여 총 5시간 30분을 산속에 체력 단련의 장을 가졌다.

　참고로 백운대 정상까지 올라간 친구들은 총 14명 중 3명이었다.(* 3명 중 한 명이 바로 나, 청송 이다.) 짧지가 않고 그리 쉽지가 않은 길을 안전하게 잘 다녀온 재경 동기 친구들 다들 멋있는 넘들이다. "모두 건강하게 다음에 또다시 만나자. 아자! 힘, 힘, 힘!"

인수봉을 배경으로

[묵언수행 경로]

우이동(10:43) > 진달래 능선 > 대동문 > 동장대(12:25) > 용암문
> 노적봉 > 백운동암문: 위문(14:11) > 백운대(14:50) > 백운 산장
> 하루재 > 백운대 공원 지킴터(16:13)

<수행 거리: 미측정, 소요 시간: 5시간 30분>

백운대 바로 밑 너럭바위에서 휴식을 취하는 등산객들

민주지산岷周之山　　3회차 묵언수행　2015. 4. 12. 일요일

재경 고교 동문 산악회(청조산악회)를
겁도 없이 따라나선 민주지산 묵언수행

민주지산 정상에서

　2017년 한 해를 보내며 백대명산 묵언수행 일지를 정리하다 2015년 4월 재경 고교 동문 산악회인 <청조산악회>를 따라 영동의 각호산과 민주지산을 아주 힘들게 올라갔다온 기억이 났다. 과거 기억을 되살려 묵언수행기를 정리한다.

2015. 4. 12. 일요일, 재경청조산악회가 충청북도 영동의 각호산과 민주지산을 산행하는 날. 며칠 전부터 날씨가 신경 쓰이더니 '구름 많음, 바람 4m/s'라는 전날 일기 예보에 방풍 옷과 하산 길이 너덜길이라 스틱을 꼭 챙기라는 연락을 받고 나름대로 준비해 출발지에 도착하니 버스 3대가 거의 꽉 차는 120여 명의 동문들이 이번 산행에 참가했다.

오전 8시경 출발하여 목적지인 도마령에 도착하니 오전 11시 30분, 120여 명의 대부대가 산행을 시작했다. 4월 이른 땡볕에 더울 것으로 걱정하여 반팔 티만 입고 출발했는데, 해는 날씨가 잔뜩 흐려 구름 속으로 숨어버리고 만다. 땡볕에 더울 걸 걱정했는데 오히려 추울 걸 걱정하며 각호산 비탈을 오르니 비좁은 각호산 정상이 나온다.

비좁은 각호산 정상에서 단체 기념 촬영을 마치고, 로프로 하강하는 코스를 거쳐 민주지산으로 향하는 능선에 오르니 바람이 장난이 아니었다. 겨우 한 사람 지나갈 정도의 좁고 가파른 능선길이고 산죽山竹으로 가득 찬 가파른 비탈길이 연속된다. 배는 고파오고 기운은 빠지고, 점심을 먹어야 하는데 점심 먹을 장소 찾는 일이 급선무였다.

짧지 않은 거리를 가서야 주능선에서 좀 벗어난 곳에 새가 둥지 튼 듯한 포근한 장소가 발견됐다. 그곳에 우리 동기 일행들이 자리 잡고, 별칭 호박이라는 재경동기회 사무총장이 준비한 특식인 토실토실한 갑오징어 데침과 골뱅이 무침으로 산중의 파티를 벌인다. 갑오징어는 얼마 전 할아버지, 할머니가 된 강 모 재경동기 산악회장 부부를 위한 특식이었는데, 초반 컨디션 난조로 동석하지 못하고 후미에서 산행한 관계로 우리끼리 미안한 기색만 하고 내심으로는 잘됐다면서 몽땅 다 먹어치운다.

민주지산 정상에 올라서니 바람이 장난 아니게 세다. 사진을 찍는데 바람에 몸이 돌아 사진 촬영이 곤란할 정도의 강풍이 불었다. 서둘러 민주지산 정상을 밟고, 기념사진만을 찍고 난 다음 곧바로 원시림 계곡인 물한계곡으로 하산하며 야생화에 조예가 깊으신 선배님의 사진 촬영을 구경하고 덩달아 사진도 찍으며 하산했다.

각호산 정상에서

　민주지산은 산꾼들에게는 겨울 눈 산행지로 많이 알려져 있지만 진달래와 야생화 명소이며 시원한 능선이 펼쳐지고 깊은 계곡과 시원한 물이 있어 여름 야생화 출사 팀들이 많이 다녀가는 멋진 곳이라고 알려져 있다.

　하산 후 송어회와 매운탕으로 뒤풀이를 하고 상경 길에 올랐다. 서울에 도착한 후 간단한 해산 모임을 갖고 해산한다는 것이 그만 집에 도착하니 날은 바뀌어 버렸고, 결국은 1박 2일간의 산행이 돼버리고 말았다.

[묵언수행 경로]

도마령 > 각호산 > 민주지산 > 쪽새골 > 잣나무 숲 삼거리 >
물한계곡 식당 * 수행 시작 첫 1시간은 오르막으로 힘에 부치었음
<수행 거리: 약 8.5km, 소요 시간: 약 5시간>

오봉산 산행, 오감만족五感滿足을 주다

산을 찾아다니다 보면 산에 올라가는 즐거움 외에도 주변에 이름 있는 맛집들을 찾아다니는 재미도 산행의 일락一樂이다. 꼭 산에 오르지 않더라도 서울 곳곳에 흩어져 있는 맛집을 일부러 찾아다니며 미각을 만족시키는 먹보 친구들이 있다. 그 친구들과 함께 춘천에 있는 3대 막국수 집 중 둘째가라면 서러워할 라이벌 막국수 집을 찾아 막국수 투어 겸 오봉산 산행을 떠나기로 했다.

오늘 찾아갈 막국수 맛집은 춘천 <유포리막국수> 집과 <남부막국수> 집. 나는 막국수 마니아다. 서울 근교뿐만 아니라 강원도 일원에서 유명하다는 막국수 집이라면 안 가본 데가 없을 정도다. 아직도 내가 맛있다고 손꼽은 집은 수시로 찾아가 먹곤 한다. 오늘도 춘천 양대 막국수 집을 찾아간다니 출발하면서부터 벌써 군침이 감돌기 시작한다. 오봉산 산행도 하고 좋아하는 막국수도 먹고 일석이조一石二鳥, 도랑 치고 가재 잡는 격이다.

오봉산을 오르기 전에 먼저 <유포리막국수> 집에서 맛을 즐기고 산행을 마친 후 <남부막국수> 집으로 가서 뒤풀이를 하기로 정했다. <유포리막국수> 집에 도착한 우리 일행은 편육, 전병, 동치미 막국수 등을 푸짐하게 주문해 먹으면서 막걸리를 한 순배 돌리고 나니 배가 든든해지면서 오감五感 중 3감 즉 미각, 후각, 촉각이 충족된다. 3감을 만족시킨 우리 일행은 이제 남은 2감, 즉 시각과 청각을 충족시키러 오봉산을 오른다.

오봉산은 해발 779m. 그렇게 높지는 않았지만 오르기에 그렇게 만만한 산은 아니었다. 급경사에다 암릉이 많다. 오봉산은 처음이지만 정말 멋있는 산이다. 끊임없이 나에게 볼거리를 제공한다. 기암괴석과 온갖 풍상을 겪으

소양호를 배경으로 우뚝 솟은 낙락장송 한그루

면서 살아남은 기기묘묘한 모양의 수목, 바위 위 척박함 속에도 나약한 인간을 비웃듯 꿋꿋이 서 있는 소나무, 그리고 고사목들이 아름답고 신기한 모습들을 뽐내고 있었고, 산 중턱부터 내려다보이는 시원한 소양호, 가슴 탁 틔게 하는 풍광들이 그야말로 신비롭다. 이런 비경을 어디서 볼 수 있단 말인가?

내려오면서 발견한 노루귀 꽃은 또 어떤가? 쳐다보고 있노라면 아름다운 선녀가 미소를 띠면서 살포시 내 가슴에 안기는 것만 같다. 청평사계곡으로 흘러내리는 물소리는 천상의 오케스트

오봉산에서 만난 선녀를 닮은 고귀한 노루귀꽃

라다. 구송폭포의 웅장한 물소리는 계류에서 조용히 흘러내리는 물소리와 어울려 청아한 고음과 저음을 변주한다. 아! 그저 감탄사만 연발할 뿐이다. 이게 바로 2감 만족이 아니고 무엇이겠는가.

하산 후 예정대로 찾아간 곳은 <남부막국수> 집이다. 나는 <유포리막국수>

집은 벌써 3번 이상이나 다녀왔지만 <남부막국수> 집은 처음이다. <유포리 막국수> 집에서와 마찬가지로 편육, 전병, 막국수와 막걸리와 소주를 주문한다. 이 집 막국수는 유포리와는 달리 비빔 막국수다. 과연 소문대로일까? 일단 먹어보고 판단하자며 막국수 생면을 한 젓가락 입에 넣고 꼭꼭 씹어본다. 그 순간, "음! 과연 명불허전이로구나. 역시 헛소문은 아니야."라는 말이 절로 나온다. 유포리막국수 집에 비하여 전혀 손색이 없었다. 맛이 차이 난다면 그것은 동치미 막국수와 비빔 막국수 간의 차이일 뿐이다. 맛을 글로 다 표현할 수 없다. 오로지 입과 혀로 느껴야 한다. 그러나 글로 굳이 표현한다면, "두 곳 모두 개운한 맛이다. 혀에 착 감기는 맛이다."라고 표현하면 맞을 것 같다.

오늘은 맛과 멋, 아름다움을 마음껏 즐겼다. 그리고 친구들과 함께하는 즐거움과 행복을 배불리 먹고 마시고 즐겼다. 한마디로 오감만족五感滿足하는 하루였다.

이럴 때 외치는 말 한마디, "Carpe Diem!"

[묵언수행 경로]

청평사 주차장(12:45) > 소요대(14:16) > 구멍바위(14:33) > 오봉산 3지점(14:50) > 오봉산 정상(14:55) > 구멍바위(15:16) > 진락공 세수터 (15:46) > 척번대(16:00) > 공주탕(16:20) > 청량사(16:22-16:27) > 구송 폭포(16:36) > 거북바위(16:37) > 청평사 주차장(16:55)

<수행 거리: 미측정, 소요 시간: 4시간 10분>

창녕 깡촌 놈, 창녕의 진산鎭山 화왕산을 오르다

화왕산 정상에서

창녕은 내 고향이라 항상 그리움이 묻어 있는 곳이다.

창녕군 고암면 간적 마을에서 태어나 중학교까지 수학했는데, 초등학교, 중학교를 10리 이상 걸어 다녔다. 특히 중학교는 비록 야산이지만 산을 3개나 넘는 산길을 걸어 다녔다. 그러다 고등학교는 부산으로 유학가게 된다. 그 이후 거주지는 학창 시절은 부산이었고, 사회생활 근거지는 서울이 되었다. 그러다 보니 어렸을 적에 우리 마을 뒷산인 왕령산旺嶺山을 2~3차례 올랐을 뿐 창녕의 진산 화왕산은 올라가본 적이 없었다.

오늘은 마침 창녕 등기소에 볼일이 있어 갔다가 일을 마치고 시간도 있고 해서 화왕산을 생전 처음으로 올라가봐야지 하고 나섰다. 창녕은 수구레 국밥이 맛있다고 소문이 나 있어 창녕 시장터를 찾아 수구레 국밥 한 그릇으로 점심 끼니를 하고 옥천계곡을 따라 화왕산을 올라갔다.

화왕산은 경상남도 창녕군 창녕읍과 내 고향인 고암면의 경계를 이루는 높이 757m 산이다. 경상남도 중북부 산악지대에 위치해 낙동강과 밀양강이

창녕 조 씨 득성비

둘러싸고 있는 창녕의 진산이다. 용암 분출로 형성된 화산으로 옛날에는 '불뫼'나 '큰불뫼'로 불리기도 했다고 한다. 정상 근처에는 용지龍池를 비롯해 3개의 분화구가 형성돼 있다.

오늘 화왕산 정상에 올라서니 아무도 없다. 나 혼자뿐이다. 북쪽으로 바라보면 저 멀리 우리 동네 뒷산인 왕령산이 훤히 보인다. 그 산 아래

정중앙에 있는 산이 나의 고향 뒷산인 왕령산이고, 우측으로 높이 솟은 산이 참꽃으로 유명한 비슬산이다.

부모님 산소가 모셔져 있는데, 먼저 오늘은 찾아뵙지 못하므로 고개를 숙여 용서를 빌고 난 후, 정상부에서 수행을 계속한다.

화왕산은 화산이라서 그런지 산 정상 둘레는 깎아지른 듯 절벽을 이루고 있고, 정상부에는 사적으로 지정된 화왕산성(둘레 약 3km) 안에 5만~6만 평에 달하는 넓고 평평한 초원이 펼쳐져 있다. 정상의 깎아지른 듯한 바위 근처를 걸어가면서 아래를 바라보면 그냥 마구 오금이 저린다. 옛 선조들이 이런 지형지물을 이용하여 산성을 지은 모습도 장관이다. 그 둘레만 무려 약 3km에 이른다.

화왕산성 전경

화왕산은 기암괴석에 억새 군락지와 참꽃(진달래꽃)으로 유명하다. 특히 5~6만 평을 뒤덮은 억새 군락지는 그 자체로도 아름답지만 우리나라 어느 산에 못지않은 대규모다. 가을 어느 날 활짝 피어난 억새꽃은 점점 익어 은빛 아니 플래티넘 빛깔을 띨 것이다. 평평한 산꼭대기에 플래티넘 빛의 물결이 출렁거릴 때, 가을 화왕산은 눈과 바위 때문이 아니라 억새꽃으로 또 하나의 백두를 이룰 것이다. 겨울의 포근한 설국을 연상케 하는 화왕의 가을 산은 생각만 해도 가슴 설렌다.

이른 봄 화왕산에 참꽃이 피면 온 산이 불타오르듯 붉게 물들 것이다.

화왕산의 가파른 절벽(화구벽)

넓은 군락지에 피는 참꽃의 황홀함은 가을 억새 못지않다, 억새 군락지를
빙 둘러 형성된 가파른 절벽(화구벽) 위로 참꽃 불이 붙으면 장관을 이룰
것임에 틀림없다.

화왕산 정상에서도 어느 산에서와 마찬가지로 정상 주를 한 잔 하고
싶은데 아쉽게도 주점이 없었다. 거기에도 당연히 있을 것이라 생각했는데
보이지 않는다. 날씨가 너무 추운 탓일까? 등산객이 적어 장사가 되지
않아서일까? 아쉽지만 할 수 없는 노릇이다.

화왕산의 이런 아름다운 풍광 때문일까 화왕산은 절찬리에 방영했던
드라마 <허준>, <대장금>, <상도>, <왕이로소이다>, <왕초> 등을 촬영
했던 촬영 장소로도 유명하다. 아직도 화왕산에는 이들 드라마 세트장이
남아 있었다.

화왕산 정상에서 옥천 쪽으로 내려오면 1,700년 전에 창건했다는 아기
자기한 관룡사가 나온다. 관룡사에서 정성으로 치성을 드리면 한 가지
소원은 꼭 들어준다는 전설이 전해져 오고 있다. 관룡사를 찾아 나도 한
가지 소원을 빌어 본다.

옥천주차장으로 원점회귀해 하산하니 배가 출출해온다. 오후 6시경이니
날도 어둠이 깔리기 시작한다. 식당을 찾아보니 간이 편의점 겸 주점 하나가

눈에 들어왔다. 그곳에 들어가니 내가 애타게 찾고 있던 '화왕산 막걸리'가 있었다. 당장 창녕 산 토종 콩으로 만든 두부 한 모를 안주로 해, 내게는 거의 치사량 수준이지만 화왕산 동동주 한 잔, 화왕산 생 막걸리 두 잔을 비웠다. 그랬더니 바로 효과가 나타난다. 극락과 천당이 따로 없었다. 서울에 사는 동무들에게 맛 뵈려고 화왕산 생막걸리 아홉 병, 화왕산 동동주 1.8리터 짜리 한 병을 샀다. 아침 6시 30분에 서울을 떠나 창녕에서 일을 마치고, 서울에서 출발한 지 꼭 12시간 반이 지난 7시경에 창녕에서 서울로 출발했다. 오늘 창녕의 진산 화왕산에서 듬뿍 받은 '불을 뿜는 듯 뜨거운 기운'과 '고향의 포근한 온기'를 가족들과 친구들에게 모두 나눠줘야지.

[묵언수행 경로]

옥천계곡 주차장(12:13) > 큰바위얼굴(12:39) > 세트장(13:43) > 화왕산성(13:57) - 화왕산 정상(14:24) > 창녕 조 씨 득성설화지(15:17) - 용지(15:22) > 관룡사(16:57-17:19) > 주차장(17:38)

<수행 거리: 미측정, 소요 시간: 5시간 25분>

설악이 나홀로 고독 묵언수행의 길로 들게 하다

처음으로 대청봉을 올라서다.

　2014년과 2015년은 내 생업에 여러 가지 어려움이 닥쳐 2년 연속 적자를 내는 혹한의 시기였다. 생업에 문제가 생기니 정신적으로 받는 스트레스의 강도가 점증漸增될 것은 빤하지 않겠는가. 그래서 시작한 것이 한강변과 북한산 둘레길 묵언수행이었다. 묵언수행을 꾸준히 계속하다보니 나도 모르는 사이에 점차 고통이 치유되기 시작하면서 정신적으로도 안정을 되찾아가고 있었다.

　그러던 즈음인 2016년 6월 28일 집안에 황당한 불상사가 일어났다. 내 동생의 처, 즉 제수씨가 의료사고로 사망하는 사건이 벌어진 것이다. 제수씨는 동생 집안의 기둥이었다. 내 동생은 병고에 시달리고 있었고 두 딸은 학생이었다. 나보다 일찍 사회생활을 시작한 내 동생은 내가 대학생 시절 학비를 보태주었을 뿐 아니라, 제수씨는 어려운 형편에도 아무런 불평불만 없이 오랫동안 편찮으셨던 부모님의 병시중을 들었다. 동생의 형이고 제수씨의 시숙인 내가 나서지 않으면 이 사태를 수습할 길이 없어 보였다. 나는 이 황당하고도 억울한 사건을 제대로 파헤쳐 동생 가족의 억울함을 풀어주기 위해 서울에서의 사업을 내팽개친 채 부산에서 2개월여를 상주하면서 백방으로 뛰어 다니며 의료사고의 진상을 파악했다. 진상 파악이 마무리되어갈 때쯤 또다시 내 몸과 마음이 걸레 조각처럼 너덜거리고 있는 것을 발견했다. 억울함, 괴로움, 분노, 한숨, 불면, 고민. 고독한 투쟁 등, 온갖 부정적인 용어가 총동원돼 내 몸과 마음을 갉아 먹고 있었다. 이를 어떻게 극복한단 말인가? 그것이 문제였다.

한동안 고민한 끝에 시도하게 된 것이 바로 설악산 <나홀로 묵언수행>이었다. 나는 여태 설악산 대청봉을 올라가 본 적이 없었다. 대부분의 다른 백대명산도 마찬가지지만. 설악산은 국립공원 중에서도, 백대명산 중에서도 올라가기 가장 까다로운 산이다. 내가 설악산을 최초의 묵언수행지로 선정하게 된 이유는 몸을 힘들게 하면 여러 부정적인 생각이 들어올 틈이 없을 것이라는 기대감이 있었기 때문이다. 불도를 닦기 위해 두타행頭陀行이나 고행苦行을 하는 것과 비슷하다고나 할까. 한편으로는 설악산 묵언수행을 제대로 완료하지 못하면 앞으로 어떻게 될까 하는 중압감이 없는 것은 아니었다. 이렇게 하여 나는 설악산을 시작으로 본격적인 백대명산 묵언수행을 출발하게 된다.

2016년 9월 20일 화요일 새벽 네 시경에 일어나 간단하게 세수를 하고 등산복을 갈아입고 전날 밤에 꾸려놓은 배낭을 메고 아파트 주차장을 출발한 시각은 새벽 4시 30분이었다. 설렘 반 두려움 반으로 두근거리는 가슴을 쓸어내리며 차를 달린다. 화양강 휴게소에 도착하니 여명이 움트고 있었고, 솟아오르는 붉은 빛이 하늘과 땅의 경계를 이루고 있었다. 설악산을 오르는

새벽 6시 30분경 화양강 휴게소에서

묵언수행을 하려면 아침 식사를 든든히 해야 한다. 해장국 한 그릇으로 배를 채운 다음 대청봉에 오르면 먹을 요량으로 김밥 한 줄도 준비한다. 새벽에 일어났건만 피곤한 줄도 모르겠다. 열심히 액셀레이터를 밟다보니 어느덧 <오색그린야드> 호텔 주차장에 도착한다. 특별히 주차 관리하는 사람도 없었고 주차장도 널찍하다. 마치 나를 위해 주차 공간을 마련해 둔 듯하다.

안심하고 차를 주차한 다음 남설악 탐방지원센터가 있는 오색 들머리에 도착한 시각은 오전 7시 37분이었다. 오색에서 대청봉으로 오르는 사람은 오직 나 혼자뿐이었다. 더구나 아직도 어둠이 다 가시지 않은 데다 안개까지 자욱하다. 으스스 짜릿하면서 몽환적인 분위기이다. 다른 사람들도 이러한 느낌이 드는가가 궁금해진다.

오전 7시 45분경 남설악교를 통과하니 까마귀들이 깍깍 울어대며 날을 밝힌다. 어둠이 완전히 가신 수행로 주변에는 구절초, 투구꽃 그리고 이름 모를 각종 야생화들이 방긋거리며 수행자의 두타행을 위로해주고 있었다. 기이하게 자란 소나무 사이로 설악이 그 위용을 힐끔힐끔 드러낸다. 조금 더 올라와 공원 입구에서 2.3km되는 지점에는 벌써 색깔이 아름다운 단풍으로

화려한 단풍이 수행자를 격려한다.

옷을 갈아입고 있는 나무들이 보이기 시작한다. 웅장하게 들리는 물 흐르는 소리가 수행로 오른쪽에서 들린다. 폭포가 틀림없는 것 같은데 귀를 쫑긋거리며 주위를 살펴보아도 보이지 않는다. 수행로 오른쪽에는 숲이 우거져 있으니 보일 리 없었다. 폭포가 궁금해 견딜 수 없다. 오른쪽 숲 사이를 파고들어 가보니 물보라를 일으키며 폭포가 힘차게 흘러내리고 있었다. 이것이 설악폭포다. 설악폭포 주변의 바위에 멍하니 걸터앉아 집에서 싸온 찹쌀떡과 강정을 꺼내먹으니 꿀맛이다.

설악폭포를 떠나 수행을 계속하니 괴이하게 생긴 고사목과 바위들이 나타나고 고도가 높아져서 그런지 단풍이 제법 울긋불긋하다. 단풍나무 주변도 제법 붉은색으로 물들이고 있었다. 고도가 높아지면 높아질수록 붉은색이 점점 더 짙어진다. 대청봉 500m 전방의 수행로 근처에 있는 단풍나무 한 그루는 온 몸에 불이 붙었다. 붉은빛으로 자신의 정열을 과시하는 듯하다. 참으로 눈부신 듯 아름다운 색이라 한참을 멍하니 바라보고 있었다.

이제 대청봉이 바로 눈앞으로 다가 왔다. 푸른 하늘이 보이더니 갑자기 흰 구름이 높푸른 하늘을 가리기 시작한다. 마치 하늘과 구름이 기 싸움을

대청봉 500여 m 전방. 용틀임 하듯이 자라고 있는 소나무

하는 듯하다. 보였다 가리고 가렸다 보이고를 반복한다. 하늘만 바라보고
수행을 할 수는 없다. 수행로 오른쪽을 보니 기이한 형상의 소나무 한
그루가 눈에 들어온다. 마치 용틀임을 하는 듯한 신기한 모습이다. 어떻게
저런 모습으로 자라고 있는지 신기할 따름이다. 기이한 소나무를 뒤로하고
오르니 이제 관목들이 군락을 이루고 있고 붉은 단풍이 들었거나 들어가고
있었다. 해발 고도 1,700m에 가까우니 당연할 것이다. 정상부에서부터
단풍이 무르익어가고 있으니 곧 단풍 비를 아래로 뿌려 내릴 것이다. 설악은
그 단풍 비에 진홍색으로, 담홍색으로 물들여 가면서 사람들을 유혹해
끌어드릴 것이다.

  11시 50분경 설악산 정상 대청봉에 올라선다. 내가 꿈에 그리던 대청봉이다.
대청봉 정상에 오르니 동해 용왕의 심술이 장난 아니다. 세찬 바람을
불어제치니 체감 온도가 영하로 느껴진다. 손도 시리고 귀도 시리다. 게다가
운무를 내뿜어 대니 동해의 풍광을 보여주지도 않는다. 처음 묵언수행하는
사람이라 깔보는 듯하다. 혼자서 정상석을 배경으로 셀카를 찍고 있으니
젊은 부부 한 쌍이 올라 왔고, 이어 친구로 보이는 중년 남자 2명이 올라왔다.
그들과 인증 샷을 찍어주고 받고 난 후, 정상석 바로 앞 바위에서 준비해

온 김밥과 찹쌀떡 그리고 강정을 먹었다. 그 맛은 말해서 뭐하랴. 찬바람 속에 손을 호호거리며 먹어도 어느 산해진미가 이 맛에 비견되리오.

난생처음 올라 묵언수행한 대청봉, 아무리 바람이 불고 구름이 일어 날씨가 궂어도 원망할 수 없는 것은 당연한 일이다. 난생처음인데 모든 속살을 다 보여주면 너무도 싱겁지 아니한가. 이런 변화무쌍한 날씨가 오히려 수행자에게는 더욱 신비롭기만 하다.

신비스런 설악산 대청봉에서 30분 이상을 배회하면서 감상에 젖는다.

요즘 나는 괴롭다. 외롭다. 고독하다. 힘들다. 괴로움을 떨쳐버리고 외로움을 달래기 위해, 힘을 내기 위해, 정신을 가다듬기 위해 무작정 나홀로 고독 묵언수행을 떠났다. 이름하여 아름다운 단풍맞이 고독 묵언수행이다. 어디로? 설악산 대청봉으로. 설악은 해발 1,708m. 남한에서 세 번째로 높은 산이다. 험하면서 아름다운 산이다. 드디어 대청봉이 내 발 아래 놓이다.

아름다웠다. 행복했다. 육체는 고단하고 힘은 들었지만 정신만은 3쾌 - 상쾌, 통쾌, 유쾌 - 속에서 유영했다. 한마디로 아름다운 고독 그 자체였다.

여러분들도 무작정 묵언수행을 떠나보라. 그러면 피안이 멀리 있지 않음을 알 수 있을 것이다.

설악의 아름다움과 신비로움에 흠뻑 젖은 나는 깊이 빠진 감흥에서 깨어나 어느 수행로로 하산하느냐를 정해야 했다. 내 수준으로 당일로 하산할 수 있는 길은 오색으로 다시 내려가는 길과 한계령으로 가는 길 뿐인 것 같았다. 오색으로 가는 길이 짧아 하산이 더 쉽겠지만 나는 항상 내 수준에서 최선을 선호하는 성격이 있다. 그래서 한계령 휴게소로 하산하기로 정한다.

설악산 대청봉은 난생처음이라 하산할 때 어느 정도 시간이 소요되는지 예측이 불가능하다. 대청봉에서 30분간을 머무른 후 대청봉을 뒤로 하고 중청 휴게소를 향한다. 대청봉에 피어 있는 구절초와 오이풀꽃이 바람에 흔들리는 모습이 초행자인 나를 전송해주는 듯하다. 땅에 붙어 누워서 자라는 눈잣나무의 귀여운 모습도 아련히 멀어지기 시작한다. 중청 휴게소

끝청에서 본 설악산. 가리봉과 주걱봉 그리고 귀때기청봉이 보인다.

에서 대청봉과 헤어지는 것이 아쉬워 계속 고개를 뒤로 돌려대며 연신 사진기에 담는다.

끝청에서 서북 능선으로 이어지는 수행로는 설악의 절경을 선사한다. 가끔 구름이 일어 훼방을 놓기도 하지만 그게 더 신비로움을 자극한다. 끝청에서 한계령까지의 수행로는 주로 바위로 이루어져 있었는데 제법 큰 바위들이라 내 보폭으로는 상당히 힘이 들었다. 한계령으로 하산하는 수행자는 단 한 사람, 나뿐이었다. 내가 그 수행로를 따라 내려오면서 보니 여기저기서 철제 계단 공사를 하고 있었는데, 앞으로는 아마도 조금은 더 쉽게 오르내릴 수 있을 것으로 생각된다.

한계령 휴게소에 도착하여 시각을 보니 오후 6시 34분이다. 날은 저물어 어둠이 깔리고 있었다. 새벽에 출발하여 약 11시간에 걸쳐 13.5km를 묵언수행 했지만 몸과 마음이 오히려 가벼워지는 것을 느낀다. 설악이 나로 하여금 나홀로 고독 묵언수행의 자신감을 듬뿍 심어주었다.

나홀로 고독 묵언수행은 건강이다. 행복이다. 자신감이다.

[묵언수행 경로]

남설악 탐방지원센터(07:37) > 남설악 교(07:45) > 설악폭포(09:38)
> 대청봉(11:50) > 중청 휴게소(12:40)> 끝청(13:51) > 한계령 삼거리
(16:56) > 한계령 휴게소(18:34) > 한계령에서 택시를 불러 타고 오색
으로 회귀하다.

　　　　　<수행 거리: 13.5km, 소요 시간: 약 11시간>

고사목과 서북능선

시 한 구절로 가슴에 오대산을 품다

오대산 정상 비로봉에서

오대산은 강원도 강릉시, 평창군, 홍천군에 걸쳐 있는 산으로 주봉인 비로봉(1,563m)을 뜻한다. 비로봉을 중심으로 동대산(1,434m), 두로봉 (1,422m), 상왕봉(1,493m), 호령봉(1,561m) 등 다섯 봉우리가 주변에 비슷한 높이로 늘어서 있다. 따라서 오대산은 원래 하나의 봉우리를 지칭하기보다 다섯 봉우리를 아우르는 이름이었고, 그 다섯 봉우리의 모양에서 이름이 유래했음을 알 수 있다. 또 산의 가운데에 있는 중대中臺를 비롯하여 북대, 남대, 동대, 서대가 오목하게 원을 그리며 다섯 개의 연꽃잎에 싸인 연심蓮心과 같다 하여 오대산이라고 불렀다고도 한다. 원래 오대산은 중국 산시성山西省에 있는 청량산의 다른 이름으로 신라의 자장 율사가 당나라에 유학할 때

중대사자암의 특이한 모습. 처마가 마치 하늘을 나는 듯 치솟고 있다.

공부했던 곳이다. 그가 귀국하여 전국을 순례하던 중 백두대간의 한가운데 있는 산 형세를 보고 중국 오대산과 흡사하다 해서 그렇게 불렀다고 전해진다.

오늘은 오대산으로 일곱 번째 묵언수행을 떠난다. 이제 막 가을이 오대산에 내려앉고 있었다. 온 산이 오색으로 물들기 시작한다. 이 포근하고도 아름다운 산, 어머니 품 같은 산에서 무한감동을 받았고, 무한감동을 어쭙잖은 시 한 수를 읊으며 묵언수행기를 대체한다.

<오대산 비로봉>

문수야!
너는 아직도 고독孤獨한 것이냐?

오대산 비로봉,
비로*의 오색찬란하고 너그러운 밝은 빛이
자기 품에 안겨보라 손짓하며
나를 불러, 나를 불러
어둠과 슬픔, 분노와 고독.

온갖 번뇌에 사로잡혀 있는 나.
우울한 회색빛 속에 휩싸인
나를, 나를 부르네.

회색 모든 것
모든 것을 꾸려 담고,
회색 마음, 회색 가슴, 회색 심장과
모든 회색 시공간을 벗어 던져 버리려
무작정 그대 오색찬란한 품으로
나는 나의 몸을 던진다.
조용히 부드럽게.

파란 하늘은
몸과 마음을 온통 파란색으로 물들인다.
울긋불긋 단풍은
우울한 회색에 아름다운 채색을 입힌다.
회색 심장을 데워 붉게 불태운다.
산들거리는 가을바람은
모든 회색 번뇌를 흩날려버린다.

오대산 비로봉**은
태초의 원초적 힘으로, 모든 회색을 흩뿌린다.
나의 모든 회색물질들
어둠과 슬픔, 분노와 고독孤獨을
대자연의 아름다운 밝은 빛으로
맑은 지혜로

문수는
오대산 비로봉에서
아름다움으로 변한 회색 번뇌들이
너무 황홀해서 눈을 지그시 감는다.

주*) 비로: 불교의 비로자나불에서 따왔다고 함. 몸의 빛, 지혜의 빛으로
    절대적 진리를 의미함.
주**) 비로봉을 봉우리 이름으로 가진 산은 금강산, 오대산, 소백산, 치악산,
    천성산 등이 있다.

[묵언수행 경로]

상원사 주차장(12:22) > 중대사자암-공양(12:58-13:19) > 적멸보궁
(13:42) > 비로봉(14:45-15:06) > 주목 군락지(15:29-15:40) > 상왕봉
(16:03-16:15) > 비로봉(17:10) > 상원사 (18:30)

<수행 거리: 11.6km, 소요 시간: 6시간 8분>

상왕봉에서 하산하면서. 두 그루의 참나무 고목 사이에서 단풍이 불타오르고 있다.

민족의 영산靈山, 태백산을 찾다

장군봉에서

　친구들 다섯 명이 함께 태백산을 찾았다. 나에게는 여덟 번째 묵언수행인 셈이다. 태백산 국립공원은 우리나라 국립공원 중 가장 늦게 국립공원으로 지정됐다. 산행을 통한 묵언수행도 좋지만 그 주변 맛집을 찾아가기에는 나홀로 산행보다 몇 명이 어울려 함께 가는 것이 더 유쾌하고 남 보기에도 좋다. 오늘은 묵언수행도 하고 맛있는 먹거리도 찾아간다.

　태백산은 강원도 영월군 태백시와 경상북도 봉화군의 경계에 있는 산으로 높이 1,567m이고 태백산맥의 종주宗主이자 모산母山이다. 함경남도 원산의 남쪽에 있는 황룡산黃龍山에서 비롯한 태백산맥이 금강산, 설악산, 오대산, 두타산 등을 거쳐 이곳에서 힘껏 솟구쳤으며, 여기에서 서남쪽으로 소백산맥이 분기된다. 예로부터 천년병화千年兵火가 들지 않는 우리 민족의 영산이며 신령한 산으로 여겨져왔다. 오랫동안 '천天·지地·인人', 곧 하늘과 땅과 조상을 숭배해온 고대 신앙의 성지였다. ≪삼국사기≫에는 139년 신라 7대 임금인 일성왕逸聖王 때 10월 상달을 맞아 임금이 북쪽으로 나가 '태백'에 제사를 올렸다고 기록돼 있는데, 그 태백이 바로 태백산이다. 이 산은 토함산, 계룡산, 지리산, 팔공산과 함께 신라 오악에 들었던 서라벌의 북쪽 산이다.

태백산 정상에는 예로부터 하늘에 제사를 지내던 천제단天祭壇이 있어 매년 개천절에 태백제를 열고 천제를 지낸다. 태백산의 문수봉은 여성의 풍만한 젖가슴을 닮아서 젖봉이라고도 부르는데 볼거리로는 산 정상 부근의 '살아 천년, 죽어 천년'이라 불리는 주목나무 군락과 고산식물, 6월 초순에 피는 철쭉이 유명하다. 태백산의 일출 역시 장관으로 꼽히며, 망경사 입구에 있는 용정은 우리나라에서 가장 높은 곳에서 솟는 샘물로서 천제의 제사용물로 쓰인다.

단종이 태백산의 악령嶽靈이 되었다 하여 단종의 넋을 위무하기 위한 단종비가 망경대望鏡臺에 세워져 있다. 또한 이 산에는 태백산사太白山祠라는 사당이 있고, 소도동에는 단군성전檀君聖殿이 자리하고 있다.

10월 연휴 첫날인 10월 1일, 6시 20분경 잠실새내역에서 3명을 태운 후, 잠실역 부근에서 나머지 일행 1명을 태우고 태백산으로 내달린다. 연휴라서 그런지 이른 시간임에도 통행 차량이 많다. 이번 태백산 묵언수행은 태백산 인근의 유명 맛집 탐방을 겸하였기 때문에 내가 친구들에게 제안해 가게 된 것이다.

태백산은 민족의 영산으로 알려져 있고, 태백산 하면 겨울 눈꽃 산행이 떠오른다. 대부분 태백산 사진은 눈 속의 산 사진이 많고, 다른 계절 사진은 거의 본 적이 없을 정도로 태백산은 겨울 산으로 유명하다. 과연 10월의 태백산은 어떨까? 다른 계절의 태백산이 궁금하다.

태백산 하면 고도가 1,567m로 높고 거대한 산으로 알려져 있으나, 의외로 산행에는 그리 어려움이 없다는 이유로 산 애호가들로부터 많은 사랑을 받고 있다. 대부분의 등산객들이 들머리로 이용하는 유일사 매표소가 해발 고도 950m고, 백두대간 코스의 출발지인 화방재가 935m, 그리고 하산 길로 많이 이용하는 당골 매표소가 870m로 어느 곳이든 해발 900m 언저리 높이에서 출발하게 된다. 태백산이 올라가기 쉽다고 느끼는 이유도 산행 출발점 자체의 고도가 높기 때문이다.

참고로 태백산은 올해 2016년 8월 22일 우리나라 국립공원 중 마지막인 스물두 번째로 국립공원에 지정됐다. 지정 면적은 70.1㎢로 태백시, 영월군, 정선군, 경북 봉화군에 걸쳐 있다. 국립공원으로 지정되기 이전 도립공원 시절 2,000원씩 받던 입장료도 없어졌다.

우리가 당골 매표소 쪽으로 산행 코스를 택한 이유는 차량을 회수하기 쉬운 원점회귀 산행을 위해서였다. 넓은 주차장에 등산객 차량은 몇 대 보이지 않는다. 등산 준비를 마친 일행은 숲으로 들어서서 태백의 품으로 빠져든다. 경사가 심하지 않은 등산로를 계속 올라간 후 한 시간쯤 지나자 고사목들이 보이기 시작한다. '살아서 천 년, 죽어서 천 년' 이라는 주목 고사목의 오랜 삶의 흔적들, 속이 비고 뒤틀린 그 자태에 숙연해진다.

천제단 약 500m 전방에 있는 주목고사목과 아름다운 산 너울

문수봉에서 내려다 본 태백산 주변의 산 너울이 신비롭다.

1시간 40여 분만에 소문수봉과 문수봉 갈림길에 도착해 문수봉으로 향한다. 문수봉(1,517m) 정상은 돌무더기 천지로 큰 케른(cairn) 하나와 여러 개의 작은 케른이 양 사방에 세워져 있다. 바로 옆의 함백산(1,573m)이 바로 보이고 수많은 백두대간의 산들도 보인다. 멋지다! 가슴이 먹먹해진다.

이곳저곳 사진을 찍고는 주변 숲속의 공터에서 점심을 먹는다. 김밥, 도시락, 어묵탕, 막걸리로 요기를 하고 잠깐 쉬어간다. 땀이 식으니 바람막이 재킷을 입었는데도 어슬어슬 춥기까지 하다. 이제는 따뜻한 보온 재킷이 필요한 시기임을 계절이 알려준다.

식사 후 다음 봉우리인 부쇠봉(1,547m)으로 향한다. 부쇠봉은 백두대간 길로 화방재에서 장군봉, 천제단을 거쳐 북쪽으로 방향을 틀어 올라가게 된다. 부쇠봉에서 여성 등산객의 도움으로 기념사진을 찍고 천제단으로 향한다. 건너편으로 보이는 정상에는 제법 많은 등산객 모습이 보인다.

천제단 하단을 거쳐 45분여를 걸어 천제단 정상에 도착한다. 유일사 방향에서 올라왔을 것으로 보이는 많은 사람들이 제단과 거대한 정상석을 배경으로 시끌벅적하게 사진을 찍고 있었다.

우리도 이곳저곳 구경도 하고 인증 사진을 찍고는 10분 거리에 있는

천제단과 태백산 정상석 사이에 있는 주목고사목이 신비스럽다.

장군봉으로 향한다. 장군봉은 태백산의 최고봉으로 1,567m이다. 여기도 돌로 제단을 쌓아 놓고 태극기를 중앙에 위치시켜 두었다. 태백산 정상 장군봉에 올라서니 정말 신성하다는 느낌이 온몸으로 확 파고든다. 꼭 산 정상에 있는 천제단 때문만은 아니다. 태백산 주변에는 한강의 발원지인 검룡소가 있고, 또 낙동강의 발원지로 추정되는 황지연못이 있다. 민족의 젖줄인 한강과 낙동강. 모두 태백산 인근에서 발원한다. 그러니 이 어찌 신성한 산이 아니겠는가?

태백산 주변에 보이는 산 능선에는 절반 이상 단풍이 든 것 같다. 그러니까 태백산에는 가을이 막 뿌려지며 형형색색 단장을 하고 있었다. 봄꽃보다 더 아름다운 색의 향연이 펼쳐지고 있었다. 태백 정상에서 충분히 한가로움을 즐긴 뒤 망경대(망경사)를 지나 하산한다. 망경대 바로 위에 초라한 단종비각이 나온다. 단종의 슬픈 역사에 숙연해진다.

망경대의 용정은 물도 풍부하게 샘솟거니와 맛 좋기로 유명한데 이 고지대에 어떻게 이렇게 풍부한 물이 나오는지 궁금하고도 신기하다. 맛 좋은 물도 맛보고 물통에다 가득 담아온다.

숲길을 계속 내려와 반재에서 잠시 휴식을 취한 후 당골계곡을 통해 내려온다. 반재라는 이름의 유래가 특이하다. 당골과 천제단의 중간 지점의 의미라고 한다. 당골계곡으로 들어서니 물 흐르는 소리가 시원하다. 세상의 모든 시름을 씻어 가는 듯 마음조차 상쾌해진다. 주변의 바위며 나무에는 푸른 생기에 넘치는 이끼들이 가득하다. 세상 모든 생명의 근원인 물이 모든 생명에게 활기를 불어넣어주고 있음이 느껴진다. 당골계곡 중간쯤 맑은 물이 흐르는 계곡으로 다가가 차가운 듯 시원한 계곡물로 세수도 하고 땀을 훔친 후 주차장으로 향한다. 산을 마음껏 즐기며 묵언수행을 했으니 이제 식도락을 즐길 차례다.

우리는 계획대로 태백 시내에 있는 맛집을 찾는다. 그 이름도 유명한 <태성실비식당>, 그곳에 도착했다. 정말 유명 맛집은 맛집인가 보다. 대기자들이 엄청나다. 우리는 30분 이상을 기다리다 겨우 한우 구이에 곤드레 막걸리를 곁들인다. 그런데 우리 일행들은 한우 구이를 입에 넣는 순간, 이구동성으로 터져 나온 말, "아! 맛있다. 이 맛을 우째 이자뿌겠노" 한마디였다. 그러고는 말없이 폭풍 흡입한다. 무아지경이란 바로 이런 상황을 두고 하는 말 아닐까? <태성실비식당>, 가성비 최고였다. 한우 쇠고기 맛도 맛이려니와 사장이 직접 서빙하는 자세가 남달라 보였다. 성공비결의 정수를 터득한 분이었다. 앞으로도 많은 발전을 기원한다.

오늘 나의 묵언수행에 동행한 친구들아! 정말 즐거웠다! 정말 고맙다!

[묵언수행 경로]

당골 주차장(10:35) > 제당골 계곡 > 문수봉·소문수봉 갈림길(12:18)
> 문수봉(12:20) > 점심 > 부쇠봉(13:51) > 주목 군락지(14:03) >
천제단(14:28) > 태백산(14:34) > 장군봉(14:47) > 단종비각(15:20) >
용정(15:26) > 반재 > 당골계곡 단군성전(17:08) > 당골 주차장(17:20)
<수행 거리: 14km, 소요 시간: 6시간 30분>

소백산의 사랑을 독차지하다
- 누구에게 나눠 주어야 하나?

소백산 비로봉 정상석에서

소백산으로 <나홀로 묵언수행>에 나선다. 오늘도 소백산을 오르는 사람은 한 사람도 보이지 않는다. 영남지방 제1의 폭포로 꼽히며 소백산 절경 중 하나라고 회자膾炙되고 있는 높이 28m의 희방 폭포를 보기 위해 희방사 코스를 선택해 올라갔으나, 갈수기라 호방하게 흘러내리는 희방을 보지 못해 아쉬움을 뒤로 남긴 채, 소백산의 정상 비로봉(1,439m)를 향해 묵언수행을 계속한다.

643년(선덕여왕 12년)에 창건했다는 희방사를 잠깐 들러본다. 희방사에는 수양대군이 세종의 명으로 석가세존의 일대기를 국문으로 엮은 ≪석보상절≫과 세종이 ≪석보상절≫을 보고 석가세존의 공덕을 찬송하여 노래로 지은 ≪월인천강지곡≫을 합친 책이라는 ≪월인석보≫ 책판을 보존하고 있어 더욱 유명한 절이다.

희방사를 지나니 수행로 주변에는 우리나라 어느 산에나 자생하는 야생화들이 방긋거리며 나타나고, 줄기 속이 휑하니 비어서도 몇 백 년을 자랐는지 모를 고목들이 즐비하게 서 있다. 지난 9월 20일 설악산 대청봉에서 단풍잎이 불타기 시작하더니 위도가 낮은 소백산 중턱에도 단풍의 불길이 점화되고 있었다. 좀 더 고도를 높이면 아마도 제법 붉게 물들어 있으리라. 깔딱재를 지나니 연화봉이 나온다. 여태 사람이라고는 구경도 못했는데, 연화봉에 올라서니 군인 세 사람이 올라와 있었다. 아마 인근에 군부대가 있나 보다. 중위가 두 명의 사병을 거느리고 지도를 펼쳐보며 주변을 관찰하고 있었다. 아마도 독도법을 가르치고 있나 보다. 나는 그들에게 부탁해 인증 샷 한 컷을 찍고는 주변을 돌아보니 하늘에는 구름이 일고 있었다. 비로봉으로 가는 수행로는 산 능성 위로 평화롭게 이어지고 있었고, 끊임없이 펼쳐지는 산 너울, 그리고 자욱한 구름에 그 자태를 감추고 있는 비로봉은 수행자가 신비감을 느끼기에 부족함이 없었다.

저 멀리 비로봉이 보이고 비로봉으로 가는 수행로는 초원을 가로지르듯 평온하다.

연화봉에서 소백산 정상 비로봉까지는 4.3km 남았다. 가을이 이미 소백산 중심부 깊숙이 파고들어 있음을 시각, 청각, 촉각으로 충분히 느끼고도 남았다. 소백산 중심부에서 자라고 있는 식생들은 황갈색이나 붉은색 옷으로 갈아입기 시작했고, 수행로 위에 떨어져 있는 낙엽을 밟고 걸으면 싸각싸각 가을을 연주하고 있다. 얼굴에 스치는 바람은 숨이 훅훅 막히는 여름 바람과는 느낌이 다르다. 비로봉까지 가는 수행로 주변은 소소하지만 아름답고 신기한 볼거리를 끊임없이 펼쳐 보여준다. 그렇다고 그 소소한 볼거리는 아무에게나 드러내는 법이 없다. 오로지 그들에게 애정을 갖고 다가가는 자에게만 보여줄 뿐이다.

배배 꼬이면서 서로를 품고 있는 연리목이, 야생화와 단풍잎들의 아름다움이, 가을 억새의 속삭임이, 육산의 산중 숲에 가려 있다 나타나는 기암괴석들이, 기묘하게 생긴 괴목(怪木)들이, 녹색 이끼가 낀 바위가, 하늘에서 천변만화하는 구름이, 이루 말할 수 없는 아름다움과 신비스러움이 널브러져 있다.

소소한 아름다움에 취해 흥얼거리며 비로봉으로 정진하고 있을 때, 비로봉 하늘을 보니 구름이 흩어지고 있다. 연화봉에서 볼 때는 비로봉이 구름에 모습을 가리고 있었지만, 어느새 짙게 드리워진 구름이 조개구름으로 변해 흩어지고 비로봉이 조개구름을 배경으로 신비한 모습을 드러내고 있었다. 엄마 품속같이 부드럽고 푸근한 모습이다. 비로봉까지 남은 거리가 불과 1.9km라고 알려주는 이정표를 지난다.

여기서부터는 고도가 해발 1,300m 이상이 되는 아고산지대(1,300m~ 1,900m)가 연속된다. 바람이 세고 눈비가 자주 내려 키가 큰 나무(교목)는 자라지 못하고 키가 작은 나무(관목)나 풀들만이 자라는 지대라 주변이 시원하게 확 트인다. 수행자가 숲속에서 거닐 때는 존재감조차 드러나지 않았는데, 관목과 초지 사이를 걸어가니 제법 존재감이 드러난다. 물론 존재감이 드러나 봤자 자연의 일부임에 틀림없는 사실이지만. 전망이 확 튄 시원한 수행로를 걷는 것은 울창한 숲속을 걷는 것과는 또 다른 느낌을 선사한다.

간혹 마주치는 보라색 까실쑥부쟁이, 하얀 구절초, 자주색의 산부추꽃과 작아서 더욱 귀여운 이름 모를 야생화들과 그리고 새빨갛게 익어 먹음직 스럽게 보이는 앙증스런 열매들과 도란도란 이야기를 나누고 가다 보면, 산비탈에는 신비스런 주목 군락지를 지나고 비로봉까지 1km 남았다는 이정표를 만난다. 여기서부터 비로봉까지는 상고대로 유명한 지역이라고 설명하고 있다. 그 유명한 소백산의 눈꽃과 상고대, 이름만 들어도 가슴이 뭉클해진다. 나도 그 유명하다는 상고대 구경을 언젠가는 한번 해봐야겠다는 마음을 품고 정상으로 향한다.

드디어 소백산 정상 비로봉이다. 13시 12분경에 비로봉에 올라서니 두 사람이 먼저 올라와 있었다. 한 분은 중년 남자였고, 한 분은 40대쯤으로 보이는 여성이었다. 그들도 나와 같이 묵언수행을 하고 있나 보다. 나 혼자 비로봉 정상석을 배경으로 서투르게 셀카를 찍고 있으니, 그 모습이 불쌍하게 보였는지 중년 남자가 다가와 사진을 찍어주겠노라고 한다. 안 찍어줘도 전혀 상관없지만 찍어주겠다는 선의를 물리칠 수도 없는 노릇이다. 인증 샷을 찍어 준 그분에게 고맙다는 인사말을 하고 나도 한 컷 찍어줄까 물어보니 그럴 필요 없다고 한다. 비로봉 위의 세 사람은 모두 나름대로의 즐거움을 향유한다.

나는 정상석 근처에서 간단한 요기를 한다. 오후 1시 20분이나 되었으니 돌을 씹어 먹어도 꿀맛이었을 것이다. 고구마 두 개, 삶은 달걀 하나, 한과 하나, 강정 하나가 전부였지만 그 맛을 인간의 언어로서는 표현 불가하다. 더구나 비로봉에서 확 펼쳐지는 엄마 품같이 편안하고 아름다운 경치 속에서 먹고 있으니 말이다.

간단한 요기를 하고 나는 또다시 수행에 나선다. 비로봉에서 곧바로 비로사로 내려갈까 생각하다가 '에라, 모르겠다. 국망봉(1,420m)까지 가봐야지.'라며 생각을 고쳐먹는다. 비로봉에서 국망봉까지의 거리는 3km가 넘는다. 비로봉이 해발 1,439m이니 표고 차는 그렇게 나지 않는다. 그러니 비교적 편안한 길이다. 어쨌든 위에서 내려다보며 가는 길이기에 편안하고 아름다운 경치가 연속된다. 단풍도 짙어지고 있다. 비로봉과 국망봉의 중간 지점에는 이황 선생이 다녀갔다는 소백산성이 숲속에 그 모습을 감추고 있었다. 해설판에 의하면 소백산성은 주변의 다른 산성과 마찬가지로 삼국 시대의 군사 요충지였으며 아직도 미개발 지역으로 보전 가치가 있어 훼손하지 말도록 주의를 당부하고 있었다.

소백산 국망봉 정상

국망봉에서 바라보는 태백산 주변 풍광, 산 너울이 넘실댄다.

　국망봉에 도착하니 옹기종기 다정하게 모여 있는 바위 더미들이 나를 맞이한다. 바위 더미 중 제일 높은 곳을 낑낑 올라가 가부좌로 앉아 보기도 하고 바위들을 어루만져 보기도 한다. 국망봉에서 주변을 둘러보니 참으로 기막힌 산 너울이 파노라마처럼 연출된다. 자리에서 한 발자국도 뜨기 싫었지만 다음 수행도 계속되어야 하니 어쩔 수 없다. 국망봉을 뒤로한 채 비로봉을 바라보며 약 300m 내려오다 보면 비로봉 가는 길과 초암사로 가는 갈림길을 만난다. 여기서 초암사로 방향을 틀어 하산 수행을 한다. 비로봉에서 초암사까지 수행하는 동안 한 사람도 만나지 못했다.

　오늘의 수행은 연화봉에서 만난 군인 세 사람과 비로봉에서 만난 두 사람 이외에는 수행 중에 만난 사람은 한 사람도 없었다. 사람의 그림자라곤 찾아볼 수 없었다. 소백산은 온통 나에게만 집중하여 그의 모든 애정을 나에게 정성스레 쏟아 불어넣어 주었다. 소백산의 바람소리, 물소리, 새소리와 온갖 비경, 그곳에서 흘러나오는 맑은 정기를 나 혼자 독점한 것이다. 소백산으로부터 듬뿍 받은 사랑, 어느 누구에게 나눠줘야 하나?

　소백산 묵언수행을 무사히 마치고 영주시에 사는 지인에게 전화를 걸었다. 그분과 약속 장소를 영주 소고기 식당으로 정하고 희방사 입구 주차장에서 차를 몰아 그 식당으로 갔다. 그분은 거래 관계로 20년 전에 만난 분인데, 아직도 수시로 나에게 연락하며 안부 전화를 한다. 때때로 영주 소백산 송이버섯을, 청정 무시래기를, 밤이나 고구마를 나에게 보내오는 분이다. 참으로 정겨운 분이다. 영주 소고기 식당에 도착하니, 그분은 큼직한 검은 비닐봉지를 덜렁거리며 들고 나타났다. 뭐냐고 물었더니 소고기와 같이 구워 먹을 송이버섯을 조금 가져왔다는 것이었다. 식당에서 소고기와 송이버섯을 구워 먹는데 그분은 적당히 구워진 송이버섯을 본인은 한 조각도 먹지 않고 구워지는 족족 나에게 집어 주었다. 내가 아무리 잡수시라고 해도 한 점도 안 먹고 말이다. 그 많은 소백산 송이버섯을 나 혼자 다 먹게 했다. 나는 태어나고 송이버섯을 그렇게 많이 먹어보기는 난생 처음이었다. 식사를 마치고 그분 매장으로 가보자는 것이었다. 거절할 수 없어 따라갔더니 호박고구마 한 상자를 포장해 내 차에 실어주는 게 아닌가. 참으로 고마운 분이다. 나는 항상 그분이 건강하고 편안하기를 기원한다. 오늘 하루는 소백산을 독점했고 정겨운 사람도 만나 향기로운 송이버섯에 맛있는 소고기를 먹었으니, 완전히 호강하는 하루였다.

[묵언수행 경로]

희방 제1주차장(07:26) > 희방폭포(08:30) > 희방사(08:41) > 희방 깔닥재(09:21) > 연화봉(10:41) > 비로봉(13:12) > 어의곡 삼거리 (13:54) > 국망봉(15:20)> 초암사(17:27)

<수행 거리: 약 16km, 소요 시간: 약 10시간>

진경산수화의 중심, 월악산 영봉靈峰에 서다

월악산 정상 영봉, 뒤에서 청풍호가 보인다.

　월악산 주봉인 영봉의 높이는 1,097m다. 영봉은 암벽 높이만 150m나 되며 이 영봉을 중심으로 깎아지른 듯한 산줄기가 길게 뻗어 있다. 달이 뜨면 영봉에 걸린다고 해서 월악이라는 이름이 붙었다. 삼국 시대에는 월형산月兄山이라 일컬어졌고, 후백제의 견훤이 이곳에 궁궐을 지으려다 무산되어 와락산이라고 불렸다는 이야기도 전해진다. 월악산은 인근에 포암산布岩山(962m)과 만수봉萬壽峰(983m)을 비롯해 많은 고봉을 거느리고 있다.

　오늘은 국립공원인 월악산 묵언수행을 나선다. 새벽 일찍 일어나 집을 나서 덕주사 입구에 도착하니 7시 50분이다. 덕주사 경내를 한 번 휙 둘러보고 난 다음 수행을 계속하다 보니 덕주사 <마애여래입상>이 나타나 수행자인 나를 맞이한다. 이 불상은 신라 말 마의태자의 누이인 덕주 공주가 망국의 한을 품고 이곳에 들어왔다가 자기의 형상을 닮은 마애불을 조성해 신라의 재건을 염원했다고 전해지고 있다(양식으로 보아서는 고려 시대 불상이라고 추정된다).

마애불의 따뜻한 환송을 받으며 영봉으로 향한다. 기암괴석들이 나타나고 단풍이 기암괴석과 어우러져 절경을 만들어내고 있다. 오르면 오를수록 전망이 확 틔기 시작하고 주변 경관은 더욱 아름답고 기묘하게 변해간다.

덕주사 마애여래입상

그러나 그에 비례하여 산의 경사는 더욱 가팔라지고 숨은 가빠지고 힘에 부치기 시작한다. 그럼에도 불구하고 수행을 포기할 수는 없다. 수행로 주변 바위 사이에서 아름답게 피어 고개를 내밀고 있는 야생화들과 불타오르는 듯 붉은 단풍들이 수행자를 격려하고 응원하고 있으니 힘에 부치는 것쯤은 오히려 기쁨과 즐거움으로 변하기 때문이다.

청송靑松과 기암괴석으로 이루어진 바위 능선을 타고, 불타는 정열의 단풍과 소박한 야생화들의 열렬한 환영을 받다 보면 힘들다는 생각은 언제 그랬느냐며 어느새 사라지고 만다. 어느덧 영봉에 올라선다. 저 멀리 잔잔한

깎아지른 듯한 암벽에 자라는 기송들이 절경을 이룬다.

청풍호의 푸른 물과 구담봉, 옥순봉이 보인다. 남으로 돌아보면 포암산과 만수봉도 보인다. 진경산수 화가가 영봉에 올랐다면 돌아보는 곳마다 산수화의 소재가 되기에 전혀 손색이 없을 것이다. 영봉에서 보는 경관은 가히 선경仙景을 방불케 한다.

아름다운 경관의 중심 영봉에서 점심을 먹는다. 집에서 싸 온 구운 고구마 두 개, 배 두 조각, 그리고 고속도로 휴게소에서 산 충무김밥이 전부다. 주변의 절경을 감상하면서 천천히 먹으며 상념에 젖는다.

오늘도 역시 월악산 영봉을 나홀로 고독 등산하다.
고독 등산은 묵언수행이다.
영봉도 나도 말이 없다.
그냥 서로 교감할 따름이다.
산이 그곳에 있으니 나도 그곳에 있을 뿐.

영봉을 소개하는 간판에는 '우리나라에 영봉이란 이름으로 칭하는 산은 백두산과 월악산 둘뿐이다.'라고 기록하고 있다. 그만큼 영봉은 영험한 봉우리라는 이야기다. 영봉을 하산하면서 영험하신 산신령께 작별을 고하니,

"앞으로도 안산, 즐산하면서 묵언수행을 더욱 정진해야지. 힘내라, 청송!"이라고 나에게 속삭이는 것만 같았다.

* 참고: 문경 주흘산 정상도 영봉이다.

[묵언수행 경로]
덕주 탐방지원센타(07:50) > 덕주사(08:00) > 월악산 영봉 안내석 (08:06) > 덕주사 마애불(08:46) > 송계 삼거리(10:18) > 신륵사 삼거리 > 영봉(11:20) > 영봉에서 점심(11:31) > 월악산 산신각(13:56) > 영봉 탐방로 동창교 입구(14:13) > 수경대(14:32) > 판상절리 지대 > 덕주루 (14:47) > 덕주 탐방지원센터(15:00)
<수행 거리: 약 13km, 소요 시간: 약 6시간 50분>

영봉에서 내려다본 청풍호 전경

속리산이 나를 홀려

천왕봉 정상석에서

속리산에서 '속리俗離'는 세속을 떠난다는 뜻이다. 신라 선덕여왕 5년인 784년 어느 날, 신라의 고승 진표眞表가 이곳에 이르자 밭을 갈던 소들이 모두 무릎을 꿇었다고 한다. 이를 본 농부들이 짐승도 저러한데 하물며 사람들이야 오죽하겠느냐며 속세를 버리고 진표를 따라 입산수도했는데, 여기에서 속리라는 이름이 유래되었다고 한다. 또한 전해오는 이야기에 의하면 조선 7대 왕 세조가 이곳을 방문하여 작열하는 피톤치드와 음이온 효과로 피부병이 나았고, 단종을 살해해 왕위를 찬탈하는 등 자신이 저지른 악행을 뉘우치고 평안을 얻었던 곳이라고 알려져 있다.

법주사 일원에는 이런 전설을 모티브로 하여 <세조길>이라는 아름다운 길이 새로 만들어졌다.

속리산은 그 높이가 1,058m 정도밖에 되지 않는다. 산은 그리 높지 않지만 올라가다 보면 산이 거칠면서도 부드럽고, 부드러우면서도 거칠다. 기암괴석, 기수괴목, 기화요초가 여기저기 눈에 띈다. 기암괴석이 널브러져 있어 거칠고, 부드러운 흙이 수목을 울창하게 잘 자라게 하고 있어 부드럽다.

거침과 부드러움의 절묘한 조화, 속리산은 그렇게 조화롭게 이루어져 있다. 그러니 속리산은 사람들의 눈을 즐겁게 하고 마음을 평안하게 한다. 속세의 일을 잊게 한다. 정말 아름다운 매력덩어리 산이다. 과연 속리라는 이름에 어울리는 산이다. 속리산에 들어서는 순간, 상쾌함에 정신을 잃을 지경이었다.

오색찬란한 단풍이 즐비하게 드리워진 편안하고 아름다운 세조 길을 수행하며, '할딱고개'를 오른다. 할딱고개는 '깔딱고개'의 또 다른 말이다. 숨을 할딱이면서 오른다는 의미인데 생각보다 그렇게 가파르지 않다. 속리의 아름다움에 스스로 빠지면서 뭇사람들이 진표의 수양과 인간됨에 이끌려 속세를 등졌다기보다는 속리의 아름다운 유혹에 못 이겨 속세를 떠나 속리로 들어오지 않았냐는 생각이 다 들 정도다.

이런 엉뚱한 생각을 하면서 수행하다 보니 어느새 문장대에 도달한다. 문장대를 세 번 오르면 극락왕생한다는 전설이 전해온다고 한다. 나는 오늘로 두 번을 오르는 셈인데, 세 번 올라 극락을 가기보다는 오히려 속리에 파묻혀 살아갈 수 있는 조그만 땅 한 뙈기를 소원한다. 속리에서 사계절의 아름다움에 푹 빠져 있는 것이 바로 극락이 아닐까라는 생각이 들어서다.

문장대 전경, 문장대를 3번 오르면 내세에는 극락간다는 전설이 전해내려 온다.

천왕봉으로 가는 수행로 주변에서 만나는 기암괴석 더미들

신선대, 입석대, 고릴라 바위, 천왕봉을 거쳐 법주사로 향한다. 대한불교 조계종 제5교구 본사인 법주사는 <쌍사자석등>(국보 제5호), <팔상전>(국보 제55호), <석련지>(국보 제64호)등 국보와 보물이 즐비하다. 그만큼 역사와 전통이 오래되고 유명하다는 이야기다. 가야산이 해인사가 있어 더 유명하듯이 속리산은 법주사가 있어 더 유명하게 되었음은 말할 필요가 없을 것이다.

법주사 참관을 마지막으로 오늘의 묵언수행을 마무리한다. 2016년 10월 22일 오늘, 10여 시간 세속을 떠나 속리산 속에 파묻혀 있었다.

세속에서 번뇌에 시달리는 여러분들도 가끔 배낭을 둘러메고 일상에서 탈출해 속리로 도피해보라. 그러면 마음의 안정과 건강을 얻을 수 있으리라 확신한다.

속리산 법주사 주차장(08:05) > 법주사 일주문(08:20) > 세조길 > 눈썹 바위(08:36) > 목욕소(09:15) > 할딱고개(09:50) > 문장대 탐방지원센터(10:57) > 문장대(11:13) > 신선대(12:16) > 입석대(12:38) > 점심(12:55) > 고릴라바위(13:28) > 천왕봉(14:14) > 상환석문(15:24) > 법주사 경내(16:54-17:40)

<수행 거리: 14.5km, 소요 시간: 약 10시간>

고릴라바위, 어미와 새끼 고릴라가 나란히 앉아 경치를 감상하고 있는 모습이다.

덕유산德裕山 　12회차 묵언수행　2016. 10. 26. 수요일

도덕경의 상선약수上善若水의 도道를 다시 생각하게 하다

덕유산 정상 향적봉에서

덕유산德裕山의 '덕德'자는 철학적으로 여러 의미를 가지고 있지만, 주로 공정하고 포용성 있는 마음이나 품성이라는 의미로 쓰이고, '유裕'자는 넉넉하고 너그럽고 관대하다는 의미이다. 말뜻으로 보면 덕유산은 크고 넉넉한 산이다. 덕유산의 원래 이름은 광여산王盧山이었는데 산이 덕이 많고 너그럽다고 전해져 덕유산으로 바꿔 부르게 됐다고 한다. 덕유산 탐방 안내문에는 산 이름이 바뀌게 된 역사를 다음과 같이 설명하고 있다.

임진왜란 당시, 수많은 민초들이 전화를 피해 이곳으로 피신해 있었는데 신기하게도 왜병들이 이곳을 지나갈 때면 짙은 안개가 드리워 산속에 사람들이 숨어 있는 것을 보지 못하고 그냥 지나쳤다. 그 안개 때문에 많은 사람들이 전쟁의 참화를 면할 수 있었던 광여산의 신비로움에 사람들은 큰 덕이 있는 산이라 하여 큰 덕德, 넉넉할 유裕 자를 써서 광여산을 덕유산이라 부르게 되었다고 한다. 또 다른 일설에 따르면 조선의 태조 이성계가 이곳에서 백일기도를 올리고 많은 효험을 봤다고 하여 '덕이 많고 너그러운 산'이라는 뜻으로 덕유산이라 부르게 되었다고도 한다.

그 이름의 유래가 어떠하든 덕유산은 크고 넉넉한 산이다. 태백산에서 시작되어 흐르는 소백산맥이 지리산으로 이어지는 중간에 소백산, 월악산,

속리산 등 명산을 솟구쳐놓았고, 지리산으로 갈 즈음에는 남한에서는 4번째로 높은 덕유산이라는 명산을 솟구쳐놓았다. 덕유산은 전라북도와 경상남도를 갈라놓는 산으로 최고봉은 향적봉香積峰으로 높이는 해발 1,614m다.

나는 삼공리 탐방지원센터에서 인월담(1.6km) - 백련사(4.5km) - 오수자굴 (2.8km) - 중봉(1.4km) - 향적봉(1.1km) - 설천봉(0.6km) - 칠봉(2.9km) - 인월담(2.2km) - 탐방지원센타(1.6km)로 회귀하는 묵언수행 경로를 택했다. 수행거리는 약 19km. 아침 8시 15분부터 저녁 5시 20분까지 약 9시간을 여기저기를 기웃거리며 덕유산의 큰 은덕을 입었다.

덕유산의 단풍은 구천동 지원센터 들머리를 제외하곤 생각보다 아름답지 못했다. 아마도 잦은 가을비 때문이리라. 단풍이 화려하지 못함이 그리 아쉽지 않다. 산을 오르는 이유가 오직 화려한 단풍을 구경하기 위함은 아니지 않은가. 그보다 자연이 순환하는 과정을 말없이 묵묵히 보여주는 산과 내가 교감하기 위함이 아닌가.

탐방 전날 비가 온 탓일까? 구천리를 들어서니 깊은 계곡에 흘러내리는 수량水量이 다른 국립공원 산보다 훨씬 많았다. 들려오는 물소리도 여느 국립공원과는 다르다. 물소리가 웅장하고 힘차다. 귀에 거슬리는 소음이 아니라 생동감을 자극하는 물의 소리요, 물소리에 공명하는 산의 소리다. 폭포 소리도 유리 깨지듯 날카로운 굉음이 아니라 부드러운 소리다. 폭포가 높지 않아서 그렇기도 하겠지만 덕유산의 후덕함이 물소리조차 아름다운 음악 소리로 정화를 시키는 것 같다. 계곡을 따라 올라가는 이번 수행 경로에서는 부드러운 물소리는 끊어지지 않고 들린다. 구천동 탐방지원센터에서 <오수자동굴>에 이르기까지 장장 10여 km 내내 이러한 부드러운 물소리를 들을 수 있었다. 이처럼 덕유산 국립공원은 물이 많이 흘러, 유명 경관 대부분이 소沼와 담潭 그리고 탄灘을 끼고 있다. 덕유산 33경 중 대부분이 계곡을 따라 흐르는 여울과 폭포, 그리고 흐르는 물을 쳐다보며 휴식과 사색을 할 수 있는 조망 바위다. 연, 폭(포), 담, 대라는 이름이 붙은 곳이 아주 많은 이유도 그래서일 것이다.

덕유 21경 구월담 전경

　덕유산 계곡을 흐르는 물은 세속에 때 묻고 꽉 막힌 귓속을 파고들면서
나의 몸과 마음을 정화시킨다. 물이 아래로 흐르면서 즐겁게 지저귀는
소리를 가만히 듣고 있노라니 도덕경 제8장 상선약수가 떠오른다.

　上善若水 水善利萬物而不爭 處衆人之所惡 故幾於道
　(상선약수 수선리만물이부쟁 처중인지소악 고기어도)

　가장 좋은 선善은 물과 같다. 물은 만물을 이롭게 하면서 다투지 않으며,
　모든 사람들이 싫어하는 낮은 곳에 처한다. 그러므로 도에 가깝다.

　상선약수를 생각하면서 수행을 하다 보니 이속대離俗臺가 나온다. 이름
하나 참 멋있고 의미심장하게 지었다는 생각이 든다. 이속離俗이란 속세를
떠난다는 말이다. 얼마 전인 22일 날 묵언수행했던 속리산의 속리와도
같은 의미다. 헐~, 지난주에도 속세를 떠났는데 오늘도 속세를 떠나 수행을
해야 한다. 하여튼 좋다 좋아. 이속대를 지나서 백련사가 나온다.
　이속대에서 속세와 작별하고 백련사를 잠시 들러보고 오수자굴로 향한다.
백련사도 속세를 떠난 스님들의 근거지요, 오수자굴은 오수자라는 스님이

여기서 득도했다는 전설이 있는 굴이니 당연히 속세와는 차별되는 영역이 아니겠는가. 백련사에서 오수자굴로 가는 수행로 주변에는 산죽이 터널을 이루고 있었고, 참나무에서 기생하는 겨우살이들이 여기저기서 폭죽을 터뜨리며 수행자를 맞이하고 있었다.

오수자굴을 지나니 눈앞이 확 열리더니 거대한 평원이 나타난다. 여기가 바로 산상정원山上庭園이라고 불리는 덕유평전德裕平田인가 보다. 이곳은 봄, 가을엔 철쭉과 야생화들이, 여름엔 원추리가, 겨울엔 순백의 설원이 수채화로 펼쳐놓는 곳이라고 알려져 있다. 생각만 해도 가슴이 울렁거리고 기분이 좋아진다.

중봉을 거쳐 살아서 천년 죽어서 천년인 주목과 구상나무의 군락지를 지난다. 주목은 마주칠 때 마다 항상 신비롭다. 마치 신선들이 기르는 신수神樹 같다는 생각이 든다. 주목 고사목 한 그루가 저 멀리 산 너울을 배경으로 하늘을 이고 서 있다. 아름다운 풍경화 그 자체다. 시원하게 확 트인 조망을 둘러보며 가면 마치 선계에 올라와 있는 듯한 착각이 든다.

주목군락을 지나고 나니 돌탑이 나오고, 십 수 명의 산객들이 웅성거리며 정상석을 배경으로 사진을 찍고 있었다. 구름이 깔려 있어 사위의 조망이 시원스럽지는 않았지만 그래도 제법 멀리서 출렁거리며 달리는 산 너울을 보고 있노라면 내 마음도 이미 출렁거린다. 덕유산 정상에서 보면, 멀리 지리산, 남덕유산, 가야산, 황매산 등 명산이 조망된다는데 내 눈에는 구분이 가지 않았다. 날씨가 흐려 보이지 않을 수 있었지만 설사 보였다 하더라도 명산 묵언 수행이 처음인 '초짜배기'이 므로 알아보지 못했을 가능성이 훨씬 크다. 중봉에서 향적봉까지 펼쳐지는 광활한 자연의 풍광은 춘하추동 가릴 것 없이 아름다운

덕유산 주목 군락지를 지나며

선경을 방불케 한다. <이속대> 이후 수행은 속세를 떠나 선경 속에서 묵언수행을 했던 것이다.

향적봉 근처 조용한 곳에 자리 잡아 준비해간 간단한 점심을 먹고 설천을 지나 칠봉으로 향한다. 선경에서 오랜 시간 머물렀으니 이제부터는 속세로 다시 돌아가야만 한다. 설천에서 칠봉까지 가는 길에는 속세인들은 한 사람도 보이지 않는다. 수행로는 물론 속세인들의 휴양 시설을 따라가기도 하고, 임도를 따라가기도 한다. 크게 힘들지는 않다. 그런데 칠봉으로 가는 이정표가 보이지 않는다. 초행의 수행자이니 약간 긴장되지 않을 수 없다. 어찌할까를 갈등하고 있는데, 아래서 40대 초반의 건장한 사나이가 중학생으로 보이는 학생 한 명을 데리고 올라오고 있었다. 아마도 그는 그의 아들에게 호연지기를 불어넣어 강하게 키우려고 하는 것 같았다. 왜냐하면 이미 오후 3시가 넘었는데 백패킹(backpacking) 장비를 지고 올라가고 있었기 때문이다. 어쨌든 수행자는 구세주를 만난 셈이다. 수행자는 그에게로 다가가 "아저씨, 이 길이 칠봉으로 가는 길 맞습니까?"라고 물었더니. 그는 "네, 맞습니다. 이 길로 조금만 더 내려가면 숲이 우거진 곳에 칠봉으로 가는 이정표가 나옵니다."라고 대답했다. 나는 고맙다는 인사를 하고는

중봉에서 바라본 산 너울

안도의 숨을 쉬고 그 길을 따라 내려가니 칠봉으로 가는 이정표가 나왔다. 만약 그를 만나지 못했다면 내가 그 이정표를 봤다 하더라도 못 알아봤을 만큼 입구는 숲으로 덮여 있었다.

숲을 헤집고 가니 산죽이 우거진 수행로가 나타나고, 산죽을 헤쳐 나아가니 해발 1,307m인 칠봉이 나오고 헬기장이 나온다. 그리고 약 30분을 내려가니 녹색으로 칠한 철 계단이 나오는 게 아닌가. 족히 60~70° 경사가 될 법한 가파르기 이를 데 없는 계단이었다. 계단 발판은 살짝 얼어 있었는데, 아뿔싸, 발을 잘못 디뎌 주르륵 미끄러지고 말았다. 큰 사고가 아니어서 정말 다행이었다. 덕유산 산신령님의 보호를 받았던 것이 아닐까? 어쨌든 나는 '덕이 많고 너그러운 산' 덕유산으로부터 보호를 받게 된 것이다.

오늘, 덕유산은 나에게 한량없이 너그러운 덕을 베풀어주었고, 도덕경에 나오는 상선약수의 도를 다시 한 번 더 생각하게 해주었다.

묵언수행을 마치고 난 후 나는 어죽과 도리뱅뱅이 맛집인 <무주섬마을> 이라는 식당으로 달려가 맛있게 먹었다. 그 맛이 아주 만족스러워 어죽 2인 분, 도리뱅뱅이 한 접시를 포장하여 집으로 가져왔다. 아내는 비교적 입이 짧아 평소 이런 종류의 음식은 별로 좋아하지 않았다. 그런데 이번에는

덕유산 정상 향적봉에서

완전 달랐다. 어죽을 먹어보더니, 첫 반응이 "어, 괜찮네."였다. 나는 포장해 오길 참 잘했다는 생각에 마음이 흐뭇해졌다. 그 근처로 묵언수행을 떠나 또다시 어죽이 생각난다면, 나는 지체 없이 그 집으로 달려갈 것이다.

[묵언수행 경로]

삼공리 탐방지원센터(08:15) > 월하탄(08:24) > 인월담1.6km(08:41) > 비파담(08:59) > 구월담(09:09) > 금포탄(09:20) > 호탄암(09:36) > 청류계(09:45) > 안심대(09:49) > 신양담(09:54) > 명경담(10:01) > 구천폭포(10:08) > 백련담(10:11) > 연화폭(10:17) > 이속대(10:22) > 백련사4.5km(10:25-10:38) > 오수자굴2.8km(12:01) > 중봉1.4km(13:04) > 주목, 구상나무 군락지(13:24) > 향적봉, 점심1.1km(13:32-13:58) > 설천0.6km(14:11) > 칠봉2.9km(15:09) > 녹색 철 계단(15:40) > 인월담2.2km> 칠봉·백련사 갈림길(16:36) > 탐방지원센타1.6km(17:20)

<수행 거리: 약 19km, 수행 시간: 9시간 5분>

계룡산에서 듬뿍 받은 기, 나누어 드립니다

관음봉에서

　계룡산은 주봉인 천황봉을 비롯해 연천봉, 삼불봉, 관음봉, 형제봉 등 20여 개의 봉우리로 이루어져 있는데, 전체 능선의 모양이 마치 닭 볏(벼슬)을 쓴 용의 형상을 닮았다 하여 계룡산이라고 불린다고 한다. 또 조선조 초기에 태조가 신도안(계룡시 남선면 일대)에 도읍을 정하려고 이 지역을 답사하였을 당시 동행한 무학대사가 산의 형국이 금계포란형金鷄抱卵形(금닭이 알을 품는 형국)이요, 비룡승천형飛龍昇天形(용이 날아 하늘로 올라가는 형국)이라 일컬었는데, 여기서 두 주체인 계鷄와 용龍을 따서 계룡산이라 부르게 되었다고도 한다.

　계룡산은 백제의 명산으로 삼국 시대 때부터 당나라에까지 알려진 산이었다. 풍수지리상에도 계룡산은 우리나라 4대 명당이라고 알려져 있다. 이성계가 조선을 건국할 당시 수도로 거론되기도 했고, 한때는 우리나라 거의 모든 유사종교 및 신흥종교가 계룡산을 근거지로 발흥하였던 적도 있었다. 그 만큼 명산이라는 이야기다. 이러한 연유인지는 몰라도 우리나라 국립공원 산 중에서는 국립공원에 일찍 지정돼 지리산 다음으로 두 번째로 지정됐다고 한다.

오늘 계룡산 수행은 두 명의 훌륭한 후배와 함께하는 묵언수행이었다. 그들은 모 국책 연구원에 다니는 후배 이 박사와 그의 직장 동료 양 박사다. 특히 양 박사는 산신령급으로 산을 잘 타는 분일 뿐 아니라 창唱을 멋들어지게 부를 줄 아는 멋쟁이였다.

오늘 묵언수행은 동학사 탐방지원센터에서부터 시작했다. 우리는 큰배재를 거쳐 남매탑에 이른다, 남매탑은 2기의 탑이 마주보며 정답게 서 있다. '오라버니탑'이라 불리는 탑은 7층탑이고, 그 뒤에 있는 누이탑은 5층탑인데, 몸돌의 일부가 사라져 있어 조금은 위태롭다. 특이한 것은 같은 곳에 있는 두 개의 탑 양식이 각기 다르다는 것이다. 7층탑은 신라 양식이고, 5층탑은 백제 양식이라고 한다. 남매탑에는 애틋하게 얽힌 전설이 있다. 좀 생뚱맞다는 생각도 들지만 요약해보면 이렇다.

신라의 고승 상원 스님은 계룡산에서 수도하던 중 사람의 뼈가 목에 걸려 고통스러워하는 호랑이를 구해준다. 며칠 뒤 호랑이는 스님에게 감사의 마음으로 상주에 사는 처녀를 물어다준다. 스님은 이 처녀를 잘 보살펴 주었는데, 처녀는 이에 감화를 받고 스님에게 연정을 느낀다. 그러나 수도에 정진하는 스님은 처녀의 연정을 받아들일 수 없었다. 스님은 고심 끝에 남매의 연을 맺자는 제안을 했고, 처녀는 받아들인다. 그 후 둘은 지금 남매탑 자리에 청량암을 짓고 수도에 정진하다 함께 서방정토로 떠난다. 둘이 입적한 뒤에 제자들이 세운 부도가 지금의 남매탑이 되었다고 한다.

남매탑을 지나 단풍 터널을 걷다.

남매탑을 떠나 삼불봉(775m)으로 향한다. 남매탑까지는 제법 순탄했는데 삼불봉으로 가는 수행로는 좀 까다롭다. 삼불봉 고개에서 만나는 가파른 철 계단을 오르면 바로 삼불봉이 나온다.

삼불봉에 오르니 정상석을 배경으로 두 외국인이 인증 사진을 찍고 있다. 한 사람은 손가락으로 'V'자를 그리며, 또 다른 한 사람은 '엄지 척' 자세를 취하며 환하게 웃고 있었다. 삼불봉에서 사위를 돌아보니 계룡산의 파노라마가 펼쳐지고 있었다. 천왕봉 - 쌀개봉 - 관음봉 - 문필봉 등이 이어지면서 우뚝 우뚝 솟아 있었다. 정말 닭의 벼슬을 쓴 용이 용틀임하면서 하늘을 승천하는 모습 같았다. 앞산은 아직도 단풍이

삼불봉에 오른 2명의 외국인들이 인증 샷을 찍고 있다.

지연 성릉을 따라 수행하면서 삼불봉을 배경으로 찍은 사진 한 컷

울긋불긋해 신기한 모습에 더해 아름다움이 합쳐져 수행자를 즐겁게 해주었다.

이제 삼불봉에서 계룡의 진면목을 친견하고 자연성릉自然城稜을 따라 관음봉(766m)으로 향한다. 우리 일행은 관음봉으로 가면서 삼불봉 바로 아래에서 자리를 잡고 간단하게 준비해간 김밥으로 점심을 먹는다. 계룡의 아름다운 풍광이 한눈에 들어오는 따뜻한 명당이다. 천황봉, 관음봉, 문필봉 등 용의 벼슬에 해당되는 기암과 계곡의 단풍을 감상하면서 사곡 알밤 막걸리 한 잔을 곁들인다. 막걸리가 한 순배巡杯 돌고나니 흥이 난 양 박사가 멋들어지게 창唱을 읊어댄다. 아니 양 박사가 이런 멋쟁이일 줄 미처 몰랐다. 양 박사가 부르는 창 소리는 세상의 모든 시름을 잊게 한다. "얼쑤, 좋다."며 저절로 어깨가 둥실거린다. '별유천지 비인간'이 아닐 수 없다.

양 박사의 흥겨운 창에만 도취해 여기서 머물 수만은 없다. 묵언수행을 떠나야 한다. 자연성릉自然城稜을 따라 계속 수행을 이어간다. 자연성릉이란 자연으로 형성된 성곽의 능선과 같다고 해서 붙여진 이름인데, 삼불봉에서 관음봉에 이르는 약 2.1km 구간을 말한다. 자연성능을 따라가면 계곡에는 아직도 선명하게 남아있는 울긋불긋한 색의 향연과 끊임없이 전개되는 계룡 연봉의 기막힌 전경 파노라마가 수행자의 눈을 즐겁게 한다.

계속 수행하다보니 삼불봉이 마주 보이는 곳도 나타난다. 삼불봉은 세 부처님 모습이 보인다 해서 붙여진 이름이다. 그곳에서 자세히 바라보니 불상 비슷하게 생긴 암봉 3개가 우뚝 솟아 있는 게 확실히 보였다. 삼불봉이라는 봉우리 이름이 참 잘 어울린다.

자연성릉을 따라 조금 더 진행하니 계룡의 아름다운 전경이 내려다보이는 곳에 불상의 좌대처럼 생긴 평평한 바위가 나왔다. 수행자는 그 바위 위에 올라가 가부좌 자세로 부처님처럼 앉아 사진을 찍는다. 속물 인간이 부처님 자세로 앉는 것 자체가 불경不敬이 아닌가. '부처님, 중생의 무례를 자비로 용서하소서.'

이제 조금만 더 수행하면 관음봉이다. 관음봉으로 오르기 직전에 삼불봉 오를 때처럼 또 가파른 철 계단을 만난다. 수행자의 뒤에 오고 있는 이 박사가 힘들어하는 것이 눈에 확연히 들어온다. 이 박사에게 "산신령급인 양 박사가 앞서가는 것에 신경 쓰지 말고 자네 페이스를 유지하면서 천천히 올라오라."고 위로하고는 수행을 계속해나간다.

은선폭포

잠시 후 관음봉에 올라선다. 계룡산의 최고봉인 천황봉은 845m이나 군사 보호 구역이라 출입을 금지하고 있으므로 관음봉을 최고봉으로 간주한다고 한다. 그래서인지 관음봉 정상석 주변에 사람들이 바글거린다. 여기도 정상석 쟁탈전이 벌어지고 있었다. 수행자는 먼저 주변의 경관을 충분히 감상하고 난 다음, 정상석 주변이 평정不靜을 되찾기를 기다렸다 인증 사진을 한 장 찍고는 조용히 하산한다.

하산하는 수행로도 만만치 않다. 경사도 가파르고 너덜길이라 수행이 쉽지만은 않다. 그러나 단풍의 아름다움이 있고, 기이한 고목을 만나고, 은선폭포도 구경하고, 쌀개봉도 이리저리 살펴보면서 수행하며 내려오다 보니 어느새 동학사에 와 있었다.

　오늘의 묵언수행은 참한 후배들을 만나 계룡의 절경을 감상하면서, 계룡의 아름다움 한 가운데서 구성지고 멋들어진 창가도 들었다. 이런 호사가 또 있을 수 있겠는가. 수행을 마친 후 간단히 저녁 식사를 하고 난 후, 헤어질 때 고맙게도 양 박사가 <사곡알밤막걸리> 한 병을 선물한다. 알밤 막걸리 중에는 <사곡알밤막걸리>가 최고라는 당부도 잊지 않았다. 참한 후배들과 아름다움과 멋을 함께한 하루였다.

　계룡산의 아름다움과 신비스러움에 대해 읊은 서거정徐居正(조선 성종대의 문인)의 '계악한운鷄嶽閑雲'이라는 시 한 편을 감상하면서 묵언수행을 마무리한다.

　　<계악한운鷄嶽閑雲> / 서거정徐居正

　　계룡산 높이 솟아 층층이 푸름 꽂고 맑은 기운 굽이굽이 장백長白에서 뻗어왔네
　　산에는 물 웅덩이 용이 서리고 산에는 구름 있어 만물을 적시도다.
　　내 일찍이 이 산에 노닐고자 하였음은 신령한 기운이 다른 산과 다름이라
　　때마침 장마비가 천하를 적시나니 용은 구름 부리고 구름은 용을 좇는도다.

[묵언수행 경로]

동학사 탐방지원센터(09:54) > 큰배재(11:28) > 남매탑(11:47) > 삼불봉(12:10) > 점심(12:50) > 자연성릉 > 관음봉(14:22) > 은선폭포(15:17) > 쌀개봉 전망(15:20) > 동학사(15:50) > 세진정(15:56) > 동학사 탐방지원센터(16:20)

　　<수행 거리: 약 12km, 소요 시간: 6시간 26분>

인간의 어리석음을 깨우치는 산

지리산智異山은 한마디로 광활廣闊하고, 장엄莊嚴하다. 천변만화千變萬化하고, 현묘현빈玄妙玄牝하다. "너무 과장된 표현이 아니냐?" 라고 말 할 수도 있겠다. 그러나 절대 그렇지 않다.

지리산을 한자로는 智異山(지이산)이라 쓰지만 지리산이라고 읽는다. 어리석은 사람이 머물면 지혜로운 사람으로 달라진다 하여 지혜로울 지, 다를 이를 써서 지리산智異山이라 이름 부쳤다고 한다. 예전에는 별칭으로 멀리 백두산白頭山(白頭大幹)이 흘러왔다 하여 두류산頭流山으로 불리기도 했다. 또 예로부터 금강

지리산 천왕봉에서

산, 한라산과 함께 삼신산三神山의 하나로 여겨져 방장산方丈山으로 불리며 민족적 숭앙을 받아 온 영산靈山이다. 반야봉, 종석대, 영신대, 노고단과 같은 봉우리 이름들 역시 우리 민족의 민간신앙을 상징하는 명칭들이라고 한다.

지리산 국립공원의 규모는 다른 열여섯 개 산악형 국립공원에 비해 훨씬 넓고 광활하다. 지리산의 최고봉은 천왕봉이며, 그 높이는 해발 1,915m로

남한에서는 한라산 다음으로 높은 산이다. 노고단에서 천왕봉에 이르는 주 능선의 거리가 25.5km, 약 60여 리가 되고, 둘레는 320여 km로 약 800리쯤 된다. 1,500m 이상인 봉우리만도 20여 개가 넘는다. 천왕봉(1,915m), 반야봉(1,732m), 노고단(1,507m)의 3대 주봉을 중심으로 셀 수 없을 만큼 많은 봉우리들이 병풍처럼 펼쳐져 있고, 20여 개의 긴 능선으로 연결돼 있다.

지리산의 풍광은 부드러우면서도 위엄과 엄숙함을 갖추고 있다. 천태만상을 그 속에 품고 있고, 시시각각 천변만화의 조화로 필설로 다할 수 없는 원초적인 아름다움을 간직하고 있다.

지리산 10경이 그것을 대변한다. 지리산 10경은 1경 - 천왕일출天王日出, 2경 - 노고운해老姑雲海, 3경 - 반야낙조般若落照, 4경 - 벽소명월碧宵明月, 5경 - 연하선경烟霞仙景, 6경 - 불일현폭佛日顯瀑, 7경 - 피아골단풍(직전단풍稷田丹楓), 8경 - 세석細石철쭉, 9경 - 칠선계곡七仙溪谷, 10경 - 섬진청류蟾津清流를 일컫는다. 10경의 이름만 들어도 가슴이 설레지 않는가. 그러니 지리산을 한마디로 "광활廣闊하고, 장엄莊嚴하며, 천변만화千變萬化하고, 현묘현빈玄妙玄牝하다."라고 표현하는 것 이외 어떤 다른 표현이 있겠는가?

2016년이 저물어가는 어느 날, 겁도 없이 고교 동기들 중 특히 산을 좋아하고 잘 타기로 소문난 산신령이란 별명을 가진 친구 두 명과 함께 지리산 종주를 계획했다. 지리산 국립공원 서남서 방향 전남 구례에 위치한 성삼재에서 출발하여 동북동 방향 지리산 최고봉인 천왕봉을 거쳐 경남 중산리 쪽으로 하산한다는 계획이었다. 나에게는 새롭기도 하지만 혁명과도 같은 도발이었다.

2016년 11월 4일 금요일 22시 45분, 용산 발 전남 구례행 무궁화호 열차에 산신령급 지리산 종주 동반자 두 명과 함께 몸을 실었다. 참으로 오랜만에 타보는 디젤 열차다. '찌익 찌직 찍 덜컹, 치칙 폭 찍 덜컹, 찌지 찌지지 덜컹덜컹'거리며 기차는 느릿느릿 종착역인 구례로 향해 출발했다. 덜커덩

거리며 달리는 구례행 무궁화호 열차는 이 역 저 역, 여기저기 서가며 구례로 느릿느릿 달렸다. 느리게 달리는 기차의 모습이 꼭 여기저기 기웃거리며 느릿느릿 묵언수행해가는 나의 데자뷰 같았다. 자는 것도 아니고 깨어 있는 것도 아닌 가면 상태로 의식과 무의식을 반복해 왔다 갔다 하는 사이에 기차는 구례역에 도착했다.

도착 시각은 대략 2016년 11월 5일 새벽 3시 20분경. 우리 일행은 후다닥 짐을 챙겨 성삼재로 가는 버스를 탔다. 성삼재에 도착한 우리 일행이 스틱을 챙기고 헤드랜턴을 착용하고 본격적으로 종주에 나선 시각은 새벽 4시 50분경이다.

초행길에다 야간 산행까지 감행해야 하는 산행이라 나에게는 모든 것이 익숙하지 않았다. 장비를 챙기는 일, 헤드라이트를 착용하는 일이 새롭다. 야간 산행 묵언수행은 난생처음 시도해본다. 더구나 일행 2명의 산행 수준은 거의 산신령급이다. 처음에는 같이 출발했으나 내가 한 걸음 앞으로 나갈 때 그들은 두 걸음 앞으로 나아간다. 조금 가다 앞 수행로를 바라보면 그들은 어둠 속에 사라지고 없다. 그래도 결코 실망하거나 절망하지 않는다. 두려워하지도 않는다. 왜냐하면 나는 그동안 10차례 이상의 <나홀로 묵언수행>에서 내 수행 능력과 수준을 잘 알고 있었고, 그 친구들의 산행 수준 역시 익히 잘 알고 있었기 때문이다. 또 그 친구들은 나보다 조금 빠를 뿐 목표는 똑같아 나를 버리고 갈 일은 없었다. 다만 지리산 종주 시 국립공원 대피소 통과 시간을 제한하고 있으므로 나로 인해 그 시간을 지키지 못할까 봐 그것만이 조금 걱정될 따름이었다.

나는 중학교를 졸업하고 고향 창녕을 떠난 이후로는 밤하늘 별자리를 거의 본 적이 없었다. 남쪽 하늘에 삼태성이 뚜렷한 오리온 성좌가 밝게 빛났다. 종주 첫째 날인 오늘의 날씨가 청명할 것임을 예고하며 이번 산행을 응원해주는 듯했다.

노고단 고개를 통과할 즈음(05:40)에도 아직은 칠흑이었다. 여명黎明이 가까워질수록 더 어둡게 느껴지게 마련. 헤드랜턴 빛에 의존하여 걷고

11월 5일 오전 6시 20분경 운해와 일출 광경이 장관이다.

또 걸었다. 06:00경이 되자 드디어 하늘과 산의 경계가 붉은빛으로 채색돼 드러나기 시작한다. 한 발자국 한 발자국 앞으로 발걸음을 옮길 때마다 붉은 기운은 더욱 강해지고 하늘과 산의 경계가 더욱 선명해진다. 게다가 산 중턱에선 운무가 붉은색, 주황색, 노란색으로 채색되어 솟아오른다. 때로는 검은 운무도 치솟는다. 마치 적룡赤龍, 황룡黃龍, 흑룡黑龍이 서로 다투며 비상하는 모습이다. 어디선가 운무들이 휘리릭 하고 날아와 운해를 이루다가 어느 순간 휘리릭 하고 사라지기도 한다.

임걸령에 도착했다. 목은 별로 마르지 않았지만 물맛이 좋기로 소문난 이곳 임걸령 샘에서 물 한 모금 마시지 아니할 수 없다. 물을 마시니 감로수가 따로 없다. 감로수 한 모금으로 목을 축이고 있을 즈음 여명은 서서히 사라지고 어둠이 걷히기 시작한다.

이제 날이 밝아졌으므로 헤드랜턴을 끄고, 본격적인 산행을 시작했다. 늦가을이라 날씨는 싸늘했지만 지리산을 묵언수행하는데 땀도 흘리지 않는 다면 그것은 지리산에 대한 모독이 아니겠는가. 이마에서 줄줄 흘러내리는 땀을 훔쳐가면서, 굽이굽이 돌고 또 돌며, 200~300m를 오르락내리락하기를 수십 차례 반복하니 노루목을 거쳐 경상남도, 전라남북도 삼도의 경계에 위치한 삼도봉, 화개재, 토끼봉, 명선봉을 지난다. 과연 지리산은 지금까지 묵언수행한 여느 다른 산악형 국립공원과는 차원이 다르며, 광대무변하고 천변만화하며 현묘현빈한 산이라는 사실을 처절하게 실감한다.

11월 5일 7시 43분경 삼도봉에서

<연화천 대피소>에 도착해 휴식을 취하며 아주 간단하게 아침 겸 점심을 먹는다. 식수를 보충한 다음 <벽소령 대피소>로 발길을 옮기기 시작했다. 저 멀리 아련하게 천왕봉이 수행로 주위의 숲 사이로 나타났다 사라지기를 반복한다. 산봉우리 중턱에 구름이 걸려 있기도 하고, 봉우리 위는 하얀 구름관을 쓰다 벗기를 반복한다. 그 장면을 보고 있노라니 내가 신선이 된 기분이다. 옛날 옛적에 신선이 살았음이 분명하다. 나는 가슴이 찡해오는 감동을 느낀다.

<벽소령 대피소>에서 잠깐 휴식을 취한 후 우리 일행이 숙박해야 할 <세석 대피소>로 향했다. 서서히 지리산의 다른 모습, 다른 풍광이 나타나기 시작한다. <벽소령 대피소>부터는 여기저기 기암괴석 더미가 나타나기 시작하고, 수행로가 거칠어지기 시작했다.

선비샘을 만난다. 태백산 용정 다음으로 높은 곳에 있다고 한다. 선비샘에서 물 한 모금 마시지 않을 수 없다. 목이 마르지 않아도 마셔야만 한다. 비록 선비는 아닐지라도 그 높은 곳에서도 맑디맑은 물을 샘솟게 해 만물을 적셔주는 그 샘에 대한 예의로서라도 마셔야 한다. 산신령 친구들의 말에 의하면 선비샘의 물맛이 제일 좋다고 한다. 그 이야기를 듣고 마셔서 그런지 몰라도 물맛이 정말 좋다. '이게 아마도 감로수인가?'라는 생각이 든다.

칠선봉, 영신봉을 지난다. 고개 들어 주위를 살펴보면 도처에 기암괴석이요, 구상나무 고사목이다. 탐방로는 더욱 거칠어진다. 아마도 우리 민족의 영봉, 천왕봉에 점점 가까워지고 있기 때문이리라.

상쾌하고 청명한 날씨, 맑은 공기에 몸이 더욱 가벼워지는 느낌이다. 새벽 4시 50분경부터 저녁 4시 50분경까지 장장 12시간, 23km를 걷고 또 걸으면서, 마음껏 눈요기하고, 사진을 찍고 또 찍으면서, 내 페이스대로 내 리듬대로 수행하면서 늦지 않게 <세석 대피소>에 도착한다. 다행이다. 두 산신령은 한참 먼저 대피소에 도착했음은 물론이다.

무려 12시간을 대자연이 연출하는 아름다운 풍광 속에서 대자연이 배출하는 신선한 산소와 감로수를 마시니 오염된 물질이 가득 찬 허파와 혈관이 맑아지고, 세속의 잡념으로 가득 찬 머릿속이 텅 비면서 정화되는 느낌을 받지 않을 자가 뉘 있으리오.

이제부터 몸속에 고갈된 에너지를 채우고 피곤한 몸과 발과 다리를 쉬게 하는 것이 급선무다. 대피소 취사실에 짐을 풀고, 손 신령과 내가 저녁 준비를 하는 동안, 이 신령은 잠자리를 배정받아 왔다. 손 신령은 이 신령이 준비해온 삼겹살을 지글지글 굽고 지진다. 이 신령은 마늘이며 된장 등 양념과 기타 먹거리를 빠짐없이 준비한다. 극히 피곤하고 시장한 상태에서 서서 먹을 수밖에 없는 처지였지만, 지글지글 맛있게 구운 삼겹살은 특급 호텔의 일류 요리사가 만든 음식도 이 보다 더 맛있을 수 없을 것이다. 두 신령의 요리 솜씨가 좋기도 하거니와 '시장'이라는 최고의 양념과 반찬이 있었기 때문이다. 나는 물을 길어 나르는 일 이외에 할 일이 별로 없다. 나의 솜씨가 두 신령에 미치지 못하니 할 수 없다. 좀 미안했지만 그냥 입만 가지고 먹기만 했다. 하기야 맛있게 잘 먹어주는 것이 그들에 대한 예의니까.

이제 에너지를 보충했으니 자야 할 시간. 땀은 이미 말랐고, 저녁 쌀쌀한 시간이니 몸도 식었다. 얼굴과 땀이 찬 주요 부분만 물수건으로 대충대충 닦았다. 그리고는 기온이 제법 쌀쌀했지만, 폐 속으로 혈관 속으로 맑디맑은 공기를 들이마시면서 고개를 들어 하늘을 바라보았다. 하늘에는 수많은 별들과 반달이 유난히 밝게 반짝거린다. 하늘에서 불꽃놀이를 하고 있다. 쏟아질 듯 반짝이는 항하사恒河沙보다 많은 별과 달을 보니 내일도 수행하기에

11월 6일 8시 28분경, 안개가 자욱하여 지척거리도 잘 보이지 않는다.(소나무와 까마귀)

가장 적합한 날씨일 것이 틀림없으리라는 강한 희망이 움튼다. 일행은 마치 포로수용소 같은 대피소에서 자는 둥 마는 둥 뒹굴며 하룻밤을 보냈다.

드디어 11월 6일 일요일 날이 밝았다. 오늘은 천왕봉을 오르는 날이다. 숙소 밖으로 나오니 안개가 자욱하다. 아니, 어제 저녁에는 날씨가 그렇게 좋았는데 이게 웬일인가! 그래도 간간이 불어오는 바람에 운무가 휘날리며 때때로 하늘이 맑아지기도 했다. <노고할매 대피소>에서 어제 보았던 오리온 성좌가 운무 속에서 나타났다 사라지기를 반복한다. 간단히 아침을 챙겨 먹고, 어제처럼 날씨가 맑아야 할 텐데 하는 바람을 잔뜩 안고 천왕봉으로 오를 준비를 마친다.

가뜩 낀 운무가 가끔씩 바람에 흩날릴 뿐, 바람과는 달리 좀처럼 사라질 기미가 보이지 않는다. 아무리 날씨가 나쁘더라도 예서 포기할 수는 없다. 우리 일행은 6시 50분경 천왕봉을 향해 출발했다. <세석 대피소>에서 세석평전을 거쳐 촛대봉 - 연하봉 - 일출봉 - <장터목 대피소> - 제석봉 - 통천문을 거쳐 천왕봉으로 오르는 코스다. 비는 내리지 않았지만, 운무가 잔뜩 낀 날씨라 육안으로는 탐방로 주위의 풍광만 보였을 뿐, 큰 물결 작은 물결이 일렁거리는 멋진 산 너울을 조망할 수 없었다. 정말 아쉬웠다.

그러나 겨우 한 번 찾아온 나 같은 인간에게 경박하게 그 모든 속살을 다 보여준다면 그게 어찌 영산이겠는가? 자신의 몸을 살짝 감추며 보일듯 안 보일듯 해야 위엄과 신비감이 더 높아지는 법이다. 운해雲海에 감추어진 천변만화하는 지리산의 모습은 위엄과 신비감을 높여 현묘玄妙하게 나에게 다가옴으로써 더욱 동경憧憬하고 경외敬畏하도록 만들고 있었다. 그러면서도 나는 '풍광을 육안肉眼으로만 보는 것은 아니지 않는가, 때로는 심안心眼으로 보는 것이 더 나을 수도 있지 않는가'라고 스스로 자위하면서 주위를 편안하게 돌아보며 앞으로 나아간다.

<세석 대피소>에서 <장터목 대피소>로 가는 탐방로 주변 경관이 정말 심상치 않다. 성삼재에서 세석 대피소까지의 풍광과는 차원부터 다르다. 쭉쭉 자라고 있는 구상나무 군락이나 무성한 나무와 숲 사이로 보이는 기암괴석들이 육안으로 보기에도 장관이다. 바위 위에서 오롯이 똑바르게만 자라고 있는 구상나무가 바라보는 나약한 인간의 마음을 심란하게 한다.

깎아지른 듯한 천 길 낭떠러지 절벽 위에서 내려다보면 육안으로 보이는 건 자욱한 운무뿐이지만, 심안으로 바라보면 치마의 주름처럼 가지런한 깊고 깊은 산골짜기와 그 골짜기를 오색영롱한 물보라를 튕기며 '쏴아!' 하면서 흘러내리는 폭포, 시원스런 물줄기, 그 주변을 수놓고 있는 형형색색의 단풍이 다 보인다. 심안으로 보는 것만으로도 온몸이 전율한다. 인간 세상 어느 화가나 조각가가 이런 풍광을 그리고 조각할 수 있으리오.

<장터목 대피소>에서 제석봉으로 가는 탐방로를 가다 보면 주위에는 고사목이 엄청 많다. 지리산의 아픈 과거를 그대로 보여준다. 1950년대까지만 해도 무성하게 자란 식생들로 대낮에도 어두컴컴할 정도였다고 한다. 그런데 이 고사목들은 천이로 인해 자연 도태되어 죽은 고사목이 아니라 탐욕스런 도벌꾼이 도벌 흔적을 없애려고 불을 질러 생긴 상처들이란다. 참으로 우매한 인간들이다.

드디어 통천문에 다다랐다. 통천문, 하늘과 통하는 문이다. 이제 천왕봉이 바로 지척에 있다는 말이다. 통천문을 지나니 바로 눈앞에 천왕봉이 보인다.

그동안 얼마나 와 보고 싶은 곳이었던가? 천왕봉 정상까지 급경사였음에도 가뿐하게 올라갔다. 아마도 내 몸속에서 엔돌핀 아니 다이돌핀이 솟아났음이 틀림없다.

기암괴석군을 지나 천왕봉으로

꿈에 그리던 천왕봉, 드디어 나도 왔다. 천왕봉 정상에서 주위를 둘러보니 육안으로 보이는 건 신비스러운 희뿌연 운무뿐이었으나, 나의 가슴속에는 지리산의 장엄한 모든 봉우리와 계곡이 다 들어와 있었다. 지리산에 어리석은 사람이 머물면 지혜로운 사람으로 달라진다고 한다. 맞는 말 같았다. 내가 지리산을 종주하면서 지리

제석봉의 고사목들

산은 내 스스로가 얼마나 나약하고 어리석은 인간인지를 어렴풋하게나마 일깨워주었다. 나 스스로 어리석음을 아는 것 그것이 바로 지혜 아닐까?

어머니의 품과 같은 산이라고 일컫는 지리산 묵언수행에서 도덕경道德經 제6장章이 떠오르니 현묘, 현빈하다는 표현이 결코 과장일 수 없지 않겠는가.

谷神不死 是謂玄牝 玄牝之門 是謂天地之根 綿綿若存 用之不勤.
(곡신불사 시위현빈 현빈지문 시위천지지근 면면약존 용지불근)

골짜기의 신은 죽지 않는다.
이를 현묘한 암컷이라고 하고
현묘한 암컷의 문, 이를 일러
천지의 근원이라고 한다.
면면히 이어져 있는 듯 없는 듯하고
써도 써도 다함이 없다.

지리산 종주 묵언수행 중 여러 가지 모자라는 나에게 물심양면으로 많은 도움을 준 친구, 이 신령과 손 신령에게 진심으로 감사드린다.

[지리산 종주 1일 차 묵언수행 경로]
성삼재(04:48) > 노고할매 탐방안내소(05:11) > 노고단 고개(05:40)
> 돼지령(06:23) > 피아골 삼거리 > 임걸령(06:47) > 노루목(07:19)
> 삼도봉(07:40) > 화개재(08:03) > 토끼봉(08:37) > 명선봉(09:54)
> 연하천 대피소(10:01) > 벽소령 대피소(점심) > 선비샘(14:18) >
칠선봉(15:23) > 영신봉(16:26) > 세석대피소 (16:50, 저녁, 1박)
    <수행 거리: 약 23km, 소요 시간: 12시간 2분>

[지리산 종주 2일 차 묵언수행 경로]
기상(06:00, 아침 식사) > 산행 출발(06:52) > 촛대봉(07:21) > 연하봉
(08:42) > 일출봉(08:51) > 장터목 대피소(09:03) > 제석봉(10:02) >
통천문(10:34) > 천왕봉(10:57) > 천왕샘(11:28) > 개선문(11:53) >
법계사(12:33) > 법계사 점심 공양(12:49) > 로타리 대피소(13:17) >
순두류 버스 정류소(14:30)
    <수행 거리: 약 10km, 소요 시간: 7시간 38분>

선경 속에서 하루를 보내다

주왕산 주봉

오늘은 품속에 선경을 가득 간직한 주왕산을 만나러 가는 날이다. 서울 잠실 우리 집에서 280여 km, 승용차로 4시간 정도 거리다. 새벽 2시에 기상해 새벽 2시 반경에 출발했다. 가는 동안 졸음을 해결하기 위해 3번이나 휴게소에 들렀다. 주왕산 국립공원 상의 주차장에 도착한 시각은 아침 6시 40분경. 마침 어제 개통한 제2영동고속도로를 개통 2일 차에 달려보는 행운을 가지기도 했다.

20여 km를 걸으려면 먼저 에너지를 보충해야 한다. 상의 주차장에 도착한 후 주변을 두리번거려보니 문을 연 식당이 많이 있었다. 제일 가까운 식당으로 들어갔다. 가격이 장난 아니다. 거의 서울 수준 이상이었다. 우선 8천 원짜리 된장찌개를 시켰다가 메뉴를 다시 두리번거리며 살피다보니 시골 청국장이란 메뉴가 눈에 들어왔다. 완전 깡촌놈인 내가 시골이란 단어에 홀리지 않을 수 없었다. 된장찌개보다 무려 2천 원이나 비싼 시골 청국장으로 바꿔 주문했다. 그러나 생각했던 시골 맛과는 거리가 멀었다. 짜고 맛이 없고 값까지 비쌌으니 말이다. 후회막급이었지만 수행을 하면서 맛 타령을 하는 것 자체가 사치다.

주왕산은 높이는 721m, 산세가 아름다워 경상북도의 소금강으로 불리는 산이다. 구전에 의하면 중국 당나라 때 동진東晉의 왕족 주도周鍍가 당나라에서 반정을 시도하다 실패하고 멀리 이곳으로 도피해 은둔하며 살았던 적이 있는데, 그 뒤 나옹懶翁 화상和尚이 이곳에서 수도하면서 산 이름을 주왕산으로 하면 고장이 복될 것이라고 해 주왕산이라는 이름이 붙여졌다고 한다. 별칭으로는 신라의 왕자 김주원金周元이 이곳에서 공부했다고 해 주방산周房山 또는 대돈산大遯山이라고 부르기도 하며, 산세가 웅장하고 깎아 세운 듯한 기암절벽이 마치 병풍을 두른 것 같아서 석병산石屏山이라 부르기도 한다.

주왕산 기암괴석은 화산재가 응고하면서 생긴 응회암 틈새로 수만 수억 년 동안 틈 골골이 스며든 빗물에 더욱 틈이 크게 갈라지고 쪼개지고 부스러지고, 풍화 작용을 거치면서 형성된 가로세로형 주상절리 괴석으로 형성돼 있다.

자, 이제부터 주왕산 선경 속으로 묵언수행을 출발한다.

제일 먼저 만나는 선경은 대전사 넘어 보이는 '한자의 뫼 산 자' 모습의 기암괴석이다. 기암괴석을 마주보며 자하교 쉼터를 지나니 곧바로 연화굴 이정표가 나타난다. 진행로를 벗어나 200m를 올라갔다 내려와야 한다. 어떻게 생겼는지 호기심을 자극하니 올라가보지 않을 수 없다. 주상절리 현상으로 생긴 굴 안으로 들어가 보니 어느 무속인이 걸어둔 것으로 보이는 무속용 방울도 걸려 있었다.

학소대 쉼터를 지나 올라가니 청아한 물소리와 함께 낮은 곳으로 자신을 낮추며 흘러내리는 용추폭포(옛 명칭 제1폭포), 절구폭포(제2폭포), 용연폭포(제3폭포)를 만난다. 이 폭포들을 가만히 쳐다보고 있노라면 내 마음도 맑고 깨끗하게, 그리고 막힘없이 시원하게 물속에 용해되어 흐르는 듯하다.

용추계곡

용추폭포(제1폭포)

절구폭포(제2폭포)　　　　　용연폭포(제3폭포)

용추폭포에서 절구폭포, 용연폭포로 발걸음을 옮길 때마다 수억 년의 풍화작용이 빚어낸 선경은 계속된다.

용연폭포를 지나 가메봉으로 오르는 탐방로를 가다보면 내원 마을이라는 옛 마을 흔적과 터를 만난다. 내원 마을은 임진왜란 당시 피난민들이 주왕산 속 깊숙한 곳으로 피난해 들어와 살아서 생겼다고 한다. 최근까지도 명맥을 유지해왔는데, 1970년대에는 70여 가구 500명 정도가 임업과 농업에 종사하면서 살았고, 2005년에는 이농 현상이 극심해 9가구만 남았다고 하며, 2007년도에는 환경저해시설 정비 사업의 일환으로 폐쇄돼 이제는 마을 흔적만 남았다고 한다. 참으로 인생무상을 느끼는 장면이 아닐 수 없다.

대전사 입구에서부터 제1폭포까지는 휴일이라서 그런지 우리나라 몇 안 되는 절경이어서 그런지 몰라도 구경꾼들이 너무 많아 혼잡하고 시끄러워서 고독 묵언수행하는 데 꽤 방해가 되기도 했다.

내원 마을에서 가메봉까지 오르는 길은 제법 멀고도 가파르다. 가메봉도 해발 882m로 주왕산 국립공원에서 가장 높은 봉우리 중 하나다. 그래서인지 인적이 드물고 조용했다. 주왕산은 다른 국립공원에 비하여 청송靑松이 매우 많았다. 내 고향 뒷산에도 청송이 많다. 내 고향 창녕군 고암면 간상리 간적동에 있는 선산에는 청송들이 가득하다. 주왕산에서 청송을 만나니

금수대 주왕산 최고의 응회암 주상절리

가메봉 정상

마치 내 고향 마을 뒷산처럼 느껴진다. 나는 소나무와 소나무 향을 무척 좋아한다. 내 별호別號를 청송이라 부르는 연유다. 땀을 뻘뻘 흘리며 가파른 길을 3km여를 힘들게 올라간다. 소나무와 참나무 군락에서 내뿜는 향기가 일품이다.

어느덧 가메봉 정상에 와 있었다. 또 하나의 절경이 눈 속으로 들어오고, 가슴 속에 와 박힌다. 깎아지른 듯한 거대한 바위, 바위 위에 멋있게 자란 청송들, 절벽 아래 펼쳐지는 멋진 단풍들, 그리고 저 멀리 운무 속에 아련히 보일 듯 말 듯 한 산의 자태들이 너무 아름답다.

가메봉(882m)에서 주봉(721m)으로 가는 길에서는 우리 민족의 슬픈 일제 강점기 역사를 만났다. 제2차 세계대전을 일으킨 일본 제국주의는 기름 - 특히 항공유가 부족해, 기름을 보충하기 위한 방편으로 송진을 기름으로 만들어 항공유로 사용했다고 한다. 이 때문에 우리 조국의 소나무에서 송진을 채취하기 위해 나무에 커다란 'V'자 상처를 입히고 큰 소나무들을 훼손했다고 한다. 이 얼마나 오욕의 역사인가? 그렇게 상처 입은 주왕산 청송은 아직도 꿋꿋하고 아름답게 자라고 있었다. 나약한 인간들에게 교훈을 주면서.

학소대 쉼터에서 용연폭포에 이르기까지 길은 평탄하면서도 아름답다. 신비로운 주왕산 속살이 그대로 펼쳐져 있다. 용추계곡을 따라가니 갖가지 비경을 다 보여준다. 조금만 여유를 가지고 본다면 속속들이 모든 것을 볼 수 있다. 반면에 가메봉에서 주봉을 거쳐 대전사로 내려오는 길은 급경사로 제법 험하다. 그러나 아름다운 주왕산 원경이 조화를 이뤄 파노라마를 연출한다. 주요한 길목마다 설치한 전망대에서 바라보면 그 아름다움에

주왕산 전망대에서

빠져들어 걸음을 옮길 수 없을 정도다. 정말 숨막히는 아름다움이 흩뿌려져 있다. 이 아름다운 풍광을 표현하는 말은 '이곳이 바로 선경'이라는 말 이외에 어떤 단어도 떠오르지 않는다.

주왕산 주봉에서 하산해 주산지로 이동한다. 주산지는 김종덕 감독의 영화 ≪봄, 여름, 가을 그리고 겨울≫에서도 배경으로 나와서 잘 알려진 조선 시대의 저수지다. 봄, 여름, 가을, 겨울, 사시사철마다 그 모습을 바꾼다.

마지막으로 <송소고택>을 찾았다. <송소고택>은 영조 때 만석부자 청송 심씨 심처대의 7세손 심호택의 저택으로 자연미 넘치는 정원까지 갖춘 아흔아홉 칸 한옥 대저택이다. <송소고택> 아궁이에서 붉게 활활 타오르는 불길, 굴뚝에서 무럭무럭 피어오르는 연기는 어린 시절 추억을 되살려놓는다. 휘휘 감기며 날아다니는 연기는 후각을 강하게 자극했다.

주산지의 늦가을 풍경

송소고택의 정원 풍경

이런 향이 이 세상에 또 있을까. 세상 어떤 향기보다 더 향기로웠다. <송소고택>을 떠난 한참 뒤에도 내 몸에는 향기로운 냄새가 오래도록 맴돌며 떠나질 않았다.

[묵언수행 경로]

상의 주차장 > 대전사(0.7km) > 자하교 쉼터(1.3km) > 연화굴(0.2 × 2 = 0.4km) > 학소대 쉼터(0.7km) > 용추폭포 > 절구폭포(0.2 × 2 = 0.4km) > 용연폭포(1.4km) > 내원 마을(1km) > 큰골 입구(1.2km) > 가메봉 3거리(1.7km) > 가메봉(0.2km) > 후리메기 삼거리(3.6km) > 칼등고개(1.5km) > 주왕산(1km) > 대전사(2.3km) > 상의 주차장(0.7km)

<수행 거리: 약 18.1km, 소요 시간: 7시간 30분>

내장산에서 나의 내면을 찾다

내장산 신선봉, 내장산의 주봉이다.

　내장산은 전라북도 정읍시 내장동과 순창군 복흥면의 경계에 있는 산으로 높이는 763m이다. 노령산맥의 중간 부분에 있으며 신선봉神仙峰(763m)을 중심으로 연지봉蓮池峰(720m), 까치봉(680m), 장군봉(670m), 연자봉(660m), 망해봉(640m), 불출봉(610m), 서래봉(580m), 월령봉(420m) 등이 동쪽으로 열린 말발굽 모양으로 둘러서 있다.

　주요 지질은 백악기 말의 화산암류이고 주요 암석은 안산암으로 절리節理가 나타나 산꼭대기에는 가파른 절벽, 산 경사면에는 애추崖錐가 발달되어 있다. 식물은 참나무류, 단풍나무류, 층층나무류 등의 낙엽활엽수림이 주종

서래봉에 올라서면 불출봉, 망해봉, 연지봉, 까치봉, 신선봉, 연자봉, 장군봉이 훤하게 조망된다.

내장산 내장사 대웅전 뒤로 내장산의 암봉들이 도열해 있다.

을 이루고 능선에는 비자나무 등의 침엽수림이 나타난다. 신선봉, 장군봉 등에 있는 굴거리나무 군락은 천연기념물 제91호로 지정되었다.

가을철 단풍이 아름다워 옛날부터 조선 8경의 하나로 꼽혔다. 백제 때 영은 조사가 세운 내장사와 임진왜란 때 승병들이 쌓았다는 동구리 골짜기의 내장산성이 있으며 금선폭포, 용수폭포, 신선문, 기름바위 등도 잘 알려져 있다. 등산로는 능선 일주 코스와 백양사까지의 도보 코스가 주로 이용된다. 1971년 서쪽의 입암산笠巖山(654m)과 남쪽 백양사 지구를 합한 총면적 75.8 ㎢를 국립공원으로 지정하여 보호, 관리하고 있다.

내장산內藏山은 원래 영은사靈隱寺의 이름을 따서 영은산靈隱山으로 불렀으나, 산 안에 숨겨진 것이 무궁무진하다고 하여 내장산內藏山이라는 이름을 얻었다고 한다. 무궁무진하게 많은 것이 숨겨진 내장산에서 무엇이 숨겨져 있나 열심히 찾아 이리저리 다녔다.

내장산의 아름다움에 흠뻑 젖어 많은 것을 찾았고, 보았고, 느꼈다. 그 많은 아름다운 만물과 만상 속에 나 자신의 본연이 깨지고 찢어져 산속 여기저기 흩어져 있는 상처받은 내 내면을 발견했다. 나는 여기저기 흩어져

망해봉을 지나 연지봉으로 가는 수행로 주변의 절경, 여기서 점심을 먹으면서 한참을 휴식했다.

있는 나의 본연을 아름다운 내장산에서 주섬주섬 주위 담고, 깨지고 찢어진 곳을 보수하고 기워서 내면의 깊은 상처를 치유해 나가련다. 원더풀 내장산!

[묵언수행 경로]
내장산 탐방지원센터(08:20) > 내장사 일주문(09:12) > 내장사(09:33-09:44) > 서래봉(10:40) > 불출봉(11:51) > 망해봉(12:45) > 연지봉(13:25) > 까치봉(13:52) > 내장산 신선봉(14:47) > 연자봉(15:41) > 장군봉(16:14) > 유군치(16:46) > 내장산 탐방지원센터(17:43)
<수행 거리: 15.49km, 소요 시간: 9시간 23분>

가을비 촉촉이 내리는 호젓한 수행로에서
알 수 없는 기쁨을 얻다

천왕봉 대신 최고봉으로 간주되는 서석대 정상석

올해 안으로 국내 육지에 있는 산악형 국립공원 열여섯 개를 다 올라보겠다는 목표를 세우고 난 후에는 몰아서 등반하기로 일정 계획을 세웠다. 전국에 흩어져 있는 산들을 찾아다니려면 사방팔방으로 다녀야 한다. 한곳을 여러 번 왔다 갔다 하기보다 일정을 잘 짜서 한 번에 올라가면 육신은 힘들고 피곤하겠지만 시간을 절약할 수 있어 효율적이다. 전라남북도에 위치한 산악형 국립공원 세 곳을 등반하기 위해 전라도를 찾았다. 어제 11월 18일 금요일에는 내장산을 다녀왔고 오늘은 무등산, 내일은 월출산으로 묵언수행을 떠나기로 계획을 세웠다. 내장산에서 무등산까지는 약 60km, 무등산에서 월출산까지는 약 70km 거리다.

그런데 어제 18일 저녁 작은딸로부터 '카톡'으로 전갈이 왔다. 20일, 일요일이 결혼기념일이란다. 이런! 국립공원 탐방 계획에 사로잡혀 결혼기념일도 잊어버리고 있었다. 20일 월출산 산행은 뒤로 미뤄야겠다. 오늘 무등산만 올라가고 상경하기로 한다. 담양의 한 숙소에서 누워 뒹굴뒹굴 자는 둥 마는 둥하며 잠시 피곤한 몸을 쉬게 하고 고양이 세수를 한 뒤 무등산으로 향한다.

인터넷 자료실 <대한민국 구석구석>에서 무등산에 관한 자료를 찾아보았다. 무등산無等山은 무돌뫼, 무진악, 무당산, 무덤산, 무정산, 서석산 등의 별칭을 갖고 있다. 무돌은 '무지개를 뿜는 돌'이란 뜻이고, 무진악이란 무돌의 이두 음으로 신라 때부터 쓰인 명칭이다. 무등산이라는 이름은 서석산과 함께 고려 때부터 불리어져 왔다고 한다. '비할 데 없이 높은 산' 또는 '등급을 매길 수 없는 산'이란 뜻이란다.

무등산 원효사 입구에 주차한 시각은 아침 7시경. 아직 날은 어둑어둑했고, 일기예보와는 달리 날씨가 흐리고 비가 올 것만 같았다. 좀 스산했지만 운무가 자욱하여 신비로움을 더하고 있었다.

오전 7시 20분경 등산로를 시계 방향을 따라 올라가기 시작했다. 운무는

가을비에 촉촉히 젖고 짙은 운무에 모습을 숨기고 있는 서석대

시간이 갈수록 전후좌우가 잘 보이지 않을 정도로 점점 짙어져갔다. 짙은 운무는 몽환의 터널 속으로 쏙 빨려 들어가게 하는 듯, 미혼진迷魂陣에 빠진 듯한 착각을 불러일으킨다. 마치 꿈속에서 헤매듯 걸어 올라가니 어느덧 서석대에 도달했다.

서석대는 해발 1,100m로 고지다. 무등산 정상은 천왕봉이지만 천왕봉은 올라갈 수 없고 천왕봉을 대신해서 서석대가 무등산의 정상으로 간주된다. 천왕봉은 군사기지라 출입이 통제되고 있기 때문이다.

서석대 정상석을 오르기 바로 전에 있는 서석대는 동쪽에서 서쪽을 향해 1~2m 전후의 5~6각형 석주들이 하나하나씩 세로로 쌓여 기둥처럼 보이고, 또 이들이 가로로 촘촘히 모여 하나의 석벽처럼 우뚝 서 있다. 서석대는 저녁노을이 들 때 햇살에 반사돼 수정처럼 빛나서 수정병풍이라고도 했다고 전한다. 무등산을 서석산이라 부른 것도 이 서석대의 돌 경관에서 연유한 것이다. 서석대는 무등산 대표 절경 중 하나로 서석대 병풍바위는 맑은 날 광주 시내에서도 그 수려함을 바라볼 수 있다고 한다. 마침 촉촉한 봄비 같은 가을비가 조용히 내리고 있었다. 짙은 운무와 가을비가 어우러진 사이로 희미하게 보이는 석주들은 마치 그리스로마의 신전 기둥처럼 하늘을 치받치고 있는 모습이었다.

짙은 운무속의 입석대는 오벨리스크를 닮았다. 신비스럽기 짝이 없다.

서석대를 거쳐 얼마 가지 않아 입석대를 만났다. 5~6각형 또는 7~8각형으로 된 돌기둥이 서 있는데, 어떤 것들은 세로로 갈라져 여럿이 모여 있고, 어떤 것들은 마치 이집트의 오벨리스크처럼 우뚝 서 있었다. 오벨리스크가 한 개의 거대한 바위를 깎아 만들었다면 입석대는 세로로 깎은 듯한 바위 위에 똑같은 모양으로 바위를 다시 깎아 절묘하게 탑처럼 쌓아 놓았다. 이런 풍광은 우리나라 다른 어떤 산에서도 찾아보기 힘든 신기하고 아름다운 장면이다. 촉촉하게 내리는 가을비를 맞으며 짙은 운무 속에 어렴풋이 보이는 서석대와 입석대가 연출하는 신비롭고 경이로운 풍경에 풍덩 빠져버렸다. 한참을 멍하니 바라보다 원효사 입구 주차장 쪽으로 하산하기 위해 발걸음을 천천히 옮겼다.

멍하니 얼마나 걸었을까. 걷다 정신을 차려보니, 아뿔싸! 중머리재 쪽으로 진입하고 있는 나를 발견했다. 중봉, 동화사 터, 토끼등을 거쳐 원점으로 회귀하는 당초 예정 탐방 경로를 놓쳐버리고 만 것이었다. 이는 짙은 운무와 계속 내리는 가을비가 시야를 가려 이정표를 잘못 본 탓이기도 하지만 서석대와 입석대의 독특하고 신비로운 풍경들에 미혹됐기 때문이리라. 덕분에 비 내리는 호젓한 길을 수 km나 더 돌아내려가야 했다.

한참을 내려가다 보니 승천암이 나온다. 가을에는 승천암에서 해발 800~900m로 2.5km 정도 펼쳐져 있는 능선인 백마능선 위에 핀 억새가 바람에 휘날린다. 그 모습을 바라보면 마치 백마가 달릴 때 나부끼는 갈기처럼 보인다고 하는데, 짙은 운무와 촉촉이 내리는 가을비 때문에 바람에 휘날리는 백마 갈기와 같은 환상적인 풍경을 보지 못해 못내 아쉬웠다.

토끼등까지 내려온 나는 다시 동화사 터까지 급경사 1km를 올라갔다. 원효사 입구까지 원점회귀하기 위해 길을 찾아야 했다. 토끼등에서 동화사 터까지 올라가는 계단은 매우 가팔랐지만 마치 고대 신전으로 올라가는 돌계단처럼 잘 정비돼 있었다. 자연스럽고 멋스럽다. 옛날, 절에 올라가는 길이라 잘 단장해놓은 걸까? 땀을 삘삘 흘리며 동화사 터까지 올라갔지만 원점회귀 수행로를 찾지 못했다. 뭔가에 다시 홀린 것이 확실하다. 더 올라가면 중봉이 나오고 다시 서석대로 올라가는 길이다.

다시 한 번 지도를 확인하고는 바람재로 가는 이정표가 나오는지 살피면서 내려가기 시작한다. 동화사 터에서 토끼등 쪽으로 다시 600m쯤 내려왔을 때였다. 오른쪽으로 거대한 너덜겅 중간으로 가로지르는 평평한 수행로를 발견했다. 이 너덜겅이 바로 그 유명한 덕산너덜이고, 그 너덜을 가로지르는 수행로는 곧바로 바람재로 내려갈 수 있는 지름길이었다.

운무 자욱한 덕산너덜 수행로를 통과했다.

농무에 휩싸인 덕산너덜은 그 넓이를 가늠할 길이 없을 정도였다. 광대하다는 말 이외의 단어는 다 수사일 따름이다. 이런 광대한 너덜을 호젓이 걸어가면서 느끼는 기분을 누가 알겠는가. 비는 촉촉이 내리고, 농무가 짙게 드리우고, 바람이 살랑살랑 불어오면 바위틈에서 통소 소리보다 더 청아한 소리가 들려온다. 때로는 높고 때로는 낮은 음으로, 때로는 길게, 때로는 짧게 이어진다. 끊어졌다 이어지기를 반복한다. 여기에 낙엽 지는 소리까지 어우러지면 곧바로 천상의 음악이 된다. 신비하고 황홀한 느낌을 받는다. 여러분들도 이처럼 거대한 덕산너덜을 촉촉이 내리는 비를 맞으며 가로 질러 걸어보라. 신비하고도 황홀한 느낌이 들지 않을 리 없다. 덕산너덜이 천상의 연주를 나에게 들려주기 위해 나를 홀려 이리로 이끈 것이 아닐까 하는 생각이 든다. 그러니 탐방로를 잘못 들어 오르락내리락한 것은 결코 헛수고가 아니었다.

무등산은 명실상부하게 등급을 매길 수 없는 산임이 확실하다. 짙은 농무 때문에 맑을 때 보이는 아름다움은 감상하지 못했으나 서석대, 입석대, 덕산너덜의 신비로움과 아름다움, 그리고 편안함을 마음껏 느끼게 해주었다. 때때로 인간은 실수도 하면서, 조금씩 느리게 살아가는 것이 훨씬 건강한 삶이라는 교훈을 이곳 '비할 데 없이 높은 산, 등급을 매길 수 없는 산', 무등산에서 배운다.

[묵언수행 경로]

원효사 주차장(07:00) > 들머리(07:19) > 제철 유적지(07:48) > 주검동 유적지(08:00) > 서석대(10:02) > 승천암(10:23) > 입석대(10:36) > 중머리재(11:46) > 당산나무(12:34) > 천제단(13:08) > 봉황대(13:34) > 토끼등 > 동화사 터(14:47) > 덕산너덜 통과 > 바람재(16:06) > 늦재(16:21) > 원효사 주차장(16:40)

<수행 거리: 14.87km, 소요 시간: 9시간 40분>

월출산月出山

기암괴석들의 종합 전시장, 월출산

월출산 천황봉 정상석

　월출산, 드넓은 나주평야 한가운데에 우뚝 솟은 산으로 '달이 뜨는 산'이라 하여 붙여진 이름이다. 신라 때는 월나산月奈山이라 불렀고, 고려 때는 월생산月生山이라고도 불렀다. 이는 아마도 산 몸 덩어리 전체가 화강암 등 암석 덩어리로 이루어져 있어, 달이 뜨면 산이 반짝이며 더욱 아름다운 모습을 보이는데서 유래한 이름이 아닐까 생각된다. 참 고운 이름이다.

　오늘은 월출산을 묵언수행한다. 올 9월 20일 설악산에 올라간 이후, 나는 뭍에 있는 산악형 국립공원 열여섯 개 산을 모두 올라가 묵언수행하기로 계획을 세웠다. 지난 11월 20일에 전라도 국립공원 3좌를 다 다녀오리라 계획하고 내려왔다가 결혼기념일이 있어 포기하고 돌아간 산이 월출산이다.

오늘 다시 내려왔다. 이제 오늘 월출산을 오르면 열다섯 번째로 오르는 국립공원 산이 된다. 그러면 올라가지 못한 산은 경상남도 합천의 가야산만 남게 된다.

나홀로 고독 묵언수행하기에 가장 좋은 시간은 이른 아침이다. 인적이 드물고 고요한 바로 그때가 아니겠는가? 여느 묵언수행 때와 마찬가지로 꼭두새벽에 일어났다. 일찍 일어나는 부지런한 새가 먹이를 많이 취하듯, 일찍 산으로 올라가면 인적이 드물어 조용해서 묵언수행에는 안성맞춤이다. 이에 더해 산에서 내뿜는 맑은 공기와 건강한 기를 독점할 수 있으니 더없이 좋다. 아무리 이른 새벽이 좋다지만 묵언수행도 식후경이다. 아침 식사를 해결하기 위해 주변을 두리번거리며 차를 몰았다. 혹시나 했지만 역시나 이른 새벽에 문을 연 식당은 보이지 않는다. 아직 이른 새벽이라 암흑천지에 식당 문을 열었다면 그것이 더 이상한 일이 아닐까. 어제 저녁, <세종 대리점> 개업식에 참석했다가 개업식 떡으로 나온 시루떡과 찰떡 2봉지를 비상식으로 포장해갔기에 망정이지 그렇지 않았다면 아침, 점심 두 끼나 쫄쫄 굶을 뻔했다. 유비무환, 아무리 강조해도 지나치지 않다.

잠깐 사이에 월출산 천황사 입구에 도착했다. 도착 시각은 오전 6시 45분. 어제 포장해 온 떡으로 대충 배를 채운 후, 걷고 또 걷는 나홀로 고독 묵언수행에 들어갔다.

천황 탐방지원센터로 들어서니 월출산의 실루엣이 어렴풋이 들어나기 시작한다. '앗! 중국에서 가장 아름답다는 산, 황산을 빼어 닮았군! 남도의 소금강산이라는 명칭이 과연 명불허전이다.'라고 생각하면서 천천히 주위를 살펴보며 탐방로를 오르기 시작했다.

우리나라 산악형 국립공원 탐방로를 오르다 보면 제일 많이 마주치는 식생이 바로 친근한 조릿대. 월출산 천황봉을 오르는 길도 예외가 아니다. 조릿대가 바람에 '시시사사'하는 소리와 함께 몸을 비틀며 나를 반겨주고 있었다. 천황사를 지나니 '조릿대'보다 훨씬 큰 '이대나무'가 나타난다. 이대 는 산기슭에 모여 살며 낚싯대, 부채, 발, 화살, 담뱃대 등을 만드는 데

월출산 구름다리

사용된다고 한다. 우리나라 중부이남에서 서식한다고 하니 월출산에서도 볼 수 있었다.

화강석 바위 덩어리로부터 분출되는 원적외선과 음이온이 은은하고 상쾌한 대나무 향에 실려와 코를 자극하면서 실핏줄까지 흘러들어 온다. 순간 나의 몸이 새털처럼 구름처럼 가벼워진다. 우거진 대나무 숲을 지나니 날이 완전히 밝았고, 신이 빚어놓은 조각, 기암괴석들이 나를 알몸으로 반기기 시작했다. 대단하다. 아니 놀랍다.

기암괴석의 향연에 정신이 팔려 두리번거리다 보니 어느새 구름다리에 와 있었다. 2006년 새로 건설한 주황색 다리다. 다리를 건너기 전 전망대에서 주변을 휘둘러보니 신기한 풍광이 펼쳐져 동공이 확대되기 시작했다. 바위산의 자태가 점입가경이다. 다리 위로 걸어가면서 아래 계곡을 쳐다보니 기암괴석이 기이하게 얽혀 있고 그 풍광에 정신이 혼미해진다. 게다가 다리 위를 걷는 스릴로 다리가 후들거리며 온몸이 전율하기 시작했다. 다리가 걸려 있는 계곡 깊이는 무려 120m다. 흔들다리로 만들었다면 더 좋았을 걸.

구름다리에서 천황봉까지 가는 길에 들어섰다. 걸음이 점점 느려지기

월출산 구름다리를 건너 천황봉 가는 수행로 주변의 풍광, 기암괴석의 전시장이다.

시작한다. 나는 평소에도 전문 '산꾼'이라기에는 부끄러울 정도로 느릿느릿 산을 올라 다닌다. 보통 사람 이하의 체력을 가졌기 때문이다. 원래도 걸음이 늦었지만 걸음이 더욱 느려지기 시작했다는 것은 신의 조각품인 기암괴석들이 나의 눈과 발목을 붙잡아서 거의 앞으로 걸어 나가지 못하게 해 달팽이처럼 느릿느릿 천천히 움직인다는 의미다. 중국 황산에서 보았던 몽필생화夢筆生花, 비래석飛來石, 필가봉筆架峰 모양의 바위가 월출산 여기저기서 보인다. 이리저리 둘러보며 감탄사를 연발한다.

하늘과 통하는 통천문通天門을 지나 드디어 월출산 정상 천황봉에 올랐다. 마침 영암고 기숙사 학생들 20여 명이 선생님들과 함께 천황봉에 올라 시끌벅적하게 떠들고 있었다. 정상석에 서서 한 학생에게 인증 샷을 부탁했다. 찍어주고는 그 학생 왈 "아저씨, 멋져 부러!"라고 한다. 기분이 좋았다. 이름 모를 산새 몇 마리가 시끌벅적한 분위기에 전혀 아랑곳하지 않고 평화롭게 폴폴 날며 먹이를 쪼아대고 있었다.

천황봉에서 내려와 구정봉으로 수행하기 시작한다. 여태까지 보여준 풍광은 거의 맛보기 수준이다. 점점 기이해진다. 인간의 말로는 표현하기 힘들다. 돼지바위, 물개바위, 거북바위, 남근바위, 베틀굴, 장군바위(큰바위

천황봉에서 구정봉 가는 수행로 주변에서 만날 수 있는 기암괴석들

얼굴), 사랑바위 등등. 신비로움이 극에 달한 것은 올라서면 신이 조각한 기기묘묘한 바위 군상들이 조망되는 구정봉(738m)에서다. 장군바위(큰바위얼굴) 하나가 전체로 구정봉을 이루고 있다. 정상에 용이 살았다는 아홉 개의 움푹 파인 우물이 있어서 구정봉이라 이름 붙여졌다고 한다. 큰바위얼굴은 그 높이가 100m 이상으로 현재까지 알려진 바에 따르면 세계에서 찾아볼 수 없을 정도로 거대하다고 한다. 더욱 신비로운 것은 큰바위얼굴이 남근바위와 여성을 상징하는 베틀굴이 사랑바위에서 사랑을 나눠 탄생됐다

구정봉 정상의 9개 풍화혈 중 하나인 대형 그나마(gnamma)와 주변의 신기한 풍광들

고 하는 전설이 전해지고 있는데, 그 남근바위와 베틀굴(음굴)이 기이한 모습이라 전설이 더욱 그럴듯하다.

천황봉에서부터 비가 부슬부슬 내리더니 구정봉에서는 빗방울이 제법 굵어졌다. 구정봉 근처에 있는 국보 144호 <마애여래좌상>을 보지 못해 아쉬웠지만 미왕재 억새밭을 지나 신라 고찰 도갑사까지 서둘러 하산했다.

이번 산행에서는 날씨가 궂어 월출산에서 바라보는 탁 트인 나주평야를 보지 못했고, 맑은 날 천황봉에 서면 저 멀리 목포와 강진 앞바다까지 보이는 시원스런 장관을 보지 못해 아쉬움이 남는다. 날씨 탓에 바다와 들판이 어우러진 몽환적 풍광은 보지 못했다 하더라도 월출산은 신이 빚은 기암괴석의 종합 전시장이요 박물관이었다는 사실은 충분히 보고도 남았다. 중국에서 가장 아름답다는 황산에 비하여 전혀 손색이 없는 산이라는 생각이 든다. 첫인상도 그랬고, 월출산 종주 후 생각도 변함이 없다.

2014년 10월초 중국 황산을 관광할 기회가 있었다. 명나라 지리학자인 서하객은 '오악五岳을 돌아보면 다른 산이 눈에 안 차고, 이곳을 돌아보면 오악이 눈에 안 찬다.'라고 칭송했는데, 이곳이 바로 중국 최고의 명산인 황산을 두고 한 말이다. 오악은 중국 5대 명산의 총칭으로 산서성山西省의 북악北岳 항산恒山, 서악西岳 화산華山, 하남성河南省의 중악中岳 고산嵩山, 산동성山東省의 동악東岳 태산泰山, 호남성湖南省의 남악南岳 형산衡山을 일컫는다.

황산에는 1,000m 이상의 산봉우리가 72개가 있으며, 연화봉蓮花峰(1,864m), 광명정光明頂(1,840m), 천도봉天都峰(1,829m)이 3대 주봉이다. 황산黃山의 풍광은 기송奇松, 괴석怪石, 운해雲海, 온천溫泉을 4절四絶로 대표한다. 중국 역사 속에서 예술과 문학을 통해 끊임없이 칭송받은 산이다. 그만큼 황산은 중국에서 가장 아름다운 명산이다.

남도의 소금강인 월출산이 중국의 황산에 비견하는 것 자체가 너무 무모한 것이 아니냐는 생각이 들 법도 하다. 나의 과문함을 탓해도 좋다. 면적으로는 황산이 154㎢이고, 월출산은 50㎢에 지나지 않는다. 황산과 월출산은 규모 면에서 비교가 안 된다. 산 높이도 1,864m 대 809m다.

황산은 월출산에 비하여 훨씬 광활하고 장대하고 장엄하다. 그러나 월출산은 황산에 비하여 훨씬 아기자기하고 예쁘다. 황산은 아열대 지역에 위치해 있어 사계절이 뚜렷하지 않다. 식생으로는 해발 700~800m까지는 대나무가 거의 대부분이고, 그 이상의 높이에서는 황산 소나무가 대부분이다. 눈은 내리되 고도가 높은 곳에만 내려 산 전체를 덮지 못한다. 단풍이 드는 활엽수의 식생이 아주 드물고 미미하다. 식생의 분포로 보아 봄에 꽃도 드물 것이다.

그러면 월출산은 어떤가? 사계절이 뚜렷한 온대 지역에 있다. 봄에는 철쭉과 진달래가 만발하고, 여름에는 신록이 기암괴석과 어우러져 조화를 이루며, 가을에는 울긋불긋 단풍이 물들고, 겨울에는 암봉과 능선을 따라 눈이 내려 온통 하얀 색을 연출한다. 월출산은 사계절에 따라 아름답고 멋스런 옷으로 갈아입으며 변신한다. 주변은 어떤가. 월출산을 휘둘러 흐르는 영산강, 월출산을 둘러싼 광활한 나주평야 그리고 멀리서 넘실대는 바다와 조화를 이루는 풍광을 생각해 보라. 그러니 월출산이 어찌 황산의 풍광에 뒤질 수 있겠는가?

[묵언수행 경로]

천황사 탐방지원센터(06:58) > 천황사 지구 탐방로 입구(07:20) > 천황사(07:35) > 구름다리(08:38) > 통천문(10:29) > 천황봉(10:44) > 돼지바위(11:36) > 남근바위(11:53) > 바람재 삼거리(12:02)> 장군바위(12:08) > 음굴(12:18) > 구정봉(12:32) > 도갑사(4.1km) 이정표 (12:44) > 억새밭(13:22) > 도선국사 비각(14:26) > 용수폭포(14:35) > 도갑사(15:00)

<수행 거리: 12.36km, 소요 시간: 약 8시간>

가야산伽倻山　　회차 묵언수행　2016. 12. 10. 토요일

신선이 되어 전설의 새, 붕鵬을 타고 하늘을 날다

가야산의 주봉, 우두봉(1,430m)

오늘은 육지에 있는 국립공원 중 마지막으로 가야산을 묵언수행하는 날이다. 이제 국립공원으로는 제주도에 있는 한라산만 남게 된다.

가야산은 소의 머리와 모습이 비슷하다고 하여 옛날에는 우두산牛頭山이라고 불렀다 한다. 또 다른 이름으로는 상왕산象王山, 중향산衆香山, 지달산, 설산 등이 있다. 가야산이라는 이름은 이 산이 옛날 가야국이 있던 이 지역에서 가장 높고 훌륭한 산이었기 때문에 자연스럽게 '가야의 산'이라는 뜻으로 가야산이라고 불렀다고 전해진다.

고기에 가야산을 예찬한 기록으로는 ≪택리지≫와 ≪세종실록 지리지≫에 기록이 남아 있다. 가야산에 얽힌 대표적인 전설은 신라 말 어지러운 시대 상황을 피하여 가야산에 은둔해 신선이 되었다는 최치원에 관한 전설이 있다. 고려와 조선 시대의 여러 문인들 즉 이인로, 김종직, 송시열, 강희맹, 김일손 등이 가야산을 예찬하고 있는 것을 보면 이 산에 대해 더 이상 다른 말이 필요 없을 듯하다.

가야산을 이야기할 때, 우리나라 3대 거찰巨刹이자 법보종찰인 해인사를 떼놓고서는 말할 수 없다. ≪택리지≫에는 가야산을 비롯한 열두 명산이 세상을 피해 숨어 사는 무리들이 수양하는 곳으로 되어 있다고 하고, 또 "옛말에 '천하의 명산을 절이 많이 차지하였다.' 하는데, 우리나라는 불교만 있고 도교는 그 세가 약했으므로 무릇 이 열두 명산을 모두 절이 차지하게 되었다."라고 기록하고 있다. 해인사가 가야산의 품에 안김으로써 거찰이 되었고, 가야산은 해인사를 옷자락 속에 둠으로써 더욱 명산의 이름을 얻었음은 말할 나위가 없다.

오늘 가야산에서의 나홀로 고독 묵언수행의 길은 무어라 말로 표현하기 힘들 정도로 날씨가 청명했다. 이런 날씨에 가야산 절경을 구경하면서 수행하는 것은 그야말로 행운이었다. 가야산 상왕봉을 오르면서 보았던 상아덤의 기암괴석은 가야국의 전설을 생각하게 하고, 만물상은 그야말로 기암괴석의 종합 전시장이었으며 그 사이에서 자라고 있는 청송들은 수행자를 경탄시키기에 부족함이 전혀 없었다. 참으로 아름다운 명산이었다. 이러한 명산이었으니 고운孤雲은 가야산에서 신선이 되었으며, 고려와 조선의 문인들과 학자들이 극찬하지 않았겠는가.

가야산 정상을 오르다 심호흡을 하면서 올려다본 우두봉(상왕봉)과 칠불봉의 서북쪽 하늘은 시리도록 맑고 잡티 하나 없는 순수한 코발트색으로 완벽하게 채색돼 있었다. 순간 나의 온몸과 마음이 온통 순수하고 푸른 코발트색으로 변하면서 온몸이 얼어붙는 듯 찌릿함을 느꼈다. 이렇게 맑은

아침 7시 40분경 일출과 함께 가야산 주변의 산 너울이 일렁거린다.

하늘은 고향 창녕을 떠난 이후, 40~50년 만에 처음 만나는 장면이 아닌가 생각된다.

천천히 고개 돌려 산의 동남쪽을 바라보니 이름 모를 산들이 구름 속에 큰 배처럼 둥둥 떠다닌다. 너울너울 흘러 다니는 산 너울을 따라 나도 둥둥 떠다닌다. 한마디로 선계仙界다. 아니 장자의 <소요유>에 나오는 붕새가 날개를 활짝 편 모습으로도 보인다. 붕鵬은 날개를 펴면 하늘을 덮고, 날개 짓을 한 번 치면 9만 리를 날아간다는 전설의 새다. 우두봉에 올라서니

이곳 상아덤은 달에 사는 미인인 상아와 바위를 지칭하는 덤이 합쳐진 단어로 가야의 여신 정견모주와 하늘의 신 아비가지가 노니는 전설을 담고 있다.

북쪽으로 나는 붕새를 타고 티 없이 맑고도 푸른 창공
을 훨훨 날아다니는 느낌을 받는다.

이 티 없이 맑고 푸른 하늘 속에 몸과 마음을 푹
담그고 있으니, 천재 시인 윤동주의 <소년>이란 시가
떠오른다. 윤동주의 시에 나오는 '순이'처럼 맑고 순수
한 위정자는 어디에 있는가? 코발트색 푸른 하늘에
있는가?

가야산의 최고봉 칠불봉

<소년少年> / 윤동주

여기저기서 단풍잎 같은 슬픈 가을이 뚝뚝 떨어진다.
단풍잎 떨어져 나온 자리마다 봄을 마련해 놓고
나뭇가지 위에 하늘이 펼쳐 있다.
가만히 하늘을 들여다보려면 눈썹에 파란 물감이 든다.
두 손으로 따뜻한 볼을 씻어 보면 손바닥에도 파란 물감이 묻어난다.
다시 손바닥을 들여다 본다.
손금에는 맑은 강물이 흐르고, 맑은 강물이 흐르고,
강물 속에는 사랑처럼 슬픈 얼굴 – 아름다운 순이順伊의 얼굴이 어린다.
소년少年은 황홀히 눈을 감아 본다.
그래도 맑은 강물은 흘러 사랑처럼 슬픈 얼굴 –
아름다운 순이順伊의 얼굴은 어린다.

[묵언수행 경로]
가야호텔(07:23) > 탐방로 입구(07:28) > 만물상 전망대(09:09) > 상아덤
(10:26) > 서성재(10:35) > 칠불봉(11:32) > 상왕봉-점심(12:06) > 봉천대
(12:38) > 해인사(14:08-15:18) > 주차장(15:57)
<수행 거리: 12.43km, 소요 시간: 8시간 34분>

백대명산 묵언수행을 작정하고 가리산부터 시작하다

가리산 정상석

2016년 9월 설악산을 시작으로, 2016년 12월까지 우리나라에 있는 산악형 국립공원 열일곱 좌 중, 제주도에 있는 한라산을 제외하고 뭍에 있는 국립공원 열여섯 좌에서 묵언수행을 모두 마쳤다. 국립공원이 백대명산에 포함되는 것은 불문가지不問可知다. 이제부터 한라산을 비롯한 산림청에서 선정한 한국 백대명산을 전부 올라가기로 작정했다. 뭍에 있는 국립공원을 전부 오르면서 산을 오르는 데 자신감도 생겼고 무엇보다 산이 좋아졌다. 앞으로 건강도 건강이거니와 뭔가 삶의 활력을 찾을 수 있는 목표가 있어야 한다. 여기에 가장 알맞은 목표가 백대명산 묵언수행이라는 생각을 굳힌다.

2월 14일 화요일, 백대명산 중 제일 먼저 가리산에서 묵언수행하기로 정하고 집을 나섰다. 고속도로나 큰길을 달릴 때는 몰랐으나 큰길을 벗어나 가리산으로 들어가는 편도 1차로 좁은 길에 진입하니 길에는 아직 눈이 5cm 정도 쌓여 있었다. 내 차는 후륜구동이라 비록 걱정은 했지만, 이 정도의 눈길에는 별 문제없을 거라 믿고 나아갔다. 비교적 평평한 길이라서 그런지 비실거리긴 했지만 그래도 엉금엉금 앞으로 움직일 수는 있었다. 문제는 가리산 입구 주차장을 약 2.8km 정도 남겨두고 터졌다. 경사도傾斜度 5°도 안 돼 보이는 얕은 경사 길에서다. 차가 술 취한 듯 이리 비틀 저리 비틀거리는 게 아닌가. 아무리 액셀레이터를 밟고 브레이크를 밟아도 1m도 전진할 수 없었다. 도저히 앞으로 나아갈 수가 없다. 고지가 바로 저기인데 아쉽지만 등산 자체를 포기하고 후퇴할 수밖에 없었다.

'에이, 그러면 내가 좋아하는 막국수나 먹으로 가야지.' 하고 내가 아주 좋아하는 홍천 <장원막국수> 집으로 차를 몰았다. 그런데 도착해보니 아뿔싸! 오늘은 화요일, <장원막국수> 휴무일이다. 이래저래 되는 일이 없다. 허탈한 마음으로 돌아가야만 했다.

2월 18일 토요일, 다시 가리산을 찾아 나섰다.

가리산의 높이는 1,051m, 산 이름 '가리'라는 말은 순수한 우리말로 '단으로 묶은 곡식이나 땔나무 따위를 차곡차곡 쌓아둔 큰 더미'를 뜻한다. 가리산은 산봉우리가 노적가리처럼 고깔 모양으로 생겼다고 해서 붙여진 이름이란다. 가리산은 대부분이 토산(육산)이라 능선은 완만한 편이나 정상 일대는 좁은 협곡을 사이에 두고 세 개의 암봉이 우뚝 솟아 둘러싸고 있는데 이 모양이 마치 '가리'를 닮은 것이다. 거의 9부 능선까지는 대체로 오르기 편하지만 꼭대기 세 개 봉우리를 올라갈 때는 만만하지 않다. 거의 수직으로 깎아지른 봉우리라 더 그렇다. 더군다나 2월 중순 산은 잔설이 제법 많이 남아 있고 빙판투성이다.

가리산 1봉과 노송들

가리산 정상부의 독야청청한 노송과 소나무 고사목

　이날 가리산을 찾는 등산객들이 많지는 않았지만 대부분 등산객들이 모두 제1봉으로만 올라가고 있었다. 나는 차분하고 조용히 묵언수행하기 위해 그들처럼 곧바로 제1봉으로 오르지 않고 먼저 제3봉으로 올라갔다. 그리고 다시 제2봉으로 올라간다. 제2봉에서 마주 보이는 제1봉과 주변의 아름다운 겨울 경치를 감상하면서 간단하게 점심을 먹고 휴식도 취했다. 그런 후 제1봉으로 향했다.

　제1봉으로 오르는 수행로에는 100여 m 정도 되는 높이의 급경사 암벽이 딱 버티고 있었다. 잔설殘雪들이 얼어붙어 미끄럽기까지 했다. 게다가 허술하게 설치해둔 계단, 쇠구조물, 발 받침대 들을 보니 두려움을 느끼지 않을 수 없었다. 수십 년 전 군에서 오들오들 떨며 유격훈련을 하던 모습에까지 생각이 미치니, 다리가 후들들 떨려옴을 느낀다. 이런 무서운 높이의 직벽에 가까운 언덕을 그것도 꽁꽁 얼어붙어 있는 언덕을 오르는 것은 생 처음이기 때문이다. 가리산이 나에게 "어이 청송, 자네 그렇게 약해서야 어떻게 그 많은 산을 묵언수행할 수 있겠느냐? 이쯤에서 포기하시지."라며 비웃는 것 같았다. 생각이 여기까지 미친 나는 정신이 번쩍 들었다. 맞는 말이다. 이런 나약한 생각을 가지고서 무엇을 하겠느냐고 스스로를 다그친다. 그리고선 허접한 시설물에 몸을 맡겨버렸다. 낑낑거리기를 반복하며 수행을 하다 보니 어느새 정상이었다.

　정상에서 '쏴!' 하면서 불어오는 바람소리가 마치 가리산 산신령님이 나를 격려하는 소리로 들렸다. "어이, 청송 자네 제법이네"라고.

가리산 2봉에서 정상으로 가는 계곡의 아름다운 풍광

가리산 제1, 제2, 제3봉에서 보는 조망은 가히 강원 제1의 조망대라 할 만하다. 늦겨울이었지만 겨울은 겨울, 바람이 매섭고 날씨는 차갑다. 가리산 정상에서 아름다운 겨울 조망을 만끽하는 것만으로도 추운 날 묵언수행에 나선 보람 아니겠는가.

참새가 방앗간을 그냥 지나치지 못한다고 하지 않던가. 가리산 묵언수행 후 집으로 돌아가는 길에 홍천 <장원막국수>에 들러 맛있는 막국수를 한 그릇 뚝딱 해치우고, 열심히 엑셀레이터를 밟아 집으로 향한다. 산에 취해, 맛에 취해.

[묵언수행 경로]

가리산 휴양림 주차장(08:44) > 가삽고개(10:19)> 한천자이야기 안내판(10:56) > 큰바위얼굴(11:22)> 가리산 3봉(11:30) > 가리산 2봉(11:49-점심) > 가리산(12:19) > 무쇠말재(12:58) > 가리산 연리목(13:34) > 주차장(14:19)

<수행 거리: 9.16km, 소요 시간: 5시간 35분>

도봉산 Y계곡을 수행하는 아슬아슬함을 그 누가 알까

도봉산 신선대에서

　도봉산의 주봉은 자운봉이고 그 높이는 740m다. 자운봉, 만장봉, 선인봉 등 세 봉우리가 도봉산을 대표하는 봉우리다. 지금은 붕괴 위험이 있어 자운봉, 만장봉, 선인봉은 출입 금지 구역으로 지정돼 있다. 대신 높이 726m인 신선대를 정상으로 삼는다. 북한산과 함께 북한산 국립공원에 포함 돼 있으며, 북한산과 나란히 솟아 있다. 우이령牛耳嶺(일명 바위고개)을 경계 로 두 산을 나눈다. 북으로는 사패산이 연이어 있다. 도봉산의 특징은 산 전체가 큰 바위로 이루어진 산이라는 점이다. 자운봉, 만장봉, 선인봉, 우이 암과 서쪽으로 다섯 개의 암봉이 나란히 줄지어 서 있는 오봉 등 각 봉우리는 기복과 굴곡이 다양하고 경치 또한 절경을 이룬다.

Y계곡을 타고 오르는 등산객들

나는 부끄럽게도 기암괴석과 기수괴목들로 장관을 이루고 있다는 가까운 거리에 있는 도봉산에 여태 올라가 보지 못하고, 주변을 지나다니면서 혹은 북한산에 올라 관망觀望했을 뿐이다.

오늘에 이르러서야 비로소 북한산 이웃에 있는 도봉산 묵언수행에 나선다. 도봉산은 바위산이라 오르기가 쉽지 않다고 해 조금은 긴장하고 나선다. 더구나 아직은 동장군이 물러나지 않았고, 산의 계곡과 음지에는 곳곳에 눈으로 얼음으로 함정을 파 두어, 위험이 도사리고 있기에 더욱 그럴 수밖에 없었다.

도봉산역에서 내려 탐방지원센타를 통과해 다락능선과 포대정상을 지난다. 온 산이 기암괴석과 기송괴목 천지다. 온갖 모양의 자연 조각들이 눈을 즐겁게 한다. 저 멀리에 보이는 봉우리는 자운봉인가, 아니면 만장봉인가, 아니면 선인봉인가 아니면 신선대인가. 수행자에게는 이름이 그리 중요하지 않다. 우뚝우뚝 솟아 있는 모습이 마치 하얀 백옥을 깎아 만든 신들의 조각품이다. 경외敬畏스런 경치라 아니할 수 없었다.

잠시 후 신선대로 오르는 갈림길이 나오는데 하나는 소위 <Y계곡>을 직벽으로 오르는 지름길이고 하나는 편안하게 우회하는 코스다. 여기서도 선택의 문제가 도사리고 있다. 어디로 오를 것인가 선택해야 한다. 나는 항상 '바로 지금이 나의 가장 젊은 순간'이라는 신념을 갖고 있다. 그렇다면

Y계곡을 타고 포대정상으로 오르는 등산객들　　포대정상에서 바라보는 자운봉, 선인봉, 만장봉

당연히 <Y계곡>을 선택해야지 않겠는가.

　독자 여러분은 대체 <Y계곡>이 어떻길래 이런 장황한 이야기를 하느냐
라는 의문을 품을 수 있다. 이에 대해 나의 서툰 글 솜씨로 설명하기보단
안내판의 설명을 그대로 옮기는 것이 더 확실한 설명이 될 것 같아
옮긴다.

　　Y계곡(200m)은 험준한 급경사지로 노약자, 고소공포증 등 심약자는 안전한
　　탐방로(150m)를 이용하시기 바랍니다. *지난 10년간 사상자 25명.

　그럼에도 나는 당연히 <Y계곡> 200여 m를 오르는 수행로를 택했다.
아직 산행 초보인 내가 올라가려면 아마 거의 사투를 벌여야 할 것이다.
그것도 아직 잔설이 얼어붙어 미끄럽기 짝이 없는 <Y계곡>을. 내가
생각해도 정말 겁도 없다. 이 글을 쓰고 있는 지금 이 순간에 생각해도
아찔하다. 하지만 절경이 눈앞에 펼쳐져 있는데 그것을 어찌 포기하겠는가.
숏 다리라 더욱 힘들었지만 잘 이겨내고 끙끙거리며 올랐다. 17좌 산악형
국립공원을 모두 다 올라가봤지만 도봉산에 오르는 것이 훨씬 더 어렵게
느껴진다.

　그러나 항상 힘든 노력 뒤에는 보상이 따르는 법. 포대 정상과 <Y계곡>을
거쳐 신선대 정상까지 가는 길은 도봉 암릉 기암괴석들이 파노라마처럼
펼쳐진다. 그건 바로 한 폭의 진경산수화다.

도봉산 신선대에서 하산하다 마당바위에서 사극에 자주 나오는 김 모 탤런트를 만났다. 그는 산을 좋아하는가 보다. 막걸리 한 잔을 걸치고 쉬고 있다고 했다. 온 얼굴에 평온한 웃음을 띠고 있었다. 나와 같이 사진을 찍자고 하니 기꺼이 응해준다.

전철을 타고 귀가하면서 도봉산의 절경의 파노라마를 다시 한번 떠올려본다. 이런 명산들이 주변에 떡하니 버티고 있으니 대한민국 수도 서울이 정말 복 받은 길지吉地임이 틀림없다는 생각한다.

다음 스물두 번째 묵언수행은 어디로 떠나야 하나? 항상 구름이 자욱하다는 정선에 있는 백운산으로 떠나볼까?

하산하다 마당바위에서 만난 인기 탤런트 김학철과 함께

[묵언수행 경로]

도봉산역(08:20) > 도봉 탐방지원센터(08:41) > 은석암(09:41) > 다락능선 > 포대정상(11:37) > Y계곡(11:53-12:10) > 점심(12:24-12:48) > 신선대(13:13-13:31) > 마당바위(14:30) > 금강암(15:36) > 광륜사(15:43) > 도봉산역(1607)

<수행 거리: 9.53km, 소요 시간: 7시간 47분>

동강의 아름다움에 미혹迷惑당해 9시간 이상을 백운산 품속에서 혼자 헤매다

평창 백운산 정상

　백운산 들머리인 백운산방에 도착한 시각은 오전 10시 8분이다. 백운산 묵언수행 경로 7km지점에서 동강의 부드러움과 아름다운 경치에 홀려 길을 잃어버렸다. 더군다나 길을 물어볼 사람조차 없었다. 산 들머리에서부터 원점으로 회귀할 때까지 사람이라곤 단 한 사람도 만나지 못했다.

　묵언수행 중에 마주치는 것 중에 살아서 움직이는 동물들이라고는 까마귀 몇 마리, 새끼 멧돼지 두 마리가 전부였다. 나머지는 묵묵히 제자리를 지키고 있는 움직이지 않은 것들이다. 즉 흙과 돌, 각종 나무들, 족히 20~30cm 정도로 수북하게 쌓인 낙엽들과 마른 풀잎들, 토끼, 고라니와 멧돼지 등 짐승들의 배설물과 응달진 곳에 남아 있는 잔설만이 나를 맞아주었다.

　백운산 정상 1km 전방에 이르자 갑자기 후다닥 하는 소리가 들렸다.

놀라서 주위를 돌아보니 새끼 멧돼지 두 마리가 저벅저벅 낙엽을 밟는 내 발자국 소리에 놀라 잽싸게 어미 멧돼지가 있는 쪽으로 달려 도망가는 것이 아닌가. 이어 "크컹, 꾸르륵." 거리는 소리가 들려 왔다. 어미 멧돼지 소리다. 약간 긴장됐지만 이 정도에 졸아 오금이 저릴 그런 내가 아니다. 혹 덤벼들지 모르는지라 주위를 경계하면서 아무렇지 않은 듯 더욱 당당하게 그리고 천천히 정상에 올랐다.

새끼 멧돼지 2마리를 마주친 지점

정상에서 바라보는 풍광은 역시 대단하다. 위험을 감수하면서까지 음미할 충분한 가치가 있었다. 동강이 똬리를 틀면서 백운산 주위를 휘휘 감아 흘러내리고 있는 것이 아닌가. 와! 장관이다. 'High risk, High return'이란 말이 실감났다.

그 장관을 바라보고 있으니 내 몸과 마음도 동강을 타고 유유자적 휘휘 흘러내리는 것 같았다. 시간 가는 줄 모르고 경치에 빠져 있었다. 동강의 아름다운 흐름을 쫓아가다보니 원점회귀 장소로부터 점점 더 멀어져 가고 있었다. 이정표가 부실함을 탓하지 않는다. 내가 동강에 홀려 이런 사달이 벌어졌기 때문이다. 이 모든 사달은 모두 남의 탓이 아닌 내 탓이다.

벌써 사위는 서서히 어두워지기 시작하는 게 아닌가. 시각을 보니, 아뿔싸! 벌써 6시가 훌쩍 지나버렸다. 숲속에서 어둠 속을 헤매면서 주차 위치로 원점회귀한 시각은 오후 7시 26분이었다. 백운산은 결코 호락호락한 산이 아니었다. 경사가 급한 오르막과 내리막이 많은 산이다. 수행 중 거의 10수회나 미끄러졌다. 때로는 5m 이상 썰매 타듯이 미끄러지기도 했다. 그래도 몸 상한 데가 없어 천만다행이었다.

칠족령전망대에서 촬영한 휘돌아 흐르는 동강 모습

 오늘은 완벽한 나홀로 고독 묵언수행의 날이 됐다. 백운산과 동강은 수행자인 나에게 크나큰 교훈을 줬다. 인생에서 장애물을 만나면 때로는 둘러서, 꾸불꾸불 느릿느릿 흘러도 충분히 빠르고 아름다울 수 있다는 교훈을 말이다. 인생을 바르고 빠르게만 살아가는 것이 정도요, 아름다움이라는 내 생각을 완전히 뒤집어 놓았다.

[묵언수행 경로]

백운산방(10:08) > 갈림길 이정표(10:27) > 백운산(14:03) - 점심(14:15) > 삼거리 이정표(14:53) > 삼거리 이정표(16:59) > 칠족령 > 칠족령 전망대(17:24) > [거북 마을 이정표(1754) - 계속 직진 - 수행로 없음 - 다시 칠족령 전망대로(18:42)] > 산성 안내판(18:59) > 백운산방 (19:26)

<수행 거리: 11.16km, 소요 시간: 9시간 18분>

천마산, 소박맞은 이유를 못 찾다

천마산은 경기도 남양주시의
중앙에 위치한 산으로 높이는
812m다. 남쪽에서 바라보면 마
치 달마 대사가 어깨를 쭉 펴고
앉아 있는 형상을 하고 있어 웅장
하고 차분한 인상을 준다. 서울과
가까우면서도 산세가 험하고 봉

천마산 정상, 태극기가 휘날린다.

우리가 높아 조선 시대 때 임꺽정이 이곳에다 본거지를 두고 활동했다는
이야기도 전해진다. 또 다른 이야기로 고려 말에 이성계가 이곳에 사냥을
왔다가 산세를 살펴보니 산이 높고 아주 험준해서 지나가는 농부에게
산 이름을 물어보았는데 그 농부는 "소인은 무식하여 잘 모릅니다."라고
대답하자 이에 이성계가 혼잣말로 "인간이 가는 곳마다 청산은 수없이
많지만, 이 산은 매우 높아 푸른 하늘에 홀笏이 꽂힌 것 같아 손이 석
자만 더 길었으면 하늘을 만질 수 있겠다."라고 한 데서 '천마산'이라고
부르게 되었다고 한다. 즉 '하늘을 만질 수 있는 산'이라는 의미를 갖고
있으며, 생각보다 산세가 험하고 복잡하다 하여 예로부터 '소박맞은 산'이
라고 불려왔다고 한다.

때는 바야흐로 만물이 소생하는 봄철로 접어들었다. 이제 자연은 하얀색
과 갈색의 대지를 푸른색 물감으로 서서히 덧칠하고 있었다. 버들개지가

천마산 수행로 주변에 위풍당당히 자라는 청송 한 그루

피기 시작하고, 새싹이 움트기 시작한다. 샛노란 생강나무 꽃과 산수유의 꽃도 피기 시작한다. 봄기운이 한참 감돌고 있는 오늘, 산세가 험하여 소박맞았다는 천마산으로 묵언수행을 떠난다.

천마산의 묵언수행 경로는 대략 네 가지가 알려져 있다. 첫째 호평동 코스, 둘째 천마산역 코스, 셋째 천마산 관리소 코스, 넷째 가곡리 코스가 그것이다. 나는 천마산 관리소 코스 수행로를 택했다.

집을 나서 매표소 주차장에 주차한 시각은 오전 8시 5분경이다. 주차장에서 들머리를 지나 오르니 제법 근사한 나무 계단이 나오고, 시민들을 위한 산중 체육 시설도 나온다. 잠시 더 올라가니 약수터가 나오는데 먼저 올라온 산객들이 물을 병에 담아 식수를 보충하고 있었다. 약수 맛이 어떨까 하여 나도 한 모금 꿀꺽 마셔본다. 별로 물이 켜지 않는데도 불구하고 내 몸에서 물을 자연스레 받아들이니 물맛 좋은 것이 틀림없어 보인다.

약수 한 모금 마시고 천마산의 봄소식을 찾아본다. 그런데 천마산은 아직도 꽁꽁 얼어붙은 겨울이 봄기운을 억누르고 있었다. 아무리 봄을 찾아봐도 겨울만 보인다. 잠시 후 돌탑이 나오고, 흙길인 수행로에 바위가 나오고, 그 옆에 제법 높이 쌓아 올린 자연석 돌탑이 나온다. 수행로는 갑자기 경사가 가팔라지고 암릉이 연속되는 것을 보니 여기서부터 깔딱 고개가 시작되는가 보다. 조망이 터지기 시작한다. 저 멀리 천마산 스키장이 보인다. 스키 슬로프는 생채기 난 얼굴에 하얀 밴드를 붙여놓은 듯 흉물스럽다. 그러나 그 흉물이 레포츠 시설로 사람들의 휴식 공간이라니 별 비난을할 생각은 없다. 수행로 주변에 소나무 한 그루가 위풍당당하게 하늘을 이고 서 있다. 얼마 안 가 천마산 정상이 559m 남았다는 이정표가 나온다. 참으로 정밀한 안내를 하는 이정표인데 과연 그렇게까지 표기해야 할 이유가 있을까 하는 쓸 데 없는 생각을 해본다. 그 이정표에는 멋진 시 한 수가 걸려 있었다. 이제 깔딱 고개에서도 밧줄을 타고 올라야 할 가장 험한 암릉 앞에 서 있다. 이정표에 걸려 있는 정일근 시인의 <갈림길>이라는 시 한 수를 음미하고 한숨 돌려 암릉을 오르자.

그래! <갈림길>이란 시에서처럼 길은 가까워질수록 멀어지고 멀어질수록 가까워지는 것이니 출발선상에서 점점 멀어지니 정상이 점점 가까워지고 있는 것이다. 가파른 암릉 앞에서 심호흡을 한 번하고 '그래! 이쯤이야 아무것도 아니야.'하고 중얼거린 다음 끙끙거리며 밧줄을 타고 오른다. 잠시 후 암릉을 오르고 소나무 숲을 지나고 나니 태극기가 하늘 높이 나부끼는 정상이 나타났다. 정상석이 나를 맞아 반갑게 인사한다. 정상에 서니 갑자기 안개가 짙게 끼기 시작한다. 저 건너 또 다른 암봉이 있는데 안개에 몸을 숨겼다, 드러냈다를 반복한다. 저 봉우리에 신선이 살며 무슨 조화를 부리고 있는지 가보고 싶어 그쪽으로 가는 수행로로 들어섰다. 태극기 펄럭이는 정상을 바라보니 서너 명이 올라와서는 왁자지껄 떠들며, 정상석을 배경으로 사진을 찍고 있었다. 수행로 앞을 내려다보니 바위에 밧줄이 메어 있었다. 이곳을 통과해야 안개에 가려진 봉우리로 갈 수 있다. 그런데 밧줄 타고 내려가는 수행로는 아직도 잔설이 얼어 미끄럽기 짝이 없었다. 깔딱 고개 오를 때보다 이 수행로를 내려가는 것이 위험했고 힘이 들었다. 내려서고 나니 이곳은 응달이었고 아직은 엄동설한이다. 눈이 쌓여 봄이 오는 길을 막고 있었다. 제법 힘들게 내려서서 앞으로 진행한다. 기암괴석이 나오기 시작하고 소나무가

꾸불꾸불 자라고 있었다. 멀리서 보는 천마산은 밋밋하기만 한데, 천마산에도 이런 풍광을 보여주는 곳이 있다니 놀랍다. 나무는 상고대는 아닐지라도 서리 같은 얼음이 여기저기 붙어 있어 갈색 몸통에 얇은 흰 망사 옷을 걸쳐 입은 듯하다. 조금 더 나아가니 갑자기 홀勿처럼 생긴 바위가 우뚝 솟아 있었다. 아하, 고려 말 이성계가 이 바위를 보고 푸른 하늘에 홀勿이 꽂힌 것 같다고 한 것은 아닐까?

우뚝 솟은 바위, 마치 홀처럼 생겼다.

홀처럼 생긴 바위에서 10분 정도 더 앞으로 가니 제법 넓은 평지에 자연석 돌탑을 세 기基나 정성스럽게 쌓아 올려놓은 곳이 나왔다. 날씨가 맑은 날이면 주변의 조망이 시원스러웠을 것인데 아쉽다. 탑 주위의 평지에서 간식을 먹고, 또 신선이 살 법한 안개 자욱한 봉우리로 향하는 수행로를 찾는다. 아무리 찾아도 수행로는 보이지 않는다. 길 없는 길로는 갈 수 없다. 할 수 없어 포기하고 돌아선다. 그리고는 천마산 구름다리를 거쳐 주차장까지 돌아와 수행을 마무리한다.

천마산 주위를 지나다니면서 보이는 천마산은 그저 밋밋하다고만 생각했는데 실제 수행을 하고 보니 그렇게 밋밋한 산도, 그렇게 만만한 산도 아니었다. 정상 주변은 오르기가 쉽지 않았고 정상 너머로 이어지는 곳은 다소 위험했지만 어느 곳 못지않은 아름다움이 있었다. 그러나 고려 말의 용장 이성계가 이 산을 일러 "매우 높아 푸른 하늘에 홀勿이 꽂힌 것 같아, 손이 석 자만 더 길었으면 하늘을 만질 수 있겠다."라고 한 말이나 "생각보다 산세가 험하고 복잡하다 하여 예로부터 소박맞은 산"이란 말은 너무 과장된 표현임에 틀림이 없다. 천마산은 결코 '소박맞지 않은 산'이기에 오늘날에도 많은 산객이나 유람객들이 끊임없이 찾아다니는 것이 아니겠는가.

정상 너머에 있는 멸도봉에는 아직도 운무가 일고 있다.

멸도봉과 소나무가 어우러져 멋진 산수화가 되었다.

[묵언수행 경로]

매표소 주차장(08:05) > 깔딱 고개 > 천마산(09:56) > 자연석 돌탑
(11:42) > 돌탑에서 점심(11:46) > 천마산 구름다리(12:59) > 주차장
(13:14)

<수행 거리: 6.99km, 소요 시간: 5시간 9분>

관악산이 '서금강'이라 불리우는 이유를 알다

관악산 정상석

관악산은 서울시 관악구와 경기도 안양시, 과천시에 걸쳐 있는 산으로 높이는 629m다. 산 정상부는 바위로 이루어져 있는데 그 모습이 갓을 쓰고 있는 모습을 닮아 '갓 모습의 산이란 뜻의 '갓뫼(간뫼)' 또는 '관악산'이라고 부르게 됐다고 한다. 또 빼어난 봉우리와 바위들이 많아 그 숫자만 수십 개고, 오래된 나무와 바위가 어우러져 철따라 변하는 산 모습이 마치 금강산과 같다 하여 '소금강小金剛' 또는 서쪽에 있는 금강산이라는 뜻으로 '서금강西金剛'이라고도 불리었다고 한다. 최고봉은 연주대로 세조가 기우제를 지내던 곳이었다고 한다.

오늘은 대학교 동기생 두 명과 함께 관악산 묵언수행에 나섰다. 관악산은 몇 차례 올라가 본 적이 있지만 묵언수행을 선언하고선 처음이다. 나와 함께 나선 두 명의 친구는 거의 전문 산꾼에 가깝다. 나와는 산을 타는 수준 차가 엄청나다. 그러니 오늘도 나만의 리듬으로 묵언수행할 수밖에 없다.

관악산은 높이는 비록 높지는 않으나 암릉이 많아 내게는 오르기 쉽지만은 않은 산이다. 깎아지른 듯한 험한 암벽이 많고 수행길이 가파르다. 그러나 하마바위, 지도바위, 촛불바위, 열녀암, 얼굴바위, 돼지바위, 낙타 얼굴바위, 목탁바위, 독수리바위 등 기묘한 형상을 한 바위들이 수없이 널브러져 있고, 그 신기한 조각품을 감상하면서 수행한다면 결코 지루하거 나 힘들다는 생각이 돋을 틈이 없을 것이다.

지도바위

촛대바위

이번 관악산 묵언수행에서 만난 바위는 하마바위, 지도바위와 촛불바위 에 지나지 않았지만 정상으로 오르면서 조망되는 기암괴석의 암릉과 조각 같은 바위들 그리고 그 바위 언덕과 바위들 사이에서 아름답게 자라고 있는 소나무들이 너무나도 신기하고 아름답다.

하산하면서 연주암으로는 가보지 못했는데, 전망대에서 보는 연주암은 마치 송곳니처럼 뾰족하게 생긴 화강암 주상절리 위에 제비집처럼 위태롭게 얹혀져 있는 광경은 볼 때마다 아름다우면서도 한편으로는 오금이 저려온다. 아직 수양이 부족해서일까?

예로부터 관악산을 서금강이라고도 불렀다는데, 나는 거기에 동의한다. 그러고도 남을 만큼 충분히 아름답다.

사당역에서 만나 하마바위를 거치고 관악문을 통과해 지도바위 등 기이한 바위들을 만나고 관악산 정상으로 올랐다가 정상 인근에서 준비해 간 간식을 먹고 연주암을 거쳐 과천 향교 쪽으로 하산한 후 간단한 뒤풀이를 하고, 다음을 기약하면서 헤어졌다.

[묵언수행 경로]

사당역 > 하마바위(10:05) > 관악문(10:55) > 지도바위(10:57) > 관악산 (11:26) > 연주암 전망대(12:21) > 과천 향교

<수행 거리: 약 7km, 소요 시간: 약 5시간>

관악산의 멋진 바위들과 소나무 한 그루

금샘에서 금어 낚시나 하면서 마음이나 비워볼까?

며칠 전, 지난 해 6월 28일 고인이 된 제수씨 의료사고를 일으킨 부산 모 병원의 행정부원장이란 자가 병원 이사장이 나를 만나보길 원한다며 갑작스럽게 연락이 왔다. 사고 이후 10개월이나 지났음에도 한 번도 이런 연락이 없다가 갑자기 만나자는 이야기를 하기에 나름대로 우리 가족들이 수용할 수 있는 해결책을 갖고 나올까 하는 일말의 기대감을 가지고 약속에 응했다. 오늘 오전 10시 30분경 고인의 남편인 동생 집 근처 커피숍에서 만나기로 약속을 했다. 약속 시각이 오전이므로 나는 어제 오후에 부산 부곡동에 사는 누나 집에 내려와 잠을 자고 아침 일찍 나와 매형과 약속 장소로 나갔다.

고당봉 정상석에서

'혹시나' 했으나 '역시나'였다. 참으로 양아치 같은 자들임을 다시 한 번 확인하게 된다. 말도 안 되는 소리를 지껄이기에 10분 만에 자리를 박차고 일어나고 말았다. 나와 매형 그리고 동생은 점심 식사를 간단히 하고 나서, 부산은 거리가 멀어 자주 오기 힘드니 부산의 진산 금정산으로 백대명산 <나홀로 묵언수행>을 떠나겠다고 하니 매형과 내 동생도 같이 따라 나선다. 이렇게 하여 금정산 묵언수행이 시작됐다.

먼저 금정산에 대해 각종 자료들을 요약하여 알아보고 묵언수행을 떠나기로 한다. 금정산은 낙동정맥이 남으로 뻗어 한반도 동남단 바닷가에 이르러 솟은 부산의 진산鎭山인 명산으로 높이는 801.5m다. ≪신증동국여지승람(新增東國興地勝覽)≫에는 '동래현 북쪽 20리에 금정산이 있고, 산꼭대기에 세 길 정도 높이의 돌이 있는데 그 위에 우물이 있다. 둘레가 10여 척(약 3m)이며 깊이는 일곱 치(약 21cm)쯤 된다. 물은 마르지 않고, 빛깔은 황금색이다. 전설로는 한 마리의 금빛 물고기가 오색구름을 타고 하늘에서 내려와 그 속에서 놀았다는 전설에서 금정이라는 산 이름이 유래됐다고 한다. 이 금정산은 영남지역의 3대 사찰 범어사가 있고, 국내 최장의 산성인 금정산성이 있어 더욱 유명한 산'으로 기록돼 있다.

묵언수행은 범어사 청련암에서 출발한다. 범어사 경내를 둘러보고 싶었지만 청련암 근처 들머리에 도착한 시각이 오후 1시 20분이었으므로 아쉬웠지만 지나치기로 한다. 5분 정도 올라가니 왼쪽에는 나무사이로 좌불상坐佛像 3~4좌座가 보이고, 삼거리를 나타내는 이정표가 나오는데 고당봉까지의 거리가 2.9km로 표시돼 있다. 고당봉까지 거리는 아주 가까운 편이다. 수행로는 아주 완만한 경사를 이루고 있어서 시나브로 오르는데도 벌써 고당봉이 0.9km밖에 안 남았음을 알리는 이정표가 나온다. 이정표를 잠시 지나가니, 소나무와 억새들이 자라는 평평한 들판 위에 돌 더미들이 거대한 석조石造 무덤처럼 볼록 솟아 있었다. 자세히 살펴보니 그 위에 다리가 걸려 있어 꼭대기로 올라가면 바위가 여기저기 우뚝 솟아 상당한 요철凹凸이 있을 것이 분명하다. 저기가 고당봉임에 틀림없을 터. 그러면 저 다리 위로 오르는 계단은 어디에 있을 법한데 아직은 보이지 않는다. 고당봉 300m

전방으로 가니 바로 그 근처에 완만한 경사를 오르도록 참나무를 잘라 계단으로 만들어놓았다. 그 계단으로 70세 전후로 보이는 스님 한 분이 천천히 고당봉을 향해 올라가고 있었다. 스님도 가만히 앉아서 참선 묵언수행만 하는 것이고 이렇게 산을 오르면서 묵언수행도 하나 보다. 건강한 육체에 건강한 정신이 깃들지 않겠는가. 그렇게 보면 스님도 예외는 아니리라.

나무로 만든 계단을 올라가니 갑자기 주변에 우뚝 솟아오른 바위 토르(tor)들이 여기저기 나온다. 그러니 밧줄을 타고 올라야 하는 험로險路가 나올 수밖에 없다. 밧줄 앞에 선 스님은 비장한 표정이다. 한 번도 이런 장애물을 만나지 보지 못한 듯하다. 한참을 시루다 겨우 올라선다. 나는 '이 정도쯤이야' 하며 쉽게 올라선다. 그동안 가리산, 도봉산 등 묵언수행을 하면서 직벽을 오르내리는 훈련을 해오지 않았던가.

고당봉 100m 전방은 금샘과 고당봉으로 갈라진다. 당연히 고당봉을 먼저 오르고 금샘으로 갈 것이다. 고당봉으로 가는 수행로는 제법 가파른 목재 계단이 설치돼 있었다. 이제는 100m만 오르면 금정산 정상 고당봉이다. 앞서가는 스님도 느릿느릿 여유 있게 올라간다. 나도 바쁠 이유가 별로 없다. 계단을 올라서니 금정산의 아름다운 면모가 눈을 즐겁게 한다. 뒤를

금정산 정상 고당봉에 등산객들이 서서히 몰려들고 있다.

돌아보니 바위 탑 토르가 옹기종기 모여 여기저기서 저마다의 아름다운 자태를 뽐내고 있다. 다시 고개를 돌려보니 바위 더미 위에 고당봉高堂峰 정상석이 위엄을 자랑하며 떡 버티고 있었다. 정상석으로 달려 올라가 사진 한 컷을 찍고, 같이 간 매형과 동생 세 명의 사진도 한 컷 찍는다. 그런데 속세를 떠난 스님도 속세 일을 잊을 수 없나 보다. 역시 사진 한 컷을 찍어 달라고 부탁해서 한 컷을 찍어준다. 휴대폰을 돌려주면서 갖고 다니던 인삼 캔디 한 개를 드리니 고맙다고 인사를 정중히 한다.

고당봉 정상에서 10여 분을 금정산 주변부의 경치를 감상하고 다시 내려와 금빛 물고기가 오색구름을 타고 하늘에서 내려와 살고 있다는 금샘으로 향한다. 혹시 금색 물고기를 낚을 수도 있지 않을까라는 발칙한 상상을 하며 종종 걸음으로 향한다. 고당봉에서 약 500m 이내의 거리에 있다는데 수행로가 바위더미들과 우거진 나무를 헤치고 나가야 하기 때문에 약간은 성가신 길이었다. 아무리 성가시다 하더라도 신비스런 금샘을 포기할 수는 없다.

수풀 사이로 제법 거대한 바위더미들이 나타났다. 정상에 금샘이 있는 바위가 저 바위더미 중에 있을 것이 분명하다. 그런데 저 바위더미에 어떻게 올라야 하나를 고민하고 있는데 덜렁거리는 밧줄이 매여 있는 것이 보였다. 아직 금샘은 보이지 않는다. 밧줄을 타고 오르면 금샘이 나타나겠지 하고 생각하며 밧줄을 냅다 타고 오른다. 과연 오른쪽으로 10여 도 기운 듯한 바위 위에 타원형 가마솥같이 생긴 풍화혈風化穴이 생성돼 있었고 그 속에는 신기하게도 물이 고여 있었다. 물은 색채를 띄고 있는 듯 보였다. 금샘임에 틀림없다. 나는 궁금증이 있으면 그것을 꼭 직접 확인해야 직성이 풀린다. 금샘을 머리에 이고 있는 바위는 바위더미에서 제법 떨어져 고립돼 있었다. 롱 다리는 그냥 다리를 벌리면 그냥 금샘 바위로 몸을 옮길 수 있으나 숏 다리인 나는 폴짝 뛰어야 한다. 아래는 낭떠러지다. 그냥 지나칠 수는 없다. 눈을 지그시 감고 운명에 맡기며 폴짝 뛰어 건너 올라간다. 몸이 잠깐 기우뚱 거렸지만 이내 중심을 잡았다. 긴장했든지 이마에는 땀방울이

금샘에서

맺혀 있었다. 어쨌든 건너갔다. 금샘에는 물이 가득 차지는 않았지만 제법 고여 있었다. 물빛은 황금색은 아니지만 유색有色의 화강암 위에 고인 물이므로 누르스름하게는 보였다. 황금빛 물고기가 있는지 살펴본다. 오래전에는 살았는지 모를 일이지만 지금은 없는 것이 확실하다,

그러나 바위 위 조그만 풍화혈에 아무리 가물어도 물이 마르지 않고 고여 있다니 그 사실만으로도 신비스럽다. 누군가가 물을 길러 와서 살짝 부어둔단 말인가? 금샘의 신비로움을 가슴에 간직한 채 또 다시 수행을 떠난다. 금정산성을 따라 북문을 거쳐 동문으로 향한다.

금정산은 금정산성을 떼어놓고 말할 수 없다. 금정산은 평화 시에는 부산 지역 주민들의 휴식처였고 전시에는 국방의 요새로 주민들의 안전을 지켜주는 피난처였다. 성곽의 길이가 무려 18km에 이르는 국내에서 제일 긴 산성이다.

우리와 같이 다니던 스님은 북문에서 하산하고 우리는 북문에서 원효봉으로 향한다. 성곽을 따라 짙은 역사의 향기를 맡으며 호젓이 걷는 길은 평온하면서도 어머니 같은 푸근한 경관을 선사한다. 뒤로 돌아 고당봉 방향을 바라보면 금정산의 산세가 마치 초승달과 같은 부드러운 호弧를 그리고 있어 수행자로 하여금 마음을 편안하게 만든다.

원효봉으로 가면서 뒤돌아본 금정산 전경

　원효봉, 의상봉, 제4망루, 동문 쪽으로 묵언수행하다 보면 올망졸망한 부산 시가지가 내려다보이고 성곽이 구불구불 달리는 곡선미와 부드러운 산세가 주는 편안함 그리고 토르(tor), 그루브(groove), (그)나마(gnamma), 타포니(taffoni) 등을 깊숙이 간직한 기암괴석들의 신기한 모습 등 인공미와 자연미가 조화를 이루며 더할 수 없는 아름다움을 연출하고 있었다.

　오늘 아침 병원 이사장과의 만남이 나의 기분을 엄청 상하게 했으나 부산의 진산 금정산 묵언수행은 나의 상한 마음을 충분히 치유하고도 남는다. 묵언수행을 마친 후 가벼운 몸으로 누나 집으로 돌아가 세상에서 제일 풍요하고 맛있는 저녁을 먹으며 막걸리 반주 한잔을 걸치니 이보다 더한 편안함이 또 어디 있겠는가.

[묵언수행 경로]
범어사 청련암(13:20) > 극락골 > 고당봉(14:30) > 금샘(14:50) > 북문(15:14) > 원효봉(15:37) > 김유신 솔바위(15:42) > 의상봉(15:52) > 제4망루(15:58) > 삼거리 이정표(16:15) > 동문(16:40)
　　<수행 거리: 9.17km, 소요 시간: 약 3시간 20분 소요>

3월 말, 서설瑞雪을 맞으며 눈꽃 구경을 실컷 하다

자형과 함께 가지산 정상에서

오늘은 자형에게 부산에 내려온 김에 <영남알프스>의 맏형 격인 가지산加智山을 묵언수행하겠다고 하니 자형도 같이 따라나선다. 아마 나홀로 묵언수행하는 것이 못 미더웠기 때문일 것이다. 사실은 별 문제가 없는 데도 말이다. 할 수 없이 자형과 같이 가는 것으로 하여 가지산 묵언수행에 나섰다.

한강 이남에서 가장 아름다운 산군山群이라는 <영남알프스>는 일곱 개의 준봉이 가지산 좌우로 학의 날개처럼 펼쳐져 있다. 가지산을 중심으로 상운산, 운문산, 억산이 이어지는 능선을 북北알프스라 하고, 배내고개를 기준으로 간월산, 신불산, 영취산으로 이어지는 능선을 동東알프스, 그리고 재약산, 천황산, 향로봉으로 이어지는 능선을 남南알프스라고 한다. 이 중에서 가지산은 <영남알프스>의 맏형으로 대우 받는다. 일단 높이가 1,241m으로 최고 높을 뿐만 아니라, <영남알프스> 구성 산군들을 동서로, 다시 남북으로 가르는 중심에 있기 때문이다.

가지산加智山은 본래 '까치산'이라는 순수한 우리말을 차음한 이름이다. 즉 가지산의 '가'는 까치산의 '까' 음을 빌린 것이며, '지'도 '치' 음을 빌린 것이다. 까치의 옛말은 '가치'이고, 가지산은 옛 '가치메'의 이두로 된 이름이 라는 설도 있다. 이 산의 다양한 이름 중에 가지산으로 통용되는 이유 중에는 불교의 영향을 받은 것도 있다. 즉 가지산이 인도와 중국에도 있고 그 산들에는 유명한 사찰이 자리 잡고 있다. '석가여래의 지혜'를 암시하기 좋은 '가지迦智'는 불교에서 중요한 의미를 가진다. 또 가지산에는 석남사가 입지하고 있기 때문에 가지산으로 통용되고 있다고 볼 수 있다. 원래는 석남산石南山이었으나, 1674년에 석남사石南寺가 중건되면서 가지산으로 불 리게 됐다. 그 밖에 천화산穿火山, 실혜산實惠山, 석민산石眠山 등으로도 불렸다 고 한다.

나와 자형이 석남 터널 전방 들머리에 도착한 시각은 오전 9시 17분이었 다. 오늘 날씨는 도로 겨울인 듯 제법 쌀쌀하다. 하늘에는 구름이 끼어 있고 대기는 습기를 잔뜩 머금고 있어 언제라도 눈이 펑펑 내릴 것만 같은 날씨다. 수행로 들머리는 곧바로 나무 데크 계단이 설치돼 있었고, 좀 더 올라가니 제재목製材木으로 만든 계단이 나온다. 수행로 주변은 이제 3월 중순도 지났건만 수목들은 아직도 겨울잠에서 기지개도 켜지 않고 추위에 몸을 움츠리고 있었다. 최근에도 눈이 내렸는지 나무에는 눈꽃 흔적이 남아 있었고 길도 약간 얼어 있었다. 약 20분 정도 오르니 가지산과 능동산 갈림길이 나온다. 좀 더 올라가니 자연석으로 투박하게 쌓아올린 돌탑이 나온다. 이어서 철쭉 군락지가 나오고 앙상한 나뭇가지 사이로 운무에 가려 중봉이 희미하게 모습을 드러낸다. 수행로 변에 설치돼 있는 가지산 철쭉나 무에 대한 해설판에 다가가 자세히 읽어본다. 허걱. 가지산 철쭉은 아주 유명한가 보다. 너무 놀랍다. 해설판에 적혀 있는 내용을 그대로 옮겨본다.

철쭉나무는 혹한과 거센 바람을 이기고 높은 산 능선에까지 우리나라 어디에나 잘 자라는 작은 꽃나무이다, 한자 이름 '척촉躑躅'은 꽃이 너무 아름다워 나그네의 갈 길을 머뭇거리게 한다는 뜻이다. 이 일대는 석남 터널에서부터 가지산 능선을 따라 981k㎡의 면적에 걸쳐 약 21만 9천 그루가 모여 자라는 곳으로 우리나라 최대 규모이다. 철쭉나무는 사람 키를 조금 넘기는 높이에 팔목 굵기 정도가 보통이나 이곳에는 높이가 5.5m, 뿌리목 둘레가 3.2m에 이르는 큰 나무를 비롯하여 40여 그루의 철쭉 고목이 섞여 있는 특별한 곳이다. 희귀 품종인 흰 철쭉이 발견되었으며, 꽃의 색깔도 연분홍에서 진한 분홍까지 여러 가지이므로 우리의 귀중한 자연 유산이다. 5월 중순에서 말쯤 이곳 철쭉이 만개할 때는 장관을 이룬다.

가지산의 철쭉 군락이 해설과 같이 사실이라면 남양주 서리산 철쭉 동산의 철쭉 군락지 보다 수십 배나 크다는 이야기다. 놀랍다. 철쭉꽃이 만개하는 날을 맞춰 반드시 다시 한번 찾아야겠다는 생각을 굳히고 수행을 계속 이어간다. 철쭉 해설판이 설치된 바로 근처에 간이매점이 나오는데 오늘은 문을 열지 않았다. 이제 수행로 주변은 들머리와는 또 다른 모습이다. 잔설이 제법 하얗게 남아 있었다. 잘 설치된 데크 계단을 올라가니 가지산이 1.1km 남았다는 이정표가 나온다. 수행로는 너덜길로 바뀌었고 주위는 점점 더 하얀색이 물들어 있었다. 구름은 더 짙은 회색으로 변해가고 하늘은 습기를 품어 더욱 무거워지는 듯했다.

이정표에서 수행로를 따라 10여 분 올라갔을까. 아니나 다를까 드디어 하늘에서 눈이 내리기 시작하는 게 아닌가. 고도를 높일수록 눈은 함박눈으로 바뀌며 펄펄 내리기 시작한다. 갑자기 '눈이 옵니다'라는 동요가 떠오른다.

'하늘나라 선녀님들이 송이송이 하얀 솜을, 하얀 가루 떡가루를 자꾸자꾸 뿌려줍니다.'

수행로에 쌓인 눈을 저벅저벅 밟으면서 조금 올라가니 중봉이 나온다. 중봉에 오르니 주변이 전부 하얀색 세상으로 변해 있었다. 나뭇가지에도

가지산 중봉에서

중봉을 지나니 함박눈이 내리기 시작한다.

눈꽃이 송골송골 피어오른다. 정상으로 다가가면 갈수록 눈은 눈앞을 가리듯 내리고 온 천지는 순수의 빛깔로 뒤덮인다. 그뿐만 아니다. 나뭇가지에는 눈꽃뿐만 아니라 수정처럼 빛나는 상고대 꽃도 피어 있었다. 정상 바로 밑에서 자라는 소나무 한 그루는 온통 눈으로 덮여 하얗다. 거대한 하얀 꽃 한 송이가 핀 것처럼 보인다. 정상 주변에서 상고대와 눈꽃을 동시에 피우고 있는 관목은 아마도 철쭉나무가 아닐까 싶다. 반짝이는 반투명 상고대와 순수의 색 하얀 꽃, 그리고 연분홍의 철쭉꽃이 서로 오버랩(overlap)되니, 숨 막히는 아름다움이 아니고 무엇이겠는가.

정상에 올라선다. 오늘은 '하늘나라 선녀님이 송이송이 하얀 솜을 내려주셨기에' <영알> 산군의 아름다운 산 너울을 조망할 수 없어 다소 아쉬웠지만 조망眺望과 서설瑞雪 이 두 가지를 동시에 즐길 방법이 어디 있겠는가. 벌써 입춘, 우수, 경칩, 춘분까지 지나 봄의 중간으로 접어들고, 3월도 거의 하순인데 <영알>의 맏형인 신성한 가지산에서 서설瑞雪을 맞아 보다니. 그리고 눈꽃과 상고대를 친견하다니. 웬만한 행운을 가진 자가 아니고서야 불가능

정상 근처의 소나무는 잎이 은침으로 변해 있다.

정상 바로 아래는 눈이 부시는 눈꽃 천지다.

한 일이 아니겠는가. 기쁜 마음으로 정상석을 배경으로 기념사진을 찍고는 쌀바위를 거쳐 운문령으로 하산한다.

쌀바위에 쌀이 나올까 생각하며 쌀바위에 이르니 큰 골이 두세 개, 보기에 따라서 대여섯 개나 파여 있는 우뚝 솟은 바위가 눈앞에 나타난다. 마침 쌀바위에 이르니 내리던 눈이 멈춘다. 다행이다. 쌀바위 앞에는 '쌀바위'라고 새겨져 있는 조그만 돌비석이 서 있다. 이곳이 해발 1,109m라나. 그 옆에는 믿거나 말거나 한 다음과 같은 전설이 소개되고 있었다.

어느 옛날의 일이었다. 수도승 한 분이 쌀바위 밑에 조그마한 암자를 얽어매고 불경을 외우고 있었다. 그러다가는 며칠마다 한 번씩 마을로 내려가서는 동냥을 하여오는 고행이 계속되었다. 이렇게 고행하는 수도승을 가엾게 여긴 것인지 기적이 일어났다. 스님이 염불을 외우다 바위틈을 문득 보니 쌀이 소복이 있었다. 이상하게도 이날부터 한 사람이 먹을 수 있는 쌀이 매일 바위틈에서 물방울이 흐르듯 또닥또닥 나오는 것이었다. 그래서 이 중은 마을로 내려가서 사립마다 요령을 흔들고 목탁을 치며 탁발하지 않아도 되었고 수도에 정진하게 되었다. 어느 해 마을에 흉년이 들었다. 마을 사람들은 동네에 시주를 오지 않는 스님을 이상히 여겨 수도하는 스님을 찾았고 이 때 바위에서 쌀이 나온다는 이야기를 하였다. 이 이야기를 들은 마을 사람들은 스님의 만류에도 불구하고 더 많은 쌀을 얻고자 바위틈을 쑤셨다. 하지만 바위틈에서는 더 이상 쌀이 나오지 않았고 마른하늘에 천둥 번개가 치면서 물방울만 뚝뚝 떨어지고 말았다. 그제야 사람들은 크게 뉘우치고 부처님께 잘못을 빌었지만 쌀은 온 데 간 데 없고 그 이후로는 바위틈에서 물만 흘러나와 사람들은 이때부터 쌀바위라 부르게 되었다고 한다.

헐벗고 굶주리던 시절, 민초들이 얼마나 배가 고팠으면 배불리는 먹지 못하더라도 끼니는 걱정하지 않았으면 하는 바람으로 바위에다 이런 소박한 전설을 갖다 붙였을 것이다. 또 한편으로는 사람은 과욕을 경계하고 자기의 분수를 지켜야 된다는 교훈을 주는 이야기가 아닐까 싶다.

쌀바위 전설에 잠시 잠겨 있다가 자형과 잠정적으로 석남사로 내려가는

쌀바위

것으로 결정하고 하산 수행을 시작한다. 임도를 따라 조금 내려오니 간이매점이 나오고, 그 앞에는 SUV차량 한 대가 세워져 있었다. 간이매점에 도착할무렵 갑자기 자형이 다리에서 쥐가 내린다고 한다. 그러면서 다리를 절룩거린다. 큰일이다. 자형은 교장 선생님으로 은퇴하신 분인데 본가는 물론처가인 우리 집에서도 대들보 역할을 한다. 의료사고를 당한 내 동생의든든한 생활의 후원자이기도 하다. 두 집안의 대들보인 자형이 아파 사고를당하면 큰일이다. 나는 가슴이 덜컹 내려앉을 만큼 놀라지 않을 수 없었다.간이매점이 근처에 있어서 참으로 다행이었다. 추위를 피해 다리를 편안히풀 수 있는 장소를 확보할 수 있기 때문이다. 자형과 나는 매점에 들어가다리를 주물러 어느 정도 풀고 나서 괜찮으냐고 물었더니 이제 충분히걸을 수 있겠다고 하신다. 나는 가지산 묵언수행 기념으로, 자형은 다리쥐 내림 호전 기념으로 대포 한잔씩을 쭉 들이켰다. 산에서 묵언수행을한 후의 대포 한잔은 꿀맛이다. 한 잔을 쭉 들이켠 후 주인에게 어디로내려가는 게 좋은지를 물었더니 석남사로 가는 길은 가파르고 내린 눈이얼어 미끄러울 테니 위험하다고 한다. 나는 그래도 석남사 쪽의 수행로를택하고 싶었지만 자형이 걱정돼 운문령으로 내려가는 것으로 정했다.

간이매점에서 출발하면서 미리 나의 막내 동생에게 운문령 들머리로 차를 가지고 대기하도록 하고, 시간이 되는 우리 가족들 모두 부산 시내 모 식당에 모여 오랜만에 저녁 식사를 같이 하자고 연락해두었다. 운문령 가지산 탐방로 들머리에 내려서니 막내는 차를 대기시켜 놓고 있었다. 우리가 식당에 도착하니 셋째 누나와 둘째 동생 부부와 가족들 그리고 막내 동생 딸들이 미리 와 기다리고 있다. 우리 가족들 10여 명이 이렇게 모여보기는 참으로 오랜만이다. 자주 이런 모임을 가져야 하는데 시공時空이 허락하지 않으니 쉽지 않아 아쉽다. 물론 아직도 의료사고가 수습되지 않아 엄청나게 받는 스트레스를 모두 날려버릴 수는 없었지만 가족들 모두는 맛있게 저녁 식사를 하고 다음을 기약하며 헤어졌다.

오늘은 입춘, 우수, 경칩, 춘분까지 지나 봄의 중간으로 접어들어, 3월도 거의 하순에 접어들었는데도 하늘에서 서설瑞雪까지 흩뿌려 나의 가지산 묵언수행을 축하해주었으니, 참으로 기분 좋고도 행복한 하루였음은 말할 나위 없다. 나의 묵언수행에 동행해준 자형, 항상 건강하시길 빌며 오늘의 묵언수행을 마무리한다.

[묵언수행 경로]
석남 터널 들머리(09:17) > 가지산·능동산 갈림길(09:36) > 자연석 돌탑(0943) > 철축 군락지(10:09) > 중봉(10:59) > 가지산(11:40) > 쌀바위(12:40) > 간이매점(12:55) > 운문령 날머리(14:00)
<수행 거리: 9km, 소요 시간: 4시간 43분>

땅끝 해남에 있는 2좌의 명산을 묵언수행하다

달마산 달마봉에서

두륜산(백대명산) 정상 가련봉에서

오랜만에 산을 좋아하는 친구들 7명이 멀리 땅끝 마을 해남에 위치해 있는 달마산과 두륜산을 1박 2일에 걸쳐 묵언수행에 나선다. 달마산은 암릉미가 탁월하고 두륜산은 백대명산의 하나다. 이 두 산은 남도의 소금강 이라 할 만큼 빼어난 산들이다. 4월 1일에 달마산(489m)을 먼저 오르고 그 다음 날인 4월 2일에는 백대명산인 두륜산(703m)을 오르기로 계획하고 새벽 일찍 서울에서 해남으로 출발했다. 먼저 해남의 명산 달마산과 두륜산 에 대해 간략하게 알아보고 묵언수행을 시작한다.

달마산은 남도의 금강산으로 불리는 산으로 공룡의 등줄기처럼 울퉁불퉁 한 암봉으로 형성돼 있으며 능선은 단조로운 산타기와는 달리 계속해서 정상으로만 이어지는 등반으로 멀리 해안 경관을 보는 즐거움이 함께해 지루함을 느낄 수 없는 산이다. 또한 산 전체가 규암으로 이루어져 있다. (≪두산백과≫ 인용)

두륜산은 다도해의 푸른 바다를 바라보며 바닷가 근처에 우뚝 솟은 산으로 높이는 해발 703m다. 해남군의 삼산면, 현산면, 북평면, 옥천면에 걸쳐 있으며, 1979년에 도립 공원으로 지정되었다. 두륜산은 가련봉(703m), 두륜봉(630m), 고계봉(638m), 노승봉(능허대 685m), 도솔봉(672m), 혈망봉(379m), 향로봉(469m), 연화봉(613m)의 8개 봉우리가 능선을 이루고 있다. 원래 이 산은 대둔사라는 절이 있어 대둔산이라고 부르다가, 대둔사가 대흥사라고 이름을 바꾸자 대흥산이라고 부르기도 하였다. 한편 두륜이란 산 모양이 둥글게 사방으로 둘러서 솟은 '둥근머리' 또는 날카로운 산정을 이루지 못하고 '둥글넓적한' 모습을 하고 있다는 데서 연유된 것이다. 또한 한듬산으로도 불리는데 옛말에 '한限'이란 우리가 흔히 한이 없다고 표현하듯 크다는 것을 의미한다. (≪신정일의 새로 쓰는 택리지 9≫ 인용)

우리 일행이 서울 잠실에서 출발해 미황사 주차장에 도착한 시각은 오전 11시 40분경이다. 미황사를 거쳐 묵언수행을 시작한다. 미황사에서 봉화대가 있는 달마산 정상(불썬봉)으로 오르는 길은 우리나라 어느 산에도 있는 산죽과 진달래와 억새가 살랑대며 우리를 맞아준다. 산 정상에 오르니 마치 수석 전시장에 온 것 같은 착각이 든다. 온갖 모양의 암봉이 우리 눈앞에 진열돼 있다. 비록 웅장하지는 않았지만 아기자기하기 짝이 없었다. 불썬봉을 거쳐 도솔봉(421m)까지 약 8km에 거쳐 이어지는 암릉은 그 기세를 전혀 사그라뜨리지 않으며 끊임없이 요철凹凸이 반복된다. 공룡의 등줄기처럼 울퉁불퉁하다는 말이다.

암릉은 계속 마술을 부린다. 우리가 발걸음을 옮길 때마다 모양을 바꾼다. 끊임없이 변신한다. 달마산은 산전체가 규암으로 구성돼 있어 햇빛이 암봉을 비치면 백옥 같은 하얀색을 띤다. 우뚝 솟은 백옥 사이에 아름다운 자주색 진달래가 피어 있어 한없이 부드러운 미소를 짓다가 갑자기 창검처럼 날카롭게 하늘을 찌르기도 한다. 잠시 고개를 들어 올리면 쪽빛보다 푸른 바다에 섬들이 둥둥 떠다닌다. 참으로 아름다운 풍광이 아닐 수 없다.

온갖 수석 전시장을 거치면서 진달래와 각종 산화山花의 환영을 받으면서 수행을 계속해나간다.

도솔암에 이른다. 깊은 계곡 사이에 석축을 쌓아올려 평평하게 만든 곳에 자리 잡은 도솔암은 마치 선계仙界에 있는 것처럼 신비스러워 보인다. 미황사를 창건한 의조 화상이 도를 닦으며 낙조를 즐겼다는 곳이 바로 이 도솔암이라고 한다.

선계에 지어진 도솔암을 둘러본 후 우리 일행들은 다시 미황사 주차장으로 돌아온다. 오늘의 묵언수행은 비록 낮은 산이지만 울퉁불퉁한 거친 공룡 등을 타고 전율을 느끼면서 수행했다. 조금은 인내력이 필요했지만 달마산의 절경은 우리들의 그런 어려움을 충분히 보상하고도 남았다.

묵언수행을 마친 후, 저녁은 동행한 친구 강 변호사가 자기의 고향 영광 군청 근처에 있는 유명한 한식집에서 맛있는 보리굴비 정식으로 한턱냈다. 내일은 두륜산으로 묵언수행을 떠난다. 저녁을 먹으면서 달마산 산행이 너무 힘들어 두류산 묵언수행을 할 수 있겠느냐는 의견도 나왔으나 갈지 말지는 아마도 내일 아침이 돼봐야 결론이 날 테다. 나야 물론 어떻게 결론이 나든지 혼자서라도 반드시 두륜산으로 떠나겠지만 말이다.

4월 2일 아침이 밝았다. 나는 5시 반에 깨어나 다른 친구들이 일어나기를 기다리고 있었다. 그런데 그들은 8시가 다 돼가는 데도 코를 골며 태평스럽게 자고 있다. 어제 묵언수행이 힘들긴 힘들었던 모양이다. 나는 더 기다릴 수 없어서 친구들을 깨운다. 친구들은 부산을 떨며 후다닥 자리를 털고 일어났다. 간단히 세면을 마치고 해남 읍내에 있는 맛집이라고 알려진 해장국집으로 이동해 해장국 한 그릇씩을 비우고 나니 9시가 넘어버렸다.

아침을 먹으면서 두륜산을 오르지 않겠다고 선언하는 친구는 단 한 친구도 없었다. 다행히도 하룻밤 사이에 마음이 바뀐 모양이다. 아침밥을 먹은 후 두륜산 묵언수행을 하며 먹을 점심거리를 준비하고 두륜산 대흥사 주차장으로 향한다. 주차장에 도착한 시각은 10시가 훌쩍 지나버렸다.

대흥사 주차장 바로 앞에는 한옥으로 지어진 <유선관>이라는 오래된 여관이 있다. 100년 전통의 우리나라 최초의 여관이라고 한다. 108사찰 탐방 계획의 일환으로 대흥사를 방문할 때 반드시 <유선관>에서 하루를 묵어봐야겠다는 생각을 굳히고 묵언수행을 떠난다.

대흥사 경내로 들어선다. 대흥사는 백제 시대에 창건한 유서 깊은 도량으로 해남 두륜산의 빼어난 절경을 배경으로 하고 있다. 두륜산을 옛날에는 대둔산 혹은 한듬산으로 불렀기 때문에 대둔사 또는 한듬절이라고 하였으나 근대에 들어와서 대흥사로 명칭을 바꾸었다고 한다. 대흥사에는 서산 대사 휴정의 의발이 전해지고 있고, 임진왜란 때 승병을 조직하여 공훈을 세운 서산 대사와 그의 제자 사명과 처영의 영정을 봉안하고 있는 표충사表忠祠가 있어 더욱 유명하다.

대흥사 경내를 한 바퀴 돌고난 후, 일지암 갈림길에 선다. 일지암은 다선일미茶禪一味(차와 선은 별개의 것이 아니고 같은 것이라는 의미)를 주창主唱한 초의 선사가 39세에 지어 40여 년을 머문 암자라고 하는데, 이번 묵언수행 때 들러보지 못해 못내 아쉽다.

국보 제308호인 <마애여래좌상> 석불을 모시고 있는 두륜산 산 내 암자 중의 하나인 북미륵암을 지나고, 오심재를 지나고, 밧줄을 낑낑거리며 타고 통천문을 통과해 높이가 685m인 노승봉에 이른다. 노승봉의 아름다움을 같이 간 동료들과 함께 카메라에 담는다. 잠시 휴식하고 난 다음 이어지는 암릉을 타며 전율을 느끼고, 남도의 아름다운 조망의 파노라마를 감상하면

두륜산 노승봉에서

서 묵언수행을 계속한다. 어느새 두륜산 최고봉인 높이 703m의 가련봉에 도달한다. 최고봉인 만큼 조망미도 물론 최고다. 가련봉에서 만일재를 거쳐 두륜봉으로 향한다. 최고봉에서 만일재[고개]로 내려

두륜봉

가야 하는 것은 당연지사. 바위 틈새에 설치한 아찔한 계단을 타고 내려가야
만 한다. 계단 주변에 우뚝우뚝 솟은 기암괴석들이 수행자를 전율 속으로
몰아넣는다. 만일재로 내려가는 수행로 옆 바위 위에 기러기 닮은 바위가
하늘을 바라보고 있었다. 마치 짝을 잃은 기러기 한 마리가 짝이 돌아오기를
애타게 기다리는 모습이다.

　만일재에 내려서니 우뚝 솟은 두륜봉이 기이한 모습으로 우리 일행들
앞에 떡하니 버티고 있었다. 만일재에서 왼쪽으로 휘돌아 두륜봉을 오르는
수행로가 나타난다. 왼쪽은 천인단애千仞斷崖이고 오른쪽으로 20° 정도의

가련봉에서 만일재로 가는 수행로 주변에서 만난 기러기를 닮은 바위

비탈을 이루며 흘러내리는
듯한 모습이다. 때로는 나
무 사이를 지나고 때로는
산죽을 지나며 돌고 돌아
오른다.

　고개 들어 앞을 보니, 최
교수란 친구가 득의만면한
포즈를 취하고 있는 모습

두륜산 구름다리

이 내 눈에 들어왔다. 자세히 보니 코끼리 코와 닮은 길쭉한 바위가 거대한 바위와 바위 사이를 이어놓고 있었다. 최 교수는 그 위에서 마음껏 포즈를 잡고 있었던 것이다. 알고 보니 코끼리 코처럼 신기하게 생긴 이 바위가 바로 두륜산 구름다리였다. 나도 구름다리를 올라가서 건너봐야지 하면서 구름다리로 올라가는데 오르기가 그리 만만치 않았다. 두 차례나 미끄러지고 난 후 겨우 오를 수 있었다. 구름다리에서 보는 주변 경관은 더욱 아름다워 보였다. 아마도 힘들게 올랐기 때문이리라.

이제 두륜봉 정상에 올라선다. 두륜봉은 거대한 암석으로 구성된 암봉인데 천연의 구름다리가 있고, 두륜산의 최고봉인 가련봉과 그 옆에 있는 노승봉이 눈앞에 펼쳐진다. 날씨가 맑으면 멀리 강진만, 완도, 진도 등 다도해의 아름다운 풍경이 조망된다는데 오늘은 아쉽게도 조망되지 않았다.

우리 동행들은 두륜봉 조금 아래에 있는 포근한 명당을 찾아 점심을 먹고 주변의 기암괴석들을 마음껏 구경하고 촬영한다. 두륜봉을 소개하는 안내판에 나오는 모자까지 쓴 의젓하고 거대한 신사의 석상 같은 바위를 보면서 신기한 모습에 감탄하기도 한다. 도넛을 몇 개 포개놓은 듯한 바위, 올록볼록 여성의 상징처럼 보이는 주변의 암봉들을 보면 무한한 감동이

두륜봉 기암괴석에서 진달래 꽃피우다.

가슴속을 파고든다. 바위 덩어리 사이의 틈바구니에서 진달래 한 그루가 자라 진분홍 꽃을 피운 모습은 가슴을 더욱 아련하게 만든다.

　두륜봉 정상의 신기함과 아름다움을 가슴 깊숙이 간직하고 동행들은 표충사, 대흥사를 거쳐 주차 위치로 돌아옴으로써 2일간 약 13시간, 약 18km에 걸쳐 이루어진 묵언수행의 대미를 장식하게 된다. 나의 묵언수행에 끝까지 동행하여 준 친구 - 산신령, 손 신령, 강 변, 최 교수, 강 교수, 오 사장 - 들에게 고마운 마음을 전한다.

[달마산 묵언수행 경로(1일차)]
미황사 주차장(11:46) > 달마봉: 불썬봉(12:52-12:59) > 대밭 삼거리
> 떡봉 > 도솔암(16:50-17:00) > 천년숲 옛길 > 마봉리 삼거리 >
미황사 주차장(18:35)
　　　<수행 거리: 10.25km, 소요 시간: 6시간 49분>

[두륜산 묵언수행 경로(2일 차)]

대흥사 주차장(10:05) > 대흥사(10:14-10:23) > 일지암 갈림길(10:36)
> 북미륵암(11:05) > 용화전(11:09) > 오심재(11:24) > 통천문(12:01)
> 노승봉(12:08) > 정상: 가련봉(12:23-12:27) > 만일재(12:48) > 두륜
산 구름다리(13:03) > 두륜봉(13:11) > 진불암(14:54) > 표충사(14:57)
> 대흥사(15:05-15:26) > 대흥사 주차장(15:31)
<수행 거리: 7.13km, 소요 시간: 5시간 26분>

두륜봉의 기암들. 모자까지 쓴 의젓한 신사 석상 같은 바위.

신선들이 노닐던 곳, 한라산 백록담을 다녀오다

백록담 표지석에서

지난 4월 9일 청조산악회(고교 동문 산악회)를 따라 남한 최고봉 한라산 백록담에 올랐다. 이번에 한라산 백록담을 오름으로써 지난 2016년 9월 20일 설악산부터 시작한 산악형 국립공원 17좌 묵언수행을 모두 마무리하게 된다.

이번 묵언수행은 청조 동문 가족 30여 명이 같이 출발했지만 수행 능력이 서로 차이가 있을 뿐 아니라 오감으로 느끼는 감각, 감정이 서로 다르므로 '같이 또 따로'하는 수행이 됐다. 결국 18.3km에 이르는 한라산 수행은 다른 기타 국립공원 수행과 마찬가지로 <나홀로 묵언수행>이었다.

한라산은 남한에서 가장 높은 산으로 해발 1,950m에 이른다. 예로부터

두무악頭無嶽, 영주산瀛州山 등 신비스런 이름으로도 불려왔는데, 한라산과 그 이칭異稱들에 얽힌 유래는 이렇다.

한라산의 '한漢'은 '은하수'를 뜻하며, '라拏'는 '붙잡다'는 뜻으로 산이 높아 산정에 올라가면 은하수를 붙잡아 당길 수 있다는 데서 유래됐다고 한다. 두무악頭無嶽이라는 산 이름은 말 그대로 머리가 없는 산을 의미하는데, 이 이름에는 전설이 있다고 한다. 옛날 한 사냥꾼이 사냥을 하다가 잘못해 천제天帝의 배꼽을 건드렸는데, 이에 화가 난 천제가 산꼭대기를 뽑아 멀리 던져 버렸고 이 산꼭대기가 떨어진 곳이 지금의 산방산山房山이며, 뽑혀서 움푹 팬 곳은 백록담白鹿潭이 되었다는 전설이 그것이다. 영주산瀛州山이란 이름은 옛날 옛적 바다 한가운데 떠 있는 산인 삼신산三神山에는 불노불사不老不死의 약초가 있다는 전설이 있었는데, 그 삼신산 중 금강산은 봉래산蓬萊山, 지리산은 방장산方丈山으로 불렸고, 이들과 함께 한라산을 삼신산三神山의 하나로 보아 영주산瀛州山으로 불렀다고 한다.

한라산은 백록담을 떼어놓고 생각할 수 없다. 한라산하면 백록담, 백록담 하면 곧 한라산이 연상된다. 백록담은 남한에서 가장 높은 산정 화구호다. 백록담이란 이름은 하늘의 신선들이 타고 다니는 신성한 백록白鹿(흰 사슴) 이 물을 마시는 곳이라 하여 붙여졌다고 한다.

아무튼 옛날 선인들이 붙인 한라산과 그 별칭 그리고 백록담이란 명칭을 음미해보면 한라산은 아름다우면서도 광대무변하고 기이한 모습으로 천변 만화하는 산으로 속인들이 쉽게 다가가지 못하는 신비로운 산인 것 같다. 고래로부터 많은 문인들이 한라산과 백록담의 모습을 시로 혹은 기행문으로 남긴 것도 그만큼 한라산이 신비롭기 때문이었으리라.

또 한라산은 다양한 생물이 서식하고 있어 국내는 물론 전 세계적으로도 자연 유산으로 보존할 가치가 인정돼 1970년에는 우리나라 제7호 국립공원 으로 지정됐고, 2000년대에는 <생물권보전지역>(유네스코), <세계자연유 산>(유네스코), <세계지질공원>(세계지질공원 의장단)으로 선정된 산이

해발 1,800m 전망대에서 내려다 본 한라산 전경, 오름이 봉긋봉긋 솟아 있다.

다. 민족의 신령스런 영산, 아니 세계가 보존의 필요성을 인정하고 있는 세계자연유산인 한라산을 오르지 않고는 우리나라 산을 올라갔다 왔다고 말하기 힘들 정도가 아니겠는가.

2017년 4월 9일 일요일 오전 7시 30분경, 나를 포함한 청조 가족 30여 명이 아침 식사를 마치고 나서 하늘을 쳐다보니 하늘은 마치 비가 올 것만 같이 찌뿌둥하게 흐려 있었다. 우리들은 비가 오면 어쩌나 하고 생각하면서 성판악으로 이동한다.

성판악에 도착한 시각은 8시 10분경이었다. 하늘에서는 제법 굵은 빗방울이 뚝뚝 떨어진다. 아! 한라산 산신령께서 나에게 모습을 드러내기 싫어하시는가. 성판악에 도착한 우리는 단체 기념사진을 찍었고, 8시 20여 분부터 비가 내리는데도 아랑곳하지 않고 용감하게 본격적으로 백록담 탐방로를 오르기 시작했다. 묵언수행에 나서니 구름은 잔뜩 끼었지만 뚝뚝 내리던 비는 멈추었다. 제법 포근한 봄바람조차 살랑살랑 불어온다. 백록담 탐방에 더없이 좋은 축복의 날씨로 변한 것이다.

성판악(해발 750m)에서 사라오름 갈림길(해발 1,400m)까지는 수행로가 평탄하게 잘 정비돼 있어 밋밋했다. 다만 구멍이 숭숭 뚫리고 울퉁불퉁한 현무암으로 조성된 탓에 조금 힘들다 할 정도였다. 식생은 낙엽이 떨어져 벌거벗은 활엽수림이 대부분이었다. 아직 새잎이 돋지 않아 갈색이 주종을 이루고 있고 간간이 보이는 굴거리나무와 넓게 퍼져 있는 제주 조리대 군락이 발하는 녹색이 아름다운 조화를 이루고 있었다.

진달래밭 대피소(해발 1,500m)부터는 한대림 식생인 구상나무와 소나무 등 침엽수, 그리고 고채목(자작나무과)이 군락을 이루며 자라고 있었다. 대피소 이름이 진달래밭이므로 아마도 이 부근에 진달래꽃이 피기 시작하면 마치 불이 난 듯 온 산을 붉게 물들이리라. 해발 1,700m 지점에 이르니 식생들의 키가 점점 작아지고 여기저기 구상나무의 고사목이 눈에 띄기 시작한다. 점점 올라갈수록 탐방로 주변에는 푸르름을 간직하고 있는 구상나무보다 하얗게 마른 고사목 개체 수가 점점 많아지고 있었다.

해발 1,800m에 있는 전망대에 올라 산 아래를 휘 둘러보니 그동안 수목에 가린 시야가 확 트인다. 여기저기 볼록하고 봉긋한 오름이 마치 여인의 젖가슴처럼 솟아 있었다. 어느 산에서도 볼 수 없는 신비하고 아름다운 전경이다. 과연 '한라산은 오름 천국'이라고 한 말을 실감하는 순간이었다.

여기저기 쓰러져 있는 하얀 구상나무 고사목과 표피가 하얀 고채목, 아직 고지대 곳곳에 남아 있는 잔설이 또 하나의 '백두산'을 이루어 이채로운 풍광을 연출하고 있었다. 고도 높이 올라갈수록 식생은 점점 줄어들고 작아진다. 하지만 그 작은 식생들은 척박한 환경을 견디며 바닥을 기면서 끈질기게 자라고 있었다. 나무일까, 풀일까, 땅바닥에 기면서 자라는 눈향나무일까. 생명의 신비로움을 다시 한번 느낀다.

이제 곧 정상이다. 50m 남았다. 온통 적흑색 혹은 적갈색이다. 현무암 덩어리들뿐이다. 수천, 수만 년 전 펄펄 끓는 용암이 솟아올라 흘러내리면서 만들어진 기기묘묘하게 형성된 현무암 만물상들이 눈앞에 전개된다. 현무암 바위에 뚫린 구멍은 효모 작용으로 구멍이 뽕뽕 뚫린 술 빵을 닮았다.

드디어 정상에 올랐다. 신비한 백록담이 바로 내 눈앞에 나타난다. 개인적

백록담

으로는 국내 산악형 국립공원 17좌 전부에서의 묵언수행을 완료하게 되는
희열의 순간이었다.

　백록담은 남한에서 가장 높은 산정 화구호다. 남북 길이 약 400m, 동서
길이 600m, 둘레 1,720m, 깊이 108m 크기의 타원형 분화구로 극심한 가뭄이
들 때를 제외하고는 1~2m 높이의 물이 사철 내내 고여 있다고 한다. 화구벽
의 현무암(혹은 조면암)은 어떤 것은 마치 조각처럼, 또 어떤 것은 주상절리
로 기기묘묘하고 신비로운 자태를 뽐내면서 병풍 모습으로 화구를 삥 둘러
싸 우뚝 솟아 있었다. 병풍 가운데 있는 아담한 호수에는 하늘을 비치는
맑은 물을 담고 있었고 척박한 화구벽에는 눈향나무 등 희귀한 고산 식물이
자라 적흑색 현무암과 희한한 조화를 이루고 있었다. 게다가 간혹 울어
예는 노루와 사슴 소리는 천상의 신비로운 백록의 울음소리처럼 들려오고
있었다.

　이 대목에서 조선 영조 때 제주도 유배인이었던 임관주任觀周가 유배에서
풀린 후 제주 산천을 두루 구경한 뒤 남긴 시 한 수가 떠오른다. 그가
시에서 표현한 한라산의 모습은 신비로움의 극치를 이룬다.

茫茫滄海濶망망창해활
上擧漢拏浮상거한라부
白鹿仙人待백록선인대
今登上之頭금등상지두

푸른 바다는 넓고 넓어 아득한데
한라산은 그 위에 떠 있네
흰 사슴과 신선이 기다리는
이제야 그 정상에 올랐네

수많은 인파들이 시끌벅적 환호성을 지르고 백록담의 신비로움을 마음껏 즐기면서 인증 사진을 찍고 또 찍어대고 있었다. 나보다 먼저 백록담에 도착한 고교동문회 청조인 가족들도 군중 속에서 백록담을 마음껏 즐기고 있었다. 모두 행복에 겨운 모습들이었다.

백록담의 신비경을 가슴에 담고 한라산 동북쪽에 위치한 관음사 방면으로 하산 수행을 한다. 신비로운 백록들의 울음소리를 귓속에 가득 담고 관음사 방면으로 내려가는 길은 성판악에서 백록담으로 오르는 길보다 훨씬 가파르고 험했다. 한라산 북쪽이라 눈으로 덮여 있는 구간이 많아 조심조심 수행한다. 길이 험해 조심하는 와중에서도 주변을 돌아보지 않으면 손해다. 경관이 오를 때보다 훨씬 더 아름답다. 백록담 화구벽 뒷면에 솟아 있는 기암괴석의 적흑색과 구상나무 고사목과 고채목의 하얀색 그리고 구상나무와 바닥에 깔려 자라는 듯한 제주조리대의 초록색이 절묘하게 조화를 이루며 아름다운 경관을 만들어낸다. 같이 한 동문들은 모두는 하나같이 즐거워 보인다. 이렇게 한라산 묵언수행은 마무리됐고, 이 아름답고도 신비로운 추억은 내내 가슴 속에 깊이 갈무리돼 생활의 활력이 될 것이다.

[묵언수행 경로]
성판악 탐방로 들머리(08:20) > 속밭 대피소(09:40) > 샘터(10:07) >
사라오름 입구(10:22) > 진달래밭 대피소(10:53) > 백록담·점심
(12:25-12:50) > 용진각 대피소 터(14:00) > 삼각봉 대피소(14:24) >
개미등(14:54) > 탐라계곡 대피소(15:35) > 관음사 지구 주차장(16:56)
<수행 거리: 18.33km, 소요 시간: 8시간 36분>

용문산은 나의 묵언수행 의지를 더욱 굳게 다지다

용문산 정상석과 은행잎 조형물

　어느덧 봄의 중심에 들어섰다. 남쪽 지방은 봄의 전령사인 벚꽃이 이미 자취를 감추었고, 중부 지방도 거의 끝물에 가깝다. 우리 집 근처에 있는 석촌호수 가에 피는 벚꽃도 꽤나 볼 만하다. 석촌호수 가의 벚꽃이 만개하는 시기는 대략 4월 5일 식목일 전후의 기간인데 이때쯤 석촌호수로 산책을 나가보면 인파들이 몰려 발 디딜 틈조차 없다. 벚꽃을 구경 나온 상춘객들의 수는 벚꽃 망울 숫자만큼이나 많아 보인다. 그만큼 석촌호수의 벚꽃도 볼 만하다는 이야기다. 그런데 올해는 벚꽃이 필 무렵 석촌호수로 나가보지 못했다. 다소 아쉬웠으나 아무래도 백대명산 묵언수행을 집중적으로 실행하다 보니 시간 내기가 쉽지 않아 그럴 수밖에 없었다. 오늘도 미세먼지가 아주 심하다. 요즘 갈수록 더 심해지는 것 같아 큰일이다.

　일단 배낭을 꾸린다. 서울을 탈출하기 위해서다. 그래도 산이라면 조금이라도 낫겠지 하면서 묵언수행지를 용문산으로 정하고 차를 몰아 용문사

수령 천 년이 훌쩍 넘는 용문사 은행나무, 신령스럽고 웅장하다.

입구 주차장으로 향한다. 오늘 용문산 묵언수행을 마치고 나면 스물아홉 번째 묵언수행을 완수하는 셈이다.

용문산은 경기 양평군 용문면 용문산로 782에 위치해 있으며 산 높이는 1,157m에 이른다. 양평楊平 북동쪽 8km, 서울 동쪽 42km 지점에 있다. 한강기맥에 속하나 독립된 한 산괴로 산체山體가 비교적 웅대하여 동서 8km, 남북 5km에 걸치고, 용문산을 주봉으로 북동 5.5km의 도일봉道一峰(864m), 동쪽 4.5km의 중원산中元山(800m), 남서 3.5km의 백운봉白雲峰(940m) 등이 솟아 연봉을 이루고 있다. 용문산은 경기의 금강산으로 불리며, 화악산과 명지산 그리고 국망봉에 이어 경기도에서 네 번째로 높은 산이다.

특히 중원산과 도일봉 중간에는 용계龍溪, 조계鳥溪 협곡이 있고, 그 사이에 낀 대지는 수 100m에 달하는 기암절벽 위에 있어 그 위세가 금강산을 방불케 한다. 북쪽은 완경사이고 남쪽은 급경사이다. 첩첩이 쌓인 암괴들이 나타나며 깊은 계곡과 폭포도 볼 수 있다. 용문산 북서 일대는 고도 700~1,100m 높이의 약 4㎢의 고위평탄면이 나타난다.

남쪽 산록 계곡에는 용문사龍門寺, 상원사上院寺, 윤필사潤筆寺, 사나사舍那寺 등 고찰이 있고 용문사 경내에는 있는 천연기념물 제30호로 지정되어 있는 은행나무가 있다. 은행나무가 차지하는 면적이 260㎡나 된다.

용문사 입구 주차장에 도착한 시각은 10시경이었다. 먼저 용문사 주차장에 내리니 서울 하늘 못지않게 용문산 하늘도 잿빛이다. 구름이 낀 날씨인데다 미세먼지가 들어 하늘을 더욱 우중충하게 만들어 놓고 있다. 그래도 용문사의 일주문으로 가는 중간에 조성해둔 공원에는 소나무들이 공해를 저감低減시켜 주고 있었고 벚꽃이 활짝 피어 수행자를 맞이한다. 벚꽃 구경을 하지 못하고 올봄을 넘기나 했는데, 그래도 묵언수행을 하려는 용문산의 입구에서 벚꽃을 볼 수 있어 다행이었다.

용문사 일주문을 통과한다. 용문사 경내로 들어온 것이다. 잠시 후 수행자의 눈앞에 나타난 것은 우뚝 솟아 있는 <용문사 은행나무>다.

≪한국민족문화대백과≫에 의하면 <용문사 은행나무>는 천연기념물 제30호로 지정돼 있으며 높이가 약 42m이고, 가슴 높이의 줄기 둘레는 14m이고, 수령은 1,100년으로 추정되는 나무인데. 가지는 동서로 28.1m, 남북으로 28.4m 정도 퍼져 있다고 한다.

나이를 추정하는 근거로 용문사의 창건 연대와 관련하여 산출하고 있는 데, 용문사는 649년(신라 진덕여왕 3)에 원효 대사가 세웠다고 하며, 은행나무는 절을 세운 다음 중국을 왕래하던 스님이 가져다가 심은 것으로 보고 있다고 설명하고 있다.

그렇다면 이 은행나무의 나이가 적어도 1,300년 이상 된 것이라고 봐야 마땅하지 않을까? 이 나무를 심은 사람은 원효 대사라는 설과 신라의 마지막 임금인 경순왕의 아들 마의 태자麻衣 太子가 나라를 잃은 설움을 안고 금강산으로 가다가 심었다는 설, 의상 대사가 짚고 다니던 지팡이를 꽂고 갔는데 그것이 자랐다는 설 등이 전해지고 있다.

이 나무는 은행나무 중에서는 물론이고 우리나라에서 자라는 나무 중에서도 가장 큰 나무로서 조선 세종 때 당상직첩堂上職牒 벼슬이 내려졌다 하며 마을에서는 신령시하여 여러 가지 전설이 전해지고 있다.

용문사 천년의 역사와 함께 태어나고 자란 이 대단한 은행나무를 떠나 용문산 들머리에서 본격적으로 수행에 나선다. 용문산 정상까지는 3.4km 남았다는 이정표를 지나 수행로로 들어선다. 수행로는 시작부터 까칠하기 짝이 없었다. 수행로에는 흙이라고는 보이지 않고, 뭉텅하게 닳아 있는 것이 아니라 칼날처럼 쪼개져 있는 바위 조각들이 수행로에 깔려 있어 걷기에 여간 상그러운('까다로운'의 경상도 방언) 것이 아니었다. 게다가 시작부터 오르막이 가팔라 다른 백대명산에서 '깔딱 고개' 혹은 '헐떡 고개' 라고 칭하는 수준과 거의 비슷했다.

미세먼지가 심하여 안개가 낀 것처럼 뿌옇다.

어쨌든 주사위는 던져졌고 아무리 힘들더라도 수행을 계속하는 방법 외에는 다른 방법이 없었다. 숨을 헐떡거리며 몰아쉬면서 계속 수행을 하며 나아간다. 용각바위 0.5km, 마당바위 1.1km, 정상 2.6km남았다는 이정표가 나온다. 용의 뿔처럼 생긴 용각바위가 있다는데 놓치고 만다. 마당바위는 놓치지 말아야지 하며 안간힘을 다 쓰며 올라간다. 갑자기 계곡에서 물 흐르는 소리가 들린다. 물소리에 귀를 기울이며 한 걸음 한 걸음 내딛는다. 왼쪽 전방에 작은 폭포가 흘러내리고, 작은 소沼의 투명한 물은 잔물결로 정교한 수繡를 놓고 있었다. 고개를 살짝 들어보니 오른쪽 커다란 바위 위에 진분홍 참꽃까지 피어 있다. 황무지를 걷는 수행로 주변에 오아시스와 같은 시원함과 아름다움을 수행자 가슴속에 푹 안긴다. 그래 맞다. 묵언수행에 이러한 희열을 안겨주는 뭔가가 없다면 고통만 안겨줄 것이다. 이런 느낌이 묵언수행을 가능케 하는 원동력이 아니겠느냐는 생각을 하는 순간, 갑자기 피곤이 물러간 듯 마음과 몸이 가벼워진다.

30분을 오르니 마당바위가 나온다. 용각바위는 놓쳤지만 마당바위까지 놓칠 수 없지 않겠는가. 마당바위는 이름에 걸맞지는 않다. 평균 높이가 3m고 둘레는 19m 정도 밖에 되지 않는다. 그래도 가파른 수행로를 오르면서 흘리는 땀을 식히기에는 부족함이 없는 좋은 장소다. 수행자가 마당바위로 올라가니 두 명이 올라앉아 땀을 식히고 있었다. 나도 잠시 올라가 땀을 식히고 다시 수행을 계속한다. 점점 바위들이 커지고 많아진다. 뭉텅하게 생긴 두루뭉술한 바위보다는 마치 관운장의 청룡언월도에 잘린 듯, 벼락을 맞아 쩍쩍 갈라진 듯, 날카롭게 쪼개진 바위들이 많았다. 두루뭉술한 화강암이 아닌 편암류나 화강편마암이라 그런가?

바위들이 나타나고 바위들 사이에서 절묘하게 자라는 청송이 긴 가지를 팔처럼 뻗어 수행자를 영접한다. 용문산 정상 100m 전방에 전망대가 있다. 조망이 펼쳐지는데 무지하게 아쉽다. 선명하게 드러나야 할 아름다운 풍경화에 어느 누가 마치 회색 파스텔을 덧칠해놓은 듯 희미하다. 누군가 그림을 그렇게 그렸다면 일종의 스푸마토(sfumato)기법이 아니냐고 우기기도 하겠지만 그건 아니다. 그건 공해다. 그래도 저기 아래로 용문사와 용문사 입구 공원이 희미하게라도 보인다. 그나마 다행인가? 전망대에서 잠깐 풍광을 조망하다 정상으로 자리를 옮긴다.

용문산 정상으로 오르니 은행나무 잎을 상징하여 만든 샛노란 철 조형물造形物과 그 옆에 용문산이라고 새긴 두루뭉술한 화강암 정상석이 나를 맞아준다. 은행나무 잎 상징물을 자세히 보니 '용문산 가섭봉'이라는 글자를 용접하여 붙여 놓았다. 이 용문산의 최고봉이 가섭봉이라는 이야기다. 우중충한 날씨라 조망은 별 기대할 수 없었지만 그래도 사위를 볼 수 있는 것과 그렇지 않은 것은 천양지차다. 용문산 정상의 북쪽은 군 시설인지 통신기지인지 모를 시설이 가로막아 조망을 가리고 있어 다소 서운했지만 어쩔 수 없었다.

정상 부근에서 식사를 하려다 주변이 시끄러워 다시 전망대로 내려가 혼자 앉아 풍광이 잘 보이지 않지만 잘 보려고 애쓰면서, 그리고 그러한 나의 노력에 스스로 만족하면서, 가장 편안한 자세로 앉아 아주 간단한 식사(고구마 2개, 현미 볶음 1봉지)를 하고 나니 원기가 슬슬 돌기 시작한다. 서서히 의욕이 생기기 시작한다. 빙 둘러 장군봉과 상원사를 친견한 후 용문사로 가는 것으로 정하고 자리를 털고 일어났다.

전망대 주위에 핀 노란 꽃들의 전송을 받으며 장군봉으로 향한다. 수행자와 같은 방향으로 가는 산객은 단 한 명이 있었다. 혼자 산행하다 보니 잠깐씩 '알바'를 하는 것은 백대명산에 대한 수행상의 예의라 할 수 있다. 아주 잠깐 알바를 하는 사이 같은 방향으로 내려오던 산객은 사라지고 없다. 자연히 수행로에는 나 혼자만 남는다. 천천히 하고 싶은 짓을 다하면서 장군봉에 이른다. "어, 1,065m나 돼. 장군봉도 제법 높네, 높아. 그러게. 그래도 봉우리 이름이 '평민봉'이 아니고 '장군봉'이잖아."라고 혼자 자문자답하면서 뾰족바위를 지나서 엿가락처럼 꼬인 나무를 지난다. 조금 더 내려가니 보랏빛 각시붓꽃 한 송이가 나뭇잎을 뚫고 수행자를 향해 다소곳이 머리를 숙이며 인사를 하고 있었다. 참으로 아름다운 빛깔이다. 나도 '튼튼히 아름답게 잘 자라다오'라고 인사하고는 작별한다.

용문산 바위의 균열, 마치 칼에 맞아 쪼개진 듯하다.

각시붓꽃, 가뭄에 살아가기 위해 뿌리를 길게 뻗어 내리고 있다.

잠시 후 상원사에 이르렀는데, 용문산 상원사 동종은 보물에서 국보까지 격상 지정됐다가 1962년도에 해제되는 비운의 종이다. 종의 형식을 보아 일본에서 제작돼 들어온 것이라는 게 주요 이유라고 한다. 상원사의 동종은 아직까지 여전히 제 이름과 가치를 찾지 못하는 미스터리로 남아있다.

다시 발걸음을 용문사로 향한다. 용문사로 향하는 수행로 주변에 가냘프고 귀여운 하얀 꽃과 선명하고 고귀한 보라색 꽃을 만난다. 무슨 꽃인지 이름을 몰라 답답하기도 하지만 그건 중요하지 않다. 그 자체로 아름다우면 그만이다.

수행로를 가는데 갑자기 까투리 새끼 한 마리가 나를 원망하듯 멈추어서 나를 노려보는 것 같다. 먹이를 찾아 내려왔는데 네가 감히 방해할 수 있느냐며 원망하는 것 같았다. 나는 사실 방해할 마음이 전혀 없는데도 말이다. 스스로 그렇게 느낀다면 수행자로서도 어찌할 수 없다. 조용히 발걸음을 옮긴다. 까투리 새끼는 제풀에 놀라 푸드덕거리며 도망간다. 세상일이 서로 오해로 잘못되는 경우가 다반사茶飯事지 않은가. 나무 한 그루가 용틀임을 하고 있다. 여러 가지 어려움을 많이 겪었으면서도 여태 잘 자라서 살아가고 있는 모습이 눈에 역력하다. 곧 용문사에 도착한다. 경건한 마음으로 잠깐 둘러보고 묵언수행을 마무리한다.

가섭봉까지 묵언수행 과정을 잠시 회고해본다. 용문산 들머리에서 가섭봉까지 무려 세 시간이나 걸렸다. 들머리에서 가섭봉까지는 3.4km 거리이니 1시간에 1.1km 정도 밖에 오르지 못한 셈이다. 평소 묵언수행 속도는 2.3km/hour(산을 잘 타는 나의 친구들은 보통 3~3.5km/hour인데 비하여 나는 거의 느림보 수준이다)인데 평소보다 2배 이상이나 시간이 더 걸린 셈이다. 그 이유는 수행로가 너무 가팔라서 그런지, 공해로 찌든 대기 때문인지, 아니면 개인적 컨디션의 난조인지 정확하게는 모르겠다. 어쨌든 용문산의 묵언수행이 그만큼 힘들었음을 대변해주고 있다.

힘이 드니 주절거릴 이야기가 많아졌다. 그러나 이건 단순한 불평이 아니다. 묵언수행에서 '힘들다. 고통스럽다. 아프다. 슬프다.'란 의미는 결국 많이 보고, 많이 배우고, 많이 느낀다는 의미다. 건강해지고 내면이 더욱 아름다워진다는 것이나 다름없다. 서로 다른 말이고 또 다른 표현일 뿐이다. 괴롭고 아픈 만큼 성숙해지고 익어가는 것이다. 오를 때는 여태까지 어떤 묵언수행보다 힘들었던 과정이었지만 수행을 완료한 지금은 그저 뿌듯하다는 생각뿐이다. 앞으로도 나의 백대명산 묵언수행은 멈춤 없이 계속될 것이다.

[묵언수행 경로]

용문사 입구 주차장(09:56) > 용문사 일주문(10:18) > 용문사 은행나무(10:37) > 용문산 들머리(10:40) > 마당바위(11:53) > 전망대 > 가섭봉(13:34) > 전망대-점심(13:44-13:58) > 삼거리 이정표(장군봉 전방 1.4km) > 장군봉(14:52) > 상원사(16:13) > 용문사(17:27) > 주차장(17:56)

<수행 거리: 12.81km, 수행 시간: 8시간>

감악산紺岳山　　**30**^{회차 묵언수행} 2017. 5. 5. 금요일

어린이날 감악산 임꺽정굴을 찾아 나서다

감악산 정상석에서

오늘은 <어린이날>이다. 요즘은 집안에 어린이가 있으면 우리나라에서 가장 큰 명절이 <어린이날>이다. 설날이나 한가위보다도 더 큰 명절이다. 나는 직접 챙겨야 할 어린이가 없으니 묵언수행에 나선다.

오늘 묵언수행지는 파주에 있는 감악산(675m)으로 정했다. 악(岳)자가 들어간 산은 험하기로 소문난 산이다. 감악산은 경기5악 - 관악산, 화악산, 운악산, 송악산, 감악산 - 중의 한 산이다. 이름만으로는 험한 산이어야 하는데 실상은 꼭 그렇지만은 않았다.

8시 40분경에야 감악산 출렁다리 인근 주차장에 차를 세웠다. 좀 걸어가니 출렁다리가 나온다. 감악산 출렁다리는 길이가 150m인 현수교인데 국내 산악에 설치된 보도 교량 중 가장 길다고 알려져 있다. 출렁다리를 출렁거리

감악산 출렁다리

며 건너면 몸이 이리저리 일렁거리면서 짜릿하게 기분이 상승된다.

출렁다리를 건너 조금 올라가니 법륜사가 나온다. 법륜사에는 동양에서 최초라는 <백옥관음상>이 우뚝 솟아 따뜻한 미소를 지으며 지나가는 수행자에게 자비를 베풀고 있다. 법륜사를 벗어나니 참나무 숲이 우거진 사이로 수행로가 나 있다. 수행로로 들어가니 인도인들의 요가 보조 기구인 쿠룬타처럼 만들어 놓은 휴식처가 나온다. 나는 그곳에서 벌러덩 누워 자연의 기를 심호흡을 하면서 '멍 때리기'를 10여 분 하고 나니 기분이 아주 상쾌해진다. 상쾌한 기분으로 일어나 수행을 계속한다. 잠시 후, 숯가마 터가 나온다. 감악산에는 참나무가 무성하게 자라니 참숯을 만드는 데는 아주 좋은 입지가 아니었을까는 하는 생각이 든다.

임꺽정봉 700m 전방에 있는 이정표를 지나면서부터 임꺽정봉까지 가는 길은 조망미가 탁월하다. 피사의 사탑이 옆으로 기운 5.5°보다 좀 더 기울어진 듯한 뾰족 뭉툭한 바위들이 푸른 연녹색

임꺽정봉 가는 수행로 주변의 바위 틈 사이로 보이는 경치가 멋지다.

감악산 기암괴석과 기송奇松들

잎들이 둘러싸인 채 탑처럼 솟아 있다. 바위 암굴을 통해 보이는 산 아래의 경치는 한 폭의 동양화를 프레임에 끼워 벽에 걸어둔 것처럼 보인다. 동물처럼 기묘하게 생긴 바위들과 암벽에서 비스듬하게 자라고 있는 청송의 모습 또한 조망의 탁월함을 더한다.

　아름다운 조망에 도취해 능선을 따라 오르다 보니 임꺽정봉이 나온다. 조선 시대, 양주에서 백정의 신분으로 태어난 임꺽정은 탐관오리들의 부정부패와 수탈로 배고픔을 견디지 못하고 하층민들을 규합해 도적떼의 수괴가 된다. 임꺽정은 집요하게 계속되는 관군들의 공격을 피해 이 임꺽정봉 밑에 있다는 임꺽정굴로 숨어들었는데, 관군들은 임꺽정이 숨어든 임꺽정굴을 바로 곁에 두고도 찾지 못했다는 이야기가 전해진다. 나는 임꺽정봉에 서자마자 인증 샷을 찍고 난 후 곧바로 임꺽정굴을 찾아보려 주변 아래위를

임꺽정봉 전경

열심히 찾아 다녀보았으나 결국 찾지 못했다. 내가 그렇게 쉽게 발견했다면 조선 시대 관군들이 임꺽정굴을 바로 곁에 두고도 찾지 못했다는 이야기가 전해올 리도 없겠지 하고 생각하면서 감악산 정상으로 수행을 이어간다.

감악산 정상으로 올라가니 주변에 있는 산 너울들이 일렁거린다. 바로 정면에는 오래된 고古 비석이 하나 서있다. 왼쪽에는 철조망이 쳐져 있는 걸 보니 군사 시설이 있는 모양이다. 오래된 고古 비석은 <빗돌대왕비> 또는 <설인귀비>라고 부른다고 하며, 최근에는 규모와 형태가 <진흥왕 척경비>와 비슷해 제5의 척경비일 가능성도 있다고 한다. 그러나 비문 훼손이 너무 심한 탓에 해독이 불가능해 아직도 그 고古 비석의 실체를 알 수 없다고 한다.

산의 정상에 오르면 정상 주 한잔이 생각난다. 둘러보니 정상頂上 주酒를 파는 간이 주막이 있었다. 그 주막으로 달려가 정상 주 한잔을 마시니 그 기분 표현할 방법이 없다. 그냥 몽롱하다는 단어 이외 떠오르질 않는다.

점심 대용으로 집에서 준비해간 삶은 고구마와 떡을 정상의 평평한 바위 위에 펼쳐놓고 느긋하게 산해진미를 즐기듯 먹는다. 바로 정면에는 팔각정이 우아한 자태로 서 있었고 정자 뒤로는 파주의 넓고 평화로운 들이 펼쳐져 있었고, 정자 주위에서는 철쭉꽃이 나를 위해 아직도 꽃을 활짝 피우고 있었다.

[묵언수행 경로]

감악산 주차장(08:37) > 출렁다리(08:46) > 법륜사(09:04) > 누워서 휴식(09:25) > 숯 가마터(09:32) > 임꺽정봉·매봉개(11:03) > 감악산 (11:29) > 점심(11:44) > 팔각정 > 운계 전망대(13:04) > 출렁다리 > 감악산 주차장(13:35)

<수행 거리: 7km, 수행 시간: 4시간 57분>

원효 대사의 숨결을 느낄 수 있는 곳, 소요산을 묵언수행하다

소요산 정상석(의상대)

5월 초순의 신록은 봄을 온 세상 중심으로 뿌려내고 있었다. 오늘은 원효元曉와 요석 공주의 숨결이 곳곳에 머물고 있는 소요산 (587m)으로 묵언수행을 떠난다. 집에서 차를 몰아 소요산 주차장에 차를 대고나니 9시 40분경이었다.

계곡을 따라 묵언수행에 나선다. 잠시 올라가니 원효 대사와 요석 공주에 대한 설명을 한 간판이 나온다. 간판에는 '소요산에는 곳곳에 원효 대사와 요석 공주에 대한 이야기가 스며 있다. 신라 29대 무열 왕녀인 요석 공주는 원효 대사를 사모하여 공주궁을 짓고 설총을 길렀다는 흔적이 남아 있고, 정상인 의상대 옆에는 원효 대사가 요석 공주를 두고 이름을 지었다는 공주봉도 있다.'고 설명하고 있었다. 이 간판을 보면서 원효 대사는 대중적인 인기가 요즘 '아이돌 스타'를 능가할 정도였나 보다라는 다소 엉뚱한 생각을 해본다. 원효 대사는 1300여 년이 지난 오늘날

108계단과 해탈문

에도 그 이름을 곳곳에 남기고 있으니 당대의 '대★ 스타'였음이 분명하다. 원효는 뭇 여성에게도 하늘을 찌르는 듯 인기가 높았나 보다. '누가 자루 없는 도끼를 주겠는가. 하늘을 떠받칠 기둥을 깎으리라.'라는 말 한마디에 공주까지 홀라당 반하게 만들었으니까 말이다.

자재암

자재암 일주문을 지나고 원효가 정진 중 지친 심신을 달래기 위해 휴식한 원효대를 지나 자재암으로 들어선다. 이곳에서 원효 대사는 관세음보살을 친견하고 '스스로 존재하고 무엇에도 방해받지 않는 무애 자재無礙自在'의 도를 깨쳤다고 한다.

자재암에서 하백운대로 수행을 계속한다. 수행로 오른쪽에는 청량폭포淸凉瀑布가 힘차게 흘러내리고 있고, 나한전 왼쪽에는 가파른 계단이 나온다. 그 계단을 올라 30분가량 올라가니 하백운대가 나오고, 갈참나무, 신갈나무 등이 우거진 신록의 산림 지대를 통과해 10여 분 더 진행하니 중백운대가 나오고, 또다시 15분 정도를 더 나아가니 상백운대가 연속해서 나온다. 상백운대를 지나니 갑자기 수행로가 암릉으로 바뀌면서 거칠어지기 시작하더니, 바위 사이에 뿌리내린 청송들이 여러 가지 자태로 꿋꿋이 자라고 있었다. 그러더니 갑자기 칼날처럼 날카롭고 뾰족하게 생긴 바위 군들이 나타나 계속 이어진다. 이 바위들을 일러 칼바위라고 부른다고 하는데 수려한 소요산의 절경을 한층 더 돋보이게 하고 있었다.

하백운대에서 칼바위를 지나 나한대까지는 신록이 짙은 산림 숲속을 수행해야하므로 좀처럼 조망을 허락하지 않았다. 칼바위를 지나 나한대로 향한다. 당대의 문인들과 학자들이 아름다운 소요산을 찾으며 그 절경을 노래해왔다고 하는데, 나한대로 수행하기 전에 하, 중, 상 백운대 안내판에 적혀 있는 시 3편을 소개하고 묵언수행을 계속하기로 한다. 옛 선인들이 소요산을 어떻게 보고 즐겼는지 아는 것도 소요산을 묵언수행하는데 큰 도움이 될 것이기 때문이다.

길 따라 계곡에 드니 봉우리마다 노을이 곱다.
험준한 산봉우리 둘러섰는데
한줄기 계곡물이 맑고 시리도다. (하백운대 안내판 - 김시습 -)

소요산 위의 흰 구름은 떠오른 달과 함께 노닌다.
맑은 바람 불어오니 상쾌하여라.
기묘한 경치는 더욱 좋구나. (중백운대 안내판 - 보우선사 -)

넝쿨을 휘어잡으며 푸른 봉우리에 오르니
흰 구름 가운데 암자하나 놓였네.
내 나라 산천이 눈 아래 떨어지고
중국 땅 강남조차 보일 듯하이. (상백운대 안내판 - 이성계 -)

나한대는 칼바위에서 30여 분 거리에 위치해 있는데 소요산에서 두 번째로 높은 봉우리이다. 나한대로 오르자 주위가 조망되기 시작한다. 그러나 사위를 조망할 수는 없었다.

소요산 최고봉인 의상대(587m)는 나한대에서 10여 분의 거리에 있다. 나한대에서 의상대까지는 소요산의 조망이 시원하게 확 터지는 곳이다.

소요산 전경

동두천시가 보이고 그 건너편으로 파주의 감악산까지 보인다. 그런데 아이러니한 것은 원효 대사가 주인공인 이 소요산의 최고봉을 '원효대'라고 하지 않고 당대의 쌍벽을 이룬 의상 대사에서 비롯된 '의상대'라고 부르고 있다는 점이다. 하기야 원효와 의상은 당대 최고의 석학이자 라이벌이었으니 소요산 최고봉의 이름이 '의상대'면 어떻고 '원효대'면 어떤가.

의상대에서 바로 이웃한 공주봉으로 향한다. 공주봉으로 가면서 전망이 좋은 곳을 골라 느긋하게 앉아서 끼니를 때운다. 사연 많은 공주봉. 요석 공주의 남편을 향한 애절한 사모를 기려 붙인 이름인 공주봉에 다다른 시각은 오후 2시경이다. 공주봉에서 다시 구 절터를 거쳐 주차장으로 돌아오면서 소요산 묵언수행을 마무리했다.

원효 대사는 무슨 마음으로 요석 공주와 정을 통했는지, 왜 요석 공주를 떠나게 되었는지, 요석 공주는 떠나버린 원효 대사를 왜 그렇게 잊지 못하고 사무칠 정도로 그리워했는지 등에 대한 의문이 집으로 돌아오는 내내 나의 머릿속을 떠나지 않았다.

[묵언수행 경로]
관리사무소 매표소(09:41) > 일주문(10:09) > 원효대(10:25) > 백운암(10:33) > 자재암(10:36) > 하백운대11:13) > 중백운대(11:25) > 상백운대(11:40) > 칼바위(12:05) > 나한대(12:14) > 의상대(12:49) > 식사(13:04) > 공주봉(13:54) > 구 절터 > 일주문 > 관리사무소(14:51)
<수행 거리: 8.2km, 소요 시간: 5시간 10분>

짙은 운무 속의 명지산, 신비로움을 더하다

명지산 정상석을 배경으로

경기도 가평에 있는 명지산은 1991년 9월 30일 군립공원으로 지정된 산으로 높이는 1,267m에 이른다. 경기도에서는 화악산 (1,468m) 다음으로 높은 산이다. 인터넷 등에 나오는 명지산 관련 각종 자료를 찾아 요약해보면 다음과 같이 소개하고 있다.

"명지산은 주위에 남봉(1,250m), 강씨봉(830m), 승천봉(974m) 등이 솟아 있고, 산세가 웅장하고 수려하며 정상에 오르면 광덕산廣德山(1,046m), 화악산, 칼봉산(900m) 등의 고봉이 보이고, 남쪽으로 북한강이 바라보인다. 정상 쪽 능선에는 젓나무(전나무), 굴참나무 군락과 고사목이 장관이고 봄에는 진달래, 가을에는 붉게 물든 활엽수의 단풍, 겨울에는 능선의 눈꽃이 볼만하다. 북동쪽 비탈면에서는 명지계곡의 계류가 가평천으로 흘러들고, 남서쪽 비탈면의 계류는 조종천朝宗川으로 흘러든다. 특히 30km에 이르는 명지계곡은 여름철 수도권의 피서지로 인기가 높다."

벌써 오월 중순인 오늘, 경기도 가평에 있는 명지산으로 묵언수행을 나선다. 집을 나설 때 날씨가 찌뿌둥하고 안 좋았으나 개의치 않고 떠난다.

어차피 수행이니 이런 날 저런 날을 구분하는 것 자체가 사치스런 생각이기 때문이다. 집을 나서서 익근리 들머리에 도착하니 오전 8시가 되었다. 하늘에는 먹구름이 가득하고 산중에는 안개가 가득 들어차 있어 가시거리가 불과 10m도 채 되지 않았다. 사람의 흔적이라고는 아예 보이지 않았다. 나홀로 묵언수행하기에는 완전 안성맞춤이었다.

아무도 없는 수행로를 안개 속을 헤집고 다니니 나의 마음은 자유와 여유로 충만했다. 함초롬히 이슬을 머금은 철쭉이 나를 반기며 꽃잎을 수행로 위에 뿌려 나를 극진히 환대하고 있었다. 아무에게나 얼굴을 내밀지 않는 얼레지꽃과 둥굴레꽃조차 고개를 내밀어 나를 반기고 있었다. 소리 없는 아우성이 나의 심장으로 가슴으로 파고든다. 시끌벅적한 함성보다 더욱 깊숙이 파고든다.

어느새 사향봉(1,013m)에 도달한다. 눈 씻고 둘러봐도 사람이라곤 한 사람도 보이지 않는다. 나는 사향봉 표지석을 배경으로 떨어진 철쭉꽃을 귀에 끼고 셀카로 인증 샷을 찍는다.

사향봉을 떠나 정상으로 묵언수행을 이어간다. 안개가 더욱 짙어지고 있었다. 안개 속에서 적막과 고요만 흐르는 수행로를 1시간 40여 분을

명지산 정상에서

따라가니 정상이 나왔다. 정상은 비좁은 바위더미로 이루어져 있었다. 청명한 날씨였다면 주변을 둘러싼 여러 명산들의 아름다운 산 너울이 멋진 풍광을 선사하였을 것이건만 아쉽다. 그러나 고도가 높아서인지 아직도 철쭉꽃이 바위들 사이에서 한창 피고 지며 아름다운 풍광을 만들어내고 있었다. 짙은 운무와 어울린 철쭉꽃의 향연을 생각해보라. 그 몽환적인 풍광이 어찌 신비하지 않겠는가. 정상에 올라 마음껏 신비와 몽환 속을 헤매다 갑자기 배가 출출해 정상석 뒷면 받침에 진수성찬의 상 - 삶은 고구마 한 개, 찹쌀떡 한 개, 참외 몇 조각을 차리고 있는데 갑자기 "안개가 너무 짙어 앞이 안 보이니 올라가지 말자"는 등 제법 또렷한 소리가 두런두런 들리기 시작하다 다시 조용해진다.

그러다 고구마를 한 입 베어 무는 순간 나는 정말로 놀라 기절할 뻔했다. 갑자기, 정말로 갑자기 게다가 제법 큰 소리로, 아니 사방이 온통 컴컴한 태초의 정적 속에 잠겨 있는 정상에서 차라리 천둥치는 소리라고 해야 옳을 듯한 큰 소리로 "아저씨! 사진 한 컷 부탁합니다."라고 하는 게 아닌가. 나는 무방비 상태요, 무장이 해제된 편안한 상태에서 갑작스레 천둥치는 듯한 소리를 듣고는 놀라 기절할 뻔했다. 건장한 사내가 휴대폰을 쑥 내미는 것이었다. "놀라서 간 떨어질 뻔했소. 안개로 사위四圍가 어두컴컴한 곳에서 인기척이나 좀 내면서 다녀야지."라고 중얼거리며 휴대폰을 받아 들었다. 그랬더니 '블랙야크백대명산'이라는 플래카드를 척 꺼내 머리 위로 올리는 것이 아닌가? 그에게 인증 사진을 몇 장 찍어주고는 몇 산을 올랐느냐고 물어보니 20여 개 산을 올랐다고 한다. 그도 나에게 사진 몇 장을 찍어주고 급히 정상을 떠났다.

다시 정상은 어두컴컴한 적막이 감돈다. 나는 정상석 뒤에 차려놓은 산해진미를 맛있게 먹고 난 후, 명지2봉을 거쳐 명지폭포로 진행하면서 하산 묵언수행을 계속해나간다. 모진 풍상을 견디며 꿋꿋하게 자라고 있는 기이한 형상의 괴목怪木들과 철쭉을 비롯한 노란색, 하얀색 야생화가 나를 환송하고 있었다.

명지산 하산 길에서 만난 두 갈래 실폭포　　　명지폭포

　오후 2시가 조금 지났는데 날은 점점 어두워지고 있었다. 아마도 한 차례 호우가 내릴 것 같은 예감이 든다. 명지계곡이 시작되는 지점인가 어딘가에 도착하니 물이 두 갈래로 바위 위를 타고 흘러내리다 작은 폭포를 이루면서 수십 갈래로 갈라져 마치 하얀 실타래가 풀어지듯 흘러내린다. 너무 아름다워 계곡으로 내려가면서 감상하는데 갑자기 칠흑같이 어두워지더니 천둥 번개가 우르릉 쾅쾅거리며 호우가 쏟아지기 시작한다. 삽시간에 겉옷이 젖어 축축해져버렸다. 배낭에서 우의를 꺼내 입는다. 그래야만 체온 하강을 막을 수 있기 때문이다. 천둥·번개와 호우에 잠깐 당황했지만 그보다도 더욱 당황스런 일이 곧 생긴다. 호우에 수행로가 제대로 보이지 않는다. 아무리 자세히 보고 또 보아도 수행로를 제대로 찾을 수 없다. 사람들이 밟고 다닌 수행로가 비에 젖어, 길인지 아닌지 구분이 가지 않는다. 두 갈래로 떨어지는 작은 실타래 폭포 반경 100m 주변을 아마도 30여 분은 배회했을 것 같다. 참으로 당황스럽기 짝이 없었다. 한참을 배회하다 '소위 묵언수행을 하는 넘이 이까짓 것 일에 당황해서 되겠느냐?'라고 스스로를 질책한다. 그랬더니 서서히 마음이 진정되기 시작한다. 양동이 물을 쏟듯 떨어지던 빗줄기도 조금씩 약해지기 시작한다. 이제 수행로가 서서히 그려지고 드러나기 시작한다. 이렇게 한자리에서 30여 분 이상이나 제자리에서 뱅뱅 돌다 보니 명지폭포에 도착한 시각은 오후 3시 반을 훌쩍 넘겨버렸다.

   아무리 힘들고 어려움을 당했다고 하더라도 명지폭포를 그냥 패스할 수는 없었다. 명지폭포로 내려가니 해설판에는 폭포의 높이가 7.8m 정도이고, 폭포의 소는 그 깊이가 명주실 한 타래를 풀어도 그 끝이 바닥에 닿지 않을 정도로 깊다고 설명하고 있다. 아직도 비는 내리고 있었고 명지폭포는 늦봄에 내리는 비의 반주에 맞추어 굉음을 내며 떨어지고 있었다. 힘차게

명지산 괴목들

흘러내리는 폭포의 물줄기에 '나의 당황'까지 함께 쓸어내려 보내버리니 곧 마음이 안정되며 평정심不靜心을 되찾게 됐다.

오늘 서른두(32) 번째 명지산에서의 묵언수행은 얼어붙어 있는 Y자 계곡을 오를 때 전율을 느낀 스물한(21) 번째 도봉산 묵언수행과 동강의 아름다운 흐름에 홀려 길을 잃어 캄캄한 밤을 헤매다 겨우 원점회귀 한 평창 백운산 묵언수행과 함께 아찔하고도 아름다운 추억으로 오래도록 내 가슴에서 지워지지 않을 것이다.

[묵언수행 경로]

익근리 들머리(08:00) > 화채바위 > 사향봉(10:25) > 명지산 정상(12:07)
> 명지2봉(13:23) > 명지계곡 > 명지폭포(15:33) > 익근리 원점회귀(16:28)
<수행 거리: 13.8km, 수행 시간: 8시간 28분>

고진감래苦盡甘來를 다시 한번 일깨워 주는 산

백운산 정상에서

우리나라에는 백운산白雲山이라는 이름을 가진 산 이름이 무려 50개가 넘는다고 한다. 한참 오래전인 1960년대 《소년조선일보》에 신동우 화백이 연재한 만화 <풍운아 홍길동>에서 홍길동에게 도술을 가르친 스승이 바로 '백운도사白雲道士'다. 또 아예 백운산이란 이름을 쓰는 유명한 역술인도 있다. 그만큼 '백운白雲'이란 말이 신비스럽고 신묘함의 대명사로 통하던 시절이 있었다. 백운산은 곧 구름이 자욱하게 껴 있는 신비스러운 산인 것이다. 그러니 백운산이란 이름이 산 이름에 많이 사용된 것은 어떻게 보면 당연하다 할 것이다.

　이렇게 많은 백운산 중 산림청 선정 백대명산에도 3좌나 포함돼 있다. 강원도 정선과 평창에 걸쳐 있는 백운산(883m)과, 경기도 포천에 있는 백운산(903m) 그리고 전남 광양에 있는 백운산(1,218m)이 그것이다. 수행자는 지난 3월 1일 강원도 백운산은 이미 수행을 마쳤고, 오늘 경기도의 백운산을 수행하고 난 후, 전남 백운산을 마지막으로 수행하려 한다.

먼저 오늘 수행하게 될 백운산에 대해 간단히 알아보고 난 후, 수행을 떠나기로 한다.

　경기도 포천에 소재하는 백운산은 그 높이가 903m로 광덕산(1,046m), 국망봉(1,168m), 박달봉(800m)의 산들에 둘러싸여 있다. 무엇보다 백운계곡이 유명하다. 백운계곡은 약 5km의 구간에 펼쳐져 있는데 시원한 물줄기와 큰 바위들이 경관을 이룬다. 한여름에도 섭씨 20℃를 넘지 않는다고 하며 여름철 피서지로 많이 이용된다.

　백운계곡 주차장에서 멀지 않은 곳에 흥룡사興龍寺가 있다. 신라 말기에 도선 국사가 창건했다고 전한다. 도선이 나무로 세 마리의 새를 만들어 날려 보냈더니 그중 한 마리가 백운산에 앉아 이곳에 흥룡사를 세웠다고 한다. 여러 번 중수하면서 처음의 이름인 내원사에서 백운사로 됐다가 다시 흥룡사로 고친 것이다. 6·25전쟁 때 건물이 많이 소실되어 지금은 대웅전과 요사채만 남아 있다.

　정상을 오르는 수행로는 대체로 흥룡사와 광덕재에서 시작된다. 흥룡사에서 5분 정도 가서 징검다리를 건너면 오른쪽에 약수터가 있고 다시 1km를 더 오르면 높이 30m 정도 되는 금광폭포를 만나는데 이 부근이 백운계곡이다. 계곡을 따라 오르다 갈림길에서 서쪽 능선을 타고 오르면 정상이다.

　광덕재는 일명 캐러멜 고개라고도 한다. 캐러멜 고개라는 이름의 유래는 두 가지가 전해진다. 하나는 6·25전쟁 때 이 고개를 감찰하던 사단장이 운전병의 졸음을 쫓기 위해 캐러멜을 운전병에게 주었다는 데서 나왔다는 것이고, 다른 하나는 광덕재의 꾸불꾸불한 언덕이 카멜(camel, 낙타)의 등같이 생겼다고 한 것이 캐러멜로 와전되었다는 것이다. 광덕재는 해발 660m 정도라서 산행이 힘들지 않아 등산객들이 이곳에서 많이 출발한다. 광덕재에서 완만한 경사길을 따라 3km정도 오르면 정상이다

한 폭의 산수화다. 멀리 가리산이 보인다.

오 사장과 산신령 그리고 나는 잠실새내역에서 7시 30분에 만나 포천에 있는 백운산으로 묵언수행을 떠났다. 백운계곡 주차장에 도착한 시각은 9시 24분경이었다. 오늘도 미세먼지가 제법 있어 쾌청한 날씨는 아니었으나 그래도 서울보다는 훨씬 하늘이 맑았다. 하지만 최고 기온 30℃를 오르내릴 듯한 무더운 날씨가 예보돼 있었다.

우리는 백운계곡 주차장에서 잠깐 수행 준비를 마치고 흥룡사는 거치지 않고 봉래굴 삼거리를 거쳐 백운봉을 올라 원점회귀하고, 내려오는 길에 시간이 나면 흥룡사를 들러보기로 했다.

수행로 들머리에서 백운산 정상은 대략 3.7km거리였다. 이미 녹음이 우거질 대로 우거진 참나무 숲속으로 난 제법 순탄한 흙길을 약 1km를 올라가니 오른쪽 산 능선이 보이기 시작한다. 녹음이 짙은 산이 건장한 근육질 남성들의 근육처럼 제법 울퉁불퉁하게 위용이 드러난다. 조금 더 진행해 올라가니 달리는 녹음의 능선을 따라 왼쪽에서 오른쪽으로 고개를 돌리니 산 능선 뒤로 암봉이 볼록 솟아올라 있다. '가리'모양이다. 가리는 단으로 쌓은 곡식이나 장작 따위를 차곡차곡 쌓은 고깔 모양의 더미를 말한다. 가리산은 정상이 가리를 닮았다고 해 가리산이라 한다는 것은 가리산 묵언수행에서 언급한 바 있다. 저 멀리보이는 볼록 솟아오른 암봉은 강원 제일의 전망을 자랑한다는 홍천의 가리산이 틀림없다. 가리산은 가리를 닮은 세 개의 암봉으로 이루어졌는데 여기서는 마치 두 개의 봉우리처럼 보인다. 백운산에서 멀리 가리봉을 만나 보니 가리봉에서의 추억이 새록새록 떠오른다. 가리봉 오른쪽 앞에 제법 당당한 위용을 드러내는 봉우리가 향적봉인가 보다. 수행로를 조금 더 나아가니 가리산의 모습이 더 선명해진다. 향적봉과 함께 내가 바라보는 앵글의 중심에서 서로의 무게 중심을 잡아주며 한 폭의 아름다운 산수화를 완성하고 있었다.

시각을 보니 대략 11시가 조금 지나 있다. 백운산 정상이 1km 정도 남는 거리에 이르니 참나무와 단풍나무들이 숲을 이루어 아름다운 산 능선의 조망을 가로 막는다. 항상 모든 일이 다 좋을 수는 없다. 양陽이 있으면 음陰이 있고, 길吉이 있으면 흉凶이 있다. 이것이 자연의 이치요, 섭리가 아닌가. 오늘은 낮 최고 기온이 30℃를 오르내릴 것이라는 예보가 있었듯이 11시가 넘었으니 거의 찜통 속으로 빠져 들어가는 느낌이다. 그런데 조망은 좀 훼손되더라도 숲 그늘 음의 기운이 양의 기운을 상쇄시키고 있으니 거의 '샘샘'이 아닌가.

잠시 후 백운산 정상석이 보인다. 백운산의 정상에는 헬기장까지 있으니 다른 대부분의 백대명산의 정상과는 달랐다. 주변에는 숲들이 정상 둘레를 에워싸고 있어 바라 볼 수 있는 곳은 허공虛空뿐이었다. 하늘에서는 뙤약볕이 내리쬐고 있다. 아직 12시도 지나지 않았는데 후텁지근하니 숨쉬기도 곤란하다. 일행 중 외형상 수호지에 나오는 무송처럼 기골이 장대하고 가장 튼튼해 보이는 오 사장이 정상을 오를 때부터 "와 이래 힘드노, 와 이래 힘드노."를 연발하더니 정상에 도착하자 말자 "아, 힘들다!"며 비명에 가까운 소리를 내고는 땅바닥에 그냥 털썩 주저앉아버린다. 뙤약볕이 내리쬐는 정상에서 오래 있을 수 없어 물 한 모금씩 마시고 정신을 차린 후, 기념사진을 찍고 정상을 떠나 도마치봉으로 향한다.

정상에서 삼각봉(축석령)을 지나 도마치봉으로 가는 수행로는 능선을 계속 따라가면 되기 때문에 기복이 거의 없는 평평한 길이었다. "오 사장님!

그런 무송武松 같은 덩치로 비실되면 되나요? 힘내세요."라며 응원하는 듯 수행로 주변에는 하양보라 연보라 색깔의 예쁜 꽃들이 생기발랄하게 피어 있었다.

삼각봉을 지나고 도마치봉에 이른다. 그런데 이상한 것은 산의 높이를 보면 백운산이 903m이고, 삼각봉은 15m 더 높은 918m이고, 도마치봉은 22m 더 높은 925m라는 사실이다. 그렇게 중요한 것은 아니지만 그런데도 왜 백운산의 정상을 도마치봉으로 정하지 않았을까가 궁금했다.

도마치봉 근처에서 간단히 점심 식사를 하고 수행을 계속한다. 흥룡봉이 2km남았다는 이정표가 나오는데 여기서부터 산신령이 흥룡봉으로 가는 수행로를 택하지 않고 백운계곡 쪽으로 방향을 잡아 하산하기 시작한다. 나는 사실 흥룡봉으로 가고 싶었지만 산에 대해서는 산신령에게 누구도 감히 이의를 제기할 수가 없다. 흥룡봉 쪽으로 향했다면 아마도 향적봉도 들렀을 텐데, 약간은 아쉽다. 아마도 날씨가 너무 무더워 오 사장이 너무 힘들어 하였으므로 단축 경로를 택하지 않았을까하는 추측만 할 뿐이다.

백운계곡 주차장에서 이곳까지 올 때까지는 육산肉山의 면모를 보여주었다. 수행로는 그 주변에 바위들이 드문드문 보일 뿐 길 자체는 화강암의 풍화 작용으로 생성된 마사토로 이루어진 순한 흙길이었다. 이렇게 육산이 었으니 우리가 통과한 정상 주변은 모두 숲으로 울타리가 쳐져 있었다. 수행로 주변도 참나무 등 낙엽 활엽수들이 무성하게 자라고 있어 주변 조망을 즐길 수가 없었다. 무더위에 백운산까지 오를 때, 제법 가파른 경사를 올라야 하는 면을 제외하고는 그렇게 힘든 수행로는 결코 아니었다. 더구나 백운산 정상에서 흥룡봉을 안내하는 이정표까지는 고도차가 20~30m밖에 되지 않기 때문에 거의 평지나 다름없었다.

수행로 오른쪽 울창한 숲을 지난다. 좀 더 가다보니 커다란 소나무 가지 밑으로 제법 기이하게 생긴 암봉이 나타난다. 사진을 찍어 확대해보니 금강산 일만 이천 봉을 닮은 모습이다. 그 암봉이 보이지 않을 무렵 우리는 이미 백운계곡 쪽으로 들어서 있었다. 백운계곡으로 들어서니 여태까지

노송가지 밑의 암봉 풍경

우리가 걸어왔던 수행로와는 전혀 다르다. 그간 그래도 부드러웠던 수행로
는 언제 그랬느냐며 안면을 싹 바꾼다. 수행로에 흙이라고는 찾아 볼 수
없었다. 내리막이 제법 심한 계곡로 이니 어찌 보면 당연하다. 가파른 계곡
사이로 물이 흐르는 데 흙이 남아 있을 수 있겠는가. 수행하기가 여간
까칠한 것이 아니다. 내려가다 보니 길도 유실된 구간이 나온다. 우리의
산신령조차 약간 당황스러워 하는 모습이 역력하다. 계곡을 가로지르기도
하고 길 아닌 길을 가기도 한다. 오 사장이 "와따, 힘들다. 좀 쉬었다 가자."고
하며 바위 위에 털썩 주저앉는다. 계곡 비탈에는 앙증스럽게 핀 엷은 하늘색
꽃이 우리들의 행적을 살펴보며 살짝 웃고 있는 듯하다. 한 숨을 돌린
다음 계곡 수행로가 제법 불명했지만 다른 대안을 찾을 수 없어 계속 그대로
진행한다.

좀 더 내려가니 흥룡사가 2.7km, 1.6km 남았다는 이정표가 이어 나온다.
이제는 굴러가도 갈 수 있는 거리다. 게다가 계곡에는 맑은 초록색 물까지
졸졸졸 흘러내리고 있었다. 올 봄, 가뭄이 너무 심해 물이 있을까 했지만
물이 흐른다. 수량은 많지는 않았지만 백운계곡은 아무리 가물어도 물은
마르지 않는다는 말이 사실인 듯싶다. 물을 보자마자 우리는 겉옷만 벗고

내의를 입은 채 물속으로 풍덩 뛰어든
다. 나른한 몸이 갑자기 생기가 확 돌기
시작한다. 모두 이구동성異口同聲으로
하는 말 한마디 "어, 시원하다. 바로
이 맛이야!"

단애 밑 청류에서 더위를 식히며

오늘의 묵언수행에서는 산신령도
길을 잘못 들 수 있다는 교훈을 남긴다.
"원숭이도 나무에서 떨어질 수 있다."
란 속담이 있지 않은가. 거의 모든 백대
명산이 초행인 내가 빈번하게 '알바'를
하는 것은 어찌 보면 당연하지 않을까
라며 스스로를 위안한다. 수행을 마치
고 난 다음 우리는 <포천이동갈비>
집으로 직행해 실컷 먹는다. 힘든 후에 먹는 맛은 어디에도 비길 수 없다.
고생 끝에 낙이 있다는 말 '고진감래苦盡甘來'의 진리를 다시 한 번 깨닫는다.

오늘 나와 동행해준 산신령과 컨디션 난조로 꽤나 힘들어했던 오 사장,
수고 많았다. 그리고 고맙다.

[묵언수행 경로]
백운계곡 주차장(09:24) > 백운산(11:10) > 삼각봉: 축석령(11:44) >
도마치봉(12:12) > 흥룡사(15:49) > 주차장 원점회귀(16:03)
<수행 거리: 11.25km, 소요 시간: 6시간 39분>

콩밭 매는 아낙네를 찾게 되는 칠갑산 묵언수행

칠갑산을 이야기하면 제일 먼저 생각나는 것이 주병선이 부른 구성진 민요풍의 노래 한 곡, "콩밭 매는 아낙네야 베적삼이 흠뻑 젖는다. …"가 생각나지 않을 수 없다. 오늘은 구성진 영탄조의 노랫가락을 따라 묵언수행을 떠난다.

칠갑산 정상석

칠갑산은 청양군 중심부에 있고 높이는 561m다. 1973년에 도립 공원으로 지정됐다. 낮은 산인데도 불구하고 계곡이 7개가 있으며, 이 계곡을 흘러내리는 대치천大峙川, 장곡천長谷川, 지천芝川, 잉화달천仍火達川, 중추천中湫川 등 크고 작은 하천이 흘러내려 금강으로 흘러간다. 계곡은 깊고 급하며 지천과 잉화달천이 계곡을 싸고돌아 7곳에 명당이 생겼다 하여 칠갑산이라는 이름이 붙었다고 한다. 또 다른 재미있는 유래도 있다. 백제는 칠갑산을 사비성의 진산鎭山으로 성스럽게 여겨 매년 이 산에서 제천 의식을 올렸고, 산 이름을 만물생성의 7개 근원 '칠七'과 싹이 난다는 뜻의 '갑甲'자로 생명의 시원이 되는 산이란 뜻의 칠갑산으로 이름 지었다고 한다.

칠갑산 묵언수행은 먼저 장곡사로부터 출발한다. 명산에는 항상 명찰이 있는 법, 장곡사를 빼고 칠갑산을 논할 수 없다. 그만큼 장곡사가 유명하다는 말이다. 장곡사는 통일신라 문성왕 12년에 창건됐다. 장곡사는 대웅전이 2개(상대웅전, 하대웅전) 존재하는 특이한 사찰로 널리 알려져 있을 뿐 아니라 대웅전에 모시고 있는 본존불이 석가여래불이 아닌 약사여래불이란 점도 특이하다. 대웅전이 2개인 이유에 대해서는 약사여래불의 치유 효험이 뛰어나 아픈 사람들이 많이 몰리자 많은 참배객들의 수용을 위해 두 곳을 세웠다고는 하나 확실치는 않다. 또 장곡사는 그렇게 큰 사찰이 아님에도 국보 2점(국보 제58호 <철조약사여래좌상 및 석조대좌>, 국보 제300호 <미륵불괘불탱>)과 보물 4점 등 소중한 유물이 보존된 천년 고찰이다.

장곡사를 지나 칠갑산으로 올라가는 수행로에 접어드니 길은 아주 평탄하고 흙길이라 걷기에 전혀 부담이 되지 않는다. 이제 계절은 늦봄 즉 여름의 초입이라 비록 오전이지만 날씨가 후텁지근하다. 그러나 수행로 주변에는 숲이 울창하고 그 숲에서 수행자에게 숲 그늘의 덕을 베풀고 있고 상쾌한 피톤치드까지 뿜어대니 기분은 상쾌하기만 하다. 거북바위를 지나 칠갑산 정상으로 향한다. 거북바위를 지나도 수행로 주변 간판에 적혀 있는 글귀가 수행자의 마음을 흔들어놓는다.

소리에 놀라지 않는 사자와 같이
그물에 걸리지 않는 바람과 같이
흙탕물에 더럽히지 않는 연꽃과 같이
무소의 뿔처럼 혼자서 가라. (불교 초기 경전 ≪숫타니파타경전≫ 중에서)

잠시 후에 숲에 가려 있던 주변의 조망이 조금씩 눈에 들어오기 시작한다. 정상이 가까워온다는 말이다. 잠시 후 11시 11분에 정상을 오르니 커다란 정상석이 나를 맞는다. 정상은 후덕한 칠갑산을 닮아서인지 제법 넓고도 평평하다. 수행로를 오르는 동안 숲으로 막혀있던 산은 전망을 제법 열어

칠갑산 정상에서

놓았지만, 막상 정상 주변의 울창한 나무숲들이 군데군데 전망을 가로 막고 있었다. 그러나 널찍한 정상에서 뻥 뚫린 하늘을 보며 크게 자란 숲들 사이에 보이는 전망을 바라보고 있노라니 내 가슴도 뻥 뚫린다. 정상 주막에서 정상 주를 한잔하고 난 후 널찍한 정상을 이리저리 돌아다닌다. 한참 아름다운 경관을 구경하고 난 후 주변의 벤치에 앉아 점심을 먹고 장곡사 방향으로 하산한다.

하산 길에서는 저절로 '콩밭 매는 …'을 흥얼거리게 된다. 주차장에 도착한 수행자는 곧 바로 천장호로 달려가 세계에서 제일 큰 고추 모형의 기둥으로 만들어진 출렁다리를 건너고 주변을 걸으면서 천장호로 이동, 천장호와 천장호 출렁다리 등을 간단하게 관광한 후 오늘의 묵언수행을 마무리했다. 내일은 <수덕사의 여승>이란 애절한 노래를 품고 있는 수덕사와 덕숭산을 묵언수행할 예정이다.

[묵언수행 경로]
장곡 주차장(09:35) > 장곡사(09:37-09:51) > 거북바위(10:09) > 칠갑산(11:11) > 삼형제봉 > 금두산 > 장곡사 일주문(13:58) > 장곡사 주차장(14:17)
<수행 거리: 9.11km, 소요 시간: 4시간 42분>

천장호 출렁다리

덕숭산에는 아직도 수덕사의 범종 소리가 맴돌고

덕숭산 정상에서

어제는 '콩밭 매는 아낙네'로 잘 알려진 칠갑산을 묵언수행하고 난 후 다음 날 50여 km 떨어져 있는 예산의 덕숭산을 묵언수행하기로 하고 덕숭산 수덕사 인근에 있는 숙소에서 하룻밤을 보냈다.

덕숭산은 차령산맥 줄기로 충남 예산읍에서 서쪽으로 약 20km 떨어진 지점에 있다. 높이는 495m로 나지막한 산이다. 높지는 않으나 아름다운 계곡과 각양각색의 기암괴석이 많아 예로부터 호서湖西의 금강산이라 불려왔다. 그런데 덕숭산은 산림청 선정 백대명산인데도 다소 생소한 것이 사실이다. 필자도 백대명산 묵언수행을 하기 이전에는 몰랐으니까. 이렇게 우리들에게 생소한 덕숭산을 수덕산修德山이라고도 부른다는데 수덕산하면 수덕사를 떠올릴 수 있어 조금은 덜 생소할 것이다. 나아가 그렇게 산 이름을 대는 것보다 예산 수석사 뒷산이라고 하면 거의 금방 알아차릴 수 있을 것이다. 그런데 그보다도 유행가 <수덕사의 여승>을 떠올리면 더욱 이해하기 쉬울 것 같다. 수덕사를 뺀 덕숭산은 설명하기 어려우므로 수덕사에 대하여 간략하게 알아본다.

수덕사는 1962년 대한불교 조계종 제7교구 본사로 승격된 후 1984년에

수덕사 대웅전과 탑

종합수도장을 겸비한 덕숭총림으로 승격된 사찰이다. 대한불교 조계종은 덕숭총림 수덕사 이외에 조계총림 송광사, 해인총림 해인사, 영축총림 통도사, 고불총림 백양사, 금정총림 범어사, 팔공총림 동화사, 쌍계총림 쌍계사 등 8대 총림을 구성하고 있다. 총림이란 승려들의 참선수행 전문 도량인 선원禪院과 경전 교육기관인 강원講院, 계율 전문교육기관인 율원律院 등을 전부 갖춘 사찰을 일컫는데, 쉽게 말해서 승속僧俗이 화합하여 한곳에 머무름이 마치 수목이 우거진 숲과 같다고 하여 이렇게 부르는 것이라고 한다. 수덕사가 유명한 사찰이 된 이유는 단순히 우리나라 8대 총림이기 때문만이 아니다. 수덕사는 현존하는 유일한 백제의 사찰로 전해지고 있을 뿐만 아니라, 국보 제49호인 대웅전은 건립 기록에 대한 묵서명이 발견돼 건립 연대(1308년 고려 충렬왕)가 가장 확실한 고려 시대의 건물로 알려져 있기 때문이기도 하다. 수덕사 대웅전은 안동 봉정사의 극락전, 영주 부석사의 무량수전과 함께 우리나라 대표적인 목조 건물로 꼽는다. 건물 구조는 정면 3칸 측면 4칸의 '맞배지붕 구조'를 하고 있으며 기둥은 가운데가 볼록한 '배흘림 구조'를 하고 있다. 공포와 결합된 가구부재는 세련된 곡선미와 질서 있는 구성미를 보여주고 있다. 소꼬리 모양의 우미량牛尾樑은 이 건물의 백미白眉로 꼽힌다.

또 우리나라 최초의 신여성1호로 평가받는 여류문인이자 비구니인 김일엽 스님과 우리나라 최초의 서양화가 나혜석의 자취가 남아 있을 뿐 아니라, 고암顧庵 이응로 화백의 사연이 서린 절이기도 하다. 고암은 수덕사 앞 바위에 일반인이 이해하기 힘든 암각화를 남겼다.

그런데 속인俗人들에게 수덕사를 더욱더 유명하게 한 것은 한 곡의 유행가 때문이지 않을까? 송춘희가 부른 <수덕사의 여승>이란 노래가 바로 그것이다. <수덕사의 여승>이 너무나 잘 알려져 대다수의 속인들은 수덕사가 '비구니 절'인 것으로 알고 있다. 수행자인 나도 한동안 그렇게 착각하고 있었으니까. 문인 김일엽이 속세를 떠나 수덕사에서 수도한 데다 이 노래까지 나왔으니 수덕사가 비구니들이 수도하는 사찰로 오해하는 것은 어떻게 보면 당연하다는 생각이 든다. <수덕사의 여승>이란 노래 가사는 사실을 왜곡해놓은 부분이 많다고 한다. 가령 범종(절의 범종 대부분 동종임)은 있을지언정 쇠북은 없다. 그런데 '쇠북이 운다'고 하고 있다. 또 당시 숱한 염문艶聞으로 세간世間에 회자膾炙되었던 일엽 스님이 속세를 떠나 용맹증진勇猛精進 수도하고 있는데 노래 가사에는 '속세에 두고 온 임을 잊을 길 없어'라고 하고 있어 사실을 왜곡했을 수도 있다. 어쨌든 노래 가사가 사실이든 아니든 <수덕사의 여승>이란 대중가요는 수덕사를 세속에 널리 알리는 데 더없이 기여한 것은 사실이다. 기왕에 <수덕사의 여승>에 대한 이야기가 나왔으니 가사라도 읊어보고 묵언수행을 떠난다.

<수덕사의 여승> / 대중가요

인적 없는 수덕사에 밤은 깊은데
흐느끼는 여승의 외로운 그림자
속세에 두고 온 임 잊을 길 없어
법당에 촛불 켜고 홀로 울적에
아, 수덕사의 쇠북이 운다.

산길 백 리 수덕사에 밤은 깊은데
염불하는 여승의 외로운 그림자
속세에 맺은 사랑 잊을 길 없어
법당에 촛불 켜고 홀로 울적에
아, 수덕사의 쇠북이 운다.

　숙소에서 이른 아침에 일어나 수덕사 주차장에 도착한 시각은 7시 30분
경, <수덕사의 여승>이란 노래 가락을 떠올리며 먼저 수덕사로 향한다.
수덕사 입구로 들어서 '덕숭산덕숭총림수덕사' 일주문을 지나고 잠시 후,
수덕사 일주문이 나오고 그 옆에는 매표소가 있었다. 이른 시간이라 매표소
문은 열려 있지 않아 무상 관람의 기회를 얻었다. 사람은 공짜를 좋아하는
속성이 있지 않나? 나도 무상 관람의 기회를 얻으니 왠지 기분이 좋아진다.
잘 정비된 수행로를 따라 올라가니 왼편에 한없이 다정다감한 초옥이 눈에
띈다. 초옥의 부드러움에 마음이 끌려 다가가보니 <수덕여관>이라는 간판
이 붙어 있었다.
　<수덕여관>은 동양화가로 세계적으로 이름을 떨친 고암 이응로의 사적
지이다. <수덕여관>은 고암이 1944년에 구입하여 6·25 전쟁 때 피난처로

수덕여관 내 고암 이응로 화백의 문자적 추상 작품

수덕사 대웅전의 멋과 아름다움의 결정체인 우미량과 솟을합장과 화반대공

사용한 곳으로 이곳에서 수덕사 일대의 아름다움을 화폭에 담기도 했다. 1967년 <동백림 사건>에 연루되어 옥고를 치르다가 1969년 사면된 후 이곳 수덕사 앞 3개의 바위 조각 세 개에 삼라만상의 영고성쇠를 문자 추상화로 표현한 작품을 창작했다. 수행자는 <수덕여관>의 곳곳을 관람하고 초옥의 평화로움과 포근함을 가슴에 담고 나오면서 삼라만상의 영고성쇠를 표현한 문자적 추상화를 만난다. 전서체象書體 글자 같기도 하고, 상형문자 같기도 하고 산스크리트 글자 같기도 하다. 무슨 의미인지 요모조모 뜯어보고 살펴봐도 알 길이 없다. 마음만 공空할 뿐이다. 이 깊고도 심오한 의미는 오직 고암만이 이해할 따름이겠지 하고 생각하면서 수덕사로 향한다.

수덕사에서 대웅전을 비롯해 범종각, 법고각, 금강보탑, 삼층석탑 등을 거의 한 시간이나 샅샅이 돌아보면서 한국 건물의 아름다움에 다시 한번 감탄한다. 대웅전은 아무리 보아도 그 아름다움에서 눈을 뗄 수가 없다. 날아갈 듯한 가벼운 처마와 지붕, 배흘림기둥, 아름다운 공포와 우미량, 그리고 아름답게 장식한 천정을 보면 그냥 입이 벌어지고 만다.

넋을 놓고 바라보다 서서히 사면 석불을 통과한다. 잠시 후 길은 갈라지고 왼쪽으로 오르면 비구니들의 선방이자 <수덕사의 여승>의 주인공인 일엽 스님이 수도했다는 견성암이 나오고, 직진하면 소림초당이 나온다. 나는 소림초당 방향으로 수행을 계속해나간다. 소림초당은 만공 선사滿空 禪師가 수도한 곳인데, 만공 - 충만할 만滿 , 텅 빌 공空 -은 그의 호답게 숱한 기행과 일탈의 행적을 남긴 분이었다.

수행로는 다시 만공탑과 정혜사로 이어진다. 정혜사에서의 조망은 일품이라고 알려져 있지만 출입 금지 팻말이 붙어 있어 담 너머로 사진 몇 장만 찍을 수밖에 없었다.

고도를 높일수록 조망이 터지기 시작한다, 부드러운 흙길로 이루어져 걷기가 편안한 수행로 주변에는 독수리 부리 같기도 하고 고래나 물개 같기도 한 신기한 바위들이 도처到處에 나타나고 싸리꽃들이 아름다운 보랏빛 향기를 풍기고 있다. 싸리꽃 향기에 취해 걷다 보니 덕숭산 정상석이 나를 맞이한다. 덕숭산 정상석을 배경으로 인증 샷을 한 장 찍고 정상 주변의 경관을 감상하고 있으니 그제야 한두 사람씩 올라오기 시작한다.

사람들이 한두 사람씩 정상으로 모여드니 나는 이제 하산할 때가 됐나 보다. 하산할 때 필자는 보통 올라왔던 길과는 다른 수행로를 택한다. 이번에도 올라왔던 방향과 달리 하산했는데 역시나 20~30분가량 '알바'를 하게 된다. 길을 잘못 들어 내려가니 수행로가 보일 듯 말 듯하다. 그러나 선답자先踏者가 붙여 놓은 리본도 없다. 내려가다 보니 길은 거칠어지고 기이하게 생긴 바위들이 자꾸 나를 유혹한다. 유혹에 끌려가다 보니 내리막이 가팔라지고 심지어는 언덕처럼 보인다. 하는 수 없이 내려갔던 수행로로 다시 올라간다. 다시 방향을 잡고 내려가는 수행로는 흙길이었기에 걷기에 이보다 편할 수 없었다. 주변에 만나는 기이한 바위는 오를 때보다 훨씬 많아 눈을 즐겁게 했다. 커다란 너럭바위가 하나 나왔다. 너럭바위에 앉아 예산 읍내를 배경으로 사진을 찍기도 한다.

흙산에 늘린 기묘한 자연이 만들어 놓은 기묘한 바위 조각품을 감상하면서 대중가요 <수덕사의 여승>의 애잔한 가사를 생각하면서 하산하고 있는데 저 아래서 한 사람이 올라오는 게 보였다. 가까이 다가오니 '비구니 스님'이었다. "스님 어디로 가세요?"라고 물어보니 "견성암으로 견학 갑니다."고 대답한다. 내가 "어떻게 이렇게 혼자 올라 오십니까? 흉흉한 세상인데 겁나지 않습니까?"라고 하니 "수행자가 겁나는 게 있으면 안 되지요."라고 한다. 참으로 의미심장한 말이다. 그렇다. 나의 묵언수행도 그렇게 나홀로 하고 있지 않은가. 수행자는 용맹정진勇猛精進하지 않으면 수행을 제대로 할 수 없다. 나는 마지막으로 "스님, 성불 하세요."라고 하면서 비구니 스님과 작별을 고한다.

덕숭산의 기암들

마지막으로 덕숭산은 높지는 않으나 우거진 나무숲 사이로 어머니와 같이 부드럽고도 편안한 수행로를 지나면서 각종 기암괴석을 볼 수 있으니 과연 예로부터 호서湖西의 금강산이라 불려왔다는 말이 가슴에 와 닿는다. 게다가 덕숭산은 참으로 포근한 어머니 품과 같은 산이었다. 산은 덕숭총림이라는 수덕사를 품 안에 안고 있고, 수덕사는 그 당시 상상도 할 수 없었던 숱한 로맨스로 세간에 회자되던 신여성을 품에 안았으며, <동백림 사건>으로 인해 사상범으로 몰렸던 고암까지 껴안았지 않은가. <수덕사의 여승>이라는 대중가요가 수도 도량을 세속화시켰다는 비난이 있은들 어떠하랴. 덕숭산과 수덕사는 이 모든 것을 포용하고 있으니 말이다. <수덕사의 여승>을 흥얼거리며 오늘 묵언수행을 마무리한다.

[묵언수행 경로]
수덕사 주차장(07:32) > 수덕여관(07:47-08:06) > 수덕사 경내(08:07-09:08) > 사면석불(09:12) > 소림초당(09:30) > 만공탑(09:42) > 정혜사(09:47) > 덕숭산(10:09-10:29) > 수덕사 주차장(12:42)
<수행 거리: 6.5km, 소요 시간: 5시간 10분>

우뚝 솟은 문경의 진산 주흘산,
진경산수화 속의 주인공되다

주흘 주봉에서

　중부내륙 고속도로를 타고 문경 쪽으로 차를 몰고 가다보면 왼쪽에 기풍 당당하면서도 기이한 모습을 하고 있는 산이 하나 버티고 서 있다. 한눈에 비범한 산이 아님을 알 수 있다. 바라보는 것만으로도 가슴속이 후련할 정도다. 양쪽 귀를 치켜세우고 조화롭게 균형미를 갖춘 산세에 주변의 모든 사물이 이 산의 기세에 그만 압도되고 만다. 이 산은 예로부터 나라의 기둥이 되는 큰 산中嶽으로 숭배해왔다. 매년 조정에서 향과 축문을 내려 제사를 올리던 신령스런 영산靈山으로 모셔져왔다. 이 산이 바로 주흘산인데, 주흘산의 "흘屹" 자는 우뚝 솟았다는 뜻이다. 한마디로 문경 일대에서 우뚝 솟은 산이다. 그러니 문경의 진산鎭山이자 '우뚝 솟은 의연한 산'이란 한자 뜻 그대로 문경새재의 주산이다.

나는 이 기이하게 생긴 산이 틀림없이 백대명산에 포함될 것이라 확신하면서 자료를 찾아보니 과연 백대명산이 틀림없었다. 중부내륙 고속도로를 수없이 많이 지나다니면서 저 기이하게 생긴 산을 언젠가 묵언수행하기를 학수고대鶴首苦待해왔다. 그러던 차에 마침 좋은 기회가 생겼다. 2017년 6월 2일, 지인으로부터 문경CC에서 개최하는 워크숍에 초대를 받게 되었다. 행사 다음날 주흘산 묵언수행에 들어가면 되는 더없이 좋은 기회였다.

행사에 참석하고 난 뒤 골프텔에서 하룻밤을 숙박하게 되었는데, 그 다음날 새벽 남들보다 더 일찍 일어났다. 문경 시내로 달려가 아침밥을 먹고, 김밥 두 줄을 사서 챙긴 다음 문경새재 주차장으로 달린다. 주차장에 도착한 시각은 오전 6시 39분, 초하初夏의 계절인지라 새벽인데도 날은 밝아 있었다. 이렇게 주흘산 묵언수행이 시작됐다.

문경새재 주차장에서 제1관문으로 향한다. 신록의 계절이라 싱그럽게 자란 가로수의 사열査閱을 받으며 주봉을 향해 올랐다. 잠시 후 제1관문인 주흘관이 나온다. 주흘관은 임진왜란 이후에 건설된 세 개의 관문 - 주흘관, 조곡관, 조령관 - 중 하나로 수많은 외침과 환란의 역사를 묵묵히 가슴에 품고 의연하게 우뚝 서서 그 자리를 지키고 있었다.

주흘관에서 삼십 분 정도 오르니 약 20m 높이에서 흘러내리는 여궁폭포가 시원한 물줄기를 뿌리며 나를 맞는다. 가뭄 탓인지 물줄기는 빈약했지만 바위

여궁폭포

골 좁게 패인 홈에서 파랑소로 흘러내리는 모습이 신기하기만 하다. 옛날 전설에 칠 선녀가 구름을 타고 내려와 목욕을 했다는 곳인데, 밑에서 올려보면 마치 여성의 하반신과 비슷하다고 해서 붙여진 이름이다. 일명 여심폭포라고 부르기도 한다.

여궁폭포에서 주흘 주봉까지는 3.5km 남짓 남았다. 오르는 길은 제법 거칠어지고 신록은 녹색을 흩뿌리고 있다. 야생화들도 간간이 보이고, 천인 단애千仞斷崖의 바위 벼랑과 벼랑 사이로는 숲과 푸른 하늘을 배경으로 조각구름이 흐르고 문경 시내가 눈에 들어온다. 그 뒷면으로는 작은 능선들이 산 그리메를 그리고 있다. 진행 방향으로 햇살이 강하게 비치니 빛깔의 향연이 열린 듯하다. 이마에는 땀이 송골송골 맺히기 시작한다.

주흘 주봉(1,076m)에 이르니 문경 시내가 한눈에 들어온다. 하늘에는 구름이 낮게 깔리고 높고 낮은 산들이 마치 파도처럼 일렁인다. 수행자는 일렁이는 파도에 이리저리 휩쓸리는 '주흘호'라는 배를 타고 있는 기분이다.

주봉에서 능선을 끼고 쭉 나가면 영봉을 만난다. 영봉의 높이가 1,106m이니 표고 차는 30m에 지나지 않는다. 그러니 평탄한 수행로다. 그러나 주변의 아름다운 정경을 마음껏 감상하면서 가니 참으로 마음이 상쾌하다. 주흘

주흘 주봉에서 문경시 쪽을 바라보면서

주흘 영봉

영봉은 억울하다. 주흘 주봉보다 높은데도 불구하고 주봉 자리를 빼앗겼다. 산세와 조망이 못하다는 이유일까 모를 일이다. 인생을 살다 보면 이런 일들이 비일비재하니까 그런가 보다 하고 넘어갈 수밖에 없지 않은가. 영봉에서부터는 결단을 해야 할 일이 있다. 여기에서 산행을 마칠 것인가 아니면 부봉으로까지 산행을 계속할 것인가를 결정해야 한다. 나는 묵언수행을 하는 자이기에 어두워지기 전에 하산할 수만 있다면 당연히 부봉으로 가볼 것이다.

영봉에서 부봉 삼거리로 가는 길에 노신사 한 분과 숙녀 두 분을 만났다. 신사 양반은 노련한 언변의 소유자로 상주에서 정치하시는 분으로 보인다. 그는 전문 산꾼인 듯했다. 두 분의 숙녀는 자매라고 하는데 초행자들인 것 같았다. 수행로를 비슷한 리듬으로 걷다가 12시 반쯤 되었을 때였다. 숙녀 두 분이 "식사를 같이 하고 가세요."라고 나와 그 노신사에게 말하는 것이었다. 나도 어차피 문경 시내에서 사 온 김밥을 먹어야 하니 그 숙녀 두 분과 노신사가 상을 펴는 자리에 합류했다. 숙녀 두 분과 노신사는 먹을거리를 엄청 많이 준비해와 산상 뷔페 파티가 벌어졌다. 나는 그 두 분이 싸 온 먹거리들을 너무나 잘 얻어먹었다. 논어의 옹야雍也편에 나오는 '지혜로운 사람은 물을 좋아하고 어진 사람은 산을 좋아한다知者樂水, 仁者樂山.'라는 구절이 떠오른다. 이 분들을 보니 산을 좋아하는 사람은 정말로 어질고 선한 사람들임을 증명하는 것 같았다.

산상 파티가 끝난 뒤 네 명이 다함께 부봉 삼거리에 도착했다. 노신사는 부봉으로 가지 않는다고 했고, 초행자인 숙녀 두 분은 멈칫거린다. 나는

제2부봉을 지나면서

먼저 부봉으로 올라간다고 말하며 이들과 헤어졌다. 또다시 나홀로 부봉 묵언수행에 나선다. 조곡관 뒤에 우뚝 솟은 여섯 개의 암봉이 마치 가마솥을 엎어 놓은 것처럼 보인다고 해서 가마솥 '부釜' 자를 넣어 붙여진 이름이란다.

부봉으로 오르기 시작한다. 부봉은 앞에서도 언급한 바와 같이 여섯 개의 봉우리로 이루어져 있는데 전부 암봉이다. 따라 올라가니 시작부터 가파른 철 계단과 밧줄이 연속해서 나온다. 때로는 밧줄과 계단이 있어야 할 곳인데 설치돼 있지 않은 곳도 있다. 그러면 바위 위를 네 발로 엉금엉금 기어 다녀야 한다. 부봉을 타는 재미도 짜릿하지만 올라서면 확 트이며 멋지게 펼쳐지는 조망은 이루 말로는 다 표현할 수 없다. 암릉과 멀리 보이는 산 너울은 한 폭의 진경산수화다. 어디를 둘러봐도 진경산수화다. 산에 올라선 나는 그만 그림 속 한 점이 되고 그림의 배경이 돼버리고 만다.

제1봉에서 제6봉을 묵언수행한 나는 하산을 하기 시작한다. 또 방향을 잘못 들어 30분 이상 '알바'를 한 것 같다. 우여곡절을 겪은 뒤 조령 제2관문인 조곡관을 거쳐 제1관문인 주흘관을 지나서 주차장으로 원점회귀한다. 조곡관에서 주흘관까지 지나치는 곳마다 역사와 자연의 신기함과 아름다움이

제6부봉에서

무수히 널브러져 있다. 옛 과거 길이, 성곽이, 교귀정이, 교귀정의 소나무가, 조령 원터, 지름틀바우 등이 그렇다. 굳이 주흘산 주봉, 영봉, 부봉을 오르지 않더라도 조용히 묵언수행하기에 더할 나위 없는 장소다.

나는 오늘 16.9km, 11시간 동안의 주흘산 묵언수행에서 짜릿한 흥분을 느끼며 진경산수화 속의 주인공이 됐고, 기암괴석들 사이에서 아름답게 자라고 있는 청송을 볼 수 있어 더없이 즐겁고 건강하게 하루를 보냈다. 내친 김에 내일은 주흘산 바로 근처에 있는 백대명산 황장산으로 묵언수행을 하러 갈 것이다.

[묵언수행 경로]

문경새재 도립 공원 주차장(06:39) > 조령 제1관문(07:50) > 여궁폭포 (08:22) > 약수터(09:33) > 주흘 주봉(10:07) > 주흘 영봉(10:51) > 부봉(13:18) > 부봉 2봉(13:32) > 부봉 6봉(14:22) > 조령 제2관문 (16:31) > 교귀정(16:53) > 마당 바위(17:06) > 조령 원터(17:13) > 지름틀바우(17:17) > 주차장(17:40)

<수행 거리: 16.09km, 소요 시간: 11시간 1분>

황장목의 산을 헤집고 다니다

황장산 정상

지난 6월 2일 금요일 모 업체에서 개최하는 골프 대회 겸 세미나에 초대를 받아 어렵사리 문경에 왔다. 문경 인근에는 백대명산에 포함된 명산들이 즐비하다. 문경 인근에 있는 대표적인 백대명산을 들어보면 월악산, 속리산, 주흘산, 황장산, 도락산, 금수산, 구병산, 대야산, 희양산 등이다. 문경 주변은 그만큼 수려한 산들이 많다는 이야기다. 다시 말하면 그만큼 첩첩산중인 오지奧地란 뜻이기도 하다. 요즘이야 중부내륙 고속도로가 뚫려 있어 교통이 그렇게 불편하지는 않지만 어쨌건 묵언수행을 위해 몇 번을 오고가야 하니 성가신 일임에는 틀림없다.

쇠뿔도 단김에 빼야 한다는 속담이 있듯이 어쨌든 문경에 온 김에 어제는 문경의 진산 주흘산을 다녀왔고, 오늘 또 한 좌를 더 다녀와야겠다는 생각을 굳힌다. 국립공원인 월악산, 속리산은 이미 묵언수행을 마쳤기 때문에 어디를 오를까 고민하다 황장산으로 정했다.

황장산은 월악산 국립공원 동남단에 있는 산으로 높이는 1,017m이다. 조선 말기까지 작성산鵲城山이라 불렀고, ≪대동지지(大東地志)≫, ≪예천군읍지≫ 등에 그 기록이 남아 있다. 또 일제강점기에는 일본 천황의 정원이라 하여 황정산皇廷山이라고도 했으며 지금도 그렇게 부르기도 하지만 정확한 이름은 황장산이다. 골짜기가 깊어 원시림이 잘 보존돼 있고 암벽 등이 빼어나며 부근에 문수봉文繡峰(1,162m), 도락산道樂山 등 잘 알려진 산들이 모여 있다. 내성천乃城川(낙동강의 지류)의 지류인 금천錦川의 상류부가 산의 남쪽 사면을 감싸 돌아 흐른다. 정상에서는 북쪽으로 도락산과 문수봉, 서쪽으로는 대미산, 남쪽으로는 공덕산功德山(912m), 운달산雲達山(1,097m)이 보인다.

조선 시대인 1680년(숙종 6년) 대미산大美山(1,115m)을 주령으로 하는 이 일대가 봉산으로 지정된 데서 황장봉산이라는 이름도 가지고 있다. 봉산이란 나라에서 궁전·재궁·선박 등에 필요한 목재를 얻을 목적으로 나무를 심고 가꾸기에 적당한 지역을 선정해 국가가 직접 관리하고 보호하는 산이다. 황장산이 봉산이었던 것을 알 수 있는 표지석이 황장산 봉산표석封山標石(경북문화재자료 227)으로 인근의 명전리 마을 입구에 서 있다. 황장산에서 생산되는 황장목(소나무)은 목재의 균열이 적고 단단해 임금의 관棺이나 대궐을 만드는 데 많이 쓰였다. 대원군이 이 산의 황장목을 베어 경복궁을 지었다고도 전해지는 산이다.

주흘산 묵언수행을 마친 시각이 제법 늦어 문경 시내로 가면 저녁을 쉽게 해결했을 텐데 내일의 묵언수행을 위해 황장산 근처로 차를 몰아갔다. 황장산 근처로 가다보면 저녁 한 끼 먹을 식당이야 나오겠지 하는 안일한 생각으로 저녁 식사도 하지 않은 채 무조건 몰아갔다. 그런데 문경이 참으로 오지라는 것을 이때 다시 한 번 체험한다. 황장산 입구까지 왔는데도 식당이 보이지 않는다. 그리고 숙소가 될 만한 곳도 보이지 않는다. 한참 헤매다가 차를 멈춰 서서 인터넷에 물어보니 안생달 마을에 있는 <황장산 민박>이라는 상호가 나왔다. 냅다 차를 그곳으로 몰았다. <황장산 민박> 집에 도착하니 저녁 7시 40분이 훌쩍 넘어버렸다. 도착하니 마침 건장한 중년 남자 세 명이 닭백숙을 먹고 있었다. 그 닭백숙을 보는 순간 배가 점잖지 못하게 계속 꼬르륵거리며 밥 달라고 보챈다.

주인아주머니에게 주문을 하려는데 그 신사 양반들이 자기들이 닭백숙을 다 먹지 못하니 그걸 같이 나눠먹자는 것이었다. 내 배가 꼬르륵거리는 소리를 들었나? 내가 아주 불쌍해보였던가 보다. 그들의 제안을 거절할 이유가 없지 않나. 배고픔이 나를 공짜를 좋아하는 사람으로 만들어버리니까 방법이 없지 않나. 나는 좋다고 하며 바로 합류해서 먹었다. 같이 식사를 하니 서로 통성명을 하고 뭐 하러 여기까지 왔는지 서로 밝힌다. 그들은 부산의 초등학교 교사들이라고 하고 백두대간을 뛰는 사람들인데 내일 새벽에 황장산 구간에서 남으로 내려갈 것이라 속내를 다 밝힌다. 그러면서 황장산 구간은 통제구역이라는 말도 한다.

새벽 4시 경인데 밖이 시끄럽다. 그들이 백두대간 산행을 준비해서 떠나는 모양이다. 밖이 시끌벅적하니 잠을 설칠 수밖에 없다. 나도 일어나 6시에 아침 식사를 하고 황장산으로 묵언수행을 떠난다. 곧바로 정상을 향한다. 황장산의 높이는 1,077m인데, 민박집이 해발 600m 언저리에 위치하고 있으니 표고 차 500m 정도만 오르면 되는 곳이라 쉽게 오르내릴 수 있는 산이었다. 그렇지만 서울로 돌아가는 도로가 막히는 시간대를 피하기 위해 서둘러 수행을 떠난 것이다.

수행로를 따라가니 예쁜 보라색 붓꽃이 아침 이슬을 머금고 매력적인 자태로 서 있었다. 지나는 수행로 주변에는 빨간 야생 산딸기가 지천에 널려 있었다. 한 줌 따서 먹으니 새콤달콤한 것이 별미다. 작은 차잣재를

황장산 정상 근처에서

지나니 처음에는 밋밋했던 산이 제법 가팔라지기 시작한다. 계단도 나타난다. 보통 계단은 암벽을 오르거나 암벽을 돌아 오를 때 설치된다. 계단을 오르니 역시 천인단애千仞斷崖가 어김없이 나타나고, 그 깎아지른 듯한 암벽 옆에는 어김없이 소나무가 조화를 이룬다. 황장목이 유명하다는 말에 대해 여기까지 수행해 오면서 의문을 품고 올라왔는데, 암벽과 조화를 이루는 소나무들이 나오고 좀 더 오르니 제법 거대한 소나무들이 눈앞에 나타나기 시작한다. 헛말은 아닌가 보다. 긴 소나무 가지 사이에 보이는 풍경은 아름답기 그지없다.

산 너울이 넘실넘실 춤을 춘다. 점점 정상이 가까워지나 보다. 거대한 암벽이 보이고 소나무가 보이고 산 너울은 점점 더 많은 물결을 일렁이며 아름다움을 춤춘다. 수행자가 현기증을 일으킬 정도다. 현기증을 느끼면서 황장산 정상에 이른다. 정상에 도착한 시각이 아직 아침 8시 44분밖에 되지 않았는데 부부로 보이는 젊은이들이 정상을 먼저 점령하고 벌써 간식을 먹고 있었다. 아주 부지런한 부부로구나 하고 생각하며 정상석을 배경으로 셀카로 인증 사진을 찍고 있는데 내가 서툴러 보였던지 찍어주겠다고 한다. 사진을 한 장 찍고 나서 그들에게 고맙다는 인사를 하고 그들은

문경 특산물 오미자가 탐스럽다.

그들대로 나는 나대로 헤어졌다.

황장산 정상에서 하산하기 시작한다. 민박집 근처로 내려오니 덩굴 식물을 기르는 과수원이 여기저기 보였다. 머루같이 생긴 작은 열매들이 송이송이 달려 있었다.

알고 보니 문경의 특산물인 오미자였다. 오미자 밭 주변에는 먹음직스런 산딸기가 새빨갛게 익어 있었다. 나는 간식을 담아갔던 플라스틱 통에 한가득 따서 담아 배낭에 넣고 차가 주차돼 있는 민박집으로 돌아왔다. 오미자 진액을 팔고 있었는데 1.8리터짜리 한 병을 사서 챙긴 다음 주인 아저씨, 아줌마와 작별 인사를 하고 서울로 돌아왔다.

집으로 돌아와 문경의 기가 잔뜩 서린 산딸기와 오미자 진액을 선물이라고 내놓으니 산딸기는 거들떠보지도 않고 오미자차를 한 잔씩 타서 마신다. 아내는 "오미자차가 꽤나 맛있네."라고 하면서 살아 돌아와서 다행이라는 듯 무덤덤한 표정을 짓는다. 누가 경상도 여자 아니랄까봐서.

[묵언수행 경로]

안생달 황장산 민박집(06:40) > 황장산 2.6km 전방 이정표(06:57) > 작은 차갓재07:28) > 황장산 정상(08:44) > 오미자 농장(10:09) > 민박집 도착(10:42)

<수행 거리: 5.29km, 소요 시간: 4시간 2분>

단군檀君 성지聖地 마니산에서 기를 듬뿍 받다

마니산 정상 표지목

마니산에서 묵언수행하기 위해 새벽 5시에 기상했다. 생리 현상을 해결하는 등 이런 저런 준비를 마치고 6시경에 차에 올라 강화도로 향했다. 집 주차장을 나설 때부터 부슬부슬 비가 내리더니 여의도 국회의사당 주변을 지나가는데 빗방울이 제법 굵어졌다. 비 내리는 양이 많아지면서 와이퍼도 바삐 움직인다. 나도 덩달아 마음이 급하다. 비가 오는데 걱정이다. 그래도 이래나 저래나 좋은 쪽으로 마음을 가다듬는다. 비가 멈추거나 여우비 정도가 내리면 나홀로 고독 묵언수행에 정진하면 될 것이고, 비가 많이 내리면 해갈을 기대할 수 있으니 이래도 좋고 저래도 좋다.

마니산 등산로 안내를 찾아보니 네 개 등산 코스를 소개해놓았다. 1,004개의 계단을 오르는 코스, 단군로 372계단을 거쳐 오르는 코스, 암릉을 타고 오르는 함허동천로 코스, 역시 암릉으로 오르는 정수사 코스 이렇게 4개 코스다. 나는 미리 함허동천에서 암릉을 타고 마니산 정상과 참성단으로 오르기로 계획해놓고 차를 달린다.

빗속에서 달리기를 약 1시간 몇 분 정도나 됐을까. 어느덧 함허동천 입구에 도착했다. 잠시 하늘을 올려다본다. 부슬부슬 내리던 여우비가 뚝 멈추는 게 아닌가. 묵언수행하기에 더없이 좋은 날씨다. 함허동천 입구에서 물소리, 바람소리, 새소리를 들으면서 새털처럼 가벼운 마음과 몸으로 마니산 정상으로 발걸음을 옮기기 시작했다.

올라가는 탐방로 주변에는 산딸나무 꽃받침이 마치 새하얀 꽃을 피운 듯 산을 물들이고 있었다. 핀 지 오래돼서 그런지 마치 아름다운 철쭉 분홍빛을 띤 그런 산딸나무 꽃받침들도 있었다. 계속 두리번거리면서 오르다보니 정수사 이정표가 나온다. 이정표에는 정수사 400m로 표기돼 있다.

30년 전인지 기억도 가물가물하지만 오래전에 1,004개 계단으로 오르는 코스로 참성단에 올라가본 적이 있었다. 내 기억으로는 그때는 나홀로 산행은 아니었던 것 같다. 지금은 이렇게 나 홀로 자유롭게 수행에 나서

정수사 대웅전

시간 제약 없이 마음껏 산을 즐길 수 있으니 얼마나 감개무량한가. 그런 기분을 즐기면서 마니산 참성단 가는 들머리 중 하나인 정수사로 발걸음을 옮겼다.

정수사를 돌아보고 다시 올라오는데 마니산 매표소에서 표를 보여달라는 게 아닌가. 함허동천 입구에서 끊었는데. 마침 표를 잘 보관하고 있었기에 망정이지 분실했다면 다시 구입해야 할 뻔했다.

정수사에서 참성단으로 오르는 탐방로는 거의 대부분 암릉이다. 수행을 하는 데는 다소 까다롭지만 기암괴석으로 이루어진 암릉은 정말 멋있다. 암릉 자체도 멋있지만 서해 바다를 조망하면서 오르내리는 환상적인 수행 경로다.

마니산 정상으로 갈수록 알지 못하게 느껴지는 어떤 기운이 있다. 마니산의 정상에 있는 민족의 성지인 참성단에 이르면 그 기의 분출이 절정에 이른다. 물론 느낌이지만. 참성단에서 한참을 둘러보고 난 후 단군로로 하산했다.

마니산은 몸이 좋지 않은 사람도 네 번만 오르면 몸이 몰라보게 좋아진다는 우리나라 최고의 명당 생기처生氣處라고 한다. 하산 후 원점회귀하면서

바위능선로를 따라서 마니산 정상으로 가면서

참성단에서

참성단 소사나무

탄 택시 기사의 말이다. 오늘은 1,004개의 계단로를 제외한 3개 탐방로를 하루 만에 모두 돌아다니며 우리나라 최고의 생기처라는 마니산에서 묵언수행을 한 보람된 날이었다. 택시를 타고 함허동천 주차장으로 돌아올 때 만난 운전기사의 말대로 마니산에 네 번만 오르면 모든 병이 치유될 듯하다.

함허동천 주차장에 도착하니 입구에서 네 명의 할머니들이 강화도 특산품인 순무 김치를 팔고 있었다. 한 할머니에게 다가가 순무 김치를 두 통을 샀더니 나머지 세 분이 목을 쑥 빼며 자기들 것도 사달라고 부탁한다. 도저히 거절할 수가 없어 우리 집에서 두 통을 소비하고 딸네에 한 통씩 나누어 먹으면 되겠다고 생각하고 다른 두 할머니에게서 각각 한 통씩 두 통을 더 사니 모두 네 통이 됐다. 무려 네 통이나 샀는데, 마지막 한 분에게는 사지 못했다. 차에 실을 수도 없었거니와 딸들이 좋아할지도 모르는 상황에서 다섯 통은 솔직히 부담스러웠다. 최악의 경우 너무 많아 버릴 수도 있기 때문이다. 나는 순무 김치를 아주 좋아한다. 그러나 딸들이 싫어하면 혼자 다섯 통을 먹어치운다는 것은 무리다.

나는 못 사드린 할머니에게 정말 미안하다는 말을 남기고는 곧바로 차를 몰아 집으로 돌아왔다. 집에 도착하자마자 순무 김치 네 통을 내어놓으니 마눌님이 화들짝 놀라며 비아냥거린다. "이제부터 순무김치만 잡수소."

참고로 마니산에 대하여 인터넷 ≪두산백과≫에 실려 있는 내용을 그대로 요약해본다.

마니산은 마리산摩利山, 마루산, 두악산頭嶽山이라고도 불린다. 백두산과 한라산의 중간 지점에 위치한 해발고도 469.4m(정상 표지목 기준으로는 472.1m)의 산으로 강화도에서 가장 높다. 정상에 오르면 경기만과 영종도 주변의 섬들이 한눈에 들어온다.

산정에는 단군왕검이 하늘에 제사를 지내기 위해 마련했다는 참성단塹城壇 (사적 136호)이 있다. 이 곳에서는 지금도 개천절이면 제례를 올리고, 전국체육대회의 성화가 채화된다. 조선 영조 때의 학자 이종휘李種徽가 지은 ≪수산집修山集≫에 참성단의 높이가 5m가 넘으며, 상단이 사방 2m, 하단이 지름 4.5m인 상방하원형上方下圓形으로 이루어졌다는 기록이 있으나 여러 차례 개축되어 본래의 모습을 찾아보기가 힘들다.

산 정상의 북동쪽 5km 지점에 있는 정족산鼎足山 기슭에는 단군의 세 아들이 쌓았다는 삼랑성三郞城(사적 130호)이 있고, 그 안에는 유명한 고구려

절인 전등사傳燈寺가 있다. 북동쪽 기슭에는 정수사법당淨水寺法堂(보물 161호)
이 있고, 북서쪽 해안에는 장곶돈대長串敦臺(인천기념물 29호) 1기基가 있다.
　마니산은 산세가 아기자기하고 주변에 문화유적지가 많아 봄부터 가을까
지 많은 관광객과 등산객이 찾고 있다. 1977년 3월 산 일대가 국민관광지로
지정되었다.

　*생기처: 좋은 기가 발생되는 장소. 물론 과학적으로 입증된 것은 아니다.

[묵언수행 경로]

함허동천 주차장(07:19) > 함허정(07:39) > 마니산 안내판(08:06) >
정수사 안내 이정표(08:29) > 정수사(08:42-09:06) > 암릉 구간
(09:20-10:38) > 마니산 정상(10:52) > 참성단(10:53-11:58) > 372계단
> 단군로 진입(11:15) > 간식(11:24) > 옹녀계단(12:20) > '마니산과
기' 해설판(12:47) > 매표소(12:58)
　　　　　<수행 거리: 8.25km, 소요 시간: 5시간 36분>

단군로를 따라 하산하면서 만난 기암

화악산華岳山　　**39**회차 묵언수행　2017. 6. 17. 토요일

산꽃들의 군무를 보며 한반도의 중심에 서다

화악산 중봉에서

오늘은 가평과 화천에 걸쳐 있는 경기 5악 - 관악산, 운악산, 감악산, 화악산 그리고 송악산 - 중의 으뜸 산이요 맏형 격인 화악산을 묵언수행하는 날이다.

화악산은 경기에서 가장 높은 산으로 주봉은 신선봉이며 높이는 1,468m인데 군사 기지가 들어서 있어 출입이 통제된다. 그래서 신선봉을 대신해 높이 1,450m인 중봉을 정상으로 간주하고 있다. 중봉은 가운데 있는 봉우리라는 의미가 아니라 '한반도의 중앙 봉우리'란 뜻이다. 즉, 화악산은 지리적으로 한반도의 정중앙에 위치하는데 우리나라의 지도를 볼 때 전남 여수와 북의 중강진을 잇는 국토 자오선(127도 30분)과 위도 38도선을 교차시키면 두 선이 만나는 지점이 바로 화악산이라는 것이다. 현재 화악산 정상은 군사 시설이 들어 있으므로 이를 대신하는 중봉이 한반도의 중심이

란 뜻이다. 화악산을 중앙으로 동쪽에 매봉, 서쪽에 중봉이 있으며, 이 3개 봉우리를 삼형제봉이라 부른다.

　여느 때와 마찬가지로 아침 일찍 일어나 화악산 묵언수행을 위해 서울을 출발한다. 도대 2리 마을 회관을 찾아갔으나 화악산 들머리가 보이지 않았다. 한참을 헤매다 들머리를 찾다보니 관청리 <띠모아펜션>이 나오고 그 주위를 살펴보니 중봉까지 5.2km를 알려주는 이정표가 나타난다. 한참을 헤매다 중봉으로 오르는 이정표 하나를 떡하니 발견했으니 얼마나 기뻤겠는가. 이건 남북이산 가족 상봉에 맞먹을 기쁨이었다. <띠모아펜션> 입구에는 차를 주차할 수 있는 공간까지 있었으니 기쁨은 이루 말할 수 없었다. 그 공간에 주차를 하고나서 시각을 보니 8시 10분이었다. 이제부터 본격적인 묵언수행에 돌입한다.

　개울에 걸린 다리를 건넌다. 개울은 제법 넓었는데 가물어서 그런지 콸콸콸 흘러야 할 물이 쫄쫄쫄 흐르고 있었다. 다리를 건너자마자 나무숲들이 울창해지고, 녹음綠陰 속에서 흰색, 노랑색, 자주색, 보라색 등 오색찬란한 산꽃들의 군무群舞가 벌어진다. 이중에서 예쁘기는 덜 해도 향기로는 단연 싸리나무 꽃이 최고다. 싸리꽃은 진보라색 향기를 풍긴다. 향기가 코로 들어오면 느끼한 인조 향과는 그 차원이 다르다, 그야말로 상쾌한 자연 향이기 때문이다. 꽃들의 군무를 보고 상쾌한 자연 향을 마시며 천천히 수행하다 보면 시간이 어떻게 가며, 거리가 얼마나 줄어드는지 등에 대한 인식조차 머릿속에 없다. 심지어는 오르막이라도 힘이 든다는 생각조차 들지 않는다. 상당히 가파른 비탈을 오르는데도 말이다.

　한참을 공空한 마음으로 묵언수행하다 땀방울이 눈으로 떨어져 들어오면 그때서야 정신이 번쩍 든다. 짠 땀방울에 눈이 따가워 눈 주위의 땀을 닦기 위해 잠깐 멈춰 선다. 시각을 보니 벌써 2시간 7분이 훌쩍 지났다. 중봉까지 거리는 불과 1.6km 남았다. 아직도 산은 조망을 허용하지 않는다. 그만큼 숲이 울창하다는 말이다. 주위에 오색 꽃들이 아직도 군무를 추고

다람쥐 한마리가 나무에 오르면서 뭔가 오물오물 거리며 경계를 하고 있다.

있다. 갑자기 귀여운 다람쥐 녀석 한 마리가 후다닥하고 나타난다. 수행자를 두려워하지도 않는다, 내가 저를 해치지 않을 것이란 확신을 가진 듯 참나무 줄기에 붙어 뭔가를 오물오물 거리고 있었다.

다람쥐 녀석과 작별을 하고 수행을 계속하는데 숲들이 더 깊어지는 듯하다가 갑자기 하늘이 뻥 뚫리는 듯하더니 저 멀리 군사 기지인지 뭔지 우뚝 솟은 시설물이 나타난다. 트랭글 지도에 큰골봉과 전망암을 통과한 것으로 표시되는데, 지났는지 지나지 않았는지도 모르겠다. 여하튼 뻥 뚫린 듯한 조망이 또다시 숲들에 가려버린다.

다시 꽃들이 나타난다. 하얀 산수국, 김일성이 좋아했다든가 하는 하얀 꽃잎에 진분홍색 수술을 가진 산함박꽃, 진분홍색 해당화, 이름 모를 하얀 꽃, 노란 꽃, 자주색 꽃들이 눈을 현란하게 만든다. 황홀한 어지러움 속에서 수행하다 보니 정상인 중봉까지 거리가 200m밖에 남지 않았단다. 아니

중봉에서 보이는 풍경 촬영, 미세먼지로 뒤덮여 있다.

화악산에 핀 야생화

지금이 6월 중순이 지났는데 아직도 분홍색 철쭉꽃까지 수행자를 맞아주고
있었다.

드디어 한반도의 중심인 중봉에 선다. 우거진 숲에 가려졌던 산들이
어렴풋이 너울 치는 모습이 희미하게 보인다. 한 가지 아쉬운 것은 미세먼지
가 조망을 망치고 있었다. 또 하나의 아쉬움은 화악산 정상으로 향하는
수행로가 철조망으로 굳게 닫혀 있었다는 것이다. 철조망 너머 초소에는
두 명의 군인들이 삼엄하게 경계를 서고 있었다. 참으로 가슴 아프지만
어쩌랴. 그게 우리나라 분단의 현실인 것을. 그나마 중봉 정상부에서도
수행자의 키보다 더 높게 자란 산꽃나무들이 활짝 피어 하늘과 경계를
이뤄 천상의 아름다움을 만들어 내고 있으니 그것으로 위안 삼을 수밖에
없지 않겠는가.

중봉에서 전망 좋은 곳에 앉아 점심을 먹고, 관청리 전방 4km 전방을 표시하는 이정표를 지나서 큰골로 접어들어 하산한다. 내려오면서도 꽃잔치는 계속되고 있다. 계곡에서 물 흐르는 소리가 졸졸졸 들린다. 좀 내려가다 보니 물가에 제법 큰 평평한 바위가 나왔다. 햇볕이 내리쬐는데도 바위 위에 벌러덩 누워버린다. 얼굴은 햇볕에 그을려 거의 소주 2병이나 먹은 것처럼 뻘겋다. 바위는 열을 받아 찜질방 수준이다. 찜질방에서 누워 있는 셈치고 누운 것이다. 계곡에서 많지는 않지만 맑은 물이 졸졸 흘러내리는 소리에 집중하니 오히려 시원해지는 느낌이 드는 것은 웬일일까?

오늘 중봉에서의 묵언수행, 날씨만 좋다면 주능선에 오르면서 춘천호를 굽어볼 수도 있으며, 중봉 정상에서는 남쪽으로는 애기봉과 수덕산, 남서쪽으로는 명지산을 볼 수 있다는데 미세먼지와 운무 때문에 보지 못한 것이 못내 아쉬웠다. 그러나 수행로 주변의 산화山花들이 오색 옷을 입고 군무를 추며 나를 반겼고, 야생의 향기로 나를 홀렸다. 이것만으로 충분히 가치 있는 나만의 묵언수행이 되지 않았을까?

[묵언수행 경로]

관청리 띠아모팬션 입구 주차(08:10) > 중봉 1.6km전방 삼거리 이정표
(10:17) > [큰골봉 > 전망암] > 중봉(11:49) > 점심(12:03) > 관청리
전방 4km 이정표(13:36) > 큰골 - 바위 휴식(15:16) > 원점회귀(16:06)
<수행 거리: 10.2km, 소요 시간: 8시간>

백두대간의 중심에서 청송青松을 만나다

가리왕산 정상석에서

　오늘도 미세먼지가 서울 하늘을 뒤덮고 있다. 십수+數 년 전만 하더라도 서울 등 대도시에서만 미세먼지를 걱정했는데 최근에는 중국발 황사나 미세먼지가 전국을 뒤덮어 숨쉬기 힘들 정도다. 청정清淨 지대이라고 일컬어 온 강원도 산악 지대 등 전국의 심산유곡深山幽谷도 이제는 거의 예외가 아니다. 정말로 큰일이다. 나는 비록 미세먼지가 전국을 뒤덮고 있더라도 묵언수행을 멈출 수 없다. 그래서 오늘은 강원도 심산유곡인 가리왕산 묵언수행에 나선다. 혹시 가리왕산이 워낙 심산유곡이라 미세먼지가 없거나 덜하다면 더욱 좋을 테고.

가리왕산은 강원 정선군과 평창군에 걸쳐 있는 산으로 우리나라에서 'Top 10'에 드는 산이다. 높이는 1,561m다. 태백산맥의 중앙부를 이루며 상봉 외에 주위에 중봉(1,433m), 하봉(1,380m), 청옥산(1,256m), 중왕산(1,371m) 등 높은 산들이 있다. 청옥산이 능선으로 이어져 있어 같은 산으로 보기도 한다. 한강의 지류인 동강東江에 흘러드는 오대천五臺川과 조양강朝陽江의 발원지이다. 가리왕산의 너른 품 안에서는 주목, 잣나무, 단풍나무, 갈참나무, 박달나무, 자작나무 등이 군락을 이루어 울창하게 자라고, 취나물, 두릅, 산작약, 당귀 같은 산약초가 많이 자생하고 있다. 조선 시대에는 <산삼봉표석山蔘封標石>을 세워 일반인들의 출입을 통제했을 정도로 왕실의 든든한 산삼 공급처였다. 한편 숙암 방면의 입구 쪽 약 4km 구간에는 철쭉이 밀집하여 봄에는 장관을 이룬다.

옛날 맥국貊國의 갈왕葛王(또는 가리왕加里王)이 이곳에 피난해 성을 쌓고 머물렀다는 데서 갈왕산이라고 부르다가 이후 일제 강점기를 거치면서 가리왕산으로 이름이 바뀌었다고 하는데 지금도 갈왕산으로 부르기도 한다. 북쪽 골짜기인 장전리에는 갈왕이 지었다는 대궐 터가 남아 있다. 1993년에 가리왕산 남동쪽 기슭의 가장 깊은 골짜기인 회동계곡에 자연 휴양림이 조성됐다.

오늘의 묵언수행은 가리왕산 자연 휴양림 주차장에서 출발하겠다는 계획을 세우고 집을 나선다. 서울에서 가리왕산 휴양림까지는 180여 km, 2시간 반은 족히 걸리는 거리이므로 당연히 일찍 일어나 서두르는 것이 좋다. 오늘은 토요일이므로 교통 체증을 감안해야 하기 때문이다. 서둘러 출발하니 예상보다 좀 더 빠른 시각인 8시 10분경 휴양림 주차장에 도착한다. 가리왕산에 도착하니 공기 청정도나 시야가 흐리긴 서울이나 별반 차이가 없었다. 배낭을 챙기고, 스틱을 챙기고, 등산화 끈을 동여매고 본격적으로 묵언수행에 돌입한다. 매표소를 지나고 5분 정도 걸어 올라가니 청송교青松橋가 나온다. 청송은 내가 좋아하는 나무다. 그래서 나를 스스로 청송이라는 아호로 부르고 있지 않은가. 청송교를 만나니 스스로 마음이 흐뭇해지고 반갑다. 청송교 안내판을 자세히 보니 소나무의 특성을 잘 설명하고 있어 여기에 옮겨본다.

"우리 민족과 더불어 장구한 세월을 꿋꿋하게 살아온 소나무의 아름다움을 보라! 경박하지 않고 장중하며, 화사하지 않고 엄숙하며, 속되지 않고 고결한 저 모습을."

이어 고산 윤선도의 오우가五友歌 중 '솔'에 대한 시조 한 수를 덧붙여 놓았다.

더우면 꽃 피고 추우면 잎 지거늘(더우면 곳 뮈고 치우면 닙 디거늘)
솔아 너는 어찌 눈서리를 모르는가.(솔아 너는 얻디 눈 서리를 모르는다)
구천에 뿌리 곧은 줄을 글로 하여 아노라(구천九泉의 불휘 고든 줄을 글로
호야 아노라.) *괄호 안은 한글 고어체古語體임.

청송에 대한 감상에 젖다 보니 갑자기 솔향이 바람에 흩날리는 것 같은 느낌이 든다. 청송교를 지나니 어은魚隱골이 나온다. 어은골은 옛날 골짜기 입구에는 이무기가 살았는데 이 이무기 때문에 물고기들이 숨어 살았다고 하여 어은골이라 하지 않았을까 라고 설명하고 있는 해설판을 읽으니 입가에 빙긋 미소가 머문다. 3~4분 나아가니 천 일 동안 말을 삼가고 좌선坐禪 기도祈禱하면 득도得道할 수 있다는 수행길지修行吉地 천일굴天日屈이 나온다. 천일굴 안으로 들어가 보니 2~3평 정도 되어 보이는 조그만 동굴이었다. 수행자인 나도 혹시 수행에 도움이 될까해 가부좌를 틀고 2~3분 정도 앉아 있다가 나왔다. 천 일을 좌선 수행해야 효험이 있다는데 물론 2~3분 있다가 나왔으니 당연히 효험이 없을 터. 그러나 좌선 수행만이 득도를 하는 유일한 방법은 아니지 않겠는가. 나는 나의 방법인 보행 묵언수행에 나선다.

천일굴에서 나와 마항치 삼거리로 나아가는데 원시
림에 가까운 숲들이 수행로까지 드리워져 수행자의
나아감을 방해한다. 때로는 고개를 숙이고 허리를 굽
혀야 지나갈 수 있다. 가리왕산 신령님을 배알拜謁해야
하니 어찌 보면 머리를 숙이고 가는 것이 당연하지
않겠는가. 고개를 숙여 나아가다 보면 여기저기 이름
모를 산꽃들이 화악산에서와 마찬가지로 고개를 내밀
며 수행자를 반기고 격려한다.

초롱꽃

마항치 삼거리를 지나니 활짝 핀 산동백꽃, 산수국,
병꽃 등이 울긋불긋 피고 있었다. 아름다운 우리나라 산꽃들의 격려를
받으며 수행을 계속하는데 갑자기 먼 하늘을 배경으로 우뚝 솟아 자라고
있는 천년 주목들이 군데군데 나타나기 시작한다. 주목이 보이고, 하늘이
보이니 주변의 조망이 터지기 시작한다. 산 정상이 가까워지는 것 같다.
그런데 조망은 열리기 시작했지만 미세먼지, 그놈의 중국발 미세먼지가
에메랄드 하늘을 잿빛으로 뿌옇게 물들여 놓고 있어 아쉽게도 아름다운
조망을 볼 수 없었다.

잠시 후 제법 평평한 평지 위에 자연석 돌탑이 보이고 그 옆에 가리왕산

가리왕산 정상 근처에서 촬영한 사진. 미세먼지가 너무 심해 주변의 풍광이 보이지 않는다.

가리왕산 정상

정상석이 우뚝 솟아 있었다. 드디어 내가 정상의 땅을 밟고 있는 것이었다. 나와 같은 수행로로 정상까지 올라온 사람은 한 사람도 없었는데 어느 수행로로 올라왔는지 일고여덟 명의 사람이 먼저 올라와 왁자지껄하고 있었다. 어떤 사람들은 옹기종기 앉아 점심을 먹고 있었고 어떤 사람들은 먹을 자리를 찾고 있었다. 어디에선가 쿰쿰한 홍어 삭힌 냄새가 폴폴 난다. 하늘에서 눈발 날리듯 많은 산파리들이 쿰쿰한 냄새를 쫓아 이리저리 날아다닌다. 내 얼굴에도 여기저기 붙었다 떨어지기를 반복한다. 나는 평평한 정상에서 점심을 먹으려다 포기한다. 가리왕산 정상에 왜 이렇게 산파리가 많을까 하는 의문에 휩싸인다. 해발 1,600m에 가까운 고지인데 바람도 세게 불어 나뭇가지가 여기저기 꺾여 있는데 말이다. 그것은 인간들의 자연 환경 파괴로 인한 것 말고는 뚜렷한 원인이 없어 보인다. 특히 정상에서 음식을 먹고 난 후 음식 쓰레기를 여기저기 버려 파리들의 서식 환경을 만들어주고 있기 때문이 아닐까. 나는 도저히 정상에서 점심을 먹을 자신이 없어 정상에서 20분 이상 하산한 후 정상 삼거리 근처의 호젓한 곳에서 점심을 먹는다. 나의 점심이라야 팥빵 한 개, 삶은 고구마 두 개, 사과 한 개가 전부다. 정상에서 20분이나 내려왔는데도 파리 두세 마리가 내 주위를 맴돌고 있었다.

간단히 점심을 해결한 후 정상 삼거리를 거쳐 본격적인 하산 수행에 들어간다. 정상 삼거리에는 오래된 참나무 세 그루가 다정하게 살아가고 있었다. 좀 더 내려가니 기묘하게 자라고 있는 참나무 한 그루를 만났다. 참으로 신기한 모습으로 잘 자라고 있었다. 또다시 아무도 없는 울창한 숲속 사이 나홀로 뚜벅뚜벅 하산한다. 수행로 주변에는 이름 모를 연보라색 꽃과 노란색 꽃 피어 있는데 연보라색 향기로운 꽃에는 나비인지 나방인지 모를 곤충이 꿀을 빨고 있었고, 노란 꽃은 나에게 공손히 고개 숙여 절을 하고 있었다.

잠시 후 주목 군락지를 통과하여 중봉에 이른다. 중봉에서 바라보니 평창 동계 올림픽을 위해 스키 슬로프를 만들고 있는 공사 현장이 보인다. 산의 정상부터 아래로 벌채를 한 후 산을 깎아내린 모습이 흉물스럽다. 올림픽 때문에 어쩔 수 없겠지만 과연 저렇게 자연을 훼손하여 얻을 수 있는 게 뭐가 있을 것인지를 생각하면 괜스레 자연에 미안하기도 하고 가슴 답답하기도 하다. 자연의 파괴 현장을 보고도 어쩔 수 없는 답답함을 떨쳐버리려면 힘차게, 더욱 힘차게 걷는 묵언수행이 제일이다. 임도를 지나 내려오니 표피가 순백인 미목 자작나무를 만나고, 금강송처럼 쭉쭉 뻗은 각선미를 가진 소나무, 청송을 만난다. 이제 곧 주차장이다.

오늘 하루 묵언수행, 섭섭함도 많았다. 가리왕산 정상 망운대는 정선 8경 중 하나라는데, 동쪽으로는 청옥·두타산이, 서쪽으로는 치악산이, 북쪽으로는 오대산이 보인다는데 그놈의 미세먼지 때문에 망쳐버렸다. 단지 운무雲霧 때문이라면 신비감이 증폭돼 육안肉眼이 아닌 심안心眼으로라도 보았을 텐데. 또 정상에서의 산파리 떼, 뭔가의 대책이 필요해보였다. 그러나 이러한 섭섭함에도 청송교에서 청송에 대한 찬미를 보았을 뿐 아니라, 수많은 아름다운 산꽃과 맑은 물들이 나를 반겨줬고, 마지막으로 쭉쭉 뻗은 청송을 만났으니 그 아니 기뻤다고 말할 수 있으랴.

나는 하산한 후 평창 대화에 있는 <이승순 메밀막국수> 집으로 달려간다. 주인장 전 사장님은 나를 반겨준다. 맛있게 한 그릇 먹어 치우고 묵언수행을 마무리한다.

대화에 있는 막국수 맛집에서 묵언수행 마무리하다.

[묵언수행 경로]

가리왕산 자연 휴양림 주차장(08:10) > 청송교靑松橋(08:15) > 심마니교
(08:30) > 어은골(08:34) > 천일굴(08:36) > 어은골 임도 이정표(10:10)
> 무덤(11:00) > 마항치 삼거리(11:32) > 헬기장(11:47) > 가리왕산
(12:03) > 점심(12:23) > 정상 삼거리 이정표(12:47) > 주목 군락지
(13:24) > 중봉(13:40) > 중봉 임도(14:35) > 주차장(15:50) > 아승순
메밀막국수(17:20)

<수행 거리: 13.5km, 소요 시간: 7시간 56분>

대암산大巖山　41회차 묵언수행　2017. 6. 25. 일요일

신비스런 용늪 주위를 트레킹하고
대암산을 묵언수행하다

정상 오르기 직전 대암산 고도 표지판을 들고

　오늘 대암산(1,310m)과 '용늪' 묵언수행을 고교 동문들의 산악회인 <명산순례회>를 따라나섰다. 이 지역은 군사 시설 보호 구역이므로 군 당국의 허가를 받지 않으면 입장할 수 없는 지역이다. 혼자서 묵언수행하기는 힘들다. 사정이 그러하기에 산악회를 따라 나설 수밖에 없었다.

　신비스런 용늪 주위를 트레킹로를 따라 수행한다. 용늪으로 출입하기 전에 먼저 신발털이 기계를 이용해 신발을 털어야 한다. 이는 다른 곳의 씨앗들을 묻혀 들어와 용늪의 식물 생태계가 훼손되고 파괴되는 것을 방지하기 위해서라고 한다.

큰용담을 둘러보는 탐방객들이 줄을 잇고 있다.

용늪은 강원도 인제군 대암산 정상부에 위치한 1.36㎢ 면적의 산지 습지이다. 1966년 비무장 지대의 생태계 연구 과정에서 발견됐고, 남한 지역에서 유일하게 산 정상부에 형성된 습지다. 1989년 자연 생태계 보전 지역으로 지정됐고, 1997년 국내 처음으로 <람사르협약>의 습지로 지정됐으며, 1999년 습지 보호 지역으로 지정됐다. 1999년 습지 보호 지역으로 지정될 당시에는 1.06㎢였으나 2010년 심적리에서 고층습원 0.12㎢가 새로 발견돼 보호 지역으로 추가됐다.

용늪의 이탄층에서 추출한 꽃가루를 분석한 결과 습지가 처음 만들어진 시기는 약 4,200년 전쯤이라고 한다. 용늪 이탄층의 화분 분석은 고생태학과 고기후학에 관한 연구를 수행할 수 있어 학술적 가치가 매우 높다고 한다.

큰용담에 핀 비로용담

용늪 주위를 트레킹하면서 이 습지에서만 자란다는 신비스럽고도 깜찍한 감색紺色 비로용담을 만나고, 보기 힘들다는 끈끈이주걱도 만난다. 각종 사초들이 정갈하게 자라고 있어 평화로운 잔디밭처럼 보여 용담으로 뛰어들어 누워보고 싶다는 생각이 들 정도다.

다음은 대암산으로 묵언수행을 떠난다. 대암산을 오르내리는 주위는 아직 미확인 지뢰 지역이다. 사고를 방지하기 위해서는 탐방로를 철저하게 지켜야 한다. 그러니 안전사고 방지를 위해 군인 2명이 탐방이 끝날 때까지 따라붙어 다닌다. 밀림 같은 숲속으로 조성된 평탄한 길을 천천히 따라 올라가면 우거진 숲이 풍겨내는 신선한 산소가 온 몸을 부드럽게 파고든다.

해발 1,000m를 올라가면 서서히 가팔라지고 바위들이 나타나기 시작한다. 평탄한길을 오를 때는 몰랐는데 오르막이 가팔라지고 암릉이 나타나자 대암산 정상을 오르기 위해 기다리는 탐방객이 줄을 지어 대기하는 사태가 벌어졌다. 우리가 용늪과 대암산을 찾은 날, 하필이면 탐방객이 넘쳐났다. 최대 수용 인원이 몇 명인지 모르겠지만 아마도 수용 인원을 넘었지 않았나 하는 생각이 들 정도였다. 모르긴 해도 10m 앞으로 나가는 데 10분 이상이나 넘게 걸린 듯하다. 정상이 100m 정도 남았을 때는 아예 움직일 수 없을 정도로 그 자리에 정체돼 있었다. 이 날은 여자 탐방객들이 특히 많이 눈에 띄었는데 오르내림이 쉽지 않았으니 시간이 더욱 지체된 것 같았다. 어떤 탐방객들은 정상을 밟아보지도 않고 돌아가기도 했다. 1m도 움직이지 못하고 마음을 졸이며 그 자리에 가만히 서서 대기한 시간이 30분쯤 흘렀을까. 드디어 올라갈 기회가 왔다. 암릉은 가팔랐으므로 밧줄을 잡고 끙끙거리며 정상으로 올라갔다. 나에게도 쉽지 않은 도전이었다.

땀을 뻘뻘 흘리면서 아찔아찔 드디어 정상에 올랐다. 과연 대암산이라는 산 이름에 걸맞게 큰 바위들이 기기묘묘한 모습으로 나를 맞이했다. 내가 올라갔을 때는 우리 일행들은 모두 내려가고 없었다. 날씨가 흐려 조망에는 한계가 있었지만 우리가 갈 수 없는 북녘땅의 아름다운 전망이 어렴풋이 보였다.

대암산 주변 산들이 운무에 가려져 더욱 신비감을 자아낸다.

대암산 정상으로 오르려는 등산객이 줄지어 대기하고 있다.

가만히 생각해보니 오늘이 6.25 발발 47주년이었다. 북쪽을 바라보니 우리 민족이 어찌 이렇게 시련을 겪는 것인지 참으로 가슴이 저려온다.

아름다운 정상을 나 혼자 독점할 수 없다. 아직도 많은 탐방객들이 줄을 서서 기다리고 있으니 아쉬움을 뒤로 남긴 채 자리를 뜨지 않을 수 없었다. 대암산, 정말 멋지다. 용늪은 신비스럽다. 우리나라 금수강산, 좋을시고! 좋을시고!

[묵언수행 경로]

양구군 동면 팔랑리 통문 > 버스 회차 지점 2.5km진행 > 하차 > 군사 도로 3.5km 도보 > 위병소 도착 > 보안 서약서 작성, 신분증 보관 > 문화해설사 설명 > 군장병 두 명 인솔 > 작은 용늪 > 큰 용늪 > 용늪 관리소 아래 지정 공터-점심 > 용늪 관리소 뒤로 이동 > 대암산 산행 > 대암산 정상 > 용늪 관리소 > 인원 체크 - 위병소 - 신분증 회수 - 군사 도로 > 버스 회차 지점 탑승 > 통문
<수행 거리: 12km, 소요 시간: 6시간 14분>

삼악산三嶽山 **42**^{회차} 묵언수행　2017. 7. 1. 토요일

인간들의 어리석음을 비웃는 삼악산 용화봉에 오르다

삼악산 용화봉 정상석

삼악산은 강원 춘천시 서면 경춘로 1401-25에 있는 산으로 높이는 654m이고 주봉主峰은 용화봉龍華峰이다. 서울에서 북쪽으로 80km, 춘천에서 남서쪽으로 10km 떨어진 곳에 있다. 경춘 국도의 의암댐 바로 서쪽에 있으며, 북한강으로 흘러드는 강변을 끼고 남쪽으로 검봉산, 봉화산이 있다. 봉우리가 3개라 삼악산이라는 이름이 붙었다. 3개 봉우리는 주봉인 용화봉, 청운봉(546m), 등선봉(632m) 3개다. 3개 봉우리에서 뻗어 내린 능선이 암봉을 이룬다.

또 삼악산은 고대 맥국貊國과 관련된 지명이 많다. 산의 중심부에 있는 삼악산성은 신라와 예滅의 공격을 받은 맥국이 최후의 방어선으로 이용했던 곳이다. 등선폭포의 일대는 군사들이 쌀을 씻었던 곳이라 하여 <시궁치>라고 불렸고, 그 아래에 있는 <의암衣巖>이라는 마을은 군사들이 옷을 씻어

말리던 곳이라 하여 붙여진 이름이다. 그 외에도 우두산성, 월곡리 능산, 신북의 대궐터 등 옛 맥국의 흔적들이 널브러져 있다.

산의 규모가 크거나 웅장하지는 않지만 경관이 수려하고 기암괴석으로 이루어져 있어 많은 등산객이 찾는다. 명소 가운데 등선폭포登仙瀑布는 높이 15m의 제1폭포 외에 제2, 제3폭포가 더 있고, 그 외에 등선, 비선, 승학 백련, 주렴폭포 등 크고 작은 폭포가 이어진다. 정상에서는 의암호와 북한강이 내려다보여 절경을 이룬다.

오늘은 친구인 이 산신령이 나의 마흔두 번째 백대명산 삼악산 묵언수행에 같이 따라나선다. 수행로는 의암 매표소 들머리에서 정상을 찍고 등선폭포로 내려오는 것으로 정했기 때문에 원점회귀하기가 쉽지 않아 각자가 따로 차를 가지고 가는 것으로 했다. 나와 친구는 등선폭포 입구에서 만나 친구의 차는 등선폭포 입구에 주차해두고 내 차로 같이 의암 매표소로 이동한다. 그 이유는 묵언수행을 완료하고 난 후 등선폭포 입구에서 내가 차를 다시 회수할 수 있도록 하기 위해서다. 이렇게 저렇게 하여 우리가 의암호 매표소에 도착한 시각은 아침 9시경이 됐다.

의암호에 상원사로 오르는 수행로는 가파르기가 장난이 아니다. 대부분 강변에 있는 산들은 가파르다는데 정말인 것 같다. 어림짐작으로 45°는 돼 보이고 암릉 구간에서는 60° 이상인 곳도 허다했다. 삼악산의 악岳자를 다시 한번 상기시켜주기에 충분했다. 조금 오르다 보니 곧바로 철 계단이 나온다. 어쩔 수 없이 계단을 올라야 하지만 계단으로 오르는 것은 그렇게 유쾌하지는 않다. 그래도 오르지 않으면 안 되는 통과 의례다.

잠시 후 상원사가 나온다. 우리나라에는 상원사란 절 이름이 참 많기도 하다. 오대산에도, 치악산에도, 용문산에도 상원사가 있다. 이름이 좋은 건가? 이런 생각을 하며 상원사 경내를 잠시 둘러보고 다시 수행을 이어간다.

곧 이어 깔딱 고개가 나온다. 크 계속 깔딱 깔딱 하며 올라왔는데 또 무슨 깔딱 고개란 말인가. 깔딱 고개를 오를 때까지는 수목과 암봉들에 둘러싸여 조망이 터지지 않았는데 깔딱 고개를 지나고 나니 환상적인 조망이 연출된다.

멋진 바위와 노송

오늘도 그놈의 미세먼지가 방해하고 있었지만 말이다. 암릉 주위에서 멋들어지게 자라고 있는 소나무들, 바위 사이에 앙증맞게 피어있는 노란 꽃, 게다가 저 멀리 의암호와 그 주변의 환상적인 풍광이 눈에 들어오기 시작한다.

의암호 수면 위에 거대한 붕어 한 마리가 둥둥 떠다닌다. 그게 바로 의암호의 명물 <붕어섬>이란다. 거대한 붕어 한 마리가 아름다운 소나무 가지와 암벽, 암봉 사이로 보이니 환상적인 아름다움이다. 저 붕어가 붕鵬새로 변했다는 거대한 물고기 곤鯤인가?(*붕과 곤: ≪장자≫의 <소요유편>에 나오는 거대한 새와 물고기 이름)

이런 엉뚱한 상상을 하면서 수행하다 보니 갑자기 생존에 몸부림치는 소나무 한 그루가 나타난다. 척박한 환경에서 살아가고 있었다. 흙이 사라진 바위 사이에 다 드러난 소나무 뿌리가 물을 찾아 그물망처럼 뻗어 내리고 있었다. 참으로 생존을 위한 투쟁이 얼마나 엄숙하고 귀한 것인

붕어섬. 암벽과 기송들 사이에 거대한 붕어 한 마리가 떠다닌다.

지 가슴이 찡해지는 것은 나만의 감상인가.

이런 상념에 빠져 가다보니 갑자기 암봉에 걸려 있는 가파른 계단이 앞을 가로 막는다. 계단을 올라서서 약 7~8분을 주변을 두리번거리면서 수행로를 따라가니 해발 654m 용화봉이 나왔다. 미세먼지가 더 심해졌나? 용화봉을 올라서니 주변이 뿌옇다. 마치 안개 속에 있는 것 같다. 붕어섬도 선명하게 보이지 않는다. 그놈의 미세먼지가 문제다, 문제여.

용화봉에서 날씨를 한탄하다 하산 수행에 접어든다. 큰초원을, 333계단을, 흥국사, 삼악산성지를 지난다. <큰초원>은 이름에 걸맞지 않게 좁은 작은 초원이다. 몽골의 초원을 연상하면 절대 안 된다. 그래도 이 작은 초원은 평평하고 소나무 숲에 둘러싸여 있어 좋다. '미세먼지 나쁨'의 기후이지만 그래도 솔향이 솔솔 풍기는 <큰초원>이다. 여기서 솔향을 맡으며 간식을 먹고 자리를 털고 계속 하산 수행을 한다. 이 길로 접어들어 수행하다보면 깨진 기왓장, 벽돌들이 수없이 나뒹군다. 역사 속에서 사라진 옛 건축물이나 성벽의 구성물이었을 것이다. 참으로 세월의 무상함을 느낀다. 제행무상諸行無常이다.

삼악산 성지에서 약 30여 분을 내려 오니 청명한 물소리가 계곡을 공명한다. 폭포가 일곱 개나 있는 폭포골이다. 규모는 주왕산의 협곡에 비하여 좀 작았 지만 폭포골 골짜기는 수십 길의 절벽 으로 이루어진 Ʊ자 형 골짜기다. 어떤 곳은 마치 도자기처럼 생긴 'Ʊ'자 형 이다. 약간 과장하면 골짜기 위의 한쪽 에서 다른 한쪽으로 뛰어 건널 수도 있을 만큼 붙어 있는 곳도 있었다. 이

등선 제1폭포

폭포골에서는 7개의 폭포(등선1, 2, 3 폭포, 비선폭포, 승학폭포, 백련폭포, 주렴폭포)가 흘러내리는데, 폭포 소리가 천상의 하모니를 연주하는 것 같았다. 이 폭포골에서 흘러내리는 폭포 이름 은 대부분 선녀와 신선들과 관련된 이름이다. 이들 이름처럼 선녀와 신선 들의 놀이터였으니 선계의 풍경이 아니 라고 그 누가 우길 수 있으랴.

삼학산과 폭포골은 그 옛날 인간들이 피바람을 일으켰던 역사 현장이었다. 자연은 그 비참함을 다 지켜보았지만 그냥 무심하게 인간들의 어리석음을 비웃으며, 자연 그대로의 아름다움으로 또 다른 어리석은 인간들을 치유하고 있었다. 묵언수행을 마치고 근처에서

금강굴이라 불리는 협곡. 너무 좁아 동굴처럼 보인다고 하여 붙여진 이름이라고 한다.

맛집으로 소문난 <새술막막국수>에서 또 다른 하나의 수행인 식도락을 즐겼다.

[묵언수행 경로]

의암 매표소 들머리(09:03) > 상원사(09:27) > 깔딱 고개(09:43) > 용화봉 (10:41) > 큰초원(10:56) > 333계단(11:36) > 흥국사(11:51) > 삼악산 성지 (11:53) > 주렴폭포(12:25) > 비룡폭포 > 백련폭포 > 승학폭포 > 등선제1 폭포(12:37) > 등선폭포 입구 마을(12:43), 새술막국수(13:22~13:56)

<수행 거리: 4.95km, 수행 시간: 3시간 40분>

아름답고 아기자기한 천관산을 전세 내다

천관산 연대봉 정상석

전남 장흥의 천관산은 도립공원에 속하며 지리산, 월출산, 내장산, 변산과 함께 호남의 5대 명산 중 하나로 일컫는다. 산 높이는 723m이다. 산이 바위로 이루어져서 봉우리마다 하늘을 찌를 듯이 솟아 있다. 수십 개의 기암괴석과 기봉이 꼭대기 부근에 삐죽삐죽 솟아 있는데 그 모습이 주옥으로 장식된 천자의 면류관 같다하여 천관산이라 불린다고 한다.

정상에서는 남해의 다도해, 영암 월출산, 장흥의 제암산, 광주의 무등산이 조망되고, 정상 부근의 억새밭이 5만여 평으로 장관을 이루며, 매년 가을 정상인 연대봉에서는 산상 억새 능선 4km 구간에서 <천관산억새축제>가 개최되고 있다.

봄철 산행지로도 유명한데 4월 중순이면 천관산에서 장천재로 이르는 구간과 연대봉 북쪽 사면으로 이어지는 구간에서 진달래가 만발해 장관을 이룬다고 한다.

이번 천관산 묵언수행은 애초에는 고교 동기 중 산을 잘 타기로 소문난 산신령급 3명(이 산신령, 손 산신령, 강 변호사)과 함께 7월 8, 9일 양일간 천관산과 팔영산을 산행하기로 계획했었다. 하룻밤 묵을 숙소로는 팔영산 자연 휴양림으로 정했었다. 그러나 장마의 영향으로 현지에 비 소식이 있어서 일정을 1주일 연기할 수밖에 없었다. 천관산, 팔영산이 바위산이기도 하지만 우천 산행은 안전사고를 주의해야 해서다.

1주일을 연기했지만 전국적으로 또 비소식이 있다. 일기 예보를 유심히 관찰해보니 남도 쪽도 한때 소나기로 예보되고 있었다. 그렇다고 나의 묵언수행을 계속 뒤로 연기할 수는 없었다. 일단 저지르고 보자는 생각으로 묵언수행을 출발한다. 만약 비가 계속 온다면 맛집이 많기로 소문난 남도에 가는데 무에 그리 걱정이란 말인가. 비가 오면 소고기나 장어를 잔뜩 구워먹고 놀다오면 그만이지 않는가.

남녘으로 내려가는 도중 잔뜩 찌푸린 하늘에서는 결국 폭우를 쏟아낸다. 지금 상태라면 묵언수행은 어려울 것 같아 점심부터 먹고 가기로 하고 강 변호사 고향인 영광으로 차를 돌렸다.

영광의 유명한 맛집에서 굴비 정식을 먹고, 영광에 소재한 4대 종교의 하나인 원불교 성지도 천천히 구경하고 난 후 아직도 비는 부슬부슬 내렸지만 다시 장흥으로 출발한다. 맛집도 좋지만 그래도 나에게는 묵언수행이 더 중요하기 때문이다.

기왕에 멀리까지 왔으니 좀 늦더라도 꼭 천관산에서 묵언수행을 해야겠다는 조급한 마음이 들어 차를 급하게 몬다. 천관산 장천재 주차장까지 '내비'가 안내한 도착 시각은 3시 40분경이지만 막상 주차장 도착한 시각은 3시 10분 정도다. 30분이나 이르게 도착했다. 꽤나 과속했나 보다. 주차장에는 궂은 날씨 탓인지 상가 손님 차량 몇 대만 보이고 텅 비어 있었다. 날씨는 잔뜩 흐려 있었지만 그래도 다행히 비는 멈추었다. 묵언수행을 하는 데는 전혀 문제가 없다. 이것저것 준비하니 10여 분이 훌쩍 지나버린다. 본격적으로 묵언수행에 들어간 시각은 3시 25분경. 한 바퀴 돌고 내려와도 7시 30분은 될 것이다. 탐방객은 우리가 올라갈 때 내려오던 젊은 남녀 한 쌍이 전부였다. 우리 일행이 아름답고 기묘한 천관산을 통째로 전세 낸 거나 다를 바 없었다.

천태만상의 기암괴석군이 일렬로 도열해 있다. 그야말로 장관이다.

묵언수행을 시작하니 구름과 안개가 긴 탓에 진정 몽환적인 분위기다. 정말 조용하다. 그러나 습도가 높아 후텁지근한 날씨에 바람 한 점 없는 계곡 수행로를 오르자니 땀이 비 오듯 줄줄 흐른다. 비가 오지 않아 만무 다행이었지만 너무 후텁지근해 오히려 비가 좀 내렸으면 하고 바랄 정도였다. 이 곳이 예능 프로인 1박2일에 나왔는지 장천재를 지나자 삼거리에는 <이승기길>과 <강호동이수근길>로 갈라지는데 우리들은 3코스인 <강호동이수근길>로 올라갔다.

금강굴을 지나면서 암릉이 나타난다. 기기묘묘한 형상의 기암괴석들이 저마다에 걸맞은 이름을 갖고 온갖 자태를 뽐내고 있었다. 이제 바람도 조금씩 살랑대며 불어온다. 한결 살만하다.

잠시 후 환희대에 도착한다. 환희대는 '책 바위가 네모나게 깎여져 서로 겹쳐 있어서 만권의 책을 쌓아놓은 것과 같다'는 대장봉의 정상에 있는 평평한 석대石臺다. 이 대에 오르면 탐진강 평야부터 장흥 앞바다까지 한눈에 들어온다는데, 오늘은 운무가 사방에 자욱 끼어 있는 날씨 때문에 조망하기는 글렀다. 다소 아쉬웠지만 일행 중 일부는 호흡법으로 운기조식을 하기도 하고, 일부는 윗도리를 벗어 풍욕을 하기도 하고, 간식도 여기서 먹고 쉬었다

간다. 이 환희대에 올라오지 못한 사람은 이런 환희를 어찌 느낄 수 있으리오.

이제 기를 잔뜩 보충한 우리들은 넓은 억새 능선을 따라 올라간다. 농무에 가려 전체 조망은 볼 수 없었으나 가까이서 조금씩 살짝살짝 보여주는 기암괴석과 기봉에 감탄하면서 수행를 계속한다. 수행로 옆에는 범꼬리꽃, 참나리꽃, 원추리꽃 등 산화들이 이슬을 머금은 채 밝게 웃으며 아쉬워하는 우리를 격려하고 있었다. 잠시 후 천관산 연대봉에 도착한다.

연대봉 가는 수행로 주변에 핀 귀한 야생화 범꼬리꽃

연대봉 봉수대, 고려 의종조에 축조했다고 한다.

천관산 정상석 뒤로 장방형으로 쌓아올린 석대는 고려 의종 때 축조한 봉화대로 통신 수단으로 사용됐다. 그래서 이름도 봉수봉 또는 연대봉으로 불린다고 한다. 연대봉의 옛 이름은 옥정봉이며 천관산의 가장 높은 봉우리다. 멀리 보이는 3면이 남해의 다도해로, 동쪽은 고흥의 팔영산이, 남쪽으로는 완도의 신지, 고금 약산도 등이 그림처럼 펼쳐져 보일 뿐만 아니라 맑은 날에는 해남의 대둔산, 영암 월출산, 담양의 추월산이 보이고 심지어는 남서쪽 중천에 한라산까지 조망할 수 있다고 한다. 그러나 오늘은 지척이 보이지 않는 농무로 인해 아쉽게도 전혀 조망해볼 수 없다. 안개가 사라질 기미라도 보인다면 연대봉 정상에서 조금 더 기다리다 절경을 조망하고 내려왔을 것이다. 그러나 안개가 더 짙어지고 있어 아쉬움을 남겨둔 채 하산할 수밖에 없었다.

하산 수행은 정원암과 양근암, 문바위, 장안사를 지나 주차장으로 내려와 마무리하게 되는데, 오늘 천관산에 대해 마음 속 깊이 느낀 점을 몇 가지 이야기하지 않을 수 없다.

오늘 숨이 막힐 정도로 후텁지근한 날씨에 농무까지 끼어 다도해 전경이나 주변의 명산들이 황홀하게 그려내는 산 너울을 전혀 조망할 수가 없었다. 그럼에도 천관산은 너무 아름답고 아기자기한 산으로 오랫동안 나의 기억에 남아 있을 것이 틀림없다. 천관산은 정말 기묘하게 생긴 바위들이 널브러져 있었다. 월출산이나 설악산처럼 웅장하지는 않지만 훨씬 정교하고 오묘한 것이 마치 정교한 조각처럼 보인다.

또 수행로가 그렇게 험하지 않으면서도 주변의 기암괴석들이 끊임없이 볼거리를 제공하고 있으니 누구라도 쉽게 올라와 그 아름다움에 접근하고 즐길 수 있는 곳이 바로 천관산이다. 천관산은 이러한 점들 때문에 비록 규모는 작으나 도립공원으로 지정될 수 있었으며, 천관산을 지리산, 월출산, 내장산, 변산과 함께 호남의 5대 명산 중 하나로 일컫는 이유가 아니었을까.

이러한 천관산이 수도권이 아닌 전라도에 있는 것이 참으로 다행이라는 생각이 든다. 이렇게 아기자기하고 아름다운 산이 서울 근처에 있어 접근성까지 좋다면 몰려드는 인파에 도저히 견뎌내지 못하고 파괴됐을 것이기 때문이다.

자연이 빚어놓은 조각품들

묵언수행을 마친 후 장흥 토요 시장으로 이동하여 장흥의 특산물인 한우와 키 조개관자 그리고 표고버섯 세 가지를 합한 음식인 <장흥 삼합>과 <짱뚱어탕>을 먹었는데 맛이 담백하고 먹을 만했다. 맛있는 먹거리를 찾는 것 또한 수행임은 말할 나위 없다.

[묵언수행 경로]

장천재 주차장(15:23) > 갈림길 이정표(15:32) > 금강굴(16:51) > 석선 (16:56) > 대세봉(17:04) > 당번·천주봉(17:20)> 환희대(17:29) > 천관산 연대봉(17:58)> 정원암(18:22) > 양근암(18:27) 문바위 > 장안사 > 주차장(19:36)

<수행 경로: 7.8km, 소요 시간: 4시간 18분>

수백 폭의 선경, 산수화에 폭 빠지다

팔영산 전경

　팔영산은 다도해 해상 국립공원 팔영산 지구에 속하는 산이다. 1998년 7월 30일 도립공원으로 지정됐다가 2011년 1월 1일부로 국립공원으로 승격됐다. 높이는 609m로 높지는 않으나 전남에서는 보기 드물게 스릴 넘치는 산행을 즐길 수 있는 곳이다. 징검다리처럼 솟은 다도해 섬들의 풍광을 감상하기에도 아주 좋다. 여덟 개의 봉우리가 남쪽을 향해 일직선으로 솟아 있다. 좀 황당하긴 하지만 세수 대야에 비친 여덟 봉우리의 그림자를 보고 감탄한 중국의 위왕이 이 산을 찾으라고 하는 어명을 내렸고 신하들이 조선의 고흥 땅에서 이 산을 발견한 것이 그 이름의 유래가 되었다고 한다.

　산은 높지 않으나 산세가 험준하고 변화무쌍하여 아기자기한 산행을 즐길 수 있으며 위험한 곳에는 철 계단과 쇠줄이 설치되어 있는 암릉 산행지이다. 정상에 오르면 시원하게 펼쳐지는 다도해와 남해의 푸른 바다 풍광은 가히 절경이다. 1998년 고흥군에서는 각 봉우리의 이름을 1봉 유영봉, 2봉 성주봉, 3봉 생황봉, 4봉 사자봉, 5봉 오로봉, 6봉 두류봉, 7봉 칠성봉, 8봉 적취봉이라고 지어 아름다운 이름으로 부르고 있다. 사실상 팔영산은 총 10개의 봉우리로 이루어져 있는데 8봉에 이어 강산리 쪽의 선녀봉과 남쪽으로 이어져 있는 맨 끝 산인 깃대봉까지 10봉우리다. 팔영산의 정상은 깃대봉으로 그 높이는 609m이다.

어제 장흥 천관산에 이어 오늘은 고흥의 명산 팔영산 묵언수행을 떠난다. 오늘도 아침부터 푹푹 찌는 더운 날씨다. 팔영산 주차장에는 야영객들만 보이고 산행객은 한 팀밖에 보이지 않는다. 국립공원이지만 산행 안내도도 손으로 그려서 복사해 붙여놓았다. 이렇게 허름한 것을 보니 탐방객이 많이 찾지는 않는 것 같다.

제1봉 유영봉

우리 일행 네 명은 팔영산 들머리로 진입한다. 푹푹 찌는 날이었지만 숲속 길로 들어서니 그래도 견딜만하다. 하기야 수행자는 이 정도 더위는 견뎌야만 한다. 조금 올라가니 허접한 흔들바위가 나오는데 그곳에서 시끌벅적한 탐방객 세 사람을 만났는데 입담들이 보통이 아니었다. 우리 일행은 그들을 추월해서 먼저 올라간다. 유영봉까지의 거리가 400m밖에 남지 않았다는 이정표가 나오고, 그 이정표를 지나니 자주색 엉겅퀴 꽃에 벌 세 마리가 붙어 꿀을 따고 있었고, 초롱꽃 닮은 연보라색 꽃이 우리를 맞아주고 있었다. 잠시 후 유영봉이 200m 남았다는 이정표를 통과한다. 가파른 계단이 나오고 암릉이 연속된다. 한 그루의 노송이 기암괴석과 단짝이 되어 천생연분을 자랑하고 있었고, 바로 그 뒤에 유영봉이 있었다. 유영봉에 오르니 남해가 보이기 시작한다. 그것은

제2봉 성주봉

제3봉 생황봉

제4봉 사자봉

제5봉 오로봉

절경이 연속됨을 알리는 단초에 지나지 않았다. 유영봉에서 성주봉과 생황
봉이 보이는데 마치 여성의 가슴처럼 볼록 솟아 있었다. 성주봉 중간에는
군데군데 빨간 쇠사다리가 설치되어 있는 것이 보였다.

내가 유영봉에서 주변 경관에 홀려 어정거리는 사이에 산신령급 일행
세 명은 벌써 유영봉을 떠나고 없었다. 나도 유영봉을 작별하고 사다리를
타고 내려가고 있었으나 앞서간 세 명은 벌써 성주봉 중턱으로 올라가는
사다리를 올라가고 있었다. 어차피 수준 차가 있으니 서둘러야 할 이유가
없다. 궁극에 가서는 만나야 할 친구들이기 때문이다.

유영봉을 내려오는 사다리 중간쯤에 멈춰 주변 경관을 보는데 구름이
제법 낀 날씨인데도 성주봉 뒤로 보이는 바다와 다도해 그리고 구름들,
말로써 표현하기 힘들다. 벌써 앞서간 놈들은 성주봉 중턱에서 휴식을
취하고 있었다. 나는 천천히 그러나 열심히 성주봉으로 향한다.

유영봉을 내려오니 성주봉 안내판이 서 있고 노란 꽃이 피어 나를 반겨주
고 있었다. 계단을 낑낑 올라 성주봉에 도달하니 두 명은 떠나고 한 명이

제6봉 두류봉

제7봉 칠성봉

제8봉 적취봉

팔영산 깃대봉 정상에서 다도해를 보다.

남아 얼른 인증 샷을 찍어주고는 재빨리 내뺀다. 이렇게 생황봉을 오르내리고, 사자봉을 오르내리고, 두류봉을 오르내리고, 통천문을 지나 칠성봉에 이른다. 여기서 겨우 네 명이 모두 만나 함께 단체사진 한 컷을 찍고 또 이산가족이 된다. 나는 적취봉으로 먼저 떠난 친구들을 따라 사위를 살피며 천천히 적취봉으로 향한다. 적취봉으로 가는 수행로 주변의 바위 틈새에 자줏빛 싸리꽃과 주황색 원추리꽃이 피어 수행자를 심심치 않게 해주니 벌써 8봉의 마지막 봉인 적취봉에 올라와 있었다.

이 글을 읽는 분들은 한 가지 의문이 드는 점이 있을 것이다. 봉봉峰峰이 올라갈 때마다 풍광에 대한 설명이 왜 없느냐는 의문이다. 혹시 그 이유가 별 볼 일 없는 풍관이라서 그냥 지나치는 것이 아니냐고 묻는다면 나는 단호히 그 반대라고 대답할 것이다. 유영봉에서 적취봉까지 묵언수행을 진행하는 동안 수백 폭 산수화의 파노라마가 활동사진처럼 펼쳐지고 있는데 8봉까지 봉봉이 오를 때마다 이를 어떻게 설명한단 말인가. 한마디로 "주변의 풍광에 도취되니 날씨가 더운지도 힘든지도 모른다. 시간이 빠르게 가는 줄은 더욱 모른다."라고 에둘러 표현할 수밖에 없음을 슬퍼할 뿐이다. 이 8봉이 모두 불과 1.3km 이내에 있으니 그 오밀조밀함이 얼마나 절경을 이루는지 짐작으로도 충분히 알 수 있으리라. 한마디로 잘라 말하면 팔영산은 바로 선경仙境이다.

팔영산을 대표하는 여덟 봉우리의 묵언수행을 마치고 팔영산의 최고봉 깃대봉으로 향한다. 깃대봉으로 향하는 도중, 우리는 간단히 막걸리 반주를 곁들인 점심 식사를 마치고 깃대봉으로 수행을 계속한다. 적취봉에서 출발한 지 50여 분만에 깃대봉에 도착한다. 유영봉에서 적취봉까지는 앞에 보이는 물이 바다인지 호수인지 강인지, 바다의 여러 섬들이 섬인지, 산인지 제대로 구분이 되지 않았는데 깃대봉에 서니 확연히 구분된다. 큰 섬, 작은 섬이 바다 위를 둥실둥실 떠다닌다. 다도해임을 실감한다.

황홀한 팔영산 열봉 중 아홉 봉을 수행 완료하고 편백나무 숲을 지나 탑재로 향한다. 탑재에서 야영장으로 내려오는 계곡에서 땀에 흠뻑 젖은 옷을 갈아입고 야영장으로 내려오니 야영장은 텅 비어 있었다. 더위도 너무 더운 날씨라 일찍 철수하여 휴식을 취하고 있나 보다. 관리소 입구에 있는 능가사를 잠깐 둘러본 다음 서울로 출발한다.

수행도 식후경이다. 우리는 성남에서 맛집으로 소문난 바지락전문점에 들러 백합 구이, 바지락 숙회, 바지락 무침, 바지락 치즈 전, 바지락 칼국수, 콩 국수에다 소주, 막걸리를 곁들여 배 터지게 식도락을 즐기고, 이틀간의 남도 묵언수행을 무사히 마무리했다.

[묵언수행 경로]

팔영산 지구 주차장(09:00) > 들머리(09:09) > 흔들바위(09:44) > 1봉: 유영봉(10:29) > 2봉: 성주봉(10:47) > 3봉: 생황봉(10:59) > 4봉: 사자봉(11:08) > 5봉: 오로봉(11:11) > 6봉: 두류봉(11:24) > 통천문(11:45) > 7봉: 칠성봉(11:48) > 8봉: 적취봉(12:09) > 팔영산 깃대봉(13:04) > 편백 숲(13:36) > 탑재(13:48) > 능가사(15:05-15:15) > 주차장(15:21)

<수행 거리: 7.84km, 소요 시간: 6시간 21분>

묵언수행에도 길道이 있고, 낙樂이 있음을

도락산 정상에서

　최근 며칠간 날씨는 열사의 나라보다 더 더운 것 같다. 어제에 이어 오늘도 혹독하게 덥고 후텁지근하다. 중부 지방에는 비도 예보돼 있다. 그래도 묵언수행은 계속돼야 하기에 충북 단양에 있는 도락산을 향해 출발한다.

　도락산의 높이는 964m. 우암 송시열이 산 이름을 지었다고 전해진다. 우암 송시열은 깨달음을 얻는 데는 나름대로 길道이 있어야 하고 거기에는 또한 즐거움樂이 뒤따라야 한다며 청풍명월의 도를 즐기는 산이라는 의미에 서 도락산이라는 산 이름을 지었다고 한다.

　비는 예보됐으나 묵언수행 중에는 다행히 비는 내리지 않았다. 그러나 그야말로 후텁지근한 날씨 탓에 웬만해서는 땀을 많이 흘리지 않는 내가 거짓말 하나 보태지 않고 땀을 한 바가지는 족히 흘린 것 같았다. 숨이 콱콱 막힐 정도의 날씨였기에 오히려 비가 오는 것이 더 반가울 지경이다. 동행한 산신령이란 친구가 산을 탄 지 40여 년이 넘었지만 오늘처럼 땀을 많이 흘린 적은 없다고 할 정도였다. 그가 윗도리를 몇 번이나 벗어 땀을 짜는데, 손빨래를 하고 나서 물을 짤 때처럼 땀이 주르륵 주르륵 흘러내리고, 바지는 마치 소나기를 흠뻑 맞은 듯하다. 우리 일행 모두 한마디로 물에 빠진 생쥐 모습 그대로였다. 땀이 그렇게 많지 않은 나도 눈 위로 땀방울이 계속 흘러내린다. 바지 엉덩이 부근이 땀으로 젖어 축축하다.

　이런 날씨 속에서는 짜증이 날 만도 하다. 어느 부부 탐방객 중 여성이 하는 말이 들려온다. "이름이 도락산이라 유람을 즐기러 왔건만, 완전 지옥산 같네!"라고 하면서 남편에게 계속 투덜거린다.

　도락산은 그렇게 높지는 않지만 거의 암릉으로 형성돼 있다. 아무에게나

우뚝 솟은 바위에서 자라는 소나무 한 그루

쉬이 그 자태를 들어내지 않는 산이라는 뜻이기도 하다. 하지만 도락산은 고난의 묵언수행의 길에서도 여러 가지 즐거움을 준다. 오히려 더 큰 즐거움을 준다. 능선에는 신선봉, 형봉 등의 암봉이 성벽처럼 둘러쳐져 있다. 상선암이 있고 비탈진 능선을 거쳐 작은 선바위와 큰 선바위를 만난다. 범바위인지 확실치 않지만 아름답게 자라는 거대한 청송이 기이하게 생긴 바위와 짝을 이루며 산수화의 소재를 만들어내고 있다. 청송을 지나니 직경 20m 정도 되는 널찍한 너럭바위가 나온다. 너럭바위에 앉아 간식을 먹으면서 눈앞에 펼쳐지는 풍광을 즐긴다. 암

신선봉에서 바라본 경관

릉·계곡·숲길의 풍치가 뛰어나다. 암릉의 바위틈에 솟은 청송은 암벽과 함께 산수화를 그린다. 이런 아름다운 풍광은 꿈에서나 볼 수 있을 법하다.

전망이 제일인 신선봉에는 거대한 암반에 노송들이 솟아 있고 눈앞에는 월악산이 버티고 있다. 황정산黃庭山(959m), 수리봉守理峰(1,019m), 작성산鵲城山(1,077m), 문수봉文殊峰(1,162m) 등의 연봉도 보인다. 묵언수행을 하면서 가만히 귀를 기울이면 여기저기서 여러 산새들이 합창을 하고, 간혹 불어오는 산바람이 상쾌함을 실어 나르고 있다. 흘러내리는 땀을 닦으면서 주위를 둘러보면 기암괴석과 기송괴목이 만들어내는 아름다움이 천지다.

도락산의 묵언수행은 결코 쉽지만은 않았다. 엄청난 에너지를 소모했고 엄청난 땀을 흘렸다. 때로는 고통스러웠다. 그 누가 아무런 노력 없이 낙樂이라는 결실을 얻을 수 있겠는가? 도락산은 그 자리에서 장엄하고 장중하게 그리고 묵묵히 우리 인간들에게 그런 교훈을 주고 있었다.

[묵언수행 경로]

월악산 단양 탐방안내소(10:00) > 상선암 > 제봉(11:49) > 점심(12:54)
> 형봉 > 신선봉 > 도락산(14:00) > 샤인캐슬팬션 > 탐방 안내소(16:45)
<수행 거리: 7.08km, 소요 시간: 6시간 51분>

용화산은 쉽게 나의 묵언수행을 허락하지 않았다

용화산 정상석

2017년 7월 8일, 비가 내리는데도 불구하고 백대명산인 화천 용화산 묵언수행을 위해 집을 나섰다. 만약 묵언수행을 할 수 없을 정도로 비가 많이 내리면 주변의 막국수 맛집을 찾아 막국수 투어로 대체할 요량이었다.

용화산 주변에 도착한 시각은 오전 11시경. 점심을 먹기에는 아직 이른 시각이었다. 우려했던 대로 비는 계속 내리고 있었다. 이대로라면 암릉으로 이루어진 용화산 묵언수행은 어려울 것이다. 때는 이르지만 점심 식사를 하면서 상황을 살펴보기로 하고 화천에서 막국수 맛집으로 소문난 <천일막국수> 집을 찾았다. 그런데 가는 날이 장날이었다. 화천 읍내 5일장이 열리는 날이라 주변이 복잡해 <천일막국수> 집을 찾는데 진땀을 흘려야 했다. 우여곡절 끝에 도착해 평소 주문량보다 많은 양인 막국수 한 그릇과 편육 한 접시를 주문해 막걸리 두 잔과 함께 먹고 나니 비가 잦아들기 시작했다. 이제 묵언수행할 수 있겠다 싶어 서둘러 용화산 자연 휴양림 쪽으로 차를 몰았다. 휴양림 입구에 도착하니 계곡에서 물 흘러내리는 소리가 마치 우레 소리 같았다. 어제 저녁에 폭우 수준으로 비가 내렸기 때문이다.

용화산 정상 만장봉을 향해 산을 오르면서 묵언수행에 들어가려는 찰나 산신령 친구로부터 '카톡'이 왔다. 비 온 후 용화산 같은 암릉은 미끄러워 위험하니 날씨 좋은 때에 같이 가는 게 좋을 것 같다고. 산신령 친구 말을 듣는 것이 옳다고 받아들이고 하는 수 없이 만장봉 정상으로 올라가는 일은 뒤로 미루고 말았다. 그래도 너무나 아쉬워 용화산 자연 휴양림 관리 사무소 입구까지 왔다 갔다 하면서 시간을 보내다 4시경 또 다른 막국수인 <화천막국수> 집으로 향했다. 7월 8일 하루는 완전히 막국수 투어가 돼버리고 말았다.

그 다음 주말인 7월 15일과 7월 16일은 중부 지방 집중 호우 예보로 용화산 탐방 대신 남도의 백대명산 2좌 - 장흥의 천관산과 고흥의 팔영산 묵언수행을 갔다 왔으니 용화산은 또 다음으로 미뤄졌다. 그다음 주말인 22일과 23일 역시 강원도 일대에 또 비가 내린다는 예보로 용화산 묵언수행을 또다시 미룰 수밖에 없었다. 그렇다고 묵언수행을 멈출 수는 없다. 22일에는 비가 오지 않는다고 예보된 단양의 도락산을 다녀왔고, 23일은 우중에도 남한산성으로 묵언수행을 다녀왔다.

29일인 오늘에서야 산신령이란 친구와 함께 우천불문 어떤 상황이라도 용화산 묵언수행을 하기로 결정하고 잠실에서 아침 7시 반에 용화산으로 출발했다. 그런데 또 이날은 휴가 기간과 겹쳐서 그런지 강원도 쪽으로 가는 도로는 정체가 장난이 아니었다. 잠실서 용화산 입구까지 2시간 남짓이면 충분히 도착할 거리인데 무려 4시간이 걸려 11시 반에나 도착할 수 있었다. 정상적인 코스로 묵언수행하기는 거의 불가능했다. 아쉽지만 할 수 없이 초단축 코스인 큰고개에서 용화산 정상 만장봉으로 오르는 코스를 선택했다. 그래도 비가 내리지 않아 다행이었다.

산 들머리부터 가파르게 올랐는데 조금 오르다 보니 암릉이었다. 중턱

촛대바위

을 오르니 촛대바위 등 기암이 나타나고 암반 위에서 소나무가 기묘하면
서도 아름답게 자라고 있었다. 여러 세월 인고의 나날을 보내면서도
온갖 교태를 부리면서 꿋꿋하게 자라고 있었다. 발걸음을 옮길 때마다
새로운 기암들 그리고 기송들이 나타난다. 특히 큰바위 절벽에서 거의
수평으로 자라는 소나무가 아주 인상 깊었다. 비가 많이 와서 그런지
아니면 용화산이 온갖 종류의 버섯들이 서식하기 좋은 환경이라서 그런

바위에 뿌리를 박고 자라는 소나무

망사버섯   용화산 기암괴석들

지 이름 모를 버섯들이 널브러져 있었다. 그중에서 특이 망사로 엮은 망태기를 둘러쓰고 있는 모양의 망태버섯은 신기하기 짝이 없었다.

우리들은 초단축 묵언수행(탐방 시간 3시간 반, 탐방 거리 3.7km)을 마친 후 점심 겸 저녁 식사를 하기 위해 7월 8일에도 나 혼자 방문한 적이 있는 <천일막국수> 집을 다시 찾아 배불리 먹은 다음 서울로 출발했다. 용화산으로 갈 때보다는 교통 체증이 덜했지만 도로가 막혀 잠실에 도착한 시각은 오후 7시가 훌쩍 지나간 시각이었다.

용화산에는 용마굴龍馬窟, 장수굴將帥窟, 백운대白雲臺, 득남得男바위, 층계바위, 하늘벽, 만장봉, 촛대 바위, 주전자 바위, 마귀할멈 바위, 새남 바위, 한빛 벽, 광 바위, 바둑판 바위 등 각종 전설을 간직한 수없이 많은 기암과 폭포도 여섯 개나 있다고 알려져 있는데 이번 묵언수행에서는 촛대 바위와 주전자 바위 이외의 기암과 폭포는 보지 못해 못내 아쉬웠다.

주전자바위

[묵언수행 경로]
큰고개(11:37) > 정상(12:29) > 주전자 바위(13:00) > 정상 > 큰고개(15:08)
<수행 거리: 3.69km, 소요 시간: 3시간 31분>

금수산은 이름 그대로 비단에 수를 놓은 듯 아름다운 산이다

금수산 정상석

어제는 화천의 용화산을 초단축 코스로 다녀왔는데, 마음 한 구석이 허전하고 찜찜했다. 날씨 탓에 어쩔 수 없는 일이기는 했지만, 벼르고 벼르며 용화산으로 묵언수행을 떠났는데 좀 더 알차게 돌아봤었어야 했다. 내일은 사시사철 아름답기로 소문난 금수산에서 제대로 된 묵언수행을 해야지 하고 다짐하면서 아쉬움을 뒤로 한 채 집으로 돌아왔다.

저녁에 잠자리에 들기 전에 금수산은 어떤 산인가에 대해 인터넷에 여러 자료를 뒤져 본다. 금수산은 월악산 국립공원의 북단에 위치하며 주봉主峰은 암봉巖峰으로 돼 있으며, 높이는 1,015m인데, 원래는 백암산白岩山이라 부르던 것을 퇴계 이황李滉이 단양 군수로 있을 때 산의 아름답기가 '비단에 수를 놓은 것 같다'고 해 금수산이라 개칭했다고 한다. 멀리서 보면 산 능선이 마치 미녀가 누워 있는 모습과 비슷하다고 하여 미녀봉이라고 부르기도 한단다.

드디어 어제의 내일이라는 날이 오늘 밝았다. 등산 배낭을 챙겨 7시 정각에 나홀로 묵언수행을 위해 금수산 상천 주차장으로 차를 몰았다. 도대체 얼마나 아름다운 산이기에 금수산이나 미녀봉이란 이름이 붙었을까 하는 의문도 들기는 한다. 차는 어느덧 제천 청풍호 변을 지나고 있다. 눈앞에 펼쳐진 풍광이 달라지기 시작한다. 마치 남해안 다도해 주변을 달리는 것 같다. 청풍호 풍광이 이렇게 아름다우니 청풍호 주변에 있는 금수산이 알려진 바와 같이 비단에 수놓은 듯 아름다운 산일 수 있겠다는 생각이 서서히 들기 시작했다.

청풍호 풍광을 구경하면서 금수산 탐방로 입구에 있는 상천 주차장에 도착한 시각은 9시 10분경. 먼저 상천 주차장에서 금수산 정상으로 가는 탐방로 안내판을 확인하고 상천 주차장 - 보문정사 - 용담폭포 - 망덕봉 - 망덕봉 삼거리 - 금수산 정상 - 금수산 삼거리 - 상천 주차장으로 원점회귀하는 산행 코스를 정하고 묵언수행에 들어갔다.

상천 주차장에서 보문정사까지 올라가면서 주위를 돌아보니 대추, 산수유 열매들이 주렁주렁 열려 있고 무궁화, 봉선화, 나리, 도라지꽃, 애기똥풀, 칡꽃, 개망초 등 온갖 꽃들이 향기를 풍기며 지천에 깔려 있었다.

보문정사 안에 있는 여러 장면들을 카메라에 담고 발걸음을 천천히 용담폭포 쪽으로 옮기기 시작했다. 길가에는 야생화들이 줄지어 향기를 내뿜으면서 나를 맞아준다. 향기에 취해 가다보니 붉게 잘 익어가는 복숭아 과수원이 하나 눈에 들어온다. 이게 천상의 도원인가? 주인이 없이 방치된 복숭아 과수원인가? 슬쩍 한 개를 따서 맛보고 싶은 충동이 생겼지만 그만뒀다.

용담폭포

그래도 수행을 위해 백대명산을 찾는 수행자가 아닌가. 어느덧 용담폭포 안내석을 만났다. 용담폭포는 높이 30여 m이며 그 위로 세 개의 작은 폭포가 있다고 하며, 상탕, 중탕, 하탕 세 개의 담潭이 있어 주변의 소나무 등과 어울리는 모습이 아름다워 이 용담폭포를 금수산 제1경이라고 소개하고 있다. 정작 내가 수행하면서 관찰한 바로는 주 폭포 위에 네 개의 작은 폭포가 더 있었다.

금수산 제1경 용담폭포에서. 우레처럼 굉음을 울리며 떨어지는 하얀색의 물줄기는 겁에 질려 하얀색인가? 밑바닥의 담潭에 담긴 물이 검푸른 것은 멍이 들어서인가? 이런 저런 서정에 잠겨 폭포 주변을 한참 왔다 갔다 하며 머리와 가슴을 텅 비운 후, 망덕봉으로 발걸음을 옮긴다.

망덕봉으로 가는 길은 주변에 소나무와 철쭉나무들이 군락을 이루고 있어 봄철이면 그 아름다움 또한 말로써 표현하기 힘들 듯하다. 또 그 길에서 보면 용담폭포 바로 앞에서는 볼 수 없는 용담폭포의 진면목을 더 확실하게 볼 수 있다. 주 폭포 위로 작은 폭포 네 개가 물을 아래로 흘러내리며 지휘자는 없건만 조화로운 물소리 교향곡을 울려 퍼뜨린다. 멀리서 들리는 교향곡을 감상하면서 주위를 돌아보니 기암괴석과 그 위에서 꿋꿋이 자라는 기송奇松들이 마치 내가 딴 세상에 와 있는 듯하다. 더구나 신기하게 생긴 버섯들은 또 어찌 그리 많은지. 어제 묵언수행한 용화산도 버섯천지였지만.

드디어 금수산 망덕봉에 도착했다. 망덕봉을 조금 지나 조그만 바위 위에서 집에서 준비해온 간단한 요기를 하고 또다시 금수산 정상으로 걷고 또 걷는 묵언수행에 들어갔다. 가면서 대체로 흐린 날씨였지만 가끔씩 해가 고개를 방긋 내밀어 햇빛을 내리치듯 흩뿌리는데 그 조화로 짙푸른 초록 잎이 연두색으로 혹은 노란색으로 보이는 것은 물론 거의 검은색으로 보이기까지 한다, 인상파 화가 들라크루아는 '사물에는 고유한 색상이 없다'라고까지 극단적으로 말했으며, 모네는 그림을 그릴 때 '아무런 선입견이 없이 본 것 그대로 그려라'라고 했다. 지금 광경을 보고 있으면 두 선각자들의

수행로 주변에는 기송들이 널브러져 있다.

망덕봉으로 오르는 수행로에서는 독수리바위가 보이고 청풍호의 시원스런 절경이 조망된다.

생각을 조금이라도 헤아릴 수 있을 것 같다. 금수산 울창한 숲 사이로
파고드는 햇빛에 푸른 나뭇잎들이 다양한 색으로 보이는 현상을 보며 19세
기 유럽의 인상파 화가들이 빛과 색깔의 상관관계에 대해 얼마나 많은
고민했는지 어렴풋이나마 이해할 수 있을 듯하다. 이런 저런 생각을 하면서
가다보니 어느덧 금수산 정상이다.

금수산 정상의 정상석이 어느 백대명산보다 멋지다. 정상에서 주변을

돌아보면 청풍호가 아련히 보이고 이름 모를 여러 산들이 산 그리메를 그린다. 정말 아름답지 않은가? 무더운 한여름, 산 정상에는 나무 그늘이 없었으나 아름다운 주위 풍경에 자꾸 눈길이 가 한참을 두리번거리다 상천 주차장 쪽으로 원점회귀 하산 수행을 하기 시작했다.

하산하는 길은 가파르고 거칠었다. 철이나 목재로 만든 계단이 비교적 잘 정비돼 있었으나 아주 가팔라 위험했고, 아직 군데군데 정비되지 않은 쪼개진 바위 길을 조심조심 더듬거리며 내려와야만 했다. 금수산 하산 길 탐방로는 규암인지는 잘 모르겠지만 날카롭게 쪼개져 있고 암석 자체가 워낙 미끄러운데다 장마 후 습기를 많이 머금어 더욱 미끄러워 조심하지 않으면 안 되는 길이었다. 조심조심 내려왔지만, 아이쿠! 큰일 날 뻔했다. 뾰족하게 칼처럼 생긴 바윗덩어리에서 미끄러져 완전히 360°로 굴렀다. 다행히 다친 데는 하나도 없었다. 정말 운이 너무 좋았던 것 같다. 이 와중에도 빨리 접지력이 좋은 등산화로 바꿔야지 하는 생각만 든다.

내려오는 길에도 나무와 바위에 이끼들이 가득 붙어 서로 공생하면서 잘 자라고 있어 신비감을 더해 주었다. 금수산은 정말 비단에 수놓은 듯 아름다운 산이라는 사실을 실감하면서 매미 울음소리를 뒤로 남긴 채 금수산 묵언수행을 무사히 마무리했다.

[묵언수행 경로]

상천 주차장(09:12) > 보문정사(09:17) > 용담폭포(09:56) > 독수리 바위 조망(11:28) > 망덕봉(12:26) > 점심(12:37) > 망덕봉 삼거리 (13:37) > 금수산 정상(13:56) > 금수산 삼거리(14:35) > 상천 주차장 (16:18)

<수행 거리: 8.88km, 소요 시간: 7시간 6분>

바다와 절묘한 조화를 이루는 명산, 남해 금산을 가다

남해 금산 망대

　금산은 원래는 신라의 원효元曉가 이 산에 보광사普光寺라는 절을 세웠던 데서 보광산이라 불렸다. 그후 고려 후기 이성계李成桂가 이 산에서 새 왕조를 열어달라는 100일 기도를 했는데, 기도를 들어주면 그 보답으로 산 전체를 비단으로 덮어주겠다고 약속했다고 한다. 100일 기도 끝에 이성계는 조선 왕조를 개국했고 약속한 대로 산 전체를 비단으로 덮는 대신 비단 금錦자를 써서 금산이라는 산 이름을 하사해 기렸는데 그 후 금산으로 부르게 됐다고 한다. 한려 해상 국립공원 내의 유일한 산악 공원으로 기암괴석들로 뒤덮여 있고 높이는 681m다.

　이번 금산 묵언수행은 고교 동문 모임인 청조 ICT모임에서 매년 1~2회 다니는 국내 1박 2일 일정 중 하나로 <남해 사천 지역 맛집과 명승지

관광 및 골프 여행>을 개최했는데 거기에 초대받아 갈 기회가 생겨 이루어졌다. 청조 ICT멤버들과 남해에서 죽방 멸치회 및 멸치조림을 배불리 먹고 난 후 보리암으로 가기 위해 복곡 탐방지원센터로 향했다. 나는 복곡에 도착해 탐방로를 자세히 확인해보니 보리암과 백대명산인 금산의 정상이 탐방지원센터에서 지척의 거리에 있다는 것을 알게 됐다. 나는 ICT회원들이 금산 정상인 망대에 올라가지 않으려 하지 않을까 마음 졸이고 있었다. 만약 그들이 망대까지 탐방하지 않으려 한다면 나 혼자라도 반드시 올라가봐야 한다. 나도 백대명산 묵언수행을 포기하고 그들의 초대에 응하지 않았는가. 내가 이런저런 생각을 하고 있는데 내 고교 동기인 ICT회장이 내 마음을 읽었던 것일까? 회원 전원 금산 망대를 올라가자는 제안을 하는 게 아닌가. 회장님이 고맙게도 나의 번뇌를 일시에 해결해줬다. 참으로 고마운 회장님. 그리고 나를 정답게 잘 맞아주신 전 ICT회원님께 감사드린다.

금산의 정상인 망대에 오르니 금산의 천태만상인 기암괴석과 울창한 숲들이 눈 아래로 보이는 바다와 그 바다 위에 올망졸망 솟아올라 있는 수많은 섬들과 절묘한 조화를 이루고 있다. 이 아기자기한 경관은 세상 어디에 내어 놓아도 손색없는 절경이었다.

이제 망대에서 내려와 보리암으로 내려간다. 보리암은 거의 금산 정상에

보리암 주변의 아름다운 바위들

보리암 해수관음보살상

위치해 망대에서 400m 내외의 가까운 거리에 있다. 대한불교 조계종 제13교
구 본사인 쌍계사의 말사末寺인 보리암은 해수관음 성지로 양양 낙산사,
강화 보문사, 여수 향일암과 함께 한국 4대 기도처로 알려져 있다. 그래서인
지 오늘 같은 무더운 날에도 많은 신도들이 찾아와 정성스럽게 참배하고
있었다.

　보리암 조금 아래 바다 쪽으로 위치해 있는
해수관음보살상은 중생을 제도하기 위해 신
비스러운 듯 부드러운 미소를 띤 모습으로
남해를 향해 서 있다. 해수관음보살상을 둘러
본 후 다시 보리암으로 올라오는 수행로에
좌선대와 쌍홍문雙虹門으로 가는 이정표가 서
있다. 좌선대는 원효 대사가 수행을 하던 기도
처라고 하는데 나는 일행들과 동행하지 않고
혼자 찾아보았으나 찾을 수가 없었다. 시간이
급해 찾기를 중단하고 장군암과 쌍홍문을 향
해 내려간다. 보리암에서 금산 탐방지원센터

장군암

쌍홍문

쪽으로 200m 정도 내려가니 거대한 장군암을 나오고, 장군암에서 다시 금산 탐방지원센터 쪽으로 약 50m 정도 아래로 내려가면 쌍홍문이 나온다. 쌍홍문은 거대한 바위에 풍화작용 인해 자연적으로 형성된 아치형 성문 형태의 터널인데 2개가 붙어 형성돼 있었다. 쌍홍문을 보고나니 왜 그런 이름이 붙었는지 바로 알 수 있었다. 무지개가 두 개 붙어 있으니 당연히 쌍홍이지. 터널 두 개로 봐서는 쌍홍인데 멀리 떨어져 보니 마치 공룡이 우뚝 서 있는 신기한 모습을 하고 있었다. 처음 접하는 아주 신비한 광경이다.

　이번 금산 묵언수행은 충분한 시간적인 여유를 가지지 못해 다소 아쉬움 이 남았다. 언젠가 다시 한번 나홀로 묵언수행을 다녀와야겠다.

[묵언수행 경로]

복곡 제2주차장(12:45) > 삼거리 > 금산 정상: 망대(13:12-13:15) > 삼거리 > 보리암(13:30-13:49) > 장군암(13:55) > 쌍홍문(14:00-14:10) > 보리암(14:20) > 제2주차장(14:45)

<수행 거리: 약 3km, 소요 시간: 2시간>

공작산孔雀山 49^{회차} 묵언수행 2017. 8. 13. 일요일

홍천 공작산에서 빡세게 묵언수행하다

공작산 정상석

공작산 산 이름은 산세 아름답기가 공작새와 같다 해서 붙여진 이름이다. 높이는 887m이고 암봉과 노송이 어우러져 한 폭의 동양화를 연상시키는 산이다. 이번 토요일(8월 12일)은 친구 딸 결혼식에 참석하는 일정이 있어서 묵언수행을 하지 못했다. 그래서 일요일에는 토요일에 하지 못한 것까지 합쳐서 제법 빡세게 묵언수행을 할 생각이었다. 토요일 결혼식에 참석한 고교 동기회 회장과 사무총장이 "내일은 어느 산으로 묵언수행 떠나나? 내일 우리도 같이 가면 안 되느냐"고 묻는다. 나는 "홍천의 공작산이나 계방산을 오를 생각이다. 같이 가려면 언제든 환영한다."고 했더니 친구들도 흔쾌히 동행하기로 화답한다. 이렇게 해서 두 명의 친구들이 나의 홍천 공작산 묵언수행에 동행하게 된다.

2017년 8월 13일, 아침 6시 반에 잠실에 모여 홍천 수타사 계곡을 향해 출발했다. 공작산 산행 코스를 조사하니 수타사 쪽에서 올라가는 코스가 가장 길어 제법 빡세게 묵언수행할 수 있을 것이라고 생각했기 때문에 그 코스를 선택했다. 수타사 입구 주차장에 도착한 시각은 8시 57분경이었다.

등산 안내판을 보니 공작산 정상까지 산행로가 제대로 나와 있지 않다. 우리는 공작산 정상으로 가야 하는데 대략난감이다. 등산로 입구에서 등산로 진입 인원수를 체크하는 검수원 아저씨에게 "여기서 공작산 정상까지 가는 탐방로가 없나요?" 하고 물으니 단칼에 "없다. 여기서부터는 약수봉까지만 오를 수 있다."고 하는 게 아닌가? 사전 조사와 달라 이상하다고 여기며 우리는 휴대폰으로 구글 지도, 네이버 지도 등을 찾아보았다. 지도상으로는 당연히 갈 수 있었다. 그 아저씨는 공작산의 서쪽 끝에서 거의 동쪽 끝에 있는 공작산 정상까지 오르는 것을 상상조차 못했거나 아니면 이렇게 무모한 사람을 본 적이 없었기 때문에 그렇게 안내했을 것이라고 결론을 내고, 당초 계획했던 경로로 묵언수행을 떠나기로 했다. 그런데 이 결정이 오늘 묵언수행이 빡센 묵언수행이 될 것임을 예고하는 전조일 줄은 그때는 몰랐다.

수타사 입구에 도착했지만, 오늘 묵언수행이 어느 정도 시간이 걸릴지 예상하기 힘들어 수타사는 둘러보지 않고 곧바로 수타계곡에 있는 용담龍潭으로 향하기로 했다. 용담에 도착하니 계곡은 깊고 제법 많은 수량의 물이

용담과 백로

시원스레 흐르고 있어 피서지로
는 더 이상 좋을 수 없어 보였다.
많지는 않았지만 피서객들이 여
기저기 자리 잡고 앉아 더위를 식
히고 있었다. 나는 용담 근처의
경관에 홀려 여기저기 사진을 찍
고 있노라니 두 아주머니가 그곳
에는 들어갈 수 없는 금지 구역이

용담에서 고故 박동혁 병장 어머니와 함께

라고 경고하는 것이었다. 그곳에서 빨리 나오란다. "아주머니들은 무엇
하시는 분이요?" 하고 물어보니 그들은 안전 요원이었다. "여기에 무슨
안전 요원을 배치하나"고 하니 용담은 물이 깊고 빠르게 흘러 간혹 익사
사고가 발생해 홍천 군청에서 두 명의 안전 요원을 파견해 진입을 막고
있다고 한다.

두 아주머니 중 한 아주머니는 입담이 아주 셌는데 그녀는 나와 같은
고향인 경남 창녕 사람을 남편으로 두고 있다고 한다. 또 한 분은 해군
2함대 사령부 모자를 쓰고 있어 동행한 친구가 "아니, 아주머니는 우째서
해군 2함대 모자를 쓰고 있습니꺼?"라고 물어보니 그 아주머니가 뜻밖의
이야기를 한다. 그 아주머니가 "난 제2연평해전의 전사자인 고故 박동혁
병장의 엄마다."라고 하는 것이었다. 우리는 깜짝 놀랐다. 아니 이곳에서
이런 영웅의 어머니를 만나다니. 고故 박 병장 어머니는 자식을 잃고 난
후 우울증으로 몇 차례 자살을 기도했으나 운명이 자신의 죽음을 허락하지
않아 이렇게 살아 있다고 말하며, 도저히 고향에서는 살 수 없어 남편과
함께 고향인 안산을 떠나 홍천에서 새로운 삶을 살고 있다는 것이었다.
그러면서 이제 세월이 흘러 많이 나아졌지만 전사한 아들을 아직 가슴에
품고서 살아가야 하는 기구한 운명을 한탄한다. 더구나 국가에서 고故 박
병장의 처우를 '전사'가 아닌 '순직'으로 처리하며 차별 대우를 받고 있는
것에 엄청난 불만을 토로하고 있었다. 우리도 국가가 그런 차별 대우를

해야 할 근거와 이유가 무엇인지 참으로 의아스럽게 느껴질 뿐 아니라 또 한편으로 국가를 위해 충성을 다 바친 한 청년의 죽음에 대한 예우를 잘못 처리하고 있는 국가는 도대체 무엇 하는 존재인지 회의가 들었다. 고故 박 병장에 대한 차별 처우가 개선되면 좋겠다는 격려를 하고 고故 박 병장 어머니와 창녕인 남편을 둔 아주머니 모두에게 힘내시라며 덕담을 건넨 후, 또다시 무더위 속 길고도 험한 묵언수행을 재촉했다.

수타계곡 상류에서 시작한 물은 굽이굽이 흘러 계곡 하류에서 용담을 이루고 있었다. 용담에는 물이 시퍼렇게 고여 그 깊이를 짐작하기 힘들었고 용담에는 용이 살고 있을 법했다. 용담으로 콸콸 떨어지는 물은 마치 용이 힘차게 승천하는 모습 바로 그것이었다. 그러니 선인들이 용이 사는 못이라는 뜻으로 용담이라는 이름을 지어 붙였으리라. 안내문에는 용담은 명주실을 한 타래 다 풀어 넣어도 닿지 않을 만큼 그 깊이를 알 수 없는 소沼라고 설명하고 있다. 정말 깊은가 보다. 계곡 위로 올라가다 보면 바위에 여기저기 구멍이 나 있는데 마치 용의 발자국처럼 보인다. 정말 용이 바위 위를 힘차게 뛰어다니며 놀았던 흔적이 아닌가라는 상상을 해본다. 수타계곡은 수타사에서 노천리에 이르는 약 8km 길이로 암반과 커다란 소沼들, 울창한 수림, 그리고 흐르는 물의 수량도 풍부하고 기암절벽 등이 어우러져 장관을 이루는 비경지대였다.

수타계곡을 벗어나 약수봉으로 향한다. 약수봉은 559m 정도에 지나지 않지만 산비탈이 가팔라 올라가기가 여간 까다롭지 않았다. 약수봉 오르는 길에는 신기하게 생긴 노란망태버섯이 여기저기 보인다. 울창한 숲 사이를 땀을 뻘뻘 흘리며 묵언수행을 하다 보니 어느덧 약수봉에 이른다. 이후 약수봉에서 다시 수리봉으로 묵언수행을 계속한다. 약수봉은 해발 559m, 수리봉으로 가기 위해서는 다시 급경사로 해발 400m까지 내려가야 수리봉으로 올라갈 수 있다. 수리봉으로 오르는 수행로는 높지는 않지만 거의 로프에 의존해 올라야 하는 직벽에 가까운 암벽이 많다. 수리봉에 도착한 시각은 12시 38분경. 누군가가 이정표에 수리봉이라고 낙서처럼 써놓은 혼적 말고는 수리봉임을 알리는 표지석은 찾아볼 수 없었다. 이정표를 자세히 보면 거리 표시를 소수점 2자리로 표시하고 있는데 아무짝에도 쓸데없는 표시만 하고 있었다.

수리봉 정상에서 우리는 간단한 점심으로 에너지를 보충하고 아직도 2km 남은 공작산 정상으로 발걸음을 옮기기 시작했다. 이제 본격적으로 암릉과 암봉이 나타나기 시작하고 오르막 내리막이 반복되었다. 간이로 설치한 스테인리스 발판을 밟고 밧줄에 의지하여 올라야 하는 곳이 도처에 있었다.

드디어 정상에 도착했다. 정상에서 친구가 준비해온 후르츠 칵테일로 소진된 에너지를 보충하고 어디로 하산할 것인지를 의논한 결과 원점회귀까지는 너무 힘들 뿐 아니라 시간이 오래 걸리므로 가장 가까운 쪽으로 하산하여 택시로 주차한 곳으로 이동하기로 뜻을 모았다. 하지만 우리 일행들은 모두 최단거리 하산 길을 알지 못해 인근에서 떠들며 정상 파티를 즐기고 있는 일단의 무리들에게 하산 길을 물어보았다. 그 일행들은 아주 큰 소리로 하산 길을 자신 있게 알려주는 게 아닌가. 천지사 방향으로 하산하면 펜션도 많고 택시 부르기도 쉬울 거라고 알려준다. 우리는 자신감 넘치는 그들이 알려준 길을 따라 하산하기 시작했다. 그런데 그들이 자신 있게 설명해 준 하산로는 거칠기 짝이 없었고 하산 길이 거의 유실되어 고생만 잔뜩 했다.

나는 백대명산을 묵언수행 할 때마다 느끼는 것이 참 많다. 이정표가 쓸데없이 상세할 데가 있다. 어떤 경우에는 거리를 소수점 2자리까지 정교하게 표시하고, 어떤 산의 경우는 정상 부근에는 100~200m 거리에 이정표 4~5개가 촘촘히 설치돼 있다. 그런데 정작 필요한 갈림길이나 위험한 곳에는 표지판이 없는 경우가 허다하다. 이는 관리 당국이 얼마나 전시행정 식으로 일을 하고 있는지를 단적으로 보여주는 것 아니고 무엇이겠는가. 당국이 안전을 아무리 강조한들 무슨 소용 있으리오.

어쨌든 우리는 고생고생 끝에 무사히 하산했고 물 좋은 곳을 찾아 시원하고 행복한 알탕을 할 수 있었다. 그리고 난 후 어렵게 택시를 불러 타고 내 차의 주차 위치로 돌아왔다. 일행들은 서울로 돌아오는 길에 <북부뫼막

국수>라는 맛집을 찾아 편육, 녹두 빈대떡, 막국수로 배불리 먹고 오늘 하루 묵언수행을 무사히 마쳤다.

오늘 묵언수행을 무사히 마친 홍천의 공작산은 높이에 비해 산세가 아기자기하고 바위와 소나무가 이루는 조화가 아름다운 산으로 특히 정상 부분의 암봉미와 조망, 그리고 수타계곡을 흐르는 시원스레 맑은 물 어느 것 하나 '공작산'의 이름처럼 아름답지 않은 것이 없었다. 또한 산을 오르내리며 암릉을 포함한 여러 갈래의 능선에서 보는 산골짜기의 상쾌한 조망과 코스 내내 다양한 변화를 경험할 수 있는 색다른 느낌을 주는 산이었다. 수많은 오르내림의 반복, 암릉과 암봉은 묵언수행을 더욱 알차게 만드는 일종의 아름다운 고행임을 알게 해준다.

공작산 정상 약 200m 전방 바위에서

오늘 나의 백대명산 묵언수행에 동행해준 양 회장과 정 총장께 감사드린다. 양 회장은 다리에 쥐가 나서 고생했고, 정 총장은 양 회장의 배낭까지 두 개를 매고 다니는 고생을 했고, 나는 발이 접질린 곳이 아직 완쾌되지 않아 고생을 했다.

[묵언수행 경로]
수타사 주차장(08:57) > 용담(09:04-09:32) > 다리(09:42) > 약수봉 (10:35) > 수리봉 > 이정표(11:06) > 공작산2km전방 수리봉: 점심 (12:38) > 공작산(14:34) > 굴운저수지 기점 > 수타사 주차장(17:43)
<수행 거리: 12.83km, 수행 시간: 8시간 56분>

한라산漢拏山　　**특별**회차 묵언수행　2017. 08. 23 수

천변만화를 일으키는 한라산을 또다시 찾다

한라산 정상석에서. 아직도 비는 내리고 바람은 불고

8월 22일~24일까지 2박 3일 일정으로 친구 3명과 제주도 하기휴가를 다녀왔다. 22일, 24일 양일은 골프를, 23일은 한라산 백록담을 오르기로 했다.

23일은 한라산 백록담 신령님을 다시 친견하는 날, 나로서는 지난 4월 9일 이후 2번째로 갖는 묵언수행인 셈이다. 23일 힘차게 솟아오르는 해는 어김없이 어둠을 몰아내고 있었다. 나는 마음이 들떠 새벽 5시에 기상해 5시 45분경까지 묵언수행 준비를 끝내고 아직 잠에서 깨어나지 못하고 있는 두 친구를 기상시켰다. 옛날 군에서 기상나팔 소리와 동시에 동료들을 깨우는 듯한 큰 소리로 '기상, 기상'이라고 몇 차례 고함을 치니 그때서야 친구들이 부스스 일어나는 것이었다.

여기서부터 나의 묵언수행은 시작된다. 숙소에서 컵라면 하나로 아침을 간단히 해결하고 성판악으로 출발한다. 성판악에 도착한 시각은 7시 50분경.

성판악에 도착하니 날씨는 지난 4월 9일 묵언수행 때와 거의 비슷했다. 간간이 비가 '우두둑 우두둑' 소리를 내며 요란스럽게 내린다. 다른 탐방객들 대부분은 비가 오자 편의점에서 1회용 비닐 비옷을 구입하고 있다. 우리 일행들은 비옷을 미리 준비해왔으므로 주변에서 기념사진을 몇 장면 찍고는 곧바로 묵언수행을 시작한다.

해발 800~1,800m를 오르는 동안 날씨는 정말 변덕스러웠다. 오늘 날씨로 보아 한라산 신령님의 심기가 그렇게 좋지는 않은 모양이다. 그래도 우리는 백록담에 올라갔을 때쯤이면 날씨가 괜찮아지겠지라는 기대감을 잔뜩 가지고 묵언수행을 계속한다.

굴거리나무는 지난 4월 9일 묵언수행 때보다 훨씬 푸르고 생기가 넘쳤다. 지나는 길에 이름 모를 버섯이 예쁘게 피어 있기에 사진을 찍노라니 젊고 어여쁜 아가씨 두 명이 "아저씨, 그게 뭐여요? 버섯이여요?"라고 묻는다.

굴거리나무도 지난 4월 9일보다 훨씬 생기가 감돈다.   제주조릿대 잎은 잎 테두리 갈색이 사라졌다.

내가 "그렇다."고 하니 "색깔이 정말 곱네요."라고 한다. 내가 "장미는 예뻐도 가시가 있고, 예쁜 여성들도 대부분 가시가 숨겨져 있다."고 농을 하니 아가씨 두 명도 빙긋이 웃으며 백록담으로 발걸음을 재촉한다. 젊은 아가씨들이라 몸이 가볍고 다리에 힘이 넘쳐흐르는 것처럼 보인다. 나보다 훨씬 재빨리, 휘리릭 나를 앞질러 올라간다.

한라산 지천에 깔려 자라는 제주 조릿대 모습도 4월의 모습과 확연히 다르다. 봄의 제주 조릿대는 잎의 테두리가 마른 것처럼 흙색 빛을 띠는데 뭍에서 자라는 조릿대와는 잎의 테두리에서 확연히 차이가 났다. 나는 여름에도 그럴 줄 알았는데 한여름의 제주 조릿대는 잎 테두리의 갈색이 없어졌고 전체가 푸르다. 다만 뭍에서 자라는 조릿대와는 잎의 폭이 뭍의 조릿대보다 2~3배는 넓어 보였다. 제주 조릿대 군락은 거의 한라산 정상까지 이어진다.

이제 속밭 대피소와 진달래밭 대피소 중간에 있는 사라오름으로 오르는 안내판이 앞에 나타났다. 지난 4월 한라산 묵언수행 시 일행들이 너무 많아 혹시 시간을 지체할까봐 올라가보지 못했다. 오늘은 반드시 사라오름 전망대를 반드시 올라가보겠다는 다짐을 했기에 사라오름으로 발걸음을

사라오름 산정호수를 배경으로

사라오름 정상. 짙은 구름으로 조망이 불가했고, 바람이 세차 바람의 섬 제주를 느끼게 했다.

옮긴다. 길은 계단으로 잘 정비돼 있었지만 경사가 매우 심하다. 아무리 경사가 심하더라도 반드시 올라야 한다. 헉헉거리며 20여 분 올라가니 사라오름 분화구에 신비한 산정 호수가 형성되어 있는 것이 보였다. 그런데 물이 붉은색을 띠고 있는 게 아닌가? 신비스럽다. 자세히 관찰해보니 물은 명경지수처럼 맑았지만 그 호수 주변과 물밑은 황토 빛깔의 화산석이 쫙 깔려 있었다. 그러니 얼른 보기에 붉은색으로 보이는 게 당연하지 않겠는가.

사라오름 전망대에 오르니 전망대는 '오름'의 정상인 가파른 언덕 위에 설치되어 있는 데다 바람이 골짜기 아래로부터 세차게 불어 올라오고 있어 몸이 앞뒤 좌우로 흔들릴 지경이었다. 과연 바람이 많다는 제주도를 실감하는 듯했다. 구름이 솟았다 사라지기를 반복하고 전망대 서쪽에 보이는 한라산 정상이 구름에 가려 좀처럼 그 모습을 드러내지 않았다.

심 회장이 갑자기 "야, 이 전망대 귀퉁이에 몸을 아래 계곡으로 기울이고 눈을 감고 팔을 펴고 날개 짓을 하면 공중을 나는 느낌을 받는다. 내가 해보니 정말 공중에 붕 떠 있는 것 같다. 너희들도 한번 해 봐라." 라고 하는 게 아닌가. 그래서 나와 또 다른 동료가 그렇게 해본다. 정말 날아오르는 것 같기도 하고 아닌 것 같기도 했지만 우리는 모두 동심으로 돌아간 기분이다. 장난기 어린 행동으로 마치 공중을 선회해 나르고 안착한 듯 마음껏 기분을 내며 사라오름 전망대를 내려온다.

전망대에서 내려오는 길 주변에는 몇 백 년을 살았는지 모를 괴목들이 무성하였는데, 그 오래 살아온 수목들 중에는 자신의 몸을 썩여가면서까지 그 썩은 몸통 사이에 자기의 자식인지 아니면 다른 종의 나무인지 모를 어린나무가 자라고 있었다. 탐욕스런 인간들이 이러한 모습을 보며 나무의 숭고한 희생과 상생의 도를 조금이나마 깨쳤으면 얼마나 좋으랴.

사라오름 전망대를 내려와 백록담으로 오르는 길목에 진달래밭 대피소가 나온다. 대피소에 도착하니 빨강, 파랑, 검정색 조끼를 입은 20대 젊은 대학생들 80여 명과 해군 병사들 다수가 왁자지껄하며 모여 있었다. 무슨 행사가 있는 모양이다.

잠시 간식을 먹고 휴식하면서 하늘을 보니 하늘에 구름이 이는 모습이 신비스럽다. 시시각각 마술을 부리며 형상을 바꾼다. 한참을 두리번거리며 정신없이 쳐다보다 있노라니 젊은이들이 정상 쪽으로 길을 오르기 시작한다. 그들이 거의 대부분이 올라갔을 즈음, 우리도 서서히 정상 쪽으로 걸음을 옮겼다. 마음은 앞섰지만 젊은이들을 도저히 따라잡을 수 없었다. 그런들 어쩌겠는가. 이제 살 만큼 산 인생인 것을. 그래도 백록담을 오를 만큼의 힘이 아직도 남아 있으니 이 정도면 축복받은 인생이 아닌가.

어느덧 해발 1,800m에 이르렀다. 고사목이 잦게 눈에 띄고 수목들이 키가 점점 낮아지고 있었다. 그런데 지난 4월에는 보지 못한 꽃들이 엄청나게 많아 수행자의 눈을 즐겁게 해주고 있다. 이런 악천후 속에서도 이렇게 아름답게 꽃을 피워 향기를 내뿜으며 나비들을 쌍쌍이 불러 모을 수 있다니 얼마나 신비로운 일인가. 자연의 신비를 실감하면서 해발 1,900m를 통과한다. 날씨는 기대와는 달리 변덕스럽다. 바람은 거의 폭풍 수준이다. 산 정상을 떠도는 비를 머금은 구름은 곧바로 비와 같다. 그러니 휴대폰 카메라로 사진 찍는 것조차 힘들다. 사진을 촬영하려다 보니 휴대폰이 날아갈 것 같이 바람이 거세다. 바람과 습기를 잔뜩 머금어 비와 같은 구름을 헤치며 해발 1,900m 지점을 통과한다.

그사이 짙은 구름이 바로 폭우로 바뀐다. 폭우는 폭풍의 영향으로 서쪽에서 동쪽으로 거의 수평에 가깝게 내린다. 얼른 동료들이 피해 있는 장소로 덩달아 대피한다. 간이 건물이 동편에 자리잡고 있어서 지붕이 없어도 비를 거의 맞지 않았다. 20여 분을 기다리니 비가 잦아들었고 그때서야 정상으로 올라갈 수 있었다. 짙은 구름으로 가시거리가 2~3m도 되지 않는다. 한라산 산신령은 끝내 백록담의 모습을 드러내주지 않았다. 섭섭하기도 했지만 산신령님에게도 말 못할 무슨 사연이 있었을 것이라며 스스로를 위안한다.

백록담은 아예 보이지도 않으니 백록담 표지석을 배경으로 인증 사진이라도 한 장 찍을 수밖에 다른 도리가 없었다.

관음사 방면으로 하산하니 날이 개기 시작한다.

우리 일행은 비록 백록담을 친견하지 못해 섭섭했지만, 사라오름과 산정호수의 신비를 보았고 여름에만 느낄 수 있는 천변만화하는 신비로운 한라산의 풍광을 마음껏 즐겼다. 지난 4월 묵언수행 때와는 또 다른 체험을 선사 받은 멋진 묵언수행이 되었다.

[묵언수행 경로]

성판악 탐방로 들머리(07:39) > 속밭 대피소(09:06) > 샘터(09:33) > 사라오름 입구(09:41) > 사라오름 산정호수 - 사라오름(09:50-10:05) > 진달래밭 대피소(10:57) > 백록담(13:19-13:23) > 용진각 대피소 터(14:20) > 삼각봉 대피소(14:51) > 개미등(14:45) > 탐라계곡 대피소 (15:06) > 관음사 지구 주차장(17:20)

<수행거리: 19.15km, 소요시간: 9시간 41분>

삼각봉

호남의 소금강, 대둔산의 아름다움이
나의 발목 부상을 낫게 했나?

마천대에서. 개척탑이란 이상한 조형물이 자연경관을 파괴하고 있다.

지난 8월 23일 한라산을 다녀온 이후로 백대명산 묵언수행이 잠시 주춤했는데 지난번 도락산, 금수산 그리고 공작산 묵언수행 중 세 번에 걸쳐 연속으로 왼 발목을 접질려 발목이 불편해 여기저기 병원을 찾게 된 탓이다. 찾아간 병원에서는 산행은 무리라며 자제하기를 권했고, 어떤 병원에서는 아예 등산을 하지 말라고도 한다. 처음에는 한방 병원에서 약 8일 정도 침 시술과 물리치료를 병행했는데 그다지 효과가 없었다. 이후 외과 병원을 두 곳이나 찾아갔다. 이들 외과 병원에서는 한방 병원보다 더 강하게 등산을 무리하게 하면 절대 안 된다거나 등산을 그만두는 것이 좋을 것이라는 식의 엄포를 놓으며 의료보험이 적용되지 않는 비싼 치료를 거의 반 강요하다시피 하는 게 아닌가. 나는 의료 전문가가 아니라 그들의 처방이 맞는지 틀렸는지는 모른다. 그런데 그들은 그래야 하는 이유를 내가 알아들을 수 있게 차근차근 설명을 해줘야 하는 게 먼저일 것 같다는 생각이 들었다. 의사들이 환자들을 대하는 태도에 상당히 문제가 있어 보였다. 설명도 제대로 해주지도 않으면서 값비싼 처방만을 남발한다는 그런 생각이 들 정도였으니. 나는 기분이 상해 기본 치료인 물리치료와 진통 소염제 처방만 받고 비보험 치료는 받지 않았다. 그리고 다시는 그러한 형편없는 병원을 찾지 않기로 마음먹었다.

오랜만에 나서는 백대명산 묵언수행 장소로 충남의 금강산이라 불리는 대둔산으로 정했다. 대둔산은 충청남도 금산군과 논산시 그리고 전라북도 완주군 사이에 위치한다. 높이는 878m으로 그리 높지는 않은 산이다. 경치가 매우 아름다워 관광지로도 유명하다. 지정학적으로 두 행정도에 걸쳐 있어 이 산은 충청남도와 전라북도 양 도에서 도립공원으로 지정하고 있다.

설레는 마음으로 대둔산 케이블카 주차장에 차를 주차하고 케이블카 매표소로 발걸음을 옮겼다. 발목 상태도 안 좋아서 케이블카를 타고 산 중턱까지 가서 거기서 정상으로 오르려고 작정하고 케이블카 매표소에 도착하니, 낭패다. 케이블카 운행 직원으로 보이는 사람이 지금 폭풍이 예보돼 있어 날씨가 좋지 않아 케이블카 운행을 당분간 중지한다고 안내한다. 나중에 정상에 올라가서 아래를 내려다보니 날씨가 괜찮아졌는지 케이블카가 운행되고 있었지만 그때는 그렇게 운행하지 않았다. 어쩔 수 없이 묵묵히 걸어서 묵언수행할 수밖에 없었다.

먼저 원효 대사가 그 바위를 보고 3일간이나 움직일 수가 없었다고 하는 동심바위를 만나고, 가파른 탐방로를 올라가다보면 금강문이 나온다. 금강문은 임진왜란 당시 영규 대사와 권율 장군의 대첩 고사가 전해 내려오는 유명한 곳이기도 하며 대둔산 제일의 절경을 자랑하는 곳으로 기암괴석이 금강산을 방불케 한다고 해 금강문 혹은 금강계곡이라고 불린다고 한다.

금강문이 나오기 전 가파른 탐방로에 초로의 탐방객이 계단에 앉아 휴식을 취하고 있었다. 금강문을 지나 오르다 보면 금강 구름다리를 지나가는 수행자들이 희열과 두려움이 교차되는 듯 내뱉는 온갖 기성이 들린다.

어느덧 금강 구름다리에 이른다. 요즘은 좋은 구름다리가 여기저기 생겨 금강 구름다리는 규모 면에서는 보잘 것 없지만 천 길 낭떠러지 계곡을

금강 구름다리에서 찍은 삼선바위와 삼선계단

가로질러 설치한 흔들 구름다리에다 그물망 같은 철 구조물로 바닥을 만들어 구름다리 아래 계곡이 훤히 보이기에 더욱 스릴 넘칠 수밖에 없었다. 그러니 탐방객들 모두 기성을 내뱉지 않을 수 없었을 것이다. 솔직히 나도 그 위에서 다리가 조금 후들거렸다. 그 스릴에도 주변의 아름다운 경관에 더욱 마음이 이끌려 두려움을 잊고 찬찬히 주변을 카메라에 담았다. 바람 탓에, 사람 탓에 흔들거리는 흔들다리에서 풍광을 바라보니, 흔들흔들 스릴을 느끼면서 상승효과가 나타나는지 더욱 신기하고 아름답게 보인다.

흔들다리에서 마음껏 즐기고 난 후 천천히 조심조심 발걸음을 삼선바위를 오르는 삼선계단으로 옮겼다. 삼선계단은 일방통행으로 운영되는데 매우 좁고 가팔라 노약자나 임산부 그리고 심장이 약한 사람은 오르는 것을 삼가야 한다고 안내하고 있었다. 글을 쓰고 있는 이 순간도 내 다리가 후들거리는 느낌이다. 솔직히 흔들다리보다 더 심하게 후들거리는 듯했다.

삼선계단을 올라 정상으로 향한다. 정상까지는 별 어려움 없이 오를 수 있었다. 정상에 오르니 참으로 생뚱맞은 것을 보게 된다. 대둔산 정상을 마천대라고 일컫는다는데, 마천대나 대둔산이란 이름의 정상석은 아무리 찾아도 보이지 않고 개척탑이라는 거대한 구조물이 대둔산의 아름다움을

아찔한 삼선계단을 오르면서

삼선계단에서 금강구름다리를 찍다.

치명적으로 훼손하고 있었다. 뭔가 한참 어색하고 부자연스럽다는 생각이 들었다. 참 좋은 명산인데 정상 부문을 인간들이 이렇게 훼손해놓다니.

정상에 오르니 바람이 거세게 불어온다. 광풍으로 체감 기온이 내려갔으므로 초겨울용 점퍼를 걸치고 준비해간 꿀맛 점심을 먹었다. 점심이라야 항상 그렇듯 김밥 한 줄, 떡 한 조각, 고구마 한 개 그리고 오이 하나뿐. 사람의 입맛을 돋우는 최상의 반찬은 '시장이라는 반찬'임을 다시 한번 절실히 느낀다.

삼선계단을 오르기 전 전망대에서 찍은 마천대 일원. 아찔한 아름다움이다.

칠선봉전망대에서 칠선봉을 바라보면서

정상에 올랐으니 이제는 하산해야 한다. 이는 인생에서도 마찬가지 이치다. 태어나 바닥에서 기다가 장성하면서 활발히 활동한다. 그리고 나이가 들고 죽음을 맞이하면 다시 땅속으로, 바닥으로 돌아가야만 한다.

용문계곡 입구 들머리 쪽으로 하산 방향을 잡았다. 하산하면서 만난 기암괴석들과 용문굴, 칠성봉의 아름다움은 묵언수행의 피곤함을 한방에 싹 가시게 한다.

오늘 묵언수행은 대단한 의미가 있었다. 발목이 걱정됐으나 잘 마무리했다. 앞으로도 조심조심 묵언수행을 한다면 남은 백대명산 묵언수행도 차질 없이 수행할 수 있으리란 확신을 심어주었다. 앞으로도 청송의 묵언수행은 계속될 것이고 내일은 서대산으로 묵언수행을 떠날 것이다.

[묵언수행 경로]

대둔산 공용 주차장(10:28) > 대둔산 케이블카(10:48) > 동학혁명 대둔산 전적비(10:59) > 원효사(11:23) > 동심바위(11:32) > 금강문(11:43) > 구름다리(12:08) > 삼선바위·삼선계단(12:40) > 대둔산 마천대(13:06) > 용문굴(14:34) > 칠성봉 전망대(14:38) > 신선암 전망대(15:01) > 주차장(15:37)

<수행 거리: 6.68km, 소요 시간: 5시간 9분>

충남의 최고봉인 서대산에서 묵언수행하다

서대산 정상

　　오늘은 어제 대둔산 묵언수행에 이어 내친 김에 대둔산 근처에 있는 충남의 최고봉 서대산에서 묵언수행하는 날이다. 대둔산 묵언수행을 마치고 난 어제 저녁에는 20년 전부터 알고 지내는 전주에 사시는 지인을 만나 저녁을 대접했다. 그랬더니 그분은 또 자기 집에 들러 차 한잔 들고 가라고 하도 강권을 하기에 할 수 없어 그분 집으로 가서 사모님도 만나고, 손수 재배한 아로니아 주스 한잔을 대접받았다. 이런저런 세상사 이야기를 하다 일어서서 내일 서대산으로 묵언수행을 떠나야 한다고 말씀드리자, 이분이 또 서대산까지는 거리가 그리 멀지 않으니 본인이 운영하는 조그마한 모텔에서 묵고 아침 일찍 떠나는 것이 좋을 것이라며 또 붙잡는 게 아닌가. '어유, 다정도 병이다.' 할 수 없이 그렇게 하겠노라며 숙소로 가서 자고 난 다음, 폐를 끼치기 싫어 아침 일찍 조용히 일어나 차를 몰아 서대산 쪽으로 20km쯤 가고 있었다. 그때 갑자기 휴대전화 벨이 크게 울린다. 또 그분이다. 또다시 그분에게로 돌아가 20년 전에 그분과 자주 다니던 <풍전콩나물국밥집>에서 다시 만났다. 별미인 콩나물 국밥을 먹으면서 모주 한잔을 같이 마시고 난 후 헤어진다. 그분은 참 끈질기게 좋은 분이다. 이렇게 왔다 갔다 하면서 서대산 탐방로가 시작되는 서산 <드림리조트>에 도착하니 아침 9시 55분이 됐다.

　　서대산은 충청남도 남동부의 금강분지를 둘러싸고 있는 금산고원에 속해 있으며, 노령산맥을 이루는 정수이자 충청남도의 최고봉으로 높이는 904m이다. 옥천에서 서남쪽으로 직선거리 10km 지점에 있다. 남서쪽의 대둔산大屯山 (878m), 남쪽의 국사봉國師峰(668m)과 함께 동쪽은 충청북도, 남쪽은 전라북도와 경계를 이루고 있는 산이다. 산마루는 비교적 급경사이며 남쪽으로 갈수록 점차 완만해진다. 서쪽 사면은 넓고 경사가 완만하며 이곳에서 흐르는 계류들이 서대천西臺川을 만든다. 동쪽도 완만한 사면이 발달해 있는데 100~400m 사이의 완만한 사면으로 한반도 중부 이남에 발달한 사면 지형이다. 이 사면은 금산 인삼 재배에 이용된다고 한다.

주차장에 도착해 들머리 입구에 설치돼 있는 탐방 안내도를 확인해보니 수행 코스는 대략 1~4코스로 나뉘는데, 나는 리조트에서 출발해 2코스로 올라 시계 방향으로 일주한 후 4코스로 하산해 리조트로 돌아오는 경로로 방향을 잡았다. 서대산 수행 코스는 길지는 않았지만 상당히 가팔라 오르기가 쉽지 않았다. 그러나 나는 시간에 쫓기지 않으려고 노력하는 사람이다. '시간이 좀 먼가? 세월아, 네월아, 천천히 마음 내키는 속도로 가면서 묵언수행하면 그만인 것 아닌가.' 하며 여유를 가진다. 여기저기 경치를 구경하면서 천천히 올라가기 시작했다. 어제 대둔산 오를 때보다 기온이 높아서인지 아니면 바람이 불지 않아서인지 몰라도 천천히 움직이는 데도 이마에서 땀이 뚝뚝 떨어진다.

오르다 보면 용바위를 지나 마당바위와 신선바위를 만난다. 바위들의 이름은 거창하지만 실제로는 아주 소박한 모습이다. 마당바위 위를 올라간다. 응당 마당처럼 널찍한 바위라고 생각했지만 기껏해야 두세 명이 겨우 앉아 휴식을 취할 수 있는 크기밖에는 안 된다. 그래도 나 혼자 앉아 휴식을 취하기에는 충분히 넓은 바위다. 참으로 신기한 것은 마당바위 위에 핀 달개비꽃 무리들이 마치 물음표 형상으로 피어 있다. 마당바위에서 휴식을 취하는 산객들에게 '삶이란 죽음이란 무엇이냐?', '사랑 그리고 행복이란?', '인생은 고해인가 천당인가?' 등의 화두를 던지는 듯하다. 오르는 길 중간 중간에는 온갖 꽃들과 가을의 결실인 열매들이 힘내라고 방긋 웃으며 맞아준다.

<나홀로 묵언수행>하는 도중에 만난 산객인지 약초꾼인지 모를 사오십 대 초반으로 보이는 네 사람이 휴식을 취하며 싱겁게도 나에게 묻는다.

"아저씨, 등산하십니까?" 내가 "네."라고 대답하니 돌아오는 말이 "어차피 내려올 텐데 왜 힘들게 올라가십니까?"라고 한다. 나는 묵언수행 중이라 대충 넘어가려다 '어차피 우리 인간들은 올라갔다가 내려오는 연습을 하는 게 인생살이 전부가 아닌가?'라는 답을 하면서 정상으로 묵묵히 향했다.

천천히 오르다 보니 나에게 화두를 던진 사람들이 다시 앞서가기에 "그럼, 아저씨들은 산에 왜 왔어요?"라고 물어보니 "능이버섯 따러 왔어요."라고 한다. 그러면서 탐방로를 벗어나 내 시야에서 사라진다. 나는 뚜렷한 목표가 없는 수행이고 그들은 뚜렷한 목표를 가지고 움직이는 무리들이었다. 능이버섯 채취採取하러 온 사람들은 탐방로를 벗어나고 있었다.

신선바위를 지나 사자봉으로 향한다. 묵언수행을 출발할 때와는 달리 바람도 살랑살랑 일기 시작한다. 청명한 날씨는 상쾌함을 흩뿌리고 있었고, 맑은 공기는 허파 속으로, 실핏줄 속으로 파고들어 피곤함을 잊게 해주니 가을이 어느덧 가까이 다가와 있음을 실감한다. 빛과 색깔의 조화는 신비로움을 불러일으키고 벌써 가을이 나뭇잎에 단풍 색깔을 칠하고 있었다.

주위를 두리번거리며 나를 잊은 채 묵언수행하다 보니 어느덧 사자봉에 이르렀다. 사자봉을 지나며 보니 특이한 리본 하나를 발견했다. 내 고향 창녕에  사는 공진명이란 사람이 '나홀로 산행'하면서 나뭇가지에 매어 놓은 리본이 눈에 들어왔다. 단체 리본은 많이 봤지만 이런 개인 이름이 적혀 있는 리본은 처음 본다. 저 공 씨란 분도 나처럼 <나홀로 묵언수행>하는 사람인가 보다.

단애에서 옆으로 자라는 소나무   서대산에도 서서히 가을이 내리고 있다.

이름 모를 기암괴석이 청명한 가을 하늘을 배경으로 솟아 있고 이제 서대산 정상까지는 1km 남았다. 여기가 장군봉인가. 거대한 바위가 심상찮은 포스로 딱 버티고 서 있었다. '나는 너무 거치니 정상으로 가려면 나를 돌아가세요.'라고 알려주는 듯했다. 장군봉을 돌고 돌아 오르락내리락하다 보니 어느새 서대산 정상에 와 있었다.

서대산에서 만난 기암들

정상석은 자연석으로 만든 돌탑 중간에 돌탑의 부속품으로 끼

서대산 정상에서 본 주변 조망

위놓았다. 특이한 모양의 정상석이었다. 나는 인증 샷을 하고 나서, 편의점에서 구입한 4천 원짜리 도시락을 맛있게 까먹은 뒤 서대산의 기를 듬뿍 마시고 있으니, 부부 한 쌍이 올라왔다. 물어보지도 않았는데, 그들도 백대명산을 오른다고 하면서 진주에서 왔다고 스스로 나에게 소개한다. 그들이 정상 인증 샷을 부탁해 몇 장을 찍어준다. 정상에서 적절히 운기조식運氣調息을 했고 구름이 낀 날씨에도 제법 멀리 보이는 아름다운 산 너울을 감상하면서 하산하니 몸과 마음이 홀가분하고 발걸음 또한 생각보다 가벼웠다. 다음은 어느 산으로 묵언수행을 떠날 것인가 그것만이 문제였다.

[묵언수행 경로]

주차장(09:55) > 서산 드림리조트(10:01) > 용바위(10:30) > 마당바위(10:52) > 신선바위(11:44) > 사자봉(12:12) > 1헬기장-2헬기장-장군바위 > 정상-식사(13:02-13:12) > 주차장(15:05)

<수행 거리: 6.1km, 소요 시간: 5시간 10분>

계수나무 향 그득한 계방산에서 단풍맞이 묵언수행하다

계방산 정상

길고 긴 추석 연휴는 지루하기까지 하다. 긴 연휴가 휴식을 통한 힐링보다는 먹고 자고를 반복하게 하는 나태함, 나른함이 피로감을 느끼게 한다. 그 피로감은 지난 9월 25일부터 30일까지 4박 6일 동안 신비스런 바이칼 호숫가에서 오염 한 점 없는 신선하고 청량한 공기를 마시며 보내다가, 서울의 탁한 공기를 마시니 운기조식運氣調息이 제대로 안 돼서 그런지도 모르겠다. 4박 6일간 여행을 다녀온 후유증일 가능성이 크다. 피로감을 치유하는 데는 청량한 공기를 가득 들이마셔 폐를 세척할 수 있는 깊은 산속 묵언수행보다 더 좋은 것은 없을 터이다. 그래서 나는 배낭을 주섬주섬 꾸려 <나홀로 묵언수행>을 나섰다. 이름이 아름답고 멋있는 계방산桂芳山으로 향한다.

계방산이라는 산 이름은 계수나무 '계桂', 향기로울 '방芳', 말 그대로 계수나무 향 내음이 가득한 산이란 뜻을 담고 있다. 강원도 평창군 진부면珍富面과 홍천군 내면內面 사이에 있는 산이다. 그 높이는 1,577m로 한라산(1,950m), 지리산(1,915m), 설악산(1,708m), 덕유산(1,614m)에 이어 남한에서 다섯 번째로 높은 산이다. 전망대에서 보면 저 멀리 북쪽에는 설악산 대청봉이 그리고 북동쪽에는 오대산 비로봉이 보인다.

오늘의 묵언수행은 우리나라에서 자동차로 오를 수 있는 고개로는 제일

계방산 전망대에서

높은 해발 1,089m에 위치해 있는 운두령에서부터 시작한다. 운두령에 도착한 시각이 12시 전후였으므로 다른 대안이 없었다. 운두령에는 홍천군과 평창군에서 각각 관리하는 2개 특산물 판매점이 있다. 들머리에서 오르다 보면 탐방로 주변에는 아직도 꽃들이, 예쁜 열매들이 나를 반긴다. 해발 약 1,150m 정도의 고도로 가면 단풍나무는 제법 붉은 화장을 했고, 참나무 잎들이 짙은 청색에서 연두색으로 변하고 있다. 이미 계절은 단풍 계절 중간에 와 있음을 실감한다.

운두령에서 1km 정도 올라가면 만나는 물푸레나무 군락지. 나무껍질을 벗겨 물에 담그면 푸른 물이 우러나온다고 하여 물푸레나무라 이름 지었다고 한다. 내 온몸과 마음까지도 물푸레 색이 젖어들어 푸른색으로 변한다. 대략

계방산 정상에서

해발 1,400m 지점에 이르니 단풍은 더욱 짙은 붉은색으로 단장을 하고 있다.

드디어 전망대에 다다른다. 전망대 주변 경관이 하도 아름다워 발걸음을 옮기지 못한다. 산 너울이 아련하게 일렁거리고, 저 멀리 북쪽에는 설악산 대청봉이, 북동쪽에는 오대산 비로봉이, 가까이에는 오늘 묵언수행 목표지 인 계방산 정상이 보인다. 계방산 정상 서남쪽 능선은 단풍으로 울긋불긋 물들 대로 들었다. 단풍의 화려함을 어떻게 표현해야 하나?

전망대에서 계방산 정상의 아름다움과 산 너울을 마음껏 구경하다 약 40여 분 올라가니 계방산 정상에 이른다. 계방산 정상에 올라 설악산, 오대산 진기를 마음껏 빨아들인다.

몸과 마음이 충분히 신선하게 된 다음, 주목 군락지 쪽으로 발걸음을 옮긴다. 살아서 천년, 죽어서 천년인 귀하신 주목을 친견하지 않고서 하산할 수 없지 않은가. 정상에서 20여 분 내려가니 귀하신 '주목' 님들이 도열해 있다. 빨갛게 익은 예쁜 젤리 같은 주목 열매를 보면서 주목이 나에게 하사하는 피톤치드에 점심을 말아서 먹는다. 건강한 주목의 진기眞氣가 실핏줄을 타고 온몸을 확 감도는 느낌이 온다. 점심을 먹고 난 후 곧바로 하산 수행에 들어간다. 주변의

주목의 열매, 젤리같이 말랑거린다.

풍광을 보며 그 아름다움을 카메라에 담으면서 내려오니 어느새 주차장이다.

여독旅毒이 다 풀리지 않은 상태의 무거운 몸을 이끌고 계방산 묵언수행에 들어가 힘들지도 모르겠다고 생각했다. 그런데 계방산은 남한에서 다섯 번째로 높은 산이지만 해발고도 1,089m인 운두령에서부터 오르면 정상까지 표고차가 488m에 불과하고, 오대산이나 소백산 마냥 육산이어서 그런지 별로 힘들이지 않고 묵언수행할 수 있었다.

계방산에 계수나무는 보이지 않았으나 물푸레나무, 참나무, 거제수나무, 그리고 주목나무가 군락을 형성해 자라고 있고, 각종 약초와 산나물 그리고 야생화들이 많이 자라는 산이라서 그런지 그들이 내뱉는 피톤치드며 향 내음은 계수나무에서 내는 향 내음에 비해 손색이 없었다. 한편 저 멀리 보이는 아름다운 산 너울과 울긋불긋한 단풍은 눈까지 즐겁게 한다. 그러니 계방산이란 이름이 전혀 어색하지 않다는 생각이 드는 산이다. 계방산 묵언수행은 길고 지루한 추석 연휴 뒤 나에게 찾아온 '찌뿌둥 마구니'를 쫓아내어 몸과 마음을 더없이 상쾌하게 해줬다.

묵언수행을 마무리한 후, 속사 IC 근처에 있는 <옛날공이메밀국수>집을 찾아 주린 배를 가득 채웠다. 이 집은 77세의 김옥기 할머니가 운영하는 가게로 메밀 100%로 만들며, 자신의 입맛에 따라 먹을 수 있도록 하는 '공이막국수'의 원조라고 할 수 있다. 고명으로는 들기름, 들깻가루, 양념 조선간장, 계란부침, 김 가루, 갓김치, 하얀 무절임 등을 기본으로 한다. 완전 시골 촌맛이다. 그런데 이상하게 먹어도, 먹어도 질리지 않는다. 내가 가장 좋아하는 막국수 집으로 나는 그 근처를 가면 반드시 찾아가는 집이다.

[묵언수행 경로]

운두령 주차장(12:00) > 물푸레나무 군락지(12:35) > 전망대(13:43) > 계방산 정상(14:21) > 주목 군락지 - 점심(14:40-14:50) > 계방산 > 운두령주차장(17:04)
<수행 거리: 9.21km, 소요 시간: 5시간 4분>

백덕산白德山, 단풍의 절정은 바로 지금

백덕산 정상

　단풍이 절정으로 치닫고 있는 요즘, 여기저기서 가을이 피고 또 지고 있다. 한편에서는 단풍이 들고 열매가 익어가고, 또 다른 한편에서는 단풍든 낙엽이 바람에 날려 떨어지고, 가을의 결실인 열매들이 떨어져 여기저기 흩어지고 있다.

　오늘도 나는 백덕산으로 묵언수행을 나섰다. 절정으로 치닫는 가을을 온몸과 마음으로 맞아들이기 위해 고교 동기 양 회장과 두 산신령을 모시고 잠실을 출발, 묵언수행지인 백덕산으로 향한다. 오전 7시 5분경 출발해 백덕산 입구에 9시쯤에 도착했다. 교통 흐름이 원활했던 덕분이다.

백덕산의 야생화와 열매들

백덕산은 강원도 영월, 횡성, 평창군에 걸쳐 있는 높이 1,350.1m의 산이다. 예로부터 네 가지 재물 있다고 해서 사재산四財山이라고도 불렀다. 여기서 네 가지 재물이란 동칠東漆(동쪽의 옻나무), 서삼西蔘(서쪽의 산삼) 그리고 남토南土와 북토北土(흉년에 먹는다는 흙)를 가리킨다. 4km 길이의 능선에 함께 있는 사자산과 합쳐 백덕산이라고 부르기도 한다. 불가佛家에서는 남서쪽 기슭에 있는 법흥사法興寺가 신라 불교의 구문선산九門禪山의 하나인 사자산파의 본산이라고 보기 때문에 사자산이라고도 부른다.

산세는 험한 편이어서 능선의 곳곳마다 절벽을 이룬다. 북쪽 비탈면에서 발원하는 수계水系는 평창강平昌江으로 흘러들고, 남서쪽 비탈면을 흐르는 수계는 주천강酒泉江으로 흘러든다. 바위봉으로 이루어진 정상에서는 가리왕산과 오대산의 산군山群과 함께 남쪽으로는 소백산, 서쪽으로는 치악산이 보인다. 크고 작은 폭포와 소沼, 담潭이 수없이 이어진 법흥리계곡 일대는 원시림이 잘 보존돼 있으며, 주목 단지도 있다.

나이를 한자로 표현할 때 99세를 '백수白壽'라고 한다. 99는 100에서 1을 빼면 되니까 한자 '백百'에서 '일一'을 빼면 '백白'이 되기 때문에 99세를 '백수白壽'라고 부른다. 마찬가지로 '백수白壽'가 아닌 '백덕白德' 산을 수행자는 아흔아홉 가지 덕을 갖춘 산으로 해석하고 싶다.

들머리에 도착한 후, 출발에 앞서 미리 수행 경로를 정했다. 수행 코스는 백덕산 등산 안내도에서 소개하고 있는 3개 코스중 제1코스로 정했다. 문재 - 925봉 - 갈림길 - 사자산 - 당재 - 1,280봉 - 정상 - 1,280봉 - 헬기장 - 먹골 갈림길 - 먹골 주차장에 이르는 코스로 전장 약 11km다.

우리 일행이 들머리에서 수행로로 들어서니 솜사탕에서 나는 단내가 우리 코를 확 점령해버리는 게 아닌가. 이 냄새는 지난 2016년 10월 22일 속리산 묵언수행 시 법주사 입구 들머리에서 맡은 바로 그 냄새였다. 어디서 나는 냄새일까? 여기에도 법주사 입구처럼 계수나무 군락이 있다는 건가. 계수나무는 보이지 않지만 어쨌든 코에 강하게 스며드는 향긋한 단내는 속리산에서와 같다.

백덕산 정상은 단풍 천국

고도를 높일수록 주변의 색깔이 변해 점점 짙어지고 선명해진다. 해발 1,100m 정도의 고도에서는 단풍이 이제 막 진행되고 있었고, 해발 1,200m 고도로 올라서니 빛깔이 점점 짙어진다. 여기저기 단풍 낙엽과 각종 열매들도 나뒹군다. 수행자는 서서히 환상 속으로 빠져들고 있는 듯한 느낌을 받기 시작한다.

정상으로 가는 길에 접어들었다. 여기서부터는 기암과 단풍이 잘 조화된 모습을 연출하고 있다. 바닥에는 낙엽이 더 많이 나뒹군다. 나무는 인간들보다 자연의 섭리에 더 잘 순응한다. 기온의 변화, 계절의 변화, 고도차의 변화 등등, 자연의 섭리에 무감각한 소위 자연에서 퇴보한 현대 문명인들보다는 훨씬 민감하다. 그래서 수목들은 고도에 따라 단풍이 더 들고 덜 들고, 낙엽을 떨어뜨리고 달고 있고를 정확히 안다. 낙엽을 밟고 사각사각 거리는 소리를 들으면서 수행하니 로마 궁전에서 실크 카펫을 밟고 가는 느낌이다. 아니 그 보다 더 좋다. 그러다가 갑자기 '낙엽은 절망인가, 희망인가?' 하는 생각에 미친다. 수행자는 당연히 희망이라고 본다. 모든 사물은 명멸明滅의 때가 있다. 그게 자연의 섭리이기도 하고 그러니 낙엽은 또 다른 미래의 희망이 아니겠는가.

드디어 정상이다. 운무가 끼어 있어 평소에 보인다는 주변 산들이 보이지는 않는다. 멀리 북쪽으로 가리왕산과 오대산, 남쪽으로 소백산, 서쪽으로 치악산

N자형 참나무, 참 기이하게 생겼다.

이 그리는 아름다운 산 너울은 볼 수 없었다. 그러나 운무 사이로 아련하게 보이는 5색 단풍이 신비스런 아름다움을 펼치고 있는 백덕산은 가을의 한복판에서 마지막 아름다움을 작렬하고 있었다.

하산하면서는 기이하게 'N'자 형으로 생긴 참나무 아래서 사진도 찍었다.

오늘 99가지 덕을 갖춘 백덕산 묵언수행, 들머리에서는 숲속에서 나는 단내에 취했고, 올라가면서는 아찔한 단풍에 취했고, 내려오면서는 들국화를 비롯한 여러 산화山花들의 꽃향기에 취했다. 백덕산 단풍의 절정을 이루고 있는 지금, 붉은 단풍 빛깔을 보니 나의 묵언수행에 대한 일편단심一片丹心이 다시 불끈 솟는다.

[묵언수행 경로]
문재 쉼터(09:08) > 925봉 > 갈림길(10:24) > 사자산 > 당재 > 1,280봉
> 정상(12:17) > 1,280봉 > 헬기장 > 먹골 갈림길 > 먹골 주차장(15:17)
<수행 거리: 약 11.27km, 소요 시간: 6시간 9분>

75m 높이의 암벽을 타며
첫 경험의 짜릿한 묵언수행을 하다

천태산 정상

충북 영동에 있는 천태산을 묵언 수행하기 위해 새벽 5시 50분경에 일어났다. 천태산은 그 주변에 영국 사寧國寺를 비롯해 양산 8경 대부분 이 있을 만큼 산세가 빼어나 충북의 설악산이라 불린다. 높이는 715m 에 불과해 그리 높지 않다. 6시 반경 에 집을 나서서 안성 휴게소를 들러 서 볼일도 보고, 김밥도 사고해도 천태산 주차장에 도착한 시각은 대 략 9시 30분이다. 그리 오래 걸리지 않았다. 교통 체증이 없어 기분이 상쾌하다.

천태산 들머리에 도착해 여느 때 와 마찬가지로 먼저 등산 안내도를 보면서 묵언수행 경로를 정한다. 영 국사에서 바라볼 때 오른쪽으로부터 A, B, C, D 네 개 경로가 있는데 B코스는 최근에 폐쇄됐다고 표시돼 있었다. 오를 때는 미륵길이라 불리는 A코스로 올라, 하산 길은 남고갯길로 불리는 D코스 하산수행 하기로 정했

색깔이 예쁜 가지버섯

다. A코스인 미륵길은 북단에서 능선을 따라 정상까지 이어지는 최단 코스다.

들머리로 들어서니 지역 주민들이 그 지역의 특산물인 각종 버섯, 도라지, 더덕, 기타 약초나 약목藥木을 팔려고 전을 펼쳐놓았다. 그중에서 특히 예쁜 보라색-가지색을 띤 가지버섯이 눈에 들어왔다. 전을 펼치고 있는 아주머니에게 "예쁜 색 버섯은 독버섯이라는데?" 하고 물어보니 이 시기에만 맛볼 수 있는 맛있는 버섯이라고 설명한다. 들머리 판매점에서 마음씨 착해 보이는 아주머니에게 도토리묵 한 팩과 막걸리 한 병을 사서 배낭에 넣고 본격적인 묵언수행을 출발한다.

묵언수행 경로를 따라 올라가니 오른편 계곡에서 흐르는 물소리가 청아해 사람의 마음을 편하게 한다. 오늘은 이상하게 발걸음이 가볍다. 물소리가 제법 크게 들린다. 어딘가에 폭포가 있나 보다. 묵언수행로 좌측을 보니 3단폭포(용추폭포)를 안내하는 안내판이 보이고 3단폭포가 나타났다. 천태산 3단폭포를 지나니 용문사 은행나무와 함께 그 유명세가 널리 알려진 천년 고목 <영국사 은행나무>가 나온다. 이 나라의 영고성쇠榮枯盛衰를 천 년간이나 지켜보면서 꿋꿋이 건강하게 살아온 은행나무다. 신성하다. 천 살이나 나이 드신 은행나무가 아직도 건강한 자손을 많이 낳아 자손을 번식시키려고 노력을 하고

삼단폭포

있었다. <영국사 은행나무>의 은행을 줍고 있는 유람객 아낙들이 보인다. <천태산 은행나무축제>를 알리는 현수막도 걸려 있었다. 제1부 행사인 '은행나무 당산제'를 지내기 위해 흰 창호지도 있고 여러 색깔의 헝겊도 여기저기 달아 놓았다.

영국사 은행나무, 수령 천 년이 넘었다.

신성한 은행나무 바로 근처 조금 위에 영국사가 있다. 영국사는 안내판의 해설에 의하면 신라 문무왕 8년(668년)에 창건됐다 하나 정확한 건립 연대는 알려지지 않았다고 한다. 다만 고려 시대 대각 국사 의천이 절 이름을 국청사라고 불렀고, 고려 고종 때 금당을 창건했다고 돼 있다. 이후 고려 공민왕이 홍건적의 난을 피해 이곳에서 국태민안을 기원했다고 해 영국사라고 이름을 고쳤다고 한다. 영국사에는 <3층석탑>(보물 533호), <원각국사비>(보물 534호), <망탑봉3층석탑>(보물 535호), <부도>(보물 532호) 등 문화재가 많이 있다.

영국사를 지나 올라가면 송림이 우거진 평탄한 수행로가 나오고, 그 길을 지나자마자 가파른 바윗길이 눈앞을 막아선다. 이제부터는 거의 모든 사람이 몸을 로프에 의존해 올라야 한다. 등산객이 밀리기 시작한다. 나는 1단계 관문에서는 로프에 의존하지 않고 로프 길 우측을 통해 네 발로 기어올라 통과했다. 1단계 관문을 지나고 나니 또다시 가파른 길이 나온다. 2단계 관문이다. 오르는 길은 외길, 로프를 당겨 낑낑거리며 오른다. '아! 이것이 그 유명한 영국사 암벽 코스인가?' 별 것 아니라는 생각으로 천천히 올라가는데 갑자기 앞사람 쪽에서 정체가 시작된다. 웬일인가 궁금했다.

암릉이 나오고 밧줄에 의지하는 수행이 시작된다.

좀 더 올라가서 보니 해발 약 500m 지점에 거의 70° 경사가 진 75m 높이의 암벽이 떡하니 버티고 있는 게 아닌가. 그것이 정체의 근본 원인이었다. 그야말로 '헐'이다.

후덜덜거리며 75m 암벽을 수행하다.

여기서 또다시 선택해야 한다. 자신 없는 사람은 우회하라고 경고 문에도 나와 있다. 암벽을 탈 것인가. 우회할 것인가. 내가 체력적으로 좀 문제가 있긴 하지만 여자들도 겁 없이 타는데 나라고 못 하겠는가. 그래 나도 자존심이 있지. 게다가 이런 기회가 많이 주어지지는 않는다. 잠깐 고민한 후 암벽을 타고 올라가기로 정했다. 남들은 남녀를 불문하고 잘도 기어오른다.

W자로 기이하게 자라는 참나무

앞에 줄을 선 30여 명이 먼저 올라가고 난 후 드디어 내 차례다. 힘껏 올라간다. 재미있기도 하다. 그러나 손만 놓으면 그대로 황천길이다. 그런 스릴을 느끼는 것도 재미다. 약 50m 정도 올라왔을까. 손아귀에 힘이 빠지기 시작했다. 몇 번이고 몸이 휘청거리기 시작한다. 그래도 이를 악물 수밖에 다른 도리는 없다. 떨어지면 바로 죽음이기 때문이다. 드디어 로프 끝자락까지 올라왔다. 바위에 걸터앉아 후들거리는 손과 팔, 다리를 진정시키며 호흡을 가다듬는다. 주변에는 아름다운 조망이 펼쳐진다. 고진감래苦盡甘來라 했던가. 이것이 바로 백대명산 묵언수행의 묘미가 아니겠는가. 숨을 몰아쉰 후 한참을 돌아보며 사진을 찍어댄다. 나의 주기억장치(두뇌)는 용량이 적어 보조기억장치(사진기)를 가동하지 않으면 안 된다. 마구 찍어댄다.

잠깐의 휴식을 마치고 정상으로 향했다. 이제 로프 타기는 더 이상 없을 줄 알았다. 그러나 정상으로 가는 길에도 중간중간 로프에 의존해야 하는

암벽로프를 타고 올라 뒤돌아보면서 촬영한 풍광, 소나무 가지 아래로 보이는 산 너울이 멋지다.

구간이 있었다. 힘들었지만 드디어 정상에 도달한다. 정상에 서면 서쪽으로 서대산, 남쪽으로 성주산과 멀리 덕유산, 계룡산, 속리산이 보인다고 알고 있었지만 사정이 다르다. 정상부에는 숲이 우거져 그 주변 둘레가 잘 보이지 않았다. 또 단풍이 이제 내려앉기 시작했으므로 천태산 단풍의 절정을 보지 못해 다소 아쉬운 감이 없지 않았다.

그러나 75m의 암벽 코스를 밧줄로 오르는 맛은 천태산만이 가진 매력이다. 절대 빼놓을 수 없다. 그 맛과 멋을 느껴본 나는 그 맛 하나로도 다른 아쉬움은 충분히 보상받고도 남음이 있다는 생각을 지울 수 없었다.

영동의 천태산, 낮았지만 정말 아름답더라. 전율을 느끼기에 충분하고도 남더라. 과연 충북의 작은 설악산답더라.

천태산의 멋진 소나무

[묵언수행 경로]

천태산 주차장(09:32) > 삼신할멈바위(10:15) > 3단폭포: 용추폭포(10:08) > 은행나무(10:22) > 영국사(10:29-10:42) > 암벽코스(11:38-11:57) > 정상(12:36) > 점심(12:43) > 헬기장(13:40) > 고릴라바위(14:15) > 남고개(14:56) > 원각국사비(14:56) > 영국사(15:01) > 주차장(15:46)

<수행 거리: 7.3km, 소요 시간: 6시간 14분>

방태산芳台山

물 좋고, 단풍 좋고, 전망 좋은 방태산에서
단심丹心을 단련하다

방태산 정상 주억봉

방태산은 강원도 인제군 기린면에 있는 산으로 높이는 1,444m이다. 오지의 산으로 깃대봉(1,436m), 구룡덕봉(1,388m)과 능선으로 연결돼 있다. 골짜기와 폭포가 많아 철마다 빼어난 경관을 드러낸다. 방태산은 우리나라에서 가장 큰 자연림이라고 할 정도로 나무들이 울창하다. 사계절 내내 물이 마르지 않으며, 희귀식물과 다양한 어종이 살고 있다고 한다. 산의 모양이 주걱처럼 생겼다고 해서 주억봉이라고도 부른다.

강원 내륙 첩첩산중에는 <3둔4가리>가 있다. 달둔, 살둔, 월둔을 일컬어 3둔이라 하고, 적가리, 연가리, 명지가리, 아침가리를 4가리라 한다. 홍천군

방태산 단풍터널

과 인제군 일대에 흩어져 있는 <3둔4가리> 중에서 특히 방태산 북쪽 기슭에 자리한 적가리골은 골짜기가 깊고 활엽수 숲이 울창하다. 계곡에 물이 풍부하고 단풍이 화려할 뿐 아니라 폭포가 많기로 소문나 있는 곳이다.

적가리골 최고의 절경인 <이단폭포>는 특히 더 아름답다. 위에 있는 폭포는 <이폭포>라고 부르는데 높이 10m쯤 되고, 아래에 있는 폭포는 <저폭포>라고 부르는데 높이가 3m쯤 된다. '이단폭포', '이폭포', '저폭포'라 니, 폭포의 이름이 참으로 우습고 소박하다. 강원도 두메산골다운 이름이다. 이 두 폭포로 이뤄진 <이단폭포> 주변에는 단풍나무를 비롯한 울창한 활엽수가 계곡의 수분을 충분히 흡수해 곱고 화려하다. 계곡을 따라 폭포수 를 맘껏 빨아들인 단풍의 붉은빛이 선연하기만 하다. 적가리골은 골짜기가 깊고 숲이 울창해서 사시사철 풍부한 수량으로 폭포가 마르지 않는다고 한다.

오늘 방태산 묵언수행은 자연 휴양림 주차장에서부터 출발한다. 차를 주차하고 묵언수행 직전에 고도를 확인해보니 해발 약 600m다. 적가리골로 이어지는 수행로로 정상을 향해 나아간다. '적가리'가 도대체 무슨 뜻일까,

붉은 단풍잎이 단심을 단련하다.

어디서 나온 말일까라는 의문이 생겼지만 그것은 잠깐이었다. 대단히 아니 엄청나게 아름다운 곳이어서 아름다운 경치를 감상하기도 바쁜데 그런 것을 깊이 생각할 여유가 없었다. 물론 가을 단풍이 절정을 이루고 있어 더욱더 그렇게 느꼈을지 모르지만, 단풍 때문만이 결코 아니다. 물 흐르는 소리부터 심상치 않고, 산속에서 풍겨 나오는 가을 내음도 심상치 않다. 수행로 전체가 완전 단풍 터널 속으로 연결돼 있다.

땅도 볼그레하고, 단풍잎 사이로 보이는 물도 하늘도 볼그레하다. 계곡 사이로 흐르는 물소리마저 볼그스레한 소리다. 수행자의 마음도 볼그레하고, 보이는 모든 것이 볼그레하다. 심지어는 그림자까지도 볼그레한 색을 띠고 있다. 그래서 그런지 묵언수행하는 발걸음도 가볍다.

붉은 단풍 터널을 벗어나니 가파른 계단 길이 나온다. 조금 힘이 든다. 길이 가파른 탓도 있지만 어제 늦게까지 묵언수행을 준비하느라 잠을 설친 탓도 있다. 어제는 중학교 동기 모임이 있어 조금 늦게 집으로 돌아왔다. 그래서 새벽 1시경에야 묵언수행 준비를 마쳤다. 일상생활을 하면서 묵언수행을 하다 보니 그건 어쩔 수 없다.

마음을 다잡고 가파른 길을 올라간다. 해발 1,100m 정도의 지점을 지나니

방태산 정상 주억봉

계곡 물소리가 서
서히 사라지고 있
다. 단풍색이 변
한다. 고도가 높
아지니 이미 단풍
절정기를 지나서
인가. 잎들이 노
르스름한 색을 띤

주억봉에 등산객들이 바글거린다.

다. 단풍잎도 엄마의 자장가 같은 물소리를 들어야 예쁘고 선명하고 아름답게 물이 드는가 보다. 그러나 노르스레한 색이라서 눈에 거슬린다는 말은 아니다. 노르스름한 색이 산 전체 색깔과 조화를 이루어 더욱더 자연스러운 풍경을 연출한다.

이제 해발 1,300~1,400m를 오르니 상록수를 제외하고는 나뭇가지들이 옷을 벗어 던져 휑한 나목裸木으로 변하고 있었고, 수행로에는 낙엽이 수북이 쌓여 있다. 낙엽 밟는 소리가 '싸각싸각'거린다. '싸각싸각'하는 소리가 멀리서 어슴푸레 들려오는 물소리와 어울려 조용하고 아름다운 교향곡을 연주한다. 낙엽은 사람 감정을 을씨년스럽게 만들지만 수목樹木들에게는 겨울을

대비하고 새로운 생을 준비하는 장엄하고도 숭고한 의례다. 그들 나름대로
는 자연自然 순환循環의 법칙에 순응順應하는 것이다.

단풍잎이 떨어진 그 틈에 난 작은 공간 사이로 멀리 있는 산들이 아련하게
줄지어 달리고 있었다. 적가리골을 지나고 삼거리에서 다시 지당골을 거치
면서 눈부신 단풍을 감상한다. 싸각거리는 낙엽을 밟으면서, 잎 떨어진
나목들 사이에 보이는 산 너울을 감상하면서 수행을 하다 보니 어느새
주억봉에 이른다. 여러 글에서는 방태산은 오지에 있는 산이라 호젓하게
단풍을 볼 수 있다고 소개하고 있지만, 이런 글들이 무색하리만큼 사람들이
빽빽하다. 방태산 주억봉이라 새겨져 있는 정상석에서 인증 샷을 찍으려는
사람으로 붐빈다. 너무 번잡해 정상석 사진을 한 장 찍고는 주억봉 주변을
돌며 풍경을 감상한다. 정상에서 조망되는 경관을 바라보면서 일어나는
감흥은 '심장이 빨리 뛴다'는 말 말고는 달리 설명할 길이 없다. 멀리 보이는
산 너울은 어디를 급하게 달려가거나, 또는 느릿느릿 달려가는 것 같다는
느낌이 든다. 북쪽 저 멀리에는 설악산 대청봉도 귀때기청봉도 점봉산도
가리산도 보인다. 동남쪽으로는 오대산 두로봉도 비로봉도 보이고 가물가
물 계방산도 보인다.

멀리 보이는 연봉들 실루엣 향연을 망연히 쳐다보고 있노라니 갑자기

구룡덕봉 정상에서 방태산을 바라보다.

원근법의 기본 원리를 최초로 창안한 사람인 15세기 이탈리아의 건축가 브루넬레스키(Brunelleschi)가 생각난다. 그의 원근법에 대한 아이디어는 혹시 높은 산에 올라 산 너울을 보면서 얻은 것은 아닐까.

주억봉에서 준비해간 소박한 점심 식사를 한다. 이제 정상의 아름다운 전망을 가슴에 품고 구룡덕봉, 매봉령, 대골을 거쳐 하산할 때다. 구룡덕봉 전망대는 나무 데크가 3곳이나 설치돼 있었다. 정상보다 더욱 선명한 파노라마를 보여준다. 동서남북 사위四圍의 아름다운 조망을 통째로 다 보여준다. 주억봉보다 더 광범위하고도 선명하다. 수행자가 묵언수행을 시작한 이래로 이렇게 사위를 통째로 다 보여주는 전망대는 처음 접한다.

나무 데크 두 곳은 밤을 지새우려는 백패킹(backpacking)족族들이 이미 점유하고 있다. 주위를 구경하고 내려올 무렵에는 다른 1팀이 남은 한 곳도 점유해버린다. 그들이 참으로 부러웠다. 나도 조금만 더 젊었다면 지금 당장이라도 백패킹을 시도하고 싶었기에 말이다. 부러움을 뒤로 한 채, 아래에 있는 헬기 착륙장에 이르니 SUV차량 한 대가 주차돼 있다. 임도를 따라 그곳까지 올라온 게 확실하다. 헬기 착륙장에 한 사람이 텐트를 치고 있었다. "여기서 숙박하려나 봅니다."라고 물어보니 "그렇습니다."라고 하면서 "위의 나무 데크를 차지하려고 서둘러 올라왔는데 이미 늦어서 아쉽네요.."라고 대답한다. 아마 구봉덕룡 전망대 데크가 아마도 비바크(Biwak)의 명당인가보다. "불법 아닙니까?" 하고 물었더니 "불법인데 요즘은 국립공원은 어렵고 다른 산에서는 비박을 많이 합니다."라고 대답한다. 나도 언젠가는 비박을 해보고 싶다는 생각이 더 들었다.

내려오는 길은 제법 가팔랐고, 나무들은 낙엽이 다 져서 나신裸身으로 수행자를 맞이한다. 자작나무인지 거제수나무인지 하얀 표피가 햇빛에 반짝거린다. 다람쥐 한 마리가 나무줄기를 타고 오르다 나를 주시한다. 적인지 아군인지 탐색하는 것 같다. "나는 결코 너의 적이 아니야."라고 소리 없이 생각을 말하는데도 그놈은 내가 자리를 뜰 때까지 경계를 풀지 않는다.

해발 1,100m 지점으로 내려오니 헐벗은 나뭇가지는 서서히 줄어들고 노란 단풍잎들이 나무 사이로 보이고 노란 단풍잎이 대지를 감싸면서 향기를 풍긴다. 올라갈 때와 반대로 아래로 내려올수록 점점 단풍은 짙어지고 물소리가 들리기 시작한다. 앙증스러운 작은 폭포들이 연이어 나타난다. 그 폭포 소리 연주에 맞춰 단풍잎들은 점점 붉어진다. 묵언수행로는 오를 때처럼 또다시 단풍 터널이다.

지당골과 대골의 계류溪流들이 모여 적가리골 물길을 이룬다. 앙증맞은 작은 폭포수들은 작은 소와 연을 만들고 그곳에서 물길은 아래로 흐른다.

방태산의 다양한 형태의 작은 폭포들이 아름답다.

방태산의 가장 아름다운 이단폭포(이 폭포와 저 폭포)

아래로, 아래로 흐르다 바위 언덕을 만나 <이단폭포>로 귀결된다. 오를 때 들러보지 못한 적가리골 최고의 절경인 <이단폭포>를 둘러본다. <이단폭포>는 기막히게 아름다운 단풍을 배경으로, 기막히게 아름다운 교향곡을 연주하면서 수행자의 묵언수행을 축하해주고 있었다.

오늘은 기막히게 물 좋고, 단풍 좋고, 전망 좋은 방태산에서 묵언수행에 대한 단심丹心(속에서 우러나오는 정성스러운 마음)을 더욱 단련했다.

[묵언수행 경로]

방태산 자연 휴양림 주차장(10:53) > 적가리골 > 갈림길(11:42) > 지당골 > 삼거리(14:42) > 주억봉(15:00) > 구룡덕봉 전망대(15:19-15:28) > 헬기장(15:45) > 매봉령(16:06) > 대골 > 이단폭포(17:46) > 자연 휴양림 주차장(17:50)

<수행 거리: 12.33km, 소요 시간: 6시간 37분>

구병산 묵언수행, 고진감래를 느끼다

구병산 정상

구병산(876m)은 충북 보은군 마로면과 경북 상주군 화북면에 걸쳐 있는 산으로 아홉 개의 봉우리가 병풍처럼 둘러 있다 해서 구병산(九屛山)이라 이름 붙여졌다. 예로부터 보은 지방에서는 속리산의 천왕봉을 지아비 산, 구병산을 지어미 산, 금적산을 아들 산이라 하여 이들을 '삼산'이라 불러왔다.

11월 1일 스위스 일주 여행을 마치고 돌아온 후라 몸을 훈련해 시차 적응도 할 겸 일요일엔 구병산 묵언수행을 하기로 결정했다. 새벽 5시 반으로 휴대폰 알람을 맞춰놓고 11시 반경 잠자리에 들었지만 잠이 잘 오지 않는다. 스위스 여행 후유증인가 보다. 비몽사몽하다 시계를 보니 새벽 2시다. 알람 시간까지는 3시간 반이나 남았다. 누워서 계속 잠을 청해도 오라는 잠은 오지 않고 오히려 정신만 점점 말똥해진다. 청송 주왕산을 묵언수행할 때도 뭐, 새벽 2시 반에 떠나지 않았던가. 억지로 잠을 청하느니 차라리 묵언수행이나 떠나자며 2시 반경 자리를 훌훌 털고 일어났다. 운전석에 앉으니 3시다. 아내가 이렇게 일찍 어디 가느냐며 전화가 오고 야단났다. 잠이 오지 않아 일찍 산에 간다고 하고 막무가내로 나섰다.

경부고속도로 안성 휴게소에 들러 아침 요기도 하고, 점심용 김밥도 사면서 제법 오랜 시간을 보내고, 묵언수행 들머리 주차장으로 차를 몰았다. 어느덧 '내양(내비게이션)'이 목적지에 도착했음을 알린다. 그런데 '내양'이 목적지라고 알려준 곳은 도로 한복판이다. 도대체 어쩌란 말인가. 시계를 보니 6시 반경쯤 됐다. 아직 주위는 칠흑 같은 어둠에다 안개가 자욱하다. 혹시나 해서 '내양'을 다시 깨우니 다시 약 500m 남았다고 알려준다. 칠흑 같은 어둠에 아무것도 보이지 않으니 '내양'의 말을 따를 수밖에 없었다. '내양'이 안내하는 쪽으로 따라가니 시골 동네 한가운데다. 차 한 대가 겨우 들어갈 수 있는 시골 동네 한가운데로 안내한다. 그 마을의 개들이 전부 짖어대고 야단났다. 꿀잠 자고 있을 동네 주민을 모두 깨워버린 것이 아닌지 하는 생각에 황송할 따름이다. 이제 더 이상 진입할 수 없는 막다른 골목에 다다른다. 좁은 시골 동네 길 한쪽은 집 벽이고, 한쪽은 옆집 담 벼랑이다. 부딪치면 어떻게 되겠는가. 생각만 해도 아찔하다. 차를 100m 이상 조심조심 뒤로 몰았다. 다 빠져나오니 벌써 동이 트기 시작한다. 길을 잘 모르면서도 간섭하기 좋아하는 '내양'을 잠재워버리고 나홀로 길을 찾는다. 정신일도하사불성精神一到何事不成이라 정신을 가다듬어 겨우 들머리 입구 주차장을 찾았다. 휴우. 안도의 한숨이 절로 나온다.

구병산 묵언수행 들머리에는 큼직한 안내판이 하나 설치되어 있었다. 그 안내판에는 1999년 5월 17일 보은군청에서 구병산과 속리산을 잇는 43.9km 구간을 <충북 알프스>로 업무표장 등록을 하고 관광 상품으로 널리 홍보하고 있는 내용이 담겨 있다. 그런데 안내판에 구체적인 등산로를 표시해놓지 않은 점이 좀 의아스럽다.

오전 7시경 나 혼자 구병산 들머리로 들어서니 안개가 자욱하다. 아직도 신선대에서 신선들이 노닐며 그 모습을 인간들에게는 감추려고 안개를 피우시나. 짙은 안개다. 새벽 공기는 영하의 기온으로 쌀쌀하다. 쌀쌀한 날씨에도 아직 쑥부쟁이가 한 그루 꽃을 피우고 있었고 단풍도 제법 남아 있다.

해발 400m 정도를 올라가나 갑자기 수행로가 거칠어진다. 바위와 자갈돌 길 그리고 그 길을 낙엽이 덮고 있다. 보은군청에서 위험을 알리는 안내판이나 이정표를 설치해놓긴 했다. 그들 생각에 <충북 알프스> 일대라고 선전하면서 말이다. 그런데 그 안내판들은 대부분이 순 엉터리다. 이런 위험한 수행로에 엉터리 안내판이라니, 기가 막힌다. 더구나 이 국립공원 일대가 <충북 알프스>라고 자랑질까지 하고 있으면서 말이다. 나는 이정표를 따라가다 세 번이나 큰 낭패를 당했다. 위험을 알리는 안내판이 무슨 소용이랴. 이정표가 엉뚱한 데로 안내하는가 하면, 두 갈래 길에서 어느 길로 가야 하는지 아예 안내가 빠져 있을뿐더러 심지어는 힘들게 로프를 타고 올라갔는데 내려가는 로프가 없는 경우도 있었다. 도리어 위험을 조장하는 희한한 안내판들이다.

엉터리 안내판에 세 차례나 농락당한 나머지 길을 잘못 들었다. 오늘 묵언수행을 포기할까 생각할 지경에까지 이르렀다. 하지만 '그래, 시작이 반인데 예까지 어렵게 와서 포기하는 것은 말도 안 돼.' 하면서 수행을 계속한다. 그러나 길을 잘못 들어 미끄러져 넘어지는 바람에 결국 피까지 보게 됐다. 스틱 손잡이와 장갑에 붉은 물감이 묻어버렸다. 계속 그대로 마르지 않는 물감. '어, 이게 뭐지?' 하면서 자세히 살펴보니 손가락에서 계속 붉은색 물감이 흘러내리는 게 아닌가. 오늘이 쉰여섯 번째 묵언수행인가? 지난 쉰다섯 번을 묵언수행하면서 다리가 접질렸거나, 넘어진 경우는 있었어도 피를 본 것은 오늘 처음 있는 일이다.

수행로를 찾기 위해 참으로 엄청난 인내와 노력이 필요했다. 보기에는 그렇게 보이지 않으나 한 사람이 겨우 빠져나갈 수 있는 바위틈 사이를, 그것도 1.5m 바위를 그냥 손으로 잡고 올라야 하는 위험한 곳이다. 그래도 묵언수행을 포기할 수는 없다. 힘들게 오르고 또 올라, 해발 500m가 넘어가니 기암들이 나타나고, 바위틈에서 자라는 기송奇松들이 나타난다. 아무래도

신선대

신선대에서 산 너울에 홀리다.

신선대가 가까워지고 있나 보다.

　드디어 신선대다. 어렵게 다다랐다. 신선들이 계시는지 아무리 둘러보아
도 신선들은 보이지 않는다. 다만 주변의 아름다운 경관이 내 눈에 확
들어와 박힌다. 멀리 아련하게 보이는 풍광은 한 폭의 동양화다. 왠지 신선대
란 이름이 과장되지 않게 느껴진다.

　신선대를 지나 853봉으로 가는 수행로는 더 거칠어진다. 별 소용도 없지
만, 위험을 알리는 안내판이 무지막지無知莫知하게 큼직하게 세워져 있다.
산의 품격과 경관만 해칠 뿐이다. 로프를 타고 올라야 할 곳이 점점 늘어난다.
어떤 것은 직벽으로 올라야 하는 곳도 있다. 오르기를 시도해봤으나 힘들어
우회하는 길을 택하기도 했다. 우여곡절 끝에 드디어 853봉에 올랐다.

　아직까지 저 멀리 남쪽의 산군들은 자욱한 안개 속에 둥둥 떠돌아다니며
선경仙境같은 실루엣을 연출하고 있다. 낙엽이 많이 쌓인 곳은 발이 잠기고
심지어는 무릎까지 잠긴다. 로프를 타고 오르내려야 하는 곳이 10여 곳
이상이나 됐다. 853봉을 지나 853봉보다 높아 보이는 무명봉을 통과했다.

853봉으로 수행하면서

이제 무명봉에서 내려와
구병산 정상으로 향한다.

　가파른 철제 계단을 또
다시 낑낑거리며 올라가야
한다. 그러나 여태까지
'알바'를 하고 암릉을 타고,
로프를 타고 오르내리길

구병산 정상에서

정상에서 내려서면서

반복하면서 피까지 봐가며 여기까지 왔다. 그렇게 생각하면 가파른 철제 계단을 오르는 것은 아무것도 아니다. 계단을 오르면서 사위를 돌아보고 풍광을 즐기며 오르다 보니, 어느덧 아담한 구병산 정상석이 "어이, 청송! 여기까지 오르느라 고생 많았네,"하고 격려하는 듯 나를 맞아주고 있었다.,

정상 주변은 나무들로 가려 조망이 그리 좋지는 않았다. 점심 끼니를 때우기 위해 조망이 좋은 곳을 찾는다. 정상에서 조금 내려오니 전방의 절경이 조망되는 곳인 기암의 밥 상이 나를 기다리고 있었다. 그 기 암 밥상 위에 상을 차리고 맑은 공기를 국으로 아름다운 풍광의 산해진미를 더해 거하게 식사한 다음 천천히 하산한다.

식사 명당을 찾다.

구병산에서 내려오는 수행로 도 오르는 길 못지않게 거칠고 가팔랐다. 바위, 자갈 그리고 낙엽에 몇 번이나 미끄러질 뻔했다.

이번 구병산 묵언수행은 여태의 여느 수행보다 힘들었다. 잠을 못 잔 것도, 안내판 부실이 초래하는 마음의 갈등도 한 원인이었을 것이다. 그러나 구병산에서 7시간 이상 자연에 푹 빠져 자연의 아름다움을 만끽하니 비록 몸은 뻐근하지만 정신만은 더욱 맑아지는 그런 묵언수행이었다. 이럴 때 떠오르는 구절이 있다면 '고진감래苦盡甘來', 그 한 마디일 것이다.

[묵언수행 경로]
적암 삼거리 기점(06:50) > 신선대, 구병산 갈림길(07:17) > 신선대 > 동봉: 853봉(10:24) > 구병산(11:38) > 점심(11:49) > 통신 기지국 > 적암리 주차장(14:11)
<수행 거리: 9.01km, 소요 시간: 7시간 21분>

천년 불향이 배어 있는 조계산(송광산)을 묵언수행하다

장군봉에서

　오늘 토요일과 내일 일요일 이틀간은 산신령급 친구 3명과 전라남도에 있는 백대명산인 조계산과 백운산 두 좌를 묵언수행하는 날이다. 새벽 5시에 자리를 털고 일어나 간단한 준비를 하고 반포역으로 차를 몰았다. 반포역 도착 시각은 오전 6시. 산신령 친구들 3명이 모두 대기하고 있었다.

　반포역에서 친구들을 태우고 천안논산 고속도로 진입해 달리다가 여산 휴게소에 들러 간단한 요기를 한 다음 선암사 주차장에 도착한 시각은 대략 10시 50분이었고, 묵언수행 준비를 마치니 10시 56분 정도가 됐다.

묵언수행 경로는 여러 차례 논의 한 결과 천자암에 있다는 유명한 쌍향수 나무를 친견하자는 의견이 많아 당초 계획했던 경로를 바꿨다. 반드시 쌍향수나무가 있는 천자암을 거치는 것으로 수행로를 정한다.

이제부터 천년 불향佛香이 배어 있는 조계산으로 우리는 장장 6시간여 묵언수행길 장도에 오른다. 아직도 남쪽이라 단풍잎이 많이 남아 있어 눈과 귀 그리고 마음까지 아름답게 해주고 있다. 수행 경로를 다시 한 번 확인하고 올라가니 아름다운 아치형 돌다리가 나타난다. 이 아름다운 다리 이름은 승선교다. 승선교는 숙종 24년 호암 대사란 분이 관음보살을 보려고 백일기도를 했지만, 뜻을 이룰 수가 없어서 자살하려 하자 한 여인이 나타나 대사를 구했는데, 대사는 이 여인이 관음보살임을 깨닫고 원통전을 세우고 절 입구에 승선교昇仙橋를 세웠다고 전해지고 있다.

아치형 돌다리 승선교 반월 공간 아래로는 강선루가 보인다. 참으로 절묘한 배치요, 구도다. 강선루는 신선들이 내려와 놀았다는 누각이다. 이 누각이 다리 아래로 보이다니 참으로 아름다운 풍경이 아닐 수 없다.

승선교와 강선루. 승선교 위에 한 여인이 포즈를 잡고 있다.

선암매 군락들

승산교 위에서 한 여인이 아름다운 경치를 배경으로 마음껏 포즈를 취하며 사진을 찍고 있었다. 그런가 하면 부모들과 나들이 나온 꼬마가 선암사 일주문 근처에 있는 인공 연못 둑을 힘차게 걷고 있었다.

천년 고찰 선암사에서는 고즈넉한 분위기에 취할 수밖에 없었다. 비록 잎은 낙엽이 돼 떨어져 버렸지만, 수령이 600년이나 됐다는 선암매들이 줄지어 서 있었고, 그 주위에는 누워서 자라는 와송臥松이 신기함과 아름다움을 더하고 있었다. 고찰과 잘 어우러진 주변의 아름다움은 사람들 마음을 편안하게 해준다. 언제 선암매가 만발할 때 꼭 다시 한 번 여기에 오고 싶은 마음이 간절하다.

선암사를 둘러보고 수행로를 따라 오르니 고려시대의 마애석불이 우리들의 무사 수행을 기원하듯 자애로운 모습으로 우뚝 서 있다. 다시 길을 따라 올라가니 단풍잎들은 대부분 졌으나 바람을 피할 수 있는 양지바른 온화한 곳에 자리한 단풍나무들의 잎들은 아직도 붉은 자태를 온갖 정열을 다해 뽐내고 있었다. 단풍을 즐기며 가파른 경사면을 오르다 보니 어느덧 나무는 헐벗은 상태로 바뀌어 있다. 정상까지 남은 거리가 500m, 100m로 더 올라가니 헐벗은 나목들이 겨울바람을 맞을 준비를 하고 있었다.

조계산 정상인 장군봉에는 조그마한 정상석이 정상을 지키고 있고, 돌탑

아직도 단풍이 남아 있다.

이 정상석을 호위하고 있다. 정상에서 내려와 우리 일행은 준비해간 점심을
간단히 먹고 다시 수행을 시작한다.

　여러 가지 전설이 구전되어 내려오는 배바위를 거쳐 <원조보리밥집>에
도착했다. 사람들이 제법 북적댄다. 대부분이 산행객들로 보인다. <원조보
리밥집>이 조계산 도립공원 안내도에도 등장하다니. 이런 곳에 사람이
북적대다니 생각지도 못한 일이다. 그런데 이 집이 유명하기는 유명한가
보다. 보리밥집은 조계산 정상인 장군봉에서 2.5km, 송광사에서 3.5km
정도 지점에 있는데, 등산객 이외에는 아무도 찾지 않는 심심산중에 있다.
<배도사 대피소> 소개에도 이 보리밥집이 등장한다. 오래됐을 뿐 아니라
이색적인 전통 때문에 요즘까지도 꽤 유명세를 타고 있다고 한다. 우리는
점심을 먹은 지 채 1시간 30분도 지나지
않았지만, 도대체 어떤 곳인지 체험해보기
위해 보리밥 한 그릇, 파전 한 접시 동동주
한 되를 주문했다. 음식이 나올 때까지 주
변을 돌아보니 가마솥에 구수한 숭늉을 끓
이고 있었는데, 가마솥 밑에는 장작이 불

<원조보리밥집>에서

타고 있었고, 한 바가지 떠서 마셔보니 따뜻함과 구수함이 온몸 속으로 확 퍼지는 느낌이다. 추위고 피곤함이고 모두 다 사라지는 듯하다. 숭늉 두 그릇을 떠서 친구들이 앉아 있는 자리에 가니 곧바로 주문한 음식들이 나왔다. 밭에서 갓 따온 채소도 있다. 살아서 풀풀 댄다. 갓 채취해온 채소를 먹어보니 신선한 향이 입에 가득 차고 몸에 유익한 비타민과 무기질들이 몸속에서 확 감도는 느낌이 든다. 야채의 신선함에 친구 하나가 완전히 감동한다. 한 친구는 이 나물 저 나물을 넣어 보리밥을 쓱쓱 비빈다. 우리가 언제 점심을 먹었느냐는 듯이 불과 10여 분 만에 비빔밥과 파전 그리고 동동주 한 되를 깨끗하게 싹 해치워버렸다. 산중에서도 성업하고 있는 이유를 충분히 느끼고도 남았다.

숭늉 한 그릇까지 마시고 나니 배가 차오른다. 배를 빵빵하게 하고 나니 몸이 무겁다. 그래도 수행은 계속돼야 하니 자리를 털고 일어나 신비스런 쌍향수를 친견하기 위해 천자암으로 출발한다.

<배도사 대피소>가 나오고 <배도사 대피소>가 눈에서 사라질 때쯤 신기하게도 흑백이 붙어 자라는 연리목이 눈에 띄었다. 상수리나무와 서어나무가 서로 얽혀 있다. 서어나무의 뿌리가 상수리나무 줄기를 파고들어 땅으로 뿌리를 내린 것으로 보인다. 생존을 위해 서로 경쟁하며 서로 의지하고 있는 모습이 신기하다. 이런 장면을 볼 때마다 '만물병육이불상해 도병행이불상패萬物並育而不相害 道並行而不相悖', 즉 '만물은 함께 자라도 서로 해치지 아니하며, 도는 함께 행하여져도 서로 거슬리지 않는다.'라는 중용의 글귀가 떠오른다. <배도사 대피소>로부터 송광사와 천지암으로

연리목

쌍향수

쌍향수나무를 돌며 간절히 기도하는 여인

가는 삼거리에서 숲속을 오르락내리락 숨을 몰아쉬며 1.6km 정도 수행하며 걸어가니 천자암이 나온다.

천자암의 <쌍향수>(천연기념물 88호)는 곱향나무인데 두 그루가 마치 용틀임하듯이 우뚝 솟아 있다. 꼬이면서 자라는데도 두 나무 서로 꼬여 보이지 않는다. 전설에 의하면 고려 시대 보조 국사와 중국 왕자인 담당 국사가 그들이 중국에서 돌아올 때 짚고 온 향나무 지팡이를 나란히 꽂은 것이 뿌리가 내려 자란 것이라고 하는데, 이 나무에 손을 대고 빌면 극락왕생한다고 한다. 이 전설을 믿어서일까. 한 여인이 다소곳이 쌍향수에 손을 대고 뭔가 소원을 빌고 있다. 몇 번이나 쌍향수나무를 만지는 것을 봤는데 이 여인은 전설처럼 극락왕생할 수 있을까. 신비스런 쌍향수, 신비로움을 대대손손 보고 느낄 수 있도록 앞으로도 건강하게 생장해주길 바라면서 대한조계종 8개 총림叢林 중의 하나인 승보사찰 송광사로 발길을 옮긴다.

천자암에서 송광사는 운구재를 거쳐 가는데, 3.6km 정도의 거리에 있다.

조계사 대웅보전

조용히 사색하며 걷기에 아주 좋은 순탄한 길이다. 해발고도가 그리 높지 않아 노란 가을 색이 주위의 색을 지배하고 있다. 어느덧 은행나무 노란색과 단풍나무의 빨강색 사이로 아름다운 한옥 건물이 나타나기 시작한다. 승보 대찰 송광사다. 송광사는 우리나라에서 가장 많은 국사를 배출해 승보사찰 로서의 지위를 구축했고, 가장 많은 문화재를 보유하고 있는 대찰이다.

대웅보전은 1951년 소실된 후 1988년에 다시 지었다고 하는데, 108평이나 되는 넓은 건물은 아주 독특한 건축양식이라고 한다. 송광사 밖으로 나오니 송광사와 주위의 아름다운 자연 풍경이 조화롭고 평온했다. 송광사 계류의 맑은 물에 비친 단풍잎과 나무 그리고 건물들의 조화가 정말 아름답다.

순천 조계산에서 6시간 반, 약 14km의 수행을 마친 후, 또 하나의 낙이요 수행인 식도락을 놓칠 수 없어 맛집을 찾는다. 광양불고기의 본향 광양 인근에 왔으니 당연히 '광양불고기'를 먹기로 정한다. 광양 시내에 있는 <대한식당>이라는 곳에 들러 맛있는 광양불고기를 배 불리 먹어치운다.

천년 불향이 스며들어 있는 조계산에서 묵언수행도 하고 식도락까지 즐겼으니 어찌 만족하지 않을 수 있으리오.

참고로 조계산은 전남 순천시 송광면에 있는 높이 884m의 산이다. 소백산 맥(호남정맥) 끝자락에 솟아 있는 육산으로 고온다습한 해양성 기후의 영향을 받아 예로부터 소강남(小江南)이라 불렸으며, 송광산(松廣山)이라고도 하고, 피아골, 홍골 등의 깊은 계곡과 울창한 숲, 폭포, 약수 등 자연경관이 아름다워 1979년 12월 도립공원으로 지정됐다.

이 조계산은 경치도 경치려니와 2개의 유명한 고찰이 있어 더욱 명성이 높다. 그중 하나는 조계산 서쪽 기슭에는 삼보사찰 가운데 승보사찰僧寶寺刹인 신라 고찰 송광사松廣寺이다. 이곳에는 우리나라에서 가장 많은 문화재를 보유한 사찰로 <목조삼존불감木彫三尊佛龕>(국보 42호), <고려고종제서高麗高宗制書>(국보 43호), <국사전>(국보 56호) 등의 국보와 12점의 보물, 8점의 지방문화재가 있다. 보조 국사의 법맥을 진각 국사眞覺國師가 이어받아 중창한 때부터 조선 초기에 이르기까지, 약 180년 동안 열여섯 명의 국사를 배출하면서 승보사찰의 지위가 굳어졌다고 한다.

동쪽 기슭에는 선암사仙巖寺가 있는데, 《선암사사적기仙巖寺寺蹟記》에 따르면 542년(진흥왕 3년) 아도阿道가 비로암毘盧庵으로 창건했다고도 하고, 875년(헌강왕 5년) 도선 국사道詵國師가 창건했고 신선이 내린 바위라 해 선암사라고 불린다고도 한다. 특히 이 절은 선종禪宗, 교종敎宗 양파의 대표적 가람으로 조계산을 사이에 두고 송광사松廣寺와 쌍벽을 이루었던 수련도량修鍊道場으로 유명하다. 이 곳 역시 <선암사 삼층석탑>(보물 395), 아치형 <승선교昇仙橋>(보물 400호) 등 문화재가 많이 남아 있다.

[묵언수행 경로]
선암사 주차장(10:56) > 승선교(11:16) > 선암사(11:17-11:39) > 정상:
장군봉 정상(12:58-11:00) - 배바위(13:45) > 작은굴목재(13:59) > 큰굴
목재(14:16) > 보리밥집(14:31-14:45) > 배도사 대피소(14:59) > 천자암·
선암사 갈림길(1524-15:34) > 천자암(15:36-15:42) > 수석정교 삼거리
(16:46) > 송광사(16:49-17:25)
<수행 거리: 14.3km, 소요 시간: 6시간 29분>

지리산의 전경全景을 볼 수 있는
전남 최고의 '조망 갑甲전망대'

백운산 상봉 정상석과 지리산 연봉들

　어제 조계산에 이어 오늘은 전남에서 두 번째로 높은 백운산을 묵언수행하는 날이다. 오늘 이 백운산 수행을 마치면 산림청 선정 백대명산에 포함된 세 개의 백운산 전부를 묵언수행하게 된다. 어제 광양에서 하룻밤을 보내고, 해장국을 잘 한다는 집을 찾아 아침 식사를 하고 백운산 들머리가 있는 동동 마을로 가는 버스에 몸을 실었다. 우리가 탄 버스가 동동 마을에 도착하면 다시 버스를 갈아 타고 진틀 정류소에 내린다. 진틀 정류소에서 하차해 백운산 수행 들머리에 도착한 시각은 9시 11분경이었다. 광양의 백운산이 어떤 산인지 대략을 알아보고 묵언수행을 본격적으로 시작하도록 한다.

　광양 백운산은 전남 광양시 옥룡면에 있는데, 그 높이는 1,218m에 이른다.

전남에 위치하는 반야봉般若峰, 노고단老姑壇, 왕증봉王甑峰, 도솔봉兜率峰, 만복대萬福臺 등과 함께 소백산맥小白山脈의 고봉高峰으로 꼽히며, 전남에서 지리산 노고단 다음으로 높다. 서쪽으로 도솔봉, 형제봉, 동쪽으로 매봉을 중심으로, 남쪽으로 뻗치는 네 개의 지맥을 가지고 있다. 섬진강蟾津江 하류를 사이에 두고 지리산과 남북으로 마주보고 있다.

다압면 금천리로 흐르는 금천계곡과 진상면 수어저수지로 흐르는 어치계곡, 도솔봉 남쪽 봉강면으로 흐르는 성불계곡, 옥룡면의 젖줄이라고 할 수 있으며 광양읍 동천을 거쳐 광양만으로 흘러드는 동곡계곡 등 아름다운 4대 계곡을 품고 있다. 동곡계곡은 실제 길이가 10km에 이르며 학사대, 용소, 장수바위, 선유대, 병암폭포 등의 명소가 있다. 학사대는 호남 3걸로 일컫는 조선 중종 때의 유학자 신재新齋 최산두崔山斗가 소년 시절 10년 동안 학문을 닦았던 곳이다.

남한에서는 한라산 다음으로 식생이 다양하고 보존이 잘 돼 있어 자연생태계 보호구역으로 지정돼 있는데, 백운란, 백운쇠물푸레, 백운기름나무, 나도승마, 털노박덩굴, 히어리 등 희귀식물과 함께 900여 종의 식생이 자라는 것으로 알려져 있다. 특히 옥룡면 동동 마을 등지에서 채취하며 단풍나무

남쪽이라 아직도 단풍이 남아 있다.

과에 속하는 고로쇠나무의 수액은 약수로서 유명하다. 남쪽 산기슭에는 고려 초에 도선 국사道詵國師가 창건했다는 백운사白雲寺가 있다. 일대는 백운산 자연 휴양림으로 관리되고 있다.

진틀 들머리에 도착한 우리 일행 4명은 잠깐 오늘 백운산의 수행 경로를 확인하고 난 후 신선대로 향한다. 진틀에서 계곡을 따라 오르니 계곡은 전부 너덜로 이루어져 있고 길도 거의 너덜길이다. 오르기 쉬운 길은 아니다. 너덜 계곡에는 졸졸졸 물 흐르는 소리가 들리고, 물 흐르는 소리에 더해 농염한 빨간 단풍은 아직도 그 짙은 색을 자랑하며 수행자의 마음을 즐겁게 한다. 이 빨간 단풍의 향연은 해발 500~600m까지 계속된다. 11월 중순에도 이런 단풍을 구경하다니, 이는 산에서 수행하는 사람만이 누릴 수 있는 특권이 아니겠는가.

신선대가 1km 남았다고 표시하고 있는 이정표 주위에 조릿대가 솟아나 있다. 조릿대는 우리나라 어느 산에서나 볼 수 있다. 산에 오르면 언제나 '샤샤샤' 소리를 내며 수행하는 사람을 반갑게 맞아준다. 여기서부터는 꽤나 가파른 급경사 구간이 나온다. 네 발로 헉헉거리며 기거나 로프에 의지해 올라야 한다. 신선대가 가까워지니 커다란 바위가 나타나고 계단이 설치돼 있다. 신선대에 올라서니 즐비하게 늘어선 기암괴석들이 장관이다. 놀랍게도 지리산 전경이 모두 다 보인다. 노고단, 반야봉, 토끼봉, 그리고 천왕봉까지 보인다. 지리산의 전경이 이렇게 뚜렷하게 보이는 곳이 여기 말고 또 있을까.

신선대 오르는 계단

신선대에서

신선대에서 내려와 백운산 정상인 상봉으로 향한다. 왼쪽 편에서는 지리산 전경全景이 줄곧 나를 따라다닌다. 고개만 살짝 돌리면 노고단, 반야봉, 천왕봉이 보인다. 산 정상을 내려오면서도 계속 나를 따라다닌다. 지리산의 장엄한 파노라마의 조망을 이 백운산 정상이 나에게 마음껏 허락하고 있으니 참으로 좋다. 내가 백운산이 전남에서 단연 '조망 갑甲 전망대'라고 한들 어느 누가 뭐라 하겠는가.

정상을 약 6km를 지나니 해발 1,000m 정도의 고도에서 오르내림이 거의 없는 평평한 수행로가 약 4km 정도 이어진다. 수행하기에 더없이 좋은 길이다. 그 수행로에 근처에는 끊임없이 이어지는 철쭉나무 군락들과 억새 군락들이 있다. 5월경이면 백운산을 온통 자줏빛으로 물들일 것이다. 또 가을이면 형형색색의 오색 단풍이 푸른 하늘을 배경으로 가을 풍경화를 그려나갈 것이다. 게다가 은빛 머리칼을 나부끼고 가을 노래를 부르며 다가오는 억새는 사람의 마음을 미혹迷惑시킬 것이다.

계속 내려오다 보니 박경리朴景利 대하소설 ≪토지土地≫의 주 무대인 하동 평사리 마을이 산 너머에 또렷하게 보인다. 평사리 마을 뒷편 멀리에는 아직도 지리산 노고단, 반야봉, 천왕봉이 희미하게 보인다. 기암괴석과 어울려 아름답게 자라는 기송奇松들도 나타나고, 억새들이 바람에 몸을 비비며 노래한다.

오늘 수행 경로에 빠져 있는 억불봉도 보인다. 멀리서 보이는 억불봉은 밋밋한 산으로 보였으나 점점 가까워지니 그 실체가 드러난다. 남쪽은

지리산 연봉이 보이고 그 앞에는 고故 박경리 선생의 대하소설 ≪토지≫의 주 무대인 평사리도 보인다.

노랭이봉에서

깎아지른 듯한 기암으로 형성된 멋진 암봉이었다. 마지막 수행 경로인 노랭이봉으로 향한다. 노랭이봉에 올라서니 멀리 한려수도 남해도 보이고 섬들이 점점이 에메랄드색 바다 위를 떠다니고 있었다. 여수시도 보이고, 바다를 가로지르는 이순신대교도 보인다. 광양 백운산은 이래저래 전남 최고의 '조망 갑甲 전망대'임에 틀림없다. 아름다움을 가슴에 가득 담고 어제와 오늘 양일간 약 30km의 묵언수행을 무사히 마친다.

섬진강이 실타래처럼 구불거리며 흐르고, 그 건너편 멀리 백 리에 이르는 지리산 능선이 파노라마를 그리고, 한려수도의 다도해의 섬들이 점점이 떠돌아다니는 풍광, 바로 이 백운산에서만 만날 수 있는 것이다. 그러니 전남의 '조망 갑甲 전망대'인 백운산은 다시 찾을 만한 명산임에 틀림없었다.

[묵언수행 경로]

진틀(09:11) > 진틀 삼거리(09:25) > 신선대(11:11) > 백운산 정상: 상봉(11:47) > 점심(11:59) > 갈림길(14:25) > 헬기장 > 노랭이재 > 노랭이봉(14:47) 헬기장 > 동동 마을(15:54)
<수행 거리: 12.6km, 소요 시간: 6시간 43분>

영월 태화산에서 제법 독한 겨울맞이 묵언수행을 하다

태화산 정상석에서, 정상석이 2개다.

어제 토요일은 지인의 자녀 결혼식이 오후 6시에 있어서 묵언수행을 떠나지 못했다. 오전에 틈이 나서 겨울나기 옷과 겨울 등산 용품 몇 가지를 준비하기 위해 인근 백화점을 찾았다. 유명 브랜드들의 겨울옷 가격을 물어보고 나서는 깜짝 놀랐다. 상의 하나를 들어 이것 얼마요 하면 170만 원, 저것 얼마요 물어보면 100만 원이다. 겨울옷 브랜드 1피스 가격이 100만 원 이하인 것은 거의 없었다. 비싸도 너무 비싸다. 이리저리 돌아다니다 점퍼 류 상의 하나, 기모 바지 하나를 20% 할인가에 샀다. 그래도 100만 원이 훌쩍 넘었다. 사긴 했지만 꼭 속은 기분이다. 엄청 아깝다. 옷 한 벌에 100만 원이라니. 비싸게 샀으니 충분히 그 값어치를 뽑아내야 할 텐데. 백화점은 등산 용품 가격도 너무 비쌀 것 같아 내가 자주 애용하는 브랜드가 있는 곳인 인근 마트로 갔다. 거기서 등산용 니트 스웨터 세 벌, 방한용 고깔모자 하나, 무릎 보호대 하나, 방한용 장갑 한 켤레를 샀다. 품질도 괜찮은 것 같은 데, 할인 상품을 골라 사다 보니 백화점에서 산 기모 바지 한 벌 가격밖에 안 된다. 얼마 안 되는 가격으로 올 겨울 묵언수행 준비를 완료할 수 있었다.

결혼식 참석 후 집으로 돌아와 내일은 어디로 수행을 떠날까 생각하다 영월에 있는 태화산으로 정한다. 태화산은 강원 영월군과 충북 단양군 사이에 있는 높이 1,027m의 산으로 조선 시대의 인문지리서인 ≪신증동국여지승람新增東國輿 地勝覽≫에는 대화산이라는 기록이 있고, 영월 사람들은 화산이라고도 부른다. 강원도와 충청북도의 경계를 이루는 산으로 북쪽 7km 지점에 영월읍이 있다.

수행 장소를 정한 후 일기예보를 보니 내일은 영하 2℃에서 영하 6℃ 사이로 예보하고 있었다. 완전 겨울 기온이다. 게다가 만약 바람이라도 분다면 체감 온도는 그보다 훨씬 떨어질 것은 뻔하다. 이런 추위에서 수행을 떠나야 하나 말아야 하나 갈등이 생긴다. 갈등이 생겼지만 그것도 잠깐뿐. 당연히 가야지 하고 마음을 다잡는다. 추위 속에서 참고 견디는 것도 일종의 수행이 아닌가.

새벽에 일어나 태화산으로 향했다. 기온은 예보대로 영하 5℃ 전후를 가리킨다. 9시경에 태화산 주차장에 도착해 차에서 내리니 바람도 쌩쌩 불고 몸이 움츠러든다. 손도 심하게 시리다. 시리다 못해 손이 곱는다. 얼른 수행 장비를 챙기고 어제 마트에서 산 방한용 벙어리장갑을 착용했다. 곱았던 손에 살살 온기가 돈다. 어제 장갑을 참 잘 샀다는 생각이 든다. 무슨 일이든 유비무환이 중요하다.

다음 할 일은 수행 경로를 확정하는 일이다. 수행 경로는 태화산 주차장 - 절터 - 태화산성 - 태화산 정상 - 갈림길 - 큰골 - 큰골 진입로 - 버스 정류소 - 태화산 주차장로 정했다.

중무장을 하고 본격적으로 수행에 나선다. 일대에 펜션이 제법 많이 들어서 있다. 펜션으로 오르는 사도를 따라 길을 오르니 태화산 들머리가 나온다. 약

태화산 들머리

400~500m 정도 올라왔을까? 등산로 들머리에 도착했다. 들머리에 있는 이정표에는 태화산 정상까지 4.8km, 태화산성까지는 2.3km 남았다고 기록돼 있다. 정상으로 가는 길은 임도 비슷한 길로 널찍하게 잘 조성돼 있었다. 다만 자갈과 암반들을 기초로 조성한 길이라 수행자들은 조심해서 걸어야 한다.

길에는 급하게 몰아닥친 겨울 삭풍朔風에 쫓겨 간 가을 흔적들이 널브러져 있다. 아직도 계절의 변화를 받아들이지 않고 버티며 가지에 달려 있는 단풍잎들도 간혹 있었지만, 대세는 이미 겨울에 굴복한 형국이다. 계절의 흐름을 누가 거역하리오. 주위를 둘러보면 나무들이 거의 헐벗은 채 내년 봄을 기다리며 성장을 멈추고, 숨죽이며 서 있었다.

수행길을 따라 계속 오르니 길이 점점 더 거칠어진다. 자갈길이 바윗길로 변한다. 그래도 수행길이 이 정도면 거의 신작로 급이다.

10시 전후가 돼도 기온은 오르지 않는다. 아무리 바람이 불어도 통상 1km 정도 산길을 오르다 보면 체온이 오르며 온몸에서 땀이 나기 시작하고 손도 따뜻해지기 시작한다. 거추장스러워 목도리며 장갑이며 다 벗게 된다. 그런데 오늘은 아니다. 계속 추스르며 수행을 해야만 했다.

이제 태화산성이 0.6km 남았다. 다시 이정표가 나타난 지점까지는 경사가 급했다. 다시 나타난 이정표로 보면 태화산성은 정상으로 가는 반대편으로 가야 한다. 여기까지 왔는데 태화산성은 당연히 가봐야 하지 않겠는가.

태화산성

안내판에서는 태화산성은 고려 시대의 토성이라고 소개하고 있지만 성의 잔해를 잘 살펴보면 토성보다는 오히려 석성에 가까워보인다. 아니면 적어

태화산성 옆에 서 있는 소나무 고목

도 석성과 토성이 혼합된 양식으로 보인다. 태화산성을 소개한 안내판은 정말 허접하기 짝이 없는 전설도 소개하고 있다. 마음이 씁쓰레하다.

태화산성 주변에서 힘차게 자라는 소나무 한 그루. 이 소나무는 왠지 산성의 내력을 알고 있을 법하다. 태화산성에서 내려오니 이제야 산객들이 나타나기 시작한다. 모두 무슨 무슨 산악회 소속이다.

혼자 정상으로 올라가기 시작한다. 얼마나 가파르게 올랐을까. 드디어 수행로가 쉬워지기 시작했다. 정상에서 내려오는 어떤 산객이 나보고 어느 산악회 소속이냐고 묻는다. 혼자 왔다고 하니 "그래요?" 하면서 고개를 갸우뚱거린다.

오르내림이 없는 평탄한 수행로를 가다보니 억새가 바람에 흔들리며 겨울을 거부한다. 왼쪽 편이 탁 트이며 강이 휘휘 둘러 흐른다. 세월아 네월아 하면서 급할 것 없다는 듯이 흐른다. 남한강인가 보다. 나무로 만든 다리를 지나가니 태화산에서 처음 보는 바위 절벽에 멋지게 소나무 한 그루가 자라고 있었다. 멋지다. 올라오면서도 간간히 보이던 참나무에서

태화산 정상으로 가는 수행로 왼편으로 남한강이 여유롭게 흐른다.

자라는 겨우살이가 정상에 가까워지니 엄청나게 많이 자라고 있었다. 서로가 생명을 다투지 않고 평화스럽게 어울려 자라고 있다.

정상에 이르렀다. 정상에서는 멀리 남쪽으로 소백산과 백두대간 줄기가 보인 다고 했지만 숲에 가려 그 아름다움을 조망할 수 없었다. 수행은 단순히 아름다움만을 추구하지 않는 것이니 아름다움을 조망하지 못한다고 크게 아쉬워하지는 말아야지 다짐한다. 정상에서 약 20m 아래로 내려와 포근한 곳에 자리 잡고 간단히 준비해 간 도시락을 황제들이 먹는 진수성찬보다도 더욱 맛있게 해치웠다. 다시 한 번 정상 주위를 돌아보고 큰골로 하산하기 시작한다. 산 정상에서 평평한 길을 1.3km 정도 내려오면 갈림길에서 큰골로 내려가는 이정표가 나온다.

큰골까지는 약 1.5km거리이다. 이 수행로는 흙길인데 거의 대부분이 급경사로 이루어져 있다. 게다가 낙엽이 쌓여 발이 모두 다 잠기는 것은 물론 심지어는 무릎까지 덮을 정도다. 경사가 심한 길에다 낙엽까지 잔뜩 덮여 있으니 매우 미끄럽다. 조심해서 내려오지 않으면 큰일 난다. 조심한다고 조심했으나 몇 번을 미끄러졌는지 모르겠다. 어쨌든 큰골 마을에 무사히 도착했다.

태화산 북동쪽 남한강 기슭에는 <고씨동굴高氏洞窟>(천연기념물 219호)이 있고, 부근에는 단종端宗이 유배됐다가 묻힌 <청령포>와 <장릉莊陵>(사적 196호)이 있다고 한다. 그 외에도 선돌 등 명소가 많다는데 이번 묵언수행에서 가보지 못하고 돌아간다.

겨울의 등쌀에 밀려난 가을의 흔적과 함께 계절의 변화를 확실히 실감하는 하루였다. 확실하게 겨울맞이 묵언수행을 한 셈이다. 겨울의 위세를 충분히 느낀 나는 <금대리 막국수집>에서 막국수와 막걸리 한잔으로 오늘 묵언수행을 마무리한다.

[묵언수행 경로]

팔괴리 태화산 등산로 기점(09:16) > 절골 > 태화산성(11:07) > 태화산 정상·점심(12:28-12:40) > 큰골 > 삼거리 버스 정류소(15:27)

<수행 거리: 9.34km, 소요 시간: 6시간 11분>

조상님들 뵈러 가는 길에 갓바위 부처로 유명한 대구의 진산 팔공산을 반종주 묵언수행하다

팔공산 관봉석조여래좌상

2017년 12월 3일은 시제時祭 날이다. 해마다 시제 날에는 고향에서 조상님들 묘소를 돌며 제사를 올린다. 서울에서 시제가 열리는 고향 창녕까지는 약 290km, 자동차로 3시간 반 정도 걸리는 먼 거리다. 시제에는 당연히 참석해야 하는 것이 자손으로서의 도리다. 그러나 한편으로는 시제만 참석하려 멀고 먼 고향에 왔다 갔다 하는 것은 시쳇말로 낭비라는 생각도 든다. 그래서 나는 조상님들을 뵈러 가는 길에 임도 보고 뽕도 따겠다는 생각으로 고향 근처에 있는 백대명산 팔공산에서 묵언수행을 하기로 계획을 세웠다.

팔공산은 신라 시대에는 부악父岳, 중악中岳, 또는 공산公山이라 했으나 927년 고려 태조 왕건이 후백제 견훤에게 공산 전투에서 대패했을 때, 장수 신숭겸이 왕건 대신 미끼가 되었고 그와 함께 김락, 김철 등 여덟 장수가 순절했는데 이를 기리기 위해 조선 시대에 들어 팔공산이라는 이름이 붙여졌다고 전해진다.

최근에는 주말에 결혼식이 유달리 많아 묵언수행을 자주 빠지게 됐다. 그러다 보니 백대명산 묵언수행 계획도 약간 차질을 빚고 있어, 이번 팔공산 묵언수행은 좀 빡세게 해야겠다고 마음을 먹었다. 12월 2일 새벽부터 일어나 6시경 집을 나섰다. 팔공산 들머리로 정한 수태골 제2주차장에 도착한 시각은 9시 50분경이었다.

수태골 들머리에서 산객들로 보이는 사람들에게 여기서 정상인 비로봉을 찍고 동봉을 거쳐 관봉으로 가고 싶은데 괜찮겠느냐고 물어보니 모두들 고개를 갸우뚱거리며 약간 백안시하면서 말한다. "그렇게나 먼 거리를? 매우 힘들 텐데요."라고 건성건성 대답하는 게 아닌가. 원래 경상도 사람들이 좀 퉁명스럽다는 것을 감안하더라도 약간 기분이 상했다. 더 이상 다른 이들에게 물어봐야 묵언수행에 도움이 될 것이 없다고 판단해 물어보기를 포기하고 <팔공산 자연공원 안내도>를 보면서 수행 경로를 스스로 정했다.

여기저기 보이는 아름다운 풍광을 보면서 제법 가파른 길을 오른다. 오르

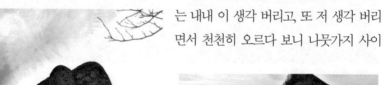

는 내내 이 생각 버리고, 또 저 생각 버리면서 천천히 오르다 보니 나뭇가지 사이

팔공산 동봉 석조약사여래입상

팔공산 정상 비로봉

로 산꼭대기들 모습이 보이기 시작한다. 그 사이에 우뚝우뚝 솟은 철탑들이 섬뜩하다. 팔공산이 통신이나 군사적인 용도로 중요한 위치에 있어 인간들의 편의를 위해 어쩔 수 없이 건설되었다는 생각은 들었으나 자연의 경관을 너무 훼손하고 있는 것 같아 불만스러웠다. 동봉 석조약사여래상을 지나 무슨 기지국인지 모르겠지만 그 시설물을 빙 둘러 올라가니 드디어 팔공산 정상인 비로봉이 나왔다.

동봉과 비로봉 가는 갈림길 근처에는 동봉 석조약사여래입상이 중생들의 고통을 제도해주기 위해 잔잔하고 평온한 미소를 띠면서 서쪽 비로봉을 향하여 떡하니 버티고 서 있었다.

팔공산 정상인 비로봉에 올라가니 이미 여러 많은 사람들이 올라와 있다. 팔공산 산신령에게 산신제를 올리기 위해서인지 제단에 과일을 포함한 제수祭需들이 조촐하게 진설陳設되어 있었다. 어떤 사람이 그 앞에서 팔공산에 대해 열심히 강의하고 있었고, 다른 이들은 모두 그의 설명을 경청하고 있었다. 학생인 듯한 여인에게 무엇 하는 사람들이냐고 물어보니 그들은 팔공산 탐방 대원들이고 강의하는 사람은 <팔공산연구소> 소장이라고 한다. 설명하고 있는 강사의 이야기 중 언뜻 들리는 말에 팔공산이 신라가 삼한일통三韓一統을 하는 데 중요한 근거지 역할을 했다고 설명을 하고 있었는데, 그것은 무엇을 근거로 해서 그런 설명을 하는지는 듣지는 못했다. 내가 알기로는 팔공산의 공산 전투에서 견훤이 왕건을 신라 영역에서 대승하여 후백제가 신라 영역의 주도권을 차지했고, 이를 통해 신라의 멸망은 가속화됐다는 정도다.

팔공산 비로봉에서 내려와 동봉 쪽으로 걸음을 옮긴다. 동봉은 가파른 암봉으로 형성돼 있고, 여러 형상을 한 기암괴석들이 나뭇가지 사이로 보여 눈과

비로봉에서 동봉으로 가면서

마음을 즐겁게 한다. 다만 나뭇가지 사이로 보이는 여러 아름다운 형상을 카메라에 담지 못한 아쉬움은 남지만 어쩔 수 없다. 어느덧 동봉에 도착했다.

동봉

동봉에서 비로봉을 바라보면 인공 시설들이 약간 눈에 거슬리기는 하지만 주상절리가 마치 무등산의 서석대나 입석대처럼 세로로 갈라져 있다. 멀리서 보면 말리는 국수 가락처럼 수직으로 쭉쭉 흘러내리는 아름답고 신기한 모습들이다. 동봉에서 동쪽으로 북쪽으로 둘러보아도 마치 물결이 일렁거리는 듯한 바위 물결과 밤이면 촛불이 켜져 어둠을 밝혀줄 듯한 촛대 모양의 바위들이 계곡이나 산등성이에 줄지어 서 있었고, 물개, 돌고래가 재주를 부리는 듯한 모양의 기암들이 눈을 즐겁게 한다.

동봉 근처 양지 바른 곳에 홀로 앉아 먹는 삶은 고구마 두 개, 이것이 나의 점심이다. 산에서는 섭취하는 에너지보다 체내에 쌓인 기름을 태워 몸을 조금이라도 가볍게 하는 것도 하나의 중요한 수행의 목표이기에 단출하게 준비한 것이다.

동봉과 삿갓봉 중간 지점에 있는 멋진 바위와 소나무

간단한 점심 수행을 마치고 갓바위 쪽으로 향했다. 고개를 조금만 돌리면 눈을 즐겁게 하는 여러 신기한 형상들이 계속해서 줄이어 나온다. 바위 위에서도 *꼿꼿이* 아름답게 자라는 소나무 한 그루가 주변의 바위와 어울려 한 폭의 풍경 산수화가 된다.

팔공산 삿갓봉

갓바위까지는 이제 6.7km 정도 남았다. 갓바위 쪽으로 하산하는 수행자는 오로지 나 혼자 뿐이다. 이제 팔공산의 맑고 아름다운 정경을 독차지하면 된다. 나뭇가지 사이로 보이는 기암괴석의 아름다움을 카메라에 담는다.

염불봉과 신령봉을 지나면서 삿갓봉이 나오고, 삿갓봉에서 은해봉, 노적봉으로 출발한다. 계속 아름다운 경관의 연속이다. 노적봉 정상에서 지금까지의 수행 경로를 되돌아보니 팔공산 동남 능선을 꽤 많이 걸어온 것 같다. 이 수행 경로를 동영상으로 담아본다. 고구마 두 개로는 에너지 충족이 부족했는지 몸이 떨린다. 재빨리 <에너지 바>를 꺼내 먹는다. 그것도 두 개나. 힘든 수행길에 에너지를 너무 적게 섭취해도 안 된다. 모든 것은 적당해야 한다는 중용中庸의 교훈이 아닐까.

관봉과 동봉 사이에는 팔공산 CC가 있다. 관봉과 동봉, 서봉 사이에서 자연을 훼손하고 있는 현장을 목도하니 기분이 썩 좋지 않다. 나도 한때는 골프 예찬론자였지만 묵언수행 이후 골프는 별로 좋아하지 않는다. 그렇다고 골프를 끊은 것은 아니지만.

이정표를 보니 이제 곧 갓바위(관봉)에 도달한다. 입시 철만 되면 갓바위가 전파를 타는 유명한 곳이지만 나도 오늘 그 유명한 갓바위 부처님을 뵙기 위해 고행을 거듭하며 여기까지 왔다. 수태골에서 비로봉을 거쳐 여기까지 오는 길은 생각보다 순탄하지 않았다. 미끄럼질을 타기도 하고, 밧줄을 타고 오르기도 하고, 많은 봉우리를 오르내리면서 왔다.

그 유명하신 갓바위 부처님은 팔공산 관봉(850m)에 암벽을 배경으로 조성된 5.48m 크기의 단독 원각상圓刻像이다. 갓바위는 보물 제431호로 약사여래불이라고도 하는데 본래의 이름은 <관봉석조여래좌상冠峰石造如來坐像>이다. 가장 큰 특징은 원래 그 자리에 있던 하나의 화강암을 깎아서 환조丸彫

기법으로 조성했다는 점과 광배가 없다는 점이다. 광배는 뒤에 병풍처럼 둘러쳐져 있는 흰 암석이 광배를 대신하는 것으로 알려져 있다. 아무튼 병풍처럼 둘러쳐진 화강암체로 흰빛의 수려한 자연경관을 연출하며 신비함을 더하고 있다. 갓바위라는 이름은 이 불상의 머리에 자연 판석으로 된 갓을 쓰고 있는 데서 유래된 것으로 누구에게나 한 가지 소원은 들어준다는 속설을 간직하고 있어 수많은 사람들이 찾아와 기도를 올리고 있다고 한다. 오늘도 수능이 끝났고 오후 5시가 지났는데도 학생과 학부모로 보이는 분들, 부부로 보이는 분들, 젊은 여인들, 도사道士 비슷해 보이는 분들, 각양각색의 많은 분들이 올라와 진지하게 예불을 드리고 있었다.

관봉 갓바위 부처님을 알현하고 오후 5시가 넘어 하산한다. 이미 관봉에는 어둠이 깔리고 있었다. 그런데도 갓바위 부처님께 예불을 드리려는 사람들이 끊임없이 올라온다. 갓바위 부처님이 정말 신통력이 있기는 있는 모양이다. 수행을 마치고 내려오는 계단은 모두 1,365계단이다. 계단을 딛고 내려오는 것도 묵언수행의 연속이다.

[묵언수행 경로]

수태골 안내소(09:53) > 동봉석조여래입상(11:52) > 비로봉: 정상 (12:07) > 동봉: 미타봉(12:34) > 점심(12:41) > 염불봉(13:22) > 신령재 (14:11) > 삿갓봉(14:54) > 은해봉 > 노적봉 > 관봉: 갓바위(16:37-16:46) > 갓바위 1365 돌계단(17:12) > 관암사(17:13) > 갓바위 집단시설 지구(17:46)

<수행 거리: 13.24km, 소요 시간: 7시간 53분>

2017년 마지막 날, 멋진 상고대 꽃 속을 묵언수행하다

대야산 묵언수행을 위해 새벽 6시에 휴대폰 알람을 맞추어 놓고 잠을 청했다. 아무리 잠을 청해도 잠이 오지 않는다. 오늘 제수씨 의료 사건에 관해 검찰의 수사 결과가 나왔는데 의사의 과실을 인정하여 기소起訴하기로 결정해 형사재판에 넘겼다는 연락을 받았다. 경찰에서 기소 의견으로 넘긴 것을 거의 1년간 다시 수사하여 내린 결론이었다. 그 내용으로만 보면 잘 해결될 기미가 보인다. 그러나 참으로 지루한 싸

대야산 정상에서

움이다. 그 발표를 보고 조금은 안도하게 되고 향후 대책에 관해 이런저런 생각이 밀려와 머릿속을 떠나지 않는다. 그래서 잠을 이루지 못했는가 보다. 새벽 4시에 잠에서 깨어나 뒤척이다 일어나 6시경 집을 나선다. 대야산 주차장에 도착한 시각은 8시 50분경이었다.

대야산은 충청북도 괴산군 청천면과 경상북도 문경시 가은읍에 걸쳐 있는 산으로 높이는 931m다. 속리산 국립공원에 속해 있으며 백두대간의 백화산과 희양산을 지나 속리산을 가기 전에 있다. 계곡이 아름다운 산으로 경상북도 쪽으로는 선유동계곡과 용추계곡, 충청북도 쪽으로는 화양구곡이 유명하다. 대하산, 대화산, 대산, 상대산 등으로도 불리지만 1789년 발행된 ≪문경현지≫에 대야산으로 적혀 있어 요즘은 대야산으로 통한다.

대야산 주차장에 도착한 나는 아이젠, 스패치, 장갑, 귀마개 등 등산 장비를 착용하고 9시 10분경 대야산 묵언수행을 나섰다. 대야산 주차장에서 마을로 넘어가는 계단이 있고 마을을 거쳐 지나면 용추계곡이 나온다. 용추계곡은 꽁꽁 얼어 있었다. 얼음 위로는 흰 눈이 가득 덮여 있어 눈이 부시다. 선글라스를 끼지 않고는 오랫동안 바라볼 수 없는 순백의 천국이다. 이 순백의 아름다운 보석 밑으로 장단을 맞추어 흐르는 물소리가 들린다. 제법 우렁차다. 이 소리는 계곡이 꽤 깊고 수량이 많다는 것을 반증하고 있다.

용추, 하트 모양이 특이하다.

제일 먼저 용소바위를 만난다. 용소바위에는 이 신비스런 계곡에 살고 있던 암수 두 마리의 용이 하늘로 승천하다 발톱이 바위에 찍혀 생긴 흔적이 아직도 선명하게 남아 있다고 한다.

용소바위를 지나면 용추계곡이 나온다. 용추계곡의 비경 중 으뜸으로 꼽히는 곳이 바로 용추폭포龍湫瀑布인데 3단으로 되어 있으며 큰 회백색 화강암 한가운데로 하트형으로 독특한 모양의 소沼을 이루고 있다. 그 벽면은 마치 면도날로 도려낸 듯 매끈한 것이 신비롭다. 억겁의 세월 동안 부드러운 물이 흘러 저렇게 신비한 모양으로 만들어냈을 것이다. 여느 조각가가 저렇게 부드럽고 오묘한 작품을 만들 수 있을까. 그러기에 암수 두 마리의 용이 하늘로 오른 곳이라는 전설을 증명이라도 하듯이 용추 양쪽의 거대한 화강암에는 두 마리의 용이 승천하면서 남긴 용 비늘 흔적이 신비롭게도 선명하게 남아 있었다.

용추의 양쪽 옆 바위에는 신라 시대 최치원이 쓴 '세심대', '활청담', '옥하대', '영차석' 등의 음각 글씨가 새겨져 있다고 하는데 얼음과 눈으로 덮여 있어 확인하지는 못했다.

용추로 떨어지는 겨울 폭포의 교향곡을 뒤로하면서 20여 분 오르니 월영대月影臺가 나를 맞는다. 월영대는 휘영청 밝은 달이 중천에 높이 솟아오르는 밤이면 바위와 계곡 사이를 흐르는 맑디맑은 물 위에 달빛이 아름답게 드리운다고 해서 붙여진 이름이라고 한다. 오늘 같은 한겨울의 월영대는 차갑고도 부드러운 순백의 언덕을 이룬다. 보름달이 뜨는 한밤중에 이 순백의 언덕에 비치는 달빛은 어떨까? 상상만 해도 황홀하지 않은가.

용추계곡을 따라 3km 이상이나 올라갔지만, 얼음 밑으로 흐르는 물소리는 그치질 않는다. 물이 제법 빨리 흘러내려 한겨울 동장군조차 물을 얼음으로 만들지 못한다. 얼음이 얼지 않은 계곡의 물소리가 제법 우렁차다.

얼마쯤 갔을까? 계곡의 물소리가 점멸을 거듭하다 이제는 들리지 않는다. 고요하다. 때때로 잉잉거리는 겨울바람 소리만 귀청을 두드린다. 산중에 움직이는 동물은 나 혼자다. 외롭지 않느냐고? 천만에. 외려 조용히 자연과

대야산의 아름다운 설경이 무한미를 보여준다.

우뚝 솟은 설송은 세파에 굴하지 않고 오히려 꿋꿋하다. 추사 김정희의 세한도를 생각케 한다.

눈꽃과 상고대가 만발한 대야산 주변은 진경산수화 그 자체다.

대화하며 교감에 열중할 수 있는 시간이다.

산길을 오르다 보니 우리나라 여느 산에서 볼 수 있는 조릿대가 있다. 조릿대에 소복이 쌓여 있는 눈이 얼마나 아름다운지 자세히 보면 마치 엄마가 만들어 놓은 고추전 같다. 엄마의 손맛을 마음으로 느끼면서 수행을 계속한다.

바위와 바위 사이에는 극한 환경에서 잘도 자라는 참나무 한 그루가 보인다. 참나무가 처한 환경은 내가 살아왔던 환경보다 더 피폐한 환경 같다. 이런 환경 속에서도 꿋꿋이 자라는 나무를 보며 나의 생은 살 가치가 충분히 있다는 것을 다시 한번 깨닫는다.

바위에 눈이 평화롭게 쌓여 있다. 그 눈 위에 가족들과 친지, 주위의 친구와 동료들, 그리고 대야산을 오르는 수행자들을 위해 '만사형통萬事亨通', '운運'과 '복福'을 빌면서 눈 위에 나의 졸필을 남겨본다.

이제 해발 700여 m를 올라서니 살을 에는 듯한 북풍이 잉잉거리며 불기 시작한다. 살갗이 얼어붙는 듯 차다. 이런 날씨에 나무들은 수정처럼 반짝이는 반투명 얼음꽃을 한창 피우고 있었다. 바로 상고대다. 철쭉나무 등 관목에는 사슴뿔 모양의 아름다운 상고대가 꽃처럼 피어 있었고, 소나무 등 침엽수에는 푸른 침엽 위에 온통 은색 가루를 뿌려 은침이 송송 돋아나 있는 것처럼 보였다. 하얀 눈은 햇빛을 강렬하게 반사하여 바로 쳐다볼 수 없을 만큼 반짝거린다.

　정상 부근으로 가면서는 경사가 심하고 길도 험해 바위를 네발로 기어오르고 수풀을 헤치며 가야 했다. 집채만 한 바위 위에 남은 잔설과 소나무에 핀 상고대는 절묘한 조화로 아름다움을 뽐내고 있었다. 멀리 보이는 산들은 모두 잔설로 뒤덮여 골짜기는 하얗고 능선은 푸른색과 갈색이 조화를 이루고 있었다. 이런 풍광은 겨울 산에서가 아니라면 결코 즐길 수 없지 않겠는가. 삭풍이 불어오는 데도 참으로 아름답기가 이루 말할 수 없다.

대야산 정상 전경

이제 정상이 바로 눈앞에 보인다. 불과 5~10여 분의 거리만 남은 것 같다. 상고대 꽃이 더욱 만발하고 있다. 아름다움에 취해 손이 시린 것도 잊은 채 사진을 찍고 동영상도 찍었다. 눈에도 담고 가슴에도 담았다. 삭풍이 엄중히 불어대는 곳에서 상고대 꽃에 취해 30분 이상을 보내고 난 후 너무 춥다는 느낌이 올 때쯤 정상으로 향했다.

드디어 대야산 정상이다. 정상에 서니 나 혼자뿐이었다. 정상에서는 하얀 눈꽃이 내린 속리산 일대의 아름다운 조망을 볼 수 있었다. 2017년 마지막 날 나는 생 처음으로 원 없이 상고대 꽃을 보았다. 삭풍이 불어 살을 에는 듯한 추위조차 나의 즐거운 마음을 어쩌지 못한다. 어젯밤 한숨도 자지 못한 피로가 싹 씻어지는 듯했다. 하산 길에는 점심 대용으로 가져간 경주 <황남빵> 3개와 사과 1개, 따뜻한 물을 간식으로 먹고는 내려와 흡족한 마음으로 서울로 향했다.

[묵언수행 경로]

대야산 주차장(09:10) > 용소바위(09:15) > 용추(09:23) > 월영대 (10:00) > 다래골 > 밀재(11:05) > 대야산(12:23-12:35) > 점심(12:47) > 피아골 > 월령대 > 용추(14:38) > 용소바위 > 주차장(15:40)
<수행 거리: 9.96km, 소요 시간: 6시간 30분>

나지막하다고 얕보지 마라. 있을 건 모두 다 있는, 낮지만 아주 아름다운 산

선운산 수리봉에서

산신령 친구와 함께 난생처음으로 일반 산악회를 따라 전북 고창 선운산 산행에 나섰다. 산악회는 신사역에서 7시 10분에 정확하게 출발해 10시 20분에 선운사 주차장에 도착했다. 일반 산악회에서 시행하는 산행은 출발지와 도착지, 산행 코스와 산행 마감 시간만을 정해주고, 그 이외 모든 것은 개인의 취향과 능력에 맡기는 자유로운 산행이었다. 주차장에 도착하니 30명 정도가 한 차에서 내려 전부 뿔뿔이 흩어져 자유롭게 산행에 나선다. 그런 면에서는 <나홀로 묵언수행>과 무엇 하나 다를 바가 없었다. 나서기는 같이 나섰지만 그 본질은 결국 나 혼자만의 묵언수행이었다.

이번 선운산 산행은 산악회에서 정해 놓은 A코스 약 9km를 묵언수행하기로 정했다. 참당암은 당초 산악회의 산행 코스에는 없었지만 우리가 자유롭게 추가했다.

선운산 정상은 수리봉인데, 해발고도가 고작해야 336m 높이에 지나지 않는 낮은 산이다. 그런데도 웬 명산이고 도립공원이냐는 의문이 들었다. 그 의문은 수행을 하다 보니 곧바로 해소됐다. 백문불여일견이라 했던가.

직접 수행해보면 내 말이 한낱 과장이 아님을 바로 알 수 있을 테다. 선운산은 정말 아름답고 평온한 산이다. 더구나 백제 고찰 선운사를 품고 있는 산임을 잊지 말라.

기대 했던 포갠바위는 이름은 거창했지만 좀 허접해 보인다. 그래도 자세히 보면 바위가 시루떡처럼 포개져 있다. 그 위에는 수많은 사람들이 각자 염원을 담아 조그만 자연석들로 정성스레 탑을 쌓아 올려놓았다.

이번 산행에서 산악회 산행 코스에는 없었지만 임의대로 들렀던 참당암은 선운사의 암자인데 대웅전까지 갖추고 있다. 웬만한 절보다 더 크다. 참당암 대웅전 해설에 따르면 신라 시대 진흥왕의 시주를 받아 왕사이자 국사인 의운 스님이 창건했다고 한다. 창건 당시에는 대참사 혹은 참당사로 불렀고 산중의 중심 사찰이었지만 지금은 선운사에 속한 암자로 운명이 뒤바뀌어버렸다. 개인이나 조직이나 사회나 국가나 그리고 모든 자연이나 사물은 영고성쇠榮枯盛衰라는 운명을 맞이하기 마련이다. 참당암도 영고성쇠라는 자연의 섭리이자 운명의 지배를 받은 게 아닐까.

소리재를 거쳐 계속 수행하다 보면 이제까지 보지 못한 절경들이 하나씩 나타나기 시작한다. 눈을 이리저리 두리번거리지 않을 수 없다. 용문굴이 나타난다. 남해 금산에서도 이와 비슷한 신비로운 경관을 본 적이 있다.

선운산 용문굴

선운산 낙조대에서

이 용문굴은 인기 사극 ≪대장금≫의 촬영지로도 활용됐다고 하는데, 과연 신비롭다. 용문굴을 떠나 수행을 계속하니 경관이 점입가경이다. 주변에는 깎아지른 듯한 바위 절벽과 협곡이 나타나고 저 멀리 우뚝 솟은 바위도 보인다. 기암괴석들이다. 가까이 가보니 바로 그곳이 낙조대다. 여기서도 ≪대장금≫을 촬영했다고 한다. 낙조대에 도착한 때는 오후 1시 반이 지난 무렵이었다. 해가 중천에 걸려 있었지만 낙조대 뒤로 해가 비치니 그것만으로도 신비스러워 보인다. 낙조대에서 해가 지는 모습을 바라보면 얼마나 더 신비로울지 상상이 잘 되지 않는다. 아마도 자지러질 듯한 풍광을 보여줄 것 같다. 사진 경력이 40년이라는 70대 노인장이 사진 촬영에 열심이다. 그분은 이곳을 아주 좋아한다고 했다. 나도 그분의 연출에 따라 포즈를 취하고 사진을 찍는다. 그분이 내 친구 산신령을 찍은 사진을 보면 거의 전문가 수준이었다.

낙조대를 떠나 천마봉으로 수행을 이어간다. 천마봉에서 마애불磨崖佛과

선운산 천마봉에서

도솔암兜率庵으로 내려가는 길에 절경이 계속되니 나는 어쩔 줄 몰라 여기저기를 뛰어 오르내렸다. 눈에, 가슴에, 내 몸 곳곳에 아름다움을 하나라도 더 담기 위해서다.

선운산 천마봉 전경

천마봉 조망의 아름다움을 뒤로 한 채 마애불과 도솔암으로 향한다. 마애미륵불은 고려 시대에 조각된 불상으로 우리나라에서 가장 크고 거대한 불상이다. 멋지고 아름다운 낙락장송落落長松 한 그루를 앞에 두고 있는 마애미륵불이 친견하는 수행자를 따뜻한 미소와 인자한 모습으로 맞아주고 있었다. 마애미륵불이 부조浮彫된 암벽에는 멋진 낙락장송의 그림자가 드리워져 더욱 신비스런 광경을 연출하고 있었다.

마애불을 떠나 백 수십 계단을 걸어올라 벼랑 위에 건축된 도솔암 내원궁도 올라가본다. 우리나라에는 도솔암이 참 많다. 그런데

도솔암 마애불과 미송 한 그루, 미송이 마애불에게 경배하듯 고개 숙이고 있다.

대부분의 도솔암은 벼랑에 제비집처럼 걸려 있는 것이 특징이다. 선운산 도솔암도 역시 마찬가지다. 이곳은 고통 받는 중생을 구원한다는 지장보살을 모시고 있는 곳이다. 도솔암에 이르렀다. 여기 이 도솔암도 일반적인 암자와는 규모가 다르다. 참당암처럼 대웅전이 있고, 웬만큼 규모 있는 사찰이다.

도솔암을 내려오니 멋들어 지게 생긴 천연기념물 제354호 <장사송長沙松>을 만난다. 이 멋들어진 소나무는 반송盤松의 일종으로 수령이 무려 600년이 지났다고 한다. 사실 내 고향 창녕에는 이보다 훨씬 멋들어 진 반송이 있었는데, 종손이 여 러 가지 사정으로 누군가에 팔

장사송

았다고 한다. 정말 아쉽기 짝이 없다. 그 소나무를 구입해간 사람이 건강하게 잘 키워주기를 바랄 뿐이다. <장사송> 바로 근처에 신라 진흥왕이 왕위를 버리고 수도를 했다는 진흥굴이 있다.

이제 도솔천 계곡 길을 따라 선운사 쪽으로 향한다. 수행로 주변에 우거진 숲들은 여름의 녹음, 가을의 화려한 단풍도 귀찮다는 듯 모두 벗어버리고 나목으로 우뚝 서 겨울을 맞고 있다. 혹독한 겨울을 맞아 자기 스스로 혹독하게 단련하고 수련하는 걸까. 돌아오는 봄, 여름을 더욱 무성하게 살아가기 위해 반복되는 자연의 섭리 때문일까. 나목들 밑에는 푸른 풀포기 들이 파랗게 자라고 있다. 석산이라고도 불리는 꽃무릇이란다. 꽃무릇은 9월 중순경에 꽃이 피고, 꽃이 지고 나면 잎이 나서 이듬해 5월에 사라진다. 꽃과 잎이 서로 만날 수 없는 운명으로 서로 애틋한 연모의 정을 담고 있다고 해 '상사화'라고 부르기도 한다.

길옆으로 보이는 자연 석탑은 누가 쌓았는지 절묘하고도 신기하다. 신기하고 도 아름다운 풍광에 취해 가다보니 선운사에 도착했다. 고찰의 담장부터 건물, 탑까지 어느 하나 아름답지 않은 것이 없다. 대웅전 기둥은 세월의 흔적을 느끼게 하고 처마를 보니 하늘을 나는 듯 가벼워 보인다. 그 아름다움에 취해 내 맘 내키는 대로 이곳저곳을 사진으로 찍어 담는다. 선운사 고찰의 아름다움 과 장엄함은 선운산과 조화를 이루기에 더욱 아름답고 장엄하게 보였을 것이다. 선운사를 돌아보고 난 다음 주차장으로 회귀한다.

송악

주차장으로 가는 길에 천연기념물 제367호 <송악>을 만났다. 안내판에 의하면 <송악>은 따뜻한 지방에서 자라는 늘푸른덩굴식물이라는데 이 <송악>은 줄기의 둘레가 80㎝에 이르고 높이가 15m에 이르며, 내륙에서 자라는 송악으로서는 가장 큰 거목이라고 소개하고 있다. 자세히 보니 마치 줄기가 바위벽을 파고들어 자라는 듯 보인다. 신비롭기 그지없다.

묵언수행을 마치고 난 후 모든 사물을 단순히 규모나 겉모습을 보고 평가해서는 안 된다는 사실을 알았다. 선운산, 산 높이는 336m에 불과하다. 그러나 그 속에는 선운사, 참당암, 도솔암 등 천년 고찰을 품고 있고, 천년 고찰로부터 우러나오는 육중하고도 고매한 아름다움이 살아 숨 쉬고 있었다. 어느 산에 뒤지지 않는 아름다운 협곡과 기암괴석이 있고, 500년 이상이나 자란 3,000여 그루가 군락을 이룬 동백 숲, <장사송>과 <송악> 등 기이한 천연기념물을 품에 간직하고 있었다. 한마디로 작은 거인이다. 선운산, 낮지만 참으로 좋은 산이다. 또 다시 묵언수행 하고픈 훌륭한 산이다. 선운사에 동백꽃이 활짝 피는 날, 꽃무릇이 활짝 피는 날, 나는 다시 한 번 조용히 묵언수행을 하겠다고 다짐하며 서울로 향했다. 이번 나의 묵언수행을 안내해준 친구 산신령에게 진심으로 감사한다.

[묵언수행 경로]
선운사 주차장(10:24) > 선운사 일주문(10:40) > 마이재(11:14) > 수리봉(11:27) > 포갠바위(11:42) > 참당암(12:02-12:11) > 소리재(12:28) > 용문굴(13:16-13:20) > 낙조대(13:31-13:37) > 천마봉(13:42-13:52) > 마애불(14:01) > 도솔암(14:04-14:15) > 장사송(14:21) > 도솔천 계곡 길 > 선운사(14:56-15:08) > 송악(15:22) > 주차장(15:30)
<수행 거리: 약 10km, 소요 시간: 5시간 6분>

고성 연화산에서 염화시중拈花示衆의 의미를 생각하다

연화산 정상

며칠 전 나는 친구들로부터 왜 너 혼자만 독고다이(특공대의 일본어, 속어)처럼 산에 다니느냐며 따끔한 충고를 들었다. 나는 그 친구들에 비해 산행 능력이 떨어진다. 나는 그 친구들이 좋지만 산에 갈 때는 혼자 다니는 것이 좋다. 그 친구들이 싫어서가 아니라 내 신체 리듬과 시간 계획에 따라 자유스럽게 다니는 것이 좋아서다. 그들의 충고를 듣고 나는 1월 13일과 14일 양일간 경상남도에 있는 백대명산 2좌를 올라가려고 하니 같이 갈 사람은 같이 가자고 제안했다. 그렇게 해서 산신령급 친구 2명(이 산신령, 최 교수)과 함께 2018년 1월 13일~14일 양일간 경남 지역 백대명산 2좌를 묵언수행하기로 결정했고, 모든 일정은 플래닝의 달인인 이 산신령에게 일임했다. 이 산신령은 13일은 경남 고성의 명산 연화산을, 이어 14일은 통영 사량도의 명산 지리산을 오르는 것이 좋겠다고 해 동행 친구들 모두는 그렇게 하자고 결정했다.

1월 13일 6시 30분, 잠실새내역에서 세 명이 만나 연화산이 있는 고성 옥천사 주차장으로 출발한다. 옥천사 주차장에 도착한 시각은 오전 10시 50분경이었다. 먼저 수행 경로를 옥천사 주차장 - 연화1봉 - 느재고개 -

공룡발자국

연화산 - 운암고개 - 남산 - 황새고개 - 선유봉 - 옥녀봉 - 옥천사 - 옥천사 주차장으로 회귀하는 약 8km 구간으로 정했다.

수행 들머리에서 맨 처음 만난 것은 예쁘장하게 생긴 공룡 조각상이다. 이어 공룡들이 뛰어 놀았던 흔적, 발자국 화석을 만난다. 고성은 잘 알다시피 공룡 화석으로 유명한 곳으로 세계 3대 공룡 발자국 화석지로 알려져 있다. 중생대 시기의 고성 지역은 공룡들의 천국이었다고 한다. 그렇다면 중생대 어느 날, 수많은 공룡들이 거대한 몸뚱이를 이끌고 우리가 수행하는 길인 연화산 일대를 누비고 다녔을 것이 분명하다. 나는 그 공룡의 발자취를 몸으로 느끼면서 걷기 수행을 시작한다.

들머리를 거쳐 약 1km 정도 솔향을 은은히 품은 수행로를 오르다보니 얼마 안 가서 연화1봉이 나온다. 이 산에서 안내하는 내용으로는 산 이름 연화산이 한자로 '蓮花山'인지 아니면 '蓮華山'인지 불확실하게 돼 있었다. 안내판에는 '蓮花山'으로 안내하고 있는데 표지석에는 '蓮華峰'으로 표기하고 있다. 표지석이 나를 혼란스럽게 한다. 별로 중요한 일은 아니지만 그래도 명색이 도립공원인데 표지석과 안내판의 명칭이 일치하도록 정비하는 것이 필요해 보인다.

연화1봉에서 내리막길을 내려가다 보면 느재고개가 나오고 옆으로는 차도가 있다. 차도 옆에는 이동식 간이 매장도 보인다. 주인인 듯한 아주머니 한 분이 왔다 갔다 하며 시간을 보내고 있었다. 주말인데도 산객들이 없어 장사는 안 되는 모양이다. 느재고개에서 차도를 따라 잠깐 가다 보면 왼편에 연화산 방향을 알려주는 이정표가 나오고, 이정표를 따라가면 편백나무 숲이 나온다. 피톤치드를 가장 많이 내뿜는다는 편백나무 숲이다. 겨울임에

목장승

도 편백나무 향이 수행로 주변을 가득 흩뿌리고 있었다. 심호흡을 하며 피톤치드를 허파 속으로 빨아들인다. 팔을 폈다 접었다 숨쉬기 운동을 하면서 앞으로 나아간다. 항상 그렇듯 수행 전날에는 밤을 설치는 경향이 있다. 오늘도 예외는 아니다. 그런데 오늘은 오르막과 내리막길을 3km 이상 걸었지만 별로 피곤하지가 않다. 편백나무 향과 편백나무가 내뿜는 피톤치드 때문일까.

느재고개에서 연화산 정상은 불과 30여 분 거리다. 연화산 정상에는 금방 도달한다. 연화산의 높이는 524m에 불과해 낮아서일 거다. 연화산은 반쯤 핀 연꽃 모양을 닮았다고 해서 붙여진 이름이라고 한다. 이 연화산이라는 이름이 수행하는 내내 나에게 화두를 던지고 있다. '연화산이 연꽃을 닮았다고? 왜 그렇게 보일까?' 도저히 감을 잡을 수 없다. 앞서 가던 최교수가 "저 울룩불룩한 작은 산봉우리들이 마치 연꽃잎처럼 보이지 않아?"라고 말한다. 나는 신령들의 말에 거역할 수 없어 "아하! 그렇구나."라고 억지로 대꾸를 했지만 다시 보니 그럴듯하다는 생각도 든다. 그런데 이게 웬일인가. 내 트랭글에 나타난 수행 궤적을 보니 신기할 정도로 연꽃 모양이다. 옛 조상들은 하늘을 나는 기구나 측량할 기구도 없었을 텐데 하늘 위에서나 봐야 보이는 모양으로 이름을 지은 걸 보면 신통방통하고 현명하다는 생각이 든다.

연화산 정상에서 운암고개를 거치고, 남산 -

남산

황새고개 - 선유봉 - 옥녀봉을 지나니 천년 고찰 옥천사에 도달한다. 신라 문무왕 16년(676년), 의상 대사가 화엄학을 널리 펼치기 위해 전국 요소요소에 화엄 10찰을 창건했다고 하는데, 옥천사가 그 중 하나라고 전해온다. 창건 후 여러 차례에 걸쳐 중창되다가 임진, 정유왜란 때는 사찰이 전소됐다. 이후 인조 17년(1639년) 의오 스님이 현몽해 절을 찾아내고 연화산 옥천사라는 이름을 다시 내걸게 되었다고 한다.

옥천사는 매우 특이하다. 세 가지 정도 특이한 점이 눈에 띈다. 첫째, 사찰은 대웅전이 가장 큰 건물로 우뚝 솟아 있는 게 일반적인데 옥천사 천왕문을 들어서면 자방루滋芳樓라는 요새 같은 거대한 건물이 대웅전 앞을 가로막고 있다. 둘째, 전라도의 송광사나 선운사 등 대찰들은 널찍하고 평평한 부지에 자리 잡고 있는데 옥천사는 자방루를 제외하고는 규모가 작은 건물들이 오밀조밀하게 서 있다. 셋째, 조선 후기의 건물들이라 그런지 지붕을 받치는 공포의 익공과 쇠서 등의 부재가 다른 절 보다 훨씬 길고

옥천사 자방루

매우 복잡한 장식으로 구성돼 있다.

영조 40년(1764년)에 세워졌다는 자방루는 정면 7칸, 측면 2칸 규모로 단층 기둥 위에서만 공포를 짠 주심포계 팔작지붕집이다. 조선 시대는 다포계 건물이 주를 이룬다고 알려져 있지만 자방루는 특이하게 주심포계 건물이다. 자방루의 대들보를 보면 비천상과 비룡이 그려져 있고, 대들보를 받치고 있는 기둥 위의 부재들 하나하나가 내 눈에는 아름다운 조각이요 예술품으로 보인다.

옥천사 대웅전은 규모는 작으나 이상하게도 기단은 다른 절보다 확연히 높다. 또 자방루와 대웅전 사이의 좁은 마당에는 당간지주가 4쌍이나 있다. 내 짧은 소견으로는 좁은 마당에 왜 4개나 되는 크고 작은 당간지주가 설치돼 있는지 이유를 모르겠다.

대웅전의 오른쪽으로 가면 맑은 샘물이 솟아나 사시사철 마르지 않는 옥천玉泉샘이 나온다. 옥천사라는 이름도 이 옥천에서 유래되었다고 할

옥천사 자방루 내부

정도로 유명한 약수터다. 이 샘물은 피부병과 위장병에 좋다고 알려져 지금도 샘물의 영험을 믿고 옥천을 찾아오는 사람들로 붐빈다고 한다. 옥천에 이르러 샘을 살펴보니 표주박 모양을 하고 있는데, 맑은 물이 끊임없이 솟고 있었다. 나는 영험하기로

옥천사 옥천각, 옥천약수로 유명하다.

소문난 이 샘물을 한 바가지 가득 떠서 쭉 삼키며 맛을 본다. 연화산 연향이 배어 있는 듯한 감로수다. 속이 후련해지고 정신이 맑아지는 것 같다. 이 샘을 보존하기 위해 1948년부터 옥천각을 세워 보존해오고 있다.

옥천에서 감로수를 한 잔을 쭉 들이켜고 우리 일행은 옥천사 주차장으로 돌아왔다.

연꽃처럼 생긴 명산 연화산은 기암괴석이나 기수괴목은 없다. 특별한 경관도 아니다. 그러나 연꽃 향처럼 부드럽고 연꽃 색깔처럼 포근한 육산이다. 우리나라의 명산은 꼭 명찰을 품고 있다. 또 명찰을 품고 있기에 명산이 되기도 한다. 연화산도 바로 그런 산이다.

연꽃의 품에 안겨 연꽃 향을 음미하고 염화시중의 미소를 지으며 오늘 묵언수행을 마무리한다. 내일은 통영에서 배를 타고 사량도로 건너가서 지리산이 바라다 보인다는 사량도의 꼬마 지리산, 별칭 지리망산을 묵언수행할 예정이다.

[묵언수행 경로]

옥천사 주차장(10:55) > 연화1봉(11:54) > 느재고개(12:15) > 연화산 (12:50) > 운암고개(13:33) > 남산(13:42) > 황새고개(14:01) > 선유봉 (14:11) > 옥녀봉(14:20) > 옥천사(14:42-15:18) > 옥천사 주차장(15:24)

<수행 거리: 7.84km, 소요 시간: 4시간 29분>

또 다른 지리산, 한려수도의 청정 해수와
지리산의 기암괴석에 홀리다

사량도 지리산에 서다.

어제는 고성에서 연꽃 향 풍기는 연화산을 묵언수행했고, 오늘은 통영의 사량도에 있는 '또 하나의 지리산'에서 묵언수행을 한다. 연화 향에 듬뿍 취한 나는 오랜만에 꿀잠을 자고, 동료들과 함께 아침 6시에 일어났다. 숙소에서 대충 고양이 세수를 하고 숙소 사장이 소개해 준 주변 맛집에서 복 매운탕 한 그릇씩을 먹었다.

9시에 출발하는 사량도행 배를 타기 위해 삼천포사량도 터미널로 달려가니 삼천포항에서 사량도 내지까지 가는 <세종1호>란 배가 대기하고 있다. 배에 올라 객실로 들어간 나는 깜짝 놀랐다. 객실에는 당연히 좌석이 있을 거라고 생각을 하고 들어갔는데 좌석은 눈에 띄지 않고 객실은 온돌마루식으로 만들어져 있었다. 게다가

사량도로 향하는 뱃길에 갈매기들이 힘차게 날고 있다.

온돌마루에는 베개며 이불까지 비치돼 있는 게 아닌가. 겨울인데도 여기저기 자유분방하게 삼삼오오 모여 있다. 누워 있는 사람, 앉아 있는 사람하며 제법 많은 사람들이 타고 있었다. 봄가을에는 사량도 지리산을 찾는 인파들이 넘쳐난다는 소문을 실감한다. 나도 온돌마루 위에 다리를 쭉 뻗어 누워본다.

9시 정각이 되니 <세종1호>는 어김없이 출발해 통영만을 달린다. 갈매기가 날아다니고, 자그마한 섬들이 가까워지다 멀어지고를 반복한다. 멀리 육지에는 산들이 아련한 산 너울을 연출하고 있다. 배를 타고 달리면서 나는 배를 타는 어지러움보다는 주변 풍광의 아름다움에 취해버렸다. 여기에다 '또 다른 지리산'이라고 하는 지리망산까지 어우러지면 어떤 풍광이 연출될지 아무리 상상을 해보려고 해도 상상이 되지 않는다. '예서 취하면 안 된다. 정신 줄을 놓지 말아야지' 하면서 즐거운 다짐을 한다.

약 40분을 달리니 사량도에 도착한다. 이런저런 아름다운 상상에 빠져 있었으니 40분이라는 시간도 찰나와 다름없는 듯 빨리 지나갔다. 사량도 도착 시각은 9시 40분. 이제 지리산을 묵언수행하기 위해 수행 들머리까지

가는 버스를 타야 한다. 들머리까지 가는 버스를 기다리면서 인근 바다에서 잡았다는 대구를 말리는 광경을 목격하고는 말린 대구를 얼마의 가격으로 파는지, 어떻게 요리하는지 등을 주인에게 물어보기도 했다. 창녕 산골에서 자란 나는 모든 것이 신기하기만 했다.

여기저기 두리번거리는 사이 10시 10분경 버스가 왔다. 10분 정도 가니 옥녀봉으로 오르는 들머리에 도착했다. 들머리에서 대략의 산행 코스를 정하고 수행을 시작한다. 사량도 지리산이란 과연 어떤 산일까. 여기저기 자료를 뒤져 정리해둔다. ≪대한민국 구석구석≫에는 지리산을 이렇게 소개하고 있다.

'지리산이 바라보이는 산'이란 뜻으로 지이망산智異望山이라고 불리다가 현재는 지리산이라는 명칭으로 굳어버렸다. 사량면 돈지리에 위치한 지리산은 사량도 윗섬(상도)에 동서로 길게 뻗은 산줄기 중 돈지리 쪽의 제일 높은 봉우리(해발 398m)를 지칭한다. 이보다 2m 더 높은 불모산(해발 400m)이 있지만 지리산을 윗섬의 대표적인 산으로 부르고 있다.

상도 일주 도로와 바다 풍경

옥녀봉에서 통영쪽으로 바라본 바다풍경

옥녀봉에서 가마봉으로 넘어가는 다리

이 산줄기의 연봉인 불모산, 가마봉, 향봉, 옥녀봉 등은 오랜 세월 동안 풍우에 깎인 바위산이라 위용이 참으로 당당하다. 능선은 암릉과 육산으로 형성돼 있어 급한 바위 벼랑을 지날 때는 오금이 저려오기도 한다.

깎아지른 바위 벼랑 사이로 해풍에 시달린 노송이 아슬아슬하게 매달려 있는가 하면 바위 능선을 싸고 있는 숲은 기암괴석과 절묘한 조화를 이루며 '별세계'를 연출한다.

고개를 들면 한려수도의 그 곱고 맑은 물길과 다도해의 섬 그림자가 환상처럼 떠오르고, 기기묘묘한 형상으로 솟구치고 혹은 웅크린 바위, 묏부리와 능선은 말없이 세속의 허망함을 일깨워준다.

사량도 지리산, 한마디로 신선들이 살 법한 그런 별천지란 말이다. 나로서는 더 이상 말로써 글로써 표현할 길이 없다. 또한 그럴 필요도 없다. 누구든 직접 방문해 곱씹으며 찬찬히 느껴보라. 그러면 사량도 지리산이 정말 신선들이 살 만큼 아름답다는 말이 그렇게 과장된 표현이 아니라는 것을 곧바로 느낄 수 있으리니.

[묵언수행 경로]

들머리(10:21) > 옥녀봉(10:47-10:51) > 계곡다리·전망대(11:06) > 가마봉(11:24) > 달바위·불모산(12:13) > 점심(12:39) > 촛대봉(13:06) > 지리산(13:41) > 금북개날머리(14:29) > 내지항(14:56)

<수행 거리: 6.19km, 소요 시간: 4시간 35분>

올망졸망 기이하고 아름다운 영남의 소금강

청량산 장인봉 정상석

청량산은 경상북도 봉화군 명호면에 있는 산으로 높이는 870m다. 산 아래로 낙동강이 흐르고 산세가 수려하여 예로부터 소금강이라 불렸다. 청량산이 얼마나 아름답고 기이한 산세를 뽐내고 있는지는 신라의 원효대사, 김생, 최치원, 고려의 공민왕과 조선 시대의 이퇴계 등 역사서에 등장하는 유명한 옛 선현들이 이 산을 유람하고 수행한 행적을 찾아보면 미루어 알 수 있다. 특히 조선 숙종 때의 문신 권성구權聖矩는 청량산 일대를 유람하면서 청량산을 '맑고 고우며 기이하고 빼어났다'고 평하고, 산세의 수려함에 흠뻑 취해 ≪유청량산록遊淸凉山錄≫이라는 유산기遊山記를 남겼을 정도였다. 더 이상 무슨 말이 필요하랴.

나는 청량산을 묵언수행하기 위해 집에서 대략 230여 km 떨어진 청량사 입구 주차장에 오전 10시 50분경에 도착했다. 수행 코스를 정하는 데 한참을 망설였다. 청량사 입구에서 청량사를 들렀다가 청량산 정상인 장인봉으로

청량산 전경, 청량사가 청량산 품속에 위치해 있다.

갈까, 어쩔까 망설인 것이다. 결국 많이 걷고, 많이 보고, 많이 느끼는 것이
묵언수행의 목적이자 목표라는 생각이 들어, 청량사를 연꽃잎처럼 둘러
감싸고 있고, 기암괴석으로 올망졸망한 봉우리를 많이 볼 요량으로 입석대
에서부터 수행을 시작하기로 마음을 고쳐먹었다.

도립공원답게 청량산 입구를 상당히 멋있게 꾸며놓고, 각종 안내판을
세워 주위의 명소를 자세히 소개해두었다. 청량사 입구 들머리에서 다시
한 번 수행 코스를 점검한 후 입석 출발점에서 수행을 시작한다. 차량
통행 도로를 따라 입석 들머리 출발점으로 향했다. 입석 출발점으로 가면서
주변을 돌아보니 경관이 범상치 않다.

입석 들머리에는 입석이 세워져 있다. 그 입석에는 위에서 언급한 조선
숙종 때의 문신 권성구權聖矩 선생의 ≪유청량산록遊清凉山錄≫이라는 유산기
遊山記에 나오는 오언절구 한시 한 수가 새겨져 있다. 청량산은 금강산에
버금가는 아름답고 기이한 산이라는 내용이다.

　　聞說金剛勝(문설금강승)
　　此生遊未嘗(차생유미상)
　　清凉卽其亞(청량즉기아)
　　好作小金剛(호작소금강)

금강산 좋단 말 들었는데
여태껏 살면서 가 보지 못 했네
청량산은 금강산에 버금가니
작은 금강이라 이를만하지

　청량산이 옛 선현들이 줄줄이 찾던 그런 명산이라니. 한편으로는 마음이
들뜨지만 한편으로는 숙연해진다. 입석에서 한동안 멍하니 시구詩句를 곱씹어
보고 입석 들머리를 조금 올라가니 수행로 옆에는 높은 바위가 솟아올라
있고, 수행로에는 낙엽이 수북이 쌓여 있다. 비교적 남쪽이라 그런지 눈은
녹아 사라져버린 듯 흔적조차 없다. 바위는 마치 자갈을 시멘트에 섞어 만든
콘크리트처럼 보이는 게 퇴적암인 역암인 것 같다. 낙엽 밟는 소리가 '저벅저
벅, 자르륵, 자르륵' 경쾌하기만 하다. 수행로를 따라 쭉 올라가다보면 내가
특히 좋아하는 소나무 군락도 눈에 띈다. 주변의 소나무를 만져보고 세월의
흔적과 솔향을 느끼면서 수행을 계속한다. 저벅저벅 걷다보니 깎아지른 절벽
에 건물이 보인다. 아마도 응진전이리라. 응진전은 신라 시대에 창건한 <외청
량사>라고 한다. 지금은 응진전이라 불리지만 신라와 고려 시대에는 제법
큰 규모의 사찰이었다고 한다. 응진전 근처에는 누구의 글인지 모르겠지만
<연습>이라는 제목의 글이 눈에 띄었다. 내가 묵언수행으로 얻고자 하는
것도 이러한 간단한 진리를 얻고자 함이 아닌가. 그 글 내용은 이렇다.

　　베푸는 것은 부유한 마음을 연습하는 것이고,
　　화내는 것은 추한 마음을 연습하는 것이고,
　　시기 질투하는 것은 천박한 마음을 연습하는 것이다.
　　자신이 되고자 하는 것을 연습하면 그렇게 이루어지는 것이다.

　응진전을 거쳐 이른 곳은 풍혈대다. 풍혈대는 남북으로 커다란 구멍이
나 있어 오뉴월 염천에도 시원한 바람이 분다고 한다. 신라 말 대문장가인
최치원이 이 근처 고장에 머물 때 독서와 바둑을 즐긴 곳으로 전해지고 있다.

풍혈대를 내려와 수행로를 따라가면 기암괴석들로 울퉁불퉁하고, 올망졸
망한 풍광이 눈앞에 확 펼쳐진다. 연꽃잎처럼 기묘하게 형성된 풍광이다.
아래편 연꽃의 중심, 꽃술 부문 명당에는 신라의 천년 고찰 청량사가 떡하니
자리 잡고 있다. 나는 눈앞에 전개되는 아름다운 풍경에 취해 한동안 걸음을
옮길 수가 없었다. 멍하니 서서 마음을 텅 비우고 시선을 좌우로 상하로
돌리며 아름다운 풍광을 눈과 마음과 가슴속에 담고 또 담았다.

풍광에 얼빠진 정신을 차리고 다시 수행에 나서니 총명수란 안내판이
나왔다. 읽어보니 최치원 선생이 이 물을 마시고 더욱 총명해졌다 하여
총명수라 부르며, 가뭄 때나 장마 때나 일정한 양이 솟아난다고 설명하고
있었다. 총명수가 솟는 샘을 자세히 살펴봤다. 아뿔싸! 샘물이 말라가는
느낌을 받았다. 샘 안에는 낙엽이 둥둥 떠 있고, 물이 그렇게 맑아 보이지도
않았다. 그럼에도 나는 비치돼 있는 바가지로 물을 조심조심 떠서 두 세
모금 마셔봤다. 멍청한 나도 전설처럼 총명해지길 기대하면서. 총명수가
보기와는 달리 깨끗했나 보다. 물을 마시고 난 후 뒤탈은 나지 않았다.
조금이나마 총명해지진 않았을까.

치원암터와 어풍대를 지나니 나의 백대명산 묵언수행 화두에 대한 답
하나가 떡하니 걸려 있는 게 아닌가. 묵언수행이라는 화두에 대한 작자미상
인의 가르침은 이러하다.

<산에서는> / 작자 미상

산에 오르면
세상으로부터 사람들로부터
해방되어야 한다.
무의미한 말장난에서 벗어나
말없이 조용히
자연의 일부로 돌아가야 한다.
지금까지 밖으로만 향했던
눈과 귀와 생각을

안으로 안으로
거두어 들여야 한다.
산처럼 나무처럼
맑고 고요하게

　나의 화두에 대한 가르침을 곱씹으면서 김생굴로 수행의 발걸음을 옮긴다.
200m 정도를 오르니 김생굴과 김생폭포가 나타났다. 신라의 명필 김생金生에
관한 전설을 꼼꼼히 읽어본다. 김생굴에서 김생은 10년간 필사의 노력으로
그의 독특한 서법과 서체를 완성했다고
하는데, 그의 서체는 청량산의 기묘하고
아름다운 풍광을 녹여 완성했다는 일화
가 있을 만큼 독특하고 아름답다. 김생
는 널리 중국에까지 알려져 해동海東의
서성書聖으로 칭송받았다고 한다.

　김생폭포 앞에는 퇴계 선생의 <김생
굴>이라는 한시 한 수가 걸려 있다. 일
찍이 퇴계 이황 선생은 이렇게 아름답
고 독특한 김생의 필체가 우리나라에
서 널리 전수되지 못하고 실전됐음을
안타까워하며 이 시를 지은 것일까. 만
약 그렇다면 참으로 씁쓰레하다.

　김생굴을 거쳐 자소봉으로 간다. 자
소봉으로 가는 수행길에서 보는 경치
도 아름답다. 각종 기암괴석들이 저마
다 기이함과 특이함을 자랑하고 있다.
때로는 홀로 도드라지면서 때로는 서
로 조화를 이루면서 자랑한다. 자소봉
으로 가는 수행길에서 다시 가슴 아픈

자소봉과 자소봉 오르는 계단

사연을 만난다. 일제들의 만행으로 고통 받으며 자라는 소나무들이 수행로 주변에 10여 그루 이상 보인다. 나는 상처 입은 소나무 옆을 지나가다 소나무 생채기를 만져보기도 하고 쓰다듬어 보기도 한다. 그런 나의 행동이 생채기를 입은 소나무에게 무슨 위로가 될까마는.

자소봉에서 내려다보는 경치는 선경이라고 말할 수밖에 없었다. 청송과 기암괴석의 조화, 게다가 하얀 잔설이 여기저기 남아 배경을 이룬다. 미세먼지가 많은 날이라 뿌옇게 보이는 것이 너무나 속이 상한다. 그러나 맑은 날을 상상하면서, 혹은 가을의 울긋불긋한 단풍을 상상하면서 보니 정말 아름답고 환상적인 풍광이다.

자소봉에서 간단하게 준비해 간 먹거리로 에너지를 보충한다. 항상 같은 말을 수없이 반복하지만 아무리 하찮은 먹거리라도 아름다운 산 정상에서 먹는 맛은 최고다. 고급 산해진미도 이보다 못한 것은 말해 무엇하리.

탁필봉

자소봉에서부터는 탁필봉, 연적봉 등 뾰족하게 생긴 바위 봉우리들이 연속하여 나타난다. 아기자기한 봉우리들이 저마다 다른 모습으로 세월의 풍상을 견디며 우뚝 솟아 있다. 연적봉에서 보이는 자소봉과 탁필봉은 서로 붙어 있는 것처럼 보인다.

연적봉을 지나 청량산 정상인 장인봉으로 가는 수행로에서 바라보는 아름다운 경관은 숨이 막힌다. 정상으로 가는 수행로는 잔설이 남아 있고 소나무들이 독야청청하고 있다. 자소봉을 지나 경관에 취해 수행하다 보니 어느덧 뒷실고개에 도달한다. 곧이어 청량산의 랜드마크라는 하늘다리가 나온다. 선학봉과 자란봉을 연결하는 산악 현수교인데 주변의 경관은 이루 말

연적봉에서 본 탁필봉

할 나위 없이 아름답다. 여기에 단풍까지 어우러지는 가을이라면 선경이 따로 없을 터다. 하늘다리를 지나가니 출렁출렁 흔들린다. 다리가 흔들리니 몸도 이리저리 흔들릴 수밖에 없다. 계곡은 천인만장千仞萬丈이라 바라보면 머리가 어지럽고 다리가 후들거린다. 정말 스릴 만점이다.

출렁이는 하늘다리를 건너 청량산 정상 장인봉으로 향한다. 장인봉에 오르니 丈人峯(장인봉)이라고 쓰여있는 정상석이 나타난다. 장인봉의 글자 체는 명필 김생체의 '집자체'라고 한다. 정상석 바로 옆에는 주세붕 선생이 쓴 <등청량정>이라는 시비가 서 있다. 자세히 읽어본다. 시의 내용이 내 마음을 잘 대변하는 것 같아 감회가 새롭다.

청량산 하늘다리와 주변 풍경

청량산 정상에 올라 두 손으로 하늘을 떠받치니
햇빛은 머리 위를 비추고 별빛은 귓전에 흐르네.
아래로 구름바다를 굽어보니 감회가 끝이 없구나.
다시 황학을 타고 신선세계로 가고 싶네

  청량산의 아름다움과 헤어지기 너무 섭섭해 장인봉에서 한참을 서성이며
두리번거렸다. 그리고는 청량폭포 방향으로 하산하며 오늘 묵언수행을
마무리한다. 오늘은 온종일 미세먼지가 너무 심해 청량산의 아름다운 경관
이 제대로 드러나지 않아 무척 아쉬웠다.

청량폭포 인근에서 촬영한 청량산

[묵언수행 경로]

청량사입구 주차장(10:50) > 입석출발점(11:12) > 응진전(11:42) >
풍혈대(11:59) > 총명수(12:12) > 어풍대(12:15) > 김생굴: 김생폭포
(12:30) > 자소봉-점심(13:16-13:33) > 탁필봉(14:02) > 연적봉(14:06)
> 자란봉 > 뒷실고개(14:33) > 하늘다리(14:47) > 장인봉(15:13) >
두실 마을(15:56) > 청량폭포(16:16) > 주차장(16:41)
<수행 거리: 7.45km, 소요 시간: 5시간 51분>

희양산 100여 m 수직 암벽에서 밧줄에 목숨을 달랑 매달고, 고독 묵언수행의 절정을 맛보다

희양산 정상석

2017년 12월 31일 한 해 마지막 날에는 괴산 대야산에서 묵언수행을 마치고 한 해를 뜻있게 마무리했다. 내친김에 문경과 괴산에 걸쳐 있는 명산 희양산에서 대망의 2018년 새해 첫날을 맞이하는 새해 첫 묵언수행을 이어갔다. 희양산 정상까지 올라가는 묵언수행 경로를 선택했지만 수행로 에는 눈이 20cm 이상 쌓여 있었고, 이정표가 제대로 정비돼 있지 않아 눈물을 머금고 희양산 정상 묵언수행 을 포기하고 말았다. 꿩 대신 닭이라 고 희양산 정상 대신 희양산 시루봉에 오르는 것으로 만족해야 했던 아쉬움 이 남았다. <나홀로 묵언수행>을 한 이래 처음 맛보는 실패였다.

어제 2018년 1월 20일 토요일, 봉화 의 소금강 청량산에서 감명 깊게 묵언수행을 완료한 후 오늘은 새해 첫날에 오르지 못했던 희양산 정상을 다시 오르기로 계획을 잡았다.

희양산은 경상북도 문경시 가은읍과 괴산군의 경계에 있는 산으로 문경새재에서 속리산 쪽으로 이어지는 백두대간의 줄기에 있다. 높이는 999m다. 산 전체가 하나의 바위처럼 보이는 특이한 생김새 때문에 멀리서도 쉽게 알아볼 수 있다. 881년(신라 헌강왕 7년)에 지증 국사智證國師 도헌道憲이 처음 종파를 연 불교 선종 구산선문九山禪門 사찰의 하나인 봉암사가 위치한 유명한 산이다. 참고로 봉암사는 사월초파일을 제외하고는 신도가 아닌 일반인에게는 사찰을 개방하지 않는다고 한다.

아침 8시경 은티 마을 주차장에 도착해 배낭을 메고 스틱을 조정하고 있는데 주차장 관리인이 다가와 주차비 3,000원을 달라고 한다. '참, 그 아저씨 부지런하기도 하지. 지난 1월 1일에 왔을 때는 관리인이 나오지 않아 주차비를 아낄 수 있었는데…'라고 속으로 혼잣말을 하며 주차비를 흔쾌히 지불했다. 그러면서 지난번에 왔을 때 실패한 사례를 이야기하면서 희양산 정상으로 가는 길을 상세히 물어보니 꽤 친절하게 대답해준다.

은티 마을 입구에 있는 열여섯 그루의 청송은 수령이 400년 이상 오래된 청송 군락으로 최고 운치를 자랑한다. 청송을 지나니 은티 마을로 들어가는 조그마한 다리가 나온다. 이 다리를 지나 조금 올라가다 보면 이정표가 하나 서 있다. 희양산에서 아쉬운 점이 있다면 이정표들이 부실하고 형식적으로 세워져 있다는 점이다. 지난번 수행 때는 망설이다 시루봉 쪽으로 갔는데 희양산 정상으로 가는 수행에 실패했다. 그래서 이번에는 반대쪽으로 방향을 잡았다.

구왕봉 쪽으로 올라가니 어제 간 봉화 청량산과는 달리 수행로에 눈이 제법 쌓여 있다. 저벅거리는 소리가 경쾌하다. 사뿐하고 기분이 좋으니 가벼운 마음으로 수행로를 따라 걸어 올라간다. 주변은 아름다운 풍경이건만 오늘도 미세먼지가 많다. 전망이 뿌옇다. 그놈의 미세먼지가 참 애물단지다.

은티 마을 입구에서 1.2km 정도 수행로를 따라 오르니 임도 주변에는 소나무 군락들이 도열해 터널을 이루고 있다. 미세먼지가 심하긴 해도 간간이 코를 스치는 솔향을 맡을 수 있으니 그나마 다행이다.

잠시 후, 비석과 이정표가 있는 갈림길이 나온다. 비석에는 '백두대간 희양산'이라고 쓰여 있다. 사람들은 대체로 갈림길이 나오면 멈칫거린다. 어디로 갈지를 결정하고 선택해야 해서다. 사람들은 갈림길에 설 때처럼 선택하면서 살아간다. 태어나 자라면서 자기의 진로에 대해서도, 또 무슨 일을 어떻게 처리해야 할 것인지에 대해서도 여러 가지 대안 중 하나를 선택해 인생을 살아가야 한다. 오늘도 선택해야 한다. 오늘 원래 계획은 이정표의 왼쪽인 산성을 거쳐 희양산 정상을 오르는 코스로 오르는 것이었다. 겨울에는 오른쪽 구왕봉을 거쳐 지름티재로 정상을 오르는 길은 난이도가 상당히 높은 길이라는 것을 자료를 통하여 대략 알고 있었기 때문이다. 나이도 있는데 굳이 위험을 감수할 필요가 있겠는 가 싶었다. 그러나 이 갈림길에 서니 어떻게 수행할 것인가를 두고 한참을 망설이게 된다. 즉 비교적 쉬운 왼쪽으로 갈 것인가 비교적 난이도가 높다는 오른쪽으로 갈 것인가를 결정해야 했다. 그 결정의 순간이 온 것이다. 나에게는 지금 현재가 가장 젊고 힘 있는 순간이다. 지금 이 순간이 지나고 다음에 오면 나는 오른쪽을 영원히 쳐다보지도 못할지 모른다. 그러니 지금 이 순간 오늘이 오른쪽 지름티재를 선택하는 마지막 기회일 것이라는 생각이 든다. 과감하게 오른쪽 즉 지름티재로 오르기로 결정한다. 이로써 묵언수행로는 당초 생각과는 전혀 다르게 영 엉뚱한 방향으로 정해졌다.

이 선택은 내 인생길에서 진로를 선택해온 것과도 비슷하다는 생각이 든다. 나는 공무원 되려고 법대를 갔으나 내 꿈과는 전혀 다른 엉뚱한 무지렁이 장돌뱅이로 살아간다. 그게 이제 와서 무에 그리 중요하랴마는. 나도 모르게 헛웃음을 지으며 수행길을 계속해서 뚜벅뚜벅 걸어간다. 이렇게 해서 희양산 묵언수행 경로는 당초 계획과는 정반대 방향으로 정해졌다.

은티 마을 주차장에서 약 1.2km 지난 지점에서 시작된 소나무 터널은 구왕봉 쪽으로 3km 이상을 걸어도 계속된다. 참 좋은 길이다. 한겨울임에도 간간이 솔향이 풍겨 나오는 것을 느낄 수 있을 정도니 봄이나 여름, 시원한 소나무 그늘 아래에서 풍기는 솔향은 더 그윽할 것이다. 은티 마을 주차장에서 약 3km 정도를 걸었을까. 널찍한 수행로가 임도로 보이는 좁은 소로로 바뀌고, 소로 주변 나무들도 소나무에서 단풍나무며 참나무 등으로 바뀌어 낙엽 활엽수들이 주종을 이룬다. 그래도 다른 산들에 비해서는 여기저기 소나무 군락들이 많이 보인다. 풍경으로 보면 바위와 소나무는 천생天生 찰떡궁합이다.

수행로 주변에는 어제 간 청량산과는 달리 눈이 10cm 이상 쌓여 있다. 눈길이지만 길은 전혀 미끄럽지 않고 눈 밟는 느낌이 사각사각, 저벅저벅 아주 기분이 좋다. 그러나 구왕봉에 가까워질수록 눈은 점점 더 많이 쌓여 있고, 그늘에 있는 수행로는 얼어붙어 있어 미끄러워지기 시작했다. 내리막 수행로를 걸으니 길이 아주 더 미끄럽고 위험하다. 멈춰 앉아 물 한 모금 마시며 한숨을 돌리면서 배낭에서 아이젠을 꺼내 찬다. 그리고 수행을 계속한다.

상당히 올라왔나 보다. 조망이 돌연 좋아진다. 눈앞 나무 사이로 보이는 바윗덩이 산이 희양산인 것 같다. 인근 소나무 한 그루는 푸른 하늘을

구왕봉을 오르면서

구왕봉 가는 수행로 주변은 눈이 1m 이상 쌓여 있는 곳도 많다.

향해 쑥쑥 힘차게 뻗어가며 자라고 있다. 수령이 3~4백 년은 족히 될 듯하다. 앞서간 누군가의 발자국이 두 갈래로 나 있어 무심결에 오른쪽으로 진행했더니 내 발이 30cm 이상 쌓인 눈 속에 쑥 빠지는 게 아닌가. 스틱을 꽂아

보니 깊이가 1m 이상이나 된다. 구왕봉 정상으로 가는 길에는 눈이 거의 30~40cm 정도 이상 쌓여 있다. 그러나 구왕봉까지 가는 이 길은 이후 벌어질 일들을 겪고 돌이켜 보니 아주 쉬운 비단길이었다. 11시 8분경, 드디어 879m 구왕봉에 올라선다. 구왕봉에서 희양산 진행 방향으로 눈을 돌리니 거대한 화강암 덩어리로 이루진 산이 듬성듬성 보인다. 마치 거대한 UFO가 소나무

구왕봉

구왕봉에서 본 희양산 전경

로 위장하여 앉아 있는 듯한 신기한 모습이다.

구왕봉을 내려가면서 주위를 둘러보면 신선들이나 살 법한 조망이 눈앞에 계속 전개된다. 둘레둘레 절경을 구경하면서 지름티재로 내려간다. 경사가 가팔라지기 시작한다. 약간의 고소공포증이 있는 나는 조심조심 한 걸음 한 걸음씩 발걸음을 옮긴다. 갑자기 직벽에 가까운 경사가 나타나고 허접한 로프가 모습을 드러낸다. 이제부터는 또다시 밧줄에 몸을 의지해 내려가야만 하는 구간이다.

밧줄에 의존할 때 스틱은 방해가 되는 줄 알면서도 한 손에 스틱을 들고 줄을 타고 내려갔다. 이번 밧줄만 타고 내려서면 스틱만으로 내려갈 수 있으리라는 기대 때문이었다. 그러나 그 기대는 허망한 것이었다. 밧줄을 타고 내려서면 또 하나의 밧줄이 나타난다. 내려갈수록 경사는 가팔라지고 밧줄은 길어진다. 점입가경은 이를 두고 하는 말이리라. 스틱을 들고 3~4개의 밧줄을 통과한 후에 스틱을 짧게 조정해 배낭에 걸고 만다. 100여 m 이상이나 되는 직벽 암릉을 10여 개의 로프를 타고 내려오고 나서야 평범한 수행로가 나타난다. 가파르긴 해도 스틱을 집고 내려갈 수 있는 길이다. '휴우!' 하고 안도의 한숨을 쉰다.

구왕봉에서 지름티재로 내려가는 수행로는 거의 직벽에 가까운 암릉인데다 곳곳에 눈이 쌓여 있거나 얼음이 꽁꽁 얼어 있었으니 수행 자체가 생존을 위한 악전고투의 연속이었다. 악전고투 끝에 드디어 지름티재에 도착했다. 이제 여기서부터 또다시 직벽을 타고 올라가야 희양산 정상으로 갈 수 있다. 심호흡하며 잠시 휴식을 취한다.

은티 마을에서 구왕봉을 거쳐 지름티재까지는 사람의 그림자도 보이지 않았다. 수행로 눈 위에 남겨진 발자국만 하나둘 흩어져 있었을 뿐이었다. 지름티재를 거쳐 천천히 이동하고 있으니 젊은 건각 한 사람이 나를 앞질러 간다. 나에 비하면 거의 축지법을 쓰는 수준이다. 가파른 수행로에 스틱도 사용하지 않았다. 참으로 부러운 장면이었다.

지름티재에서 정상으로 오르는 길은 처음에는 비교적 평범했다. 마당바

지름티재에서 오르는 곳은 절벽이 가팔라 곳곳에 로프가 설치
돼 있다.

위로 보이는 큰 바위도 나타난다. 주변 경치를 살필 여유도 있었다. 앞으로 얼마나 더 큰 난관이 다가올지도 모른 채 유유히 걸어 나간다. 첫 번째 만난 밧줄 코스도 비교적 평범했다. 그러나 이것은 맛보기로 처음 보여주는 밧줄에 불과하니 그러려니 한다. 두 번째 만난 밧줄 코스도 평이하다. 이 정도면 구왕봉에서 내려오는 밧줄 코스보다는 어렵지 않겠거니 하고 막연하게 기대하며 올라간다. 그러나 이 기대는 그리 오래가지 않았다. 세 번째 밧줄 코스부터 갑자기 가팔라지고 '억억' 하는 소리가 새 나오기 시작한다. 힘들지만 여기서 포기할 수 없지 않은가. 점점 어려워지는 난관을 헤치며 수행로를 계속 진행하는데 등산객 세 명 - 중년 남성 두 명과 여성 한 명이 내려오면서 나에게 "희양산 정상까지 계속 올라가실 겁니까? 우리는 직벽 암릉이 너무 가파르고 얼어있기까지 해, 도저히 올라갈 수가 없어 희양산 정상까지 올라가는 것을 포기했습니다. 젊은 사람 한 사람은 계속 올라가고 있더라고요."라고 말하며 지름티재로 내려가 버리는 것이었다. 나는 그 말에 어찌해야 할까 잠시 생각하다 또다시 결론을 내렸다. 갈림길에서 내린 결론과 같았다. '나는 이 순간이 제일 젊지 않나. 그러니

어떠한 난관이 있어도 나의 수행은 계속된다.'는 것이었다.

　수행로를 고집스럽게 오르니 드디어 깎아지른 듯한 직벽의 암릉이 눈앞을 가로막는다. 최대의 난코스에 봉착했다. 암릉에는 밧줄이 얼기설기 흘러 내려져 있다. 밧줄을 잡고 힘껏 당기며 발을 옮긴다. 내 몸무게와 배낭의 무게를 합하여 족히 75kg은 넘는다. 암릉 곳곳에 녹지 않은 눈과 얼음이 남아 있다. 발을 내디디면 때로는 주르륵 미끄러지기도 한다. 그러니 초장부터 상당히 힘이 부친다. 그래도 간 크게 틈틈이 사진을 찍기도 하고, 심지어는 동영상을 촬영하기도 하고, 벅차면 가만히 멈춰서 숨 고르기도 한다. 때로는 힘에 부쳐 겁이 나기도 했지만 이제 와서 어찌하랴. 생명을 밧줄에 붙들어 맨 채로 짜릿한 휴식을 취한다. 식은땀이 난다. 심호흡을 몇 차례 하고 나니 그래도 마음은 편안해진다. 모든 것을 포기하고 비우고 나니 편안해지는 걸까. 위험한 휴식을 취한 후, 떨리던 팔과 다리 근육이 안정되자 다시 젖 먹던 힘까지 다 동원해 한 걸음 한 걸음 올라갔다.

　드디어 직벽의 평탄한 꼭대기에 도달했다. '휴!' 달랑거리던 생명이 온전하게 붙어있음을 확인하곤 안도의 한숨을 쉰다. 천신만고 끝에 올라온 직벽의 암릉을 사진에 담았다. 100m 이상의 직벽 암릉을, 게다가 눈과 얼음까지 남아 있는 암릉을 타고 올랐다. 산악 전문가들에게는 한마디로 웃기는 일이겠지만 나로서는 한번도 경험해보지 못한 엄청난 일을 해낸 것이다.

　이제부터 희양산 정상까지 300여 m만이 남았다는 이정표를 만난

목측 100m 정도의 직벽 암릉을 타고 오르다.

이정표가 이렇다. 희양산 정상으로 가는 표시는 누군가 매직으로 써놓았을 뿐이다.

다. 수행로 주변에는 아직 눈이 50cm 이상 쌓여 있다. 그런데 이게 어찌 된 영문인지 양탄자같이 느껴지는 게 아닌가. 싸각거리는 눈을 밟으며 여유롭게 주변의 절경을 즐기면서 희양산 정상으로 향한다. 고진감래다. 희양산 정상으로 가는 수행로에서 본 구왕봉도 거대한 화강암 덩어리로 이루어져 있다. 드디어 오후 2시경 희양산 정상에 도달하다. 어떻게 정상에 올라왔는가. 밧줄에 생명을 꼭꼭 붙들어 매고 꽁꽁 언 암릉을 오르고 또 올라 천신만고 끝에 다다른 희양산 정상이다. 지난 1월 1일 아쉽게도 시루봉만을 수행하고 돌아간 지 20일 만이다.

목숨을 건 암벽수행으로 긴장이 백배로 연속된 데다 정상에서 전개되는 아름다운 풍광을 감상하느라 배가 고픈 것조차 잊고 있었나 보다. 정상에 오르지 않고는 결코 볼 수 없는 아름다움을 감상하다 보니 마음이 편안해지고 긴장이 풀리는가 싶더니 갑자기 허기가 엄습해 온다. 헐, 시장기로 손발이 떨리기까지 한다. 정상석 맞은 편 조그만 바위 위에 아침을 차린다. 문경에서 사 온 김밥과 어제저녁 마시고 남은 막걸리 반병으로 상을 차려놓고 희양산 산신께 치성致誠을 드리며 온 가족의 건강과 행복을 빌고 먹기 시작한다. 절경을 보여주는 희양산 정상에서 희양산 산신령과 함께 먹는 김밥과 막걸리의 맛은 '이보다 더 맛있는 음식이 있을까'였다.

희양산 정상에서 나 혼자 마음껏 수행하고 난 후 산성 쪽으로 하산한다. 곧 산성이 나온다. 이 산성은 신라와 후백제가 국경을 다투던 접전지다. 929년(경순왕 3년)에 쌓은 성터로 원형이 비교적 잘 보존돼 있었다.

은티 마을로 하산하다 보면 마치 인공적으로 쌓아 올린 듯한 성벽이 길게 연결된 곳이 나온다. 자세히 보면 암석들이 수평과 수직으로 풍화돼 쪼개져 있는데 참 신기하다. 소나무 분포가 점점 많아진다. 은티 마을에 가까워지고 있다는 반증이다. 어느덧 오를 때 묵언수행 경로를 정하기 위해 잠깐 망설였던 갈림길이 나오고 은티 마을로 들어섰다. 수행로를 뒤로 돌아보면서 오늘 하루, 나를 품어주었던 희양산의 전모를 마음에 담아 놓는다. 은티 마을 입구에 세워져 있는 안내판 설명을 보면 은티 마을은 풍수지리학상 생명을 잉태하는 자궁혈 형상을 하고 있는 명당 중의 명당이라고 설명하고 있는데 과연 그런 것 같다. 희양산 정상에서 은티 마을을 바라보면 희양산 주봉을 중심으로 시루봉과 구왕봉 등이 은티 마을을 병풍처럼 감싸고 있어 너무나도 편안하게 보였다. 풍수지리학에 문외한인 내가 봐도 정말 명당인 것처럼 보였다.

묵언수행을 출발한 주차장으로 돌아왔다. 묵언수행을 떠난 지 꼭 8시간

희양산 정상으로 가는 수행로 주변의 아름다운 설경들. 추위를 잊게 한다.

20분이 지났다. 오늘은 밧줄 하나에 생명을 달랑 매달아 놓는 위험하고 힘든 수행 과정을 거쳤지만, 내가 가장 젊었던 하루를 가장 젊게 살았다는 참으로 값지고도 의미 있는 날이었다.

[묵언수행 경로]

은티 마을 주차장(08:10) > 은티산장(08:22) > 마지막 농경지(08:36) > 백두대산 희양산 비석·갈림길(08:46) > 삼거리 갈림길(09:44) > 구왕봉(11:08) > 지름티재(12:15) > 암릉(13:04-13:38) > 정상-식사(13:58-14:35) > 갈림길(14:55) > 성터·삼거리 갈림길(15:06) > 은티 마을 주차장(16:30)

<수행 거리: 10.8km, 소요 시간: 8시간 20분>

북한산北漢山　　**특별**회차 묵언수행　2018. 2. 3. 토요일

수도 서울의 진산 북한산이 나에게 무한감동을 선사하다

백운대에서 그림자사진을 찍다.

지난 월요일인 2018년 1월 29일, 참한 후배 2명 - 배 후배, 곽 후배와 함께 잠실 <새마을시장>에 있는 허름한 맛집인 <동북양꼬치>에서 양 갈비 5인분과 가지볶음 요리 한 접시, 옥수수 국수 한 그릇을 마파람에 게 눈 감추듯 맛있게 먹어치우던 중, 곽 모 후배가 갑자기 "행님 우리 다음 주 토율(2018. 2. 3) 북한산 한번 가까요?"라고 투박하지만 진지하게 제안하는 게 아닌가. 나는 아직 백대명산 묵언수행을 다 하지 못한 터라 다소 켕기기는 했지만, 후배들의 제안이니 거절하지는 못하고 "배 후배가 오케이 하면 나도 오케이이다."라고 대답했다. 그랬더니 배 후배도 좋다고 해 결국 2018년 2월 3일 토요일에 북한산 수행이 성사됐다. 결과적으로 내가 그만 낚인 셈이 되었다. 영하 20℃ 이하로 내려가지만 않으면 무조건 북한산우이역에서 9시 30분에 만나기로 정하고 헤어졌다.

약속한 날인 토요일, 나는 북한산우이역에 9시 15분에 도착하고 배 후배는 9시 20분, 막내인 곽 후배는 9시 27분에 도착했다. 영하 7℃를 오르내리는 추운 날씨에 먼 거리에서 출발했음에도 약속 시간 전에 모두 도착했으니 우리는 모두 참한 친구들이 틀림없는 것 같다.

북한산우이역 근처 편의점에서 컵라면 두 개, 물 두 병, 막걸리 한 병을

사고, 김밥집에서 김밥 두 줄을 사서 각자의 배낭에 적당히 갈라 넣는다. 추위를 녹이려고 따뜻한 어묵을 각 두 개씩을 국물과 함께 먹으니 몸이 서서히 녹아내리는 것이 느껴진다. 그리고는 본격적인 수행에 들어갈 준비를 한다.

후배 두 명은 논리적이고 치밀한 성격의 소유자라 경로를 정하는데 갑론을박甲論乙駁하면서 신중에 신중을 기한다. 우리 일행은 수행 경로를 치밀하게 정했다.

본격 수행에 들어가기 전, 반드시 수행하는 산에 대한 개괄적인 지식이 필요하다. 아는 만큼 보고, 즐기고, 느낄 수 있기 때문이다.

북한산은 너무나 잘 알려져 있듯이 서울특별시 북부와 경기도 고양시의 경계에 있으며 백두산, 지리산, 금강산, 묘향산과 함께 대한민국 오악五嶽에 포함되는 명산이다. 고려 시대에는 북한산을 삼각산三角山이라고 불렀다. 이는 고려의 수도인 개경에서 볼 때, 북한산 세 봉우리가 세 개의 큰 뿔처럼 보인다 해서 붙인 이름이라고 한다. 북한산 세 봉우리는 백운대白雲臺 (836.5m), 인수봉人壽峰(810.5m), 만경대萬鏡臺(787.0m)를 말한다. 고려 시대 이후 삼각산이라고 부르다가 일제강점기부터 북한산이라 불리기 시작했다. 북한산은 서울 근교의 산 중에서 가장 높고 산세가 웅장하여 예로부터 서울의 진산으로 통했다. 북한산의 또 다른 이름은 삼봉산三峰山, 화산華山, 부아악負兒岳 등이 있다.

이제부터 우리가 정한 수행 경로를 따라 본격적으로 묵언수행에 들어간다. 김밥집에서 나와 도선사 방향으로 올라가면서 하늘을 보니 제법 푸르다. 멀리 삼각산이 바로 눈앞에 있는 듯 가까이 보인다. 맨 오른쪽이 인수봉, 중앙이 백운대, 그리고 왼쪽이 만경대萬景臺(국망봉國望峯이라고도 함)이다.

오늘은 날씨가 제법 차가웠지만(최저기온 영하 7℃, 최고기온 영하 3℃) 비교적 청명한 날이라 선명하고 아름다운 전망이 가슴을 확 뚫어준다. 오늘 수행은 '행복 충만'이 되리라는 것을 미리 예고라도 하고 있는 것 같았다.

수도 서울의 진산인 국립공원 북한산의 수행로는 잘 정비돼 있었다. 물론 수행로가 도선사까지 가는 진입로와 겹치기 때문에 더 잘 정비돼 있는지도 모르겠다. 어쨌든 진입로를 따라 올라가다 보니 붙임바위가 나온다. 이 붙임바위에 돌을 붙이고 기원을 하면 소원이 이루어진다고 한다. 그래서 돌 세 개를 주워서 하나는 곽 후배, 하나는 배 후배, 그리고 하나는 나를 위해 붙여보았다. 그리곤 마음속으로 뭔가를 소원해본다.

수행길을 걸으며 주위를 돌아본다. 왼편에 보이는 산이 만경대다. 그곳은 군데군데 잔설이 남아 있긴 했지만 이미 눈이 대부분 녹아버렸다. 그런데도 멀리서 보면 마치 백설이 덮여 있는 것처럼 하얗게 보인다. 청송의 늘 푸른색, 맑은 하늘의 짙푸른 코발트색, 늦가을의 대표 색인 낙엽의 갈색 그리고 북한산 암봉의 하얀색이 너무나 조화롭다. 그러나 아직은 늦가을과 겨울의 대표 색깔이 지배적이라 약간 허전하기도 하다. 그런데 그 허전함은 허전함이 아니다. 자연이 다시 자신을 채우기 위해 비운 허전함이다. 그렇게 비우고 채우기를 반복하는 것이 자연의 순환법칙循環法則이 아닌가.

일행이 도선사를 가보기를 원한다. 나도 당연히 찬성한다. 나는 천천히 수행하는 걸 좋아한다. 가급적 많이 걷기를 원한다. 걷기 자체가 하나의 수행이기 때문이다. 도선사의 천왕문이 나온다. 천왕문에는 사대천왕四大天王이 모셔져 있고, 천왕문 바로 옆에는 해설판이 있어 사대천왕에 대한 설명이 적혀 있다. 사대천왕은 각각 독특한 지물持物을 가지고 있는데, 동방지국천왕東方持國天王은 비파를, 서방광목천왕西方廣目天王은 용과 여의주를, 남방증장천왕南方增長天王은 보검을, 그리고 북방다문천왕北方多聞天王은 창과 보탑을 가지고 있다고 설명하고 있다. 이 설명은 사대천왕의 지물에 대한 보편적인 설명이다. 그런데 천왕문 내에 모셔져 있는 천왕상을 자세히 살펴보면 해설판에 나오는 설명과는 달리 엉뚱한 사천왕의 명호가 붙어 있다. 도선사 측의 단순한 실수인지 아니면 또 다른 깊은 의도가 있는지 알다가도 모를 일이다. 내 생각에는 사찰 측에서 실수한 것 같다.

천왕문을 거쳐 대웅전 쪽으로 올라가니 역사가 오래돼서 그런지, 대도시 근처에 있는 대찰이라서 그런지 모든 것이 혼란스러울 정도로 복잡하고 시끄럽다. 고요함 속에 조용히 흘러나오는 독경 소리의 크나큰 울림, 하늘을 살포시 나르는 듯한 대웅전 처마와 지붕의 아름다움, 그리고 기둥과 대들보에 배어있는 세월의 흔적과 향기 등을 느끼려고 올라갔건만. 수행은 커녕 도리어 정신이 혼미해지는 것 같다. 일행들은 서둘러 절을 내려와 백운대로의 수행길을 재촉한다.

백운 탐방지원센터로 다시 돌아와 북한산과 관련된 여러 해설판을 찬찬히 읽어본 후, 수행로에서 풍기는 설화나 역사의 향기를 되새기며 백운대로 향한다.

백운대까지 1.4km 남았다는 이정표가 나온다. 그 수행로를 따라 계속 올라가니 우뚝 솟은 인수봉이 나타난다. 인수봉은 산 전체의 형상이 마치 어린아이를 업은 듯 보여 부아산負兒山 혹은 부아악負兒岳으로 불린다고 한다. 인수봉에는 백제의 건국과 관련된 설화가 있는데, 서기전 18년경 고구려의 주몽이 첫째 부인 예禮씨 아들 유리琉璃를 태자로 삼자 고구려 건국에 지대한 공헌을 했던 소서노召西奴는 두 아들 비류沸流와 온조溫祚를 데리고 남쪽으로 떠나고 한산漢山에 이르러 부아악負兒岳에 올라가 살만한 곳을 찾는다. 이때 하남위례성河南慰禮城(오늘날 몽촌토성 일대로 추정함)을 찾아 그곳에 십제十濟(후일 백제百濟)를 건국했다는 이야기이다. 한산은 오늘날의 서울, 부아악은 북한산 혹은 인수봉을 가리키는 것으로 추정하고 있다.(백제의 건국에 대해서는 또 다른 많은 설화가 전해지기도 한다.)

백운대로 올라가는 수행로 주변은 아직도 잔설이 꽤나 많이 쌓여 있었다. 수행자는 뽀드득 뽀드득 눈을 즈려밟으며 수행로를 오른다. 길가에 쌓인 흰 눈 위에 낙서도 하면서 천천히, 천천히 오른다. 아름다운 풍경의 연속이다. 지루할 틈이 없다. 수행로 주위를 두리번거리며 끊임없이 펼쳐지는 장엄한 파노라마 속으로 푹 빠져든다.

백운대피소가 눈앞에 나타난다. 백운대피소에서 백운대까지는 약 500m 정도밖에 남지 않았단다. 대피소에는 야외에 탁자가 여러 개 비치돼 있었는데, 바람이 없으니 추위가 느껴지지 않았다. 여러 산객이 간식을 먹는지

점심을 먹는지 옹기종기 모여 각자 싸온 음식을 모두 맛있게 먹고 있었다.

우리 일행도 백운대 정상을 올라갔다 내려오면서 바람이 없는 적당한 장소를 찾아 식사하려고 했지만 다른 산객들이 맛있게 먹는 모습을 보니 갑자기 식욕이 감돌아 걷기 수행을 중단하고 먹기 수행에 돌입한다. '북한산 묵언수행도 식후경' 아니겠는가.

각자가 준비해온 간식 같은 점심을 배낭에서 뱃속으로 집어넣는다. 명산 중의 명산인 북한산에서 상쾌한 공기를 안주 삼아 막걸리 한잔을 하고 나니 기분은 하늘을 날아오르듯 좋아진다. 일단 배낭을 비우고 나니 배낭은 가벼워지는데, 배는 가득 찼으니 몸이 무거워진다. 대피소에서 백운대로 향하는 오르막을 오르니 숨이 좀 빨라지는 것처럼 느껴진다. 그래도 먹은 양이 그렇게 많지는 않았으니 호흡은 금방 안정된다.

백운대까지 300m밖에 안 되는 지점인 위문(백운봉 암문)에 도달한다. 후배들은 백운대까지 올라갈 거냐며 나에게 정말 하지 않아도 될 불필요한 질문을 한다. 북한산의 정상인 백운대에 오르는 것은 나에게 북한산 묵언수행의 가장 중요한, 너무나도 당연한 과정이라는 것을 그들이 모르기 때문이리라. 나는 그냥 씩 웃으며, 뭘 그런 것까지 친절하게 질문하느냐고 반문한다.

위문에서 배 후배는 백운대 오르기를 생략한다고 선언하여 그곳에 남았고, 나는 곽 후배와 백운대로 향한다. 위문에서 백운대까지는 300여 m 정도밖에 되지 않는 거리였지만, 제법 가파른 암릉을 힘들게 올라야 한다. 곽 후배는 가파른 암릉도 날다람쥐 나무 뛰어오르듯 쉽게 올라간다. 올라가면서 그 후배는 "와! 올라오길 잘했다. 조망이 정말 끝내주네요. 행님!"한다. 그는 나와 함께

위문에서 북한산 백운대를 바라보며

고진감래苦盡甘來를 느끼는 순간이었던 것 같다.

　나는 대꾸도 하지 않았다. 첫째 나는 묵언수행 중이고, 둘째 대꾸할 힘이 없었으며, 셋째 너무 당연한 말을 그가 하고 있었기 때문이다. 후배는 황홀한 절경에 놀라 멍하니 하늘을 바라보고 있었다. 마치 무학 대사가 백운대에 올라 도읍지가 될 한성을 바라보며 풍수지리를 읽고 있는 그때 그대로의 모습 같았다. 무학 대사가 한성을 도읍지로 정하고 경복궁의 터를 점지했다는 만경대가 만 가지 풍광을 나타내며 눈 앞에 펼쳐지고 있었다.

　드디어 북한산 정상 백운대에 섰다.

북한산 정상 바로 밑에서 자태를 뽐내며 자라는 소나무 두 그루

백운대에 태극기가 휘날리고 있다.

　오늘의 백운대 정상은 2014년 4월 20일 올랐던 백운대가 아니었다. 겨울, 그것도 한겨울 백운대가 중춘仲春에 오른 백운대와 같을 수는 없지 않은가. 북한산 동경冬景의 아름다운 파노라마가 내 눈앞에 펼쳐진다. 그것은 고진감래苦盡甘來를 준다. 벅찬 감동이 밀려든다. 한 인간이 대자연이 펼치는 신비스런 경관을 어찌 인간의 말로 표현할 수 있으리오. 더이상 할 말이 없다. 백운대에서 한참을 '멍' 때리며 앉아 있고 싶었지만 다른 사람을 위해 자리를 비켜야 한다. 그것은 한마디로 아쉬움이다. 백운대 정상에서 바람에 펄럭이는 태극기와 이별하고 천천히 말없이 내려온다. 절경들이 나의 마음과 발걸음을 붙잡기 때문이다.

　백운대를 올라가지 않고 위문에서 기다리고 있던 배 후배를 다시 만나고, 산성 주능선을 따라 하산 수행에 들어간다. 배 후배는 날다람쥐처럼 사뿐사뿐

나르듯 내려간다. 하산하는 요령이 있다고 한다. 그는 진정 산악 전문가다워 보였다.

산성 주능선으로 하산하면서 눈앞에 펼쳐지는 광경도 아름답다 못해 황홀하다. 노적봉을 지나고 가는 수행로 근처의 바위에 쌓인 눈 위에 형통이란 소원을 남기고 떠난다. 용암문이 나오고 성곽을 따라 역사의 숨결을 느끼면서 나아간다.

굽이굽이 돌아가는 성곽을 따라 가다 보니, 저 멀리 성곽이 구불구불 뱀이 기어가듯 길게 모습을 드러내고 있고, 그 옆으로는 마치 공룡 등처럼 생긴 인수봉, 백운대, 만경봉이 나타난다. 성곽이 자연의 바위와 조화를 이루며 축조돼 있는 곳이 여러 곳에서 나타난다.

인수봉

아직도 그늘인 산성주능선 수행로 근처에는 눈이 족히 30cm 이상이나 쌓여 있었다. 동장대가 나타나고 동장대에서 대동문으로 수행을 계속한다. 그러다 보면 어느새 대동문이 나오고 대동문을 지나 보국문, 대성문을 거쳐 대남문으로 향한다. 대남문으로 가다 보면 북한산의 멋진 조망들이 다시 나타난다. 숲속으로 나타났다 사라지는 숨바꼭질이 계속되다가 갑자기 시원스럽게 조망이 확 트이는 곳이 나온다. 그곳에서는 북한산의 주요 봉우리인 노적봉, 백운대, 만경대, 인수봉, 용암봉 등과 도봉산의 주요 봉우리인 오봉, 자운봉, 만장봉, 선인봉 등이 전부 조망되는 곳이다.

하필 휴대폰 배터리가 아웃 돼버렸다. 절경에 도취해 배터리 아웃 경고음도 듣지 못한 것이다. 예비 배터리로 겨우 20% 정도를 충전해 달랑 사진 2장을 촬영하는데 15분 이상을 지체하고 말았다. 오후 4시경이라 바람이 불고 기온이 내려간다. 사진을 촬영하려고 방한 장갑을 벗었는데, 손이 시퍼렇게 변할 정도다. 그러나 이 추위는 당연히 감내해야만 했다.

산성 주능선에서 촬영한 북한산 전경, 멀리 도봉산까지 보인다.

북한산과 도봉산이 전부 조망되는 지점을 지나, 대남문 방향으로 좀 더 이동하다 보면 이제는 서울 도시의 조망이 기막힌 지점이 나온다. 일찍이 무학 대사가 북한산 만경대에 올라 한양을 조선의 수도로 점지한 이유를 조금이나마 알 것 같기도 하다. 대남문에 도달하고, 대남문에서 다시 구기분소로 수행을 이어간다.

구기분소에 도달하니 화장실 벽면에 기자능선에서 보는 북한산 전경이라는 사진이 걸려 있다. 정말 기막힌 조망이다. 이 기막힌 조망을 반드시 감상해보기로 마음먹는다. 언젠가 기자능선으로 다시 한번 더 묵언수행을 해야겠다고 다짐하면서 구기삼거리로 내려왔다.

묵언수행의 마무리는 맛집에서 하는 것이 그럴듯하지 않은가. 오늘은 배 후배가 소개한 토종 생고기 전문점 <삼각산>에 들러 맛있는 음식과 몇 잔의 술로 묵언수행을 총결산한다.

오늘 우리가 선택한 메뉴는 토종 돼지와 갈치 김치, 기타 등등이다. 노릿노릿 구운 토종 돼지고기 한 점에다 속 잘 삭은 갈치 김치의 갈치 한 조각, 김치 한 조각, 마늘 한 조각, 파콩나물 무침 한 젓가락을 얹어서 상추에

싸 먹으니 맛 삼매경三昧境에 풍덩 빠져버린다. 황홀한 맛에 북한산 선경이 다시 살아나고, 게다가 막걸리 한잔을 걸치니 신선이 부럽지 않다.

북한산은 우리나라 5악의 하나로 불리는 산이다. 산 그 자체로도 아름답고 장엄하지만, 산봉우리, 산등성이, 산골짜기 곳곳에 고대에서부터 근세에 이르는 우리나라의 설화와 역사까지 품고 있다. 인구 일천만 명을 거느린 거대 도시에서 1시간 내외의 가까운 거리에 언제라도 건강과 아름다움을 선사하고 휴식을 제공하는 산은 아마도 북한산 이외에는 이 세상 어디에도 없을 듯하다.

오늘 북한산에서의 묵언수행으로 다른 백대명산 수행을 못 떠난다는 아쉬움은 있었지만, 수행을 마친 후에는 참으로 잘 다녀왔구나, 자꾸 수행하고 싶구나 하는 생각까지 든다.

오늘 북한산 수행을 같이 떠난 후배들아! 고맙다. 북한산에 대해 다시 한번 일깨워주어. 언젠가 또 기회가 생기면 같이 아름다운 추억의 수행을 떠나자꾸나.

[묵언수행 경로]

북한산 우이역 > 북한산 우이분소(09:34) > 붙임바위(10:24) > 백운 탐방지원센터 > 도선사(10:35-10:51) > 백운 탐방지원센터 > 하루재 > 백운 대피소(12:23) > 위문: 백운봉 암문(13:09) > 백운대(13:38) > 위문(14:00) > 노적봉(14:21) > *용암문(14:36) > 동장대(15:08) > 대동문(15:21) > 보국문 > 대성문 > *대남문(16:33) > 구기계곡 > 구기 탐방지원센타(17:57) > 구기 삼거리(18:20) *용암문~대남문 구간은 산성 주 능선
<수행 거리: 13.82km, 소요 시간: 8시간 46분>

1,600년 고찰 직지사를 품은 황악산에서 직지인심直指人心 견성성불見性成佛을 가슴 깊이 새기다

황악산 정상에서

황악산은 우리 같은 속인들이 좋아하는 1자로만 이루어진 1,111m 높이의 산이다. 높이의 숫자만 봐도 흐뭇한 산이지 않은가. 황악산은 예로부터 학이 많이 찾아와 황학산黃鶴山으로 불렸다고 하며 지도상에도 그렇게 표기된 경우가 많다. 반면 <직지사直指寺 현판> 및 ≪택리지擇里志≫에는 황악산으로 되어 있어 보통은 황악산으로 부른다. 서남쪽에 연봉을 이룬 삼도봉三道峰(1,176m), 민주지산岷周之山(1,242m)과 함께 소백산맥의 허리 부분에 솟아 있다.

봉우리로는 주봉主峰인 비로봉과 백운봉(770m), 신선봉(944m), 운수봉(740m)이 치솟아 있다. 산세는 평평하고 완만한 편이어서 암봉岩峰이나 절벽 등이 없는 토산(육산)으로 산 전체가 수목으로 울창한 산이다. 특히 직지사 서쪽 200m 지점에 있는 천룡대에서부터 펼쳐지는 능여能如계곡은 황악산의 대표적인 계곡으로 봄철에는 진달래, 벚꽃, 산목련이 볼 만하고 가을철 단풍과 겨울의 설화雪花가 아름답다. 그밖에 내원內院계곡과 운수雲水계곡의 경관도 뛰어난 산으로 알려져 있다.

오늘은 산신령 이 모 친구와 함께 1박 2일 일정으로 김천 황악산과 구미 금오산 묵언수행을 나섰다. 먼저 1,600년 고찰 직지사를 품은 황악산을 묵언수행하기 위해 잠실에서 6시 50분에 출발해 직지사 주차장에 도착한 시각은 약 9시 50여 분경이다. 먼저 직지사 주차장에서 출발해 직지사 주차장으로 다시 돌아오는 약 13km 구간을 묵언수행 경로로 정한다.

직지사를 거쳐 황악산 정상 비로봉을 향해 올라간다. 동국제일가람이라는 황악산문을 지나 1,600년 고찰로 가는 길 주위에는 겨울철이지만 수목들의 형세가 범상치 않아 보인다. 여름에는 녹음, 가을철이면 단풍의 오색五色 찬연燦然함으로 사람들의 마음을 들뜨게 할 것 같다.

일주문을 들어서서 자하문, 대양문, 금강문을 지나니 천왕문이 나오고 천왕문에는 사천왕이 근엄하게 불문을 지키고 있다. 천왕들이 들고 있는 지물은 통상 볼 수 있는 지물과는 다르다. 북한산 도선사 사천왕 지물과 같았다. 만세루를 지나니 대웅전이 나오는데, 안내판에는 1735년 영조대왕이 중창하였다고 기록하고 있다.

대웅전은 다포식이고 정면 5칸, 측면 3칸, 팔작지붕으로 건축됐고, 날개처럼 하늘을 치솟아 오르는 듯한 겹처마를 얹었다. 웅장한 건물이 가볍게 하늘을 비상하는 듯 보인다. 참으로 아름다운 건물이다. 이 대웅전의 내부에는 유명한 불화가 있다고 알려져 있다. 바로 <삼존불도>(삼존불탱화, 보물 제670호)다. 대웅전 내부와 삼존불도는 하산 후 자세히 친견親見해보기로 하고 아름다운 가람을 지나 황악산 정상으로 수행길을 떠난다.

운수암으로 오르는 수행로 근처에는 수백 톤은 족히 될 법한 목재들이 쌓여 있었고, 몇몇 일꾼들이 목재를 쌓는 작업을 하고 있었다. 아마도 직지사에서 월동용으로 사용할 화목인 것 같다. 일꾼들에게 어디에 사용하느냐고 물어보니 절에서 사용할 화목이 맞다고 한다.

직지사 대웅전

직지사의 겨울 땔감 준비가 한창이다.

내가 농담으로 "무허가 벌채한 것 아니냐?"라고 물으니 그들도 역시 농으로 "그럼 고발하세요."라고 받아친다. 전국 각지에서 거금 4,500만 원을 들여 사들인 화목이라고 한다. 이렇게 적재된 화목이 1년 사용 분량인지 아니면 수년간 사용하는 분량인지 짐작은 가지 않지만, 아무튼 직지사의 규모가 엄청나다는 사실이 엿보이는 장면이었다.

직지사를 지나 백련암, 운수암 입구를 지나 백두대간 등산로 2번 지점으로 향한다. 2번 지점이란 운수봉과 황악산 정상 사이에 있는 지점으로 여기서부터는 백두대간 등산로에 접어든다는 것을 의미한다.

백두대간 등산로를 따라 정상으로 진행하다 보니 등산로에는 눈이 쌓여 온통 하얗다. 수행로 주변을 뽀얀 실크 카펫을 깔아 놓은 듯하다. 온통 하얀 설경을 구경하며 가는 것도 호사지만 그 위를 걷는 느낌 또한 참으로 좋다. 지난 1월 20일

황악산 계곡이 눈으로 덮여 가르마를 탄 듯 가지런히 달리고 있다.

봉화 청량산 수행 때 보았던 잔설殘雪의 양量과는 비교도 되지 않는다. 지난 1월 21일 충북 괴산의 희양산 수행로 주변에 쌓여 있었던 눈의 높이와 엇비슷하다.

해발고도가 높아지니 쌓인 눈의 양과 높이가 점점 많아지고 높아진다. 황악산 정상 500m 전방 지점부터는 눈 쌓인 모습이 사막의 모래언덕 - 사구沙丘와 같아 보인다. 황악산 정상의 세찬 바람에 눈이 날려 만들어진 듯 보이는 사람 키와 엇비슷한 높이의 눈 언덕, 이름하여 설구雪丘가 여기저기 보인다. 설구는 바람의 무늬와 모양을 고스란히 품고 신기한 모습으로 펼쳐져 있다. 희양산 수행로 주변에서는 이런 특이한 모습을 볼 수 없었는데, 황악산은 희양산보다 바람이 잦고 센 모양이다.

정상 500m 전방에 있는 바위 언덕에 올라 주변의 경치를 한동안 감상하고 황악산 정상으로 발걸음을 옮겼다. 날씨가 추운데도 불구하고 황악산 정상은 제법 많은 산객들로 붐비고 있었다. 나도 정상으로 올라 인증 샷을 찍고, 정상 주변의 아름다운 설경을 이리저리 둘러본다. 정상을 둘러보니 인체의 초정밀 시계인 배가 꼬르륵거리며 음식을 달라는 알람 소리를 울리고 있었다. 시계를 보니 어느덧 오후 12시 반이 지나

나무에는 상고대가 붙어 있고 등산객이 황악설경을 촬영하고 있다.

고 있다. 황악산 정상 일대는 전부 하얀 눈 바닥 설원이다. 설원에서 점심을 해결할 자리를 찾아야 한다. 그렇다. 설구라면 차디찬 북풍을 막아줄 만하다. 정상을 오르면서 보아 둔 설구를 찾아 수행 경로의 역방향으로 내려갔다. 과연 그곳에는 설원 속에서 간단하게 점심을 먹을 수 있는 명당이 있다. 이미 다른 산객들이 먼저 자리를 잡아 맛있게

식사를 하고 있었다. 우리도 그 근처의 하얀 설원 위에 자리를 펴고 하얀 풍경 속에서 소박한 식사를 한다. 산해진미 부럽지 않게 맛있게 먹는다. 하얀 설원 위에서 이렇게 호사스럽게 식사를 하다니 정말로 축복받은 인생이 아닌가. 우리가 자리를 펴

바람을 피하여 눈 언덕 밑에 자리를 깔아 식탁을 차리고 있다.

고 식사준비를 하고 있노라니 억센 경상도 사투리를 하는 아저씨, 아줌마들도 우리 주변에 자리를 잡는다. 설구 앞의 설원은 마치 파티장같이 시끌벅적하게 변하고 있었다. 보기 드문 이색적인 광경이 아닐 수 없다.

간단하게 준비한 음식을 깨끗하게 먹어치운 다음 우리는 다시 정상으로 올라가 수행 경로를 따라 나아간다. 바람재 방향으로 진행하니 형제봉이 나온다. 바람이 제법 세차게 분다. 체감온도가 낮아지는 것은 당연지사다. 형제봉 수행로 주변에 쌓인 설구의 모습이 현란하다. 물결의 형상을 닮아 파도가 해변으로 몰려올 때의 모습을 그린다. 바람에 따라 이루어진 자연 스스로 만든 형상이 아름답다. 그렇다. 물결 형상을 이룬 설구는 바람의 형상을 표상한다. 물결의 형상은 곧 바람의 형상과 닮았을 것이다. 아름답게 형성된 눈 언덕을 지나 나무숲 사이로 보이는 황악산 정상과 형제봉을 조망하면서 신선봉 쪽으로 수행을 계속한다.

바람재로 가는 수행로 주변에 눈이 쌓여 눈 언덕(설구)이 형성돼 있다.

망봉을 지나 직지사를 보니 가히 명당에 자리 잡고 있다는 것을 삼척동자라도 알 만하다.

온갖 풍상風霜의 고초苦楚를 겪으면서 끈질기게 자라는 괴목도 나오고 소나무 숲길도 나온다. 소나무 숲 사이로 호젓하게 자리 잡은 암자들도 눈에 들어온다. 이어 서로 의지하며 살아가는 연리목이 나타난다. 소나무와 서어나무로 보이는 나무들이 얽혀 있다. 마치 작년 11월 11일 조계산에서 보았던 그 아름다운 모습이다.

어느덧 직지사 입구까지 왔다. 수행을 시작할 때 직시사의 외관을 수박 겉핥기로 둘러봤지만, 이제는 비로전과 대웅전의 내부의 보물들을 자세히 살펴보며 수행하려고 한다.

홍악루가 나오고 뒷면에 비로전이 보인다. 비로전은 천불전이라고도 하는데 법신인 비로자나불과 약사불, 노사나불을 모시고 있다. 각기 형상이 다른 천불상을 모시고 있어 불자들 사이에는 제법 유명한 곳으로 통한다. 대웅전 내부에는 중앙에 석가모니불, 좌측에 아미타불 그리고 우측에 약사불이 모셔져 있다. 각 불상 뒷면에는 유명한 보물 제670호인 삼존불(탱)화인 <석가모니 영산회상도>, <아미타후불도>, <약사여래후불도>가 장엄하게 그려져 있다.

직지사는 고구려의 아도阿道가 지었다는 설이 있으나 현재 사적비寺蹟碑가 허물어져 확실한 것은 알 수 없다. 다만 418년(눌지왕 2년)에 묵호자墨胡子(묵호자가 아도 화상이라는 설도 있다.)가 경북 구미시에 있는 도리사桃李寺와 함께 창건했다고 전해진다. 그 후 645년(선덕여왕 14년)에 자장慈藏이, 930년(경순왕 4년)에는 천묵天黙이 중수하고, 936년(고려 태조 19년)에 능여能如가 고려 태조의 도움을 받아 중건했다고 한다. 직지사는 임진왜란 때 불에 거의 타버려 1610년(광해군 2년)에 복구하기 시작해 60여 년 후에야 작업을 끝맺었다고 한다.

직지사라는 절 이름은 능여가 절터를 잴 때 자를 쓰지 않고 직접 자기 손으로 측량한 데서 붙여졌다고 한다. 조선 시대에 학조學祖가 주지로 있었고, 사명 대사 유정惟政이 여기서 승려가 됐다.

경내에는 <석조약사여래좌상>(보물 319호), 대웅전 앞 3층 석탑(보물 606호), 비로전 앞 3층 석탑(보물 607호), 대웅전 삼존불 탱화 3폭(보물 670)호, 청풍료(淸風寮) 앞 3층 석탑(보물 1186호) 등의 문화재가 많이 있다.

직지사의 직지와 관련 없어 보일지는 모르나 불교의 선종에는 직지인심直指人心, 견성성불見性成佛이라는 가르침이 전해진다. 깨달음을 설명한 말로 교학에 의지하지 않고 좌선에 의해서 바로 사람의 마음을 직관해 부처의 깨달음에 도달한다는 의미이다.

나는 내 자신의 마음을 제대로 직관하지 못하기 때문에 내 자신 속에 있는 부처를 발견하지 못하고 있는 중생이다. 그러니 아직도 묵언수행을 통해 내 마음을 깨닫기 위해 백대명산을 방황하고 있는지 모르겠다. 1,600년 고찰 직지사에서 직지인심直指人心 견성성불見性成佛이라는 구절을 가슴 깊이 새기며, 황악산 묵언수행을 마무리한다. 나의 황악산 묵언수행에 동행해준 친구야 고맙다. 내일도 구미 금오산에서 함께 묵언수행하면서 걷고 또 걸어보자.

[묵언수행 경로]

직지사 주차장(09:55) > 직지사(10:04-10:22) > 운수암(10:48) > 백두대간 등산로(11:03-12:31) > 정상(12:33-12:35) > 점심(12:42) > 형제봉(13:25) > 신선봉 갈림길(13:38) > 신선봉(14:06) > 망봉(14:51) > 직지사 (15:29-16:10) > 직지사 주차장(16:27)

<수행 거리: 12.68km, 소요 시간: 6시간 22분>

황금빛 까마귀가 날며,
태양의 정기를 받은 명산이라는 금오산

금오산 정상 현월봉

오늘은 어제보다 기온이 더 많이 떨어졌을 뿐만 아니라 바람까지 불어 체감온도는 훨씬 차갑다. 그렇다고 묵언수행을 멈출 수는 없다. 어제 김천 황악산에 이어 오늘은 금오산 묵언수행에 나선다. 숙소에 서비스로 비치해놓은 컵라면과 과자 그리고 어제 먹다 남은 과일과 쑥떡으로 간단하게 아침 식사를 해결하고 난 후 수행에 나선다.

금오산金烏山은 경상북도 구미시 남통동에 있는 산으로 정상은 현월봉懸月峯이고 그 높이는 977m이다. 기암괴석이 어우러져 장관을 이루고 있다. 경사가 급하고 험난한 편이나 산정부山頂部는 비교적 평탄한데, 이곳에 금오산성金烏山城이 있다. 금오산의 원래 이름은 대본산大本山이었고, 중국의 오악 가운데 하나인 숭산崇山에 비해 손색이 없다 하여 남숭산南崇山이라고도 불렀다고 한다. 금오산이라는 명칭은 이곳을 지나던 아도阿道가 저녁노을 속으로 황금빛 까마귀가 나는 모습을 보고 금오산이라 이름 짓고, 태양의 정기를 받은 명산이라고 감탄한 데서 비롯됐다고 한다. 금오산의 능선을 유심히 보면 '왕王'자처럼 생겨 가슴에 손을 얹고 누워 있는 사람 모양을 하고 있다. 조선 초기에 무학無學 대사도 이 산을 보고 왕기가 서려 있다고 했다.

계곡 안에는 고려 말의 충신이요, 성리학자인 길재吉再의 충절과 유덕을 추모하기 위하여 1768년(영조 44)에 세운 채미정採薇亭이 있다. 일명 <금오서원金烏書院>이라고도 한다.

케이블카가 닿는 중턱에는 대혜폭포大惠瀑布(명금폭포라고도 한다.)가 있다. 암벽에 '명금폭鳴金瀑'이라고 새겨진 27m 높이의 작은 폭포이나, 물소리가 금오산을 울린다고 하여 명금폭포라는 별명을 가지고 있다.

그 앞에는 신라시대 도선 국사道詵 國師가 수도했다는 도선굴道詵窟이 있고, 해운사海雲寺와 약사암藥師庵도 있다. 정상의 암벽에는 보물 제490호로 지정된 4m 높이의 <마애보살입상>이 새겨져 있는데, 신라 시대의 것이라 한다. 고려 말기에 쌓았다는 석성인 금오산성은 북쪽으로만 트인 천험의 요새로 그 안에 '성안 마을'이 있다. 이 산은 1970년 6월 1일 우리나라 최초의 도립공원으로 지정됐다.

도선굴 주변의 경관

도선굴 올라가는 수행로

중국의 숭산에 비해 손색이 없다는 금오산 묵언수행을 시작한다. 금오산 들머리로 들어가니 유달리 소나무가 많다. 금오산 케이블카 탑승 시설을 지나니 자연석으로 만든 고깔 모양의 돌탑이 많은데 누가 왜 이렇게 정성스럽게 쌓아 올려놓았는지 모르겠다. 금오산성을 지나면서 기암괴석으로 이루어진 아름다운 산 모습이 실체를 드러내기 시작한다. 울뚝불뚝 솟아 있는 기암괴석들이 눈앞에 전개된다.

도선굴 안내판이 나타난다. 도선굴은 100척 단애에 형성돼 있는 자연동굴인데 올라가는 오른쪽은 오금이 저릴 정도로 가파른 낭떠러지다. 그런데도 길은 반질거리다 못해 미끄럽기까지 하다. 그 만큼 사람들이 많이 다녀간다는 반증이다. 안전장치가 잘 설치돼 있기에 망정이지 그렇지 않다면 오르기가 쉽지 않았을 것이다. 도선굴 오르는 길에서는 주위를 돌아보면 도열한 듯 서 있는 기암괴석이 더욱 신비스럽다.

도선굴 바로 밑에 있는 대혜폭포는 꽁꽁 얼어 있어 거대한 백옥처럼 보인다. 숨을 할딱거리면서 할딱고개를 오른다. 할딱거리며 할딱봉을 지나면 조선 태종때 축성하였다고 전해지는 금오산성을 만난다,

금오산성은 1597년(선조 30년) 정유재란 때 정기룡 장군이 왜적을 맞아 이 산성을 지켰던 곳으로 알려져 있다. 정기룡 장군은 임진왜란과 정유재란의 각종 전투에서 혁혁한 공을 세웠다고 하는데, 정유년 왜군이 다시 전쟁을 일으키자 토왜대장討倭大將으로서 고령에서 왜군을 대파하고 적장을 생포하

는 등 혁혁한 전과를 올린 분으로 역사는 기록하고 있다.

금오산성을 지나 현월봉으로 오른다. 현월봉에는 정상석이 두 개가 있는데, 2014년 9월 이전까지의 정상석이 있고 미군 통신 기지를 다시 돌려받은 이후의 진짜 정상석이 있다. 이 진짜 정상석은 과거 정상석보다 10m 높은 지점에 있다. 현월봉에서 구미시가 한눈에 들어오고 약사봉이 마치 중절모자를 엎어놓은 것처럼 보인다. 멀리 자연석 돌탑이 보이는데 그것은 오형석 탑군이다.

현월봉에서 약사암으로 향한다. 현월봉에서 조금만 내려서면 동국제일문東國第一門이라는 일주문이 나온다. 그 일주문으로 들어가면 오른쪽에는 깎아지른 듯한 단애 두 개가 깊은 계곡을 만들어 놓고 나약한 사람들의 용기를 시험하고 있는 듯하다. 약사전도 마치 단애에 제비집처럼 붙어있는데, 뒤도 절벽이요 앞으로 10걸음만 나가면 낭떠러지다. 정말 아찔하지 않은가. 약사전 바로 앞에는 외딴섬처럼 볼록 솟은 바위 봉우리가 하나 있다. 그 위에 세워져 있는 정자 같은 건물이 약사전의 종루鍾樓다. 외딴 바위 봉우리는 다리로 연결돼 있다. 종루 주변에는 아직도 잔설이 쌓여 있는데, 얼마나 아름다

약사암 일주문(동국제일문)

약사암 종루로 가는 다리

금오산 마애보살입상

운지 넋을 잃고 바라만 본다. 만약 눈이라도 내리는 날이면 천상의 경치도 이보다 못하리라는 생각이 들 정도다. 그 종루로 통하는 다리는 쇳대가 채워져 있어 종루로 올라 가보지 못한다. 내내 서운하다.

약사전을 떠나 천년의 자비로운 미소를 머금은 마애보살입상을 돌아보고 오형돌탑으로 향한다. 오형돌탑은 이 세상을 먼저 떠난 어린 손자를 못 잊은 할아버지가 어린 손자를 생각하며 6년에 걸쳐 쌓아 올렸다는 정성이 가득 깃든 탑이다. 금오산의 '오'자와 손자 이름 중의 한 자 '형'자를 따서 오형돌탑이라고 이름을 붙였다고 한다. 이 탑을 보고 있노라면 신비스런 기운이 느껴진다. 사랑의 힘, 그것도 '내리사랑'의 힘이 아니면 결코 만들 수 없는 것이라 생각하니 왠지 모르게 가슴이 찡해진다. 이런 생각에 잠겨 손이 얼 정도로 매서운 칼바람의 추위에도 불구하고 한참을 요모조모 살펴본다. 배腹 시계가 벌써 식사 시간이 지났음을 알려온다. 시간을 보니 오후 1시가 훌쩍 지나버렸다. 끼니를 때우기 위해 오형돌탑 인근에 있는 구석진 곳으로 바람을 피해 찾아 들어간다. 그러나 그 장소도 바람

오형돌탑

의 영향권에서 벗어나기는 힘들었다. 워낙 사나운 바람이 불어제치니 말이다. 산신령과 나는 간단하게 준비해 간 점심을 칼바람의 추위 속에서 덜덜 떨며 사랑이라는 온기로 덥혀 가며 먹어치운다. 먹고 나니 몸은 삭풍에 더욱 '덜덜덜...' 떨려오고 있었다.

오형돌탑에서 끼니를 해결하고 덜덜 떨라는 몸을 일으켜 하산하기 시작한다. 해운사를 잠깐 둘러보고 난 다음 채미정 採薇亭을 둘러봤다. 채미정은 건물이 독특하고 아름답다. 마루 중간에 정방형으로 사방에 문을 설치해 그 내부를 방으로 만들어뒀고, 사방에 설

채미정, 건물이 독특하다.

치된 큰 문 내에 작은 문을 만들어 놓았는데 마루 중간의 방과 작은 문은 어떻게 활용됐는지 아무리 생각해봐도 알 수가 없었다.

금오산 묵언수행을 오르기 시작할 때 까마귀 소리가 여기저기서 울려 퍼졌는데, 그 까마귀가 황금색 까마귀가 아니었을까? 확실한 것은 금오산 역시 청량산과 마찬가지로 아기자기하고 아름다운 산이다. 그러니 또 하나의 경북 소금강이라 불러도 무방하지 않을까 하는 생각을 하며 수행을 마무리한다.

[묵언수행 경로]

숙소 주차장(08:40) > 금오산 탐방안내소(09:16) > 금오산 케이블카(09:19) > 금오동학(09:29) > 영흥정(09:45) > 도선굴(09:54-10:03) > 대혜폭포(10:09) > 할딱봉(10:22) > 금오산성(11:23) > 금오산 현월봉(11:44-11:54) > 약사암 (11:58-12:10) > 마애보살입상(12:34) > 오형돌탑(13:16-13:22) > 해운사 (14:16) > 채미정(14:47-14:55) > 탐방안내소(15:01) > 숙소 주차장(15:22)
<수행 거리: 9.69km, 소요 시간: 6시간 42분>

순백의 눈밭에서 다이아몬드 같은 상고대를
독차지하면서 수행하다

적상산 향로봉

이제 만물이 움트는 봄의 계절이 시작됐다. 봄이 들어서기 시작한다는 입춘立春(2018. 2. 4.)은 이미 오래전에 지났다. 봄기운이 서리기 시작하고 풀과 나무가 깨어나는 모습을 보인다는 우수雨水(2018. 2. 19.)도 이미 지났다. 이제는 절기상節氣上으로 바야흐로 중춘월仲春月에 접어들고 있는 셈이다. 오늘은 삼일절이다. 기미년己未年 3월 1일, 선열들이 독립만세운동 준비에 여념이 없었을 시각인 새벽 5시 반에 자리를 털고 일어나 고양이 세수를 하고 집을 나섰다. 안성 휴게소를 잠시 들러 안성 국밥 한 그릇을 아침으로 먹고 적성산 들머리인 서창 공원 지킴터에 도착하니 시각은 9시 40분이다. 오늘의 수행 경로는 산신령 친구가 알려준 대로 서창 공원 지킴터 - 향로봉 - 적상산 정상 – 안렴대를 거쳐 치목 마을로 내려와 택시로 서창공원 지킴터로 회귀하기로 정했다.

적상산赤裳山(1,034m)은 붉은색 암석으로 절벽을 이루는 모습이 마치 붉은 치마를 입고 있는 형상과 같다는 데서 산 이름이 유래했다. 상산裳山, 상성산裳

城山, 산성산山城山이라고도 부른다. 적상산은 남쪽의 덕유산 향적봉香積峰 (1,614m)에서 북쪽 방향으로 뻗어 내린 산줄기의 하나로, 두문산斗文山 (1,051m)에서 서북 방향으로 뻗은 산줄기가 적상산이고, 동북쪽으로 뻗은 산줄기가 청량산淸涼山이다. 북쪽을 제외한 삼면이 붉은색 암석 절벽으로 이루어져 있으며, 대표적인 절벽은 안렴대按廉臺이다.

적상산에 도착하니 생각보다 날씨가 맑고 좋다. 바람은 제법 불었으나 가끔 바람이 멈출 때는 따뜻하다. 서창 마을 주차장에 내가 먼저 차를 주차하고 나니 곧이어 일행 3명을 태운 SUV 한 대가 또 주차를 한다. 수행 준비를 마치고 들머리에 세워져 있는 안내판을 꼼꼼히 살피는 사이에 세 사람은 먼저 사라지고 말았다.

임진왜란 당시 의병장인 장지현 장군의 묘소가 나온다. 올라가보니 눈이 제법 많이 쌓여 있고, 향로봉이 3.4km 남았다는 이정표가 세워져 있다. 날씨가 포근한 탓에 임도인지 차도인지 모를 길에는 눈이 녹아서 촉촉하다. 향로봉으로 가는 수행로는 제법 잘 정비돼 있었다. 눈이 조금 쌓여 있었으나 비교적 포근한 날씨인데다 고도가 낮아 눈이 녹아가고 있었다. 그러니 눈 밟는 소리가 거의 들리지 않는다. 사각사각 부드러운 소리만 내 귀에 들릴 뿐이다.

멀리 보이는 산등성이는 거의 하얀색이다. 상고대인가 눈인가. 게다가 하늘에는 흰 구름이 치솟아 오르다 사라지기를 반복한다. 흰 구름 사이로 나타나는 하늘은 쳐다보면 몸이 으스러질 정도로 차갑게 보이는 맑은 코발트색이다. 늘 푸른 청송림 사이를 지나니 솔향이 나의 코를 자극하고, 고도가 높아질수록 쌓여 있는 눈의 양이 많아진다. 향로봉이 2km여 남았으니 고도가 약 500m 이상은 될 것이다. 눈 밟는 소리도 아까와는 확연히 다르다. '싸그락 뽀드득'거리는 소리는 수행자를 경쾌함 속으로 몰아넣는다. 낮은 저지대의 수목에는 눈이 모두 녹았는데 고지대는 눈이 제법 쌓여 있다. 나무 둥치와 줄기에도 눈이 남아 있다. 나보다 먼저 출발한 세 사람의

적상산성 서문지

적상산성 서문지 근처에 핀 눈꽃

모습은 보이지 않고 발자국만 드러난다.

고도를 높일수록 쌓인 눈의 무게에 눌려 나무는 아래로 가지를 축 늘어뜨렸다. 그 나뭇가지 사이로 하늘에서 햇빛이 내리비치고 있다. 하얀색 바탕에 갈색과 청색들이 빛의 조화로 마술을 부린다. 인상파 화가들은 이러한 빛의 마술을 어떤 색상으로 어떻게 표현할까.

주변 순백의 마술에 홀려 오르다 보면 적성산성 서문이 나온다. 고려 말 최영 장군의 건의로 축성했다는 등 여러 가지 설이 많았지만 요즘은 삼국 시대에 축성되었다는 설이 거의 정설로 받아들여지고 있다.

향로봉 삼거리에 다다랐다. 향로봉으로 가는 길과 안국사로 가는 길로 나뉘는 곳이다. 이제 적성산의 형식적 정상인 향로봉(적상산에서 제일 높은 봉우리)까지 남은 거리는 700m다. 향로봉 방향으로 먼저 올라간 사람 발자국이 보인다. 100m 정도 갔을까. 갑자기 발자국이 뚝 끊긴다. 그들은 왜 여기서 돌아갔을까 하는 의문이 생긴다. 진입을 금지하는 건가 아니면

향로봉 가는 수행로에서 파란 하늘을 배경으로 핀 하얀 눈꽃과 상고대

다른 이유가 있었을까. 한참을 이리저리 둘러보니 특별히 진입을 금지하는 표지는 없었다. 그들이 왜 돌아갔을까를 생각하면서 향로봉으로 진행했다. 한 걸음 한 걸음 가다 보니 그들이 왜 돌아갔을까하는 의문에 대해 얼추 비슷한 해답을 찾았다. 쌓인 눈의 높이가 들머리 근처에는 5cm 정도였는데 고도가 높아질수록 10cm로, 20cm로 계속 높아진다. 그들이 돌아간 지점에 진입하니 등산화 목까지 푹 빠지는 게 아닌가. 쌓인 눈 높이가 최소한 30cm 이상은 되어보였다. 아하, 그들은 눈이 너무 많이 쌓인 데다 간혹 보이는 산짐승들 발자국 이외에 사람 발자국은 눈 씻고도 찾을 수 없어 바로 걸음을 돌리지 않았을까하고 생각했다.

그러나 나는 눈 속에 발이 푹푹 빠지면서도 계속 진행했다. 나무는 상고대 꽃을 만개시켜 나를 맞이해준다. 수행로는 온통 하얀 눈밭이다. 나 혼자만의 발자국을 남기며 향로봉으로 수행을 계속한다. 순백과 갈색 그리고 파란색의 조화. 이를 보며 감탄하지 않을 사람이 있을까. 숲속에서 설경과 하늘에 솟는 흰 구름을 바라보고 있노라면 마치 스위스 알프스의 깊은 산중에 있는 느낌이다. 순백과 파랑으로 이루어진 선경 속에 나홀로 푹 빠지니 몸이 가뿐하다. 향로봉에 오르기 직전, 순백의 눈이 소복한 수행로에 '순백적 상純白赤裳'이라는 글자를 쓰며 내 흔적을 남기기도 한다. 한 자 한 자 글자를 쓰니 내 마음도 순백이 되는 듯하다.

드디어 정상 아닌 정상 향로봉(1,024m)에 도착했다. 숨 막히는 아름다운 경관이 계속된다. 향로봉을 내려와 형식적인 적상산 정상을 향한다. 햇살에 비치는 상고대가 빛을 바로 반사한다. 향로봉 삼거리에서 정상으로 가는 수행로에도 사람의 발자국은 보이지 않는다. 나 혼자만 족적足跡을 남기며 뚜벅뚜벅 걷는다.

적상산의 실질적 정상은 절경으로 알려진 안렴대按廉臺로 가는 길목에 있었다. 정상임을 알리는 정상석도 없다. 아무리 찾아도 없어 전화로 산신령에게 물어보니 산신령이 알기로도 없는 것으로 안다고 대답은 하는데 뒤끝이 그리 개운치는 않다.

향로봉에서 안렴대 가는 수행로 주변의 아름다운 설경. 하늘이 코발트색이다.

정상 바로 아래에서 설화가 가득 핀 설송, 푸른 하늘과 다이아몬드 상고대를 보면서 간단하게 식사를 하고 하산하기 위해 아이젠을 착용한다. 저 멀리 덕유산이 보인다.

식사를 마치고 안렴대로 가는 수행로를 찾아보니 잘 보이지 않는다. 포기하고 하산해야겠다는 생각으로 내려갔더니 길이 뚝 끊겨버렸다. 눈앞

정상에서 안렴대 가는 길에 바람을 피해 눈밭에 상을 폈다.

에 경관 안내판인지 뭔지 모를 물체가 우뚝 서 있었다. 눈이 10cm 이상이나 덮여 있고 얼어붙어 있다. 힘겹게 제거하고 보니 안렴대 안내판이었다. 안렴대 위에는 눈이 20cm 이상 쌓여 있었고, 바위는 천도天刀를 맞은 듯 깊이를 알 수 없을 정도로 쩍 쪼개져 있었다. 이 바위 저 바위로 옮겨

눈길을 헤매면서 겨우 찾은 안렴대

다니며 살펴보고 싶었지만, 눈이 많이 쌓여 있고 미끄러워 오금이 저려, 결국 포기하고 말았다.

안렴대는 ≪한국지명총람≫에 의하면, 이 바위 아래에 큰 석굴이 있으며, 고려 말 거란이 침입했을 때 삼도三道 안렴사按廉使가 이곳에 피난했다하여 지명이 유래됐다고 한다. 안렴대는 적상산 남서쪽에 위치하는 수직 절벽 위의 평탄한 암석 지대로, 절벽으로 형성된 무주 적상산성의 단면을 보여주는 장소다. 병자호란 때 실록을 옮겨 숨겨 두었던 석굴이 있고, 고려 말 최영崔瑩 장군이 칼로 내리쳐서 갈라졌다는 전설이 전해지는 장도바위가 있다고 한다.

안국사에 이른다. 안국사 일주문 기둥이 매우 특이하다. 기둥을 다듬지 않았고 울퉁불퉁한 원래 나무 그대로다. 안국사를 수행하고 난 후, 적성산 사고지 유구 쪽으로 향하는데 길에는 눈이 20cm 이상 쌓여 있다. 발목까지 푹푹 잠겨 걷기가 여간 어렵지 않았다. 더구나 이정표가 제대로 설치돼 있지 않아 초행길인 나는 그 길을 두 바퀴나 돌았다. 그래도 나 혼자만의 발자국을 남기고 다니니 즐겁다. 적상산 사고 유구지를 잠시 들러 역사의 향기를 느낀다. 적상산 사고는 잘 아시다시피 ≪조선왕조신록≫을 보관하

적상산 안국사 일주문

던 사고 중의 하나다.

안국사 주차장을 지나고 송대폭포를 거쳐 치목 마을로 향한다. 안국사 주차장은 그야말로 개미 새끼 한 마리도 없이 텅 비어 있고, 눈만 잔뜩 쌓여 있었다. 송대폭포는 계곡의 울창한 송림 사이에서 층층 바위에 부서지며 흘러내린다고 하여 송대폭포라고 부른다는데 지금은 아섭게도 소나무는 사라지고 편백나무가 그 자리를 메우고 있었다. 송대폭포를 거쳐 치목 마을로 가다 왼편을 돌아보니 또 하나의 절경이 나온다. 숲 사이로 깎아지른 듯한 단애 사이와 위쪽으로 청송들이 꼿꼿이 아름답게 자라고 있다.

오늘은 서창공원 주차장에서 세 사람을 만난 후 산속에서는 사람이라고는 만나보지 못했다. 향로봉 삼거리까지는 눈 위에 사람의 발자국을 보았지만, 그 이후로는 적상산 눈밭에 사람 발자국이라고는 내 발자국이 유일했다. 적성산의 순백의 눈밭과 다이아몬드 상고대의 선경을 나 혼자 독차지하며 수행했다. 그러니 오늘의 묵언수행도 완벽했다고 말할 수밖에.

[묵언수행 경로]
서창 공원 지킴터(09:41) > 장도바위 > 적성산성 서문(11:17) > 향로봉 삼거리(11:40) > 향로봉 (12:06) > 향로봉 삼거리 > 적성산성비(12:39) > 적상산 정상 - 점심(12:51-13:03) > 안렴대 (13:41) > 적상산 정상 > 안국사(13:57-14:18) > 적성산사고지유구赤裳山史庫址遺構(14:42-14:49) > 송대폭포(15:21) > 치목 마을(16:23) > 서창공원 지킴터(치목 마을에서 택시로 이동)
<수행 거리: 약 9km, 소요 시간: 6시간 42분>

진안고원 최고봉 운장산 백설의 아름다움에 취하다

운장산 운장대

　운장산은 그 높이가 1,126m로 진안고원에서 제일 높은 산이다. 산 이름은 산중山中 오성대에서 은거하던 송익필宋翼弼(1534~1599)의 호인 운장雲長에서 유래했다고 전해진다. 조선 중종, 선조 때의 성리학자요, 당대 8대 문장가인 운장 송익필은 송강 정철의 특급 참모이자 서인들의 모주謀主로 알려져 있다. 조선 중기 모든 사화士禍에 그의 입김이 작용한 것으로 알려져 있어 긍정적인 평가와 아울러 부정적인 평가도 동시에 받고 있는 유명한 인물이다.

수행로에는 산짐승들 발자국뿐이다.

한편 운장산은 19세기 중엽까지는 주줄산으로 불렀다고 한다. 완주군과 진안군의 접경이며 금강錦江과 만경강萬頃江의 분수령을 이룬다. 남한의 대표적 고원 지대인 진안고원 서북방에 자리하고 있으며, 상봉(운장대 1,126m), 동봉(삼장봉 1,133m), 서봉(칠성대 1,120m)의 3개 봉우리가 거의 비슷한 높이로 솟아 있는데, 동봉보다 조금 낮은 운장대를 운장산의 주봉으로 친다.

오늘은 정말 오랜만에 코발트색 푸른 하늘이 나타나니 날씨가 정말 좋을 것 같다. 상쾌한 마음으로 내처사 마을 주차장에서 묵안수행을 출발한다. 오늘도 내처사 마을 주차장에서 운장산을 오르는 사람은 나 말고는 한 사람도 없다.

운장산은 진안고원의 최정상의 산이기에 들머리인 내처사동만 해도 벌써 해발 500m의 고지다. 들머리 수행로 주변에는 눈이 10cm 이상 쌓여 있었지만 고도를 높일수록 쌓인 눈의 높이는 20cm, 30cm로 높아지다가 정상 주변에는 눈이 40cm 이상 쌓여 있었다. 진안고원은 눈이 참 많이 내리는가 보다.

수행로를 따라 올라가니 '따다다닥!' 딱따구리가 나무를 쫄는 소리가 들린다. 꼿꼿함의 상징인 조릿대(산죽)는 눈의 무게에 눌려 허리를 굽히고 있다. 수행로 주변에는 천지 사방에 눈이 깔려 눈을 즐겁게 한다. 눈꽃은 따뜻한 날씨에 '뚝두둑, 뚝.'하는 소리를 내며 지거나, 봄바람에 사뿐사뿐 흩날리며 지고 있었다. 여기저기 눈꽃이 보이고 정상 부근은 상고대로 하얀빛을 반사한다. 나뭇가지 사이로 흰 구름이 뭉게뭉게 피어오른다. 얼핏 보면 알프스의 설산처럼 보인다. 나무에 핀 상고대가 파란 하늘을 배경으로 반짝거리고 있다. 고도가 높아질수록 쌓인 눈의 무게에 짓눌린 조릿대가 무게를 견디느라 힘겹게 버티고 있는 듯 보인다. 그러나 쌓인 백설, 그것이 녹아내려 감로수가 되고, 그 감로가 조릿대를 더욱 건강하게 자라도록 자양분을 공급할 것이다. 수행로 바닥에는 눈 위에 새우 꼬리를 닮은 반짝이

는 얼음 결정체가 무수히 떨어져 쌓여 있었다. 이것이 바로 상고대가 녹아서 떨어진 흔적이다.

드디어 동봉, 즉 삼장봉이다. 운장산 삼장봉을 알리는 돌 비석이 아담하게 서 있었다. 돌 비석은 겨우 한두 명이 발 디딜 수 있는 바위 위에 세워져 있었다. 삼장봉은 높이가 1,133m으로 사실상 운장산에서 제일 높다. 그런데 산의 주봉 자리를 운장대에 내줬다. 운장산 북사면도 한창 봄이 무르익어 가는데 아직 상고대가 장관을 이루고 있다.

운장산 삼장봉

삼장봉에서 운장대 가는 수행로에서

이제 운장대로 향한다. 삼장봉에서 내리막을 내려와 다시 오르막을 올라가는데 계단이 설치돼 있었다. 계단 위에 쌓인 눈을 뽀드득 뽀드득 밟으며 기분 좋게 올라간다. 계단을 오르다 고개를 들어 위를 쳐다보니 지난 2016년 12월 10일 가야산을 묵언수행 할 때 본 그 하늘이 그대로 옮겨져 온 듯 착각이 들 정도로 맑은 바로 그 코발트색 하늘이다. 그런데 응달에 있는 나무들은 아직도 다이아몬드 상고대로 치장해 있었고, 양지 바른 곳에 있는 나무의 상고대 꽃들은 햇볕에 녹아 우두두둑 소리 내며 낙화하고 있었다. 아직도 눈이 잔뜩 덮인 바위 위에 있는 소나무 한 그루는 눈의 무게를 견디지 못해 허리를 구부리고 서 있었다. 모든 장면들이 너무나 아름답다.

이런 아름다움을 감상하면서 계단을 올라가니 운장대가 나온다. 운장대에는 돌 비석이 무려 3개나 세워져 있었다. 무슨 이유인지 수행자가 알 바 아니다. 그러나 미관을 해치는 듯해 좀 거슬린다. 운장대는 삼장봉과는 많이 다르다. 먼저 운장대 정상은 펑퍼짐하게 넓다. 삼장봉은 좁았지만 여기는 많은 사람들이 올라서더라도 포용包容할 수 있을 것 같아 여유롭게 느껴졌다. 수행자는 이러한 점 때문에 삼장봉이 운장대에 주봉 자리를 빼앗기지나 않았을까하는 생각이 들었다.

운장대에서 진안고원의 아름다운 설경을 구경하면서 점심을 먹고 서봉인 칠성대로 향한다. 수행자는 칠성대에 올라 이루 말할 수 없는 아름다운 코발트색 하늘, 백설과 하모니를 이루고 있는 기암괴석과 청송들, 나뭇가지에 핀 눈꽃과 상고대들, 그리고 눈이 쌓인 골짜기로 가지런히 가르마를 탄 진안고원의 아름다운 산세들, 운장이 끊임없이 연출하는 대서사시를 감상하면서 그냥 가슴이 먹먹해질 따름이다.

칠성대 전경

　칠성대에서 하산하는 수행로 주변은 눈이 족히 40~50m는 쌓여 있는
듯했고 등산화가 푹푹 빠진다. 독자동 계곡으로 들어서니 주변에 보이는
것이라곤 갈색 나무들과 조릿대, 바위와 흰 눈밖에 없는데 물이 '졸졸'거리며
음악을 연주한다. 내 귀는 자연의 소리로 가득 찼다. 아무리 둘러보아도

칠성대에서 바라본 운장산 주변 설경

맛집 <무주섬마을>에서

흐르는 물이 보이지도 않는다.
바위 밑으로 흐르는 소리인가
하고 생각하며 내려가는데 물
흐르는 소리 점점 더 크게 들린
다. 조금 더 내려가니 계곡이
나타나는 게 아닌가. 제법 많은 물이 흘러내리고 있었다. 따뜻한 봄기운에
백설이 녹아내려 대지를 촉촉이 적시는 감로수다. 그 졸졸 흘러내리는
감로수에 땀이 말라 염전이 된 얼굴을 세수하니 상쾌하기를 말로 표현을
할 수 있겠는가?

묵언수행 후 서울로 돌아가는 길에 진안고원 고로쇠 축제장에 들러 서비
스로 주는 고로쇠 막걸리 한 사발도 맛보고 맛이 괜찮은 것 같아 고로쇠
막걸리를 산다. 물론 진안고원 상표의 고로쇠로 산 것은 당연하다. 출출한
배를 채우기 위해 2016년 10월 26일 무주 덕유산 묵언수행을 마친 후
방문한 적이 있는 어죽 맛집 <무주섬마을>에 또다시 들렀다.

오늘은 진안고원 운장산의 설경에 취하고, <무주섬마을>의 어죽과 도리
뱅뱅 맛에 취하고, '천마이야기'라는 무주의 청정 막걸리 한 사발 걸쳤으니,
극락이 결코 멀리 있지 않았다.

[묵언수행 경로]

내처사 마을 주차장(09:22) > 동봉: 삼장봉(11:22) > 운장산: 운장대
- 점심(11:48-11:54) > 서봉: 칠성대(12:34) > 할목재 > 독자동 계곡
> 내처사 마을 주차장(14:15)
<수행 거리: 7.35km, 소요 시간: 4시간 53분>

눈꽃과 상고대의 마지막 아름다움을 지켜보다

덕항산 정상

    토요일, 일요일 이틀간 강원도 삼척 인근에 있는 백대명산 중 덕항산과 두타산 2좌를 묵언수행하기로 마음먹었다. 토요일 새벽 4시에 잠자리를 털고 일어나 덕항산으로 출발한 시각은 5시경. 강릉 대관령 휴게소에 들러 아침 식사를 간단히 마치고 덕항산 수행로 들머리인 환선굴 매표소 입구에 도착한 시각은 약 8시 20분이었다.

    집에서 출발할 때는 암흑천지였으나 여명黎明이 트자 차창 밖으로 보이는

들에도 산에도 눈의 흔적이 거의 사라져버렸다. 이제 3월도 중순을 지났고, 어제도 오늘도 포근한 날씨라 눈이 녹았으리라 생각했다. 그러나 곧 그런 내 생각이 오판誤判이었음이 곧 밝혀진다. 강원도로 들어서니 여전히 백설의 천지였다. 평창을 지나고 동해, 삼척 방면의 들과 산 위는 하얀색이 지배적이다. 아직도 눈꽃과 상고대가 그대로 펄펄 살아 아름다운 백설의 냉기를 내뿜고 있었다. 이번에도 지난번 대야산, 적상산, 운장산에서처럼 아름다운 눈꽃과 상고대 속에 푹 파묻혀 눈 호강을 하면서 묵언수행할 수 있을 것이라는 예감이 든다.

덕항산은 강원도 태백시 하사미동과 삼척시 신기면에 걸쳐 있는 산으로 높이는 1,071m다. 태백산맥의 줄기인 해안산맥에 속하는 산으로 북쪽에는 두타산頭陀山(1,355m), 서쪽에는 삼봉산三峰山(1,232m), 남쪽에는 매봉산梅峰山(1,303m), 동쪽에는 깃대봉(802m) 등이 솟아 있다. 경사가 급한 동쪽 사면으로는 오십천五十川의 지류가 흐르고, 상대적으로 경사가 완만한 서쪽 사면으로는 골지천骨只川의 지류가 흐른다. 덕항산 북서쪽의 고위평탄면에는 석회암의 용식지형溶蝕地形인 돌리네가 무리를 이루어 발달하고 있다. 이는 우리나라에서 유일하게 해발고도 1,000m에 가까운 고산 지대에 발달한 카르스트 지형으로 보고되고 있다.

덕항산은 덕메기산으로도 불린다. 북쪽 사면에는 천연기념물 제178호인 삼척 대이리 동굴 지대가 있어 연중 관광객들의 발길이 끊이지 않는다. 삼척 대이리 동굴 지대는 우리나라 최대의 동굴 지대로 환선굴幻仙窟, 관음굴觀音窟 등 웅장하고 아름다운 석회동굴들이 집중 분포해 있다.

환선굴 매표소 주차장에 도착해 입구에서 주차하고 묵언수행 준비를 마친 다음 차에서 내리니, 바로 인접해 있는 계곡에서 물 흐르는 소리가 엄청 힘차다. 마치 여름 소나기 온 후에 내리는 개울물 소리처럼 우렁차다. 자연이 연주하는 상쾌한 오케스트라다. 그야말로 세파世波에 시달리는 수행자의 근심과 걱정 그리고 스트레스를 일거—擧에 말끔히 씻어 내리는 듯하다. 올해는 눈이 많이 와서 녹아내리는 물도 많아져 소리가 클 것으로만 생각했다. 그 생각도 오판이라는 것을 지금으로부터 6시간 반 후에 깨닫게 된다. 뭔 말이냐 하면 환선굴 안을 둘러보고 난 후에 내 생각이 틀렸다는 것을 알았다는 말이다. 환선굴 안에서 어마어마한 양의 용출수가 흘러내리는데다 눈이 녹아서 내리는 물 일부가 더해져 콸콸 흘러내리고 있었던 것이었다.

삼척 대이리 굴피집

대이리 굴피집을 둘러본다. 주인장의 말에 따르면 집은 500년이 넘었고, 지붕은 굴참나무 껍질을 압착하여 약 3년마다 한 번씩 다시 지붕을 굴피로 입힌다고 한다. 나는 하산 후 이 집에서 운영하는 식당에 다시 들르겠다는 약속을 하고 대이리 너와집도 몇 컷 찍고 수행을 떠난다.

아직도 수행로에는 눈이 제법 쌓여 있다. 양지바른 곳은 눈이 녹아 흔적만 남겨놓고 사라졌다. 그 흔적은 바로 땅 위에는 봄기운을 돋우고 있었고, 땅 밑에서는 새싹이 꿈틀거리는 것이다. 수행로 주변의 송림은 향기를 풍기고 그 사이로는 스위스의 '호른'처럼 생긴 경관이 보인다. 수행로는 산등선을 따라 오르는 길인데 가파르기 짝이 없다. 그런데 양쪽 계곡에서 흐르는 물소리는 계속 들린다. 멀리서 노루 울음소리도 들리고, 솔향이 곳곳에서 풍긴다. 가파른 수행로임에도 별로 힘들지 않다. 고도를 더하니 수행로에 쌓인 눈은 점점 많아지고 나무에는 눈꽃이 가득 피어 아름다움을 뽐내고 있다. 딱 트인 곳에서 드러내는 전망은 말로 표현할 수 없을 정도다. 산객이라면 이런 장면을 본다면 누구나 수행자의 말에 공감하리라.

바위들 위에 만든 가파른 계단을 오르니 동산고뎅이임을 알리는 표지판이 나온다. 동산고넹이를 지나니 눈은 쌓여 등산화 발자국이 선명하게 드러난다. 저벅저벅 소리를 내며 장암목에 도달한다. 여기서부터는 926개 계단을 통과해야 된다. 지루하고 힘들 것이다. 그러나 926계단 수를 의식하지 않고 오르면 힘들지 않다. 무념무상이다. 계단 위를 걷다보니 얼음 결정체들이 수북이 쌓여있다. 이 모두는 오늘 아침까지만 해도 나무에 굳건하게 붙어 화려하게 피어 있던 상고대다. 녹고 얼고를 반복해 엄청나게 큰 얼음덩어리를 만들었다. 사진을 찍고 있는 이 순간에도 상고대는 녹아 우박처럼 '투둑 툭툭' 하는 소리를 내며 떨어진다. 내 머리에도 주먹 만 한 상고대가 '툭!' 하고 떨어진다. 아프다기보다는 상고대에 맞아보는 것 자체가 영광이다. 상고대를 맞으면서도 퍼뜩 상고대가 우박처럼 떨어지는 장면은 누구나 쉽게 볼 수 없다는 생각이 든다. 계단을 오르면서 전개되는 초봄 덕항산의 풍경은 이처럼 아름답다. 푸른 하늘에 쭉쭉 뻗은 나뭇가지가 상고대를 달고 하늘을 보석처럼 반짝이며 수놓고 있었다. 비록 내일이면 모두 사라질 운명이겠지만. 실제로 일요일에 백대명산으로 착각해 수행한 덕항산보다 더 높은 두타산에는 눈꽃과 상고대 모두 말끔히 사라지고 없었다. 따뜻한 날씨 탓에 내일이면 운명을 다할 마지막 상고대를 감상하고, 우두둑 떨어지는 상고대를 맞으며 뽀드득 뽀드득 걷다 보니 어느새 덕항산 정상이다.

상고대가 핀 나무들 사이로 동해 바다가 펼치는 고요한 경관이 눈에 들어온다. 이미 봄을 맞은 야산과 들 그리고 동해 바

장암목에서 덕항산으로 가는 계단 위로 상고대가 우두둑 녹아 떨어지고 있다.

다가 상고대와 어울려 그려내는 풍경
화다. 동해 바다를 보며 숨 한 번 몰아쉬
고, 초봄에 움트는 생명의 기운을 느껴
본다. 상고대의 아름다운 결정체들 사
이사이로 푸른 하늘이 보이고, 해가 비
친다. 이 얼마나 환상적인 풍경인지는
보지 않는 사람은 아무리 설명해도 모
를 것이다.

상고대가 아직도 은빛을 발하고 있다.

환선봉으로 가는 수행로 주변에는 수백 년 된 큰 노송이 떡 버티고
서 있다. 환선봉은 다른 이름으로 지각산이라도 부른단다. 계곡에서 물
흐르는 소리는 환선봉에서도 뚜렷하게 들린다. 환선봉까지 수행하는 능선
길에서 오른쪽으로 돌면 오른쪽에서 물 흐르는 소리가 크게 들리고 왼쪽으
로 돌면 왼쪽에서 흐르는 물소리가 크게 들린다. 마치 스테레오 입체 음향
소리와 같이 환상적이다.

환선봉 조금 아래 경관이 잘 내려 보이는 곳에 점심 자리를 펴고 경관을
마음껏 감상하며 먹는다. 고구마 두 조각, 떡 두 조각, 곶감 세 개가 전부다.
다시 환선봉으로 돌아가는 길, 발을 헛디디니 30cm 이상의 깊이로 눈
속에 발목까지 푹 잠긴다. 자암재를 거쳐 하산한다. 정상에서 자암재까지가
백두대간 길의 중추 구간이란다. 자암재에서 하산 수행하니 제2전망대가
나오고 이어 제1전망대가 나온다. 전망대 주위는 기암괴석으로 둘러싸여

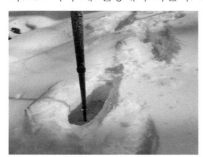
웅달 수행로에는 아직도 눈이 무릎 높이까지 쌓여 있다.

경관이 아주 훌륭하다. 촛대봉이 보인
다. 그런데 촛대를 닮은 봉우리가 너무
많아 어느 것을 촛대봉이라 이르는지
모르겠다. 천연 동굴 통로로 올라가는
계단이 나오는데 정말 가파르다. 천연
동굴 전망대에서도 아름다운 경관을
둘러보지 않을 수 없다.

이제 환선굴로 향한다. 올라가는 중간에 선녀폭포가 우렁찬 소리를 내며 흘러내리고 있다. 환선굴 입구에 이르렀다. 들어가 볼까말까 망설이다 결국 입장한다. 1시간 관람이 보통이라는데 나는 신비에 도취해 굴속에서 1시간 50여 분을 돌아다녔다.

약속은 반드시 지켜야 한다는 것이 수행자의 신념이다. 묵언수행을 마친 후 올라갈 때 굴피집 식당을 들르겠다는 약속을 했으므로 전통 굴피집 식당에 들른다. 주인장은 나를 모르는 것 같았다. 세상인심이 점점 야박해지고 너무나 식언食言이 많은 세상이니 주인장은 그러려니 흘려들었을 것이다. 그건 중요하지 않다. 그래도 내 신념은 나만이라도 지켜야 하지 않겠는가. 주인장은 나에게 집에서 담은 막걸리가 자기 집을 찾는 손님들에게 대단한 인기라고 강추한다. 나는 더덕구이 정식과 막걸리 잔술을 주문하여 에너지를 보충한다. 집에서 담근 막걸리 맛은 놀랍다. 막걸리 한 잔에 덕항산 도인이 되고, 두 잔에 덕항산 신선이 돼버린다.

[묵언수행 경로]

환선굴 매표소 주차장(08:20) > 대이리 굴피집·너와집(10:37) > 골말 등산로 입구(08:43) > 동산고뎅이(09:41) > 장암목: 926계단(10:18-10:51) > 사거리 쉼터(10:54) > 덕항산 정상: 백두대간 길 시작(11:08-11:15) > 환선봉: 지각산 - 점심(12:16-12:47) > 헬기장(13:12) > 자암재: 백두대간 길 종점(13:33) > 제2전망대(13:49) > 제1전망대(14:00) > 천연동굴 전망대(14:19) > 천연동굴 > 환선굴(14:51-16:41) > 선녀폭포(16:48) > 신선교(16:58) > 굴피집 저녁(17:06-17:52) > 너와집·굴피집 전시관(18:08-18:12) > 매표소 주차장(18:16)

<수행 거리: 10.73km, 소요 시간: 9시간 56분>

금강 청송의 솔향과 온천욕으로 10년을 회춘하다

응봉산 정상

　응봉산은 강원도 삼척시 가곡면 덕풍리와 경상북도 울진군 북면 온정리 사이에 있는 산으로 높이 999m이다. 전설에 의하면 옛날 조씨趙氏가 매 사냥을 하다가 매를 잃어버렸는데 산봉우리에서 매를 찾았다하여 이 산을 응봉鷹峯이라 불렀다고 한다. 쉽게 매봉산이라고도 부른다. 응봉산에는 우리나라 최대 금강송 군락지가 있고 용출 온천인 덕구온천이 있다. 산맥이 남서쪽 통고산通占山으로 흐른다. 동쪽 기슭에는 덕구계곡이 있고 그 너머 남동쪽에는 구수곡계곡이 있어 맑은 물이 항상 흐른다. 특히 덕구계곡과 구수곡계곡 상단에는 울창한 금강송 천연림이 있다. 동남쪽 계곡 절벽에는 천연기념물인 산양이 서식한다고 한다.

　응봉산 들머리 주차장에 내려 보니 산 모습이 며칠 전과는 확연히 다르다. 겨울에는 칙칙한 회갈색이 강했지만 이제는 모든 식물에서 생기가 감돌고 자신의 몸에 새싹을 틔우며 연두색으로 혹은 자주, 노랑, 하얀색으로 꽃을 피우며 색칠을 하기 시작한다. 수행로 주변에 서 있는 소나무들도 겨울에 말라 있던 잎들을 모두 다 떨어내버렸다. 소나무의 마른 낙엽은 경상도 말로 통칭 '깔비'라고 부른다. 옛날 깔비는 불쏘시개 재료로는 제일 중요한 재료였다. 오늘 수행로를 살펴보니 소나무 밑에는 깔비로 가득하고 소나무는 짙푸른 색으로 변하고 있다. 낙엽수에는 연두색 움이 트고 있고 진달래가 피고 생강나무도 노란색 꽃을 피우고 있다. 유난히 혹독했던 지난겨울을 잘 견뎌서인지 꽃들이 더욱더 선명한 빛깔을 띠고 있다.

진달래라고 부르는 참꽃을 따서 먹어본다. 약간 시큼 달콤한 맛이다. 참꽃 기운이 퍼져 내 몸속 피가 맑아지는 느낌이다. 수행로를 따라가니 정말 대단한 소나무들이 도열해 있었다. 대부분이 금강송이다. 어떤 금강송은 높이가 20~30m는 되어 보인다. 쭉쭉빵빵한 각선미를 자랑하며 늘어서서 나를 맞이하며, 살랑거리는 봄바람에 향기로운 솔향을 내뿜는다. 그러면서 "어이, 청송 자네, 나처럼 멋진 소나무를 본 적 있어?"라고 나에게 묻고 있는 듯했다. 사실 나는 금강송을 직접 친견하는 것은 오늘이 처음이다.

응봉산은 하늘 높은 줄 모르고 울창하게 자란 소나무 숲에 가려 조망은 그렇게 좋지 않다고 평하는 '블로거'들이 많았다. 그러나 각선미 늘씬한 금강송을 바라보면 그렇지도 않다. 이것만 바라봐도 시시한 조망을 보는 것보다 나았으면 나았지, 절대 못지않다. 이런 아름답고 향기로운 금강송을 어디서 친견할 수 있겠는가. 하산을 완료할 때까지 금강송을 여러 수천 그루는 만났다. 금강송 속에 거닐다 보면 주변이 온통 신비스런 푸르름과 붉은 자주색으로 물들어 있는 듯 느껴지고 심지어 공기조차 그 신비로운 빛으로 물들어 있는 듯하다. 이런 신비한 곳에서는 조망이 없어도 좋다.

정상으로 오르는 길에 바위틈에서 역'ㄱ'자 모양으로 자라는 기이한 모양의 소나무도 만나고 정상 가까이 올라가니 조망도 좋아진다.

역'ㄱ'자로 자라는 기이한 소나무

응봉산 정상부 부근에서 조망한 풍광

조망이 떨어진다는 보통 산객들의 평가가 무색하기만 하다.

일반 소나무와 금강송의 차이는 확연하다. 일반 소나무는 표피가 거의 동일한 색인 반면 금강송은 2~5m 높이까지는 껍질이 일반 소나무와 같은 색깔이지만 그 이상 높이의 색깔과는 확연히 구분된다. 옅은 붉은색을 띤 고동색이거나 자주색을 띤다. 금강송이 울창한 수행로 주변은 불그스레하면서도 푸르름이 감도는 신비한 색깔을 보여준다. 하산하는 수행로 주변은 금강송의 개체수가 더욱 많아진다. 소나무 '♯'자 모양의 표피가 왜 그렇게 생겼는지는 모르겠지만 신기하게도 아주 길쭉하고 크게 갈라진 '♯'자 표피를 가진 소

금강송 군락, 주변이 불그스레하다.

연리목 소나무

나무가 있는가 하면, 중간 크기의 '♯'자 모양, 아주 작은 크기의 '♯'자 모양의 표피도 있었다.

서로의 몸을 휘감고 기이하게 자라는 소나무 연리지도 만나고, 나무 둥치에 구멍이 뻥 뚫리거나 혹은 혹을 달고 있는 것처럼 괴상하게 생긴 고목나무들도 만난다. 하산 길에 계곡을 가로지르는 교량들을 만났다. 이들 교량은 모두 13개로 구성돼 있는데, 세계에서 유명한 교량들을 모방해 만들었다고 한다.

제13교인 포스교를 지나고 나면 원탕이 나온다. 덕구온천은 지하수를 인위적으로 끌어 올리는 것이 아니고 스스로 용출하는 온천수를 사용한다. 국내에서는 유일무이하다고 한다. 족욕 시설을 만들어 일반인들에게 무료로 개방하고 있는데 나는 여기에서 발과 다리만 족욕탕에 담그고 하늘을 보고 벌러덩 누워버린다. 봄볕이 따사로우니 족욕탕을 주위를 둘러싼 열 전도성이 좋은 매끄러운 돌판은 뜨거울 정도였다. 그 위에 20여 분 벌러덩 누워 족욕을 하니 온 얼굴과 몸에는 땀으로 가득하다. 비 오듯 흘러내리는 땀방울이 눈으로 들어가니 눈이 따가울 수밖에 없다. 족욕을 마치고 난 후, 시원한 계곡물에 발을 담구고 있으니 땀은 몸에서 떠나고 상쾌함만 몸속으로 들어온다. 또 다른 연리지를 만나고 수행로 주변에는 예쁜 꽃들이 피어 있어 눈이 즐겁다.

제12교~제5교를 지나고 나니 용소폭포에 이른다. 이무기가 용으로 변하여 승천했다는 곳으로 매끄럽게 골뱅이처럼 휘휘 돌며 남긴 용트림 흔적이 뚜렷하다. 날씨가 좀만 더 더웠다면 옷을 훌훌 벗고 뛰어들고 싶은 선녀탕도

용소폭포

지나간다. 이 산에서도 일제가 남긴 아픈 흔적을 만났다. 유독 경상북도 산에서 소나무에 생채기를 많이 낸 것 같다. 주왕산에서도 이런 아픈 흔적을 여럿 봤다. 제4교~제1교를 지나니 덕구온천 콘도가 나온다. 덕구온천은 수질이 세계 최고라고 홍보하고 있으니 당연히 온천욕을 경험해보는 게 도리일 것 같아 온천탕으로 풍덩 뛰어든다. 한 시간 반 정도 온천욕을 하고 나니 혈액 순환이 잘 되고, 피부가 10년은 젊어지는 기분이다. 하기야 그건 덕구온천 입욕의 영향인지, 아니면 금강송 솔향의 영향인지, 아니면 상호 시너지 효과인지 그건 정확히 모르겠지만.

[묵언수행 경로]

등산 초소 주차장(08:48) > 모래재(09:28) > 제1헬기장(09:55) > 역'ㄱ'자 소나무(10:23) - 제2헬기장 - 정상(11:31-11:51) > 계곡 능선 지점 - 제13교(13:18) > 원탕(13:38-14:14) > 12교량(14:19) > 효자샘(14:40) > 제11교 > 등산로 분기점(14:47) > 제10, 9, 8, 7, 6, 5교 > 용소폭포 (15:09) > 제4, 3, 2, 1교 > 덕구온천 콘도(약 1.5시간 온천욕, 16:18-17:53) > 주차장(18:20)

<수행 거리: 12.37km, 소요 시간: 9시간 32분>

곳곳에 치명적인 아름다움을 간직한 동해 두타산에서 나의 두타 묵언수행을 철저히 시험받다

평창 두타산 정상석

동해 두타산(백대명산) 정상석

백대명산 두타산은 강원 동해시와 삼척시의 경계에 위치하며 높이는 1,353m의 산이다. 평창에도 같은 이름으로 또 다른 두타산(옛 명칭 박지산) 이 있다. 두타頭陀는 불교 용어로서 속세의 번뇌를 버리고 불도佛道 수행을 닦는다는 뜻이다. 그러나 나는 두타라는 말을 불도를 닦기보다는 묵언수행 을 통해 심신을 수련한다는 그런 의미로 사용하고 있다.

묵언수행을 시작할 때는 무릉계곡 매표소 - 무릉계곡 - 두타산성 - 두타산 - 박달령 - 박달골 - 쌍폭포 - 삼화사 - 매표소로 원점회귀 하는 7시간 정도 소요되는 코스로 잡았다.

7시 46분 매표소를 통과해 무릉계곡으로 들어가니 계곡에 흐르는 청류淸流

무릉반석

에는 도화桃花 대신 진달래꽃, 벚꽃이 흘러내리고 있었다. 비록 도화가 흘러내리는 도원은 아닐지라도 도원보다 더 아름다운 선경이다. 가히 무릉선경이라고 이름 붙여야할 듯하다. 두타산과 청옥산이 품고 있는 무릉계곡은 맑은 계류가 사시사철 흘러내리고, 그 계곡 따라 넓이가 1,500평이 넘고 1,000여 명이 앉을 수 있는 반석이 펼쳐진다. 이른바 무릉반석이라 부른다. 그 주위에 펼쳐져 있는 기이한 모양의 바위들은 입이 벌어질 정도로 신비하고 아름답다. 한마디로 그것만으로도 별유천지비인간別有天地非人間의 선경이다. 보통 사람들도 이 반석 위에서 주위를 돌아보며 한 장면 두 장면 이야기하는 것으로 바로 시가 되고 그것을 그리는 것만으로 훌륭한 산수화가 될 법한데, 하물며 풍류를 아는 시인 묵객들은 어떠랴? 옛 시인 묵객들이 이곳에 들러 흥에 겨워 자신의 흔적을 여기저기 남겨놓았다.

　널따란 반석엔 온갖 시구가 빼곡하다. 무릉반석은 바로 훌륭한 유희장이요, 시·서·화詩·書·畵 예술의 장이다. 그 자체로 조그만 예술 박물관이다.

무릉반석, 무릉선원 중대천석 두타동천을 새겨놓았다.

시가 있고, 암각서가 있다. 이 중에서 조선의 명필 양사언이 초서로 썼다고
하기도 하고 옥호자 정하언의 글씨라고도 하는 암각서 하나가 가장 눈길을
끈다.

'武陵仙源 中臺泉石頭陀洞天(무릉선원 중대천석두타동천).'

'신선이 놀던 무릉도원, 너른 암반 샘솟는 바위, 번뇌조차 사라진 골짝'이
란 뜻이다. 물 흐르듯 매끄럽고 날아갈 듯한 초서체의 멋있는 명필이다.
동해시는 1995년에 무릉반석 위 양사언 글씨를 본떠 만든 석각을 금란정金蘭
亭 옆에 따로 전시해두었다.

금란정이 나온다. 단원 김홍도의 화첩에 실려 있는 <무릉계>라는 그림은
무릉계곡을 배경으로 그렸다고 하는데 속세에 나가면 김홍도의 <무릉계>
를 그린 산수화를 반드시 한번 감상해봐야겠다. 삼화사를 벗어나니 산길은
두타산(1,353m)과 청옥산(1,404m) 사이의 무릉계곡을 따라 계속 이어진다.
두 산이 맞대어 빚어낸 물줄기는 언제 보아도 시원하고 아름답고 행복하다.
시끄러운 세속을 떠나 심신을 단련하고자 하는 두타행頭陀行과 잘 어울리는
산길이다.

어느덧 발길은 학소대에 이른다. 암벽이 병풍처럼 펼쳐져있는 벼랑이다.

무릉계(금강사군첩-김홍도)

바위 벼랑엔 몇 단 폭포인지는 모르겠으나 아담하고 자그만 폭포가 쏴아
하며 흘러내리고 있다. 송림이 그 주변을 감싸듯 우거져 있으니 그야말로
한 폭의 평화로운 동양화다. 학소대를 조금
지나면 관음폭포를 표시한 이정표가 나온
다. 이정표에는 본 수행로를 50m만 벗어나
면 올라갈 수 있다고 표시해 놓았다. 올라가
보는 것은 당연하지 않겠나. 올라가 보니
이정표에서 100m 이상 되어 보인다. 관음폭
포 쪽으로 발걸음을 옮기며 40m쯤 나아갔
을까. 이상한 종이쪽지가 땅바닥에 떨어져
있다. 북에서 넘어온 유인물 삐라다. 이런
곳에 삐라라니. 우리 민족의 가슴 아픈 현실

관음폭포

을 무릉계곡에서 보니 기분이 좀 그렇다. 관음폭포는
꽤나 높아 보이는 곳에서 명주실타래 풀리듯 가냘프
게 부드럽게 흘러내린다. 관음폭포를 지나면서도 장
관이 연속되고 두타산성과 쌍폭포 갈림길이 나타나
고, 얼레지 군락지도 보이고, 진달래꽃이 아직도 화려
하게 피고 있었다.

얼레지

쌍폭포

곧이어 박달령과 쌍폭포 갈림길을 만나고, 쌍폭포 쪽으로 조금 더 올라가면 위풍당당威風堂堂한 장군바위와 병풍이 둘러쳐져 있는 듯한 병풍바위를 만나고 곧바로 선녀탕이 나온다. 선녀탕이 나왔으니 선녀와 나무꾼에 얽힌 전설이 빠질 수 없다. 강원도 동해판 선녀와 나무꾼에 대한 이야기는 일반적으로 우리가 알고 있는 전설과는 사뭇 다르다. 내용인즉 이렇다.

옛날 하늘에 사는 선녀가 새벽 볼일을 보러 내려 왔는데, 어디에선가 "하늘에는 별이 열댓 말은 된다네." 하는 노래가 들렸다 끊어졌다 했다. 볼일을 다보기 전에 인기척이 나 놀라서 날개옷을 추스르며 주위를 살피니 고얀 나무꾼이 묘한 표정을 지으며 못 본 척 짊어온 짐을 내려놓는데, 아니 글쎄, 별무더기를 쏟아 놓는다. 참으로 신기해서 어디서 따왔는지 물었더니 "선녀님 옷섶에서 떨어진 것을 하나하나 모아두었다가 오늘 그것을 풀어 보여드리는 것입니다." 라고 한다. 선녀는 나무꾼의 이 말에 그만 "에라, 모르겠다."라고 하면서 나무꾼의 속내가 어찌나 곱디고운지 그만 날개옷을 벗어주고 말았다.

용추폭포

　참 재미있지만 한편으로는 좀 황당하다. 요즘도 이 선녀탕 주변에 숨어서 선녀들이 볼일 보러 오는지, 혹은 목욕하러 오는지 숨어서 지켜봐야겠다.

　선녀탕 위에 걸린 다리를 건너니 왼쪽에서 갑자기 적막을 깨는 굉음이 들려온다. 두 개의 골짜기에서 두 줄기 폭포수가 쏟아지고 있었다. 두 갈래로 하얗게 질린 소沼로 곤두박질치면서 떨어져 파랗게 변하며 서로 만나는 쌍폭포다. 초록으로 우거진 숲과 그 주변에서 피고 있는 알록달록한 꽃, 그리고 꽃향기까지 폭포 소리에 실려 퍼진다. 거무튀튀한 암벽에 새하얀 비단을 걸어놓은 듯하다. 눈, 귀, 코를 자극하는 아름다운 풍광이다.

　쌍폭포 바로 위쪽엔 무릉계 최고의 절경으로 꼽히는 용추폭포가 손짓한다. 청옥산에서 흘러내려온 계류가 4단으로 하얗게 부서지며 쏟아져 내리는 용추폭포는 폭포수가 쏟아지는 각 단마다 담潭이 형성돼 있는데 맨 아래 하담下潭은 깊이를 알지 못할 정도로 깊다고 한다. 조선 시대 삼척 부사로

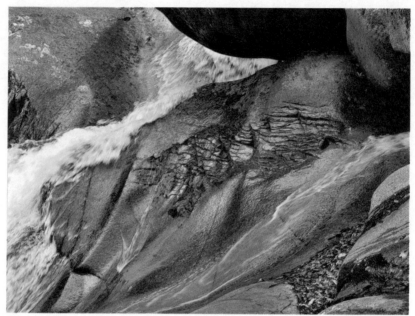
쌍폭포와 용추폭포 사이에서 동물 조각 자연 문양을 만나다.

왔던 유한전이 폭포 오른쪽 하단 암벽에 '龍湫(용추)'라는 글을 새기고 제사를 올린 뒤부터 용추폭포라고 불리게 됐다. 용추폭포 바로 밑 바위에 자연적으로 만들어져 있는 동물상은 마치 사람이 조각한 것처럼 뚜렷하고 신기하다.

　쌍폭포와 용추폭포를 마음껏 구경하고 난 후, 다시 박달령과 쌍폭포 갈림길로 돌아온 시각은 10시 21분이었다. 여기서 수행로를 어디로 정할까 또다시 망설이다 박달령 쪽으로 오르기로 한다. 이런저런 사정으로 오늘의 수행 경로는 당초 생각했던 경로와는 다른 전혀 엉뚱한 경로로 정해졌다. 관리사무소 직원이 박달령 쪽으로 가는 길은 산객들이 많이 찾지 않는 길이라 길 위에 낙엽이 덮여 있고 방향을 알리는 리본도 많지 않으니 초행이면 길을 찾기가 쉽지 않을 것이라고 조언했지만, 내가 이미 많은 정보를 찾아봤기에 큰 문제가 없을 것으로 여긴 것이 문제였다.

학등 입구에서 본 기암괴석들

　지금부터 고난의 행군이 시작된다. 박달령으로 오르면서 사달이 나기
시작한다. 소위 산꾼들이 말하는 '알바뛰기'가 시작된다. 첫 진입로에서는
약간 헷갈렸지만 가다 보니 길이 비교적 뚜렷하고 계단도 잘 설치돼 있었다.
띄엄띄엄 산객들이 걸어 놓은 길 안내 리본도 눈에 띄었다. 처음에는 호젓하
니 정말 좋은 수행 경로라는 생각이 들어 아주 만족스러웠다. 깎아지른
듯한 단애斷崖와 커다란 바위, 벽돌을 쌓은 듯한 절벽, 기암괴석들 그리고
그 사이에서 자라는 기송들, 아름답게 피고 있는 진달래 그리고 생강나무
꽃과 야생화들 모두가 너무 아름답다. 갑자기 물소리를 타고 퍼지는 향기가
내 후각을 완전히 장악한다. 주변을 자세히 살펴보니 회양목이 노란 꽃을
피워 향기를 발산하고 있었다. 게다가 물소리 새소리가 선명하게 들려오니
코와 귀까지 행복했다. 이 수행로를 가면서 용추폭포가 4단 폭포라는 사실을
확실히 알았다. 이 길에서 보지 않았더라면 그냥 1단 폭포로만 알았을
것이다.

박달령이 2.2km 남았다는 이정표가 나오고 좀 더 진행하니 집채 만한 바위가 나왔다. 여기부터가 문제였다. 수행로는 낙엽이 무릎까지 쌓여 있어 길을 확인할 수 없다. 낙엽 밑에는 아직 얼음이 다 녹지 않아 미끄럽기까지 했다. 산객들이 달아놓은 리본도 눈 씻고 찾아도 보이지 않았다. 몇 차례 엉덩방아를 찧고 나니 점점 더 곤혹스러워지기 시작한다. 그러나 이 수행로를 내가 선택했는데 누구를 원망하랴. 끝내 박달령으로 가는 길을 찾지 못하고, 발을 돌려 다시 청옥산 들머리 안내판이 설치돼 있는 곳까지 되돌아 내려올 수밖에 없었다.

청옥산 들머리 안내판 앞에서 선 나는 다시 아래로 내려가 두타산성 길을 통해 두타산 정상을 올라가느냐 아니면 청옥산 쪽 길을 거쳐 두타산 정상으로 가느냐를 두고 또 망설이다 '에라, 모르겠다.' 하며 기왕에 내친김에 청옥산을 거쳐 두타산 정상으로 완벽한 묵언두타행을 하기로 결정했다.

두타산성에서 두타산을 오르는 대신에 청옥산에서 청옥을 캐고 난 다음 청옥산을 거쳐 두타산으로 수행을 떠나기로 결정한다. 이 선택이 나로 하여금 확실한 두타행을 경험하게 만든다. 시각을 보니 이미 11시 58분이었다. 용추폭포까지 무릉계곡 선경에 홀려 너무 많은 시간을 지체했을 뿐 아니라 소위 '알바뛰기'로 1시간 반이라는 시간을 날려버렸으므로 본격적인 두타행을 너무 늦게 떠나게 된 셈이었다.

청류淸流가 흐르고, 자줏빛 진달래가 계곡물을 자줏빛으로 물들이고, 생강 나무 꽃은 계곡물을 노랑색으로 물들인다. 나는 스스로 짜증나는 마음을 진정시킨다. 짜증을 청류에 흘려보내고 내 마음을 예쁜 꽃 색으로 아름답게 꾸미면서 수행에 전념한다. 수행길에는 종종 나무뿌리들이 얼기설기 얽혀 계단 역할을 한다. 이런 계단을 몇 계단 올랐을까. 전망이 확 틔는 곳이 나타난다. 그곳에서 전날 편의점에서 산 도시락을 꺼내 먹는다. 시각은 12시 51분. 다시 출발한 지 1시간이 흘렀다. 원래 계획은 청옥산 정상에서 점심을 먹으려 했다. 그런데 아침에 숙소에서 컵라면 하나 끓여 먹은 것이 전부라 출출하기도 하고 그것보다 전망이 너무 좋아 좀 더 있고 싶어서 점심시간을 여기서 보낸 것이다. 멀리 암석산에는 부처님도 야차도 도깨비도 있다. 만물의 형상이 조각돼 있었다.

청옥산 정상이 얼마 남지 않았다. 어제 응봉산에서는 눈을 한 톨도 구경하지 못했는데 청옥산 정상 가까운 그늘에는 아직도 잔설이 1m 이상 쌓여 있다. 몇 안 되는 선답자의 발자국도 어떤 것은 40cm 이상의 깊이로 푹 패여 있었다. 선답자의 발자국을 따라 걸어도 등산화 속에는 발을 옮길 때마다 눈이 가득 들어간다. 신발도 양말도 축축하게 질퍽거린다. 평창 두타산에서의 오마쥬다. 이렇게 두 좌의 두타산은 나에게 확실하게 두타를 가르친다.

청옥산 정상

드디어 청옥산 정상이다. 도착 시각은 오후 3시 38분이었다. 청옥산 정상에는 내가 찾는 청옥은 없었고 아직도 곳곳에 백옥이 그 흔적을 지우지 않고 있었다. 해는 곧 서산으로 뉘엿뉘엿 넘어가려 하고 있다. 청옥산 높이는 1,404m, 두타산 높이는 1,353m이므로 청옥산에서 두타산 가는 길은 별로 험하지 않을 것이다. 청옥산에서 인증 샷을 찍고 내달린다. 어느덧 박달령에 도달한다. 오전에 박달령을 2km를 남겨두고 돌아온 사연이 많은 그 박달령이다. 박달령에서 박달계곡으로는 가급적 하산하지 말아달라는 경고문이 있었다. 산객들이 잘 다니지 않은 길임을 다시 한 번 확인한다. 시간이 없다. 어두워지기 전에 원점회귀 해야 한다. 박달령에서 두타산으로 오르는데 바람이 엄청 불어재낀다. 바람 소리가 거의 초음속기가 하늘을 날 때 내뱉는 폭음에 가깝다. 모자가 바람에 날려 달아날까봐 모자도 벗고 종종걸음으로 내닫는다. 두타산 정상 부근의 음지 계곡에는 눈이 1m 이상 쌓여 있었으니 이제는 4월 1일 봄의 한 중간인데 두타산도 청옥산과 마찬가지로 겨울과

해가 서쪽으로 뉘엿뉘엿 넘어가기 시작한다.

금강송 군락

봄이 공존하고 있었다.

오후 5시 8분 드디어 두타산 정상에 섰다.

두타산 정상에서 하산하는 길은 해가 뉘엿거리며 완전히 서쪽에 치우쳐져 있었다. 조금씩 그늘이 짙어져가고 빛을 서서히 앗아가고 있었다. 내려가는 수행로에는 어제 응봉산에서 봤던 아름드리 금강송들이 도열해 있었다. 금강송은 참으로 신비스럽고 아름다운 나무다. 수행길 중앙에 높이가 30m 이상이고 두 아름드리 이상의 나무들이 나를 응원하고 있었다. 나는 그런 금강송을 몇 차례나 포옹하며 더욱 건강하게 잘 자라달라는 인사로 작별을 고한다. 저 멀리 청옥산 오른쪽으로 해가 넘어가고 있었다. 어둠이 서서히 깔리기 시작한다. 오후 7시가 지나니 어둠이 급속도로 빛을 밀어낸다.

깔딱 고개 입구에서 매표소 입구까지는 아직도 2.6km나 남았다. 휴대폰 배터리도 소진돼 간다. 아직 정신은 말짱하지만 육체는 흐물거린다. 어둠을 헤치며 겨우겨우 더듬거리면서 별빛에 의존해 수행로를 찾는다. 깔딱 고개 입구에서 산성까지는 주변을 둘러보니 어두워져 어렴풋이 보이긴 하지만 기암괴석 천지다. 이제 그 아름다움을 자세히 볼 수도 사진을 찍을 수도 없다. 다음에 한 번 더 와봐야겠다고 생각하며 어둠 속을 뚫고 나아간다. 이제 휴대폰

두타산성에서 칠흑 같은 어둠을 만나다.

배터리도 완전히 소진돼버렸다. 완전한 암흑에서 육감으로만 길을 내려가야 한다. 몇 차례 더 알바를 하게 된다. 겨우 겨우 매표소 입구에 도착하니 나의 육체는 아웃 직전이다. 목도 마르고 배도 고프다. 다리가 후들거리고 정신이 몽롱하다. 두타는 이런 것인가. 고행은 이런 것인가?

주위의 음식점을 찾았으나 모두 문을 닫았다. 쓰러질 듯 휘청대며 찾은 곳이 <꽃피는 산골>이라는 식당이다. 이 집 여주인이 방금 식당을 막 정리해버렸다면서 지친 나에게 물 한잔과 막 쪄낸 술 빵을 권하는 게 아닌가. 그래도 안 돼 보였든지 아들인지 종업원인지 모를 젊은이에게 다른 집에 밥이 남아 있는지, 있으면 한 그릇 얻어오게 하더니 자기들이 내일 아침 먹으려고 끓여놓은 황태국을 내준다. 너무 고마웠다. 맛있게 먹어치우고 하산주로 막걸리 두 잔을 곁들였다. 이제 '밥심'이 내 몸에 고갈된 에너지를 충분히 보충한 것 같다. 그래도 에너지가 실핏줄을 타고 도는 데는 한참 시간이 걸리는 법이다. 한동안 몸이 부들거리는 것은 어쩔 수 없었다. 저녁 식사를 마치고 시계를 보니 저녁 9시 20분이나 돼버렸다. 부들대는 몸으로 바로 차를 끌고 귀경하는 것은 도저히 무리다. 무릉계곡 앞에 있는 모텔에서 하룻밤을 쉬고 난 다음 아침에 일어나 귀경하기로 했다. 다음 날 아침 일찍 일어나 무릉반석에 누워, 이리 뒹굴고 저리 뒹굴며 신선 흉내도 내보고 난 다음 상쾌한 마음으로 서울로 돌아왔다.

이 한 집만 문을 닫지 않아서 겨우 저녁밥을 얻어먹었다.

평창의 두타산도, 동해의 두타산도 나에게 단 한 치의 오차도 없는 두타 묵언수행의 진수를 경험하게 했고, 두타행이란, 또 고행이란 무엇인지를 깨우쳐준 의미 있는 묵언수행으로 오래도록 기억될 것이다.

[묵언수행 경로]

무릉계곡 매표소(07:46) > 금란정·무릉반석(08:10) > 삼화사 > 학소대 > 관음폭포(08:53) > 두타산성·쌍폭포 갈림길(09:05) > 박달령·쌍폭포 갈림길(09:30) > 장군바위·병풍바위(09:31) > 선녀탕(09:33) > 쌍폭포(09:38) > 용추폭포(09:51) > 박달령·쌍폭포 갈림길(10:21) > [박달계곡(박달재 2.2km) - 큰바위-200m이상 진행 - 다시 박달령·쌍폭포 갈림길로(11:57)] > 청옥산 안내판(11:58) > 무간재(12:15) > 학등 입구(12:27) > 점심(12:51) > 학등(14:04) > 주목 군락지(15:24) > 청옥산(15:38) > 문바위재(16:06) > 박달재(16:11) > 박달령·두타산 갈림길(16:28) > 두타산(17:08-17:17) > 대궐터 3거리(18:13) > 깔딱 고개 입구(19:02) > 거북바위(19:12) > 두타산성(19:18) > 두타산성 입구 > 학소대 > 삼화사 > 매표소 > 식당(꽃피는 산골) 도착(21:10)
<수행 거리: 20.6km, 소요 시간: 13시간 24분>

이름도 예쁜 비슬산, 천상의 참꽃 화원에서 몸과 마음이 꽃분홍색으로 물들다

정상석을 왜 앞면만을 고집하는가, 뒷면도 훌륭한 정상석이다.

봄이 왔음을 알리며 봄을 더욱 봄답게 하는 꽃들은 많다. 매화꽃을 시작으로 생강나무꽃, 산수유꽃 그리고 벚꽃이 그렇다. 그러나 이러한 꽃들보다 꽃망울이 터지기 시작하면 온 산을 붉게 물들이며 사람의 마음까지 불태우는 대표적인 봄 알리미 전령사는 과연 무엇일까? 나는 서슴지 않고 참꽃(진달래꽃)을 꼽는다. 참꽃은 한없이 부드럽고 가냘프지만 척박한 땅에서도 잘 자라는 강인한 생명력을 지니고 있어 더욱더 좋다.

봄이 오면 참꽃이 피고, 참꽃이 피면 땅바닥에서 아지랑이가 아지랑거리며 아물아물 피어오르기 시작한다. 아무리 정서가 메마른 사람이라도 마음이 괜히 싱숭생숭해지면서 김소월의 시 <진달래꽃>이 떠오르리라.

<진달래꽃> / 김소월

나 보기가 역겨워
가실 때에는
말없이 고이 보내 드리오리다.

영변寧邊에 약산藥山
진달래꽃
아름 따다 가실 길에 뿌리오리다.

가시는 걸음 걸음
놓인 그 꽃을
사뿐이 즈려 밟고 가시옵소서

나 보기가 역겨워
가실 때에는
죽어도 아니 눈물 흘리오리다.

비슬산琵瑟山은 높이가 1,084m인데, 대구시와 달성군, 아내의 고향인 청도군 그리고 내 고향인 창녕군에 걸쳐 산자락을 드리우고 있다. 유가사 쪽에서 올려다보면 거대한 수직 암릉이 정상을 받치고 있는 듯 우뚝 솟아 있다. 1986년 2월 22일 군립공원으로 지정된 산이다.

비슬琵瑟은 '비파琵와 거문고瑟'라는 뜻이다. 정상에 있는 바위 모습은 신선이 거문고를 타고 있는 모습을 닮았다 하여 붙여진 이름이라고 한다. 정상인 천왕봉에서 남쪽 능선을 따라 988봉인 조화봉으로 이어진다. 조화봉 능선에서 서쪽으로 가면 대견사 터인 1,034봉으로 이어진다. 1,034봉에 팔각정 전망대가 설치돼 있다.

정상에서 조화봉까지 약 4km에 걸친 능선은 988봉 주변에 바위가 있을 뿐 큰 나무들이 없이 시야가 탁 트이는 초원 같다. 이 능선에 가을에는 억새가, 봄에는 군락을 이룬 진달래가 붉게 타오른다. 참꽃 군락 사이에 소나무, 싸리나무 등이 일부 섞여 자라고 있으나 참꽃이 더 훨씬 많다. 참꽃은 정상 부근인 988봉 아래, 대견사 터 산자락 등 크게 세 군데에 집중적으로 군락을 이루고 있다. 대견사 터 북쪽 광활한 30여만 평의 산자락이 대규모 참꽃 군락지이며, 참꽃이 가장 곱게 밀집돼 있는 곳은 988봉 부근 아래 산자락이다. 참꽃은 4월 중순부터 물들기 시작해 4월 말에 절정에 달하는데, 이때 <참꽃축제>가 열린다. 비슬산은 참꽃 명산으로 우리나라 제일이다. 여수 영취산 참꽃도 이름이 나 있지만 참꽃 군락이나 산세는 비슬산에 미치지 못한다고 한다.

어제는 청도에 계시는 장인어른의 생신날이었다. 생신날 뵌 장인어른과 장모님은 팔순을 훌쩍 넘겼는데 어제 오늘이 달라 보인다. 참 건강하셨던 분인데 이제는 기력이 많이 쇠잔해보였다. 가슴이 아프지만 장수하시리라 마음속으로 기원하는 것 이외에 어찌할 도리가 없다. 어제 청도에 들렀다가 오늘 아내와 함께 참꽃 군락지로 유명한 비슬산 수행길에 올랐다.

아내는 꽃을 아주 좋아하는데 꽃 중에서도 특히 참꽃을 좋아한다. 지난 4월 7일 토요일에도 참꽃놀이 차 강화도 고려산을 다녀왔다. 그런데 고려산은 산 전체가 참꽃 봉우리로 불그레했으나, 활짝 피지 않아서 육안으로는 아직은 제대로 와 닿지 않았다. 심안으로 즐길 수밖에 없었다. 고려산을 방문한 지난 4월 7일에 참꽃이 망울망울 맺히기 시작한 걸로 보면 고려산보다 훨씬 남쪽에 있는 그 유명한 참꽃 군락지인 비슬산에는 오늘쯤 참꽃이 만개했을 것 같아 그냥 지나칠 수 없었다.

천연기념물 제435호 비슬산 암괴

참꽃이 빵 터질 준비를 마쳤다.

비슬산은 내가 태어난 마을에서 얼마 멀리 떨어져 있지 않았다. 20~30km 이내의 거리에 위치한다. 고등학교부터 객지 생활을 한 나는 솔직히 비슬산이 그렇게 유명한 산인지 몰랐다. 중학교 다닐 때 비슬산에 있는 유가사에 소풍을 한번 가봤을 뿐이고, 그 당시 기억도 가물거린다. 내 고향 이웃에 있는 산이 참꽃으로, 또 암괴류로 우리나라에서나 세계에서 제일 유명하다니 전혀 뜻밖이었다. 비슬산은 접근성이 아주 좋을 뿐 아니라 육산이라 수행하기에도 전혀 부담이 없는 곳으로 알려져 있다. 그래서인지 비슬산 자연 휴양림 주차장에 도착하니 차량과 상춘객들로 붐빈다. 차를 주차하고 천왕봉으로 향한다.

소재사를 지나 연못 삼거리로 가는 수행로 북쪽 산비탈에는 4월 중순인데도 잔설이 남아 있었다. 울창한 소나무 사이로 참꽃이 드문드문 피어 있었다.

비슬산 암괴류 제3전망대에서 천연기념물 제435호인 대형 암괴류를 만난다. 암괴류의 신비함도 신비함이지만, 암괴류 암석 더미를 뚫고 나와 힘겹게 자라고 있는 소나무와 참꽃들이 고난 속에서 자라고 피어나는 모습은 더욱 아름다워 보인다.

기암괴석 위에서 피고 있는 참꽃, 참말로 아름답고 고귀하다.

위에서 내려다 본 대견사 3층 석탑

대견사 뒤편으로 오르니 우리나라 최대의 참꽃 군락지가 나타난다. 진분홍빛 천상의 화원이다. 참꽃 군락지는 이제 연분홍 빛깔로 덧칠되고 덧칠돼 진분홍, 꽃분홍으로 변해가고 있었다. 아직까지 참꽃이 만개되지는 않았으나 1주일 후면 산이 붉게 타오를 것이다. 참꽃이 활짝 만개하는 날은 만산홍화滿山紅花가 될 것이다. 생각만 해도 아찔하다.

천왕봉과 조화봉 갈림길에 이르렀다. 오늘은 조화봉 수행은 생략하고 천왕봉에 빨리 다녀와야 한다. 그래야 전기차를 타고 대견사까지 올라와 천상의 화원만 거니는 아내와 어느 정도 보조를 맞출 수 있을 것이기 때문이다. 참꽃 군락지를 통과하니 몸과 마음이 분홍색이 돼가는 것 같다.

천왕봉 1km 전방에는 샛노란 야생화가 피어 "진분홍에만 너무 빠지지 마시고, 노랑색도 마음에 담아가세요."라며 말을 걸어온다. 정상이 곧바로 저기다. 사람들이 여기저기 진을 치고 수다를 떨고 있다. 천왕봉엔 입추의 여지가 없을 정도로 사람들이 많다. 정상석 기념 촬영을 위한 줄도 50m 이상이다. "새치기하지 말라!"는 고성과 함께 정상석 쟁탈전이 벌어진다. 쟁탈전이 뜨겁다

천왕봉 인증 샷 대기 행렬, 경쟁이 치열하다.

못해 거칠다. 나는 경쟁을 피해 뒤로 돌아가 편안하게 한 컷 찍는다. 그 사람들은 앞뒤 전후좌우를 살펴보지도 않고 아웅다웅 자리다툼을 하고 있다. 정상석 뒤에서 찍어도 정상석은 묵묵히 그 도리를 훌륭히 다하고 있는데 말이다.

천왕봉에서 천왕의 수라상은 아닐지라도 나홀로 밥상을 차려 천왕의 수라상보다 더욱 황홀하게 점심 식사를 마친다.

정상 주변에서 내려다보며 감상하는 아름다운 풍경들은 오늘도 미세먼지로 선명하지 않다. 참으로 안타깝다. 다시 참꽃 군락지로 내려와 방향을 제2전망대 쪽으로 향한다. 난생처음 보는 흰 진달래꽃도 있었다. 제2전망대는 비슬산 참꽃 군락지의 중앙에 있는데, 참꽃이 만개해 비슬산을 찾는 모든 사람들을 감동시킬 그날을 기다리고 있다.

주차장으로 돌아오니 주차장이 입추의 여지없이 차로 가득 찼다. 주변의 음식점들도 가득 찼다. 2018년 4월 21일(토)~4월 22일(일)까지 <비슬산 참꽃문화제>가 개최된다는데 이때는 아마 참꽃이 활짝 피어 그 열기가 절정을 이룰 것이다. 아무튼 나는 활짝 핀 참꽃 천상 화원은 보지 못했지만 아쉽지 않다. 참꽃 군락지를 돌아보며 그 아름다움을 육안으로, 심안으로 충분히 보고 느꼈기 때문이다. 또 많은 사람들 속에서도 <나홀로 묵언수행>을 충분히 해냈기 때문이다. 아내도 이번 비슬산 참꽃 구경에 상당히 만족하는 것 같아 더욱 흐뭇했다.

진분홍 참꽃 속에 귀하신 흰참꽃 무리들이 간간이 보인다.

[묵언수행 경로]

비슬산 자연 휴양림 주차장(08:24) > 소재사 입구(08:48) > 연못 삼거리
(09:11) > 암괴류: 천연기념물 435호 > 대견사(10:15-10:27) > 참꽃
군락지 - 조화봉, 천왕봉 갈림길(10:41) > 비슬산 정상: 천왕봉 - 점심
(11:38-11:53) > 참꽃 군락지 - 제2전망대(13:07) > 대견봉(13:51) >
염불암지(14:10) > 연못 삼거리 > 소재사(14:37-14:44) > 주차장(14:54)
<수행 거리: 약 12km, 소요 시간: 4시간 30분>

호남의 소금강으로 불리는 강천산을 헤집고 다니다

강천산 정상석

　강천산은 생김새가 용이 꼬리를 치며 승천하는 모습을 닮았다 하여 용천
산龍天山이라고도 불렸다고 한다. 높이는 583m로 노령산맥에 속하며 지질은
중생대 백악기의 퇴적암으로 이루어져 있다. 광덕산廣德山(565m), 산성산山城
山(603m)과 능선으로 이어지며 깊은 계곡과 맑은 물, 기암괴석과 절벽이
어우러져 '호남의 소금강'으로 불리는 산이다. 1981년 1월 7일, 한국 최초로
군립공원으로 지정된 산이다. 높지는 않지만 병풍바위, 용바위, 비룡폭포,
금강문 등 이름난 곳이 많다. 또 광덕산, 산성산에 이르기까지 계곡이 즐비하
다. 선녀계곡, 원등골, 분통골, 지적골, 황우제골 등 이름난 계곡만 해도
10여 개나 된다. 정상 근처에는 길이 50m에 이르는 구름다리가 놓여 있다.
　가장 좋은 볼거리는 11월 초순에 절정을 이루는 단풍과 4월 초순에
만개하는 산벚꽃이다. 산 입구의 강천호 주변뿐 아니라 등산로 어디에서나

즐길 수 있다. 산 암봉 아래에는 887년(신라 진성여왕 1년) 도선 국사道詵國師가 세운 강천사가 있다. 이곳의 석탑은 전라북도 유형문화재 92호로 지정돼 있고, 절 입구의 모과나무는 전북기념물 97호다. 그 밖에 순창 삼인대三印臺(전북유형문화재 27호), 금성산성金城山城(전북기념물 52호) 등의 문화 유적이 있다. 내장산內藏山(763m), 백양사白羊寺, 담양댐과도 가깝다.

잠실에서 새벽 6시 전에 출발해 강천산 주차장에 도착한 시각은 9시 20분이었다. 사실은 강천산 들머리에서 백대명산 중 강천산과 그 인근에 있는 추월산 두 산을 동시에 수행할까도 생각해봤다. 그런데 그게 어디 쉬운 일인가. 수행을 하다보면 그게 결코 생각대로 되지 않는다. 그래서 강천산 하나만 수행하기로 마음을 고쳐먹었다. 오늘의 묵언수행 경로는 강천산 주차장 - 병풍폭포 - 깃대봉 - 왕자봉(584m) - 현수교 삼거리 - 용머리폭포 - 구장군폭포 - 선녀계곡 입구 - 구장군폭포 - 현수교 삼거리 - 현수교 - 신선봉 - 삼선대(전망대) - 삼인대 - 강천사 - 천우폭포 - 투구봉 - 옥화봉(415m) - 주차장으로 오는 경로로 총 13.7km다.

오늘 수행 날씨는 미세먼지를 제외하면 최상의 날씨다. 맑고 약간 더운 날씨로 묵언수행에는 최적이다. 수행을 시작하자마자 곧바로 병풍폭포를 지난다. 병풍폭포에서 수행길은 갈리고 깃대봉으로 향했다. 깃대봉 쪽으로는 완만한 경사길이 계속된다. 슬슬 느릿느릿 걷는데도 잠시만 걸어도 이마에서는 땀이 송글송글 흘러내리기 시작한다. 윗도리를 벗고 오른다. 수행 경로 주변에는 봄꽃들이 서로 아름다움을 뽐내고 환하게 웃으며 홀로 걷는 수행자를 격려한다.

깃대봉을 막 지나니 꾀꼬리가 제 짝을 찾는 듯 목청을 돋우며 아름다운 노래를 부르고 있다. 왕자봉 삼거리까지 나를 앞서거니 뒤서거니 하면서 아름다운 천상의 노래를 불러주는 꾀꼬리 소리가 홀로 걷는 외로움조차도 황홀함으로 바꿔준다. 청아한 꾀꼬리 노랫소리는 일본 대마도에서 들어 본 이후 처음 듣는 소리다. 강천산 우거진 숲속 길에서는 아주 강한 향기를 풍기는 곳들을 여기저기에서 만난다. 그 향기들은 기분을 상쾌하게 해주는 향기다. 그 향 내음은 많이 뿌리면 느끼하게 느껴지는 인조 향기와는 완전히 다르다. 강한 향기임에도 전혀 느끼하지 않다. 향기의 진원지가 어딘지 궁금해 코를 킁킁거리며 주위를 돌아본다. 그러나 도저히 종잡을 수 없다. 강한 향기를 풍기는 곳은 이상하게도 습기가 많고, 주변에 소나무와 조릿대가 빽빽한 곳이 많다. 이 사실로 미루어 짐작하면 이 향기는 나뭇잎이나 풀잎, 낙엽 등이 습기에 썩으면서 나는 냄새인 것 같다. 식물들은 제 몸과 살을 썩혀가면서까지 인간들에게 유익한 물질을 만들어 풍기는 것이 아닌가라는 생각도 해본다.

왕자봉 삼거리를 지나 왕자봉으로 향하는데 길에서 '쉬시익!' 하는 소리가 들린다. 길을 살펴보니 살모사 한 마리가 기어간다. 내가 멈춰 서서 지켜보니 고놈 대담하게도 도망가지 않고 목을 바짝 세우면서 오히려 나를 노려본다. '아, 요놈 봐라' 하며 돌멩이를 주위에 던져도 꼼짝도 하지 않고 노려보기만 한다. 잡아버릴까 하다가 살모사도 태어나 살아가는 하나의 생명이라는 생각이 드는 순간 살생을 멈추고 내 길을 계속 나아간다.

남쪽 지방이면서 고도가 낮은 산이라 그런지 연분홍 빛 철쭉이 피어 있기는 하나 이미 절정은 지난 듯하다. 수행로 주변에는 철쭉 꽃잎이 널브러지게 떨어져 있다. 우리나라 여느 산에서도 볼 수 있는 조릿대가 강천산에서도 무성히 자라고 있었다.

호남의 소금강 강천산 정상인 왕자봉 도달했다. 왕자봉에서 한참을 돌아보며 경관을 구경한 후 용머리폭포와 구장군폭포 쪽으로 진행하면서 수행을

강천산 왕자봉(정상석)

강천산 구장군폭포(인공 폭포)

계속한다. 구장군폭포로 가는 길은 평평하게 잘 닦아놓았다. 길 주변에는 단풍나무들을 일렬로 심어놓아 가을에는 단풍으로 구장군폭포까지 붉은 빛으로 물드는 아름다운 장면을 연출할 것임에 틀림없다.

구장군폭포 주변에 조성돼 있는 강천산 <성 테마공원>에는 자세히 살펴보면, 남녀의 신성물과 신성한 행위들이 적나라하게 묘사된 조각들이 즐비하다. 제법 민망한 장면들의 조각들이 많은데도 불구하고 <성 테마공원>에는 제법 많은 인파들이 붐비고 있다.

구장군폭포와 <성 테마공원>을 거쳐 현수교를 건넌다. 현수교가 출렁거리니 지나가는 여자 한 명이 현(줄)을 잡고 고함치며 옴짝달싹도 못한다. 일행 중 남자 한 사람이 손을 내밀며 손잡고 건너자 하니 내민 손을 잡고 오들오들 낑낑거리며 건너간다. 그 모습이 낯설기도 하다. 현수교를 건너 전망대 쪽으로 이동한다. 삼인대를 만나고 강천사를 지난다.

강천사 대웅전

강천사 경내에 핀 홍매

전망대에서 본 강천사

　천우폭포를 지나고 투구봉과 범바위 쪽을 갈 것인가 말 것인가를 망설이다 주차장 쪽으로 발길을 옮겼다. 그러다 투구봉과 옥호봉 이정표를 다시 만나서는 주차장으로 바로 가겠다는 생각을 접고 다시 투구봉과 옥호봉을 오른다. 밑에서 본 투구봉이 너무 신기하게 보여 들르지 않을 수 없었다.

　옥호봉으로 가는 수행로 주변에는 각시붓꽃이 여기저기 예쁘게 피어

투구봉

있었다. 또 이름 모를 꽃들이 '아름다움' 경연대회를 열고 있었다. 옥호봉으로 오르는 수행로는 소나무들이 유달리 많았고, 소나무들은 솔순이 움트고 송화를 피우며 송홧가루를 노랗게 뿌리고 있었다. 이렇게 오늘의 묵언수행을 박목월의 시 윤사월閏四月을 생각하며 마무리한다.

범바위

<윤사월> / 박목월

송홧가루 날리는
외딴 봉우리
윤사월 해 길다
꾀꼬리 울면
산지기 외딴집
눈먼 처녀사
문설주에 귀 대고
엿듣고 있다.

[묵언수행 경로]

강천산 주차장(09:23) > 병풍폭포(09:44) > 깃대봉(10:59) > 왕자봉
(584m, 11:25) > 현수교 삼거리(12:06) > 용머리폭포 > 구장군폭포
(12:25) > 선녀계곡 입구(12:44) > 구장군폭포(13:31) > 현수교 십거리
> 현수교(13:48) > 신선봉 > 삼선대 전망대(14:17) > 삼인대(14:48)
> 강천사(14:52) > 천우폭포 > 투구봉(15:38) > 옥호봉(415m, 16:15)
> 주차장(17:03)
<수행 거리: 약 13.7km, 소요 시간: 약 7시간 40분>

사시사철 아름답다는 추월산에서 봄날 하루를 보내다

추월산 정상

담양읍에서 13km 정도 떨어진 추월산(731m)은 전라남도 기념물 제4호이자 전라남도 5대 명산 중의 하나로 손꼽힌다. 담양읍에서 보면 스님이 누워 있는 형상인데 각종 약초가 많이 자생하고 있어 예로부터 명산으로 꼽혔으며, 진귀종 난인 추월산 난이 자생하는 곳으로도 유명하다. 추월산 밑은 비교적 완만한 경사를 이루고 있고 노송이 빽빽이 들어차 있어 여름이면 가족을 동반한 관광객들에게 더없는 휴식처가 되고 있다. 그리 높지 않지만 그렇다고 쉽게 오를 수 없는 산 능성으로 연중 등산객의 발길이 이어지는 곳이다.

상봉에 오르기 전 암벽 위로 보리암이란 암자가 있고, 암자 주변에는 아무리 가물어도 마르지 않는 약수터가 있다. 산 정상에서 내려다보는 담양호와 주변 경치가 일대장관을 이룬다. 또한, 추월산은 인근 금성산성과 함께 임진왜란 때 치열한 격전지였으며, 동학란 때에도 동학군이 마지막으로 항거했던 곳이기도 하다.

추월산秋月山은 명칭의 유래부터 남다르다. 추월산은 가을의 보름달이 산에 닿을 것 같이 드높은 산이라는 뜻이다. 호남 5대 명산 중의 하나로 손꼽힌다. 이를 증명이나 하듯 추월산 암봉 아래에는 단풍나무가 매우 많아 가을이면 이 풍경을 감상하러 온 등산객들로 만원을 이룬다. 그리고 가을뿐만 아니라 사계절이 모두 아름답다. 봄에는 진달래와 개나리, 여름에는 울창한 녹음과 시원한 담양호 호반의 푸른 물결, 겨울이면 설경과 암벽에 매달린 고드름이 매우 인상 깊다고 한다. 추월산은 사시사철 아름다운 산으로 알려져 있다.

어제 전북 순창의 명산 강천산에 이어 오늘은 담양의 추월산을 묵언수행한다. '강천추월'은 가을 단풍이 매우 아름다워 가을 산행이 환상적이라고들 하지만, 가을은 가을대로, 봄은 봄대로, 여름은 여름대로, 겨울은 겨울대로 저마다의 아름다움이 있을 터다. 항상 변하는 것이 자연이니 그 아름다움의 우위를 누가 가리겠는가?

숙소에서 나와 추월산 등산로 들머리에 도착했다. 등산로 들머리에서 추월산을 바라보니 마치 커다란 누에가 누워 구불구불거리는 형상으로 보인다. 수행로는 잘 정비돼 있었고 숲이 울창하다. 조용한 데다 숲이 뿜어내는 피톤치드에 몸과 마음이 상쾌하다. 지름 1~2mm의 작은 꽃마리꽃들이 한가득 피어 방긋거리며 웃고 있다.

수행로를 따라 오르니 담양 출신의 의로운 선비인 김응회와 그의 어머니 창녕 성 씨의 순절비가 세워져 있었다. 사람이 청렴하면서도 끝까지 의를 지키기가 그리 쉽지 않은데, 김 공은 끝까지 절개와 의를 지켜 후세에 이름을 남기고 있는 것이리라.

이른 아침부터 꾀꼬리는 아름다운 소리로 노래를 부르며 짝을 홀리고 있었다. 짝을 홀리는 아름다운 꾀꼬리 울음소리는 나홀로 고독 묵언수행을 하는 수행자의 가슴속으로도 당연히 파고든다. 그 소리는 고독을 증폭시키는 소리가 아니라 정신을 맑고 상쾌하게 만드는 열락의 소리다. 정신이 맑아지고 발걸음이 가벼워진다. 어제 강천산에서도 꾀꼬리가 나를 반갑게 맞아주더니 오늘은 이른 아침부터 나의 수행을 격려하고 있다.

수행로를 따라 오르다 보니 보리암이라는 이정표가 나온다. 우리나라에 보리암이란 이름을 가진 암자들은 무수하다. 그런데 내가 다녀온 보리암 치고 조망이 나쁜 곳이 하나도 없었다. 아니 조망이 나쁜 곳이 아니라 그 인근에서 조망 '갑'이지 않은 곳이 없었다. 필경 추월산 보리암의 조망도 단연 그 주변에서 으뜸일 것이라는 기대감을 안고 올라간다. 보리암 50여 m 전방에 임진왜란 당시 전라도 지역의 의병장인 김덕령 장군의

보리암 경내 수령 700년 이상의 연리목 느티나무(보호수)

부인 홍양 이 씨의 순절비가 나온다. 순절비 바로 앞에는 깎아지른 듯한 수십 척 높이의 V자 계곡이 있는데, 아마도 김덕령 장군이 전사하자 자신도 남편을 따라 이 계곡에서 투신하신 모양이다. 부창부수夫唱婦隨의 아름다운 이야기가 아닐 수 없다. 오늘날 애국이니 충절이니 이런 단어조차 찾아보기 힘든 혼란한 시국에 두 분이 수행자에게 교훈을 주는 것 같아 마음이 숙연肅然해진다.

보리암 경내로 들어왔다. 진입로 왼쪽 기암절벽에 수령이 700여 년年이나 돼 보호수로 지정된 느티나무가 떡 버티고 서 있었다. 이 느티나무는 한 뿌리에서 두 가지가 자라는 연리목으로 일명 '사랑의 나무'라고 불리는데 소원을 빌면 부부 금슬琴瑟이 좋아지고, 좋은

보리암에서 내려다보는 담양호

보리암 정상

인연을 맺는다고 알려져 있다. 오른쪽에는 조그만 법당이 자리 잡고 있다. 법당 전방으로는 담양호가 열십자(十字)로 펼쳐져 있었다. 과연 기대대로 조망이 범상치 않았다.

<부처님 오신 날>(5월 22일)이 다가오는 모양이다. 법당의 마당에서는 연등 달기에 바쁘다. 자원봉사하는 여성 보살들이 보리암을 찾아오는 산객들이나 불자들에게 등을 달라고 권유하며 찰떡을 나눠주고 있었다. 나는 그들에게 찰떡을 하나 먹어도 되느냐고 물으니 두 개 먹어도 된다고 한다. 내친 김에 이른 아침이라 산을 오를 때 간식거리도 준비하지 못했다며 보살들에게 주제넘게 떡 몇 조각 포장해주지 않겠느냐 물어본다. 말로는 안 된다면서 고맙게도 행동으로는 포장을 하고 있었다. 참으로 자비행을 실천하는 분들이라는 생각이 절로 든다. 보리암을 떠날 때 가족들의 건강과 행복을 빌며, 아직도 사고 수습이 마무리되지 않은 제수씨의 명복을 빌면서 연등을 하나 단다.

자비행을 행하는 보살들의 환송을 받으며 보리암에서 정상으로 수행을 계속한다. 아직도 수행로 주변에는 철쭉꽃과 늦봄에 피는 야생화들이 아름다움을 발산하며 갖은 교태를 부리고 있었다. 정상에 올라 담양호를 바라보

보리암과 연등들

면서 보살들이 포장해 준 자비의 떡을 맛있게 먹는다. 비취색의 담양호는 푸른 하늘과 흰 구름, 그리고 초록의 싱그러움을 품은 산을 포근하게 담고 있었다.

[묵언수행 경로]
추월산 들머리(07:14) > 등산로 갈림길 추월산(07:37) > 추월산 전망대(08:16) > 김덕령 장군 부인 홍양 이 씨 순절비(08:44) > 보리암(08:50) > 추월산 정상(10:38) > 월계리 팬션 단지(12:24) > 용마루길 들머리(12:46) > 점심 > 주차장(13:20)
　<수행 거리: 6.93km, 소요 시간: 6시간 6분(휴식 시간 포함)>

담양호 용마루길에서 본 추월산 전경

담양호 용마루길 목교

한려수도 조망의 중심에서 역사와 시,
음악과 한 폭 그림의 주인공 되다

미륵산 점상, 짙은 해무로 조망이 전혀 불가능하다.

오늘부터 2박 3일간 아내와 함께 백대명산 중 미륵산, 황매산 2좌를 묵언수행하고 겸해서 한려수도의 중심 통영 일대와 합천 황매산 철쭉 여행을 떠나기로 했다. 통영은 한려수도라는 아름다운 자연 유산을 품은 도시로 세계 어디에 내어놓아도 뒤지지 않는 경관을 자랑하는 도시다. 게다가 역사와 문화의 고향, 예향으로서 손색이 없는 도시임은 익히 잘 알려져 있다.

또 통영이라면 내게는 고등학교 시절의 추억을 되살려주는 아주 특별한 인연이 있는 도시로 각인돼 있다. 왜냐하면 고등학교 모교 교가를 작사한 분은 청마 유치환 선생이고 작곡한 분은 윤이상 선생으로, 이 두 분 모두 '통영을 빛낸 12분' 중의 한 분들이다. 그래서 통영 하면 이 두 분이 떠오르고 덩달아 고등학교의 추억이 자연스럽게 떠오르게 된다.

'통영'이라는 이름은 삼도수군통제영三道水軍統制營을 줄인 말이다. 선조 37년(1604년)에 통제사 이경준이 지금의 통영시인 두룡포로 통제영을 옮기면서 통영이라는 명칭이 지명으로 불려 굳혀졌다. 통영 옆의 충무시忠武市는 통영군에 속했으나 통영군에서 따로 구분해 시로 승격되면서 충무공忠武公의 시호를 따서 충무시라 했다. 이후 1995년에 충무시와 통영군을 합치고 통영시로 명칭을 바꾸었다.

오늘은 깨끗한 푸른 바다와 아름다운 섬들, 한려수도의 비경이 펼쳐지는 '동양의 나폴리'라 불리는 그림 같은 도시 통영을 관광하기 위해 새벽 5시 50분에 통영으로 출발했다. 서울에서 통영까지 거리는 390km고 보통 평일 기준으로 4시간 정도 걸린다. 그러나 오늘은 3일간 황금연휴가 시작되는 날이라 도로가 너무 많이 정체되어 늦어지고 말았다. 친구로부터 추천받은 통영 맛집 <용궁뚝배기> 집에 도착한 시각은 오후 1시 10분이다. 오는 데 7시간 20분이나 걸렸다. 평소보다 2배나 더 걸린 셈이다. 지루함의 연속이었다. 그래도 백대명산 2좌와 한려수도의 아름다움, 천상의 화원 황매산 철쭉 군락이 우리를 기다리고 있으니 그 정도의 지루함은 견딜 수 있어야 하는 것 아니겠는가.

금강산도 식후경이다. 우리 부부는 통영의 <용궁뚝배기> 집에 도착해 해물뚝배기 한 그릇을 깨끗이 해치운 후 나는 미륵산 묵언수행을, 아내는 한려수도 조망 케이블카 관광을 나섰다. 아내는 케이블카를 타고 통영 앞바다의 아름다운 경관을 관광하기로 해, 아내를 한려수도 조망 케이블카 승강장에 데려다 주고 나는 백대명산인 미륵산 들머리를 찾아가야 한다.

오후 2시 40분, 케이블카 승강장에 도착하니 주차장은 이미 입추의 여지없이 만차滿車다. 주변 도로 양쪽도 모두 주차장으로 변해 있었다. 할 수 없이 케이블카 승강장에서 제법 멀리 떨어진 곳에 주차한다. 한려수도 조망 케이블카가 '한국 관광 100선'에 선정됐다는 말이 무색하지 않음을 실감한다. 10여 분을 걸어서 케이블카 승강장에 도착한 시각은 오후 2시 51분이다. 케이블카 탑승을 기다리는 관광객들로 발 디딜 틈도 없이 북적거린다. 특히 오늘은 <어린이날>이라 어린이들을 데리고 나온 가족 단위 관광객들

상하행 케이블카가 바삐 오르내리고 있다.

이 유달리 많다. 케이블카 매표소에서 표를 사기 위해 대기하는 행렬도 족히 100m 이상은 돼 보인다. 아마 표를 사고 나서도 케이블카 탑승 대기 시간만 2시간 이상은 족히 걸릴 것 같았다.

원래 여행에 나설 때의 계획으로는 나는 케이블카를 타지 않고 미륵산 정상으로 묵언수행을 할 계획이었으나 아내 혼자 그곳에 남아 있다면 너무 지루해 할 것 같아 나도 같이 케이블카를 타고 미륵산 정상에 오르기로 계획을 바꿨다. 한참을 대기하다 구입한 표를 보니 번호가 9,897, 9,898번이다. 탑승 안내 번호를 보니 7,000번대가 탑승하고 있었다. 아름다운 한려수도를 조망해보려면 당연히 그 대가는 치러야겠지 하고 생각하면서도 막무가내로 기다릴 수만은 없었다. 주위를 돌아다녔다. 하늘에는 케이블카가 하부에서 상부로, 상부에서 하부로 케이블에 대롱대롱 매달려 끊임없이 관광객들을 싣고 달린다.

<한사람 음악회>가 야외 공연을 하며 기다림의 무료함을 달래준다. 노래를 지독히 좋아하는 아내는 야외 공연 차량 주변에서 시간을 때우고, 나는 승강장 주변에 개방되어 있는 야산으로 올라가 오솔길을 걸으며 시간을 때운다. 이렇게 시간을 때우는 사이 9,000번대가 탑승 준비를 하고 곧이어 우리 부부가 탑승했다. 탑승 시각은 오후 4시 58분이다. 매표한 시각이 오후 3시 5분이었으니, 정확히 1시간 53분을 기다려야만 했다.

통영케이블카 상부전망대 스카이워크

인고의 시간을 보내고 나면 반드시 희열의 시간이 온다. 덜컹거리기도 하고 바람에 흔들거리기도 하며 케이블카가 줄에 대롱대롱 매달려 상부 전망대로 이동하기 시작한다. 통영의 잔잔한 바다가 모습을 드러낸다. 섬들이 잔잔한 바다에 봉곳봉곳, 몽실몽실 솟아 있다. 바다에 둥둥 떠다니는 모습으로 보이기도 한다.

한려수도 조망 케이블카는 10분도 채 지나지 않아 상부 전망대에 도착했다. 전망대에서 내리니 짙은 안개가 서서히 끼기 시작한다. 이 무슨 조화인가. 아름답고 시원하게 펼쳐져야 할 한려수도의 조망이 희뿌옇게 변해가고 있었다. 조금 아쉬웠지만 자연의 조화를 어찌 인간이 원망할 수 있겠는가. 있는 그대로를 즐기면 그만이다. 때로는 희뿌연 안개가 낀 자연이 청명할 때의 그것보다 더 신비스러울 때도 있다. 지금이 그런 때다. 전망대에서 통영 앞바다를 한참을 둘러봤다.

상부 케이블카 승강장 전망대에서 아내에게 이제 나는 정상으로 수행을 떠나겠다고 하자, 미륵산 정상까지 15~20분밖에 걸리지 않는다며 같이 올라가겠다고 한다. 등산을 아주 싫어하는 아내가 웬일인가. 나는 반색하며 함께 정상으로 향했다.

수행로는 나무 데크 계단으로 만들어 정비를 잘해 놓았고 주변에는 숲들이 울창하다. 수행로 주변에는 작은 돌멩이로 만든 아기자기한 거북선이며

한산대첩 전망대

첨성대며 하트 조형물 등이 정감 넘치게 서 있었다. 조금 더 올라가니 신선대 전망대가 나오고 안개는 더욱 짙어지고 있다. 안개 사이로 한산도가 희미하게 보이고 제승당이 보일 듯 말 듯 한다.

　한산도라고 하면 민족의 대성웅大聖雄 이 충무공 장군을 떠올리지 않을 수 없다. 이 충무공은 한산도의 통제영 본진에서 "한산섬 달 밝은 밤에 수루에 홀로 앉아, 큰 칼 옆에 차고 깊은 시름 잠길 때에 어디서 일성호가는 남의 애를 끊나니"라는 우국충정憂國衷情이 담긴 <한산도가>를 읊으며 어떻게 왜적을 무찔러 국난을 극복할 것인지를 밤낮으로 고민했을 것이다. 이러한 고민에 따라 하나씩 하나씩 완성된 전략은 23전 23승이라는 세계 해전사에서 전무후무한 성과를 만들어냈다.

　1592년 음력 4월 13일, 15만 대군을 이끌고 부산포에 상륙한 왜군을 학익진으로 순식간에 괴멸시켜버린 <한산도대첩>은 세계 해전사에서 찾아보기 드문 완벽한 승리였다. 운무 속에 아련히 펼쳐져 있는 한산도 앞바다를 쳐다보면 400년 전 승리의 환호성이 내 귓전을 때리고 있는 듯했다.

　신선대 전망대에서 <한산도대첩>을 상상하며 한참을 두리번거리다 보니 운무는 더욱 짙게 드리워지고 아름다운 한려수도를 조망하기가 점점 더 어려워져가고 있었다. 미륵산 정상 쪽으로 발걸음을 옮긴다. 통영병꽃 군락지를 지나니 고故 박경리 묘소 전망대가 나타난다. 또다시 고故 박경리

묘소 전망대를 지나면 당포
해전 전망대가 나온다. 당포
해전은 1592년(선조 25년)
6월 2일 이순신李舜臣 함대를
주축으로 한 연합 함대가 경
상남도 지금의 통영시 산양
읍 삼덕리인 통영시 당포 앞
바다에서 왜선 21척을 격침
시킨 해전을 말한다.

봉수대 전망대

　운무가 짙게 끼어 당포 주
변 조망이 어려웠다. 다음은
봉수대 쉼터다. 짙은 안개로
주변 조망은 어려웠지만 통

봉수대 전망대에 피어 있는 아름다운 통영병꽃

영병꽃이 아름답게 피어 있었다. 통영병꽃나무는 통영에서도 마륵도에서만
자생하는 희귀한 특산 식물이라고 한다. 다른 병꽃과 비교해보면 특이하면
서도 아름답다. 정상으로 오르는 나무 데크 계단 주위에 향기를 은은하게
내뿜는 꽃들이 가득하다.

　이제 미륵산 정상이다. 미륵산 정상에서 운무가 자욱한 신비스런 풍광을
즐기다 상부 케이블카 탑승장으로 하산한다. 하산하는 케이블카도 입추의
여지가 없다. 대기 줄 길이가 100m도 넘는다. 한려수도 조망 케이블카
인기가 엄청나다. 오늘 하루만 탑승객이 1만 2,000명이 넘었다고 하고,
케이블카 건설 후 1,200만 명 이상이 탑승했다고 한다.

　미륵산에서 하산하여 지인이 맛집으로 강추한 통영 서호시장 내에 있는
<원조시락국집>에서 간단하게 저녁 식사를 했다. 시간이 너무 늦어져
문을 닫기 바로 직전에 도착해 운 좋게도 겨우 먹을 수 있었다. 아슬아슬한
순간이었다. 가성비 높은 맛집임에 틀림없었다.

　오늘 한려수도의 중심 미륵산 묵언수행은 한마디로 인고忍苦의 노력이

필요한 기다림의 연속이었다. 기다리는 시간이 무려 2~3시간은 즉히 됐으니 말이다. 그런데 미륵산 정상에서 보는 한려수도는 그 자체로 이미 역사이고, 시詩이며, 음악이며, 한 폭의 그림이다. 역사와 시, 그림과 음악 속에 푹 빠진 주인공이 되었는데 무슨 원망이 있겠는가. 그건 호사好事로움 그 자체였다.

[묵언수행 경로]

케이블카 탑승(16:58) > 케이블카 하차(17:09) > 신선대 전망대(17:32) > 통영병꽃 군락지(17:36) > 미륵산 정상(17:49-17:55) > 병꽃 군락지 (18:02) > 케이블카 탑승대(18:17)

<수행 거리: 6.41km, 소요 시간: 3시간 43분>

(케이블카 탑승 거리, 시간 포함)

황매평전에 가득 핀 철쭉꽃, 온 몸과 마음이 분홍색으로 물들다

황매산 정상에서 본 조망

그저께 5월 5일에는 통영 미륵도의 미륵산을 묵언수행했고, 어제 5월 6일은 비가 계속 내려 유람선을 타고 통영 장사도를 관광하는 일정을 잡았다. 통영 유람선 선착장에서 아침 9시 장사도로 가는 유람선을 타고 아름다운 섬 장사도 관광을 마친 오후에도 비가 계속 칙칙하게 내려 숙소에서 그냥 쉬려고 하다 통영에 언제 또다시 오겠느냐는 생각이 들어 숙소를 나와 세병관과 동피랑 언덕을 둘러본다. 다시 나오길 참 잘했다는 생각이 들었다.

부부가 함께 하는 2박 3일 여행 일정 중 마지막 날인 오늘 5월 7일은 철쭉으로 유명한 황매산을 묵언수행하면서 더불어 흐드러지게 피어 있는 철쭉의 핑크빛에 눈 호강을 하는 날이다.

황매산黃梅山은 태백산맥太白山脈의 마지막 준봉으로 무학 대사가 수도를 행한 곳으로 알려져 있다. 경남 산청군 차황면의 황매봉을 비롯하여 동남쪽으로는 기암절벽으로 형성되어 작은 금강산이라 불릴 만큼 아름답다. 정상에 올라서면 주변의 풍광이 활짝 핀 매화꽃잎 모양을 닮아 마치 매화꽃 속에 홀로 떠 있는 듯 신비한 느낌을 주어 황매산이라 불렀다고 하고, 황黃은 부富를, 매梅는 귀貴를 의미하며 전체적으로는 풍요로움을 상징한다. 또한 어느 누구라도 황매산에 올라 지극한 정성으로 기도를 하면 한 가지 소원은 반드시 이루어진다고 하여 예로부터 뜻 있는 이들의 발길이 끊이지 않고 있다. 특히 5월이면 수십만 평의 황매평전에 펼쳐지는 아름다운 선홍의 색깔을 연출하는 철쭉꽃은 보는 이의 탄성을 자아내기에 부족함이 없는 산으로 알려져 있다.

오늘은 때가 때인지라 <황매산 철쭉제> 기간이다. 철쭉제 기간 중에는 엄청난 인파들이 몰려들기 때문에 늦게 도착하면 제대로 주차할 수 없을 것이다. 하여 아무리 늦어도 아침 8시 이전에는 황매산 주차장에 도착해야 한다는 계획으로. 통영 숙소에서 새벽 일찍 일어나 여장을 대충 준비하고 황매산으로 출발한다. 제법 많은 양의 봄비가 멈추지 않고 계속 내린다. 그래도 예쁜 철쭉꽃들이 방실거리며 우리를 맞이하고 있을 것을 상상하니 마음은 벌써 철쭉꽃밭에 가 있었다.

합천 오토캠핑 주차장에 도착한 시각은 7시 57분이다. 비가 내리니 주차장은 텅 비어 있을 것이라고 단순하게 생각한 나는 깜짝 놀라지 않을 수 없었다. 주차장에는 벌써 차들이 절반 이상이나 차 있다.

차에서 내려 철쭉제 행사장으로 올라가니 합천 특산물을 판매하고 있었다. 그중 하나가 내 눈에 꽂혔다. 송기떡이었다. 여러분들은 송기떡을 아는가? 송기떡은 소나무 속껍질인 송기松肌를 멥쌀과 찹쌀가루에 섞어 반죽해 만든 떡이다. 송기를 잿물에 삶아 우려내고 멥쌀과 찹쌀가루에 섞어서 절구에 찧은 다음 익반죽해 솥에 쪄낸다. 식기 전에 바로 떡메로 쳐서 절편, 송편, 개피떡 따위로 만든 떡이다.

송기떡을 보는 순간 옛날의 추억이 그대로 확 떠오르고 머리가 띵하니 감전된 듯하더니, 연이어 침샘을 자극한다. 송기떡을 파는 아주머니에게 살 거라고

합천 특산물 송기떡

한 다음 맛보기 떡을 네다섯 조각을 먹어본다. 우와, 이런 귀한 떡을 먹어보다니 행운이다. 사실 옛날에는 송기떡이 일종의 구황식품이었지만 아이러니컬하게도 요즘은 귀하고 귀한 건강식품이 되었다. 우선 한 팩을 사서 아내에게 먹어보라고 줬더니 좋아라한다.

황매산 정상으로 오르면서 뒤돌아 본 전경. 왼쪽은 합천, 오른쪽은 산청군 지역임.

흐드러지게 핀 철쭉꽃이 온 산을 불태우고 있다.

　오늘의 묵언수행 경로는 철쭉꽃밭에 남아 있겠다는 아내를 배려해 단축
코스를 택할 수밖에 없었다. 기암괴석으로 삼라만상의 온갖 형태를 갖추고
있다는 모산재와 삼봉 즉 상봉, 중봉, 장군봉 등을 둘러보지 못한 아쉬움은
남았지만, 만개한 철쭉꽃들이 천상의 아름다움으로 우리 부부를 활짝 웃으
며 맞아 주어 아주 만족스러운 묵언수행이 되었다.

　오늘 빗속의 묵언수행은 비록 반쪽이 되고 말았지만 우리나라 최대의
철쭉 군락지인 황매산 천상의 핑크빛 화원에서 2시간 이상을 아내와 함께

운무 자욱한 철쭉군락 바위 위에서 가부좌를 틀고 앉아 보다.

머물러 온몸과 마음이 따뜻한 핑크빛으로 물든 행복한 수행이 되었다.

정상에서 내려오면서 다시 철쭉제 행사장에 들러 국밥 한 그릇, 산채전 한 접시, 합천 쌀막걸리 한 병으로 흥취를 돋우며 황매산에서의 묵언수행을 마무리한다. 그리고 귀한 송기떡을 두 딸의 가족과 나누어 먹을 요량으로 5팩을 사서 가져왔다.

[묵언수행 경로]
오토캠핑 주차장(08:24) > 태극기 게양대 – 제1철쭉 군락지(09:18)
> 황매산 철쭉제단 - 제2철쭉 군락지(10:09) > 초소 전망대(10:30)
> 산청성곽 전망대(10:51) > 황매산 정상(11:44) > 주차장(12:49)
<수행 거리: 6.81km, 소요 시간: 4시간 25분>

방장산方丈山 **79**회차 묵언수행 2018. 5. 12. 토요일

종일 내리는 빗속에서 방장산 두타 행군을 감행해 온몸이 흠뻑 젖었으나 마음만은 상쾌하기 이를 데 없는 하루였다

방장산 정상에서(비바람이 거세다)

지난 5월 7일 월요일에 아내와 함께 합천 황매산 묵언수행을 다녀오니 아내가 5월 12일~13일은 나 혼자 묵언수행을 가도 좋다고 승낙한다. 그래서 전라도 장성에 있는 방장산과 백암산을 가기로 계획했다. 하필 5월 12일 일기 예보로는 전국에 하루 종일 비가 내리고 특히 남쪽 지방에는 제법 많은 양의 비가 내린다고 한다. 그러나 비가 온다고 해도 나의 백대명산 묵언수행을 결코 멈출 수는 없다. 도저히 묵언수행이 불가능할 정도의 폭우가 아니라면 말이다.

5월 12일, 비가 부슬부슬 내리는 새벽에 백대명산 여든 번째 산인 전라도 장성 방장산으로 거리낌 없이 묵언수행에 나선다. 새벽 5시 반경에 출발해 방장산 묵언수행 들머리인 장성갈재에 도착한 시각은 오전 9시 30분이다. 들머리를 찾는 데만 30분 이상 허비했다. 백대명산 치고는 안내판이 매우 허술하다. 장성갈재 들머리에 있는 통일공원 앞에 차를 세우고 통일공원을 둘러본다. 조국통일기원비와 <우리의 소원은 통일>이라는 노래 가사가 적힌 비석, 그리고 <6.15 남북공동선언문> 전문이 적힌 남북정상회담 기념비가 세워져 있다. 우리의 소원은 통일이다. 빨리 통일이 이루어지길 바라는 마음은 모두 한마음일 것이다.

들머리

수행 경로를 대략 정하고 묵언수행
에 들어간다. 수행을 하다보면 변할 수
있으니 말이다. 항상 그랬듯이 오늘의
묵언수행도 당초 계획과는 상당히 틀
어져 버리게 된다.

비가 제법 많이 내린다. 어렵게 찾은 수행로 들머리에는 산객들의
리본만 달려 있고 들머리를 알리는 표지판은 아예 보이지 않는다. 수행로
를 따라가다 보니 '안동막가'라는 리본이 보인다. 지난 3월 18일 덕항산
묵언수행 당시에도 봤던 동일한 리본이라서 그런지 친구를 만난 듯 반갑
다. 수행로를 따라 올라가니 주변은 수목으로 우거져 있고 산객들이
오르내리는 길이 제법 선명하게 드러난다. 여기서부터 싱그럽고 매력적
인 산향이 풍기기 시작한다. 비가 내리는 와중에서도 산 공기는 진하고
선명한 향기를 내 코로 실어 나른다. 이런 향기가 쓰리봉에 이를 때까지
계속되니 비가 오고 바람이 부는데도 묵언수행을 할 가치와 이유가 충분
하지 않겠는가.

쓰리봉 표지목

빗줄기는 굵어지고, 산속에는 습기인지 운무인지가 눈앞을 가릴 정도로 자욱하다. 혼자 조용히 뚜벅뚜벅 걸어 나아간다. 비바람이 너무 심해 안경을 벗어야 했다. 우리나라 산들의 등산로 주위에 가장 많이 자생하는 식물은 조릿대다. 이 산에서도 예외가 아니었다. 조릿대와 주변의 수목들이 봄비를 맞으며 자라고 있었고, 바람에 이리저리 휘둘리고 있었다. 바람이 불어도, 비가 내려도, 걷고 또 걸으니 쓰리봉(734m)에 도착한다. 셀카로 인증 샷을 하는데도 바람에 손이 흔들려 초점을 맞추기가 쉽지 않다.

쓰리봉에서 서대봉, 연자봉으로 가는 길에는 계단이 설치돼 있고, 주변은 기묘하게 생긴 바위들이 도열해 있다. 바람이 거세고 비가 제법 많이 내려 경관을 감상하기가 쉽지 않았다. 용추폭포로 가는 갈림길이 나온다. 여기서 용추폭포까지는 1.8km. 내려 가볼까 생각하다 비바람이 심해서 그냥 통과했다. 초음속기가 하늘을 나는 소리와 같은 바람 소리가 내 귓전을 때린다.

나아가는 수행길 오른편 옆으로 커다란 바위가 나타나니 여기가 봉수대(715m)다. 봉수대에 올라 주변 경관을 동영상으로 촬영했다. 맑은 날 보면 장관일 것 같았다. 해발 715m 정도인데 앞으로는 막힘이 없다. 하지만 오늘은 운무와 바람의 조화만이 화면에 잡힐 따름이다. 바람에 몸이 흔들려 계속 화면이 떨린다.

봉수대. 비바람이 거세게 몰아쳐 몸의 중심조차 가눌 수 없었다.

비바람 속에서도 산꽃들은 피고 지며 향기를 풍기고 있고, 방장산의 기암괴석들은 운무 속에서도 그 위용을 더하고 있다. 거대한 바위를 타고 오르는 덩굴을 보라. 비바람에 아랑곳하지 않고 바위를 꼭 붙들고 자라나고 있다. 허공을 향해 외쳐본다.

"인내심 없는 자들이여! 자연 속으로 들어가 자연에 동화돼 자라고 있는 식물들에게서 고진감래의 정신을 배워보라!"

방장산 정상 표지목

봉수대를 지나니 방장산 정상(743m)이 나온다. 시각을 보니 오후 12시 35분이다. 내가 백대명산 수행 시, 산 정상에서 사람을 만나는 경우는 대부분 없었다. 물론 꽃으로 단풍으로 이름을 떨치는 명산 정상에는 사람들이 넘쳐나고 정상석에서 인증 샷 쟁탈전이 일어나기도 하지만 말이다. 오늘은 바람이 불고 비가 오는 날이다. 그러니 아예 인기척을 느낄 수 없는 것은 어쩌면 당연지사 아니겠는가. 새들이나 다른 산짐승들의 움직임조차 없었다. 비 소리, 바람 소리, 나뭇잎과 나뭇가지 흔들리는 소리 외에는 어떤 소리도 들리지 않는다. 방장산, 온 산이 그냥 자연의 소리들로 충만하다.

오늘 하루는 내가 방장산을 독차지한다. 등산화는 비에 젖어 무게가 1톤 이상이 된 듯하고, 양말에 물이 차 철벅거렸지만 무슨 대수냐. 오늘 하루 방장산은 전부가 내 것이었으니.

점심용으로 사 가지고 온 꼬마김밥을 정상에서 먹으려고 보니 비가 너무 많이 내린다. 내려가다 보면 비가 좀 멈추거나 비 피할 자리가 있겠지 하며 하산을 시작하니 운무가 점점 더 짙어지고 바람은 더욱 세차게 분다.

방장산 정상을 지나 무명 전망대에서

방장산 정상에서 약 8분을 내려가니 이름 없는 무명 전망대가 나온다. 당연히 전망이 확 틔어 있기 때문에 전망대가 설치돼 있을 텐데 짙은 운무와 비바람으로 조망을 할 수가 없다. 바람은 아직 세차게 불었지만 비는 거의 멈추었다. 바람의 역방향으로 서서 준비해온 꼬마김밥을 내놓고 에너지를 보충한다. 거의 탈진상태다. 허기가 져 식어서 딱딱한 김밥이라도 맛이 없을 리 없다. 눈 깜박할 새 꼬마김밥을 다 먹어 치운다. 그 사이에 전망대 앞의 전망이 조금씩 보이기 시작한다. 천지자연의 조화는 이렇게 오묘하다. 안개와 구름이 일고, 바람은 이들을 밀어 날려 보낸다. 탁 틘 눈앞의 전망이 순식간에 보이기도 하고 사라지기도 한다.

전망대에서 간단히 에너지를 보충하고 천지조화의 신묘함을 마음껏 보고 느낀 후, 다시 수행로를 따라 하산한다. 용추폭포가 2.5km 남았다는 이정표가 나온다. 여기가 고창고개 갈림길인가 보다. 이 갈림길에서 당초 예정했던 수행 경로를 바꾼다. 원래 계획은 방장산 휴양림 쪽으로 곧바로 내려가 택시를 불러 장성밀재로 원점회귀 하기로 계획했는데, 용추폭포로 가는 이정표 앞에서 갈등한다. 용추폭포가 평창 두타산에서처럼 또다시 나를 시험에 들게 했다.

당초 경로를 바꿔서 용추폭포 쪽으로
내려간다. 비가 멈추었다가 다시 내리며
계속 변덕을 부린다. 그래도 원래 예정했
던 경로보다는 바람은 훨씬 약하다. 녹음
도 짙고 꽃들도 피고, 누군가 돌탑들도
쌓아 올려놓았다. 언뜻 평온한 수행로로
착각이 들었다. 그러나 조금씩 나아갈수
록 그게 아니었다. 수행로를 알리는 이정
표도 보이지 않고 계곡을 따라가는 길도
끊겼다 다시 보이고, 보이는가 하면 다시
사라진다. 이를 어쩌랴. 용추폭포가 점점
가까워지는데도 수행로 주변 어느 곳에
도 용추폭포 안내하는 표시가 없다. 고창
고개 갈림길에서 2.5km 이상을 내려온
것 같은데 아직 용추폭포는 안 보인다.
이상하다는 생각이 들어 나의 동반자 '트
양에게 지도를 보여달라고 한다. 용추폭

덩굴식물은 강풍에도 끄떡없이 암벽에 바짝 붙어
잘도 자라고 있다.

포가 표시된 곳을 훌쩍 지나치고 말았다. 수행로를 거쳐 오면서 폭포가
있을 만한 곳을 다 살피며 왔건만 내가 실수로 놓쳤나 보다. 다시 '트양에게
다시 알려 달라고 부탁한다. 또다시 뒤에 있다고 알려준다. 그러기를 3번.
아무리 찾아보아도 폭포는 흔적도 보이지 않는다. 아직도 비는 추적추적
내리고 있었다.

잠시 허탈했지만 이내 평정을 되찾는다. 있는지 없는지도 모르는 용추폭
포를 상상으로만 그리면서 수행로를 따라 내려오다 보니 비교적 잘 정비된
임도와 농로가 나타난다. 입전 마을 둘레길 안내판이 나타나는 것을 보니
여기가 입전 마을인가 보다. 이제 여기서 어떻게 장성갈재로 가야 하나
그것이 문제다.

등산 지도에 용추폭
포를 찾았다면 용추폭
포에서 봉수대로 가는
길이 있는 것으로 나타
나 있었지만 이제 모든
것이 틀어져버렸다. 이제
택할 수 있는 길은 임
도와 농도를 따라 걸어

학동 저수지

가서 차량들이 다니는 도로를 찾아갈 수밖에 없다. 잠시 선유정이라는
조그만 정자에 들러 고구마 말랭이로 에너지를 충전하고 다시 수행에 나선
다. 가는 길에는 소나무들이 제법 울창한데 마치 금강송처럼 윗 표피가
붉은색이 감돌았다. 농로로 들어서니 모내기 준비가 완료된 논에는 빗방울
이 동심원을 그리고 있었고, 바람은 잔잔한 물결을 은비늘처럼 일으키고
있었다.

비는 끊임없이 내리고 있었다. 차도를 들어서 걷고 또 걸었다. 지나가는
차들을 세워 장성밀재까지 태워달라는 부탁을 할까도 하다가 그만뒀다.
온몸이 젖어 있으니 그런 부탁을 하기 어려웠기 때문이다. 장성밀재로
가는 도로가 나오는 입암 삼거거리까지 임도와 차도로 거의 12km나 걸었다.
아직도 장성밀재까지는 거의 5km 이상이나 남은 것 같다. 장성밀재는
제법 높은 고도에 있다. 비는 계속 내린다. 입암 삼거리에서 장성밀재까지
어떻게 갈 것인가를 고민하다 바로 옆에 있는 입암파출소를 찾았다.

파출소에 근무하는 경찰관 2명에게 사정을 이야기하며 장성갈재까지
좀 태워줄 수 있느냐고 부탁했다. 그랬더니 경찰관은 장성갈재에 아침부터
세워져 있는 차의 차주냐고 묻는 것이다. 그렇다고 하니 그들이 두 번이나
순찰했는데도 그대로 주차돼 있어서 걱정했다는 말을 하는 게 아닌가.
그 말을 듣는 순간 '이 경찰관들은 제대로 근무하는 국민들의 지팡이들이구
나.'라는 생각이 들어 고마웠다. 한 경찰관은 차의 앞자리에 경찰관 비옷을

깔고 온통 비에 젖은 생쥐 꼴을 한 나를 장성갈재까지 흔쾌히 태워주는 것이었다. 입암 파출소 화이팅!

오늘 종일 내린 빗속에서 방장산 수행로를 21여 km를 거닐며 내가 묵언수행을 한 이래로 가장 오랜 '알바'를 하여 그 기록을 갱신하는 하루가 됐다. 온몸이 비에 흠뻑 젖었고 육체는 피로했으나 전라도의 명산 방장산의 진기를 나홀로 독식한 완벽한 고독 묵언수행이었기에 마음은 더없이 흐뭇했다. 입암 삼거리에서 장성갈재까지 아무런 불평 없이 태워다준 경찰관에게 다시 한 번 감사드린다.

[묵언수행 경로]

장성갈재(09:30) > 쓰리봉(10:55) > 서대봉 > 연자봉(11:45) > 용추폭포 이정표(12:03) > 봉수대(12:11) > 방장산(12:35) > 전망대·점심(12:54) > 용추폭포 안내 이정표(13:21) > 입전 마을 둘레길 안내판(14:30) > 선유정(14:42) > 학동 저수지(16:48) > 입암 파출소(17:50) > 경찰차로 이동 > 장성갈재(17:59)

<수행 거리: 약 21km, 소요 시간: 약 8시간 20분>

명찰 백양사를 감싸 안은 전남 장성의 진산

백암산 상왕봉

　백암산은 전라남도 장성군의 북쪽, 장성군 북하면 신성리와 순창군의 경계에 위치하고 있는 높이 741m의 산이며 영산강과 섬진강의 분수령을 이루는 호남정맥의 한 줄기다. 내장산, 입암산(626m)과 함께 내장산 국립공원에 속한다. 남쪽으로 흘러내리는 약수천이 큰 골을 이루면서 장성호로 유입된다.

　백암산 백학봉, 사자봉 등의 봉우리는 기암괴석으로 산세가 험준하면서도 웅장하다. 산기슭에는 대한불교 조계종 18교구 본사인 백양사가 있다. 632년(무왕 33년)에 여환이 창건해 백암사라고 부르다가 조선 선조 때 환양이 중창하고 백양사라 고쳐 불렀다. 환양이 백학봉 아래에서 제자들에게 설법하고 있을 때 백양 한 마리가 이를 듣고 깨우침을 얻고 눈물을

백양사 쌍계루

흘렀고 이에 사찰의 이름을 백양사로 했다는 전설이 전해온다. 이 절의 극락전과 대웅전은 전라남도 유형문화재 제32호와 제43호로 각각 지정돼 있다. 또 백암산에는 희귀한 비자나무 숲, 굴거리나무 숲이 있는데, 역시 천연기념물 제153호와 제91호로 각각 지정돼 있다. 예로부터 봄에는 백암, 가을에는 내장이라는 말이 전해오는데 이는 백양사의 비자나무 숲과 벚꽃나무를 두고 하는 말이다.

어제는 고행승의 두타행에 가까운 방장산 우중雨中 묵언수행을 했다. 수행 거리 21km, 수행 시간 8시간이었다. 오늘은 백암산 묵언수행에 들어간다. 어제의 고행 묵언수행에 몸이 지쳐 잠이 잘 올 것 같았지만 숙소의 주변 여건이 나로 하여금 잠을 설치게 만들었다. 눈을 얼마나 붙였을까? 잠시 눈을 붙인 것 같았는데 이른 새벽 5시경에 밖에서는 꾀꼬리 소리가 유난히 맑고도 아름다운 소리를 내며 노래를 부른다. 짝을 찾고 있는 것 같았다. 어제 밤 짝이 많이 그리웠나보다.

꾀꼬리와 다른 산새들의 지저귐 소리가 경쾌한 걸 보니 오늘 날씨는 틀림없이 좋을 것이라는 예감이 들었다. 6시도 채 안되어 자리를 털고 일어나 어제 준비해 놓은 컵라면을 끓여 먹고 묵언수행에 나선다.

밖을 나서니 산새들의 경쾌한 노래 소리가 미리 예고한 것처럼 공기가 산뜻하고 날씨가 아주 청명하다. 청명한 공기를 마시며 백양사 입구로 들어선다. 백암산 백학봉의 기암괴석이 어우러져 절경이다. 이 백학봉 절경 앞에 백양사가 들어서 있다. 장성 출신 하서河西 김인후金麟厚(1510~1560, 조선 중기의 문신, 학자)는 장성의 아름다운 풍광을 보며 인생의 무상함을 이렇게 노래했다.

산수도 절로절로 녹수도 절로절로
산절로 수절로 산수간에 나도 절로
이중에 절로 자란 몸이 늙기도 하여라.

어제 제법 많이 내린 봄비로 습한 기운들이 증발하면서 안개를 일으키고 있었다. 백악봉은 그 봉우리 전부를 보여주지 않고 그 고운 자태를 운무 속으로 살짝 가린다. 백양사로 올라가는 길 주위에는 애기단풍이 잘 자라고 있었고 갈참나무 군락도 보인다. 아주 오래된 갈참나무들이다.

백학봉을 배경으로 지은 쌍계루가 나타난다. 물에 비친 쌍계루는 더욱 아름답다. 가을이 되면 쌍계루 주변에 자라는 애기단풍나무에 단풍이 든 모습을 상상해보라. 포은 정몽주 선생은 <쌍계루>라는 한시 한 수를 지어 백암산 단풍이 백학봉과 쌍계루와 어울려 연못에 비친 절경을 묘사해놓기도 했다.

쌍계루 주변 마당에는 이른 아침부터 세계 각국에서 모여 '템플 스테이' 하는 사람들이 주변 청소를 하며 마음을 깨끗이 하고 있었다. 지도 스님에게 물어보니 이들은 프랑스, 독일, 영국, 말레이시아 등 세계 각국에서 온 수행자들이라고 한다. 이팝나무도 만난다. 각진 국사라는 분이 꽂은 지팡이가 이렇게 큰 이팝나무로 자랐다고 한다. 이팝나무 꽃이 쌀알처럼,

템플스테이 하는 세계 각국의 젊은이들이 청소를 하고 있다.

팝콘처럼 조롱조롱 달려 있다.

불법을 수호하는 무섭고 엄숙하게 생긴 사천왕이 악귀가 침범하지 못하도록 동서남북 사방을 지키고 있다는 사천왕문을 지나 백양사로 들어선다. 부처님이 깨달음을 얻었다는 보리수나무 밑에는 백양사의 상징인 백양 한 마리가 설법을 듣고 있는 듯 다소곳이 서 있었다. 사찰 내에서 백암산을 쳐다보니 아직 안개가 자욱해 웅장한 모습을 드러내지 않고 있었다. 대웅전 앞에는 알록달록한 연등이 총총 달려 있어 사월초파일이 다가오고 있음을 알 수 있었다.

나도 마음으로 연등 하나를 달아 놓고 대웅전 앞에 있는 해설판을 본다. 가끔 해설판에 잘못된 오류들이 보이는데, 여기 해설판도 잘못된 부분이 있었다. 잘못된 부분은 '앞면 5칸, 옆면 2칸'으로 표시된 부분이다. 이는 '앞면 5칸, 옆면 3칸'이 맞다. 지나가는 스님에게 이 부분을 알려주고 절 내를 빙빙 돌아본다.

고불매古佛梅라고 적힌 해설판을 만난다. 매화는 매화인데 왜 고불매란 이름을 붙였을까? 그 유래가 궁금했다. 해설판을 보면 고불매는 350년 이상이나 매년 3월말부터 4월초까지 아름다운 담홍색꽃과 은은한 향기를

백양사 고불매

고불매 매실

피우고 있는 홍매라고 한다. 고불매란 이름은 1947년 만암 대종사가 부처님 원래의 가르침을 기리자는 뜻으로 백양사 '고불총림古佛叢林'을 결성하면서 이 나무가 고불의 기품을 닮았다하여 고불매라고 부르기 시작했다고 한다. 한편 매화를 좋아하는 사람들은 호남의 5매五梅로 고불매를 비롯해 선암사 선암매仙巖梅, 전남대학교 대명매大明梅, 담양군 지실마을 계당매溪堂梅, 소록도의 수양매垂楊梅를 꼽는다고 설명하고 있다. 이 고불매는 2007년 10월 8일부터 천연기념물 486호로 지정돼 보호되고 있다.

이 고불매를 보면서 아름다움과 지조의 상징인 매화가 꽃을 피우기 시작하면 호남의 5매는 물론 전국에서 이름 알려진 매화나무를 찾아다니는 심매尋梅투어를 해보고 싶다는 생각이 든다. 고불매에서 떨어진 매실을 하나 주워 맛을 본다. 새콤한 것이 여느 매실 맛과 비슷하다. 그러나 350년이 넘은 나무에서 달려 있었던 매실이니 그 귀함은 다른 매실과는 비할 수 있겠는가.

백양사의 대웅전과 극락보전으로 가서 기둥이며 처마며 천정을 살펴보고

비자나무 군락지

있노라면 그 아름다움에 취해 마음이 경건敬虔해지는 듯하다. 대웅전이나 극락보전 주련柱聯에 새겨져 있는 심오한 글귀만 공부하고 실행해도 바로 부처가 돼 아무 거리낌 없이 자유를 누릴 수 있지 않을까.

백양사 경내를 떠나 백학봉으로 진행한다. 백학봉으로 가는 길에서 청량원을 만났다. 사찰 같기도 하고 아닌 것 같기도 하다. 조국 통일을 강하게 염원하는 호국 사찰 같기도 하고 실체를 잘 모르겠다. 청량원을 떠나 백학봉으로 오르는 길에서는 천연기념물 비자나무를 마음껏 본다. 향기가 솔향 비슷하나 좀 더 부드럽고 은은하다. 비자나무는 그 잎이 '아닐 비非자' 모양이라 비자나무라는 이름을 얻었다고 한다. 천연기념물 153호 백양사 비자나무 숲을 지나 국기 제단을 지나며 수행을 계속한다.

약사암, 영천굴, 백학봉으로 가는 진입로가 나온다. 약사암 오르는 길은 <생각하며 걷는 오르막길>이란 이름이 붙어 있고 '약사암, 빨리 가면 30분, 천천히 가면 10분'이라는 글귀가 적혀 있었다. 참으로 철학적이면서 의미심장하고 오묘한 글귀가 아닐 수 없다. 별로 건강하지 않은 나에게 꼭 어울리는 글귀라는 생각이 든다. 그래, 맞는 말이다. 백암산을 천천히 그리고 빨리 둘러봐야겠다.

조그만 석굴에 자연석으로 석불을 쌓아 만들어놓은 작은 석굴암도 만났

영천굴 약사암과 기암괴석

영천굴 영천수

다. 쉬엄쉬엄 느리게 올라가니 약사암까지는 17분 정도가 걸렸다. 약사암을 떠나 영천굴로 향했다. 깎아지른 기암괴석들이 나오고 그 절벽 위를 기막히게 기어오르는 담쟁이덩굴, 절벽에서 옆으로 자라는 나무들이 아직도 뿌옇게 끼어 있는 안개 속에서 신비한 분위기를 자아낸다. 이제 영천굴이 바로 코앞에 와 있다. 양쪽 계곡 사이에 돌로 축대를 만들고 그 위에 영천굴 약사암이 제비집처럼 지어져 걸려 있고, 영천굴에는 맑은 약수가 끊임없이 샘솟고 있었다. '목마른 자들이여 나에게 오라. 여기 감로수가 샘솟으니 언제든 여기로 오라.'라고 중생을 인도하고 있는 듯하다.

영천굴에 도착하니 한 사나이가 영천굴 약사암 계단과 그 주변을 빗질하고 있었다. 이 암자의 관리인인가 보다. 영천굴에서 샘솟는 감로수를 한 바가지 마시고 빈 페트병에 물 한 병을 채우고 약사암으로 올라가봤다. 한 중년 사나이가 불경을 펴고 조용히 염불을 하고 있었다. 좀 전에 청소하던 사람이다. 행색을 보아하니 관리인은 아닌 듯하다. 이곳은 조용하고 경관이 아주 좋아 수양·수도하기에 기막힌 장소라 아마도 자주 방문하여 혼자 수도하는 사람인 것 같다.

오늘은 아침 일찍 백양사 경내로 들어갔으므로 3000원의 관람료를 절감할 수 있었다. 또 평소 묵언수행 시에도 자주 절에서 공짜 공양을 얻어먹기가 미안한 마음이 들 때가 많았다. 그래서 여기 약사암의 보살님 앞 시주통에 소액을 시주하고 나의 무례함을 용서해주실 것을 조용히 빌었다. 인자하신 약사암의 약사보살이 흐뭇하게 웃는 것 같았다. 재가수도승인 듯한 그 사나이가 아직도 가부좌 자세로 눈을 감고 깊은 생각에 잠겨 있다. 마치 미륵반가사유상처럼.

백학봉과 상왕봉 중간 지점에 아름답게 자라고 있는 소나무

영천굴에서 감로수를 마시고 약사보살이 모셔져 있는 약사암을 관람하고 백학봉으로 향한다. 이제 백학봉이 0.5km도 남지 않았다. 안개 자욱한 기암절벽을 보라. 아름답고 신비하지 않는가? 백학봉이 200m 남았음을 알리는 이정표가 나온다. 조금 지나니 학바위가 나오는데 출입 금지 지역으로 막아놓았다. 백학봉 바로 직전 계단이 나오고 드디어 백학봉에 이른다.

백학봉에서 정상인 상왕봉으로 가는 수행로 주변도 어김없이 조릿대가 나온다. 조릿대를 헤쳐 지나면서 조망이 확 트인 곳이 나오고 바위 위에서 모진 역경을 거치면서 자란 멋진 소나무 한 그루를 만난다. 나와는 반대편에서 올라온 산객 몇 명 중 여자 한 명이 높은 톤으로 "우와, 멋있다."며 반복해서 소리를 높인다. 사진을 찍어달라고 부탁하기에 찍어주고 나도 좀 찍어달라고 부탁한다.

기린봉도 통제 지역이라 스쳐 지났다. 주변 경치가 운무에 가렸다 보이기를 반복한다. 아름다움의 연속이다. 드디어 백암산 정상 상왕봉이다. 상왕봉에 도착한 시각은 오전 11시 41분. 정상에는 나 외에는 아무도 없다. 상왕봉으로 수행할 때 나와 반대 방향에서 오는 산객을 만났지만 나와 같은 방향으로 진행하는 산객은 단 한 사람도 없었다.

컵라면 하나로 아침을 때웠으므로 시장기가 도는 것은 당연하지 않겠나. 준비해 온 땟거리를 먹을 자리를 찾아도 마땅치 않다. 자리도 좁고 땡볕인데다가 조망도 없었다. 정상에서 둘러보니 10m 정도 아래에 조망이 트인 곳이 보였다. 천천히 내려가 상을 차린다. 언제나 그렇듯 단출하나 진수성찬인 상차림이다. 상을 차리고 탁 트인 전망을 바라보니, 아이쿠! 안개로 앞이 아무 것도 보이지 않고 뿌옇다. 운무가 걷히길 바라는 진언을 외운다. "수리수리 마하수리 수수리 사바하." 내 진언이 통했는지 천천히 안개가 걷히며 전망이 보이기 시작한다. 멀리 산들은 머리 위에 하얀 구름 관을 쓰고 있었고 산 너울도 희미하게 드러난다. 계곡 사이에 저수지도 보인다. 주변 경관들을 둘러보며 단출한 상차림을 최대한 거창한 듯 천천히 먹으면서 화려한 맛을 즐긴다. 앞에는 하얀 돌배꽃이 예쁘게 웃으면서 천천히 들고 가시라며 나에게 말을 건네는 것 같았다. 예쁜 산꽃들과 이야기를 나누며 점심을 먹고 난 후 아름답고 깜찍한 산꽃들과 작별하면서 하산 수행에 들어간다. 사자봉을 거쳐 청류동골을 지나 가인 마을로 향한다. 청류동골 방향으로 내려가니 물 흐르는 소리가 들리고 좀 더 내려가니 폭포 소리가 들린다. 다가가보니 세 갈래로 갈라져 내리는 아담한 폭포가 흘러내리고 있었다.

수행로 주변에는 희한한 모습을 띠고 있는 기수괴목奇樹怪木들을 무수히 만난다. 도깨비 모습인 고목, 몸에 구멍이 뻥 뚫린 고목 등 각양각색의 고목들이다. 그 고목들의 수피에는 초록 이끼들이 잔뜩 끼어 있어 서로가 공생하고 있다. 물기가 마르지 않는 계곡이라 그럴 수 있겠지만 어제 비가 제법 내려 모든 수목들과 이끼들이 생기발랄하다.

가인 마을로 접어들었다. 갑자기 거대한 고목들이 여기저기 도열해 있었다. 담쟁이도 그 고목들을 타 오르고 이끼도 새파랗게 끼어 있었다. 무수하게 달린 잎은 전부 '아니 비非자' 모양이다. 그 거대한 고목들은 청량원에서 국기 제단으로 올라가는 곳에 자생하는 비자나무보다 더 크고 오래된 듯 보인다. 오랜 인고의 세월을 견디며 수백 년을 살아왔을 가장 큰 비자나무로 다가가 껍질도 만져보고 냄새도 맡아본다. 그 비자나무 고목이 스킨십을 나누는 나에게 "어이, 청송! 오늘 백암산 묵언수행에 수고 많았소. 앞으로 남은 명산 묵언수행도 절대 멈추지 마소. 그리고 비가 오나, 눈이 오나, 바람이 부나, 더우나, 추우나 나처럼 꿋꿋하게 살아 부러!"라며 격려를 하는 것 같았다.

[묵언수행 경로]
숙소(06:55) > 백양사 매표소(07:01) > 갈참나무 길 > 백양사 (07:36-08:23) > 청량원(08:30) > 비자나무 숲 길 > 국기 제단(08;39) > 약사암(09:11) > 영천굴·영천수(09:27) > 학바위(10:30) > 백학봉 (10:40) > 멋진 소나무(11:16) > 백암산 정상: 상왕봉 - 점심(11:41-11:47) > 사자봉(13:31) > 청류동골 > 가인 마을(14:54) > 숙소(15:09)
<수행 거리: 12.6km, 소요 시간: 8시간 14분>

경주 남산南山   81회차 묵언수행   2018. 5. 19. 토요일

신라 천년의 역사를 간직한 야외 박물관 남산에서 부드러운 미소의 불향에 흠뻑 젖다

금오산 정상

　며칠 전 아내와 함께 1박 2일 일정으로 경주를 다녀오기로 약속했다. 나는 백대명산인 경주 남산에서 묵언수행을 위주로 하고, 아내는 불국사를 비롯한 경주 국립공원 일대 관광을 위주로 할 요량이었다. 오늘 우리 부부는 아침 일찍 경주로 출발한다. 12시경 경주 서남산 주차장 근처에 도착해 간단히 점심을 먹고 아내는 불국사로, 나는 남산으로 향한다. 야외 박물관인 남산으로의 묵언수행은 이렇게 시작된 것이다.

　남산은 경주시 남쪽에 솟아 있는 산으로 신라인들에게는 신앙의 대상이

되어 왔다. 금오봉(468m)과 고위봉(494m)의 두 봉우리에서 흘러내리는 40여 개의 계곡과 산줄기들로 이루어진 남산은 남북 8km, 동서 4km로 남북으로 길게 뻗어 내린 타원형이면서 약간 남쪽으로 치우쳐 정상을 이룬 직삼각형 모습을 취하고 있다.

<경주 국립공원 남산 지구 설명 자료>(2018. 5. 19. 자료)에는 경주시 남산은 세계 문화유산으로 지정된 곳으로 지금까지 129구의 불상과 150곳의 절 터, 99기의 석탑, 왕릉 13기, 고분 37기, 건물 터 20곳 등이 산재해 있는 노천 박물관이라 소개하고 있다. 이어 신라인들은 남산을 곧바로 불국토라고 여겼으며 남산 자체가 신라의 절이며 신앙 그 자체라고 적고 있다. 또 남산은 신라 천년을 품고 말없이 흥망성쇠를 지켜본 산이다. 남산 서쪽 기슭에 있는 나정蘿井은 신라의 첫 임금인 박혁거세의 탄생 신화가 깃든 곳이며, 양산재는 신라 건국 이전 서라벌에 있었던 6촌의 시조를 모신 사당이다. 또 포석정은 신라 천년의 막을 내린 비극이 서린 곳이다. 이렇듯 남산은 수많은 신라 유물과 유적지가 발견된 곳이다.

남산 수행 들머리에 도착한 시각은 오후 1시경이었다. 늦봄이라 날씨는 제법 무더웠다. 삼릉계곡으로 들어서니 빼곡히 들어선 소나무가 솔향을 풍기며 짙은 그늘을 만들어 수행자를 맞이한다. 향기로운 솔향에 시원한 그늘, 생각해보시라 얼마나 상쾌하겠는지를. 삼릉을 잠깐 둘러본다. 삼릉은 신라 제8대 아달라왕, 제53대 선덕왕, 제54대 경명왕의 무덤이 한 곳에 모여 있어 삼릉이라고 부른다고 한다.

이제 수많은 불상을 친견하러 삼릉계곡을 샅샅이 훑어 나간다. 정상으로 향하는 수행로를 약간 벗어난 곳으로 올라가 한없이 자비로운 미소를 머금은 <마애관음보살상>을 친견하고 난 후 수행로 바로 옆에 자리 잡고 있는 <석조여래좌상>을 만난다. 이 불상은 머리와 손이 잘려나간 채 몸통만 덩그렇게 남아 있었다. 탄식부터 나온다. 이럴 수가 있을까? 이러한 반문명적 범죄를 저지른 자는 과연 누구란 말인가? 이런 반문명적 파괴행위를 목도目睹한 수행자는 마음을 가라앉히고 정상으로 향하며 또 다른 불상을 찾아 나선다.

삼릉계곡 석조여래좌상, 머리 부분이 없다. 어느 누구의 짓인가.

삼릉계곡 마애관음보살상

머리와 손이 없는 <석조여래좌상> 바로 지척의 거리에 <선각육존불>이 나온다. 남산에서는 드물게 선각으로 된 여섯 부처님이 두 개의 바위면에 모셔져 있다. 자비로운 표정과 흘러내릴 듯한 옷 주름의 표현이 유려하여 마치 붓으로 그린 것 같은 느낌이다.

계속 능선을 따라 수행하다 보면 보물 제666호인 <삼릉계 석조여래좌상>이 자비로운 미소로 수행자를 맞이한다. 이 불상은 항마촉지인을 하고 연화좌위에서 결가부좌한 석불좌상인데, 파손된 채 방치되다가 2007~2008년 보수공사를 통해 제 모습을 찾았다고 한다. 제6사지 <마애선각여래좌상> 해설판을 읽어보며 <마애선각여래좌상>을 찾아보았으나 인연이 닿지 않았는지 내 눈에는 도저히 보이지 않았다.

다시 수행로로 접어든다. 급경사를 20여 분 올라갔을까. 조촐한 모습을 한 상선암이 나타난다. 상선암 바로 옆에는 <제9사지 선각보살상>이 나온다. 아쉽게도 이 선각보살상도 파괴돼 누워 있는 바위에 하반신만 선각으로 남아 있었다. <제9사지 선각마애불>을 지나고 금송정琴松亭으로 향한다. 금송정으로 가는 수행로는 경주 시내가 내려다보이고 주변의 산들이 물결처럼 너울거리는 모습이 보이기 시작한다.

금송정에 들어서니 아름다운 소나무와 기암괴석들이 어우러져 절경을 이루고 있었다. 금송정은 원래 이 곳 금오산에 있던 정자였는데, 경덕왕 때 음악가 옥보고가 가야금을 타고 즐겼던 곳이라 한다. 옥보고는 이곳

삼릉계곡 선각육존불

금송정에서 바위들과 솔잎 사이로 지나가는 바람 소리와 하늘에 흘러가는 흰 구름을 벗 삼아 가야금을 뜯으며 세상의 시름을 잊었다고 한다. 오늘은 마침 오랜만에 날씨가 괜찮다.

금송정

매일 미세먼지로 온통 뿌옇던 회색 하늘이 흰 구름 사이사이에 코발트색을 드러내고 있다. 바람도 살랑살랑 불어댄다. 금송정 바위 위에 가만히 앉아 있으니 옥보고의 가야금 타는 소리가 아니라도 바람이 소나무와 바위 사이를 지나면서 아름다운 선율旋律을 만들어내고 있었다.

금송정에서 잠시 머물며 서정에 잠겨 있다가 몸을 일으켜 금오봉으로 향한다. 금오봉이 800m 남았다는 이정표가 나오고 좀 더 가니 <마애석가여래좌상>이란 해설판이 나온다. 거대한 바위 벽면에 6m 높이로 새긴 이 불상은 남산에서 2번째로 큰 불상이

삼릉계곡 마애석가여래좌상

라고 해설하고 있었다. 수행자는 이 해설판을 보고 주위를 두리번거리며
<마애석가여래좌상>을 아무리 찾아보아도 그 주위에는 없었다. '이게 뭐야'
하면서 고개를 아래로 돌려보았다. 그런데 저기 아래 암벽을 보니 거대한
불상이 떡 버티고 있는 게 아닌가. 부처님이 암벽 속에 숨어 있다가 부드럽게
미소를 지으며 막 튀어 나오고 있는 것 같은 모습이다.

　금송정에서 금오봉까지의 수행로는 산 중턱에 있으면서도 북서쪽이 확
트여 앞의 전망이 시원스럽게 펼쳐지고 주변 곳곳이 기암절벽을 이루고
있었다. 그 기암절벽 속에 수천수만의 부처님이 숨어 있을 것이란 생각을
하며 금오봉으로 발걸음을 옮긴다.

　마애석가여래좌상 해설판에서 30여분 수행을 하니 금오산 정상에 닿는
다. 넓은 평지에 정상석만 덩그렇게 서 있었다. 사방이 숲으로 가려 있어
조망도 시원하지 못하다. 인증 샷 한 컷 찍고 <용장사곡 삼층 석탑>으로
향한다. 약 20여 분을 지나니 가파른 계단이 나오고 계단을 내려가면서
보이는 하늘은 청명하다. 수행로 주변에 문화재의 파손물로 생각되는 다듬
어진 석재들도 보인다. 계속 암릉이 나오고, 암릉 옆에는 어김없이 청송이
조화를 이루어 신비경을 만들어 낸다.

용장사곡 삼층 석탑

얼마 지나지 않아 <용장사곡 삼층 석탑>을 만난다. 용장사의 법당보다 높은 곳에 세워진 이 탑은 자연 암반을 다듬어 이를 기단으로 삼아 세워 놓았다, 이는 결국 남산 전체가 이 탑의 기단으로 여기도록 고안된 것으로 탑의 윗부분이 파손되어 높이는 4.42m이지만 하늘에 맞닿을 듯이 높게 보인다. 자연과의 조화미를 살린 통일신라 후기의 대표작이라고 한다. 삼층 탑 주변의 단단한 암반에는 분재같이 아름다운 세 그루의 소나무가 꿋꿋하게 자라고 있다. 신라인들의 탁월한 예술 감각을 더욱 돋보이게 하는 상면이다. 때마침 다람쥐 한 마리가 나타나 수행자가 무엇을 하는지 물끄러미 지켜보고 있었다.

잠시 후 <삼륜대좌 석조여래좌상>을 친견한다. 참으로 아쉽게도 이 불상도 머리가 사라져 버리고 없었다. 이 불상은 높이가 일장육척인 미륵장육상이라고 추정하는데 삼륜대좌 위에 모셔진 독특한 형식의 불상이다. 또 바로 옆 자연 암벽에는 마애여래좌상이 항마촉지인 자세로 온화한 미소를 지으며 앉아 있었다.

용장사지를 지나 설잠교雪岑橋에 이른다. 설잠교는 용장골 계곡에 걸려 있으며, 용장골이란 신라 시대에 용장사가 있었다 하여 붙여진 이름이고, 용장사는 통일신라 시대에 창건된 절이라고 하는데, 이 용장사에 조선 초 매월당梅月堂 김시습이 금오산실을 짓고 칩거하며 우리나라 최초의 한문 소설인 <금오신화金鰲新話>를 비롯한 수많은 시편들을 ≪유금오록遊金鰲錄≫에 남겼다. 설잠교는 이 유서 깊은 용장골에 다리를 놓아 매월당 김시습을 기리기 위해 김시습의 법호法號인 설잠雪岑을 따서 설잠교라 불렀다고 한다.

설잠교를 지나 용장 골로 수행을 이어가는

용장사곡 석조여래좌상, 머리 부분이 파괴되고 없다.

데, 용장골 주변은 천인단애 사이로 맑은 물이 청아한 소리를 내며 구불구불 흘러내리고, 주위에 우거진 소나무에서 솔향을 뿜는다. 너무 편안하고 아름답다. 잠시 맑은 물로 세수를 하고 고개를 드는데 저 멀리 푸른 하늘을 배경으로 <용장사지 삼층석탑>이 보이는 게 아닌가. 바로 곁에서 보는 것과는 하늘과 땅 차이다. 과연 남산 자체가 탑의 기단基壇이라 탑은 하늘을 찌르듯 우뚝 솟아 있었다. 이 얼마나 작고도 거대하며, 아름답고도 장엄한 것이냐. 용장골을 벗어나 용장골 주차장, 월평대군 단소를 지나고 경애왕릉을 거쳐 서남 주차장으로 돌아왔다.

오늘 남산의 묵언수행은 여러 가지로 나를 어리벙벙하게 만들었다. 널브러진 유물들과 아름다운 자연 경관 때문이다. 낮지만 위대한 산 남산에는 걸음걸음마다 불상이 미소를 짓고 있었고, 각종 유적들이 널브러져 있었다. 신라인들은 돌을 흙 주무르듯 다루었다고 어느 누군가가 말했다. 정말 돌을 흙 주무르듯 다루지 못했다면 이렇게 많은 불상이 남아 있었겠느냐는 생각에 미쳤을 때, 르네상스 시대의 3대 거장 미켈란젤로(1475-1564)의 조각에 대한 생각이 떠오른다. 그는 돌덩이 안에 조각할 형상이 이미 들어 있다고 생각했다. 따라서 '조각이란 형상을 새기는 것이 아니라 쓸데없는 부분을 제거하여 돌 안에 갇힌 형상을 끄집어내 주는 작업'이라고 정의했다. 신라인들은 돌덩이를 한번 척 보면, 그 안에 어떤 불상이 들어 있는지를 바로 감별할 수 있었기에 이 많은 불상을 돌에서 끄집어 내놓지 않았을까. 그렇다면 미켈란젤로의 조각관은 이러한 신라인들로부터 차용한 것이라 주장한다면 그것은 너무 발칙한 상상일까.

남산은 뛰어난 유적들과 그리고 역사가 널브러져 있을 뿐만 아니라 자연 경관 또한 뛰어나다. 변화무쌍한 많은 계곡이 있고 계곡마다 옥수청류玉水淸流가 흐른다. 기암괴석들이 만물상을 이루고 있다. 더구나 얼마나 많은 부처님이 숨어 있을지도 모를 신비스런 기암괴석이 즐비하다. 세간에는 "남산에 오르지 않고서는 경주를 보았다고 말할 수 없다."는 말이 있다.

멀리 산꼭대기에 용장사곡 삼층 석탑이 보인다.

이는 곧 자연의 아름다움에 더해 신라의 오랜 역사, 신라인의 미의식과 종교의식이 예술로서 승화된 곳이 바로 남산이기 때문이지 않을까. 남산은 한마디로 정의하라면 거대한 사찰이요, 거대한 탑이요, 부처님 그 자체다. 그리고 야외 박물관이다.

[묵언수행 경로]

서남산 주차장(13:03) > 삼릉(13:13) > 마애관음보살상(13:38) > 삼릉계 석조여래좌상(13:43) > 선각 육존불(13:52) > 삼릉계 석조여래좌상(14:11) > 제6사지 마애선각여래좌상(14:17) > 상선암(14:33) > 제9사지 선각보살상(14:33) > 제9사지 선각마애불(14:42) > 금송정(14:58) > 삼릉계곡 마애석가여래좌상(15:36) > 금오산(남산정상 15:37) > 용장사곡 삼층 석탑(14:05) > 용장사곡 삼륜대좌석조여래좌상(16:15) > 용장사곡 마애여래좌상(16:16) > 용장사지(16:21) > 설잠교(16:39) > 용장골 > 용장리 주차장 > 월성 대군 단소(17:41) > 경애왕릉(18:03) > 서남산 주차장(19:52)

<수행 거리: 10.19km, 소요 시간: 5시간 3분>

신비로운 운무가 펼치는 신비경神秘境 속에서 신선이 되다

운문산 정상석

　경상북도 청도에는 운문산(1,188m)이 있는데 산 이름에는 하늘에 떠 있는 구름의 세계로 솟은 산이란 뜻이 담겨 있다. 이 산에서 비롯해 운문면의 행정 구역이 생겼고, 운문사雲門寺라는 이름이 태어났다. 운문사는 고려조 국존國尊이었던 일연一然 선사禪師가 ≪삼국유사≫를 집필한 곳이며, 임진왜란 때에는 박경전朴慶傳 일가가 의병을 일으켜 왜적을 물리쳤던 호국의 장소다. 현재는 비구니의 수행 도량이다. 청도는 오염되지 않은 청정 지역으로, 청도清道라는 군 이름이 그래서 생겼다고 한다.

　또 운문산은 <영남알프스>의 중추를 이루는 산이다. <영남알프스>란 명칭은 영남 지방에 높이가 1,000m가 넘는 7개의 산군(가지산, 천황산-재약산, 신불산, 영축산-취서산, 고헌산, 간월산, 운문산)이 있어 꼭 유럽의 알프스처럼 아름답다고 해 붙여진 이름이다. <영남알프스>는 운문령을 경계로 동쪽으로는 고헌산이 우뚝 솟아 있고, 서쪽으로는 가지산, 운문산, 억산 등이 솟아 있다. 험산과 준령으로 제법 소문난 <영남알프스>지만 동쪽보다는 서쪽 능선에 고봉이 많이 솟아 있는 셈이다. <영남알프스> 전체 27산 중 운문산은 가지산(1,241m)에 이어 세 번째로 높은 산이다.

오늘 운문산 묵언수행은 2017. 3. 25. <영남알프스>의 최고봉 가지산에 이어 <영남알프스>를 이루는 산군들 중 두 번째 산인 셈이다. 수행자는 운문산을 오르기 위해 수행로를 운문사 쪽에서 찾아봤으나 1983년부터 <자연휴식년제>에 묶여 운문사 쪽 등산로는 폐쇄됐다고 한다. 할 수 없이 밀양 석골사 쪽에서 운문산을 오르는 방법을 택할 수밖에 없었다.

석골사 입구 주차장에 주차한 시각은 새벽 6시 28분경이었다. 차에서 내리니 심상찮은 물소리가 들린다. 석골폭포는 시원한 물 세 갈래를 떨어뜨려 한곳에서 만나게 한 다음 또다시 세 갈래로 분리하여 떨어뜨리는 높이 10여 m의 2단 폭포였다. 계곡물은 맑고 물소리는 거칠 것 없이 시원스러웠다. 석골사를 거쳐 치마바위, 정구지바위를 거쳐 자연석 돌탑 군이 모여 있는 너덜겅으로 향한다. 석골사는 신라말기의 선승 비허備虛 스님이 창건한 사찰로 통도사의 말사다. 오늘은 부처님 오신 날(2018. 5. 22.) 하루 전날이라 극락전 앞마당에는 오색연등五色燃燈이 주렁주렁 달려 있었다. 속세의 중생들이 부처님께 연등을 바쳐 각자의 소원을 빌고 있는 것이다. 수행자는 마음속으로만 연등을 달고는 수행을 이어간다. 치마바위, 정구지바위, 자연석 돌탑군으로 가는 수행로는 처음에는 평평한 돌을 길에 깔아 포장을 해놓은 길이지만 가다보면 점점 거칠어지기 시작한다. 나무숲들 사이로 제법 웅장한 암봉이 보이기도 한다. 소나무들이 우거져 있고 누워서 자라는 소나무 저편으로 제법 우뚝 솟은 암봉 위 하늘은 잿빛 구름이 덮여 있었다. 상운암이 2.3km 남았다는 이정표를 지나니 길은 더욱 거칠어지기 시작한다. 주변에는

상운암 가는 수행로 주변의 너덜겅, 수많은 자연석 탑을 쌓아놓았다.

너덜겅이 보이기 시작하고 그러면서 물이 제법 흘러내리는 계곡을 지나기도
한다. 조그만 바위 위에 하얗고 조그만 글자로 운문산을, 그리고 뻘건 큰
글자로 상운암을 써놓고 화살표를 그려 수행로를 안내하고 있는 것을 보고
그 투박하고도 소박함에 웃음이 '씨익' 나오지 않을 수 없었다. 이어 치마바위
가 나오고 로프를 타고 암릉을 오르니 곧바로 정구지바위가 나온다. 바위
밑 부분에 하얀 글씨로 '정구지바위'라고 써놓았기에 망정이지 그렇지 않았
다면 수행자에게 영원히 미스터리로 남았을 것이다. 참으로 허접한 보통
바위에 이렇게 거창한 이름을 왜 붙였을까하는 것은 나에게 아직도 풀리지
않는 화두의 하나다.

상운암 1.7km 전방을 지나간다. 신기하게도 연리근 나무의 뿌리로 조그만
바위를 서로 감싸 안고 자라고 있었고 바위로 이루어진 계곡에는 꼬마
폭포들이 제법 힘차게 흘러내리고 있었다. 연등이 드문드문 나타나고 있어
상운암이 가까워지고 있음을 알려주고 있었다. 시각을 보니 아직 8시에
지나지 않았다. 제법 가파른 길을, 그것도 너덜길 혹은 너설길을 수행을
해왔으므로 몸이 에너지 충전이 필요함을 알려온다. 꼬마폭포들이 흘러내
리는 곳에 멍하니 앉아 잠시 에너지를 충전하니 다시 힘이 솟는다. 조금

더 수행해가니 자연석 돌탑이 나오고 좀 더 나아가니 바위에 흰 페인트로 '나무아미타佛'을 써놓고 부처님 상이 그려져 있었다. 마애석불조각이 아니고 참으로 소박한 그림으로 그려 놓았다. 금동불상이나 마애석불이나 종이에 소박하게 그림 그린 부처상과 무슨 차별이 있겠는가. 차별 자체가 불심佛心과는 거리가 먼 것 아니겠는가.

이제 수행길 오른쪽으로는 너덜겅이 나타난다. 너덜겅은 무수한 바위와 돌조각들이 널려 있다. 그 너덜겅 위에는 누군가가 수백 기의 크고 작은 탑을 만들어 놓았다.

그런데 갑자기 안개가 일기 시작한다. 순식간의 일이다. 너덜겅의 탑들이 보였다 사라지기를 반복한다. 가시거리가 10m도 채 안 되는 것 같다. 그러니 수행로 주변은 고요와 신비로 가득 차 있다. 이 신비롭고도 갑작스런 조화가 운문산이란 이름이 어떻게 생겼는지를 단적으로 보여주는 것이 아니겠는가. '하늘에 떠 있는 구름의 세계로 솟은 산', '구름의 문으로 드는 산'이란 이름 딱 그대로의 현상이 일어나고 있는 것이었다.

너덜 지대의 탑군을 지나니 갑자기 '쏴' 하는 소리가 들린다. 돌아보니 3~4 갈래의 3~4단 폭포가 흘러내리는 모습이 짙은 안개를 뚫고 희미하게 보였다. 참으로 신비한 모습이다. 또 고도를 높일수록 수량이 많아 보이니

숲속에 숨은 폭포를 발견하다.

더욱 신묘한 현상이 아닐 수 없었다. 폭포 쪽으로 당장 내려가 보고 싶은 충동이 생겼지만 아무리 봐도 접근할 수 있는 수행로를 찾을 수 없었다.

어쩔 수 없이 다시 수행에 나선다. 하얀색, 노란색 야생화들이 수행로 주위에서 모습을 드러내 안개 속에서 촉촉한 물기를 머금은 채 더욱 생기발랄하고 청초함을 과시하고 있었다. 상운암-운문산 갈림길 이정표가 나온다. 수행자는 먼저 상운암으로 향한다. 불과 50m 거리인데 상운암으로 보이는 건물은 자욱한 안개 속에서 실루엣만 보인다. 다가가서 살펴보니 상운암은 흔하게 보던 기와지붕의 아담한 암자가 아니고 소박하기 짝이 없었다.

수행자가 산중에서 본 암자 중에서 가장 소박하고도 외진 곳에 있었는데 암자라기보다는 차라리 산중에 집을 짓고 사는 외딴 산골의 살림집 같았다. 집은 세 채로 되어 있다. 한 채는 가건물로 '관음전'(법당)과 '상운암'이라는 조그만 현판을 붙여 놓아 암자로 사용하고 있었고, 또 한 채는 슬레이트 지붕을 이은 낡은 집인데 요사채로 활용하는 것 같았다. 마지막 한 채는 원두막처럼 지어 놓았는데 한여름 무더위를 피해 휴식하는 곳으로 활용하면 아주 그만일 것 같았다. 마당은 제법 널찍하다. 밭을 일궈 채마밭으로 활용하는 듯했다. 안개가 워낙 짙어 바로 옆에 있는 집조차도 희미하게 보였으니 주변의 풍광을 조망하기는 완전 불가능했다. 볼 수만 있다면 조망이 아주 좋을 것 같았으나 보지 못해 섭섭하기는 했지만, 운문산이 왜 운문산인지를 알게 해줬으니 그것만으로 만족할 수밖에 없었다.

수행자가 안개 속에서 상운암 주변을 이렇게 돌아다녀도 아무런 인기척이

상운암 입구

없다. 그냥 그대로 운문산으로 이동할까 생각하면서 입구로 나오다가 관음전을 들여다보며 "아무도 없습니까?"라고 인기척을 했더니 그제야 나이는 70세 전후로 보이는 마음

착해 보이는 스님 한 분이 나왔다. 그분은 내일이 <4월 초파일>이라 연등을 달 준비를 하고 있었다.

그 분과 이런저런 이야기를 하고 난 후 나오려다가 '여기는 거의 1,000고지 이상이고 생필품의 운송 수단도 오로지 등짐을 지고 나르는 수밖에 없는 외진 곳인데 이분이 이런 외진 곳에서 어떻게 먹고 살지?'라는 생각이 갑자기 떠오르는 게 아닌가. 일종의 측은지심惻隱之心이랄까. 이것이 인연이 되어 나도 금일봉을 드리고 연등을 부탁하게 된다. 이런 인연으로 연등을 부탁한 후, 나는 스님과 작별을 하기 전 스님에게 "스님 사진 한 장 찍어도 되겠습니까?"라고 물어보니 괜찮다고 하면서 다소곳한 포즈까지 잡아주신다. 사진 한 장을 찍고는 스님과 작별하고 운문산으로 향한다. 마음이 가볍다. 내가 부처님께 가호를 빌어서이기보다는 측은지심이라는 선한 마음이 아직도 살아 내 가슴속을 지배하고 있다는 믿음이 들어서다. 상운암에서 무려 17분이란 시간을 보낸 후 운문산 정상으로 향한다.

상운암에서 운문산 정상까지 이제 불과 700m 거리가 남았다. 상운암을 나서니 보라색 병꽃과 연분홍 철쭉꽃이 활짝 펴 함박웃음을 머금고 수행자를 격려하고 있었다. 상운암에서 나선 지 30분이 채 안 걸려 정상에 이른다. 정상은 널찍한 평지인데 정상석과 하트형 소나무 한 그루가 나를 반갑게 맞이한다. 하트형 소나무는 참으로 깜찍스럽고 앙증스럽고 귀엽다. 안개가 자욱하여 <영남알프스> 산군이 펼치는 파노라마는 조망이 불가능하다. 널찍한 정상 주위를 돌아보니 아직도 철쭉들은 아름답게 피어 있었다. 정상에서 하트형 소나무와 주변의 철쭉꽃을 마음대로 감상한 후 억산으로 향한다. 억산은 정상에서 4.1km 거리에 있다. 수행자는 하트형 소나무에게 특별히 "천년만년 건강하고 아름답게 잘 자라다오."라고 인사하며 작별을 고한다.

수행로는 딱밭재로 이어진다. 딱밭재는 옛날 주변에 닥나무가 많아서 붙여진 이름이라고 한다. 닥나무는 잘 알다시피 한지의 원료로 쓰인다. 그러나 지금은 시대의 변화로 자취를 감추어 버렸다. 딱밭재로 가는 수행로

운문산 정상에서 자라는 하트형 소나무

는 짙은 안개로 녹음의 나뭇잎들과 꽃잎들은 습기를 촉촉이 머금고 있어 더욱 생기발랄했다. 수행로 주변을 돌아보니 산들과 수목들은 안개로 스푸마토 기법의 풍경화를 그리고 있다. 용문산을 묵언수행 할 때와는 느낌이 완전 다르다. 같은 스푸마토기법으로 보이더라도 하나는 신비로운 안개로 인함이요, 하나는 스모그라는 공해로 인함이다. 안개 자욱한 운문산의 수묵산수화같은 풍경은 마냥 신비스럽게 보인다.

딱밭재로 가는 수행로는 제법 거칠다. 오르내림이 반복되고 암릉이 연속돼 로프를 타야하는 구간도 있다. 그러니 수행에 체력 소모가 제법 클 수밖에 없다. 그러나 수행자는 운문의 신비에 도취해 스스로가 진경산수화 속의 주인공이 된 것 같은 느낌을 받으니 오히려 몸과 마음이 가볍고 산뜻하다. 범봉(962m)을 거쳐 하얀 돌배꽃 향기를 마시며 삼지봉(904m)에 이른다. 짙은 안개 속인데다 주변은 수목이 가득하다. 역시 주변 조망은 불가능하다. 적막寂寞 속에서 몽환적인 분위기가 더욱 고조된다.

잠깐 수행하는 사이 팔풍재에 이른다. 이 재는 옛날에는 운문과 밀양의 산내를 잇는 교역로였는데 오래전부터 재의 기능이 끊겨버린 상태다. 요즘은 흐릿하게 남아 있는 수행로를 산객들만 간간히 오르내릴 뿐이다. 이제 해가 중천中天에 솟아올랐을 정오正午가 지나고 있는데도 안개는 그대로

범봉

삼지봉

자욱하다. 보통 안개는 해가 떠오르면 걷히기 마련인데 말이다. 팔풍재를 지나니 나무로 제법 멋지게 만든 데크 계단이 나온다. 오른쪽은 암봉의 단애斷崖이고 왼쪽은 낭떠러지다. 왼편 저 멀리 보이는 것은 오로지 희뿌연 안개뿐이다. 데크 계단을 오르니 우뚝 솟은 암봉들이 희뿌연 안개 뒤에서 비단 망사를 덮어쓴 듯 은밀한 위용을 과시하고 있었다.

억산(954m)에 올라서니 여긴 속계俗界가 아니다. 여긴 바로 선계仙界다. 안개와 구름 위에 솟아오른 억봉에 오르니 그냥 멍해지며 그 단어 이외의 다른 수식어는 딱히 떠오르지 않는다.

나는 억산 정상 주변 황홀경에 빠져 두리번거린다. 맞은편 운문산과 억산 사이의 골짜기에는 지척이 분간되지 않을 정도로 안개가 자욱했으나 운문산과 그 위에 하늘이 희미한 파스텔 톤으로 드러나기 시작한다. 그러더니 1분도 채 지나지 않아 계곡의 안개는 더욱 짙어만 가는데 구름이 둥둥 떠다니는 파란 하늘이 나타나고 운문산이 그 모습을 드러내기 시작하는 것이었다. 참으로 신비스럽고 절묘한 풍광을 연출하고 있었다. 잠시 후면

억산

안개가 모두 걷히겠지하며 기다려 봤지만 끝내 계곡의 안개는 사라지지 않았다. 그래 맞다. 신비로움을 다 보여주면 이미 그건 신비로움이 아니지 않는가.

수행자는 어제 경주에서 사온 경주보리빵 한 개, 연꽃빵 세 개, 구운

달걀 두 개, 생수 한 병을 선경의 한 중심에서 식탁을 차놓고 운문산과 억산 신령에게 '고수레!'하며 예를 표하고 감사하게 먹는다. 그리고는 안개가 자욱한 운문산 선경 속에서 신선이 돼버린다.

≪명심보감明心寶鑑≫에 '일일청한일일선一日淸閑一日仙'이란 구절이 나오는데, '오늘 하루 맑고 한가롭게 산다면 오늘 하루 동안은 신선이다.'란 뜻이다. 나는 오늘 하루 신선이 됐으니, 내일도 가급적이면 일일청한一日淸閑하면서 살아가련다. 그러면 내일도 또 신선이 될 테니까.

[묵언수행 경로]

밀양 석골사 입구(06:28) > 석골폭포(06:32) > 석골사(06:37) > 치마바위(07:36) > 정구지바위(07:44) > 자연석 돌탑군(08:34) > 상운암(09:15-09:32) > 운문산 정상(10:01-10:09) > 딱밭재(11:09) > 범봉(11:32) > 삼지봉(11:47) > 팔풍재(12:08) > 억산 - 점심(12:38-12:48) > 대비골 > 석골사 입구(14:34)

<수행 거리: 12.99km, 소요 시간: 8시간 6분>

억산에서 바라본 운문산, 운무에 좀처럼 모습을 드러내지 않는다.

경기 5악 중 산수가 가장 수려하다는
운악산에서 유유자적하다

운악산 정상 비로봉에서

　운악산은 이미 몇차례 이야기 했지만 화악산華岳山, 관악산冠岳山, 감악산紺
岳山, 송악산松嶽山과 함께 경기 5악에 속하는 데 그 중에서도 산수가 가장
수려한 곳으로 알려져 있다. '운악산이란 이름은 망경대를 중심으로 높이
솟구친 암봉들이 구름을 뚫을 듯하다 해서 붙여진 이름이며, 현등사의

이름을 빌려 현등산이라고도 한다. 수행자는 오늘 운악산을 오르고 나면 개성에 있는 송악산을 제외한 경기 4악의 묵언수행을 마치게 된다.

20여 년 전인가 회사 동료 한 명과 한 번 오른 적이 있었다. 그때의 기억은 밧줄을 타고 암벽을 오르고, 하산할 때 인적이 드문 어느 폭포 아래에서 비취색 맑은 물에 '알탕'했던 기억이 새록새록 나지만 다른 기억은 거의 남아 있지 않다. 그때는 아마도 5월경이었던 것 같다. 몸은 땀에 흠뻑 젖었고 얼굴은 염전과 같았다. 그러니 어찌 인적이 드문 운악산 계곡에 흐르는 비취색 물을 보고 뛰어들지 않을 수 있으랴. 비취색 맑은 물의 유혹에 우리들은 물로 뛰어들었다. 나는 10초를 견디지 못하고 "아악!" 하는 소리를 지르며 물 밖으로 뛰쳐나오고 말았다. 물이 얼음물처럼 차가웠기 때문이다. 아니 얼음물보다 더 차가웠던 것 같다. 같이 간 동료는 체중이 꽤 나가서 그런지 차가움에 둔감해서인지 몰라도 나보다 훨씬 오래 잘 견디며 재미있게 '알탕'을 한 기억이 난다. 그때는 그 동료가 부럽기도 했었다.

그날 이후 정말 오랜만에 경기의 소금강이라는 운악산을 묵언수행한다. 수행 경로는 청룡능선을 거쳐 최근 신설된 백호능선(와불능선)을 타는 것으로 정했다.

운악산 주차장은 시설이 아주 잘 돼 있었는데, 태양광 발전 셀을 지붕으로 덮어 일석이조의 효과를 거두고 있었다. 한글로 된 현등사 일주문과 조병세, 민영환, 최익현의 신위를 모신 삼충단을 지난다.

떠나가 버린 선녀를 막연히 기다리다가 눈썹바위가 됐다는 나무꾼의 전설이 깃든 눈썹바위가 나타난다. 눈썹바위 하면 생각나는 곳이 보현사가 있는 석모도 낙가산이다. 낙가산 눈썹바위 밑에 있는 거대한 벽에는 관음보살 부조가 새겨져 있다, 우리나라 3대 해수관음상 중 하나라고 한다. 가피력이 높은 곳으로 소문이나 불교도들이 끝없이 찾고 있는 명소임은 말할 나위 없다. 그러나 그건 어디까지나 석모도 낙가산에 있는 눈썹바위 밑에 있는 해수관음상 이야기이고, 현등사 눈썹바위와는 별반 관계가 없다.

눈썹바위

눈썹바위를 지나면 암릉이 나타나고 로프를 타야하는 구간이 나와 수행로가 제법 험해지기 시작한다. 갑자기 조망이 트이기 시작하고 운악산의 아름다운 속살이 보이기 시작한다. 깎아지른 듯한 주상절리가 역逆'U'자, 즉 '∩' 모양으로 병풍처럼 둘러쳐져 있었다. 이것이 바로 운악산 절경 중의 하나인 병풍바위인가 보다. 우뚝 솟은 봉우리들도 나온다. 이러한 암봉들이나 병풍바위들의 아름답고 기기묘묘한 모습은 설악산이나 금강산에서나 봄직한 그런 풍광이었다.

병풍바위

병풍바위를 한껏 바라보다가 미륵바위 쪽으로 수행을 이어간다. 수행로
는 더욱 거칠어진다. 쇠로 만든 로프가 설치돼 있었고 발을 겨우 디딜
수 있도록 바위에 마치 스테이플러를 찍어 놓은 듯한 'ㄷ'자 모양의 금속
발받침을 박아두었다.

끙끙거리며 올라서니 소나무 숲 사이에 바위 2개가 쌍을 이루며 절의
대웅전 앞에 주로 세워져 있는 당간지주幢竿支柱처럼 우뚝 솟아 있었다. 좀
더 올라가니 숲 사이로 보였던 당간지주의 모습은 사라지고 없었다. 대신에
거대한 바위들이 거의 모습을 드러낸 채로 우뚝 솟아 있었는데, 자세히
바라보니 미륵불이 자비로운 모습으로 떡하니 좌정坐定하고 있는 게 아닌가.
그 미륵바위들 사이에 쏙쏙 혹은 쑥쑥 고개를 내밀고 있는 고고한 모습으로
자라고 있는 소나무들은 좌정하고 있는 미륵불을 더욱 부드럽고 자비스럽게
만들고 있었다.

신비스러운 미륵바위를 떠나 정상으로 향한다. 미륵바위에서 약 20여
분을 다시 로프를 타 'ㄷ'자 발받침을 딛고 올라가니 바위 위에 소나무
한 그루가 있다. 그 나무를 보는 순간 가슴이 '쩡'해지고 말았다. 왜냐고?
그 소나무는 그야말로 최악의 환경을 극복하면서 악착같이 살아가고 있었기
에 그것을 바라보니 쩡할 수밖에 없었다. 그 소나무는 바위 위로 자기의

미륵바위

키보다도 더 길게 뿌리를 뻗어 내리며 물을 찾아다니고 있었다. 그것뿐이라면 그래도 다행일 텐데 하필이면 엎친 데 덮친 격으로 사람들이 지나다니는 수행로 위로 뿌리가 뻗어 있다. 애타게 물을 찾아 헤매고 있는 뿌리를 지나다니는 사람들은 아무 생각 없이 무자비하게 그 위를 밟고 지나다니고 있으니 더욱 가슴이 아프다. 혹 이 묵언수행기를 읽는 독자분들은 이 수행로를 오르내릴 때 그 소나무의 뿌리를 절대로 밟지 말아 달라는 부탁을 하고 싶다. 수행자는 소나무에게 비록 힘들겠지만 오래도록 튼튼하고 아름답게 악착같이 잘 살아 달라고 신신申申 당부하고는 수행을 계속한다.

가엾이 자라는 소나무, 등산객들이 뿌리를 무참히 밟고 다닌다.

곧 만경대에 이른다. 만경대라면 만 가지 경치를 볼 수 있는 곳이어야 하는데 잘 보이지 않는다. 사실 수직절벽에 가까운 곳의 꼭대기이니 보일리 없다. 아래에서 바라볼 때 만경봉이 구름을 치솟아 올라 운악산이라는 산 이름을 탄생시켰다는 그곳이다.

만경대에서 얼마 안가 정상인 비로봉이 나온다. 비로봉은 제법 널찍하다. 정상석이 두 개나 서 있으니 보기가 좀 혼란스럽다. 훌륭한 자연은 자연스럽게 그대로 놓아둬야하는데 왜 이렇게 인위가 많이 개입되는지 모를 일이다. 그러나 수행하는 자는 자연을 즐기면 그만이다.

백사 이항복의 한시 한 수가 정상석 뒷면에 새겨져 있었다. 옛 선인들의 유유자적함에 그저 감탄할 따름이다. 수행자는 언제 이렇게 멋진 시 한 수를 부담 없이 노래할 수 있을까. 옛 선인들이 부럽다.

<懸登寺현등사> / 이항복

雲岳山深洞 운악산심동
懸燈寺始營 현등사시영
遊人不道姓 유인불도성
怪鳥自呼名 괴조자호명
沸白天紳壯 비백천신장
攢靑地軸傾 찬청지축경
殷勤虎溪別 은근호계별
西日晚山明 서일만산명

운악산은 골이 깊기도 한데
현등사를 처음으로 창건하였네.
노니는 사람은 성을 말하지 않는데
괴상한 새는 절로 이름을 부르누나.
뿜어내는 샘물은 하늘의 띠가 장대하고
모여든 산봉우리는 지축이 기울도다.
다정하게 호계에서 작별을 하니
석양빛에 저문 산이 밝구려.

　　정상 비로봉에서 모 브랜드 선정 백대명산 탐방을 목표로 하는 한 쌍의
젊은 부부와 청년 한 사람을 만났고, 정상 주를 판매하는 사람을 만난다.
그 부부 중 남편은 2년 만에 백대명산을 완등했고, 부인의 백대명산 도전을
돕고 있다고 한다. 대단한 사람들이다. 젊은이도 부부들이 도전하고 있는
브랜드의 백대명산 탐방 행사가 있다는 것을 최근에 알고서 다니고 있는데
지금까지 10좌정도 올랐다고 한다.
　　산 정상에서 정상 주를 한잔한 후 백호능선(와불능선)으로 하산 수행을
하기로 정하고 정상에서 내려오면서 보니 숲속에 있는 쉼터에는 여러 사람
들이 평상에 모여 간식을 먹고 있었다. 나도 간단하게 싸온 간식을 먹으러

그곳에 자리를 잡으니 십여 명의 사람들이 자리에서 일어나 제 갈 길로 떠나고 남은 사람은 나와 여자 일행 두 명에 남자 한 명 해서 총 네 명이 남았다. 간식을 먹으면서 남아 있는 세 명이 그곳 평상에 누워하는 이야기가 똑똑하게 들려온다. 남과 여가 세상을 어떻게 하면 잘 살아갈 수 있는지에 대한 이야기다.

간식을 먹고 백호능선으로 하산 수행을 하는데 주차장에 도착할 때까지 한 사람도 만나지 못했다. 조용한 백호능선을 따라 내려오니 남근바위가 나온다. 남근바위를 거쳐 우거진 숲 사이 수행로를 헤쳐 나가니 조망이 좋아지기 시작한다. 거대한 바위 더미가 나타난다. 북방식 고인돌 모습이다. 안내판이 없으니 나는 이게 고인돌 바위라고 생각해버렸다.

남근바위

고인돌바위

고인돌 바위에서 계속 하산하면서 마당바위를 찾는다. 아무리 둘러봐도 마당바위 이정표가 나오지 않는다. 정상에서 2km 정도를 내려오니 커다란 바위더미가 보인다. 주위 경관에 매료되어 배낭을 풀고 한참을 구경했다. 그러다 저 바위가 마당바위일 수도 있겠다 싶어 그 바위 위에 올라가본다. 오르니 바위의 넓이는 마당처럼 넓었고 운악산의 아름다운 전모가 거의 조망되고 있는 곳이다. 정상 주를 파는 분이 "마당바위 위에서 백운산을 보면 정말 끝내줍니다."라고 한 말이 불현듯 생각났다.

나는 그 바위 군이 마당바위인지 아닌지 괘의掛意하지 않고 너무 좋아서 그 바위 위에 벌러덩 나자빠졌다. 햇살이 따가웠지만 때때로 바람이 살랑살랑 불기에 시원하기도 하다. 유유자적이란 이런 것일까. 등은 따뜻하고

마당바위

얼굴에는 송골송골 땀이 맺히지만 바람이 불면 시원 청량하다. 마당바위에서 10여 분 이상을 뒹굴다 다시 하산 수행을 한다. 계곡에서 물 흐르는 소리가 들린다. 오랜만에 듣는 물소리다. 물의 유혹에 못 이겨 물가로 간다. 수억 년 된 화강암이 백색을 띠고 있다. 맑은 물이 흐른다. 쉬리는 물속에서 유유히 유영을 하고 있다. 어찌 이런 맑은 물을 그냥 지나치리오. 염전처럼 땀범벅이 된 얼굴을 씻고 세족을 한다. 묵언수행의 피곤은 물 따라 흘러간다.

이번 운악산의 묵언수행도 참으로 좋았다. 아름다운 백운산 경관, 즉 병풍바위 미륵바위 등 기암괴석에 감동하고, 고달프게 살며 끈질기게 살아가는 소나무는 나로 하여금 다시 측은지심惻隱之心을 불러 일으켰으며, 마당바위에서 이리 뒹굴 저리 뒹굴 하며 신선 노릇도 해보고, 쉬리가 사는 일급수에 세안 세족까지 했으니 더 이상 무엇이 부럽겠는가. 다만 운악산에 그 많다는 폭포를 만나지 못하였고, 운악산 서봉을 올라가지 못했다는 점은 조금 아쉬웠다.

[묵언수행 경로]

운악산 주차장(08:12) > 식당가 > 현등사 일주문(08:26) > 눈썹바위 (09:10) > 병풍바위 전망대(10:04) > 미륵바위(10:28) > 명품소나무 (10:50) > 만경대(11:03) > 정상: 비로봉(11:10-11:26) > 남근석 전망대 (11:55) > 절 고개 > 고인돌바위(12:18) > 누워 쉰 마당바위 (13:02-13:12) > 탁족(14:50) > 일주문(15:09) > 주차장(15:21)

<수행 거리: 8.6km, 소요 시간: 7시간 9분>

남이 장군의 기개를 좇아,
내 친구 강 변호사의 추억 여행을 따라

축령산 정상

어제 고등학교 친구인 강 변호사와 다른 친구 한 명과 같이 잠실 새마을 시장 내 자주 찾는 족발 집에 모여서 간단히 저녁 회식을 하던 차에 강 변호사가 나에게 내일은 어느 산으로 수행을 떠나느냐고 묻는 것이었다. 나는 토, 일요일 양일간 백대명산 중 아주 오래 전에 올라가본 적이 있으나 기록이 남아 있지 않은 축령산과 유명산 2좌를 수행할 것이며, 어느 산을 먼저 수행할 것인지는 오늘 밤에 결정할 생각이라고 대답했다. 그랬더니 강 변호사가 축령산은 자신이 고시 공부를 한 추억이 있는 산이니 같이 가면 어떠냐고 제안하는 게 아닌가. 내가 좋다고 하니 축령산에서 같이 공부한 대학 동기 검사 출신 모 변호사를 합류시켜도 불편하지 않겠느냐고 묻는다. 그렇게 아름다운 추억을 간직하며 사시에 같이 패스한 친구를 둔 강 변호사가 나는 부러웠다. 그들이 합류해서 산행을 같이 하자는데 거절할 이유가 없었다. 이렇게 해서 세 명이 축령산과 서리산 묵언수행을 떠나게 된다.

축령산은 경기도 남양주시 수동면 외방리와 가평군 상면 행현리의 경계에 위치한 산이다. 산 높이는 886m다. 철쭉 군락지로 유명한 서리산과 인접해 있어 이미 서너 차례 다녀온 적이 있다.

축령산이란 이름에는 이성계와 관련된 지명 유래가 여럿 전해지고 있다. 이성계가 왕으로 등극하기 전 이곳으로 사냥을 왔는데 하루 종일 산을 돌아다녀도 짐승 한 마리 잡을 수가 없었다. 허탕을 치고 돌아가는데 몰이꾼으로 참가했던 사람들이 이 산은 신령스러운 산이라 고사를 지내야 한다고 하자 이성계는 다음날 산 정상에 올라 고사를 지냈고, 고사를 지낸 후 다시 사냥을 하니 멧돼지를 다섯 마리나 잡게 됐다. 이런 일이 있은 후 멧돼지를 다섯 마리를 잡은 산이라 하여 '오득산'이라 부르게 됐다고 하고, 고사를 지낸 산은 '빌령산' 또는 '축령산'이라 부르게 됐다고 한다. 또 다른 이야기로는 남이 장군이 신령님께 기도 드린 산이라는 데서 유래했다고 전해진다.

축령산은 다른 이름으로는 '비룡산'이라고도 불린다. 산골짜기에서 용이 승천했다는 전설에서 붙여진 이름이다. 또는 빌령산과 발음이 비슷해서 불리어진다고 추정하는 사람도 있다. 그 외 ≪한국지명유래집≫에는 축령산을 비랑산(非郞山)이나 비령산(飛靈山)이란 이름으로도 불리었다고 기록하고 있다.

서리산은 경기도 남양주시 수동면과 가평군 상면에 걸쳐 있는 산으로 높이는 832m이다. 서리산은 북서쪽이 급경사라 항상 응달이 져 있어 서리가 내려도 쉽게 녹지 않아 늘 서리가 있는 것 같아 보인다고 서리산이라 부르게 됐다고 한다. 상산霜山이라고도 한다. 서리산은 축령산 북서쪽으로 절고개를 사이에 두고 3km 정도 거리에 있으며, 이 두 산이 축령산 자연 휴양림을 분지처럼 휘감고 있다. 유명한 축령산 이름에 가려 세간에 잘 알려지지 않았던 서리산이 정상 300여 m 아래에 있는 철쭉 동산이 알려지기 시작하면서 유명세를 타기 시작했다. 요즘은 철쭉 철에 많은 인파들이 찾아온다. 서리산 철쭉은 수령 20여 년이 넘는 키가 큰 철쭉으로 흰색에 가까운 연분홍 꽃을 피운다. 철쭉 동산 언덕은 면적은 그리 크지 않지만 서울에서 가깝고 교통이 편해 멀리가지 않고도 철쭉을 즐길 수 있는 철쭉 산행지라 인기가 좋다. 서리산 철쭉은 대체로 5월 10~20일 사이에 만개한다.

우리 일행은 잠실새내역 1번 출구에서 아침 8시 50분경 만나서 축령산 휴양림 주차장으로 떠났다. 축령산 휴양림 주차장에 도착한 시각은 대략 오전 9시 50분경. 축령산 들머리 안내판을 보며 수행 경로를 정한다. 먼저 축령산을 오르고 서리산에는 가지 않고 절고개에서 휴양림주차장으로 빠질 것이냐 아니면 서리산을 거칠 것이냐를 정하자고 하니 이구동성으로 서리산을 가겠다고 한다. 그러니 이견 없이 수행 경로가 정해진다.

수행 경로는 휴양림 주차장 - 수리바위 - 남이바위 - 축령산 정상 - 절고개 - 서리산 - 철쭉 동산 - 화채봉 삼거리 - 주차장에 이르는 약 8km 구간이다.

우리는 휴양림 주차장에서 축령산 들머리를 지나 우거진 숲을 가파르게 올라 수리바위에서 도착한다. 수리바위는 모양이 독수리 부리처럼 생겼다는데 나무에 가려 잘 보이지 않는다. 독수리바위 위로 올라가니 바위가 제법 널찍하다. 그 바위 위에는 소나무 한 그루가 꿋꿋이 제법 운치 있게

수리바위와 소나무

자라고 있다. 온갖 풍상을 견디며 멋지게 자란 소나무가 강인한 생명력을 자랑하는 듯하다. 천인만장의 독수리바위 위에서 아래를 내려다보니 오금이 저려온다. 그 사이 멀리 보이는 풍광은 멋지기 이를 데 없다.

정상 쪽으로 발걸음을 옮긴다. 어느새 남이바위가 나온다. 남이南怡 장군이 축령산에 올라 무예를 익히고 호연지기를 길렀던 곳이란다. 여기서 남이 장군의 기개 넘치는 시 한 수가 떠오르지 않을 수 없다.

白頭山石磨刀盡(백두산석마도진)
豆滿江水飮馬無(두만강수음마무)
男兒二十未平國(남아이십미평국)
後世誰稱大丈夫(후세수칭대장부)

백두산의 돌들은 칼을 갈아 다 닳았고,
두만강 물은 말이 마시어 말랐구나.
사나이 스무 살에 나라를 태평하게 못 하면,
후세에 누가 대장부라 칭하겠는가.

우리 일행 세 명은 남이 장군이 앉아 의자처럼 움푹 파였다는 남이바위에 걸터앉아 각종 자세를 취하면서 장군의 호방한 기개를 마음껏 되새기니 호연지기浩然之氣가 갑자기 가슴속으로 강하게 밀려드는 느낌을 받는다. 다 늙은 주제에 무슨 호연지기냐라고 한다면 할 말 없다. 그런데 어느 누구나 지금 '현재'가 가장 큰 선물이요, 가장 젊은 때가 아닌가. 내 스스로가 그렇게 생각하면 그런 것이다.

남이바위에 앉아서

신령스런 축령산 정기를 받고 두런거리며 정상으로 향한다. 정상으로 향하는 길은 제법 험하다. 암릉도 있고 밧줄을 타야하는 구간도 있다. 수행로도 흙으로만 이루어진 편한 길이 아니다. 그러나 모두 조용히 열심히 수행하다 보니 어느덧 축령산 정상에 도달한다. 여러 다른 산객들이 인증 사진을 찍는다고 야단법석을 떤다. 그들이 모두 사진을 다 찍고 난 다음 우리 일행도 조용히 인증 사진 한 컷을 찍고는 하산 수행에 들어간다.

예전에 없었던 나무 데크 계단도 생기고 수행로가 많이 좋아졌다. 산을 오르는 산객들에게 이런 인조 계단이 많이 생기는 게 좋은지 안 좋은지 잘 모르겠다. 각자 받아들이는 게 다르니 정답이 있겠는가. 절고개 근처까지 내려와 뒤로 돌아보니 축령산 정상이 보인다. 아름다운 보랏빛 각시가 나를 향해 방긋 웃음을 날린다. 각시붓꽃이다.

서리산 정상에서

축령산에서 서리산으로 이어가는 수행로는 거의 순탄한 길이다. 멀어져가는 축령산 정상을 때때로 뒤로 돌아다보면서 나아가면 축령산과 서리산 사이에 절고개가 나오고 절고개에서 40~50분 정도 수행하면 서리산 정상이 나온다. 오늘도 미세먼지에서 하늘은 자유스럽지 못해 축령산과 서리산 정상에서도 조망이 그렇게 선명하지도 않고 뿌옇다.

서리산 정상에서 조금만 내려가면 철쭉 동산이 나온다. 서리산의 철쭉 동산은 매혹적인 연분홍 꽃이 피는 수도권 최대 자생 철쭉 군락지이다. 면적 2.5ha가 넘는 자생지에 높이 3~5m, 수령 20~50년생의 철쭉이 1만 그루 이상 자생한다고 한다. 철쭉꽃이 만개되는 시기는 대략 5월 10일 전후인데 오늘은 6월 9일이니 만개일로부터 한 달이나 지났으므로 철쭉꽃이 한 송이라도 남아 있을 리 없다. 우리가 꽃놀이를 위해 서리산에 온 것이 아니고 묵언수행을 위해 온 것이니 섭섭할 리 없다. 그러나 누구라도 철쭉 동산을 지나면서 철쭉이 만개하는 철을 생각해보면 참으로 황홀할 것 같다는 생각이 절로 든다.(사실 수행자는 만개철에 맞춰 2~3차례 다녀왔기 때문에 단순한 상상이 아니다.)

철쭉 동산에 접어들면 우선 철쭉나무의 크기에 놀란다. 분명히 관목灌木임에도 교목喬木같은 나무가 여기저기 눈에 띈다. 관목은 보통 높이가 2m

내외이고 사람의 키보다 낮은 나무이고 교목은 높이가 8m넘는 나무를 말한다. 철쭉나무가 관목임에도 나무 둘레 지름이 30cm 이상인 나무와 사람 키의 2~4배가 넘는 나무들이 즐비하다. 다른 유명한 철쭉 군락지에서는 보기 쉽지 않은 특징이다. 사람이 다니는 길은 철쭉나무들로 터널을 이루고 있고, 다니지 않는 길은 마치 밀림을 방불케 한다.

지금은 철쭉 동산이 녹음으로 뒤덮고 있지만, 매혹적인 연분홍색 아름다운 꽃을 어느 날 갑자기 박상(뻥튀기)이 뻥 터지듯 아름다운 철쭉이 여기저기 부풀어 올라 피어나는 날, 사람들은 인산인해를 이루며 그 아름다움에 탄성을 지를 것이다. 수행자는 지난 2015년 5월 10일 만개 시기에 맞춰 철쭉 동산을 찾았는데, 정말 전국 각지에서 엄청난 인파들이 모여들어 서리산 철쭉의 아름다움에 여기저기서 탄성을 지르고 있는 장면을 직접 목격했다. 나는 그때의 감동을 이렇게 표현했다. "연분홍 꽃들이 나를 반긴다. 내 몸과 마음이 서서히 연분홍빛으로 변한다. 황홀하다."라고. 우리는 육안肉眼으로 볼 수 없는 연분홍 향연을 심안心眼으로 마음껏 느낀 후 주차장으로 돌아와 귀경을 서둘렀다.

오늘 젊은 시절 축령산 추억이 고스란히 떠오른다는 두 변호사와 함께 즐거운 묵언수행을 다녀왔다. 잠실역에 도착한 후 다음을 기약하면서 간단한 회식會食도 하지 않고 쿨하게 헤어진다. 그야말로 조용한 묵언수행이었다.

나의 여든네 번째 묵언수행에 동행해준 강 변호사와 박 변호사 두 분에게 정중히 감사드린다.

[묵언수행 경로]
휴양림 주차장(09:50) > 축령산·서리산 들머리(09:59) > 수리바위(10:43) > 남이바위(11:26) > 축령산 정상(11:56) > 절고개(12:50) > 서리산 (13:36) > 철쭉 동산(13:53) > 화채봉 삼거리(14:28) > 주차장(15:10)
<수행 거리: 8km, 소요 시간: 5시간 20분>

산 이름 유래부터 아주 특별한 유명산에서
아주 특별한 묵언수행을 하다

유명산 정상석

　어제 나의 친구 강 변호사와 그의 친구인 박 변호사와 함께 축령산 묵언수행을 다녀왔다. 오늘은 나홀로 배낭을 꾸려 유명산 묵언수행을 나선다.

　유명산有明山은 경기 가평군 설악면에 있는 산으로 높이는 862m다. 유명산은 산 이름의 유래가 특별한데, 1973년 <엠포르산악회>가 국토 자오선 종주를 하던 중 당시에는 잘 알려지지 않아 지도상에 이름도 없는 이 산을 발견하고 명명했다고 한다. 산 이름은 산악회 대원 중 홍일점이었던 '진유명'이라는 여성의 이름에서 따왔다고 한다. 이처럼 아주 특별하게 산 이름이 붙여진 산은 우리나라에서는 아마도 유명산이 유일무이하지 않을까. 이후 유명산 이름에 대한 논란도 이어졌다. 당시 지도상에만 이름이 없었을 뿐 ≪동국여지승람≫과 ≪대동여지도≫에는 이미 '마유산馬遊山'이라 기록돼 있었기 때문이다. '말을 방목했다'는 뜻에서 마유산이라고 했다고 전해진다.

어쨌든 유명산은 동쪽으로 용문산(1,157m), 어비산과 이웃해 있고, 그 사이에 약 5km에 이르는 아름다운 계곡을 포함하고 있다. 산줄기가 사방으로 이어져 있어 얼핏 험해 보이나 능선이 완만해서 가족 산행지로도 적합하다. 관광 명소로는 용이 하늘로 올라갔다는 전설을 지닌 용소와 용문산에서 흘러내린 물줄기와 합쳐져 생긴 유명계곡이 유명하다.

아침 일찍 산 이름의 유래가 특이한 것으로 유명有名한 유명有明산 묵언수행을 출발한다. 유명산 자연 휴양림 주차장에 도착한 시각이 오전 8시 10분이다. 매표소에서 표를 사면서 등산 안내도가 없느냐고 물으니 안내도 1장을 준다. 주차를 하고 안내도를 자세히 살펴보니 유명산 등산로가 2개 코스로 표시돼 있었는데 그 유명하다는 유명계곡을 거쳐 올라가는 것도 가능한 것 같아 기대가 부풀어 올랐다. 왜냐하면 유명계곡으로 오르는 경로가 자연 휴식년제로 폐쇄됐다는 말을 어느 누군가의 산행기에서 읽은 적이 있기 때문이다. 그러나 채 5분도 가지 않아 그 기대는 깨지고 만다. 등산로 입구에 들어서니, 출입 통제 구간임을 알리는 현수막이 커다랗게 붙어 있다.

할 수 없이 개방된 밋밋한 등산로를 따라 오른다. 약 400m 정도 밋밋하면서도 제법 가파른 수행로를 따라 오르다 보니 유명계곡에 있는 박쥐소로 갈 수 있는 안내판이 있었다. 도대체 왜 박쥐소일까? 궁금하지 않을 수 없다. 그래서 정상으로 향하지 않고 박쥐소 방향으로 발길을 돌렸다. 처음에는 울창한 숲 사이 길을 산허리를 따라 평지를 가는 듯했으나 곧 이어 하산하는 느낌을 받을 정도로 내리막을 걷게 된다. 어찌 보면 계곡으로 가는 길이기니 다시 내려가는 것이 당연할 터다. 1km 정도 내리막을 수행하

유명계곡 박쥐소

니 박쥐소가 나온다. 계곡에서는 옥류玉流가 흐르고 계곡과 그 주변의 돌들은 백옥처럼 하얗다. 가끔씩 새들도 옥류가 흐르는 소리에 장단을 맞춰 노래 부른다. 아름다운 자연의 소리에 귀 기울이니 정신이 맑아진다. 박쥐소라는 이름은 소沼의 양편에 있는 바위 밑 동굴에 박쥐가 산다고 해서 붙여진 이름이라고 한다.

유명계곡에 흐르는 청아한 물소리와 지저귀는 새소리, 시원한 바람소리의 조화로운 하모니를 뒤로 하고 박쥐소에서 1km를 다시 올라 갈림길까지 가야 한다고 생각하니 꽤나 서글프다는 생각이 든다. 도무지 발걸음이 떨어지지 않는다. 언제 다시 유명계곡을 오겠느냐며 고민하다 금선禁線을 넘어가기로 즉 유명계곡을 따라 오르기로 수행로를 바꾼다.

계곡로를 계속 따라 오른다. 계곡과 그 주변의 바위는 유달리 하얗다. 수만 년, 수억 년 동안 유명계곡 옥류가 절차탁마切磋琢磨해 그렇게 하얗게 만들어 놓았을 것이리라. 늦게 피고 있는 쪽동백꽃이 예쁘다. 계곡이 깊어지고 신비로움도 깊어진다. 용소가 가까워지나 보다. 나약한 인간들은 신비로움 앞에 자기의 바람이 이루어지길 기도하며 경건히 탑을 쌓아올리는 성향이 있다. 그것은 예나 지금이나 마찬가지인 것 같다. 유명계곡 용소 앞에도 조그만 조약돌들로 정성스럽게 쌓아올린 돌탑이 보인다. 나도 정성으로 만든 그 돌탑 위에 자그마한 돌 3개를 올려놓으며 그들의 소망이 이루어지도록 힘을 보탠다.

유명계곡 용소

용소를 거쳐 지나다보니 또 다른 무명의 소가 나타나고 소 앞에 있는
바위는 갈라져 있어 형상이 고래가 큰 입을 벌리고 있는 것 같다. 그 벌린
입 속을 자세히 보니 용이 턱 하니 걸터앉아 있다. 용이 유명계곡을 거슬러
올라가다 잠깐 휴식을 취하고 있는가 보다.

이어 마당소가 나온다. 마당처럼 넓어서 그렇게 이름 붙였을 것 같다.
어비산자락과 유명산자락 계곡 물이 합수되는 지점을 통과한다. 합수 지점
은 유명계곡이 끝나는 지점이기도 하다. 정상까지 1.4km 정도 남았다.
계곡을 벗어나니 수행로는 바위 자갈길에서 황톳길로 바뀐다. 비탈은 제법
있지만 걷기는 바윗길보다 편하다.

왜 그런지 모르겠지만 유명산 소나무는 유달리 가지가 많다. 반송의
일종인 것 같은데 반송보다는 모양이 예쁘지는 않은 것 같다. 인간이 감히
나무를 평하다니 그것도 주제 넘는 일 아닌가. '자연'은 스스로 그렇게
존재하는 것인데.

정상이 얼마 남지 않았다. 조망이 확 트이기 시작한다. 수행로 주변의
각종 야생화들이 정상으로의 수행에 마지막 힘을 보탠다. 드디어 유명산
정상이다. 사람들이 바글거린다. 정상에서 바라보이는 원·근경遠·近景의 산수
화山水畵와 정상 주변의 꽃, 나비, 새들의 화훼영모도花卉翎毛圖를 마음껏 감상하
며 즐기다 정상석을 배경으로 셀카 한 장을 찍고는 가만히 그리고 조용하게

유명산 정상으로 가면서

하산 수행을 한다.

유명산은 한참 오래전에 가족들과 올라간 적이 있었으나 활공장까지 밋밋한 오르막길만을 올라 그 기억이 뚜렷이 남아 있지 않았다. 그러나 이번 유명계곡을 거친 묵언수행을 통해 유명산有明山이 유명有名한 산임을 깨닫게 해주었다.

유명산 묵언수행을 마무리 한 후 찾아간 곳은 <중미산 막국수집>. 이 집은 맛집으로 꽤나 소문나 있나 보다. 넓은 주차장에 차들이 가득하다. 번호표를 받아 기다려야 한다. 기다리다 먹는 막국수. 기다리다 먹어서 그런지 맛이 꽤 괜찮다. 다 먹고 나오다 주차 관리하는 사람에게 "이 집 장사가 이렇게 잘 되는교?" 하고 물으니 그분이 하는 말씀, "휴일에는 돈을 마대자루에 담아 가지고 갑니다."하고 대답한다.

[묵언수행 경로]

자연 휴양림 주차장(08:20) > 등산로 입구(08:30) > 박쥐소. 정상 갈림 길(08:43) > 박쥐소(09:05) > 용소(09:35) > 마당소(10:09) > 합수 지점 (10:15) > 정상(11:19-11:25) > 박쥐소. 정상 갈림길 > 주차장(12:27)
<수행 거리: 7.47km, 수행 시간: 4시간 7분>

우리나라 3대 생기처 중의 하나, 마이산에서

암마이봉 정상

　우리나라에서 기氣가 제일 세다는 산을 꼽으라면 마니산, 마이산 그리고 태백산을 꼽는다고 한다. 기氣가 무엇인지 그 실체가 분명하진 않지만, 나는 그냥 막연하게 사람에게 좋은 기운을 불어넣는 에너지로 정의하고 싶다. 마니산에 가면 마니산이 기가 제일 세다고 자랑하고, 마이산을 가면 마이산이 기가 제일 세다고 자랑한다. 태백산은 태백산대로 천제단天祭壇이 있고 우리나라 양대 강인 한강과 낙동강의 발원지가 인근에 있어 기가 센 명산이라고 자랑한다. 어쨌든 마니산, 마이산, 태백산 이 세 산이 우리나라 3대 생기처生氣處임에는 분명한 것 같다.

　오늘은 우리나라에서 기氣 세기로는 둘째가라면 서러워할 마이산을 묵언수행한다. 마이산馬耳山은 전북 진안군에 있는데, 두 암봉巖峰이 나란히 솟은 형상이 말의 귀와 흡사하다고 해서 붙여진 이름이다. 동쪽 봉우리가 숫마이봉(680m), 서쪽 봉우리가 암마이봉(686m)이라 부르는데. 중생대 말기인 백악기 때 지층이 갈라지면서 두 봉우리가 솟은 것이라고 한다. 숫마이봉과 암마이봉 사이의 448층계를 오르다 보면 숫마이봉 중턱에 있는 화엄굴에서 약수가 솟는다는데 현재는 출입금지라 올라가보지 못해 아쉽다. 신비하게 생긴 바위산이 있고 자연 경관이 아름다워 도민 휴양지로 지정돼 있다. 또 이갑룡 처사가 평생 동안 쌓았다는 80여 무더기의 석탑과 함께 마이탑사가 유명하다. 그 외 은수사, 금당사, 북수사, 이산묘 등의 문화재가 있다. 마이산은 계절에 따라 이름을 달리 부른다. 봄에는 돛대봉, 여름에는 용각봉, 가을에는 마이봉, 겨울에는 문필봉으로 불린다.

마이산 탑사로 가면서

마이산 묵언수행은 남부 주차장에서 출발한다. 금당사, 탑영제, 부부시비를 지나 탑사에 도달한다. 탑사는 두 암봉 사이에 끼어 있는데 탑사로 접어들면 이갑룡 처사가 평생 동안 쌓았다는 80여 기의 자연석 석탑이 신기한 모습을 드러내며 장관을 이룬다. 그런데 더욱 기이한 것은 곧 무너질 듯 위태위태하게 쌓아올려져 있음에도 불구하고 아무리 세찬 바람이 불어와도 흔들릴지언정 무너지지는 않는다고 한다. 부처님의 가호가 있어서인가?

탑사에서 탑사계곡을 이루는 암벽을 보노라면 마치 천연두를 앓은 자국처

마이산 탑사 전경

럼 여기저기에 구멍이 숭숭하게 뚫려 있다. 이를 지질학적 용어로 타포니 (Taffoni)라고 한다는데, 금정산의 금샘처럼 수평으로 구멍이 뚫려 있는 그나마(gnamma)와 구분되는 것이라고 한다.

이제 탑사를 지나 은수사로 향한다. 은수사는 고려 말 장수였던 이성계가 왕을 꿈꾸며 기도 드렸던 장소로 전해지는데, 기도 중에 마신 샘물이 은같이 맑아 이름을 은수사銀水寺로 지었다고 한다. 현재 샘 곁에는 기도를 마친 증표로 심은 청실배나무가 천연기념물로 지정돼 보호받고 있었다.

은수사에 이어 천왕문, 암마이봉으로 수행을 이어간다. 숫마이봉과 암마이봉 그리고 온갖 나무들이 내뿜는 신선한 기를 마시며 약 300m쯤 나무 데크 계단을 오르면 천왕문이다. 천왕문에서 길이 갈라져 오른쪽으로는 숫마이봉의 화엄굴로 올라가는 길이고 왼쪽으로는 암마이봉을 오르는 길이다. 수행자는 화엄굴을 당연히 수행하고 싶었지만 지금은 출입금지라 어쩔 수 없이 암마이봉으로 향한다. 암마이봉으로 오르면서도 자꾸만 몸을 뒤로 돌려 발길을 멈춰 서게 된다. 숫마이봉의 형상이 신기하기 때문이다. 하나의 돌덩어리로 우뚝 솟아 있고 풍화작용으로 금이 가고 틈이 벌어진 데다 표면이

숫마이봉, 화엄굴이 보인다.

닳으면서 기이한 모습으로 변해가고 있었다. 저 어디엔가 화엄굴이 있고 맑은 석간수가 샘솟아 오를 것이다. 이 신기한 화엄굴에서 기도를 드리면서 석간수를 마시면 득남을 할 뿐 아니라 사업까지 번창한다는데 가보지 못해 아쉽다.

암마이봉 정상에 오르니 주변에서 자라고 있는 울창한 숲들이 조망을 방해한다. 인증 샷을 몇 장 찍고 주변을 돌아보니 조금 아래에 전망대가 있었다. 전망대로 내려가니 탑영재와 비룡대, 봉두봉, 고금당 등이 뚜렷이 보이고 저 멀리 모악산까지 보일 정도로 시야가 확 틔어 있었다. 좀 이른 시간이지만 숫마이봉과 화엄굴이 바라보이는 전망대에서 앞으로는 숫마이봉의 기를, 뒤로는 암마이봉의 기를 듬뿍 받아가며 간단한 요기를 한다.

육체에 에너지를 보충한 다음 암마이봉을 내려와 봉두봉(540m)으로 향한다. 암마이봉에서는 몇 분의 산객들을 만났지만 여기서부터는 또다시 나홀로 호젓하다. 봉두봉도 타포니가 가득한 암봉인데 암, 수마이봉 못지않은 위용을 과시한다. 봉두봉에서 비룡전망대로 가는 길에서는 점심도 먹었고 날씨도 제법 더워 몸이 나른해진다. 나무 벤치가 나와 '에라, 모르겠다.'며 벌러덩 누워 휴식을 취한다, 천하에 없는 호사라면 호사다. 기가 제일 세다고 하는 마이산 속에서 벌러덩 누워 휴식을 취했으니 말이다. 잠시 휴식을 취했으니 또다시 열심히 묵언수행을 계속해야 한다.

제법 무성한 숲속을 지나니 또다시 철 난간이 설치된 바윗길이 나오고 좀 지나니 기가 막힌 풍광이 나타난다. 암마이봉 뒤로 살짝 드러나는 숫마이

봉두봉 제2쉼터에서, 멀리 고금당과 나봉암 전망대가 보인다.

나봉암 비룡전망대에서

봉, 그리고 그 앞은 봉두봉인가 보다. 좀 더 수행을 하다 보니 녹색 수풀
바다 위에 거대한 바위들이 둥둥 떠다니는 것 같았다. 연신 사진을 찍으면서
두리번거리며 수행하다 보니 어느덧 비룡전망대에 와 있었다.

비룡전망대에서 보는 풍광은 가히 선경을 방불케 한다, 숲의 푸르름,
바위의 갈색, 멀리서 겹겹이 보이는 산의 실루엣, 푸른 하늘 그리고 조화造化
를 부리는 구름이 어울려 조화調和를 이루고 있는 풍광을 상상해보라. 선경이
아니고 무엇이겠는가. 시간은 선경에 도취한 나를 깨운다.

저 멀리서 황금색이 빤짝거린다. 저기가 도대체 무엇 하는 곳이란 말인가.
호기심이 생기지 않을 수 없다. 나는 황금색 빛나는 그곳으로 걸음을 옮긴다.
가파른 계단을 따라 내려가고 숲속으로 오르막 내리막이 계속된다. 황금색
건물이 바로 눈앞에 나타났다. 그 곳은 바로 고금당이었다. 고금당 경내를

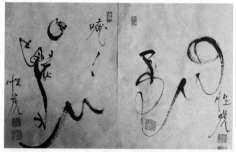

고금당 성호 스님이 주신 그림, 개구리와 마이산을 형상화한
그림이다.

여기저기 살펴보는데, 스님 한
분이 안에서 뭔가를 쓰고 있었
다. "스님, 뭐하세요?"라고 내
가 말을 거니 "들어와서 차 한
잔 하고 가세요"라고 한다. 실
내로 들어가니 그분은 <반야
바라밀다심경>을 쓰고 있었
다. 스스로를 고금당주라고 소

개를 하면서 신도에게 부탁받아 쓰고 있다고 한다. 그분의 얼굴을 자세히 살펴보니 기氣가 보통 세 보이지 않는다. 그분은 글씨도 쓰고 그림도 곧잘 그렸는데, 내게 선뜻 그림과 글씨를 여섯 점이나 써주었다. 진피차라는 차를 넉 잔이나 얻어 마시며 장장 한 시간 반 정도 이야기를 나누었는데 어떻게 보면 약간은 괴짜 스님 같기도 하고, 어떻게 보면 내공이 깊은 고승 같기도 했다. 이제는 떠나야할 시간이라며 일어나니 그분은 나에게 "다음 마이산에 올 기회가 있으면 숙식을 제공할 테니 언제든지 고금당으로 오세요."라고 하는 것이었다. 그분이 고승이든 괴승이든 내게는 중요하지 않다. 그분이 내게 베풀어 주는 호의에 감사할 따름이다. 나는 다음에 기회가 있으면 다시 찾겠노라고 화답하고 작별을 고했다.

오늘 우리나라 3대 생기처 중의 한 곳인 마이산에서 수행한 묵언수행은 내게 좀 색다른 즐거움과 만족감을 선사해 주었다.

[묵언수행 경로]

남부 주차장(08:16) > 금당사(08:25) > 탑영제(08:36) > 탑사 (09:04-09:40) > 은수사(09:48-10:04) > 천왕문(10:20) > 암마이봉 (10:53) > 전망대(10:59) > 점심(11:12) > 봉두봉(12:30) > 누워서 휴식 (12:45) > 나봉암·비룡전망대(13:22) > 고금당(13:56-15:14) > 남부 주차장(16:28)

<수행 거리: 10.2km, 수행 시간: 8시간 12분(휴식 시간 포함)>

전북의 깊은 산골,
장안산의 고요 속에 푹 파묻히다

장안산 정상

어제는 우리나라 3대 생기처라는 마이산을 나홀로 묵언수행 했다. 오늘은 전라북도의 최고봉인 장안산 묵언수행에 나선다. 장수읍의 허접한 숙소에서 하루를 묵고 새벽 일찍 일어나 컵라면으로 아침 끼니를 때우고 장안산을 찾아 나섰다. 처음 잘못 찾아간 주차장에 도착한 시각이 아침 6시 8분이었으니, 아마도 5시경에는 눈을 비비고 깨지 않았을까.

장안산은 전북 장수군 장수읍에 위치해 있으며 높이가 1,237m로 그 일대가 군립공원으로 지정돼 있고 전북에서는 가장 높은 산이다. 계곡과 숲의 경관이 빼어나게 수려해 덕산계곡, 용소 등 비경이 있고 산등에서 동쪽 능선으로 펼쳐진 광활한 억새밭이 있다. 흐드러지게 핀 억새밭에

만추의 바람이 불면 온 산등이 하얀 갈대의 파도로 춤추며 장관을 이룬다. 덕산계곡은 장안산에서 발원하여 용림천으로 흘러드는 풍치 절경의 골짜기에 이른다. 이 계곡에는

장안산 들머리

덕산용소가 있다. 덕산용소는 큰 용소와 작은 용소로 이루어져 있다. 큰 용소에는 맑은 계류가 울창한 숲과 기암괴석을 휘감아 돌고 그 위로는 넓은 암반이 펼쳐져 있다. 또 장수군 산자락 일대에는 문화 유적으로 논개 사당과 생가가 있다. 장안산 일대가 군립공원으로 개발되면서 여름에는 피서지로 가을에는 장안산 억새와 단풍을 찾는 관광객들이 끊임없이 찾아온다고 한다.

장안산 들머리를 찾아 <청산별곡>이라는 펜션 주위의 주차장에 주차를 한 시각은 6시 42분이었다. 산골이라 아직도 어둠이 채 가시지 않았고, 사위四圍는 적막寂寞강산이다. 참으로 묵언수행하며 걷기에는 이 보다 더 좋을 수가 없었다. 임도를 따라 쭉 걷노라니 갈림길이 나오고, 가실가지 300m 전방이라는 이정표가 서 있다. 마을 이름이 참으로 희한稀罕하다. 가실가지에는 약초를 캐는 할아버지들이 많나 보다. 그 이정표 밑에는 약초 할아버지 마을이라고 적혀 있으니 말이다. 잠시 더 걸어가니 또 갈림길이 나온다. 왼쪽으로 가야 할 것 같은데 오른쪽 길로 들어가 본다. 아니면 말고 수행자가 서두를 필요가 없기 때문이다. 오른쪽으로 200m 정도 가니 낡은 폐가廢家가 나오고 길은 끊어지고 없었다. 천천히 갈림길로 다시 내려와 왼쪽으로 올라간다.

잠시 후에 수행로 왼쪽에는 컨테이너로 조성한 외딴 집에서 칠순 정도 되어 보이는 남자 한 분이 나오면서 "혼자 등산 갑니꺼?"라고 강한 경상도 어투로 묻기에 "예."라고 간단히 대답했다. 그런데 그는 이어 "예전에는 여기 장안산에 호랑이도 출몰했다는데 혼자 다니면 무섭지 않습니꺼?"라고 한다. "그야 아주 옛날이겠지요. 요즘 호랑이가 어디 있겠어요. 혼자 다니면

산이 좋아 산에서 사는 분들

훨씬 호젓하니 더욱 좋습니다."고 대답했더니 자기는 의령에서 친구 하나와 여기로 와서 채마菜麻 밭을 가꾸며 소일消日하며 살아가고 있다고 한다. 둘러보니 수행로 왼편에는 개울이 흘렀고 자그마한 채마밭에 그분의 친구로 보이는 분이 물 조리개로 물을 주고 있었다. 나는 "건강하세요."라고 인사하고는 수행을 계속하면서 이어간다. '저분들은 참 용기가 있는 분들이야. 그렇지 않으면 이런 생활을 실행하기가 쉽지 않을 것인데' 라는 생각을 하면서.

외딴집을 지나니 본격적으로 산길로 접어든다. 주변에는 나무숲들이 울창하다. 당연히 조망이라고는 보일 리 만무하다. 그래도 간간히 시냇물 흘러내리는 소리와 산새들이 지저귀는 소리가 들려 전혀 지루하지 않다. 조금 더 올라가니 이제 수행로가 제법 가팔라진다. 길이 가팔라져도 나홀로이기에 내 리듬으로 내 페이스로 가면 힘들지 않다. 남들을 의식할 필요가 없기 때문이다. 외딴집에서 중봉을 거쳐 1시간 40분 정도를 오르니 장안산 정상이 나를 맞이한다. 물론 이른 아침이라 아무도 없다. 나 혼자뿐이다. 장안산 정상은 헬기장이 있을 정도로 널찍하다. 제일 먼저 정상석을 배경으로 셀카 한 장을 찍고 주변의 경관을 조망한다. 한쪽은 막혀 있었고 한쪽은 터져 있는데 조망이 속된 말로 끝내준다. 정말 '죽여 부러!'다. 산 너울이 운해에 가려 섬처럼 둥둥 떠다닌다. 제법 긴 시간을 '죽여 부러!'하면서 정적 속에 나홀로 절경을 감상하고 있는데 갑자기 정적을 깨는 억센 남도 사투리

장안산 정상에서

소리가 들린다. 여자 두 사람의 목소리다. 이제 정상의 자리를 그분들에게 비켜줘야 할 시간인가 보다 생각하면서 정상석과 작별을 고하고 내려서는데도 사람들의 모습은 보이지 않는다. 억센 전라도 사투리는 계속 들리는데도 말이다. 정상에서 50m 정도 내려오다 보니 두 분은 70대로 보이는 여성들이었다. 벌써 '먹기 파티장'을 차려놓고 먹으면서 도란도란 이야기를 나누고 있었던 것이었다. 헐, 이제 막 아침 9시 20분이 지났는데. 그러면 이분들은 아침을 먹는 것인가, 간식을 먹는 것인가 그것이 궁금했다. 두 분을 보니 덩치가 좀 있어 보이는 분들이라 자주 에너지를 섭취하지 않으면 안 될 분들 같아 보이긴 했다. 묵언수행하는 사람이라 너무 깊이 개입할 수 없어 그들의 파티장을 떠나 하산을 하기 시작한다. 내려오다가 그늘이 좋은 나무 밑에 자리를 잡아서 어제 저녁에 먹다 남은 버섯전과 막걸리 반 병을 쭉 해치운다. 장안산 중턱에서 오전에 마시는 막걸리 두 잔의 맛, 얼마나 감로수 같은지 이렇게 마셔 보지 않은 사람은 도저히 알 길이 없으리라.

범연동 1.6km 전방에서 주차장으로 내려오는 길에 또다시 창녕에 사는 공 산신령의 리본을 만난다.

나홀로 산행하는 창녕인 리본

희안하게 자라는 참나무들. 한 그루인가 세 그루인가.

　주차장에 도착하니 12시 반이었다. 나는 곧바로 논개 생가지로 달려가 관광하고 난 후, 어제 마이산, 오늘 장안산에서의 묵언수행을 마무리한다.

[묵언수행 경로]

덕산계곡 청산별곡 주차장(06:42) > 갈림길(07:22) > 외딴 산골 집 (07:35) > 중봉(09:03) > 장안산(09:13-09:22) > 중봉(09:42) > 하봉 > 범연동 3.4km 전방 삼거리 이정표(10:02) > 간식(10:07) > 범연동 1.6km 전방 이정표(11:40) > 창녕 공진명 리본 > 주차장(12:30) *논개 생가지 관광(13:00)

<수행 거리: 11.77km, 소요 시간: 5시간 48분>

명성산鳴聲山

궁예의 울음소리가 아직도 들리는 듯한
명성산을 종횡무진 수행하다

명성산 정상

　명성산은 강원 철원군 갈말읍에 위치해 있는데 그 높이는 923m이다. 울음산이라고도 한다. 전해오는 말에 의하면 왕건王建에게 쫓겨 피신하던 궁예弓裔가 이 산에서 피살됐다고 하며, 궁예가 망국의 슬픔을 통곡하자 산도 따라 울었다고 해서 붙여진 이름이라고 한다. 또 다른 일설에 의하면 주인을 잃은 신하와 말이 산이 울릴 정도로 크게 울었다고 해 울음산이라 불렸다고도 한다. 지금의 산 이름 명성산은 울음산을 한자로 표기한 것이다.

　명성산은 산자락에 있는 산정호수와 어우러져 그 운치가 뛰어나 국민 관광지로 이름이 나 있는 곳이다. 산 전체가 암릉과 암벽으로 되어 있어 산세가 당당하다. 그러나 산 남쪽으로는 가파르지만 동쪽으로는 경사가 완만하다. 남북으로 이어지는 능선에는 암봉과 절벽, 초원 등이 다양하게

명성산 억새밭

전개되고 좌우 시야가 탁 트인 조망이 장쾌하다. 억새로도 제법 이름이 알려져 있는데 너무 큰 기대를 하고 가면 약간 실망할지도 모른다. 이는 수도권에는 억새 군락지가 흔치 않으므로 약간 과대 포장된 면도 있기 때문이다. 그러나 억새가 사무치게 그립다면 한번쯤은 가볼 만한 가치가 있는 곳임에 틀림없다.

궁예의 울음소리가 아직도 들리는지 확인해보기 위해 명성산으로 묵언수행을 나선다. 지금부터 20년도 더 전인 1997년인가 직원들과 워크숍의 일환으

등룡폭포. 쌍룡폭포라고도 부르며 2중 폭포로 이 사진 속 폭포는 위에 있는 폭포다.

로 명성산을 찾았던 적이 있었다. 그때 나도 마찬가지로 힘들었지만 몇몇 직원들이 힘들어 헛구역질을 하고 눈물까지 흘리기도 한 고난의 추억이 서린 곳이다.

수행 경로를 따라 오르니 등룡폭포가 나타난다. 가뭄 탓인지 흘러내리는 폭포의 물줄기는 세차지 않았지만 떨어지는 물은 소沼에 고여 있는 맑고 푸른 물에 잔잔한 반원을 그리면서 수행자의 마음을 부드럽게 어루만져주는 듯했다.

억새밭에 올라가니 한두 사람이 보인다. 20여 년 전에 왔을 때와는 너무나도 변해 있었다. 강산도 두 번 변했을 만큼의 세월이 흘렀기 때문이리라. 그러면서 이 억새밭이 너무 인공적으로 조성되어 있지 않나 하는 느낌을 지울 수가 없었다. 그러나 어쨌든 억새밭을 조용히 수행하니 억새가 흔들리는 소리가 음악처럼 귀를 파고들고 마음이 평온해지는 것은 예나 지금이나 다름없었다. 억새밭 어디엔가 궁예약수가 있었다는 기억이 새록새록 떠오른다. 좌우를 두리번거려보니 궁예약수를 해설하는 간판이 나오고 그 옆에 궁예약수가 샘솟고 있었다. 잠시 멈추어 천년수인 궁예약수를 보면서 궁예왕의 전설을 되새겨본다.

궁예약수에서 팔각정으로 오르다 보니 해발 922.6m쯤에 명성산을 한자로 음각한 표지석이 하나 나온다. 처음에는 여기를 정상으로 착각했다. 아무리 둘러봐도 정상이 아닌데 말이다. 팔각정에 올라 점심을 먹고 다시 정상을 찾아 수행을 계속한다. 구 삼각봉으로 오르니 전망이 좋아지기 시작한다. 저 아래로는 산정호수가 펼쳐져 있고 주변의 산들은 겹겹이 실루엣을 드러내며 파노라마를 연출하고 있다. 그 아름다운 풍광은 명성산으로 가는 수행로를 줄곧 따라다닌다. 능선에는 암봉과 절벽, 초원 등이 다양하게 전개되며 좌우 시야가 탁 트인 조망이 장쾌하다.

명성산 정상에서니 주변의 숲들이 아름다운 조망을 잠깐 가려버린다. 산 정상에서 신안고개를 통해 하산할까 생각하다가 기왕이면 궁예능선을 타고 궁예봉까지 가봐야지 하고 마음을 고쳐먹고 궁예능선으로 수행을

삼각봉 가는 길, 조망 좋은 곳에서

계속한다. 울창한 숲을 벗어나니 우뚝 솟은 바위산이 하나 나온다. '아마도 저 산이 틀림없이 궁예봉이렸다.', 이렇게 생각하고는 수행길 앞쪽으로 전진한다. 수행로에 갑자기 로프가 나오더니 길이 거칠어지기 시작한다. 당연히 로프를 타고 넘는다. 그런데 로프를 타고 거친 길을 조금 앞으로 나가니 수행로가 보이지 않았다. 주변을 서너 차례 왔다 갔다 하면서 수행로를 찾아보았으나 역시 보이지 않았다. 아쉬웠지만 궁예봉을 포기하고 신안 고개를 거쳐 산정호수 주차장으로 돌아오고 말았다.

명성산을 묵언수행하는 내내, 궁예의 울음소리에 귀 기울였지만 끝내 듣지 못하고, 등룡폭포에서 물 떨어지는 소리와 바람에 흔들리는 억새 소리, 그리고 허공을 가로지르는 바람소리가 궁예의 울음소리처럼 내 귓전을 울리고 있었다.

[묵언수행 경로]

산정호수 주차장(10:10) > 등룡폭포(10:53) > 억새밭(11:48) > 궁예약수
(12:04) > 팔각정(12:10) > 점심(12:15) > 구 삼각봉(12:49) > 명성산
삼각봉(13:53) > 명성산(14:12) > 삼거리 이정표(14:26)-궁예능선 >
궁예봉 조망(14:36) > 삼거리 이정표(14:41) > 신안 고개 > 산정호수
둘레길(17:02-17:28) > 산정호수 주차장(17:38)
<수행 거리: 13.94km. 소요 시간: 7시간 28분(휴식 시간 포함)>

궁예봉

모처럼 청명한 날씨,
어머니 품처럼 따뜻하고 포근한 모악산

모악산 정상석

　　오늘, 내일 양일 간 전라북도에 있는 모악산과 변산, 2좌의 백대명산을 묵언수행할 계획이다. 오늘은 모처럼 날씨가 청명했다. 우선 모악산 묵언수행을 위해 아침 일찍 차를 몰아 모악산 관광 단지 주차장에 도착한 시각은 9시 30분이었다.

　　전북 완주군 구이면에 있는 모악산은 호남 4경의 하나로 진달래와 철쭉이 유명하다. 1971년도에 도립공원으로 지정된 산으로 높이는 793m다. 모악산은 김제평야 동쪽에 우뚝 솟아 있어 호남평야를 한눈에 내려다 볼 수 있다. 또 유명한 금산사와 함께 이 고장 사람들의 당일 산행지로 각광받는 전주, 김제 일원 근교 산이다. 산 정상에 어미가 어린아이를 안고 있는 형태를 한 바위가 있어 '모악'이라는 이름이 붙었다고 한다. 호남평야의 젖줄 구실을 하는 구이 저수지, 금평 저수지, 안덕 저수지와 불선제, 중인제, 갈마제 등의 물이 모두 이곳 모악산에서부터 흘러내린다. 신라 말에 견훤이 이곳 모악산을 근거로 후백제를 일으켰다고 하며, 왕위 계승 문제로 첫째 아들 신검에 의해 유폐됐던 금산사가 자리 잡고 있다.

모악산 관광 단지 주차장에서 묵언수행을 출발한다. 선녀폭포와 사랑바위라는 거창한 이름을 지닌 곳으로 가니 그야말로 소박한 폭포가 흘러내리고 있었다. 전설에 옛날 옛적 선녀들이 보름달이 뜨면 이곳에 내려와 목욕을 즐기고 수왕사의 약수를 마시며 모악산의 신선대에서 신선들과 어울려 즐기곤 했다. 어느 날 이곳을 지나던 나무꾼이 선녀들의 아리따운 자태에 넋을 잃고 상사병에 걸리고 말았다. 그는 선녀들의 모습을 한번만이라도 더 보고 죽는 게 소원이었다. 글쎄, 보름달이 뜨는 어느 날, 폭포를 찾아와 선녀를 지켜보던 중 뜻밖에 한 선녀와 눈이 마주치고 서로 정분이 났다고 한다. 이들 두 남녀가 대원사 백자골에서 정염의 불꽃을 태우려고 하자 난데없이 뇌성벽력이 요란하게 울렸고 두 남녀는 점점 돌로 굳어지고 말았는데, 돌로 된 두 남녀가 마치 떨어질 줄 모르고 열렬한 사랑을 속삭이는 듯하다 해서 <사랑바위>라고 한단다. 사랑바위는 직접 확인하지 못했지만 폭포의 규모가 너무나도 소박해 이러한 전설이 좀 과장된 것처럼 느껴지는 것은 본 수행자만의 이성적인 생각 때문일까.

선녀폭포를 지나니 희대의 독재자 김일성의 32대조 김태서의 묘라고 알려진 전주 김 씨 시조 묘 갈림길을 표시하는 이정표가 나온다. 이정표에서 거리는 약 400m 정도라는데 오늘은 패스하기로 한다.

대원사 갈림길을 지나 파란 하늘을 배경으로 청송이 우거져 있었고, 계곡의 작은 무명無名폭포가 맑은 물을 역시 작은 소沼로 열심히 떨어뜨리고 있었다. 이 폭포는 그래도 아까 지나 온 선녀폭포보다는 큰 낙차를 이루고 있다. 폭포 주변의 바위는 태백산 계곡의 바위에서와 같은 초록색 이끼들이 잔뜩 끼어 있어 모든 생명의 원천인 물이 풍부한 계곡이라는 것을 웅변하고 있었다.

조금 더 올라가니 언제 쌓아 올렸는지 모르겠지만 상단과 하단, 2단으로

대원사 석축

성城처럼 쌓아 올린 신기한 석축구조물石築構造物이 나온다. 상단과 하단의 석축구조물 중간 높이 정도에 납작하게 생긴 5개의 석재石材가 앞으로 불쑥 튀어나와 있었다. 하단의 중앙에 불쑥 튀어나와 있는 석재 위로는 물이 폭포처럼 꽐꽐 흘러내리고 있다. 좀 더 올라가보니 석축의 전모가 확실해진다. 이 구조물은 성城이 아니라 대원사를 짓기 위해 비탈을 깎아 평평한 땅을 만들기 위해 돌을 쌓아 올린 석축이었다. 불쑥 튀어나온 석재가 있는 쪽으로 물을 모아 흐르게 하여 석축의 바닥이나 석재물 주위로 물기가 접근하는 것을 최대한 막아 석축구조물의 수명을 연장시키려는 의도에서 만들어지지 않았나 하는 생각이 든다. 옛 선인들의 지혜에 감탄할 따름이다.

대원사 탑. 많은 돌들이 얹혀 있는 모습이 인상적이다.

신기한 석축 구조물 위에 들어선 대원사는 조계종 제17교구 본사인 금산사의 말사로 역사가 아주 깊은 사찰이다. 신라 문무왕 10년(670년)에 일승一乘이 지었다는 설과 고려 문종 20년(1066년) 고려의 왕자였던 원명 국사圓明 國師가 중창하거나 지었다는 설이 있는데 아무튼 엄청난 역사를 자랑하는 사찰임에는 틀림없다. 이런 절이 이렇게 신기한 석축 위에 서 있다니 놀랍기만 하다.

이제 수왕사를 지닌다. 수왕사는 본래 <물왕이절> 또는 <무량無量이절>이라 칭하다가 한자 이름으로 수왕사라고 했다 하는데, 대원사와 마찬가지로 원명 국사가 중창한 유서 깊은 절이라고 한다.

수왕사를 지나면서 조망이 열리는 듯 탁 트인 풍광이 잠깐 나타나더니 금방 우거진 수목들 사이로 다시 자취를 감추고 나무 데크 계단 길이 만들어져 있다. 땀을 흘리며 낑낑 계단을 올라가니 사람들이 모여 웅성거린다. 둘러보니 정상까지 800m 남았다는 중인리 갈림길 이정표가 서 있었고 막걸리집이 나타난다. 산객들이 모여 웅성거리며 한잔의 막걸리로 목을 축이고 있었다. 나도 얼른 한잔을 마시고 정상 길을 재촉한다. 시원스럽게 정비된 숲 터널로 잠깐 수행하다 보니 갑자기 조망이 확 터지기 시작한다. 저 멀리 옹기종기 모여 있는 구이면 마을이 보이고 마을 옆에는 제법 큰 구이 저수지가 보인다. 구이 저수지에는 마을도 산도 하늘의 구름도 선명하게 비친다. 오랜만에 잿빛 공해가 사라져 푸른 하늘을 반영하고 있는 저수지의 물색은 푹 뛰어들고 싶은 비취색이다.

무제봉으로 가는 수행로에서 나무의 신록新綠사이로 코발트색 파란 하늘 종이 위에 거대한 통신 탑을 머리에 이고 있는 초록색 모악산과 둥둥 떠다니

모악산 중간 전망대에서 내려다 본 경관

는 솜덩이 같은 흰 구름이 그려져 있었다. 잠시 후에 뾰족하고도 뭉툭하게 생긴 기암괴석 더미가 있는 무제봉을 지난다.

무제봉을 지나 전망대로 오르니 아름다운 풍광은 올라오면서 설명한 것과는 비교 불가하다. 괜히 앞에서 홍얼홍얼 댄 것이 부끄러울 정도다. 경치들은 더욱 선명하고 아름답게 내 눈에 들어온다, 특히 오늘 하늘색은 최근 들어 본적이 없는 최고로 맑고 맑은 푸른색이다. 전망대에서 정상까지 남은 거리는 이제 100m밖에 남지 않았다.

계속 계단을 오르다 보니 금방 정상에 오른다. 먼저 올라온 사람들은 정상석 주변에서 인증 샷을 찍느라 하나같이 분주하다. 나는 정상석에서 멀찌감치 떨어진 거리에서 셀카로 인증 샷 한 컷을 찍고 주변을 둘러본다. 주변은 통신 탑이 전망을 가리기도 하고, 또 거대한 인조물이 자연과 부조화를 일으키기도 해 오히려 전망대에서 보다 경관이 못한 것 같았다. 바람이 제법 세차서 몇 차례나 모자를 날려버릴 뻔했다. 정상에서 식사를 하려다 바람 때문에 할 수 없이 정상을 내려가서 식사를 하기로 하고 정상을 떠난다.

정상에서 약 600m를 내려와 나 혼자 상을 차리고 먹는다. 오늘 점심은 집에서 준비해간 <이성당> 팥빵 한 개와 모악산 입구에서 산 모시떡 5개가 전부다. 이것으로 족하고도 남는다. 간단히 점심을 해결하고 신라 36대 혜공왕 당시 진표 율사가 선도량으로 지었다는 심원암을 지나 금산사로 향한다.

금산사는 후백제 견훤이 왕위를 첫째인 신검에게 물려주지 않고 넷째인 금강에게 물려주려고 하자 신검, 양검, 용검, 세 아들이 견훤을 유폐한 곳으로 유명한 곳이다. 묵언수행 중 금산사를 돌아볼 때 지나가는 노스님에게 견훤이 유폐돼 감금당한 곳이 어디냐고 물어보았으나 그 스님은 잘 알지 못한다고 한다.

금산사에는 국보 제62호인 <미륵전>을 비롯해 <대적광전>(보물 제467

금산사 미륵전(국보 제62호)

금산사 내에 있는 소나무, 마치 소나무 가지가 용틀임 하는 것 같다.

호), <혜덕왕사응탑비>(보물 제24호), <5층석탑>(보물 제27호) 등 많은 문화재가 있다. 특히 미륵전에 있는 높이 11.82m나 되는 미륵불은 그 위세가 대단하다. 나는 앞으로 우리나라 108대 사찰을 탐방할 계획이 있는데 그때 금산사를 좀 더 자세하게 돌아보며 탐구해볼까 한다.

오늘 묵언수행을 마무리하면서 아름다운 느낌을 내 나름대로 정리해본다. 모악산은 진달래와 철쭉이 피는 이른 봄에 수행하기에 가장 좋고 가을이 그 다음이라고 알려져 있다. 그러나 수행하기에 여름이라고 다른 계절보다 못하다는 것은 어디까지나 편견에 불과한 것 같았다. 수행은 여름이라고 다른 계절과 다를 바 없다. 매미 소리와 새들이 지저귀는 소리를 감상하면서 녹음 속을 거닐어 보라. 게다가 시원하게 흘러내리는 물소리는 또 어떤가? 이 모든 것 보다 더 압권은 이마에 땀이 뚝뚝 흘러내릴 즈음에 계곡에서 불어오는 시원한 바람을 맞아보라. 그 느낌이 어떻겠는가?

[묵언수행 경로]

모악산 관광 단지 주차장(09:30) > 선녀폭포와 사랑바위(09:54) > 전주 김 씨 시조묘 갈림길(09:59) > 대원사 갈림길(10:08) > 대원사(10:31) > 수왕사(11:06) > 중인리 갈림길(11:18) > 무제봉(11:35) > 전망대(11:50-12:00) > 모악산(12:05-12:13) > 점심(12:29) > 심원암(13:30) > 금산사 계곡 > 금산사(13:58-15:10) > 모악산 매표소(17:40)
*버스 정류소에서 택시로 모악사 주차장으로 원점회귀
<수행 거리: 10.72km, 소요 시간: 6시간 10분>

변산에서 매창梅窓과 촌은村隱의 발자취를 더듬다

관음봉, 안개가 자욱하다.

　어제는 모악산을 묵언수행 했고, 오늘은 변산에서 묵언수행하는 날이다. 송도에 삼절이 있다면 변산이 있는 부안에도 삼절이 있다. 서경덕, 황진이, 박연폭포가 송도삼절松都三絶이라면, 부안삼절扶安三絶은 유희경, 이매창, 직소폭포를 일컫는다. 부안 출신 시인 신석정은 이들을 부안삼절이라 이름 지었다.

　조선 선조 대의 매창梅窓 이향금李香今(1573~1610)은 천출 기생이었으나 여류 시인이었고, 가무에 능한 예인이었다. 당대 최고의 시인이었던 촌은村隱 유희경劉希慶(1545~1636)과 기생 이매창과의 로맨스가 흐르는 예향 부안을 찾아 백대명산을 묵언수행하면서 이미 오래전에 떠나간 이절二絶의 발자취를 더듬어보려고 한다. 이어 마지막 남은 부안삼절의 하나인 직소폭포와 그 폭포를 품에 안고 있는 백대명산인 변산으로 묵언수행을 떠난다.

전북 부안의 변산반도는 아름다운 해안선을 따라 수많은 절경이 이어지는 데, 이 일대가 전부 국립공원으로 지정되어 있다. 변산은 바다를 끼고 도는 외변산과 남서부 산악 지역인 내변산으로 구분된다. 내변산 지역의 변산은 예로부터 능가산, 영주산, 봉래산이라고 불렸으며 최고봉인 의상봉(510m)을 비롯해 쌍선봉, 옥녀봉, 관음봉(일명 가인봉), 선인봉 등 기암봉들이 여럿 솟아 있고, 직소폭포, 분옥담, 선녀당, 가마소, 와룡소, 내소사, 개암사, 우금산성, 울금바위 등이 있다.

　내소사 절 입구 600m에 걸쳐 늘어선 하늘을 찌를 듯한 전나무 숲도 장관이다. 내변산 깊숙한 산중에 있는 직소폭포는 30여 m 높이에서 힘차게 물줄기를 쏟아내고 폭포 아래에는 푸른 옥녀담이 출렁댄다. 이외에 개암사를 비롯해 북쪽에 높이 솟은 높이 30m와 40m짜리 두 개의 큰 바위인 울금바위, 울금바위를 중심으로 뻗은 우금산성, 서해를 붉게 물들이는 <월명낙조>로 이름난 월명암과 낙조대도 명소다.

　외변산으로 부르는 이 반도 해안에는 가장 경사가 완만하다는 변산 해수욕장을 비롯해 고사포 해수욕장, 격포 해수욕장 등 전국에서 내로라하는 여름철 휴양지가 많다. 특히 오랜 세월 파도에 씻긴 채석강과 적벽강은 변산반도의 트레이드마크다. 변산은 산행과 관광을 즐길 수 있고 여름에는 해수욕을 겸할 수 있다.

　변산으로의 묵언수행은 내소사 탐방지원센터에서부터 시작된다. 주차장에서 주변을 바라보니 벌써 풍광이 장난 아니다. 암봉들이 울룩불룩 솟아 있다. 내소사 일주문을 통과한다. 여기서부터 내소사 절 입구까지 600여 m을 늘어선 하늘을 찌를 듯한 전나무 숲이 강한 피톤치드를 내 뿜으며 수행자를 맞이한다. 아침의 상쾌한 공기와 피톤치드를 살포 받은 수행자는 마음이 상쾌하고 몸도 가벼워진다. 조금 올라가니 재백이고개 탐방로 입구가 나온다. 여기서 부터는 숲속을 걸어야 한다. 간간히 들리는 새소리와 바람소리, 그리고 바람에 나부끼는 나뭇잎 소리를 들으며 발걸음을 사뿐사뿐 옮긴다. 20여 분 걸었을까? 갑자기 시원한 조망이 펼쳐진다. 암봉이 나타나고

관음봉을 오르면서

암벽이 나타나고, 그러다 또다시 숲속으로 숨어들어 숨바꼭질하기 시작한다. 그러기를 여러 차례 반복하다 갑자기 서해 바다까지 보이기 시작한다. 그런데 갑자기 해무海霧가 자욱이 일기 시작한다. 저 멀리 넘실대야 할 푸른 바다가 해무에 가려 그 '생얼'을 가리고 있었다. 아마도 서해 바다는 초행 수행자에게 얼굴을 가리나 보다.

관음봉 삼거리를 지난다. 이제 관음봉까지 남은 거리는 600m밖에 남지 않았다. 수행로 오른쪽으로 고개를 돌렸더니 소나무 사이로 제법 규모가 큰 저수지 하나가 내려다보인다. 관음봉을 배후로 자리 잡은 저 저수지가 화가들 사이에서 바위 호수 단풍 등 온갖 소재를 갖춘 명소로 각광받고 있다는 산곡 저수지가 틀림없다. 계속 관음봉을 향하여 나아가다 보니 기암절벽과 조화를 이루는 기송奇松이 어김없이 나타난다.

이제 관음봉까지 200m 남았음을 알리는 이정표가 나타난다. 수행로는 또다시 졸참나무, 굴참나무 등 참나무 숲 속에서 꾸불꾸불 이어지고 있었고, 시상대를 향할 때 깔아놓은 카펫처럼 관음봉 정상으로 가는 수행자를 격려하듯 마닐라삼 매트까지 깔려 있었다.

관음봉 정상(474m)에 오르니 오늘도 역시 나 혼자뿐이다. 시각을 보니 아직 8시 20분이 채 되지 않았으니 아무도 없는 것은 어찌 보면 당연할 터. 정상석은 나를 더욱 열렬히 반겨주는 듯했다. 이제 해무가 점점 더 짙게 끼기 시작한다. 안경에 습기까지 뿌려 얹는다. 지척을 분간하기 힘들 정도다. 오늘은 관음봉아래 펼쳐지는 곰소만의 푸른 바다를 조망해 보는 것은 아무래도 무리일 것 같았다. 그래도 잠시 기다리면 맑아질지 모를 일이다. 잠시 기다리며 해무의 변화무쌍함을 지켜보고 있으니 그 또한 신기하고 오묘하다. 10여 분을 변화무쌍한 해무를 지켜보며 기다려봐도 맑아질 기미가 없다. 오히려 더 짙어가는 것만 같았다.

변산 8경중 제3경을 <소사모종蘇寺暮鐘>이라고 한다. 관음봉 아래에 있는 곰소만의 푸른 바다를 내려다보며 해질 무렵 고즈넉한 산사 내소사에서 울려 퍼지는 저녁 종소리의 신비로운 정경을 의미한다고 하는데, 오늘 비록 짙은 해무의 조화로 그 아름다움을 볼 수는 없었지만 참으로 기가 막힌 절경이 틀림없을 것 같다. 수행자가 보기에는 중국의 소상팔경瀟湘八景 중 마치 연사모종烟寺暮鐘, 어촌석조漁村夕照, 원포귀범遠浦歸帆 3경을 아울러 놓은 절경일 것 같다는 생각을 버릴 수 없다.

관음대 전망대에서. 자욱한 운무로 내소사와 곰소만의 아름다운 풍광을 볼 수 없다.

이제 현존하는 유일한 부안삼절인 직소폭포를 친견하기 위해 직소폭포로 걸음을 재촉한다. 직소폭포로 가기 전에 세봉을 둘러보고 직소폭포로 향한다. 수행로는 숲속을 지나기도 했지만 대부분 조망을 허락하고 있었다. 비록 해무가 짙었지만 아련히 보이는 기암절벽의 산들과 바다 풍경은 신비감을 자아내기에 충분했다. 재백이고개를 지나 10분도 안 되는 거리에

직소폭포로 가면서

물 흐르는 소리가 청아하게 들리더니 시원한 계류가 보이고 소들이 나타난
다. 신록의 빛을 흡수하고 있으니 물빛 자체가 비취색이다. 이제서야 나무
그늘 아래 사람들이 띄엄띄엄 앉아 있는 모습이 보인다.

계류 옆으로 나 있는 수행로를 계속 따라 내려가니 물소리가 점점 더
크게 귓전을 때리기 시작한다. 갑자기 푸른 숲 사이 틈으로 녹음보다 더
짙은 비취색의 커다란 소가 보이는 듯싶더니 하얗게 질린 듯한 물줄기가
허공을 가로지르며 떨어지고 굉음을 내고 있었다. 직소폭포가 드디어 모습을
드러내기 시작한 것이다. 직소폭포에 이르자 웅대한 자태가 드러난다. 높이는

직소폭포

약 30여 m다. 폭포의 자태나 규모에 어울리지 않게 이름은 소박하다. 중간에 단과 층을 거치지 않고 소에 바로 떨어진다고 하여 직소폭포直沼瀑布라고 부른단다. 아무튼 소에 떨어지는 물이 물보라를 일으켜 안개처럼 뿌옇게 퍼진다. 시퍼런 소는 깊이를 알 수 없다. 맑고 투명한 물이 철철 흘러넘치니 이것이 바로 힘이요 생기요 아름다움이다. 시인 신석정 선생이 직소폭포가 왜 부안삼절이라고 했는지 직소폭포 앞에서면 바로 느낄 수 있을 것이란 생각이 든다.

직소폭포 바로 아래 담 옆 바위에 상을 펴다.

나는 유일하게 남아 있는 부안삼절, 아름다운 직소폭포를 떠나기 싫어 주위를 빙글빙글 돌다가 계류를 따라 좀 더 아래로 내려가니 또 다른 절경이 나타난다. 무슨 소, 무슨 담, 무슨 탕이란 이름이 있음직한 조그만 호수가 여기저기서 직소폭포의 아름다움에 힘을 보태고 있었다. 인체 시간을 보니 점심때가 되었나 보다. 나는 직소폭포 바로 아래에 있는 제법 큰 소沼 옆 바위 위에 식탁을 펴고 직소폭포와 계류가 합주하는 자연의 합주곡을 들으며 식사를 하니 이런 호사가 또 어디 있겠는가.

호사스런 식사를 마치고 난 후, 맑은 물의 유혹에 못 이겨 세수를 하고 상쾌한 마음으로 내소사로 향한다. 내소사는 부안을 찾는 관광객들이 꼭 한 번 들른다는 명찰이다. 이미 언급한 바와 같이 저녁 무렵 관음봉에서 내려다보이는 내소사를 <소사모종>이라고 하며 부안팔경의 제3경으로 치는 아름다운 곳이다. 내소사는 백제 무왕 34년(633년)에 혜구두타惠丘頭陀가 소래사라는 이름으로 창건했다고 한다. 창건 당시 대소래사와 소소래사가 있었는데 지금 남아 있는 내소사는 소소래사라고 한다. 내소사에 도착한 나는 보물 291호인 <대웅보전>의 아름다움에 흠뻑 빠진다. 내소사 대웅보전은 단 하나의 철 못도 쓰지 않고 나무만으로 지었다 하며, 천장의 화려한

내소사 대웅전과 소나무

장식, 연꽃과 국화꽃으로 가득 수놓아 화사한 꽃반을 연상시키는 문살이 매우 아름답고 인상적이었다. 또 공포와 기둥 등 모든 것이 나를 매료하였다. 단청을 칠하지 않은 소박미는 뒷산인 관음봉과의 조화를 더욱 극대화 시키고 있었다. 내소사를 마음껏 돌아본 후 오늘의 묵언수행을 마친다.

이번 묵언수행에서는 변산의 최고봉인 의상봉과 최고봉으로 간주되는 쌍선봉을 돌아보지 못했고, 또 관음봉에서 짙은 농무濃霧로 산과 절 그리고 바다가 어우러지는 아름다움은 바라볼 수 없어 섭섭한 마음 자못 금할 길 없다. 그러나 그동안 다닌 수행 경로만으로도 자연으로부터 아름다움을 듬뿍 선사받았다. 산, 나무, 바위, 바다, 폭포, 맑은 비취색 물, 매미 소리, 새들의 지저귐, 그리고 시원한 바람 등 명산이 주는 모든 아름다움이 오히려 나에게 과분했다. 한편 부안에서 변산, 직소폭포, 내소사와 같은 아름다움이 있었기에 물 따라 계절 따라 낭만이 흐르고, 운율과 음률이 흘렀고, 매창과 촌은 간의 세기의 사랑이 이루어지지 않았을까. 이매창의 시 한 수를 감상하면서 오늘의 묵언수행을 마무리한다.

이화우梨花雨 흩뿌릴 제 울며 잡고 이별한 임
추풍낙엽秋風落葉에 저도 나를 생각하는가
천 리에 외로운 꿈만 오락가락 하노라.

[묵언수행 경로]

내소사 탐방지원센터(06:22) > 내소사 일주문(06:29) > 내소사 경내 통과 > 재백이재 탐방로(06:41) > 관음봉 삼거리(07:47) > 관음봉 (08:17-08:21) > 세봉(09:08) > 관음봉 삼거리(10:05) > 재백이재(10:37) > 직소폭포 - 점심(11:22-11:36) > 재백이재(12:23) > 관음봉 삼거리 (12:57) > 내소사(13:39-14:17) > 내소사 탐방지원센터(14:42)

<수행 거리: 12.03km, 소요 시간: 8시간 20분>

산악인들은 모두 마조히스트들인가?
설악산은 고통과 희열을 동시에 선사하다

대청봉에서

고등학교 동기 3명(이 모, 손 모, 최 모)과 함께 설악산 종주 1박 2일 묵언수행을 떠난다. 나에게는 2번째 설악산 묵언수행이 되는 셈이다. 그들과 같이 수행을 하는데 무슨 묵언수행이라고 하느냐면 항상 같은 이유에서다. 그들은 워낙 산을 잘 타는 친구들이기에 동기 사회에서 산신령으로 일컫는다. 그 친구들과 나는 산을 오르는 수준 차이가 현격해 똑같은 수준으로 산을 오를 수 없다. 수행의 시작점과 종점만 같을 뿐이다. 언제나 진행 과정에서는 내가 항상 뒤쳐지기 때문에 실제로는 거의 나 혼자 수행한다. 그러니 묵언수행이랄 수밖에 없지 않겠는가?

아침 7시에 잠실새내역 1번 출구에서 만나 백담사 주차장에 9시 50분경에 도착했다. 백담사행 셔틀버스를 타고 백담사에서 내려 묵언수행을 하기 시작한다.

오늘의 묵언수행은 이 신령이 미리 짠 묵언수행 경로를 따르기로 했다. 대략의 수행 경로는, 백담사를 출발해 소청대피소를 거쳐 대청봉을 오르고 난 다음 다시 소청대피소로 돌아와 1박을 하고, 그 다음날 소청대피소에서 공룡능선 들머리에 있는 신선대에 올라 신비스런 공룡능선의 하경夏景을 감상한 다음, 천불동 계곡을 따라 하산해 설악동에서 묵언수행을 마치는 것이다. 이틀간 장장 33km 이상을 걷는 것으로 계획했다.

백담사에서부터 오르는 수행로 주변에서 끊임없이 펼쳐지는 설악의 비경들을 가슴에 담으며 소청 대피소로 출발한다. 먼저 백담사를 둘러본다. 백담사는 내설악에 있는 대표적인 절로 가야동계곡과 구곡담을 흘러온 맑은 물이 합쳐지는 백담계곡 위에 있어 내설악을 오르는 길잡이가 되고 있다. 신라 제28대 진덕여왕 원년(647년)에 자장 율사가 세웠는데 처음은 한계사라 불렸으나 그 후 여러 차례 소실되었고, 그때마다 터전을 옮기면서 이름을 바꾸었다. 백담사라는 이름은 골이 깊고 흐르는 물의 연원이 먼 내설악에 자리한 절이라는 뜻이라고 한다. 거듭되는 화재를 피해 보고자 하는 염원이 담겨진 이름이라는 설도 있다.

전하는 이야기에 의하면, 7차례 이상 거듭되는 화재로 절 이름을 고쳐보려고 하던 어느 날 밤, 주지의 꿈에 백발노인이 나타나 대청봉에서 절까지 담潭(웅덩이)이 몇 개인지 세어보라고 해 이튿날 세어보니 꼭 100개였다. 그래서 백담사라고 이름을 고치는 동시에 지금의 터로 옮겼는데, 웅덩이 '담' 글자가 들어있기 때문에 그 뒤부터는 화재가 일어나지 않을 거라고 믿었다고 한다.

그러나 염원과는 달리 백담사는 여러 차례 소실된 적이 있다. 6·25전쟁으로 소실되는 등 현재까지 십여 차례 소실됐다가 1957년에야 재건돼 현재에 이르고 있다. 역사적 우여곡절이 많은 절이다.

그 밖에도 백담사는 만해 한용운(1879~1944)이 머리를 깎고 수도한 곳으로 유명하다. 근대에 이르러 백담사는 만해 한용운이 머물면서 ≪불교유신론佛敎維新論≫과 ≪십현담주해十玄談註解≫ 그리고 <님의 침묵>을 집필하는 장소가 되었고, <만해사상>의 고향이 됐다.

만해 스님은 민족와 국민을 위해 그곳에서 민족의 얼을 되살리는 산고의 고통을 겪으면서 집필을 했다면, 모 전임 대통령 부부는 이곳에서 유배 생활을 하면서 참회를 했던 곳이다.

역사적으로 우여곡절이 참으로 많았던 백담사를 거쳐 백담계곡을 지난다. 백담사 앞 계곡 한쪽으로는 옹기종기 쌓아 올린 무수한 돌탑이 있는데, 백담사를 다년간 사람들이 소원을 빌며 쌓은 것이라고는 하지만 신비스럽다.

수렴동 대피소를 지나 구곡담계곡에 들어선다. 맑고도 시원한 계류가 청아淸雅한 선율旋律을 연주하면서 흘러내린다. 때로는 조용하게 때로는 크게 높낮이를 달리하는 선율은 사람의 만든 어떠한 고성능 스피커라도 표현이 불가한 자연의 선율이다. 갑자기 웅장한 저음이 내 귓전을 때린다. 고개 들어 쳐다보니 두 갈래의 물줄기가 시퍼런 담潭속으로 하얗게 질려 떨어지고

쌍룡폭포

산신령급 동료들이 뒤쳐져가는 수행자를 놀리고 있는 듯하다.

있었다. 보기에 따라서는 시퍼런 담潭에서 용틀임을 하며 승천昇天하는 두 마리의 용을 닮았다. 바로 쌍룡폭포다. 왼쪽 갈래(좌폭)는 봉정암 방향의 구곡담계곡 상류에서 흘러내리며 높이가 22m에 이르고, 오른쪽 갈래(우폭)는 청봉에서 흘러내리는 물이고 높이가 무려 46m에 이른다고 한다. 우폭右瀑은 웅장하게 흘러내린다고 하여 남폭男瀑이라고 부르고, 좌폭左瀑은 마치 여인의 치맛자락에 떨어지는 듯하다 하여 여폭女瀑이라고도 부른다나.

쌍룡폭포를 지나 수행을 계속하니 물 좋은 계곡에서 세 산신령이 족욕을 하며 무더위를 식히고 있었다. 그들은 바로 나보다 발이 훨씬 빠른 친구들이었다. 나보다 최소한 5분 거리는 앞서간 것 같았다. 그들은 나를 응원하는 건지, 놀리는 건지, 그곳으로 오라는 건지, 나를 보며 손을 흔들고 있었다. 나는 계곡으로 내려가지 않고 신령들을 스쳐 지나친다. 어차피 그곳을 내려가 봐야 무더위를 완전히 식힐 수 없을 뿐만 아니라 다시 뒤쳐질 것이 뻔하기 때문이다.

백담사에서 벌써 9km를 수행을 했다. 봉정암까지 1.6km 남았음을 알리는 이정표를 지난다. 푸른 하늘을 이고 선이 부드러운 암봉들이 나타나기 시작하더니, 계곡이 나타난다. 조금 더 수행하니 계곡을 건너는 다리가 나오는데, 계곡 오른쪽 암벽을 자세히 쳐다보고는 놀라고 말았다. '우째 이런 일이!' 암벽에서 땅과 수평으로 자라는 고목 한 그루를 보고 소스라지게

절벽에서 수평으로 자라는 고목나무

놀란 것이다. 처음에는 작은 나무들이 자라고 있는 줄 착각했는데, 자세히 보니 둥치가 아주 굵은 고목이 암벽에 붙어서 튼튼하게 생존해가고 있었다. 수백 년간을 어떻게 이렇게 힘들게 버티면서 살아가는지 참으로 괴이하고도 신기한 일이다.

수행을 계속할수록 기암괴석들이 여기저기서 선을 보인다. 목이 긴 외계인이 머리를 내밀고 있는 것처럼 신기한 바위도 있었다. 나무숲 사이로 자세히 보지 않으면 볼 수 없다. 그것이 사자암일지도 모르지만 확실치는 않다. 봉정암 0.2km 전방에 사자바위가 있다는 이정표가 있어 사자바위를 찾아본다. 비록 사자바위는 못 찾았지만, 사자보다 더 신기한 만물상이 보이는 곳으로 올라 사진으로 기록을 남긴다.

백담사에서 봉정암으로 가는 수행로는 결코 만만치 않다. 하지만 불교에 심취한 사람이나 순례자들은 그 험한 수행로를 마다하지 않는다. 공룡능선과 용아장성 수행로를 한발 한발 걸어 올라야 봉정암에 이른다. 수행자인 나는 불교에 심취한 사람은 아니라 하더라도 명산을 찾아다니며 묵언수행을 하는 사람이기에 대청봉을 가야하고, 대청봉을 가려면 어차피 봉정암을 거쳐야 한다. 덤으로 불자들 사이에 가피력加被力이 최고라고 알려진 봉정암을 들러 관람하며 참배하는 것도 하나의 좋은 수행이 아니겠는가.

봉정암 사리탑

　잠시 후에 봉정암에 이른다. 봉정암을 휙 둘러 보고, 곧바로 봉정암 오층석탑으로 올라간다. 법당 옆 바위 위에 자장 율사가 가져왔다는 뇌사리를 봉안하고 있는 탑이 봉정암 오층석탑이다. 봉정사 오층석탑은 부처님의 뇌사리를 봉안하였다는 뜻으로 <불뇌사리보탑佛腦舍利寶塔>으로도 불린다고 한다. 사실 이 석탑은 자장慈藏(590~658)이 사리를 봉안했다는 시기보다 훨씬 후대인 고려 시대의 양식으로 추정된다고 한다. 기단부를 따로 조성하지 않고 자연의 암반 위에 그냥 탑신을 안치하여 주변의 빼어난 산세와 기막힌 조화를 이루고 있다. 기린봉, 할미봉, 범바위, 나한봉, 지장봉 등 기암괴석의 고봉들이 병풍처럼 둘러싸고 있고, 설악의 아름답고 신비스런 속살에 해당되는 공룡능선과 용아장

봉정암 사리탑 인근에서

성도 보인다. 이 석탑이 자장이 가져왔다는 불뇌를 안치한 사리탑이건 아니건 그것이 중요하지 않다. 이 석탑 주위에 몸을 담고 있는 것만으로도 부처님의 가호加護가 느껴지며 평정심이 저절로 샘솟는다.

소청 대피소 전방 풍경

봉정암을 떠나 우리 일행은 오늘 하룻밤을 보낼 소청 대피소에 도달한다. 소청 대피소에서 숙박 수속을 밟고, 배낭 등을 보관한 다음 오후 5시 9분경 대청봉으로 출발한다. 설악의 정상 대청봉을 오른 시각은 정확히 오후 6시였다. 대청봉을 오르는 길목에선 보랏빛이 선명한 초롱꽃이 부끄러운 듯 고개를 푹 숙여 인사를 한다. 대청봉에 오르니 자줏색 산오이꽃이 고개 숙이며 반겨주고 있었다. 다만 '2016년 9월 20일 설악산 묵언수행' 때와 마찬가지로 동해 용왕은 계속 심술을 부린다. 구름이 치솟다가 사라지고 사라졌다 다시 휘몰아친다. 동해는 아예 구름 속에 자취를 감추어버렸고, 설악산은 아름다운 그들의 속살을 감추려는 듯 골짜기마다 구름을 실크 커튼처럼 드리웠다. 그래도 대청봉 정상만은 하늘을 한 번 쳐다보는 것만으로도 정신이 번쩍 들 정도로 쾌청하다. 얼마나 큰 다행인가. 동해가 보이건 설악산의 아름다운 속살이 감추어졌건 간에 대청봉에서 느끼는 호연지기는 우리나라 여느 산에서 느끼는 그것과는 차원이 다르다. 대청봉에서 호연지기를 듬뿍 들이켜 마신 다음, 소청 대피소로 회귀한다.

소청 대피소로 돌아와 손, 이 두 산신령이 속세에서 준비해온 삼겹살과 양념 등 부재료에다 설악의 감로수와 신선하고 청정한 공기를 섞어 두루치기를 만든다. 소청 대피소에서 두 산신령이 만든 삼겹살 두루치기 요리는 그야말로 속계 어디에서도 맛볼 수 없고 선계에서나 맛볼 수 있는 별미다.

선계의 별미로 저녁을 먹은 후 식탁을 정리하고 나니 벌써 어둠이 찾아온다. 어둠 속 맑은 하늘에는 별이 총총히 빛을 발하기 시작한다. 하늘을 한참을 멍하니 쳐다보며 별들과 한참 수다를 떤다. 고목에도 새싹이 돋듯, 이순耳順의 몸에서도 동심이 샘솟는다.

날은 점점 쌀쌀해지고, 대피소의 소등 시각인 9시가 가까워지고 있다. 이제 잠자리에 들어야 한다. 내일 일정을 소화하려면 잠을 잘 자두어야 하기도 하지만 소등이 되면 아무것도 할 수 없기 때문에 자야 한다. 잠자리에 누워 뒤척이고 있는데, 다른 팀 산객 2명이 곧바로 코를 골기 시작한다. 그 소리가 어찌나 큰지 대피소의 지붕이 들썩거리며 울리는 것 같다. 마치 우레 소리와 같다. 고요를 좋아하시는 설악산 산신령님도 틀림없이 잠을 설쳤으리라. 나는 수면유도제를 꺼내 한 알 먹어본다. 그런데 아무 소용이 없다. 그들이 내는 우레 소리는 내 귓전을 울리는 게 아니고, 내 귓속을 계속해서 깊숙이 더 깊숙이 파고든다.

'잠자리 주변에서 울려 퍼지는 우레와 같은 외부 환경 요인이든, 나 스스로에 내재內在된 불면不眠 성질性質과 같은 내부 요인이든', '네 탓이든, 내 탓이든' 뜬 눈 아니, 감은 눈으로 한밤을 지새운다.

5시 조금 지나니 새벽 여명이 움트고 있는 것 같았다. 감은 눈으로 밤을 지새웠지만, 그래도 묵언수행은 하지 않을 수 없다. 반드시 묵언수행을 떠나야 한다. 한숨도 자지 못하고 뒤척이기만 한 자리, 등에 짊어지고 있었던 무거운 자리에서 무거워진 몸을 미련 없이 일으켜 세운다. 눈을 비비고 대피소 밖으로 나가 돌아보는 곳마다 별천지 산수화가 시시각각 활동사진 장면이 바뀌듯 화지畵紙 위에 그려지고 있었다. 하얀 구름이 잔잔한 운해의 모습으로 보이다, 순간 구름이 치솟아 오르니 마치 히말라야 설산의 모습으로 뒤바뀌어 나타나기도 한다. 동이 트기 시작하니 울룩불룩 기이한 암봉들

소청 대피소 전방의 새벽 풍광

소청 대피소 전방에서 펼쳐지는 설악 운해

은 황금으로 변하고, 골짜기는 부드러운 솜을 타서 깔아 놓은 듯 하얗다. 신비경神秘境이란 이런 풍광을 두고 이르는 말이리라.

대피소 주변의 환상적인 풍경을 구경하고, 7시 무렵 일행들과 인스턴트 떡국을 끓여먹고 수행에 나선다. 오늘 수행 경로 중 하이라이트는 뭐니 뭐니 해도 공룡능선의 들머리인 신선대다. 설악산 공룡능선雪嶽山 恐龍稜線은 강원도 설악산 마등령에서 신선대까지의 능선이다. 외설악과 내설악을 남북으로 가르는 설악산의 대표적인 능선으로서, 그 생긴 모습이 공룡이 용솟음치는 것처럼 힘차고 장쾌하게 보인다 하여 공룡능선이라 불린다. 공룡능선은 국립공원 100경 중 제1경일 정도로 아름답고 웅장하며, 신비로운 경관을 보여주는 곳으로 알려져 있다.

신선대에서 **공룡능선의 아름다움을 감상하다.**

신선대에 올라서니 하필이면 구름이 일기 시작한다. 속살의 아름다움을 육안으로 다 볼 수 없어 아쉬웠지만 구름이 휘감은 공룡능선의 모습은 마치 신선의 영역을 보는 듯한 초절정의 신비롭고도 아름다운 경치를 보여준다. 저 멀리 깎아지른 듯한 암봉들이 저마다 위용을 과시한다. 인간들에게 보여주기 아쉬운지 구름에 가렸다 보였다 하면서. 다행스럽게도 꼭 고깔모자 원추형을 닮은 1,275봉, 세존봉도 범봉도 보였다 사라졌다를 반복한다. 공룡능선의 시작점인 마등령도 멀리서 희미하게나마 보였다 사라졌다를 반복한다. 참으로 선계가 아닐 수 없다. 공룡능선으로부터 시원한 바람이 불어온다. 신선대에서 공룡능선을 비롯한 대청, 중청, 소청의 파노라마를 거의 20분을 감상하다 천불동 계곡의 수행로를 따라 하산한다.

천불동 계곡은 폭포가 연속된다. 특히 천당폭포에서 시원스럽게 떨어지는 물소리는 청아한 천상의 선녀들이 연주하는 비파 소리다. 속세 인간들로

천당폭포

천불동계곡에서 만물상바위를 만나다.

하여금 무념무상無念無想의 세계로 인도한다. 주변을 돌아보면 모든 삼라만상
이 조각된 전시장을 만난다. 천불이 아닌 삼라만상을 조각해놓았다. 속세
인간이 어찌 그리 발걸음을 쉽게 옮기겠는가.

　이 대목에서 어찌 중국 성당기盛唐期의 시선詩仙인 이백李白의 <산중문답山
中問答>이란 시 한 수가 생각나지 않을 수 있겠는가.

　　<山中問答산중문답> / 이백李白

　　問余何事棲碧山문여하사서벽산
　　笑而不答心自閑소이부답심자한
　　桃花流水杳然去도화유수묘연거
　　別有天地非人間별유천지비인간

　　묻노니, 그대는 왜 푸른 산에 사는가
　　웃을 뿐, 답은 않고 마음이 한가롭네
　　복사꽃 띄워 물은 아득히 흘러가나니
　　별천지일세, 인간 세상 아니네

　설악산 묵언수행을 마치고 나니 온몸에 피곤이 엄습한다. 특히 다리는
맥이 풀려 지하철 계단을 오르내리는데도 고통을 준다. 그런데도 왜 묵언수행

을 하는가? 그것에 대한 답은 간단하다. 그 고통보다 훨씬 큰 열락悅樂을 주기 때문이다. 설악산은 나에게 고통을 주기도 하고, 그 고통의 대가로 엄청나게 더 큰 희열喜悅을 준다. 그렇다면 모든 산악인들은 일종의 마조히스트인가?

묵언수행을 마치고 난 후 우리 일행들은 미식을 찾아 나섰다. 우리는 어쩔 수 없이 속초 <삼순이식당>을 찾았다. 왜냐하면 제법 유명세를 떨치고 있는 식당 두 곳을 찾았지만 '브레이크 타임'이라며 영업을 하지 않았다. 겨우 찾아간 <삼순이 식당>이 과연 괜찮을까 걱정했지만 걱정과는 달리 우리 일행 모두는 대만족이었다. 품질은 물론이려니와 맛과 서비스가 끝내주었다. 유명세를 떨치고 있는 식당과 비교해 전혀 손색이 없을 정도였다. 소위 '숨은 고수'가 아닐까 할 정도다. 다음에 속초를 방문할 기회가 있으면 반드시 다시 찾아야겠다.

[1일 차 묵언수행 경로]

백담사(10:20-10:33) > 영시암(11:35) > 수렴동 대피소(11:56) > 쌍룡폭포(13:50) > 암벽 고목(14:27) > 해탈고개(14:32) > 사자바위(14:49) > 봉정암-사리탑(15:11-15:34) > 소청 대피소(16:26-17:09) > 중청 대피소(17:40) > 대청봉(18:00-18:09) > 소청 대피소(18:55)

<수행 거리: 15.14km, 소요 시간: 8시간 35분>

[2일 차 묵언수행 경로]

소청 대피소(07:17) > 소청봉(07:31) > 희운각 대피소(08:22) > 공룡능선 신선대(09:14-09:32) > 천당폭포(10:58) > 무너미고개 > 양폭대피소(11:06) > 천불동계곡-비선대(12:18)-금석문(13:05)-천불동계곡 > 신흥사일주문(13:45) > 설악동(14:05)

<수행 거리: 19.06km, 소요 시간: 6시간 48분>

확탕지옥鑊湯地獄같은 날씨 속의 묵언수행,
극락과 지옥은 바로 이웃임을 깨우치다

팔봉산 정상 제2봉

　홍천 팔봉산은 강원도 홍천군 서면 한치골길 1124에 위치하는 327m 높이의 나지막하면서도 아담하고, 아담하면서도 험준한 산이다. 마치 전남 고흥에 위치한 팔영산의 축소판 같다. 다른 점은 팔영산에서는 시원한 남해의 바다가 보이지만 팔봉산에서는 바다 대신 강이 보인다는 것이다. <대한민국 구석구석>의 팔봉산에 관한 간략한 소개 자료에는 이렇게 소개하고 있다.

　팔봉산은 흔히 두 번 놀라게 하는 산으로 알려져 있다. 낮은 산이지만 산세가 아름다워 놀라고, 일단 산에 올라보면 암릉이 줄지어 있어 산행이 만만치 않아 두 번 놀란다는 것이다. 주능선이 마치 병풍을 펼친 듯한 산세로 예부터 '소금강'이라 불릴 만큼 아름답다. 게다가 주능선 좌우로 홍천강이 흐르고 있어 정상에 올라서 바라보는 전망이 더 없이 좋으며 산행 후 물놀이도 겸할 수 있는 곳이다.

홍천군에서 발행한 팔봉산에 대한 팸플릿을 보면 조그만 팔봉산에 왜 그리 많은 전설이 있는지 놀랄 정도다. 팔봉산과 삼성산의 전설, <삼부인 전설>, <돈 궤짝과 팔곡동의 전설>, <해산굴 전설>, <장수바위 전설>, <남근석과 남근목 이야기> 등 믿거나 말거나 한 전설이 수없이 많이 전승돼 내려온다.

그 동안 계속되는 찜통 무더위와 알프스 3대 미봉 트레킹 등 여러 가지 핑계로 백대명산 중 90좌를 묵언수행한 이후 계속 지지부진한 채 수행하지 못하고 있었다. 그래서 오늘은 거의 한달 동안 계속되는 찜통더위가 더 심해진 듯했지만 더위와 직접 맞서 싸우기로 했다. 온갖 전설이 얽혀 있는 홍천 팔봉산에서 아흔한 번째 묵언수행을 나서기로 한다.

주차장에 차를 주차하고 내리니 기온이 33℃가 넘는다. 들머리까지 가는데 벌써 땀이 온몸을 적신다. 들머리에는 남근목과 남근석이 서 있는데, 남근목과 남근석을 세운 전설 같은 이야기가 해설로 적혀 있다. 믿건 말건 핵심 내용은 팔봉산이 워낙 음기가 강해 이를 순화시키기 위해 세웠다는 것이었다.

등산로 입구가 등나무 덩굴로 가득하다. 등나무꽃이 피는 계절에는 등꽃의 보랏빛 향기로 가슴이 울렁일지도 모른다. 그러나 오늘 날씨는 들머리부터 온몸이 땀으로 범벅될 정도로 덥다. 더워도 너무 덥다. 연신 흘리는 땀을 닦으며 계단을 올라 밧줄을 타고 제1봉에 도착한다. 찜통더위 속 수행이 점점 힘들어진다.

제1봉에서 제2봉 가는 수행로는 제1봉 가는 수행로 보다 더 가파르다. 제2봉에 올라가니 아까 언급한 삼부인 전설이 담겨 있는 삼부인당을 만난다. 잠깐 홍천군 발행 팔봉산 안내 책자에 안내된 내용을 소개한다.

삼부인이 누구인지는 분명하지 않으나, 팔봉리 마을에서 이웃과 혼인하여 살다가 사후에 신이 되었다는 설과 하늘의 신, 땅의 신, 물의 신을 의미한다는 2가지 설이 있다. 아무튼 삼부인 신은 시어머니인 이 씨 신, 딸인 김 씨 신, 며느리인 홍 씨 신이며, 이 씨 부인은 마음이 인자하고 김 씨 부인은 더욱 인자했는데, 홍 씨 부인만은 너그럽지 못했다고 한다. 그래서 당굿을 할 때, 이 씨 신이 강림하면 풍년이 들고, 김 씨 신이 강림하면 대풍이 들며, 홍 씨 신이 강림하면 흉년이 든다고 한다. 그래서 이곳 사람들은 김 씨 신이 강림하기를 간절히 빌었다고 한다. 이렇게 삼부인 신을 모시며 가내의 태평과 농경사회의 풍년을 기원한 것은 샤머니즘 신앙의 일부라 할 수 있다.

제3봉과 제4봉으로 가는 수행로는 더욱 거칠다. 등산 초보자는 둘러가라는 경고문까지 떡하니 붙어 있다. 특히 제4봉으로 가는 길은 해산굴을 통하는 길과 그냥 계단으로 올라가는 길로 구분되는데, 나는 당연히 해산굴을 통해 올라간다. 수행자가 좀 힘들다고 피하면 그건 수행이 아니다. 십 수 년 전에도 한번 통과해본 경험이 있지만 그 때도 어렵게 통과했던 것 같다. 그때 쉽게 통과하는 법을 배웠는데 하도 오래전 일이라 까마득하게 잊어버렸다. 나보다 앞서 해산굴을 통과하는 사람이 배낭을 벗어 해산굴 밖에 있는 사람에게 건네고 엎드린 채 올라간다. 몇 번을 낑낑거리다 겨우 올라간다. 나보다 젊은 사람인데도 힘들어 하는 걸 보면서 내심 나는 통과하지도 못하는 것 아니냐 하는 걱정이 앞선다. 통과하지 못한다면 무슨 창피일까. 더구나 내 뒷사람은 여성이다. 나는 배낭을 위로 올려 보내고, 심호흡 한 번 한 후 해산굴 통과를 시도했다. 와우! 이런! 손잡을 곳도 마땅치 않고, 발받침 역할을 하는 받침대도 마땅치 않다. 두 차례나 미끄러져 내릴 뻔했다. 밑에서 기다리던 여성이 내 발을 잡아준다. 큰 도움은 되지는 않았으나 고맙기도 하고,

제1봉 근처에서 본 풍경. 홍천강이 내려다보인다.

제3봉 전경

해산굴. 해산굴을 통과하여 제4봉으로 간다.

다소 체면이 팔리기도 한다. 그러나 수행은 그런 것이 문제는 아니다. 어쨌든 두 번 정도 실패하다 결국 바른 자세로 해산굴을 겨우 통과했다. 내 뒤에서 해산굴을 통과하는 여성의 통과 자세는 하늘을 보며 통과하는데, 엄살을 좀 떠는 듯 보여도 놀랍게도 참기름을 바른 것 같이 쑥 빠져 올라온다. 그 다음 여성분은 상당한 덩치의 소유자라 빠져 올라오기 곤란하겠다는 생각이 들었는데 아니 이 여성도 하늘을 보며 '끙!' 하며 용을 한 번 쓰더니 쑥 올라오는 게 아닌가. 이게 도대체 어찌된 일인가. 나중에야 알았지만 해산굴을 쉽게 통과하는 방법이 홍천군 발행 팔봉산 소개 자료에 실려 있었다. '하늘을 향해 드러누워 발을 윗벽에 딛고 머리를 먼저 들이밀면 쉬이 통과할 수 있고, 엎드려서는 아무리 작은 사람도 통과가 힘들고 드러누우면 아무리 뚱뚱한 사람도 통과할 수 있다'라고. 그리고 드러누워 머리를 먼저 통과하면 '순산'에 해당되고 엎드려서 통과하면 '난산'에 해당된다고 한다. 난산을 당한 나는 내 몸의 에너지가 거의 방전되어 가고 있음을 느낀다. 지난 토, 일요일 설악산 종주 때 보다 더욱 힘든 것 같았다.

제4봉에서 제5봉으로 가는 길이다. 팔봉산의 기암절벽과 송림 사이로 휘둘러가는 홍천강이 보인다. 홍천강과 기암괴석 그리고 청송이 어우러져 더욱 멋진 풍광을 발한다. 그러나 해산굴에서 난산을 당한 나는 무더운 날씨에 땀이 눈앞을 가로막을 정도로 줄줄 흘러내려 그 풍광을 여유롭게 감상할 처지가 아니었다. 옷을 입은 채 풍덩하고 홍천강에 뛰어들었으면 하는 생각이 간절하다.

제5봉 전경

제5봉에서 제6봉으로 간다. 등산 지도를 보면 제3봉에서, 제5봉과 제6봉 사이에서, 그리고 제7봉과 제8봉 사이에서 하산하는 수행로가 있긴 하다. 아무리 날씨가 확탕지옥

鑊湯地獄같은 날씨라고 하더라도 백대명산을 묵언수행하기로 선언한 자가 여기서 포기할 순 없다. 힘이 들고 땀범벅이라도 어거적어거적거리며 제6봉으로 향한다. 조금만 참고 견디자. 저기 저 아래 극락이 내려 보이지 않는가.

제6봉에서 제7봉으로, 제7봉에서 제8봉으로 온 힘을 다해 나아간다. 이제 제8봉을 눈앞에 두고 있다. 힘에 지쳐 제8봉을 오르는 계단 앞에서 준비해 간 연양갱 하나로 에너지를 보충하고 한참을 운기 조식한다. 그리고는 '제8봉아 게 있거라, 내가 간다!'라며 자리를 털고 일어난다. 몸은 천근만근으로 백담사에서 대청봉 가는 수행로보다 더 힘들다는 것을 느끼지만 그래도 이를 악물고 나아간다.

드디어 제8봉에 섰다. 주위 사람에게 인증 샷 한 컷을 부탁한다. 제8봉 저 아래로 극락이 점점 가까이 다가온다. 지옥에서 가까이 공존하는 극락이 바로 산 아래 저기 보이지 않는가.

홍천강으로 뛰어들다. 나의 안경의 행방이 묘연했다.

극락에 도착 하자마자 옷을 입은 채로 풍덩 뛰어든다. 극락의 물은 거의 온천탕 수준이다. 뜨겁지는 않지만 미지근한 온천탕이다. 그래도 물에 몸을 담그고 있으니 살만하다. 극락에 몸을 담근 시각은 오후 1시 40분이다. 그 속에서 30분 정도를 나 혼자 내 방식대로 즐기니 천국이 따로 없다. 아침 식사도 부실하게 먹었고, 여태 점심도 먹지 않았는데 배도 고프지 않다. 일본 홋가이도 노보리베쯔에서 느낀 극락과 지옥은 공존하며 바로 이웃이라는 것을 다시 한 번 깨닫는다.

슬슬 배가 고파지기 시작할 무렵, 또 하나의 천국으로 자리를 옮긴다. 막국수 맛집이다. 내가 주차장에서 막국수로 맛집으로 막 출발하니 우두둑 우두둑 소리를 내며 제법 굵은 빗방울을 뿌리기 시작한다. 햇빛 사이로 내리는데 여우비는 아니고 스콜성 소나기다. 금방 그칠 듯 내리는데도 막국수 맛집에 도착할 때까지 20여 분간이나 시원하게 내린다. 펄펄 끓던 기온이 조금 떨어진다. 요즘은 날씨의 변덕이 왜 이렇게 심한지.

먼저 도착한 막국수 맛집은 <친절막국수> 집이다. 이 집은 현재 사장님이 86세라 그야말로 막국수의 촌스런 맛이 그대로 전수되는 집이다. 거기서 촌맛의 진수인 소위 '누르는 막국수'를 점심으로 한 그릇 비운다. 다음은 홍천 <장원막국수>로 간다. 그곳에서 또 저녁으로 또 한 그릇을 해치운다. 1시간 반 사이에 막국수 두 그릇을 해치웠다. 나는 막국수를 너무 좋아 해서 한 그릇 더 먹으라고 해도 먹을 수 있다.

327m 높이의 팔봉산 묵언수행 시간을 계산해 보니 보통 2시간 반이면 족한 수행 시간이 오늘은 3시간이 넘게 걸렸다. 폭염 속 극한 수행이라 그만큼 힘들었다는 반증이다. 묵언수행을 마치고 난 후, 수은주를 체크해보니 37℃를 가리키고 있다. 설악산 종주보다 힘들었던 기진맥진한 묵언수행 이었지만 홍천강에서 극락을 만났고, 그리고 맛있는 막국수를 두 그릇이나 해치웠으니 이만하면 나의 기진맥진한 묵언수행을 충분히 보상하고도 남음 이 있었다. 확탕지옥에서와 같은 무더위와 싸우면서 묵언수행하기를 참 잘 했다는 생각이 든다.

[묵언수행 경로]

팔봉 주차장(10:14) > 팔봉교(10:29) > 팔봉산 들머리(10:38) > 제1봉 (11:08) > 제2봉(11:32) > 제3봉(11:51) > 해산굴(11:57) > 제4봉(12:01) > 제5봉(12:14) > 제6봉(12:27) > 제7봉(12:46) > 제8봉(13:14) > 홍천 강 입수(13:40-14:12) > 홍천강변 > 홍천교 > 주차장(14:44)

<수행 거리: 4.07km, 소요 시간: 4시간 30분>

내연산內延山　92회차 묵언수행　2018. 8. 24. 금요일

겸재謙齋 정선鄭敾이 그린 진경산수도眞景山水圖인
내연삼용추도內延三龍湫圖를 그리는 현장 속으로 들어가
신선놀음하다
(부제 - 내연산이 나로 하여금 진경산수화에 빠지게 하다)

내연산 정상 삼지봉

올해는 더위도 너무 더웠다. 아마도 기상 관측 사상 최고 기록들이 모두 다 깨졌을 것 같다. 최고 기온은 섭씨 40℃를 오르내리고 최저 기온도 30℃ 이상이다. 열대야도 거의 한 달 이상 지속됐다. 베트남, 태국 등 해외를 다녀온 사람들의 말을 빌리면 그 나라들보다 더 덥다고 하니 더 이상 할 말이 없지 않은가. 이런 무더위 속에 태풍이 몇 차례 일어났지만 모두 우리나라를 비껴갔다. 예년 같았으면 태풍이 우리나라를 비껴가기를 바라는 것이 당연했겠지만 올해는 태풍이라도 제발 불어 더위를 날려 보냈으면 좋겠다고 말하는 사람들도 많았다.

　그렇게 호들갑을 떨고 있을 즈음 제19호 태풍 솔릭이 8월 23일경 우리나라를 관통한다는 예보가 나왔다. 예상 진행 경로는 제주도와 서해안, 중부지방을 거쳐 동해로 빠져나간다고 보도됐다. 경상남북도 지역은 태풍의 경로를 비껴간다고 한다. 부산 매형이 이번에 태풍 솔릭이 경상남북도를 비껴가니 24일 아침에는 출가한 모든 누나와 매형을 포함한 전 가족이 시골 부모님 산소에 모여 벌초도 하고 창녕에서 맛있는 쇠고기도 사 먹자는 이야기를 전해왔다. 나는 장남이므로 당연히 좋다고 했다. 내가 나서서 이제 늙어가는 매형과 누나들을 모아 가끔씩 맛있는 것을 대접해야 제대로 사람 노릇을 하는 건데, 여태까지 그렇게 하지 못한 나를 스스로 원망할 때가 있다. 그런데 함께 모여서 벌초를 하고 맛있는 것도 같이 먹자는 제안을 해주니 매형이 아주 고맙다.

부모님 산소에 24일 아침 일찍 도착하려면 전날 저녁에 대구나 창녕에서 잠을 자고 시골로 가야 한다. 그래서 나는 대구에 사는 지인과 23일 저녁 식사 약속을 해두었는데, 매형이 태풍 솔릭의 진로가 조금씩 남하해 24일은 비와 바람 때문에 벌초가 불가능할 수도 있다며 계획을 25일로 하루 늦추자고 한다. 나는 지인과 저녁 약속을 미루기도 뭣하고 해서 23일은 당초 약속대로 지인을 만나고, 24일은 아직 올라가 보지 못한 포항 내연산을 묵언수행 한 다음, 25일 벌초 행사에 합류하기로 계획을 변경했다. 내게는 아흔두 번째 백대명산인 내연산 묵언수행은 이렇게 시작됐다. 태풍 솔릭이 내륙을 아직 다 빠져나가지 않은 상태에서 말이다.

내연산은 경상북도 포항시 송라면松羅面, 죽장면竹長面 및 영덕군 남정면南亭面 경계에 있는 산이다. 원래 종남산終南山이라 불리다가 신라 진성여왕眞聖女王이 이 산에서 견훤甄萱의 난을 피한 뒤에 내연산이라 개칭했다고 한다. 높이는 711m에 지나지 않으나 이 산의 남쪽 기슭에는 신라 고찰 보경사가 자리 잡고 있고, 무엇보다도 산 남록에서 동해로 흐르는 갑천계곡(청하골)에는 상생폭相生瀑, 관음폭觀音瀑, 연산폭燕山瀑 등 높이 7~30m의 크고 작은 폭포 12개가 흘러내린다. 신선대神仙臺, 학소대鶴巢臺 등 높이 50~100m의 암벽, 깊이 수십 척의 용담龍潭과 심연深淵, 암굴岩窟, 기암괴석 등이 장관을 이루는 경승지다.

그러나 내연산이 더욱 유명하게 된 것은 무엇보다 겸재謙齋 정선鄭歚 때문이리라. 그분은 내연산이 있는 청하 현감으로 2년 남짓 재임하면서 내연산 청하골의 절경을 5점의 진경산수화로 남겼다. <내연삼용추도內延三龍湫圖> 2점과 <내연산폭포도>, <고사의송관란도> 그리고 <청하읍성도>가 그것이다. 겸재는 이 그림들을 바탕으로 진경산수화풍을 더욱 체계적으로 완성하게 된다. 그는 1734년에는 <금강전도金剛全圖>(국보 217호)를, 1751년에는 <인왕제색도仁王霽色圖>(국보 216호)라는 불후의 명작을 남겨 화성畫聖으로 추앙받는 인물이다. 결국 겸재는 내연산을 그린 진경산수화 <내연삼용추도> 등으로 더욱 견고한 진경산수화가로 자리 잡을 수 있었고, 내연산은 겸재를 통해 그 아름다움을 만방에 알리게 된다.

오늘은 겸재가 진경산수화를 완성하는 데 결정적인 소재를 제공한 내연산 묵언수행에 나선다. 그것도 아직 솔릭의 영향권에 있는 날씨에다 짜증이 날 정도로 무더운 날씨에 나홀로 말이다. 아직 태풍의 영향권이란 사실은 많은 비를 맞거나 거센 태풍과 마주칠 위험이 있다는 말이다. 그러나 나는 아무런 문제가 없을 것이라는 강한 신념을 가지고 길을 나선다.

2018년 8월 25일, 오늘 9시경에는 비가 멈춘다는 예보다. 그러나 그 예보는 틀릴 수도 있다. 그때 가봐야 안다. 간간이 바람이 불고 있고 그 바람에 빗방울이 날린다.

내연사 전방 약 3km 지점이다. 멋지게 자라고 있는 소나무 세 그루를 발견하고 차를 멈춰 감상한다. 다시 차를 달려 보경사 입구 매표소에 도착하니 7시 50분이다. 보경사 매표소에서 입장권을 산 후 매표소에 잠깐 들어간다. 비가 계속 내리고 있어 판초 우의를 배낭에서 꺼내어 챙겨 입는다. 그리고는 일주문과 해탈문을 통과한다.

보경사를 얼른 한 바퀴 돌아본다. 보경사는 신라 진평왕 25년(602년)에 창건된 천년 고찰이다. 문화재 지정 구역으로 경내에는 포항의 6개의 보물 중 다섯 개가 있다. <원진국사비>(보물 제 252호)를 비롯해 <적광전>,

내연산 보경사 경내 기송

<괘불탱>, <승탑>, <서운암 동종> 등인데, 왕사王師를 거절하고 폐허가
된 사찰을 다시 세우는 데 전념한 원진 국사와 관련된 것이 대부분이다.
다음 108대 명찰 탐방 때 자세히 둘러볼 요량으로 오늘은 주마간산走馬看山식
으로 훑어본다.

보경사 경내에서 아름답게 자라고 있는 반송 한 그루를 만난다. 이 소나무
둥치를 보면 얼마나 많은 인고의 세월을 보냈는지 알고도 남는다. 울퉁불퉁
한 둥치가 보는 사람으로 하여금 마음을 아프게 한다. 한편으로는 그렇게
당당하고 건강하게 사는 모습에 경탄을 금할 수 없다. 수령이 사백 년이나
된 탱자나무도 자라고 있다. 보경사는 된장으로도 유명한가 보다. 된장독이
가지런하고도 정갈하게 진열돼 있다. 이렇게 만든 된장을 판매도 한단다.

이제 보경사를 떠난다. 보경사 옆길로 나오니 물소리가 우렁차다. 산세와
계곡이 범상치 않음을 웅변하고 있다. 9시가 되었는데 아직도 비는 내리고
후텁지근하다. 판초 우의를 입었으므로 온몸이 땀으로 흥건히 젖어온다.
흘러내리는 물소리는 나를 물에 뛰어들라고 유혹을 하고 있다. 짜증이
날 만도 하지 않겠는가. 그러나 아무리 그렇다고 하더라도 짜증을 내어서
무엇 하랴. 어차피 수행이 내 목표요, 목적이다.

청하골을 따라 오르는 길과 문수암, 문수봉으로 오르는 길로 나누어진다.
단순한 유람이라면 계곡을 따라 오르는 것이 좋겠지만 나는 수행자이므로

문수봉과 내연산의 주봉인 삼지봉, 더 나아가 내연산의 최고봉인 향로봉까지 올라가 겸재의 역작인 <내연삼용추> 속으로 들어갈 생각을 굳게 다짐하면서 문수암 문수봉 오르는 길로 나아간다.

내연산의 청하골 계곡이 깊고 암릉미가 뛰어난 산으로 알려져 있으므로 암봉 위주의 골산骨山이라고 생각하고 수행에 나섰다. 그런데 막상 와보니 완전 육산肉山이다. 수행로로서의 길은 내연산의 주봉인 삼지봉까지는 완전히 고속도로라고 보면 된다. 삼지봉까지 수행로는 거의 임도 수준으로 넓거나 좁더라도 자갈 하나 없는 흙길이라 걷기가 그렇게 편할 수가 없다. 또 길 위에는 참나무 낙엽이 덮여 있어 거의 양탄자를 밟는 느낌이다. 수행하기에는 더없이 좋은 길이었다. 다만 문수암에서 문수봉으로 가는 수행로는 다소 경사가 있었지만 그 정도로는 아무런 문제가 될 게 없었다.

9시 반경이 되니 오던 비가 멈춘다. 판초 우의를 벗고 다시 짐을 정비한다. 여기서부터는 제법 가팔라지기 시작하는데 비가 그쳐 다행이다. 판초 우의를 뒤집어쓰고 오르막을 수행한다고 생각해보라. 그게 과연 가능했겠는가. 정말 다행이다. 문수암으로 올라가는 수행로 저 아래를 보니 두 줄기의 폭포가 힘차게 떨어지고 있다. 또 그 위를 쳐다보니 암벽에 제비집처럼 날렵하게 붙어 있는 정자도 보인다. 나는 처음 가는 수행로이므로 저 폭포 이름이 무얼까, 정자의 이름이 무얼까 하고 생각하면서 수행길을 재촉했다. 문수봉으로 오르는 도중 만나는 문수암의 일주문을 보니 지붕으로 기와를 얹어놓은 것 같았다. 그런데 이런 모양의 기둥이라면 기와의 하중을 견디지

문수암 일주문

못할 텐데 하는 의구심이 든다. 그래서 내가 직접 만져 보고 두들겨 보니 웬일인가, 양철이었다. 양철로 기와 모양을 만든 것이었

다. 한편으로는 우습기도 하고 한편으로는 소박하기 짝이 없다는 생각이 들기도 했다.

대웅전 안으로 들어서니 개 한 마리가 거칠게 짖어댄다. 대웅전에는 기거하는 스님이 있는지 없는지 인기척이 하나도 없다. 마구 짖는 개를 쳐다보지도 않고 사진만 찍으며 엉뚱한 짓을 하니 그 개는 더 이상 나에게 관심을 갖지 않고 기지개만 켜고 있다. 대웅전도 소박하기 짝이 없었고, 대웅전 안을 들여다보며 이것저것 간섭하다 보면 시간이 모자랄 것 같아 문수암을 떠난다.

문수암에서 문수봉까지는 1km 남짓한 거리다. 수행 주변에 갑자기 붉은 기운이 감돈다. 주위를 돌아보니 울진의 금강송과 같이 줄기가 자주색을 띤 소나무들이 쭉쭉 뻗어 자라고 있었다. 나는 소나무들이 이렇게 쭉쭉 뻗어 자라고 있는 모습을 보면 왠지 기분이 좋아진다. 내가 자칭 청송이라서 그런가.

문수봉

동관봉이라는 곳에서 거의 전투식량이나 다름없는 먹거리로 점심을 때웠다. 내심으로 저녁을 거하게 먹어야지 하는 딴마음을 품는다. 여기서 구룡포가 가까우니 구룡포 전복이나 먹으러 가면 어떨까 하고 혼자 상상하며 향로봉으로 향한다. 향로봉으로 가는 수행로는 아주 좁았고 여기저기 널려 있는 나무 턱에 발이 걸린다. 그러나 길은 완전 육산이라 걷기에는 딱

향로봉

좋다. 나뭇잎들이 길을 덮고 있는데 멧돼지 식흔이 여기저기 나있다. 어떤 곳은 길을 따라 20m 이상을 파 뒤집어 놓았다. 오래된 식흔도 있고 얼마 안 돼 보이는 식흔도 있다. 움직이는 물체라곤 나 혼자뿐인데 곧 멧돼지가 튀어나올 것만 같다. 오후 1시 30분경에 향로봉에 도착한다. 향로봉에서 보니 저 멀리 동해가 눈에 들어온다. 참으로 아름답다.

향로봉에서 시명리 입구로 향한다. 시명리는 예전에 화전을 일구고 살았다는 마을인데, 이제는 그 삶의 흔적만 여기저기 남아 있다고 한다. 향로봉에서 시명리로 내려가는 수행로가 내연산 수행로 중에서 가장 힘든 코스였다. 내리막이 제법 가파르고 곳곳에서 바위들도 만난다. 그러나 다른 명산들보다는 양호한 편이다.

향로봉에서 약 30여 분 내려오니 계곡에서 시원하게 물 흘러가는 소리가 들리기 시작한다. 다시 20여 분 내려오니 계곡이 나타난다. 오후 2시 35분, 시명리 입구에 도착한다. 날씨가 날씨이니만큼 이미 13km를 수행했으니 온몸은 땀범벅이 돼 있었다. 여기 시명리 입구부터 보경사까지 남은 거리는 약 6.2km다. 청하골이 용틀임을 시작하고 있다. 온 사방에 물 흐르는 소리다. 머리와 가슴속이 시원해진다. 이 청하골에는 곳곳에 크고 작은 폭포 12개가 그 아름다움을 감추고 있으며 겸재의 진경산수화 내연삼용추도가 탄생된 골짜기로 알려져 있다. 그러니 당연히 수행자의 마음이 설렐 수밖에 없다.

여기서부터 마음을 다시 한번 다잡는다. 오늘 아무리 힘들지라도 반드시 12개의 크고 작은 폭포들을 모두 친견해보겠다는 다짐을 한다. 기필코 겸재의 <삼용추>도 안으로 들어가, 즐기고 느껴보겠노라고 결연한 마음을 먹는다. 계곡을 따라가는 길이 만만찮다. 향로봉까지 오르는 길은 신작로였는데, 시명리 입구까지 내려오는 길은 가팔랐다. 계곡로는 데크도 설치돼 있고 자갈이나 바위로 조성한 길로 얼핏 보기에는 참 잘 정비돼 있는 것처럼 보인다. 그러나 바위와 자갈 등이 기본 베이스로 깔려 있어 흙길보다는 더 힘들었다. 그런데 그것이 끝이 아니다. 12폭을 다 찾아가려면 오르막 내리막을 무한 반복해야 한다. 게다가 길이 끊긴 곳이 많아 소위 '알바'를 하지 않으면 목표지를 찾을 수 없다. 심지어는 잘 정비된 수행로를 따라가는데 그 수행로가 갑자기 보이지 않는 경우도 있다. 보경사까지 수행하면서 길이 끊어져 당황한 적이 한두 번이 아니다. 거세게 흘러내리는 물길을 가로질러 반대편으로 이동한 적도 두 차례나 된다. 그러나 이런 당황스런 일이 이곳 청하골에서만 발생되는 그런 일은 아니다. 백대명산을 수행하다 보면 이런 일이 비일비재하게 일어난다. 더구나 백대명산 대부분이 처음 가는 수행지라 자주 겪을 수밖에 없는 일이다. 그래서 괘념치 않는다. 이제부터 12폭을 찾아간다.

제일 먼저 만나는 폭포가 시명폭포로 지금은 사라지고 없는 화전민 촌인 시명리 입구에 있다. 12폭포 중에 맨 위에 위치한다. 시명폭포를 찾기 위해 '알바'를 몇 번이나 했지만 잘 찾을 수가 없었다. 안내판도 적재적소에 붙여놓지 않아 오히려 방해가 됐다. 유감스럽게도 12개의 폭포 안내판은 거의 전부가 애매모호하게 붙어 있어 폭포의 정확한 위치를 파악하기 힘들었다. 지자체들은 예산을 소비하기 위해 안내판을 붙여 놓은 것인지 아니면 신비감을 더 높이기 위해 일부러 애매모호하게 하는지 모르겠다.

제12폭인 시명폭포는 명쾌히 보지 못했지만 제11폭인 실폭포를 찾아 수행을 계속해나간다. 잘 정비된 나무 데크가 나온다. 살펴보니 실폭포 안내판은 보이지 않고, 이정표만 겨우 있다. 위쪽으로 약 300m 올라가야

실폭포

한다고 표시돼 있었다. 힘들지만 당연히 친견해봐야 한다. 올라가니 골짜기 30여 m의 높이에서 떨어지는 물은 마치 벼랑에서 실타래를 풀어 내리는듯 했고, 자세히 쳐다보면 큰 물줄기 뒤에는 가느다란 폭포가 숨어 있다. 그 모습이 참 신비하다. 이 폭포는 물 흐름이 실과 같이 가늘다고 실폭포라 이름 붙여졌다고 한다.

제10폭포는 복호2폭포, 제9폭포인 복호1폭포라고 칭하는데, 이 이름은 호랑이가 출몰해서 바위에 누워 쉬고 있는 곳이라는 뜻을 가졌다. 복호1폭포를 지날 때까지는 그야말로 개미 새끼 한 마리도 눈에 띄지 않는다. 숲과 계곡 사이로 보이는 하늘을 우러러본다. 이미 날은 개어 흰 뭉게구름이 하늘 여기저기 한가롭게 떠다닌다. 하늘은 쪽빛이다. 마치 하늘에 손을 담그면 금방 얼어붙을 것 같은 새파란 쪽빛이다. 동화에서 나오는 풍경이 연출되고 있었다. 숲 사이로 비친 하늘의 풍경이 나로 하여금 동심을 불러일으킨다. 괜찮은 곳이 나온다면 물놀이(알탕)를 해야지라는 생각을 굳힌다. 제법 평탄한 개울이 나타난다. 개울의 맑은 물이 조용히 흐르며 나에게 속삭이며 부추긴다. "지나가는 수행자여! 내 품속으로 뛰어들어 몸과 마음의 휴식을 얻어 가게나."라고.

주위를 둘러본다. 물론 주위를 둘러봐야 아무도 없다는 것을 잘 알면서도 인간이라는 탈을 쓴 동물이기에 거의 습관적으로 살펴보는 것이다. 더구나 물에 뛰어들겠다는 생각을 이미 굳혔는데 혹시 누군가 있다고 그만 둘것도 아니다. 옷에 든 이것저것을 정리해두고, 바지를 벗고 풍덩 물에 뛰어든다. 어! 이런 즐거움, 이런 맛을 누가 주겠는가. "어! 좋다." 이 신음 같은 말 한마디 말고는 전부 가식이다. 다른 말이 있다면 그것은 빈말일 뿐이다.

약 20분간 내연산 계곡에서 동심에 흠뻑 빠져 있다가 다시 제8폭포인 은폭포를 찾아 나선다. 맑은 물속에 들어 있을 때는 그나마 시원했는데 물에서 나오니 금방 이마에서 땀이 뚝뚝 흘러내린다. 오후 4시가 넘었는데도 기온이 여전히 30℃를 오르내리고 습기는 가득하다. 아직도 태풍 '솔릭'의 영향권에 있어서일까.

이정표 간판이 혼란스럽다. 내연산 계곡 청하골의 가장 대표 폭포라고 일컫는 제7폭인 연산폭포 이정표가 먼저 나타난다. 조금 더 가니 제8폭포인 은폭포 이정표가 나온다. 자주 다니는 사람들에게는 별문제가 안 되겠지만 아무래도 알림 체계가 혼란스럽다. 수행자가 길을 찾아 헤매고 있을 즈음, 맑게 갠 하늘에는 뭉게구름이 무심하게 떠다닌다. 구름은 수행자에게 나처럼 무심하게 두루뭉술하게 살아가라고 속삭이는 것 같다.

구름이 알려주는 대로 무심하게 수행로를 따라가니 계곡이 좁아지며 신기하게 생긴 기암괴석이 솟아 있다. 살며시 다가가 봤지만 그 계곡과 기암은 쉬이 접근을 허용치 않았다. 두 개의 기암괴석 사이로는 물 흘러내리는 소리가 우렁차다. 폭포가 흘러내리는 것이 분명하다. 잠시 후 안내판을 보고 알게 됐지만 양쪽의 기암괴석은 한산대와 습득대이고, 그 사이를 흐르는 폭포는 은폭포였다.

은폭포는 두 기암괴석 사이를 힘차게 흐른다. 은폭포 물은 흘러내려 내연산의 주폭포인 연산폭포를 이룬다. 비가 제법 내린 탓에 흘러내리는 물줄기가 굉음을 내며 용추로 떨어진다. 한산대와 습득대 사이로 떨어지는 물은 신비감을 자아내기에 충분하다. 물줄기 뒤로는 어둠이 도사리고 있지만 생명이 움트는 동굴이나 자궁 같아 보인다. 은폭포란 이름은 은밀하다는 의미의 '은'자를 쓴다. 해설판에 의하면 은폭포의 유래는 이렇다. 원래 은폭

은폭포

포는 여성의 음부를 닮았다 하여 음폭으로 불렀다고 한다. 그런데 이 말뜻이 상스러워 흔히들 '숨은 용처'라고도 했는데 이 말뜻대로 은폭포라고 부르게 됐다고 한다. 그러나 그 이름이 '음폭'이면 어떻고, '은폭'이면 어떠하랴. 생각하기 나름 아닌가.

한참 동안 은폭포를 감상하고 신비감에 젖어 계곡을 따라 내려가니 맑은 물이 제법 흥을 돋운다. 계곡에는 백옥 같은 바위들이 강약과 높낮이를 맞춰 신성한 청류의 음을 조율하고 있다. 흰 바위들은 각양각색의 형상으로 귀여움을 떨고 있는데 갑자기 돌고래 한마리가 불쑥 고개를 내밀며 수행자를 즐겁게 한다.

이제 이 골짜기를 따라가면 겸재를 쉬이 만날 수 있다는 생각에 발걸음이 가벼워진다. 그런데 이게 어쩐 일인가. 수행로가 뚝 끊어진다. 수행로 왼쪽과 앞쪽을 보니 천인만장의 낭떠러지다. 오른쪽을 보니 계곡에서 조용히 흐르던 물길이 폭류로 변하는 곳이다. 좀 전에 물속에서 땀을 씻어내었건만 온몸은 땀으로 다시 흥건해진다. 여기에서 제법 긴 '알바'가 시작된다. 주역에 '궁즉통'이라 했던가. 실눈을 뜨고 자세히 살펴보니 폭류가 흐르는 개울 반대편 오른쪽으로 제법 잘 정비된 길이 보이고, 물이 세차게 흐르는 개울에는 무슨 징검다리 같은 게 보였다. 나는 그쪽으로 가서 징검다리 모양의 바위를 하나씩 건넜다. 이제 마지막 바위 위로 뛰어올라 건널 차례다. 그런데 내 보폭으로는 건너기가 힘들어 보인다. 또다시 나로 하여금 시험에 들게 한다. 배낭을 메고 그냥 뛰어 건널까 어쩔까를 고민한다. 그러다 배낭을 벗어 냅다 건너편 쪽으로 집어던진다. 그리고 몸을 날려 무사히 뛰어 건넜다. 휴우, 숨을 한번 돌리고 다시 앞으로 나아간다. 폭류가 흐르는 개울을 지나 올라가니 선일대와 제5폭포인 관음폭포 이정표가 나타난다. '아니, 내가 가야할 곳은 제7폭포인 연산폭포인데 제5폭포라니. 그러나 어쩔 수 없다. 다른 방법이 없지 않나. 나는 오늘 제7폭포인 연산폭포는 지나쳐왔나 보다.' 하며 거의 포기 상태로 수행을 계속한다.

선일대 이정표를 따라 오르니 옆으로 보이는 풍광이 급변한다. 아찔하게 깎아지른 듯한 기암절벽, 그 사이에서 절묘하게 자라고 있는 청송들, 그리고 장단과 고저음의 음률을 엮어내는 폭포 소리, 여기가 선경이다. 드디어 겸재의 내연삼용추도 속으로 들어가고 있다는 느낌이 들고 있었다.

나는 알바로 시간을 제법 많이 버렸기에 관음폭포 방향으로 길 잡았다. 그러나 이 선택은 잘못된 선택이었다. 선일대는 제6폭포인 무풍폭포와 제4폭포인 잠룡폭포 오른쪽(나의 수행 경로 기준, 보경사에서 연산폭포 쪽으로 오르면 왼쪽에 있다.)에 수백 m(정확하게는 298m라고 한다.) 높이로 깎아지른 듯이 우뚝 솟아 있다. 그 암봉 위에 제비 집 같은 정자도 만들어놓았다. 물론 겸재 시대에 만든 정자는 아니다. 아무튼 선일대는 두 폭포(연산폭

선일대

비하대

포와 관음폭포)의 경관을 가장 아름답게 볼 수 있는 장소라고 한다. 신선이 비하대에 내려와 폭포를 완성한 뒤 크게 흡족해 하며 그곳에 올랐다가 자신들이 만든 선경에 취해 내려오지 않았다는 전설이 깃든 곳이다. 선일대에 올라가 겸재의 삼용추도에 깊숙이 파고들어 직접 느끼지 못한 것이 못내 아쉽다.

선일대와 관음폭포 갈림길에서 나무 계단을 따라 내려오는데, 갑자기 귀가 먹먹해지고 다리가 후들거린다. 진기가 손상되어서가 아니다. 관음 쌍폭이 절묘한 조화를 이루어 흘러내리는 관현악 장단에 귀가 먹먹해진다. 주변에는 병풍처럼 둘러쳐져 있는 암벽 사이사이에 절묘하고도 아름답게 자라는 수목들의 향연이 내 시신경을 통해 머리로 전달되니 가슴이 벌렁거리고 다리까지 후들거리는 것이다. 후들거리는 걸음으로 한 걸음 한 걸음 관음폭포에 다가간다. 관음폭포, 그 이름부터 고상하다. 두 줄기의 폭포가 서로 화음을 맞추며 쏟아져 내린다. 흘러내리는 물줄기 끝에 움푹 파인 커다란 동굴이 다섯 개나 보인다. 이 동굴들이 관음폭포의 신비감을 더 고조시키고, 폭포 음을 공명시켜 신비한 천상의 음악으로 승화시킨다.

관음폭포를 가로지르는 연산구름다리를 올라선다. '아하! 이것이 제7폭포

연산폭포

인 연산폭포로 가는 다리로구나.' 연산폭포는 못 보는 줄 알고 내려왔는데 그게 아니었다. 몸은 힘들었지만 연산구름다리를 가뿐히 올라선다. 연산폭포의 굉음이 울려 퍼져 내 귓전을 때린다. 청하골 12폭포 중 제1의 위용을 자랑하는 폭포니 당연히 그럴 만도 하다. 주변을 돌아보니 아찔하다. 선일대와 비하대, 학소대 등 주변의 암벽이 마치 도끼에 맞아 쪼개진 나무토막 마냥 수직으로 우뚝 치솟아 서 있다. 천하제일경은 아닐지라도 정말 아담하면서도 어디에 비할 바 없이 아름다운 선경이다.

아름다움에 도취해 한참을 두리번거리다가 하마터면 연산폭포의 존재를 까마득히 잊어버릴 뻔했다. 가까스로 연산폭포의 존재를 깨우친 나는 연산폭포의 위용을 멍하니 바라본다. 물 흐름이 정말 대단하다. 용추에 떨어지는 폭포는 물보라를 일으킨다. 마치 용으로 승천하지 못한 이무기가 용추 안에서 포효咆哮하면서 안개를 내뿜는듯하다. 떨어지는 물줄기가 일으키는 물보라는 가드레일 밖에 서 있는 내 옷을 적시는 듯 착각을 일으킨다.

연산폭포 주변에는 여기저기 음각된 글자들이 눈에 띈다. 자세히 보면 크기가 모두 다르다. 우스운 개그 같은 이야기지만 벼슬과 신분에 따라 새긴 글자 크기가 다르다고 한다. 신분이 높은 사람은 큰 글자를 새기고, 신분이 낮은 사람은 작은 글자를 새기고 겸재 선생도 청하 현감으로 재직할 당시에 방문하여 '정선 갑인추'라는 음각을 남겼다고 하는데 아무리 찾아도 보이지 않아 섭섭했다. '정선 갑인추'의 의미는 '정선이 갑인년(1734년) 가을에 연산폭포를 다녀갔다.'는 의미라고 한다.

관음폭포와 감로담

  한참을 연산폭포와 관음폭포 주변에서 펼쳐지는 파노라마 같은 아름다움
에 도취해 시간 가는 줄 몰랐다.

  이제는 겸재 선생을 만나야 할 시간이다. 겸재의 내연삼용추도의 경물이
된 두 폭포를 친견했고, 주변 경관을 일람해봤다. 그래도 부족함이 많아
겸재 선생이 만나 줄까는 모르겠지만 만나주지 않는다면 어떻게 해서든지
만나 뵈어야만 한다. 상상 속에서라도 만나야 한다. 그분을 만나 뵙지 못하면
이 묵언수행기가 끝을 맺을 수 없기 때문이다. 나는 상상 속으로 시공을
초월하여 결례를 무릅쓰고 무작정 겸재 선생을 만나러 나선다.

  1734년 초여름 어느 날, 청하 현감 겸재는 문방사우를 들고 선일대에 올라선
다. 나도 청송으로 위장하여 살금살금 겸재 선생에게 다가가 숨을 죽이고
선생의 동정을 살핀다. 선생은 주위를 두리번거리며 주위의 아름다운 풍광을
감상하다가 이내 한숨을 내뱉으며 중얼거린다. "과연 이 청하골 선경의 아름다
움과 신비함을 나의 그림에 담을 수 있을까?"라고. 겸재는 이내 그의 신필을
놀리기 시작한다. 때로는 대상을 축소하기도 하고 크게 강조하기도 한다.
이내 그 경물들에 영기가 감돌기 시작한다. 서릿발처럼 붓질하고 도끼로
나무를 쪼개거나 끌로 판 듯 '일필휘쇄'로 휘두르니 어느덧 엄청난 기를 내뿜으
면서 기암절벽이 떡하니 우뚝 선다. 붓을 옆으로 뉘어 쌀알과 빗방울 같은
점을 마구 찍어댄다. 이 어찌 된 일인가. 일필휘쇄로 휘둘러 이루어진 먹

잠룡폭포

점들이 풀이 되고 나무로 변한다. 골기로 가득 찬 암봉들이 이내 순화된다. 골기는 양기이고 초목은 음기이다. 음과 양, 양과 음이 절묘한 조화를 이룬다. 그리하여 그림은 순식간에 완성된다. 겸재 선생은 문방사우를 정리하곤 자기가 그린 그림을 자세히 살펴보면서 고개를 갸우뚱거린다. 그러다 진경보다 더 진경답다고 생각했는지 득의만면得意滿面한 미소를 가득 짓는다. 그리곤 자리를 털고, 다시 한 번 주위 경관을 돌아보고는 웃음을 띠면서 하산한다.

나는 놀라고 또 놀라서 겸재 선생이 자리를 뜬 이후에도 말 못할 감동에 사로잡혀 한동안 꼼짝 하지 못하다 겨우 상상 속에서 빠져나와 제6폭포인 무풍폭포로 향한다. 무풍폭포는 바람을 맞지 않는다는 폭포다. 무풍폭포 아래로는 제4폭포인 잠룡폭포가 있다. 잠룡이란 아직 승천하지 못하고 물속에 숨어 있다는 용을 말한다. 잠룡폭포 아래는 거대한 암봉인 선일대라는 긴 협곡이 있다. 잠룡이 거기에 숨어 살다가 선일대를 휘감으면서 승천했다는 전설이 있고 이를 뒷받침하는 흔적이 있다고 한다. '잠룡이 이미 승천했다면 뭐, 비룡폭포나 승천폭포로 이름을 바꿔야 하는 것 아닌가?' 그런데 잠룡이고 비룡이고 간에 폭포는 숲에 가려 자세히 볼 수 없다. 그것이 아쉬울 뿐이다.

상생폭포

　제3폭포인 삼보폭포는 물길이 세 갈래라서 삼보폭포라고 이름을 붙였다고 한다. 앙증맞게 흘러내리는 귀여운 폭포다. 제2폭포인 보현폭포는 오른쪽 언덕에 보현암이 있어 붙여진 이름이라고 한다. 마지막으로 제1폭포인 상생폭포를 만난다. 문수암으로 올라가기 시작할 때부터 멀리서 보였던 폭포라 만나니 반가웠다. 문수암을 오르면서 상생폭포를 촬영한 시각이 오전 9시 37분, 현재 시각이 오후 6시 9분이니 무려 8시간 22분 만에 만난다. 지금은 상생폭포라고 통용되지만 원래는 '쌍둥이 폭포'란 의미의 '쌍폭'이란 명칭이 오래전부터 쓰였다고 한다. 1688년 5월, 내연산을 찾은 정시한의 ≪산중일기≫에는 '사자쌍폭'이라 적고 있는데, 그 당시에도 '쌍폭'이라는 명칭이 널리 쓰인 것 같다.

　내연산의 묵언수행은 태풍 솔릭의 영향 때문인지 장장 16km를 수행하기까지는 한 사람도 보지 못했다. 삼보폭포를 지날 때쯤에는 서너 명이 계곡에서 놀고 있었고, 두세 명은 어디로 가는지 무심히 올라가고 있었다. 이들이 만난 사람 전부였다. 그러니 오늘도 어떻게 보면 내연산의 모든 기를 독점했다고나 할까. 그런데 그보다 더 중요한 것은 조선 제일의 천재 화가인 화성 겸재 선생을 만났다는 사실이다. 겸재 선생은 청하 현감 시절 진경산수 화풍을 완성한다. 청하골에 전개되고 있는 크고 작은 각양각색의 아름다움을 뽐내는 열두 폭포와 그 주변의 수많은 소, 용추와 선일대, 비하대, 학소대 등의 기암절벽의 절경이 겸재 선생으로 하여금 걸작을 만들어내도록 유혹했다. 겸재는 실제 진경보다 더 아름다운 진경을 그려냈다. 그런 겸재 선생을 만나고 왔다. 이만하면 10시간 반에 걸친 나의 묵언수행이 대단하다고 할 수 있지 않을까. 내연산 묵언수행을 마무리 한 후 약 20년 전에 방문해 감명 받은 구룡포 <할매전복집>으로 달려가 자연산 전복 구이와 전복죽으로 허기를 채웠다. 맛집에서 맛을 즐기는 것 또한 멋진 하나의 수행이 아니겠는가.

[묵언수행 경로]

보경사 매표소(07:50) > 보경사(08:24-08:58) > 문수암(09:50) > 문수봉(10:46) > 삼지봉(711m, 11:39) > 동관봉(12:40) > 점심 > 향로봉(930m, 13:30) > 시명리 기점(14:35) > 시명폭포-제12폭포(14:44) > 실폭포-제11폭포(14:15) > 복호2폭포-제10폭포(14:34) > 복호1폭포-제9폭포(14:48) > 세신 휴식 > 은폭포-제8폭포(16:44) > 관음폭포-제5폭포(16:26) > 연산폭포-제7폭포(16:34) > 무풍폭포-제6폭포(16:41) > 잠룡폭포-제4폭포(16:44) > 삼보폭포-제3폭포(17:00) > 보현폭포-제2폭포(17:04) > 상생폭포-제1폭포(17:09) > 보경사(17:37) > 주차장(18:16)
<수행 거리: 약 20km, 소요 시간: 10시간 26분(휴식 시간 포함)>

* 일필휘쇄一筆揮灑: 쓸어내리듯 휘두르는 빠른 붓질로 단번에 그리는 필법筆法

부담을 갖고 떠난 금단의 성역 점봉산 묵언수행, 수행을 마친 다음 부담을 해소하다

점봉산 정상

　이제 산림청 선정 백대명산 묵언수행도 아흔두 좌를 올라 막바지로 치닫고 있다. 아직 남은 산은 강원도 점봉산, 그리고 경상남도 무학산, 황석산, 천성산, 신불산, 재약산 그리고 섬에 있는 산인 경상북도 울릉도의 성인봉과 마지막으로 전라남도의 홍도 깃대봉 등 명산 총 여덟 좌만 남아 있다.

　이번 일요일 묵언수행은 어떻게 해야 하나를 고민에 고민을 거듭한 끝에 하루 일정으로라도 다녀오기로 했다. 남은 백대명산 중 하루 일정으로 다녀올 수 있는 곳이 점봉산(1,424m)뿐이라 점봉산을 수행지로 택했다. 그러면서도 '아직도 금단의 성역으로 지정돼 출입이 금지된 점봉산을 묵언수행 장소로 정한다?'며 망설였다. 그래서 그런지 부담감이 크고, 마음이 무겁다.

점봉산을 묵언수행 장소로 정하게 된 데는 또 다른 중요한 이유가 있다. 점봉산은 멸종 위기 식물 및 희귀 동물 보호를 위해 2007년 12월 31일부터 2026년 12월 30일까지 무려 19년이란 장기간에 걸쳐 출입 금지 구역으로 지정돼 있다. 이는 앞으로도 8~9년이나 더 지나야 출입 금지가 해제된다는 뜻이다. 나에게 앞으로 8~9년 후라는 세월은 너무 긴 기간이다. 이 기간은 '10년이면 강산도 변한다.'는 그런 긴 세월이다. '세상이 어떻게 될지 아무도 모른다. 그러니 조금이라도 젊었을 때, 건강할 때 가지 않으면 영원히 백대명산인 점봉산을 가보지 못할 수도 있지 않겠는가. 앞으로 9년 후 내가 어떻게 될지 어떻게 알겠는가.' 하는 생각이 다소 무거운 부담을 안고서도 점봉산을 묵언수행지로 정한 가장 큰 이유 중 하나다.

어쨌든 나는 묵언수행지를 점봉산으로 정한 후, 점봉산을 어떻게 가는 것이 소리 소문 없이 살짝, 그리고 무사히 다녀오는 방법인지를 내 주변의 여러 산신령들에게 탐문했다. 여러 의견을 종합해보니 공원 지킴이들의 근무시간은 오전 8시부터 오후 3시 반까지라는 정보가 유력하다. 새벽 5시 이전에 묵언수행을 시작해 최단 코스로 일찍 수행을 마무리하면 별 문제 없을 것이라는 내 나름의 결론을 내린다. 수행을 떠나기 전날 밤 만약의 사태를 대비해 '소정의 금액'을 주머니 속 깊이 꽁꽁 잘 보관해놓고, 휴대폰 알람을 2시에 맞추고 일찍 잠자리에 든다.

잠자리에 들어서도 이런저런 상념들이 머리를 떠나지 않고 맴돈다. 평소에도 잠을 잘 못 자는데 중대한 결정을 실행해야 하는 시점에 잠이 잘 올 리가 없다. 그러던 중 잠깐 눈을 붙였을까? 알람이 사정없이 울어댄다. 고양이 세수만 하고 주섬주섬 옷을 집어 입는다. 그리고 냉장고에 얼려놓은 막걸리 반 병과 생수 두 병을 챙긴다. 그런데 이것들이 모두 얼지 않았다. 냉장고 냉동실에 넣은 지 얼마 안 됐기 때문인가 보다. 얼었을 것이라고 예상한 내가 순진하다. 술병과 물병을 들어보니 약간 차갑다는 느낌만 들 뿐이다. 그러나 어쩔 수 없지 않은가. 할 수 없이 이것들이라도 배낭에 챙겨 담고 집을 나선다.

새벽 2시 20분 내비게이션을 켜고 오색약수 주차장으로 달린다. 새벽 시간대이니 도로가 전혀 막힘이 없다. 오색약수 주차장에 도착한 시각은 오전 4시 40분이다. 자동차 연료가 부족해 고속도로 휴게소에서 기름을 넣고 왔는데도 2시간 20분이 채 걸리지 않았다.

하늘에는 우미인虞美人의 눈썹처럼 예쁜 하현달이 비추고 있고, 별들이 총총하다. 오리온자리의 삼태성三台星도 선명하다. 그러나 하늘을 제외하고는 아직 주변은 칠흑 같아 빛의 입자라곤 찾아보기 힘들고 어둠의 입자만 가득하다. 차 안에서 수행을 위한 기초 에너지를 보충한다. 차가 기름이 없으면 기름을 채워야 하듯이 빵 하나, 바나나 한 개, 그리고 에너지바 한 개를 먹은 다음 수행에 나선다.

주변 전등 불빛에 의존해 수행로 들머리를 찾기 시작했다. 아무것도 안 보이니 수행로 들머리를 찾는 데도 제법 오랜 시간 '알바'를 한다. 먼저 오색약수 쪽으로 올라갔는데 아무래도 그쪽은 아닌 것 같다. 오색약수를 한 바가지 들이켜야겠다며 바가지를 찾았는데 그것도 보이지 않는다. 어디로 가야 하나? 약 20여 분간이나 '알바'를 하다가 '이쪽으로는 아니다.'라는 생각을 확실히 굳힌다.

산신령 친구가 나에게 버스 주차장이 어쩌고저쩌고, 조그만 시골 교회가 어쩌고저쩌고하며 <카톡>으로 잔뜩 설명해줬는데도 불구하고 갈팡질팡한다. 캄캄한 이 새벽, 속인인 나에게는 산신령의 친절한 가르침도 별 효험이 없었다. 몇 분을 '알바'하고 난 다음 산신령의 이야기를 다시 되새기며 결론을 내린다. '이쪽은 학실(경상도 말)이 아니야, 아래쪽으로 가야하는 게 학실해.' 하고 말이다.

아까 주차하기 전에 교회를 봤다. 그런데 그 교회는 제법 규모가 있어 보였고, 오지 중의 오지인 점봉산 들머리에 저렇게 큰 교회가 있을 리 없다며 당연히 아닐 것이라 지레짐작했었다. 이러한 오류들은 보통 인간들에게 당연히 있을 수 있는 오류다. 이를 일러 '동굴의 우상(Idōla Specūs)'이라 하던가. 적당한 '알바'를 해 그쪽은 아니라는 결론을 내렸으니 이제 선택의 여지가 없다. 오색약수에서 아까 잠깐 본 교회 쪽으로 이동한다. 교회 주위를 아무리 찾아보아도 들머리가 보이지 않는다. 나의 애인 '트 양※'이 지도를 보여주는데도 헷갈린다. (* '트 양※' = <트랭글>이란 등산 길라잡이 앱.)

어둠 속에서 찾아들어 간 길은 또 다른 막다른 곳이었다. 왼쪽 어두운 곳은 계곡이다. 칠흑 같은 어둠 속에서 고요한 정적을 깨고 흘러내리는 물소리는 낮에 들리는 물소리와는 달리 아귀지옥에서 배고픔의 고통을 못 이겨 질러대는 아우성으로 들린다. 아직도 어둠의 입자가 지배하고 있는 칠흑과 같은 숲속을 들어갔으니 아무것도 보일 리 없다. 그래서 헤드 랜턴을 끄집어내 머리에 두른다. 호랑이에게 물려가도 정신만 차리면 살아남을 수 있다고 하지 않았던가. 정신을 바짝 차리고 주위를 살펴보니, 가파른 언덕에 무슨 시설물이 보이고 그 위로 길이 보이는 듯했다. 그곳으로 올라가니 그 위로는 길이 나 있는 것이 확실하다. 그런데 경사가 거의 70°나 돼 보인다. 이를 어쩌나. 그러나 다른 도리가 없었다. 높이가 20여 m이채 안되니 다른 선택의 대안이 없다. 올라갈 수밖에. 낑낑거리며 올라선다.

올라서는 순간 뒤에서 인기척이 들린다. 뒤를 돌아보니 사람 얼굴은 보이지 않고 손오공만 보인다. 깜짝 놀라 자세히 보니 구레나룻과 턱수염이 얼굴을 잔뜩 덮고 있는 마치 손오공처럼 생긴 털북숭이다. 범상치 않아

꼭두새벽부터 점봉산을 올라가는 약초꾼, 산신령 같다.

보였다. 혹시나 길을 못 찾아 헤매고 있는 나를 구제해주기 위해 나타난 점봉산 산신령인가.

그분이 "왜 그 쪽으로 올라오느냐"고 묻기에 "길을 몰라 올라오다 보니 그리 됐다."고 대답했다. 그리고는 "이 길이 점봉산 가는 길이냐"고 물었더니 "그렇다."라고 대답하며 담담하게 올라간다. "어디에 살며, 무엇 하시는데 이렇게 일찍 올라가시느냐"라고 물으니, "여기 바로 아래서 약초방을 한다."라고 대답한다. 재차 "여기에 온 지 얼마나 됐느냐?"고 물어보니, "원래 고향이 포항이었는데 이런 생활을 한 지가 20년이 넘었다."고 하며 "한계령 근처에 있는 '필례'에서 약초꾼으로 생활을 하다 10년 전에 이곳으로 옮겼다."라고 한다. 하도 신기해서 앞서가는 그를 카메라에 담으려고 카메라를 준비하며 찍으려니 그는 저 멀리로 내 시야에서 사라져버렸다. 손오공이나 산신령 같다는 생각이 머리를 떠나지 않는다.

'손오공'을 만나고 난 이후부터는 수행로가 확연히 드러난다. 급경사에 파편과 같은 돌길이라는 것 외에는 길이 순탄했고, 정상을 향하는 길은 여느 백대명산보다 더욱 선명했다. 이제부터 나 혼자만의 페이스를 찾아 가장 편안한 묵언수행을 하기 시작한다.

5시 50분경에 일출이 시작되고 수목들 사이로 장관이 연출된다. 수행길을 계속 따라 올라가니 수행로 오른편에는 기막히게 생긴 암봉들이 떠오

일출 장면

일출 햇빛에 암봉들은 황금 덩어리로 변하고 있다.

소나무 사이에서 하현달이 빛을 잃어가고 있다.

르는 햇빛에 반사돼 황금색으로 변하고 있었다. 푸른 소나무 숲 사이에는 빛을 잃어가고 있는 하현달이 자신은 비록 사라지더라도 수행자를 향해 잘 다녀오라 인사한다. 하현달의 전송을 받으며 수행을 계속하니 얼마나 오랜 세월을 자랐을지 모를 멋진 소나무 한 그루가 늠름하게 서 있다. 가지도 무성하다. 산죽들 틈에서 맑은 진홍보라색 야생화가 피어 있고, 조그맣고 새빨간 열매를 맺고 있는 나무도 나온다. 연보라색 초롱꽃도 고개를 푹 숙이고 인사를 하며 수행자를 맞이하고 있었다.

점봉산 정상까지 2.1km 남았다는 이정표가 나왔는데, 여기까지 올라오는 데는 거의 어려움은 없었다. 점봉산은 육산이라 거의 대부분 길이 흙길이기

점봉산 정상에서의 풍경

때문에 수행하기에 그리 어려움이 없는 것이 사실이다. 다만 제법 가파르고 태풍 '솔락' 영향 때문인지 곳곳에 나무가 쓰러져 수행로를 막고 있어 방해받는 구간이 있었지만 다른 백대명산에 비해 결코 까다롭지 않는 수행로였다.

그런데 수행로를 따라 수행을 한 후 한 가지 이상한 생각, 회의감이 머리를 떠나지 않는다. 점봉산 수행로는 다른 백대명산 수행로보다 더 빠질거렸다. 수행로가 빠질거린다는 것은 사람들의 통행이 많다는 반증이다. 2007년 12월 31일부터 점봉산을 통제해왔다는데, 통제가 제대로 이루어진 걸까? 제대로 이루어졌다면 어떻게 이렇게 빠질거릴 수가 있을까? 이런저런 의문이 꼬리에 꼬리를 물고 일어난다.

갑자기 하얀빛이 주변에 감돌아 고개를 두리번거려보니 자작나무와 4촌간인 거제수나무가 나온다. 거제수나무 둥치를 만져본다. 자작나무 둥치보다는 부드럽지 않지만 그래도 부드러운 편이다. 보호수인 '살아서 천년, 죽어서 천년'이라는 주목의 고목이 반쯤은 썩어 병고에 시달리고 있었지만 곳곳에서 꿋꿋하게 자라고 있었고, 썩은 나무둥치에서 자라고 있는 버섯은 마치 정교한 자수刺繡를 보는 듯했다.

정상에 가까워졌는지 수목들의 키가 낮아지고 성겨진다. 하얀 피부를 가진 거제수나무 사이로 보이는 비취색 하늘은 가을이 다가오고 있음을 알리고 있고, 성겨진 숲 사이로는 설악산 대청봉이 보인다. 구름이 대청봉을

점봉산 정상에서의 풍경

오르다 힘에 겨워 휴식을 취하는지 산중턱에서 띠를 두르고 머물러 있었다. 한 폭의 아름다운 산수화다.

드디어 점봉산 정상이다. 점봉산 정상에 오른 시각은 오전 8시 24경이었고, 하산을 하기 시작한 시각은 대략 8시 57분경이었다. 이렇게 33여 분을 오로지 나 혼자만이 점봉산 정상과 오롯이 시간을 보낸다. 점봉산 정상은 과연 알려진 대로 천상의 풍광을 파노라마로 연출한다. 북쪽으로는 망대암 산이, 북동쪽으로는 설악산 대청봉이 보이고, 북서쪽으로는 가리봉이, 남서 쪽으로는 가칠봉이 조망된다. 산 정상의 기온은 20℃ 전후였으나 불어오는 바람이 제법 쌀쌀하다. 만약 기온이 좀 더 높고 바람이 없었다면 어젯밤 잠을 설쳤기 때문에, 그리고 쉽게 올 수 없는 곳이기에 아무도 없는 정상에서 판초 우의를 깔고 한잠 자고 내려왔을 것이다.

정상에서 자생하는 야생화들도 얼른 보면 대단치 않다고 하겠지만 자세히 보면 말로 표현하기 힘들 만큼 아름답다. 자세히 쳐다보고 있노라면 꽃 한 포기, 풀 한 줄기가 그냥 한 폭의 화훼도花卉圖가 된다. 오르기 힘든 점봉산이기에 살펴보고 또 살펴본다. 정상에서 30여 분이라는 시간이 부지 불식간不知不識間에 휘리릭 지나가버린다.

정상에서 1km 정도 내려오니 너른이골로 가는 이정표가 나온다. 이 대목에서 내 친구 산신령이 너른이골로 내려가면 오색약수로 가는 이정표가

점봉산 정상은 야생화 꽃밭이다.

나올 거라 하면서 그 길을 나에게 추천했다. 나도 오색약수 주차장에서
정상으로 올라갔던 수행로를 그대로 내려가면 너무 단순한 것 같아 너른이
골로 수행하기 시작한다. 약 200m 정도 진행했을까. 수행로가 유실됐는지
도저히 찾을 수가 없었다. 수행이 순탄할 수만은 없다. 다시 올라온 수행로를
따라 내려가기로 마음을 바꿔먹고 방향을 바꾸어 내려온 지점으로 다시
올라간다. 속된 말로 또 '알바'를 추가한다.

올라가면서 수령이 200년 된 보호수인 돌배나무도 만난다. 꿋꿋이 자라서
1,000년이고 2,000년이고 살라고 기원하고는 이정표 쪽으로 되돌아간다.

다시 정상을 오르던 수행로를 따라 오색약수터로 수행을 하기 시작하는
데, 갑자기 인기척이 난다. 고개를 들어 살펴보니 글쎄, 건장한 남녀 두
쌍이 나보다 2~3배나 큰 배낭을 메고 올라오는 것이 아닌가. 그들이 어떻게
초소의 감시망을 피했는지가 궁금했다. 그 찰나, 그 일행 중 한 명이 나에게
"한계령에서 넘어 오셨냐?"하고 묻는다. 나는 "오색에서 정상까지 올라갔다
가 다시 오색으로 가고 있습니다."라고 대답하고 다시 "어디에서 어디로
가느냐?"라고 물어봤다. 그들은 "단목령에서 올라와 한계령으로 가고 있
다."고 대답한다. 그러고선 잽싸게 올라가는 게 아닌가. 아직 등산 경륜이
초보인 내 생각에도 이들은 틀림없이 소위 백두대간을 종주하는 사람이리라
는 생각이 든다. 백두대간을 종주한다는 사람들이 시도 때도 없이 점봉산을

드나들며 오르내리니 산행로가 이처럼 반질거리게 된 것이 아닐까라는 가설을 세워본다.

길가에 피어 있는 야생화며, 각종 버섯을 보면서, 간혹 숲 사이로 보이는 아름다운 경관도 감상하면서 내려온다. 이번에는 젊은 남녀 한 쌍을 또 만난다. 그들도 한계령으로 간다고 한다. 백두대간 종주하는 사람들이 이렇게나 많은가 하는 생각이 들며 젊은 남녀 한 쌍이 부럽다. 이 젊은 남녀 한 쌍을 또 만나니 내가 좀 전에 세운 가설이 어느 정도 입증되는 것 같아 타당성 있다고 결론을 내렸다. 고목들 사이로 비치는 경관은 올라갈 때 잡았던 경관과는 또 다른 분위기다.

다시 한참을 내려오니 네안데르탈인 두개골 형상을 한 바위 덩어리가 떡 버티고 있다. 묵언수행 시작할 때는 어두워서 보이지 않았던 장면들이다. 날이 밝아진 이제 계곡에서 흐르는 물소리는 새벽 어둠 속에서 흘러내리는 물소리와는 달리 더 이상 아비규환의 아우성이 아니다. 자연이 들려주는 음악 소리로 변했다.

네안데르탈인 두상처럼 생긴 바위

금지선을 넘어 오색약수 주차장으로 조심조심 간다. 사람들이 쳐 놓은 그물막에 걸릴지도 모르기 때문이다. 나는 산신령이 아니니 사람들이 깨어나 활동하기 훨씬 전부터 움직여야 했다. 그 부지런함으로 어설프게 쳐 놓은 덫을 피해 주차 위치로 무사히 귀환한다. 오늘 준비해 간 '소정 금액'도 무사하다.

차를 주차해둔 곳으로 이동하는 중에 갑자기 그럴싸한 족욕장이 눈에 들어온다. 오색 온천물로 족욕장을 만들었다는데 참 좋은 곳이다. 족욕탕에서 피곤을 푼다. 족욕탕에 걸터앉아 준비해간 막걸리 반 병을 마시니 기분이 날아갈 것 같다. 잠 한숨도 자지 못하고 새벽에 일어나 6시간이나 수행을 했는데도 피곤은 어디로 사라졌는지 알 수가 없다. 나도 모르게 흥얼흥얼 콧노래를 부르고 있었다.

서울로 돌아가는 길에 유명한 필례약수터에 들렀다. 시각을 보니 아직 12시 23분밖에 되지 않았다. 몸에 좋다는 약수 한 바가지를 꿀꺽꿀꺽 마신다. 이 약수는 오색약수와 마찬가지로 탄산수다. 철분이 함유되어 있어 맛이 비리하다. 그러나 오색약수에 비하면 맛이 다소 연한 것 같았다. 약수터 이름 '필례'는 '베를 짜는 여자의 모습'을 닮았다 하여 붙여졌다는데, 사실은 필녀匹女가 와전돼 굳어진 것이라 한다.

필례 약수 한 잔을 마시고 나니 갑자기 배가 고파진다. 시계를 보니 벌써 점심 시간이다. 며칠 전 고교 친구들 몇 명과 막국수 투어를 하면서 막국수 맛집이라고 해 다녀온 적이 있는 <방동막국수집>으로 향한다. 그런데 그 집에 도착하고 보니, 내가 2017년 10월 21일 방태산 묵언수행을 마치고 난 후 이미 들렀던 집이었다. 그때도 국수와 수육을 먹고, 곰취 장아찌 한 통을 사서 집으로 돌아온 적이 있다. 내가 이 집을 깜빡 잊고 있었던 것이다. 이 집의 막국수 맛도 꽤나 괜찮은 편이다. 하지만 이 집은 막국수보다 직접 담가 파는 곰취 장아찌가 일품이라는 인식이 강했다. 그러니 내 기억 속에서 막국수 집과는 연결이 안 되고 사라진 것 같았다.

점봉산 묵언수행은 엄청나게 부담스러운 수행이었다. 탐방 금지 구역으로 지정돼 있기 때문이었다. 그러나 탐방을 마치고 난 후, 그 부담이 많이 해소됐다. 그 이유는 탐방로가 빤질거리는 것을 미루어 짐작해볼 때 수많은 사람들이 금지 구역을 무시하고 그 탐방로를 밟고 다니는 것 같았다. 오늘 만난 사람 수도 일곱 명이나 된다. 개방된 다른 백대명산을 다녀보면 새벽에 묵언수행을 할 때면 마주치는 사람들이 극히 드물었다. 어떤 곳은 한 사람을 만나지 못할 때도 있었고 대부분은 기껏해야 만나는 사람이 두세 명에 불과했다. 그렇다면 점봉산은 개방돼 있는 오지의 다른 백대명산들 보다 더 많은 사람이 오르내린다는 이야기밖에 안 된다. 그런 면에서 혼자 마음속으로 가지고 있던 부담감은 많이 해소되었다.

점봉산 일대에 펼쳐진 원시림에는 전나무가 울창하고, 모데미풀, 한계령풀 등 갖가지 식물을 비롯해 참나물, 곰취, 곤드레, 고비, 참취 등 다양한 산나물이 자생하고 있다. 그뿐 아니라 얼레지꽃, 바람꽃, 과남풀꽃, 초롱꽃, 산오이풀꽃 등 수없이 많은 야생화들이 피고 있어 천상의 화원으로 불리기도 한다. 특히 한반도 자생식물의 남북방한계선이 맞닿는 곳으로 한반도 자생종의 20%에 해당하는 854종의 식물이 자라고 있다. 유네스코에서도 이 지역을 생물권 보존 구역으로 지정하기도 했다.

점봉산 출입이 통제되든 개방되든 간에 우리의 귀중한 산림 자연유산이 훼손되지 않고 잘 보전돼 후손들에게 고스란히 그대로 물려줬으면 하는 마음이 간절懇切하다.

[묵언수행 경로]

오색약수 주차장(04:50) > 오색약수 주차장(05:04) > 안터 마을, 민박 마을(05:16) > 약초꾼 조우(05:40) > 거송(06:59) > 정상 2.1km 전방 이정표(07:09) > 주목 고목(08:06) > 정상(08:24-08:57) > 너른이골 > 수령 200년 돌배나무(09:26) > 해골바위(10:59) > 안터 마을, 민박 마을(11:13) > 족욕 체험장(11:42) > 오색약수 주차장(11:48)

<수행 거리: 11.41km, 소요 시간: 6시간 58분>

숨 막힐 듯 아름다운 곳, '영알'을 1박 2일간 묵언수행하다

　　나와 이미 십 수차례 백대명산 묵언수행에 동반한 이 산신령과 함께 9월 8일(토요일)~9월 9일(일요일), 1박 2일 일정으로 <영남알프스(소위 '영알')> 일대 묵언수행에 나섰다. 두 명이 나섰는데 왜 묵언수행인지는 여러 차례 언급한 바 있듯이 이 모 친구는 거의 산신령급이므로 나와는 산을 타는 수준이 천양지차다. 그러니 같이 나서더라도 거의 같이 붙어 다닐 수 없다. 그리고 그 산신령도 내가 백대명산 묵언수행을 하고 있는 것을 잘 알고 있어, '따로 또 같이' 편안하게 수행할 수 있도록 배려해주기 때문에 묵언수행이 가능한 것이다.

　　2018년 9월 8일 토요일 아침 6시 30분, 나는 이 산신령과 함께 잠실새내역 1번 출구에서 만나 영남알프스 배내고개를 목적지로 출발한다. 예상 도착 시각은 10시 40분. 그러나 멀리 움직이는 데는 예상치 못한 변수가 생기는 것이 다반사다. 곳곳에 교통 체증이 발생해 배내고개 주차장에는 1시간 정도 늦게 11시 35분경에 도착한다. 배내고개에 도착하자마자 곧바로 묵언수행을 시작한다. 1일 차 묵언수행은 11시 38분에 시작해 18시 31분경에 마침으로써 총 6시간 53분에 15.1km를, 2일 차 역시 배내고개 주차장에서 8시 46분경에 출발해 죽전 마을 버스정류소에 18시 21분경에 도착함으로써 장장 9시간 35분간 20여 km를 걸음으로써 1박 2일간 약 35km의 묵언수행을 마치게 된다.

　　이번 '영알' 묵언수행은 나로 하여금 '영알'에 대한 잘못된 생각을 근본적으로 휘저으며 뒤바꿔 놓아버렸다. 첫째는 '영알'이라는 용어 자체가 마음에 들지 않았다. 얼마나 시원찮은 곳이면 외래 이름을 갖다 붙여 과잉 포장을 했겠느냐 하는 반발심이었으며, 둘째는 백대명산이 있는데 또 무슨 '영알'이라는 이상한 이름을 붙여 혼란스럽게 하느냐는 것이었다.

그러므로 나는 당초 '영알' 묵언수행은 단순히 영알에 포함돼 있는 백대명산 중에서 아직 가보지 못한 산을 묵언수행하고 싶었던 것이 솔직한 나의 바람이었다. 다시 말하면 소위 '영알의 산군山群' 중 산림청 선정 백대명산에 포함돼 있는 산은 가지산(1,241m)을 비롯해 운문산(1,188m), 천황산 혹은 재약산(1,189m), 신불산(1,159m) 4좌다. 이중 이미 수행을 완료한 가지산과 운문산을 제외한 나머지 산들, 즉 재약산과 신불산을 묵언수행하는 것이 나의 바람이었다는 말이다.

그런데 1박 2일간 '영알' 묵언수행을 마치고 난 후, 나는 생각이 확 뒤바뀌었다. 이 '영알'이 나로 하여금 벅찬 감동의 도가니 속에 빠뜨려 벗어나지 못하게 했다. 나는 그 감동의 도가니에 빠져 허우적대며, "아, '영알'! 정말 대단하구나. 대단히 아름다운 곳이구나."를 반복하며 나도 몰래 탄성을 지르곤 했다. 그러면서 백대명산만 명산이 아니구나. 백대명산이라는 이름이 누군가가 인위적으로 갖다 붙인 것으로 이것이 다는 아니라는 생각을 하지 않을 수 없었다. 우리 대한민국 산하는 개별적으로, 또 같이 어우러져 ('따로 또 같이') 아름다움을 만들어내니 참으로 금수강산임에 틀림없다. 나는 그러면서 감히 '영알'을 '스알(스위스 알프스)'과 비견比肩해도 무방하다는 생각이 들었다. 이런 말을 하면 누군가가 '스알' 구경이나 해보았느냐고 비웃을지도 모른다. 그러면서 당신은 자기 것만 고집하는 국수주의자가 아니냐고 할지도 모른다. 그러나 나는 '스알'을 물론 가보았다. '영알'을 세세히 뜯어서 살펴보라. 그리고 천천히 돌아보면서 음미해보라. 그러면 '스알보다 결코 못지않은 '영알'의 진면목을 볼 수 있을 테니 말이다. 묵언수행하고 난 후 너무 아름다워 조만간에 다시 한번 찾아와야겠다는 마음을 굳힌다.

'영알'의 무엇이 그렇게 수행자를 미혹시켰기에 그렇게 찬미讚美하는가?

끝없이 펼쳐진 억새밭의 유혹이 그 첫 이유다. '영알'을 걷노라면 편안하기 짝이 없는 수행로는 수행자로 하여금 마음을 차분하게 만든다. 더 없이 넓게 펼쳐진 억새밭은 억새들이 꽃을 피우고 하얀 면사포 같은 순수한 색깔로 변해가고 있었다. 더구나 바람이 살랑대면 억새가 내는 '스스스…' 하는 소리는 마치 아리따운 매력쟁이가 귓속말로 아양을 떠는 듯했다. 은빛 빛깔과 아양스런 귓속말에 마음이 흔들리지 않을 자 그 누가 있을까. 억새의 아양 소리를 그 누가 스산하다 했던가?

두 번째 이유는 운무雲霧의 조화로 '영알' 산군들의 너울이 시시각각 출렁거리며 신비감을 더 높이고 있었기 때문이다. '영알'이 동해안 근처에 위치해 있어서 그런지 '영알'의 산군들은 모습을 드러냈다가 금방 안개 속에 자취를 감춘다. 마치 순수했던 시절, 아리따운 이팔청춘 순희가 마음에 품고 있던 총각이 방학이라 집으로 돌아올 때면, 얼굴에 홍조를 가득 띤 채 몰래 담장 밖을 훔쳐보다가 행여 총각의 눈에 띨까 봐 부끄러워 까치발을 들었다 놓았다 하며 몸을 담장 아래로 살짝살짝 감추는듯하다. 이것 또한 참으로 신비하기 이를 데 없는 '영알'의 모습이다. 오늘도 저 멀리에 내가 이미 가본 가지산이, 운문산이 살짝 모습을 드러냈다 자취를 감추기를 반복하고 있었다. 이렇기에 '영알' 아름다움의 파노라마요, 수백 수천 폭의 진경산수화이다.

이번 1박 2일간 '영알'은 나에게 아름다움이란, 부드러움이란 그리고 강인함이란 무엇인지를 확실하게 보여줬다. 그리곤 가슴 벅찬 감동을 내게 선물했다. 나는 그 벅찬 감동과 유혹에 못 이겨 또다시 '영알'을 찾게 될 것이다. 이제부터 '영알' 1박 2일간 백대명산 묵언수행을 떠난다.

영알 산군에 속해 있는 천황산과 재약산에서 억새의 속삭임에 빠져들다

천황산 정상에서

천황산과 재약산 중 어느 산이 백대 명산인지 아주 모호하다. 천황산 최고봉을 사자봉이라 하고 재약산 최고봉을 수미봉이라고 한다. 그런데 천황산이 일제강점기 때 붙은 이름이라 우리 이름 되찾기 운동의 일환으로 일본식 이름들을 우리 이름으로 고쳐 부르면서 뒤죽박죽이 됐다. 사자봉을 재약산의 주봉으로 부르기도 하고, 재약산을 수미봉으로 부르면서 이런 혼란이 생겨났다고 한다. 상황이 이러하니 나는 아예 영남알프스를 묵언수행 함으로써 속칭 천황산과 재약산을 모두 둘러보는 것으로 결정했다.

어쨌건 천년 고찰 표충사 뒤에 우뚝 솟은 재약산(주봉 수미봉 1,018m)은 영남알프스 산군 중 하나로 사자평 억새와 습지를 한눈에 볼 수 있다. 산세가 부드러워 가족 및 친구들과 가볍게 산행할 수 있는 아름다운 명산이다. 인근에 얼음골, 호박소, 표충사, 층층폭

재약산 정상에서

포, 금강폭포 등 수많은 명소를 지니고 있으며, 수미봉, 사자봉, 능동산, 신불산, 취서산으로 이어지는 억새 능선 길은 가을 산행의 멋을 느낄 수 있는 최고의 힐링 길이기도 하다.

오늘(2018. 9. 8.)은 백대명산인 천황산(재약산)이 포함된 경로를 따라 묵언수행하기로 한다. 이번 영알 묵언수행 1일 차에 천황산 혹은 재약산을 오름으로써 나는 백대명산 중 총 아흔네 좌를 수행 완료하게 된다.

나는 이 신령과 오전 11시 35경 배내고개에 도착했다. 배내고개 주차장은 비교적 넓고 무료라는 점에서 아주 좋았지만, 지자체에서 주변 환경 정비에 조금만 더 신경 쓰면 '영알'의 이미지에 걸맞은 주차장이 될 텐데 하는 아쉬움이 남는다. 오전 11시 38분부터 묵언수행을 시작한다. 배내고개에서 능동산陵洞山으로 향한다.

능동산은 경상남도 밀양시 산내면과 울산광역시 울주군 상북면에 걸쳐 있으며 가지산과 천황산으로 이어지는 산줄기 중간에 우뚝 솟아 있는 해발고도 983m인 산이다. 밀양, 울산, 양산 지역 7개 산군山群을 통칭하는 이른바 '영알'의 한가운데에 자리하고 있다. 북쪽으로는 가지산, 문복산, 북서쪽으로는 운문산, 억산, 구만산, 북동쪽으로는 고헌산이 있고, 남쪽으로는 간월산,

신불산, 취서산, 남서쪽으로는 천황산, 재약산이 있다. 능동산은 가지산에서 낙동정맥을 이어받아 간월산, 영축산(취서산) 등을 거쳐 남으로 그 맥을 전해주는 분수령이다.

능동산으로 오르는 수행로는 다른 곳에서는 보기 힘들 만큼 아주 훌륭했다. 목측하기로 가로 약 2m, 세로 25~30cm, 높이 약 15~20cm 정도 돼 보이는 단정한 제재목木製材으로 만들어져 있었다. 이런 단정한 수행로를 따라 기분 좋게 능동산으로 수행한다. 조금 지나니 동행한 산신령은 앞서 나가기 시작한다. 나는 그의 행보에 신경 쓰지 않고 나홀로 수행한다. 배내고개에서 능동산은 불과 1km 정도의 거리이므로 채 30분도 걸리지 않아 도착한다. 능동산에서 인증 사진을 찍고 곧바로 천황산으로 출발했다. 여기서 천황산까지는 대략 6km 거리다.

'제법 힘들겠구나.' 하고 생각하며 수행에 나선다. 다시 수행을 계속하는데 억새의 밀도가 높은 길이 나오기 시작한다. 얼마 안 가서 능동2봉(968m)이 나온다. '이제부터 억새밭을 걷는구나.' 라고 생각하며 길을 따르는데 아니 임도가 나오는 게 아닌가. 앞에 가는 산신령을 불러 세워 물어보니 도처에 임도를 거쳐야 한다고 말한다. 이 대목에서 오늘 수행길이 거리는 제법 멀어도 그렇게 힘들지 않음을 직감한다. 수행하는 임도 옆에는 묘하게 생긴 소나무가 나타난다. 나는 소나무를 아주 좋아하기에 이 소나무를 한 컷 찍는다.

능동2봉에서 천황산 가는 임도 부근에 있는 기송

백운산, 마치 백호가 포효하는 것만 같다.

　천황산이 불과 2.8km밖에 남지 않았다는 이정표가 나오고 임도를 따라 편안히
오르니 얼음골 케이블카 하늘 정원이 나온다. 얼음골에서 하늘거리는 은빛 향연을
구경하기 위해 많은 인파들이 이용하는 모양이다. 하늘 정원에서 바라보니 왼쪽에는
운문산과 억산이 보이고 오른쪽에는 가지산이 보인다. 이 두 좌의 산 모두 묵언수행했기
에 더욱 반갑다. 정확히 말하면 그 두 명산을 가보았으나 운문산은 하루 종일 안개에
휩싸였었고, 가지산은 서설이 내려 그 전모全貌를 전혀 보지도 파악하지도 못했다.
그래서 사실 더 반가웠다. 갑자기 멀리 보이는 오른쪽의 운문산과 가지산 사이에
거대한 백호白虎 한 마리가 포효하며 하늘로 몸을 솟구치고 있는 모습이 수행자의
눈에 들어왔다. 그 모습이 하도 기이하고 신기해 모르는 것이 없는 산신령에게 "저기
백호 한 마리가 있네."라고 물었더니 저 산은 백운산인데 보이는 화강암괴가 백호
형상를 하고 있어 산객들 사이에 제법 알려져 있다고 설명해준다. 사신四神의 하나인
신성한 백호까지 친견하였으니 순탄하고 만족스러운 묵언수행을 예고 하는 듯했다.
　하늘정원에서 하늘을 이고 아래 속세를 내려다보며 점심식사를 한다.
점심은 구운 계란 2개, 찰떡 2개, 바나나 1개, 막걸리 2잔 그리고 산신령이
가져온 족발과 김치가 전부다. 안분지족安分知足을 모르고서 어찌 묵언수행을
하랴. 이것만으로도 충분하고 넘치는 점심이다. 얼음골에서 천천히 케이블
카가 올라오고 있다. 아직 억새가 은빛 옷으로 갈아입지 않아 손님이 그렇게
많지 않은지 뜨문뜨문 오르내린다.

천황산 1.4km 전방 수행길 주변에서 자라고 있는 소나무

식사를 마친 후 우리는 또다시 '따로 또 같이' 잘 조성된 수행로를 따라 천황봉으로 몸을 옮긴다. 이제 천황봉 1.4km 전방, 사연이 많아 보이는 한 그루의 소나무를 또 만난다. 1m 정도 높이의 큰 둥치에서 가지가 무려 8개가 벌어져 꾸불꾸불하고 신기한 모습으로 자라고 있었다. 무슨 사연이기에 이렇게 끈질기게 자라는지 수행자로서는 알 길이 없다. 다만 생명의 신비에 숙연해질 따름이다. 숲속 수행로를 지나 또다시 조망이 확 트인 수행로에 접어들었다. 운문산과 가지산 쪽을 바라보니 안개와 구름이 자욱하게 일고 있었다. 불과 몇 분 전에만 해도 '영알'의 모습이 보였는데 갑자기 자취를 감추기 시작한다. '영알'은 감추고 싶은 비밀이 많은가 보다. 아니면 나에게 전부를 보여주기 싫어서인가. 특히 저 멀리 운문산과 가지산은 더욱 그 모습이 희미하다.

천황산이 얼마 남지 않았다. 갑자기 억새의 개체 수가 많아진다. 아까 배내봉 쪽으로 올라가면서 봤던 억새군락과는 억새 밀집도와 면적이 다르다. 그래도 알려진 명성과는 거리가 있는 것 같았다. 어쨌든 가냘프게 들리는 억새의 노래를 들어가며 잘 조성된 수행로를 따르니 점점 살랑대는 억새들이 많아지고 그 틈새에 자줏빛 싸리꽃들이 고개를 내밀며 자기에게도 관심을 가져달라고 조르고 있다. 수행자는 '아, 이제 은빛 억새 천국에 접어들고 있군.'이라고 생각하고 수행을 계속한다.

얼마 지나지 않아 천황산 사자봉이 나온다. 천황산 사자봉에 올라서니 운무가 더욱 자욱해지고 주변의 경관이 인간들의 육안으로는 보이지 않는다. 조용히 눈을 감고 심안으로 봐야한다. 어쨌거나 억새들의 노래와 풀 향기가 코로 가슴으로 스며들기 시작한다. 수행로 주변은 아까 배내봉에서 천황산으로 오면서는 약간 실망스러웠는데 그 생각은 이제 싹 사라져 버리고 말았다.

'영알'의 분위기에 도취해서 한참을 천황산에서 배회하다 내려다보니 수톨쩌귀처럼 툭 튀어나온 바위 위에 뭘 하는지 몇 사람이 앉아 있었다. 사자봉을 내려가면서 그쪽으로 다가가 본다. 내려가니 웬 경상도 아줌마들이 앉아 큰 소리로 즐겁게 떠들고 있었다. 주변 경관을 돌아보고 있으니 그 아줌마들이 산신령과 뭔가 말을 주고받고 있었다. 무슨 내용인지 모르겠지만. 그러나 나는 그들에게 다가가서야 무슨 말을 했는지 짐작할 수 있었다. 산신령 왈 "혹시 뜨거운 물 있으면 좀 주소 커피 마시게." 아줌마가 대답한다. "쪼끔밖에 없어예. 괜찮겠십니꺼?" 대략 이런 말이 오갔나보다.

원래 수행과 동냥은 아주 궁합이 잘 맞는 말이다. 그래서 나는 수행을 다시 시작하기 전에 동냥으로 목을 축일 심산이었다. 산신령이 말을 걸고 있기에 나는 그들에게 기습적으로 "커피 한 잔 동냥합시다." 하고선 맛있는 커피 한 잔을 얻어 마신다. 그런 후 고맙다고 인사하고 그들과 헤어지고 또다시 끝없는 수행길에 나선다.

이제 천황재로의 수행이다. 천황재에 내려서니 억새 향이 코를 찌른다. 분위기가 확 달라진다. 이야! 이제 명성에 걸맞기 시작한다. 억새의 부드러운 속삭임과 억새풀 향기를 온몸에 흠뻑 흡입하고 계속 억새밭을 가로질러 재약산으로 향한다.

천황재에서 재약산까지는 0.8km다. 바로 앞에 보이는 산이 재약산이다. 아

천황산에서 재약산으로 가기 위해 천황재로 향한다. 억새의 향연이 시작된다.

재약산으로 가면서 뒤돌아본 천황산

까도 잠깐 언급했듯이 산림청 선정 백대명산은 천황산과 재약산을 동등시한다. 그러니 백대명산 묵언수행에 천황산에만 가면 되는지 여기서 말하는 재약산에만 가면 되는지 잘 모르겠다. 그러나 둘 다 올라가면 아무런 문제가 없는 것 아닌가.

억새의 서정에 흠뻑 취해 가다보니 어느덧 재약산에 이른다. 오늘 천황산에도 올랐고 재약산에도 올랐으니 이제 백대명산 중 아흔다섯 좌를 오른 셈이다. 재약산 정상인 수미봉에서 <영남알프스>의 진기를 가득 채운 다음 하산로를 따라 계속 정진하며 수행한다. 천황산과 재약산은 안개와 구름을 피워 계속 자기 진면목을 숨기며 수행자로 하여금 신비감에 휩싸이도록 하고 있다.

정상 조금 아래 전망 데크에는 백패킹(배낭 보도 여행)을 하는 사람들이 텐트를 치고 있었다. 나도 조금만 더 젊었다면 해보고 싶은 것 중의 하나인데 아쉽다. 재약산 정상인 수미봉에서 하산하는 수행로 주변에 눈에 익은 리본을 발견했다. 내가 백대명산 중 아흔네 좌를 수행할 때까지 아주 자주 마주치는 리본인데 볼 때마다 사진을

재약산 바로밑 전망대 데크에서 비박하려는 무리들

찍곤 했다. 직접 주인공을 만나보고 싶기도 하다.

하산 길에 간이 쉼터에 들러 동동주 한잔을 걸친다. 오늘 너무 과음했다. 그래도 기분이 좋으니 어쩔 길이 없다. 나는 가만히 바로 서 있는데도 하늘이 비틀댄다. 간이 쉼터에서부터 주암 마을까지는 4.6km 거리다. 간이 쉼터 앞에는 <재약산 사자평원>이라는 설명판이 있었는데 "산신령! 오늘 사자평으로 가볼 거제?"라고 물었더니 "사자평은 '영알' 대표 억새 평원이긴 한데 요즘 제대로 관리가 되지 않아 내일 가볼 신불평원 억새밭보다 훨씬 못하다고 하니 오늘은 바로 주암 마을로 내려가자."라고 한다. 산신령이 하는 말이니 거스를 수 없다.

주암계곡 길을 걸어 주암 마을로 내려가는 수행로는 제법 거칠었다. 계곡도 꽤 깊었고 계류에는 수량도 많이 흘러내린다. 맑은 계류는 아기자기한 작은 폭포를 이루고 있다. 귀여운 쌍폭도 있고 삼폭도 있다. 폭포 밑에는 커다란 소가 형성돼 있고, 혼탁한 사람들의 마음까지 깨끗하게 씻어 내릴 만큼 맑은 물이 가득하다. 천황산 계곡에 흐르는 맑은 물은 다른 백대명산 여느 계곡 못지않았다.

계곡을 쭉 따라오니 앙증맞은 쌍폭이 나온다, 그 앞에는 수십 명이 앉아 유희를 즐겨도 될 만한 널따란 마당바위도 있다. 이런 곳에서 번잡한 세상사를 피해 한두 시간 쉬었다 가면 그게 바로 훌륭한 힐링이 될 것이다.

주암계곡에서 만난 **무명쌍폭포**, 주암계곡이 엄청 좋은 계곡인 것 같다.

주암 마을 근처로 내려와 맑은 계곡물에 간단히 씻고는 버스 정류소로 이동한다. 버스 정류소에서 버스를 타고 배내고개 주차장으로 돌아왔다.

오늘 제1일 차 묵언수행은 '영알의 아름다움을 느끼기 시작하는 전주곡에 불과했다는 것은 내일이면 곧 드러난다. 오늘은 거의 맛보기에 가깝다. 우리는 영알 제1일 차 묵언수행을 마무리하고 <언양불고기집>에 들러 맛있는 언양불고기로 배를 채웠다. 내일의 묵언수행을 대비해 오늘 하루 일정을 전부 마친다.

[1일 차 묵언수행 경로]

배내고개(11:38) > 능동산(12:13) > 능동2봉(12:36) > 얼음골 케이블카 상부 승강장(13:52) > 천황산(14:50) > 천황재(15:25) > 재약산(15:49) > 쉼터(16:21) > 주암계곡 > 주암 마을 입구(18:31) > 배내고개(도보와 버스로 원점회귀)

<수행 거리: 15.07km, 소요 시간: 6시간 53분>

운무가 자욱한 신불산은 <영남알프스>를
더욱 장엄하고 신비스럽게 만들다

신불산 정상에서

'영알'은 매혹魅惑의 힘으로 나를 홀리는지, 마술 같은 미혹迷惑의 힘으로 나를 홀리는지 알 수 없다. '영알'은 나를 완전히 홀라당 홀려 쓰러뜨린다. 나로 하여금 '영알'을 또다시 찾지 않을 수 없도록 말이다. 어쨌든 나는 영알을 다시 찾을 테고, 이번 2차 영알 묵언수행에서 신불산에 오름으로써 아흔다섯 좌의 백대명산 묵언수행을 마치게 된다. 이제 경남 울주의 천성산, 함양의 황석산, 마산의 무학산. 경북 울릉도의 성인봉, 전남 홍도의 깃대봉 등 다섯 좌의 명산만 남겨놓았다.

나의 이러한 명산 묵언수행에 대해 몇몇 친구들은 기념비적인 일이라

평가해준다. 그러면서 마지막으로 수행하는 명산에는 반드시 동행해 축하해주겠다며 마지막 수행지를 빨리 정하라고 성화成火가 대단하다. 그런데 그 친구들이 생각하는 만큼 나의 묵언수행이 그렇게 대단한 일은 아니다. 이미 백대명산뿐만 아니라 이백 대, 삼백 대, 그 이상의 명산을 탐방했거나, 백두대간을 비롯해 남한에 소재하는 정맥 전부를 완주한 분들이 수두룩한데 무에 그리 대단한 일인가. 더구나 나의 고교나 대학 동기 중에도 이미 산신령 반열에 들어간 친구들이 수 명이나 된다. 그들은 내가 하는 백대명산 묵언수행쯤은 마음만 먹는다면 언제든지 이룰 수 있는 일상적인 일 이상도 이하도 아닌데 말이다. 다만 나의 백대명산 묵언수행의 동인動因과 비교적 짧은 기간에 제법 많은 명산을 묵언수행했다는 점은 조금 특이하다고는 할 수 있다. 내가 백대명산 묵언수행을 시작하게 된 동인은 어디서 온 것이냐는 여기저기서 언급한 바 있다. 묵언수행의 동기가 어찌 됐건 나는 백대명산 묵언수행을 하길 아주 잘 했다고 생각한다. 건강도 많이 좋아졌고, 그 좋아하던 골프보다 산을 더 좋아하게 됐다.

아무튼, 나 자신이 조용히 수행만 하면 될 일인데 너무 떠벌리지 않았느냐는 반성도 하는 한편, 내 친구들의 좋은 평가와 성의가 고맙기도 해 마지막이 될 100번째 명산 묵언수행에 동행하겠다는 요청을 마냥 뿌리칠 수 없을 것 같다. 그래서 나는 아직 확정한 것은 아니지만 백대명산 묵언수행 마지막 목표지를 홍도의 깃대봉으로 정할까 생각 중이다. 그 이유는 깃대봉은 해발 360여 m 정도에 지나지 않아 배를 타고 홍도에 들어가기만 하면 쉽게 올라갈 수 있는 산이기도 하고, 섬에 소재하니 생선 등 먹거리가 풍부할 것이므로 친한 친구 녀석들과 야유회를 겸해서 간다면 최적의 명소가 아닐까 생각해서다. 그러나 마지막 묵언수행 장소는 경남에 있는 3좌의 명산을 먼저 수행하고 난 이후 최종적으로 결정할 생각이다.

미리 말하지만 오늘의 묵언수행에서 특이 사항을 말하면 영취산 정상에서 하산할 때 길을 잘못 들어 잠깐 입산 금지 구역으로 들어갔고, 배내고개로 가는 버스 정류소를 찾는데 상당한 '알바'를 하게 된다. 그러나 그런 '알바'는 나의 묵언수행에서는 통과의례이기 때문에 전혀 개의치 않는다.

　오늘(2018. 9. 9.)은 어제에 이어 백대명산 신불산이 포함된 제2일 차 '영알' 묵언수행에 나선다. 나와 산신령은 배내고개에서 어제 수행한 능동산의 반대 방향에 있는 배내봉으로 묵언수행을 나섰다. 배내봉은 높이 966m이며 울산광역시 울주군 언양읍에 위치하는데 능동산과 마찬가지로 영알의 1,000m급 봉우리 중앙 부분에 위치하고 있으니 '영알' 산군 정기의 심장부인 곳이다.

　배내봉 정상에 오르니 주변 조망이 확 트여 조망미가 정말 아름답다. 다만 어제보다 운무가 더 끼어 시야가 흐린 것이 좀 아쉽다. 배내봉 정상으로 다가가니 수행로 주변에는 한여름에나 피는 싸리꽃이 만발하다시피 피어 있고, 억새가 드문드문 솟아올라 자라고 있었다. 배내봉으로 오르는 수행로는 길도 어제 수행로와 마찬가지로 잘 정비돼 있어 약간 비탈이지만 다른 백대명산 수행로보다 걷기가 훨씬 편안하다.

　배내봉을 지나 간월산으로 향한다. 신비감을 고조시키는 운무가 일어 주변의 명산들이 모습을 잘 드러내지 않는다. 배내봉을 지나 간월산으로 가는 수행로도 편안하고 아름답지만 때로는 산 정상에서 고개 숙여 지나가야 하는 다소 불편한 곳도 자주 나온다. 싸리가 꽃을 피운 채 억새와 합작으로 만든 터널이나 철쭉나무들이 만든 꽃 터널을 통과하려면 고개를 숙여야

싸리꽃과 억새를 헤쳐 간월산으로

지나갈 수 있기 때문이다. 그러나 이 정도의 불편은 '영알'이란 아름답고도 신성한 산에 대한 경배라고 생각하면 아무것도 아니다. '영알 산신령에게도 고개 숙여 경배하는 것은 너무 당연하지 않은가. 이런 약간의 애교愛嬌스런 장애가 있기도 하지만 산의 높이를 보라. 높이에 비해 얼마나 편안한 길인가. 이런 아름답고도 편안한 수행로에서 뭔가 느끼는 게 없다면 그건 속어로 '형광등'이 아니겠는가.

수행로 주변에는 곳곳에 이름 모를 꽃들이 방긋거리고 주변의 명산들은 아름다움을 운무로 가려 신비감을 더한다. 10시 27분경, 수행로 중간을 무엇이 탁 가로막고 있었다. 갑자기 사람들이 앉아 짐도 정리하고 간식을 먹으며 왁자지껄 대고 있다. 자세히 살펴보니 기이하게도 옆으로 누워 자라는 소나무가 수행로를 가로막고 있었는데, 산을 좋아하는 사람들이 이렇게 매몰차다니. 사람들은 가혹하게도 그 소나무에 걸터앉아 소나무를 의자 삼아 쉬고 있는 것이었다. 자기 건강 소중하다는 것을 아는 사람이 이렇게 자라고 있는 소나무의 생명은 소중하게 생각하지 않는 것은 참으로 이중적인 잣대 아닌가. 이런저런 생각을 하다 이 나무를 보호수로 지정해 사람들의 접근을 막아야 하는 것 아니냐는 생각까지 해본다. 너무 과민한 생각인가.

소나무의 하소연. 제발 앉지 말아주세요, 무거워요.

간월산 정상에서

　'영알'은 자욱한 운무와 흐드러진 아름다운 억새와 산꽃들 그리고 기이한 소나무가 광대무변한 자연의 조화를 보여주는 바로 그 현장이다. 어제 느낀 바가 점점 더 강하게 농축濃縮되고 있었고, 나의 마음은 '영알'의 매력에 점점 매혹당하고 있었다. 아름다움에 도취해 내가 왜 이렇게 늦게 '영알'을 찾았을까 후회가 되기도 한다. 그러나 지금도 늦은 것은 아니라고도 스스로 위로한다.

　드디어 간월산의 정상에 섰다. 간월산 정상에서 숨죽이며 장관을 굽어보다 아름다운 경관을 동영상에 가득 담고 간월재로 이동한다. 간월재는 억새들의 군락이 형성돼 있다. 간월재는 영알의 관문이다. 이 고개를 옛날에는 '왕방재' 또는 '왕뱅이 억새만디'라고 불렀다는데 은색 물결이 일렁이는 5만 평의 억새밭을 이루고 있다. 사자평에 비해서는 규모가 훨씬 작지만 은빛 물결 파노라마를 이루고 있었다. 어제 아쉽게도 우리나라 최대의 120만 평의 억새 군락지인 사자평원은 묵언수행 일정에 맞추느라 스쳐 지나왔으므로 충분히 감상하지 못했지만 간월재 억새들의 향연을 충분히 감상하니 감개가 무량하다. 특히 그 광경은 이루 말할 수 없이 아름답다.

　간월재 휴게소에서 잠시 간월 억새 평원을 감상하다 신불산으로 수행을 이어간다. 신불산도 산림청 선정 백대명산이다. 이 산을 수행하고 나면 이제 아흔다섯 좌를 묵언수행을 완료한다. 신불산은 울주군 상북면 등억리 이천리에 있는데 높이는 1,208m이다. 신불산은 간월산과 함께 1983년 11월 3일에

간월산에서 간월재로 출발하면서

영남알프스의 관문 간월재

울주군 군립공원으로 지정됐다고 한다. 신불산은 억새밭 중앙으로 잘 만들어진 수행로를 따라 올라야 한다. 수행자는 그 길을 걸으면서 갈대의 매혹적인 몸짓과 노래로 인하여 느린 발걸음이 더욱 느려진다. 아무리 보아도 싫증이 나지 않는 간월 억새밭의 아름다운 풍광을 뒤돌아보면서 보고 또 보고 하기 때문이다. 계단을 오르고 나무 데크를 걷고, 암릉을 오르고, 아무리 거북이걸음, 달팽이 기듯 하더라도, 나도 모르는 새 신불산 정상에 서 있었다.

신불산 정상에 서니 지척이 잘 보이지 않는다. 아무래도 이름값을 하는 모양이다. 귀신 신神, 부처 불佛 신불산神佛山이다. 신들과 부처님이 사는 신묘한 곳이라는 뜻이다. 그래서 그런지 갑자기 운무가 일어나 자신들의 모습을 감춘다.

운무 속에 아련한 신불산 정상에서 몽환적인 분위기에 사로잡힌 채 신불재로 이동한다. 신불산 정상에서 신불재로 좀 내려가니 옛날의 아담한 정상석이 모습을 드러낸다. 지금의 거대한 정상석보다 더 아담해서 좋다. 신불산에서 신불재로 가는 수행로는 잘 설치된 나무 데크 계단이다. 짙은 농무를 헤치며 신불재로 내려간다. 가시거리가 10m도 채 안 된다. 애석하지만 신불神佛이 조화를 부리고 있으니 인간으로서야 어쩔 수 없지 않은가.

신불재에 내려서니 광활한 신불평원이 전개되고 환상적인 무려 70만여 평에 이르는 억새 군락이 군무群舞를 추고 있었다. 신불산에서 영취산(취서산)으로 이어지는 4km의 능선을 따라 펼쳐진 여기 신불평원은 국내 억새 평원 중 손꼽히는 곳이다. 사자평원의 억새밭이 넓다고 하지만 능선을 따라 이어지는 억새밭은 신불평원이 더 볼 만하다는 평이 지배적이다.

좀 더 있으니 바람도 심해지고 운무가 더욱 자욱해진다. 신불재에서 가을바람이 제법 불어 재끼니 억새들은 더욱 신이 나 서로의 몸을 부대끼며 요란스럽다.

체감온도가 급격히 떨어진다. 얼른 외투를 꺼내 입고는 주린 배를 채우기 위해 상을 차릴 장소를 찾는다. 바람을 막을 수 있는 나무 데크 전망대에 자리를 깔고 조촐하지만 화려한 식사를 한다. 어제와 마찬가지로 막걸리 두 잔은 바로 신을 부른다. 특히 운무가 자욱한 곳이니 술 한 잔에 주변이 더욱 신비로워지는 것은 당연한 일이다.

신불재의 광활한 억새밭을 찍기 위해 한참을 기다린다. 자욱한 운무가 좀 나아졌나 싶어 휴대폰을 꺼내 들면 다시 운무가 일어나고 앉으면 또 걷힌다. 계속 '샐리의 법칙'이 아닌 '머피의 법칙'이 반복된다. 손까지 시릴 무렵 주변이 모습을 살짝 드러낸다. 얼른 일어나 신불재의 경관을 카메라에 담는다. 그렇게 선명치는 않았지만 할 수 없다. 우리의 운이 여기까지밖에 닿지 않으니 말이다.

신불재에서 영축산으로 이동한다. 영축산과 신불산 사이에 있는 신불평원의 억새 천국을 가로질러간다. 이 환상적인 풍광 속에서 묵언수행하는 이 감흥을 어떻게 표할 길이 없다. 그냥 문학과는 거리가 먼 나에게도 시심이 온몸을 감싼다고나 할까. 이에 수행자는 너무나도 흥에 겨웠으나 이를 발산할 길이 없어, 어찌할까를 고민 또 고민하다가 어쭙잖은 시 한 수로 나의 감흥을 발산한다.

<억새서정抒情(부제: 가을서정)>

억새는 부드러운 칼춤을 춘다.
가냘픈 칼을 이리저리 휘두르며. 더위야 물렀거라고

대지를 달구던 더위, 그 무서운 기세.
억새의 부드러운 칼춤이 무서워
길을 비킨다.

더위가 길을 비킨 그 자리에
오색 창연한, 청량한
가을의 씨가 흩뿌려진다.
억새는 합창을 부르며 더위를 유혹한다.
더위의 귓전을 간질이며.
더위야 물렀거라고.

대지를 달구던 더위, 그 무서운 기세.
억새의 부드러운 유혹에 비틀거린다.
비틀거리며 길을 저만큼 비켜 물린다.

더위가 저만큼 비켜 물린 그 자리에
오색 창연한, 청량한
가을이 움튼다.

억새는 은빛 옷으로 갈아입고 현란한 춤을 춘다.
더위의 눈앞을 어지럽힌다.
더위야 제발 쑥 물렀거라고

대지를 달구던 더위, 그 무서운 기세.
억새의 화려한 은빛 율동에 사지의 힘이 빠진다.
더 이상 버티지 못하고 폭삭 꼬꾸라진다.

더위가 꼬꾸라진 그 자리에
오색창연한 가을이 쑥쑥 자란다.

더위가 꼬꾸라진 그 자리에
청량한 가을이 쑥쑥 자란다.

억새는 가을을 부른다.
가을을 심는다. 가을을 자라게 한다. 가을을 노래한다.
아름답게, 찬란하게.

영축산 정상은 아직 운무에 가려 모습을 드러내지 않고 있다. 억새밭을
헤치고 싸리나무꽃의 향을 맡으며 저 멀리 구름을 잔뜩 이고 있는 영축산의
모습이 드러나기 시작한다. 왼쪽은 가파른 암벽이고 오른 쪽은 유순하게
평평한 모습이다. 참으로 평온하고 아름다운 수행로가 끊임없이 이어지면서도

신불평원의 억새군락들이 광활하게 펼쳐져 있다. 저 멀리 영축산이 보인다.

영축산 정상에서

조물주는 너무 단조롭지 않게 주위에는 가파른 암릉도 암봉도 적절히 배치해 놓았다. 그야말로 강유剛柔가 적절한 조합을 이루는 수행로 주변 풍광이다.

신불재를 떠난 지 약 1시간 40분이 지나고 영축산이 10여 분 남은 곳에 멋지게 생긴 암봉이 수행자의 눈에 들어온다. 그 멋진 암봉에는 초로初老로 보이는 신사 한 분이 휴식을 취하며 간식을 먹고 있었다. 암봉 위에 올라서니 영취산이 바로 코앞에서 보이고 뒤에는 작은 공룡 능선처럼 보이는 암벽들이 울퉁불퉁 솟아 있었다. 그리고 그 뒤편에는 아직도 구름을 잔뜩 이고 있는 신불산이 보인다. 그 작은 암봉은 신불산과 영취산이 훤히 보이는 멋진 전망대였다. 나는 그곳에서 신불산을 배경으로 가부좌를 하고 앉아 그 신사 분에게 사진을 부탁하니 흔쾌히 사진을 찍어주셨다. 그분에게

신불산을 배경으로 한 컷 찍다.

고맙다는 인사를 하고 영축산으로 수행해 나아간다.

드디어 영축산 정상을 밟았다. 영축산은 한국 3대 사찰의 하나로 부처의 진신사리眞身舍利가 모셔져 있는 불보사찰佛寶寺刹 통도사를 품에 앉고 있다. 그래서인지 영축산에 오르니 운무가 걷히기 시작하고 주변의 아름다운 풍광이 드러난다. 하늘이 시리도록 파랗다. 영축산 정상 바위 사이에 예쁜 연보라색 작은 꽃이 피어 나를 반긴다. 이것은 부처님의 가호인가?

'영알'의 대표 경관인 억새숲을 헤치고, 우리나라 어디에서나 서식하는 다정다감한 산죽을 헤쳐 내려오다 잠깐 길을 잘못 들었다. 금단의 선을 넘어 고산 늪지 보호 지역을 지나 하산한다.

하산하다 만난 단조성. 단조성의 내력은 이렇다. 신불산과 영축산 940~970m 능선부에는 고산 늪지가 형성돼 있는데 이 늪지를 둘러싸고 있는 것이 단조성 터. 신라시대 때 축성했으며, 임진왜란 당시 왜군의 북상을 저지하였던 곳이 단조성이라고 한다. 이곳의 지형이 단지 모양이라서 단지성이라고도 불리기도 했다. 임진왜란 당시 이 성을 지키고 있던 의병들이 왜군의 기습을 받아 수많은 인명이 전사했고 그들이 흘린 피가 못을 이루었다는 슬픈 전설이 전해지는 곳이다.

이제 영축산을 내려와 파래소폭포로 향한다. 파래소폭포로 올라가는 배내 계곡 역시 호젓하고 청정한 지대이다. 계곡의 바위들은 유명산의 유명계곡의 바위들과 마찬가지로 백옥처럼 하얗다. 계류는 보기만 해도 손이 다 시려오

단조성터

는 듯하다. 좀 더 올라가 갑자기 폭포가 굉음을 울린다. 새파란 소沼로 하얗게 놀란 물이 멈추지 않고 풍덩 뛰어든다. 참새가 방앗간을 못 지나치듯 맑은 물을 보고 그냥 지나칠 수 없다. 풍덩 뛰어들고 싶지만 체면에 알탕은 할 수 없고 세수를 하며 머리에 물을 끼얹는다. 순간 1박 2일간의 '영알 묵언수행'이 활동사진처럼 재생된다. 영원히 잊지 못할 아름다운 추억이 될 것이다. "나의 아름다운 '영알아 언젠가 다시 한번 찾아올게, 기다려다오.'"라며, 수행 거리 약 20km, 소요 시간 약 9시간 30여 분간의 묵언수행을 마무리한다.

묵언수행을 마무리한 후 가지산 온천에서 온천욕을 하고, 봉계 소고기 특구에 들러 소머리 국밥 한 그릇으로 저녁을 때우고 집으로 돌아오니 오후 12시가 훌쩍 넘어버렸다. 결국 1박 3일의 묵언수행이 된 셈이다.

파래소폭포

[2일 차 묵언수행 경로]

배내고개(08:46) > 배내봉(09:25) > 와송(10:27) > 간월산(10:49) > 간월재(11:21-11:29) > 신불산(12:18-12:24) > 신불재(12:37) > 영축산 (14:36) > 단조성 터(15:29) > 신불산·파래소폭포 갈림길(16:39) > 파래소폭포(16:58) > 죽전 마을 버스 정류소(18:21) > 배내고개(버스)

<수행 거리: 19.59km, 소요 시간: 9시간 35분>

천 명의 성인이 배출되었다는 천성산에서 성인의 도가 무엇인지를 생각하다

천성산 원효봉

어제 토요일은 고교 동기 아들의 결혼식에 참석해 묵언수행에 나설 수가 없었다. 뭔가 좀 허전한듯해 일요일은 묵언수행을 떠나기로 작정한다. 이제 남은 백대명산은 천성산, 무학산, 황석산, 울릉도 성인봉, 홍도 깃대봉 다섯 좌만 남았다. 섬에 있는 산을 제외하고, 어디로 갈 것인가를 고민하다가 서울 잠실에서 360여 km 정도 떨어져 있는 천성산을 아흔여섯 번째 묵언수행 산으로 정하고 결혼식 참석 후 집으로 돌아 배낭을 주섬주섬 꾸린다.

그 다음날 일요일 새벽 3시 30분에 일어나 출발 준비를 마치고, 4시 40분경에 양산 내원사 주차장을 향해 차를 몰았다. 충주 휴게소에서 기름을 보충하고 괴산을 지나니 여명이 밝아온다. 주위는 운무로 가득하고 산들이 운무에 가렸다 다시 드러나는 모습이 숨바꼭질하는 듯하다. 그 모습은 항상 보아도 신비스럽다. 차를 몰아 안견의 명작 사시팔경도의 초추를 그린 산수화 속으로 빨려 들어가는 듯한 행복한 착각을 불러일으키고 있다. 문경 휴게소에 들러 충무 김밥 2개를 사서 하나는 아침으로 먹고, 나머지 하나는 산에 올라 점심으로 때우기 위해 봉지에 싸서 포장을 했다. 커피 한 잔을 사서 다시 차를 몰아 내원사 주차장을 향해서 달리기 시작한다. 내원사 주차장에 도착한 시각은 8시 50분경이었다. 주차장 입구에서 문화재 구역 입장권 2,000원, 주차비 2,000원을 지불하고 8시 58분부터 묵언수행을 시작한다.

천성산은 경상남도 양산시 웅상(평산동, 소주동)과 상북면, 하북면의 경계에 있는 산으로 최고봉은 원효봉이고 그 높이는 922m이다. 원적산이라고도 불린다. 남서쪽에 골짜기를 사이에 두고 마주 있는 산을 원효산元曉山이라 했는데, 양산시에서 이전의 원효산을 천성산 주봉主峰으로 하여 원효봉이라고 부르고, 이전의 천성산을 천성산 제2봉으로 하면서 비로봉(855m)으로 명칭을 변경했다. 원효 대사가 당나라에서 온 1,000명의 승려를 화엄경華嚴經으로 교화해 모두 성인으로 만들었다는 전설에서 '천성산'이라는 이름이 붙었다고 한다. 많은 계곡과 폭포, 뛰어난 경치로 인해 예로부터 소금강산小金剛山이라 불렸다. 가지산, 운문산, 신불산, 영축산과 함께 <영남알프스> 산군에 속한다. 원효암을 비롯하여 홍룡사虹龍寺, 성불사成佛寺, 혈수폭포血水瀑布 등의 명승지가 산재해 있고, 제2봉의 북서쪽 사면에는 통도사通度寺의 말사末寺인 내원사內院寺가 위치해 있다.

희귀한 꽃과 식물, 곤충들의 생태가 잘 보존돼 있는 화엄늪과 밀밭늪은 생태학적 가치가 매우 높으며, 가을에는 울창한 억새밭이 장관을 이룬다. 특히 산 정상은 동해의 일출을 가장 먼저 바라볼 수 있는 곳으로 유명하다.

오늘 천성산으로의 묵언수행은 내원사 주차장에서 출발한다. 주차장에서 수행로를 따라 정상으로 향하니 계곡이 나온다. 그렇게 깊지는 않았으나 맑은 물이 청아한 소리를 내며 흐르고 있었다. 비가 많이 내려서인지 수량도 제법 풍부하다. 주차장에서 성불암 계곡 입구 쪽에 도달하니 갈림길이 나오고 그곳에서 어디로 갈 것인지 망설이고 있는데 부부인 듯한 등산객이 성불암 계곡 쪽으로 오르면 경관이 아주 좋다며 몇 번이고 추천을 한다.

나는 어차피 처음이니 그 길을 따라 수행하기로 하고, 흐르는 계곡의 물소리를 계속 들으며 오르기 시작한다. 갑자기 물 흐르는 소리가 커졌다. 둘러보니 물이 제법 가파르게 흘러 폭포를 이루고 있었다. 그런데 아무리

천성산 의상봉으로 오르는 수행로 주변의 무명폭포

찾아봐도 이 폭포에 대한 소개가 없었다. 나는 그래서 제1무명폭포라고 이름 붙인다. 위로 올라가면 2개의 폭포가 더 나타나는 데 모두 이름이 붙어 있지 않았다. 물론 세 개의 폭포를 보고난 다음 제1무명폭포라고 이름 붙였지만.

제1무명폭포를 지나 좀 올라가니 약수터인 듯 바가지가 비치돼 있는 곳에 물이 쫄쫄 흘러내리고 있었다. 음용 가능한 약수라는 소개도 없었지만 바가지가 비치돼 있는 것으로 보아 마셔도 된다고 판단해 의심의 여지없이 물 한 바가지를 받아 마신다. 제1무명폭포보다 낙차가 큰 제2무명폭포가 나타나고 곧이어 제3무명폭포가 나타난다. 규모가 제법 크다. 그런데도 무명폭포라니. 포항 내연산의 12폭포 중 이것보다 작은 규모의 여러 폭포도 이름이 존재하거늘 왜 이렇게 이름이 없을까라는 강한 의구심이 들었다. 천성산이 워낙 유명한 산이라 너무 많은 볼거리와 많은 전설을 가지고 있기 때문에 이런 폭포 정도는 이름을 붙일 필요가 없었는지도 모르겠다. 어쨌든 제3의 무명폭포는 포항 내연산에 있는 실폭포처럼 실타래를 풀어 늘어뜨리듯 힘차게 흘러내리고 있었고, 고개를 들어 하늘을 보니 구름은 산허리를 감싸 안고 푸른 하늘로 둥실둥실 솟아오른다. 바위 틈 사이로 실타래처럼 흘러내리는 물 주변에는 거미줄이 쳐져 있었다.

거미가 작은 곤충들이 먹이로 걸려들기를 인내심을 갖고 기다릴 것이다.

제1무명폭포에서 짚북재로 가고 있는데, 내 앞에 남자 2명과 여자 1명이 마대처럼 생긴 봉지를 들고 느릿느릿 가면서 여기저기 왔다 갔다 하고 있었다. 내가 다가가 무엇 하시는 분이냐 물어보니 "독싸리버섯을 따고 있다."고 한다. 내가 그들에게 "독버섯을 따서 무슨 약으로라도 씁니까?"하고 물었더니 "먹습니다." 라고 하는 게 아닌가. 그러면서 독싸리버섯을 푹 삶아 독을 빼내고 먹는다고 한다. 그들이 보여주는 독싸리버섯은 약간 노란색을 띠고 있었다. 그러면서 나보고 비슷하게 생겼다고 아무거나 따 먹으면 안 된다는 충고를 한다. 어느덧 짚북재에 도착하고 천성산 제2봉까지 남은 거리는 약 1.6km.

저 멀리 구름을 머리에 이고 있는 아름다운 풍광을 보고 나아가니 앙증맞은 버섯들이 자라고 있다. 버섯을 감상하며 수행로를 따라 가다 보니 숲속에 석탑 같은 것이 보인다. 자세히 살펴보니 바위가 풍화되면서 쪼개져 마치 인공적으로 쌓아올린 탑처럼 보이는 것이었다. 어떻게 저런 모습으로 풍화됐을까. 천성산이 불교의 성지라 풍화 작용도 불법의 이치를 따르는 것인가. 원효의 화엄설법으로 사람들은 성인이 되고 바위는 탑으로 변했나? 온갖 상상을 다 해본다.

천성산 제2봉까지 불과 100m밖에 남지 않았다. 계단을 올라서니 바위 더미로 이루어진 정상이다. 사람들이 정상석 주변에서 인증 사진을 찍는 모습이 보이기 시작한다. 얼마지 않아 해발 855m인 천성산 제2봉인 비로봉에 도착한다.

숲속의 바위가 꼭 탑처럼 생겼다.

천성산 비로봉

천성산 제2봉에서 보는 하늘은 시릴 듯 푸른 코발트색이다. 둥실거리는 하얀 구름과 대비되니 아름답기 짝이 없는 풍광을 연출하고 있다. 오랜만에 이런 풍광을 본다. 산객들은 제2봉에서 사진을 찍기에 분주하다. 같이 온 사람들은 같이 찍기도 하고, 또 혼자서 찍기도 한다. 때로는 자리 쟁탈전이 벌어지기도 한다. 비로봉의 풍경은 하늘이 높아 초가을을 연출하고 있었지만 오늘은 도로 여름이다. 요 며칠은 제법 시원해 초가을 날씨를 보였다. 그런데 오늘은 기온이 31℃다. 온몸이 땀으로 흠뻑 젖어버렸다. 햇볕이 너무 따가워 양산을 쓴 사람도 있었다. 다가가 보니 바로 '아이스께끼'를 파는 아주머니였다. 내가 정상석 인증 사진을 한 장 찍고 난 후 무더위를 견디며 정상 주변을 둘러보고 있는데, 갑자기 여인의 날카로운 목소리가 들린다. "아이스께끼! 아이스께끼!"하는 소리에 나는 깜짝 놀랐다. '아하, 이렇게 도로 여름이니 아이스께끼 장사도 올라와 있구나.' 산객들은 '도로 여름 날씨'에 제2봉에 올라오자마자 아이스께끼 하나씩을 사 먹는다.

비로봉에서 '아이스께끼'를 파는 아주머니

아침을 문경 휴게소에서 기껏 충무김밥 1인분을 먹은 탓에 배가 몹시 출출하다. 이 의상봉은 암봉이라 주변이 온통 뙤약볕이 내리쬐는 곳뿐이었다. 반양 반음半陽 半陰인 좁은 자리를 겨우 찾아서 엉거주춤 앉아 새벽에 사온 충무김밥을 풀고 시장을 반찬으로 맛있게 먹어치운다. 그리곤 더워도 너무 더워 나도 팥 아이스께끼 하나를 2,000원에 사서 눈 깜짝할 사이에 먹어치우고, 제1봉 원효봉으로 떠난다.

이제 천성산 제1봉인 원효봉까지는 1.5km 남았다. 수행로는 완만한 경사로 잘 정비돼 있었다. 여기서부터 수행로 주변에는 억새 군락이 펼쳐지기 시작한다. 지난 주 1박 2일 '영알 묵언수행 때보다 단지 1주일이 지났을 뿐인데, 억새는 1주일이라는 세월의 흐름에 순응하고 있는 모습을 나타나고 있었다. 억새들이 좀 더 은은한 은빛 색깔로 변해 있었다.

원효봉이 0.8km 정도 남은 거리부터는 철제 펜스가 세워져 있었고, 등산로 주변에 통행 제한 안내판과 옛날 지뢰지대였다는 표시가 여기저기 나타난다. 이 지역은 과거 1961년부터 군부대가 주둔하고 있었는데 2003년 12월에 군부대가 철수하고 2006년 군사 지역에서 해제됐으며, 이에 지뢰 제거 작업을 대대적으로 벌여 천성산 정상을 개방했다고 한다. 그러나 아직 회수되지 않은 지뢰가 남아 있을 것으로 추정되는 지역에는 펜스를 쳐서 출입을 통제하고 있었다. 철제 펜스 안의 수행로를 따라 계속 오르다 보면 정상으로 오르는 데크들이 나온다. 잘 만들어져 있다. 데크를 따라 오르다 보면 옛날 군부대가 사용한 도로가 나오는데 철문으로 통제돼 있고 그 철문은 굳게 닫혀 있었다.

정상이 점점 가까워진다. 정상으로 오르는 데크 주변에는 여러 야생화들이 고개를 내밀며 수행자의 눈을 즐겁게 해준다. 날씨가 더워 온몸이 땀범벅이 된 것을 제외하고는 편안하게 원효봉으로 오른다. 산 정상은 아주 널찍하고 평평하다. 주위의 풍광을 원 없이 살펴보다 발걸음을 화엄늪 쪽으로 옮긴다.

살랑거리며 노래하는 억새밭을 지나 내려가면 화엄늪 억새 군락지를 안내하는 이정표가 나온다. 0.8km남았다. 억새 향을 맡으며 억새가 부르는 노래에 귀 기울이다 보니 어느덧 화엄늪 습지 보호 구역이 나온다.

화엄늪 전경

화엄늪은 면적이 무려 12만 4천㎡, 축구장 열일곱 개를 합친 것보다도 더 넓다. 이러한 광활한 습지가 천성산 정상에 해당되는 고도에 위치하고 있으니 신비스럽다. 이 습지에는 광활한 억새 군락이 형성돼 있으며, 온갖 희귀 동식물들이 서식하고 있어 '화엄늪 습지 보존 지역'으로 지정해 보호하고 있었다.

신비스런 화엄늪 지대를 벗어나 하산하는 수행로에서는 용틀임을 하면서 자라는 기이한 소나무를 만나고, 잠시 후 용주사와 내원사로 가는 갈림길을 만난다. 용주사로 내려가려니 시간이 너무 많이 걸릴 것 같았다. 오늘 저녁 마산으로 가서 내일은 무학산 묵언수행을 마쳐야 한다. 하는 수 없이 출입을 통제하고 있는 내원사 쪽으로 가기로 방향을 바꿨다.

약 500m를 내려오니 내원사 계곡에서 흐르는 물소리가 오케스트라를 연주한다. 성불암 계곡과는 비교할 바가 아니었다. 얼마나 걸었을까. 드디어 내원사가 나타났다. 내원사를 잠깐 둘러보고 내원사 계곡을 따라 내원사 주차장으로 이동한다. 계곡 물이 너무 좋아 알탕의 유혹을 받는다. 명당을 찾았다. 그곳에서 족욕을 하면서 윗도리를 벗어재끼고 등목을 한다. 어! 시원하다. 내원사의 수려한 계곡에서 준알탕을 하며 땀을 씻어낸 후 주차장으로 향했다. 내려오는 내원사 계곡 주변마다 마지막 더위를 식히려는 피서객들이 삼삼오오 모여 물놀이를 즐기고 있었다. 부부가 세 명의 자녀를 데리고 피서하고 있는 모습

화엄늪에서 용주사 가는 길에서 만난 용틀임 소나무

수령 약 720년이나 된 소나무 고목(보호수)

도 눈에 띈다. 세 명의 자녀를 키우는 젊은이들이 극히 드문데 이 부부는 자녀가 세 명이다. 참으로 애국자라는 생각이 든다. 주차장에 도착하기 직전에 수령 718년이나 되었다는 거대한 청송을 만난다. 고려 말인 1,300년경에 태어나 아직까지 정정하게 자라고 있다니 신기할 따름이었다.

주차장에 도착하니 대략 오후 4시 10경이 되었다. 곧바로 서울로 올라갈까 말까 잠시 망설였다. 서울서 양산까지 약 400km를 4~5시간을 운전해 내려와 천성산 1좌로 묵언수행을 마치고 올라가려니 뭔가 좀 아쉽다. 아직 수행을 하지 못한 창원의 무학산이 양산에서 바로 코앞에 있다. 한편으로는 내일은 월요일이라 회사에 나가야 한다는 갈등도 일기 시작한다.

무학산까지 '내비'를 찍어보니 불과 한 시간 전후 거리인 70km다. 서울에서 다시 무학산까지 내려오려면 또 400여 km, 4~5시간을 운전해야 하는 고단함을 감내해야 한다. 여기까지 생각이 미쳤을 때 나는 확고히 결론을 내린다. 그러고는 창원 무학산을 향해 힘차게 액셀레이터를 밟기 시작한다.

[묵언수행 경로]

내원사 주차장(08:58) > 성불암계곡 입구(09:24) > 제1무명폭포(09:53) > 제2무명폭포(09:58) > 제3무명폭포(10:07) > 짚북재(10:43) > 천성산2봉-비로봉: 점심(11:50-12:14) > 은수고개 > 과거 지뢰 지대 안내판(13:06) > 천성산 정상-원효봉(13:30-13:38) > 화엄늪 지대 통과 - 기이한 소나무(14:17) > 용주사, 화엄늪 이정표(14:35) > 내원사(15:03-15:12) > 내원사 계곡 > 소나무 보호수(16:10) > 내원사 주차장(16:12)

<수행 거리: 15.91km, 소요 시간: 7시간 14분 >

무려 2년(?)에 걸쳐 힘들게 정상에 올라 춤추는 학의 등을 타고 마음껏 비상하다

무학산 정상

　어제는 새벽 3시 반에 기상해 네댓 시간이나 운전한 후 천성산을 묵언수행했다. 그것도 기온이 31℃를 오르내리는 '도로 여름 날씨' 속을 수행하느라 여간 힘든 게 아니었다. 그러나 산정 근처 거대한 화엄늪지에서 은빛으로 변해가는 억새의 하늘거리는 춤과 노랫소리에 매료魅了되어 힘든 줄도 몰랐다. 오히려 내원사 계곡 맑은 물에 반 '알탕'을 하다 보니 진기가 축적돼 도리어 힘이 솟았다.

　오늘은 창원 무학산을 묵언수행하러 간다. 그 이유는 항상 내친김에다. 무학산은 고도가 비교적 낮아서 아침 일찍 묵언수행을 마치면 오후에는 사무실로 출근할 수 있다. 좀 더 일찍 서두르면 무학산 정상에서 일출

장면을 볼 수도 있을 것 같다고 기대하면서 숙소에서 새벽 4시 반에 자리를 털고 일어난다. 간단히 세수를 하고 어제 저녁에 준비해둔 컵라면을 끓여 먹은 다음, 숙소에서 차를 몰아 무학산 등산 들머리가 있다는 원각사 주차장으로 향한다. 아직 해 뜨기 전이라 캄캄한 밤이다. 물론 도심이 가까워 가로등과 간판에서 비치는 전등 불빛이 있어 암흑천지는 아니지만 그래도 캄캄하다.

무학산 탐방로 들머리라고 알고 온 원각사 주차장에 차를 세운다. 시각을 보니 아직 오전 5시 40분이다. 조명등은 환하게 밝혀져 있었으나 암흑 입자를 몰아내기에는 역부족이다. 그러니 주위는 아직도 캄캄하다. 캄캄해서 들머리가 어디인지 분간이 잘 되지 않는다. 이리저리 기웃거리는데 인기척이 난다. 쳐다보니 초로의 여인이 차도를 따라 내려오고 있다. "무학산 등산로 입구가 어디 있습니까?" 라고 물었더니 "여기서 이 도로를 따라 조금만 더 올라가면 백운사가 나오는데 거기 주차장이 여기보다 더 낫습니다. 차를 몰고 조금 더 올라가세요."라며 상세히 안내를 해준다. 감사하다는 인사말을 하고, 백운사 주차장으로 차를 옮겼다.

백운사 주차장에 도착하니 오전 5시 45분이다. 아직 사위가 어두운 시간인데도 여기저기서 인기척이 들린다. 참 부지런한 사람들이 많다는 생각이 절로 든다.

창원 무학산은 경남 창원시 마산회원구 내서읍에 있는 높이 764.4m의 산으로 옛 이름은 풍장산이라고 하는데 그 유래는 정확하지 않다. 백두대간 낙남정맥의 최고봉이다. 마치 학이 날개를 펼치고 날아갈 듯한 모습을 하고 마산 지역을 서북쪽에서 병풍처럼 둘러싸고 있다. 크고 작은 능선과 여러 갈래의 계곡으로 이루어져 있으며, 특히 동쪽으로 뻗어난 서원계곡에는 수목들이 수려하다. 산세는 전체적으로 경사가 급한 편이다. 전국에서 손꼽히는 진달래꽃 군락지로 봄철이면 진달래꽃이 산록에 넓게 퍼져 있다. 대곡산(516m) 일대의 진달래 군락이 가장 화려하고 밀도도 높다.

자산동 자산약수를 거쳐 능선을 따라 올라가면 지능선의 중간 봉우리인 학봉을 만난다. 이 봉우리에 올라서면 학이 비상하려는 듯한 진면목이 한눈에 들어온다. 학봉은 일대에서 진달래꽃 빛이 유난히 고운 봉우리이다. 여기서 주능선에 이르는 길은 상당히 가파르다. 주능선에 이르러 오른편으로 방향을 틀어 올라가면 정상이다. 정상에서는 동쪽으로 마산 구舊 시가지가 내려다보인다. 주능선은 남북으로 길게 뻗어 있어 남해뿐만 아니라 다도해의 풍광도 볼 수 있다. 무학산은 거의 모든 코스를 서너 시간으로 산행할 수 있어 창원, 마산 인근 주민들이 아주 편리하게 이용할 수 있는 명산이다.

백운사 입구 주차장

나는 백운사 주차장에서 묵언수행을 출발한다. 백운사 경내에서 독경 소리가 들린다. 그 독경 소리는 계곡에서 흐르는 물소리와 조화를 이루며 수행자의 마음을 맑게 만들어준다.

백운사 주차장 팔각정 근처에도 약수터가 있었는데, 팔각정에서 수행로를 따라 조금 올라가니 또 약수터가 나타난다. 수행하는 동안 약수터를 몇 개나 만났는지 모를 정도로 약수터가 많다. 마산 전통 상품인 <몽고 간장>과 <무학 소주>가 마산의 좋은 물로 만든다고 선전하고 있는데 역시 이곳은 물이 좋다는 소문이 사실인가 보다. 두 번째 만난 약수터에서 약수 한 잔을 마시며 마산의 물맛을 음미해본다

무학산 정상으로 가기 위해 계곡을 건너는데 작은 꼬마 폭포가 제법 힘차게 흘러내리고 있다. 계곡에서 갑자기 '으아악! 으아악!' 하면서 질러대는 괴성이 들려온다. 갑자기 새벽의 정적을 깨뜨린다. 진기를 모으는 기합 소리는 절대 아니다. 그 소리는 이 사회와 국가에 엄청난 불만을 가진 사람이 스트레스를 풀기 위해 질러대는 비명 같은 함성이었다. 갑자기 '무등산 타잔'이 머릿속을 스쳐지나간다. 같은 '무'자 돌림으로 이름을 쓰는 데다 소리가 괴이해 무의식적으로 떠올랐나 보다.

함성 소리를 뒤로 한 채, 수행을 계속하다보니 <서마지기>로 오르는 이정표가 나온다. '서마지기?' 참 우스운 이름이다. '마지기'란 논밭의 면적을 나타내는 단위이다. 한 마지기란 우리 고향 기준으로 논은 200평, 밭은 100평의 넓이를 말한다. 또 '서'란 '셋' 혹은 '삼'을 의미한다. 아마도 수행로를 따라 오르면 밭 기준인지 논 기준인지는 몰라도 세 마지기 면적의 평평한 평지가 나올 것이란 '감'이 들어온다.

제법 가파른 수행로를 때로는 데크 계단으로, 때로는 자갈길을 따라 올라간다. 수행로 옆으로 자그만 '너덜겅(애추崖錐)'이 보인다. 무학산 너덜겅은 내 고향 뒷산인 왕령산 너덜겅보다는 규모가 작아 보인다. 너덜겅이라면 광주 무등산과 달성의 비슬산이 유명하다.

여명이 걷히더니 갑자기 환해진다. 오전 6시 25분인데 벌써 해가 떠올랐다. 좀 더 일찍 서둘러 6시 이전에 무학산 정상에 올라섰다면 일출을 볼 수 있었을 텐데 아쉽다. 데크 계단으로 된 수행로를 따라 올라가니 중간 전망대가 나온다. 중간 전망대는 마산 구 포구와 마산 구 시가지, 출렁거리는 남해 바다와 그 바다에서 동동 떠다니는 섬들이 훤히 조망되는 아름다운 지점으로 알려져 있다. 그런데 오늘은 안개가 자욱해 그 좋은 경치가 보이지 않는다.

이제 <서마지기>가 500m밖에 남지 않았다. 조금 더 올라가니 또 다시 특이한 데크 계단이 나타난다. 데크 계단 이름이 <365사랑계단>이란다. '사랑계단'이란 이름이 참 좋다. 사시사철 사랑하라는 뜻이다. 현실에서는 이기심이 끝없는 인간들이 사랑보다는 다툼과 갈등이 더 많아 스스로 불행을 초래한다. 사랑의 의미를 되새기면서 <365사랑계단>을 오른다. 하루

365건강계단

365사랑계단

이틀 사흘 …, 계단을 세면서 365일을 간다. 일 년이란 세월을 눈 깜빡할 새 다 보내고 <서마지기>에 오른다. 지나고 나면 365일이 이렇게 촌각寸刻에 지나지 않는다. <365사랑계단>을 오르면서 아무쪼록 좀 더 많은 사랑을 베풀면서 인생을 살아야겠다는 묵상을 하면서 간다.

무학산 서마지기

<서마지기>는 목측으로 살펴보니 500여 평 이상은 돼 보인다. 이곳에는 산객들이 쉴 수 있는 자리를 아주 잘 만들어 놓았다. 한때 창원이 우리나라 중공업의 대표 도시로 시 재정이 탄탄한 덕분에 시민들의 복지 차원에서 이렇게 잘 조성해놓은 것 같다. <서마지기> 내에는 출입 금지 지역이 있다. 내 짐작으로는 혹시라도 산객들이 무분별하게 식생들을 파괴할까봐 식생을 보호하기 위한 조치거나 아니면 문화재 발굴 작업일 것 같다.

<서마지기>를 떠나 다시 정상으로 향한다. 또 '365일 계단'이 나타난다. 이번에 나타난 계단 이름은 <365건강계단>이다. 이 이름 또한 친숙하고 따뜻하다. 365일 사시사철 운동하며 건강하라는 좋은 의미인 것 같다. 건강계단 오르며 운동하니 건강이 더 좋아지는 듯한 기분이 든다.

<365건강계단> 주변에는 진달래꽃나무가 군락을 이루고 있었다. 진달래가 피는 4월 초, 중순경을 상상하니 여기저기 진달래가 화사하게 피어나 있다는 착각이 든다. 진달래가 화사하게 필 때는 이 <365건강계단> 주위가 얼마나 아름다울까.

<365사랑계단>을 걸어올라 <서마지기>에 오르고, 또 <365건강계단>을 걸어 올랐으니 정상에 오르는 데에만 꼬박 2년의 세월이 걸린 셈이다. 정상에 올라서서 산 이름 그대로 춤추는 학, 무학의 등에 올라탄다. 2년이나 걸렸지만 찰나의 순간이고, 사랑과 건강을 위해 노력하며 올라탔으니 그 감격을 어찌 말로 설명할까. 무학의 등에 오른 시각을 보니 오전 7시 17분이

다. 아직도 마산 시가지와 바다는 선명하게 보이지 않는다. 그러나 아무도 없는 곳에서 홀로 춤추는 학의 등에서 노니는 나는 신선이 된 기분이다.

이제 무학의 등에서 내려 학봉으로 향한다. 멀리 보이는 원경은 아직 안개 속이라 그 형태를 잘 드러내지 않는다. 하산 수행로를 내려서는데, 앙증맞은 바위들 군과 꼬마 소나무가 선경에서나 볼 만한 앙상블을 이루고 있었다.

수행로 주변에서 아름답게 자라는 소나무 한 그루와 자연석 돌탑을 지났다. 수행로는 데크로 만들어져 있고 마직을 깔아 깨끗하게 조성돼 있다. 창원시 지자체 재정이 얼마나 탄탄한지 대변을 하는듯하다. 마산 구 시가지와 포구가 간간이 보이긴 하지만 아직도 안개가 자욱하다. 학봉 가는 이정표가 있었지만 표시된 내용으로는 길을 명확하게 알 수가 없어 이 지점에서 200~300m 정도 '알바'를 한다. 되돌아와 겨우 학봉 가는 수행로를 찾았다. 여기서 부터는 제법 가파른 수행로가 나타난다. 때로는 자갈과 바위 위를 걸어야 하고 때로는 흙길이다. 아래로 계속 하산하는데 로켓 탄두처럼 신기하게 생긴 집채만큼 큰 뾰족 바위가 눈에 들어온다. 마치 작은 마이산 닮았다. 이 정도 바위라면 스토리텔링 전문가들이 그럴듯하게 꾸민 전설이 하나 있어야 되는 것 아닌가? 탄두처럼 생긴 뾰족 바위를 돌아내려오니 입석이 하나 보인다. 자연석이지만 마치 깎아 세운듯하다. 혹시 <진흥왕척경비>나 <광대토대왕비>를 연상시킨다. 혹시나 음각 글자가 새겨져 있나 살펴봤지만 보이지 않는다.

멋진 바위를 만나다.

중봉에서 바라본 전망

　수행로를 따라 계속 내려오니 중봉이 나온다. 중봉에는 중봉임을 알리는
비석은 따로 없었다. 대신 나무로 만든 데크 가장자리에 '중봉'임을 나타내는
조그만 표지가 붙어 있어 알 수 있었다. 그 데크에는 큼직한 휴식 장소를
만들어두었는데 산세에 어울리지 않게 크다. 그 휴식 데크에서 바다 쪽으로
내려다보니 거리가 가까워서인지 좀 전보다 마창대교가 더 선명하게 보인다.
　중봉에서 내려오니 <완월동 갈림길> 이정표가 나타나고, 십자바위가
0.8km 떨어져 있다고 알리고 있었다. 십자바위가 도대체 어떻게 생겼을까
궁금하다. 십자바위 쪽으로 나아간다. 계속 따라가니 갑자기 눈앞에 암봉
같은 커다란 바위 더미가 나타난다. 저기를 올라갈 수 있을까 막막했지만
가까이 가보니 충분히 오를만하다. 가팔라서 두 발로는 못 올라도 적어도
네 발로는 기어오르면 오를 수 있을 것 같다. 저 위를 올라가면 풍광도
좋을 거란 기대감도 용기를 준다. 그래서 나는 네 발로 엉금엉금 기다시피
해 가파른 바위를 올라갔다. 바위를 올라보니 내가 아주 좋아하는 색깔의
꽃인 달개비꽃이 바위 틈새에서 활짝 웃으며 응원하고 있었다. 달개비꽃은
별칭으로 닭의 장풀, 닭의 밑씻개라고 얕잡아 부르기도 한다. 조망도 좋다.
진행 방향으로는 앞에는 기암들로 이루어진 학봉도 보이고, 진행 방향
뒤쪽으로는 학이 날개를 활짝 펴고 춤을 추는 '무학'이 보인다. 저 곳은
한 시간 전만 해도 춤추는 학의 등을 타며 즐기고 있었던 곳이라고 생각하니

벌써 아련하다. 조금 전까지만 해도 바람 한 점 없었는데 바람이 어디 숨어 있다가 나타났는지 갑자기 쌩하게 바람이 불어댄다. 아침부터 후텁지근한 날씨 탓에 온 몸이 땀에 절었는데 바람이 부니 시원하다. 모자를 쓰고 있을 수가 없어 썼다 벗기를 반복한다.

　그 바위 위에서 내려와 다시 십자바위를 찾는다. 그런데 길을 따라 내려오니 십자바위와 학봉이 0.02km 밖에 안 남았음을 나타내는 이정표가 나온다. 갑자기 멍하다. 제길, 십자바위로부터 20m를 지나왔다는 말이다. 그렇다면 아까 올라갔던 그 바위가 바로 십자바위였음이 틀림없다. 별달리 십자의 모습도 발견하지 못했는데 말이다. 이 이정표는 왜 여기에 있을까? 의문이 나는 건지 화가 나는 건지 모르겠다. 지자체들은 무엇을 위해 이정표를 만들고 해설판을 만드는가. 단순히 정해진 예산을 집행하기 위해서인가. 십자바위의 유래는 무엇이고 십자바위는 어디를 지칭하는지 어디에 있는지, 이를 찾는 사람들에게 쉽고도 정확하게 알리는 목적에서 이정표를 만들고 해설판을 만들어 설치해야 하는 것 아닌가. 그런데 본래의 목적에 충실하지 못한 이런 이정표나 해설판만 잔뜩 설치해두면 어쩌란 말인가. 이런 식으로 예산을 소모하고 있는 증거들을 보니 내가 왜 세금을 내야하는지 회의가 들지 않을 수 없었다.

　결국 나는 옛날부터 전해 내려오고 있을 것만 같은 십자바위라는 이름의 유래에 대해서는 의문만 품고 학봉으로 향한다. 위 이정표에 의하면 학봉은 20m 남아야 한다. 헐, 이 이정표에서 20m 거리에는 절벽뿐이다. 이해가 가지 않는 표시법이다. 그 이정표로부터 학봉 가는 길을 찾아보니 암봉 왼쪽을 둘러 만들어놓은 데크가 눈에 띈다. 학봉을 둘러 나선형을 이루는 데크가 일품이다. 이정표나 해설판과는 완전 딴판이다. 잘 만들어져 있다. 달라도 너무 다르다. 이 상황을 어떻게 받아들여야 할까? 지자체들이 더 노력해서 사소한 것 하나라도 놓치지 말았으면 하는 바람이다. 그래야 무학산을 처음 찾는 사람들도 짜증 내지 않고 즐겁게 다닐 수 있지 않겠는가.

　잘 설치된 데크를 따라 나선형으로 암봉을 올라가니 고운대란 해설판이

학봉

나온다. 역시 헷갈린다. 고운대는 무엇이고 학봉은 무엇인가. 해설판을 읽어보니 "고운대는 신라말기의 대 사상가인 고운 최치원 선생이 유람할 때 여기를 들러 수양을 한 곳으로 ≪신증동국여지승람≫에서 두척산(무학산을 이른다.) 고운대에 관해서 구체적으로 기록하고 있다. 또 고운대는 평평한 바위가 우뚝 솟아 오른 봉우리로 무학산의 정기가 넘쳐흐르는 듯하면서 합포만을 잘 조망할 수 있는 곳이다. 구름이 산봉우리를 둘러싸고 있으면, 마치 선경에 온 느낌이 들기도 하는 곳인데 고운의 학문을 숭상한 고려 시대의 정지상이나 조선 시대의 이황, 정구를 비롯한 많은 학자들이 이곳을 찾았고, 월영대와 더불어 선경 같다고 노래한 명소이다."라고 설명하고 있다.

해설판에는 고운대와 학봉의 관계를 명확히 밝혀 놓지 않았다. 방문하는 사람들더러 제 마음대로 해석하라는 말인가. 해설판을 다 읽어보고 난 다음 나는 고운대인지 학봉인지를 올라간다. 올라오니 평평한 바위가 제법 넓어 보인다. 고운 최치원 선생이 수양했을 법하다. 나는 최치원 선생의 고운대와 학봉은 같은 곳일 거라고 내 나름대로 정의를 내린다.

지금 현재 시각 오전 8시 50분, 새벽에 컵라면 하나로 아침을 때웠으니 배가 중참을 애타게 기다리고 있었다. 어제 준비해 둔 초코파이 두 개로 중참을 대신한다. 그리고 나선 최고운이 그랬을지 모를 세상에서 가장 편안한 자세로 바위 위에 드러누워 머리를 텅 비운 채 하늘을 바라보다 하산을 재촉한다.

아까 본 십자바위와 학봉 사이에 있는 이정표까지 다시 돌아왔다. 이정표에는 표시되어 있지 않는 샛길이 한 갈래 보인다. 이 길이 틀림없이 백운사 주차장으로 가는 길이거나 아니면 그 근처로 가는 길인 거 같다. 그 수행로를 택해 하산하기 시작한다. 시간을 최대한 아껴 무학산 주차장까지 지름길을 택해 내려가야 오후에는 사무실에 출근할 수 있다. 나의 선택은 옳았다. 주차장으로 원점회귀하니 오전 9시 반이 채 되지 않았다. 열심히 차를 몰아 서울 집에 도착하니 오후 2시 반이고 사무실에 출근하니 오후 3시 반 정도였다. 그 이후 대학 동기회 모임에도 약속대로 참석할 수 있었다. 오늘은 엄청나게 바빴지만 나름대로 보람찬 하루였다.

오늘 무학산 묵언수행을 무사히 마침으로써 산림청 선정 백대명산 중 아흔일곱 좌에서 묵언수행을 완료하게 됐다. 이제 남은 명산은 함양의 황석산, 울릉도의 성인봉, 홍도의 깃대봉 이렇게 3좌만 남았다. 육지에 있는 황석산은 올해 내 충분히 다녀올 수 있겠지만, 섬에 있는 명산들은 기상 여건이 변수라 올해 내 마칠 수 있을지 미지수다. 그러나 올해 내 백대명산 묵언수행을 완료한다는 내 목표를 달성하기 위해 매진할 것이다.

[묵언수행 경로]

백운사 주차장(05:45) > 갈림길(06:01) > 서마지기 이정표(06:19) > 중간 전망대(06:42) > 365사랑계단(06:54-07:04) > 서마지기(07:05-07:09) > 365건강계단(07:09-07:15) > 정상(07:17-07:22) > 학봉 갈림길(07:41) > 작은 마이산바위(08:06) > 십자바위(08:39) > 학봉(08:53) > 십자바위 이정표(09:05) > 백운사 주차장(09:26)

<수행 거리: 5.44km, 소요 시간: 3시간 41분>

황석산黃石山　　**98**회차 묵언수행　2018. 9. 26. 수요일

뭍에 남은 마지막 백대명산인 함양 황석산을 아흔여덟 번째로 묵언수행하면서 충절의 의미를 되새겨보다

황석산 정상에서

　오늘은 백대명산 중 뭍에 남은 마지막 산인 경남 함양 황석산을 묵언수행하는 날이다. 당초 추석 연휴(22일~26일) 5일 중에 황석산을 가려고 했으나 교통 체증이 우려돼 가야 하나 말아야 하나를 망설였다. 그러다 연휴 마지막 날 전날인 어제는 언제 가도 항상 반겨 맞아주는 남한산성을 묵언수행하면서, 황석산 묵언수행의 기회를 호시탐탐 노렸다. 나는 언제나 그랬듯이 <나홀로 묵언수행>이 편하고 더 좋다. 그러나 황석산은 암릉이 연결되는 험한 산이라 알려져 있어 친구들과 동행하는 것도 좋을 것 같았다. 그래서 연휴가 끝난 뒤의 주말에는 교통 체증이 없을 것이니 그때를 잡아 가야겠다고 마음을 먹었다. 그리고 나선 친구 이 산신령에게 연휴 끝나고 30일에 황석산을 가려는데 시간이 되냐고 물어봤더니 안 된다고 한다. 그렇다면 혼자 가야한다. 할 수 없다. <나홀로 묵언수행>을 떠난다면 굳이 30일에 갈 필요는 없었다.

25일 남한산성 묵언수행을 마치고 집으로 돌아와 저녁을 먹고는 추석 연휴 마지막 날인 26일의 교통 상황이 어떨지 나 혼자 곰곰이 생각해봤다. 고속도로가 제 기능을 할까 주차장 기능을 할까. 함양으로 오가는 도로가 고속도로 기능은 못할지 모르지만 적어도 주차장처럼 되지는 않을 것이라고 아전인수 격으로 예상해버린다. 묵언수행이 나에게 그만큼 중요한 일로 자리 잡고 있었기 때문이 아닐까. 그리고는 26일 교통 체증이 조금은 걱정됐음에도 묵언수행을 떠나기로 최종 결론을 내린다. 배낭을 준비해두고 새벽 3시 30분에 알람을 맞춘 후 저녁 9시 30분에 잠자리에 든다.

멀리 떨어져 있는 그리움 때문인가, 뭍에 있는 백대명산 묵언수행을 완료하게 되는 아쉬움 때문인가, 아니면 새벽에 일어나야 한다는 부담감 때문인가. 이리저리 뒤척거리다 잠깐 곯아떨어진 사이 알람이 귓전을 때린다. 화들짝 놀라 깬다. 배낭을 메고 주차장으로 달려가 차에 올라탄다. 나의 묵언수행 조력자 중 최대 조력자인 '내비'양에게 선답자의 블로그에서 안내하고 있는 우전 마을 사방댐을 물어봤더니 사방댐은 모르고 우전 마을만 안다. 어쩔 수 없이 '내비'양이 아는 함양 우전 마을로 새벽 3시 40분경 출발한다.

오전 5시 40분경, 아침 끼니를 때우기 위해 인삼랜드 휴게소에 들른다. 너무 이른 아침이라 한식 종류는 준비돼 있지 않았다. 어쩔 수 없이 <유부초밥우동>으로 아침 식사를 한다. 간식거리도 준비한 다음 다시 우전 마을로 달리니, 오전 7시 10분 함양 우전 마을 입구에 도착한다.

우전 마을 입구의 좁은 길 주변에 황석산 등산로 이정표가 나타난다. '내비'양이 알려주는 방향이 아무래도 미심쩍어 알려주는 방향으로 가지 않고 이정표가 보이는 곳으로 천천히 올라가본다. 교행이 불가능한 편도 1차선 길이 나타난다, 내가 계속 '내비'양의 말을 듣지 않고 주행하자 '내비'는 경로를 바꾼다면서 계속 성화를 부린다. 그래도 아랑곳하지 않고 내 감을 믿고 계속 올라가니 마침 등산객 한 사람이 그 길을 따라 올라가고 있었다. '내 감각이 맞았구나.'라고 생각하며 안도의 한숨을 쉰다. 이 길로 가면 틀림없이 가장 가까운 황석산 정상 들머리인 사방댐이 나오리라 확신했다. 나는 확신에 차, 계속 성화를 부리는 '내비'양을 잠자코 쉬도록 조치하고 계속 올라가니, 과연 차량 7~8대 정도를 주차할 수 있는 공터가 나오고 등산 안내판이 커다랗게 설치돼 있다. 내가 찾은 이 사방댐은 조그맣게 건설돼 있어서 있는 듯 마는 듯 존재감은 없었지만 선답자들이 블로그에서 소개하고 있는 바로 그 사방댐이 맞았다. 바로 이 들머리가 황석산 정상을 최단거리로 오를 수 있는 경로가 틀림없었다.

'내비'를 무시하고 내 임의대로 움직여 사방댐 들머리를 찾은 것은 참으로 다행이었다. 묵언수행 준비를 완료하니 오전 7시 20분이 채 되지 않았다. 당초 생각했던 것보다 내려오는 차도가 막히지 않아 시간이 많이 절약됐고 최단거리 들머리인 사방댐도 무리 없이 찾았다. 내가 이렇게 서두르는 이유는 내일 중요한 미팅이 하나 있어 곧바로 서울로 돌아가야 했기 때문이다. 아니면 세월아, 네월아 했을 것인데.

우전 마을 사방댐 주차 공간에는 차가 한 대도 보이지 않았다. 가장 좋은 위치에 차를 주차하고 등산 안내도를 보면서 수행 코스를 정한다. 오늘은 앞에서도 언급했지만 느긋한 수행보다는 당일 서울로 복귀할 수 있도록 하는 것이 중요하므로 최단거리의 가장 단순한 경로로 결정한다. 묵언수행에 나서기 전에 황석산에 대해서 간략한 설명을 덧붙인다.

황석산은 경상남도 함양군 서하면西下面과 안의면安義面의 경계에 있는 산으로 높이는 1,192m이다. 다른 자료에는 1,193m로 기록돼 있는 곳도 있으나 실제 정상석에는 1,192m로 기록돼 있었다. 황석산은 남덕유산 남녘에 솟은 산으로 백두대간 줄기에서 뻗어 내린 기백산, 금원산, 거망산, 황석산, 이 네 산 가운데 가장 끝자락에 있다. 흡사 비수처럼 솟구친 이

봉우리는 덕유산에서도 선명하게 보인다. 황석산과 기백산 사이에는 그 유명한 용추계곡이 있다. 문화재로는 중턱에 삼국시대의 고성인 포곡식(包谷式) 산성인 황석산성이 있다. 거망산에서 황석산으로 이어지는 능선에는 광활한 억새밭이 있어 경관이 아름답고 황석산성 등 역사적 유적이 있는 점 등을 감안해 산림청 백대명산으로 선정됐다고 한다.

이제부터 황석산 묵언수행을 떠난다. 우전 마을 사방댐 들머리로 진입하니 황석산 정상까지 2.6km임을 알리는 이정표가 나타나고, 다시 숲속으로 뱀처럼 꾸불거리는 평탄한 수행로를 따라 올라간다. 황석산 정상이 1.9km 남았음을 알리는 이정표가 나타난다. 이 지점부터 평탄하던 길이 언제 그랬냐는 듯이 갑자기 경사가 가팔라지기 시작한다. 길도 바윗길, 자갈투성이 길로 바뀌며 서서히 황석산 암릉의 실체, 그 모습을 드러내기 시작한다. 조금 더 올라가니 제법 세찬 물소리가 귓전에 울리기 시작하더니 <피바위> 해설판이 보이고 슬픈 역사를 간직한 피바위가 바로 목전에 나타난다. 피바위 해설판에는 이렇게 쓰여 있다.

(전략) 정유재란에 황석산성이 중과부적으로 함락되자 그 싸움에 동참한 여인들이 왜적의 칼날에 죽느니 차라리 깨끗한 죽음을 택하겠다고 치마폭으로

피바위, 물이 암벽을 타고 너울너울 흘러내리고 있다.

얼굴을 가리며 수십 척 높은 바위에서 몸을 던져 순절했는데, 그때 많은 여인들이 흘린 피로 벼랑 아래 바위가 붉게 물들어 여인들의 피맺힌 한이 스며들었다. 오랜 세월이 지난 오늘에도 여인들의 혈흔이 남아 있어 이 바위를 피바위라 한다.

피바위에 얽힌 서글픈 역사를 되새기며 피바위로 향한다. 피바위는 수십 척의 깎아지른 듯한 벼랑이 2단으로 형성돼 있었는데, 위쪽은 거의 70~80°로 가파르게 경사져 있고, 아래쪽은 위쪽보다 완만하지만 거의 50~60°의 경사를 이루고 있다. 그 가파른 경사를 타고 물이 너울거리며 흘러내린다. 비폭사폭非瀑似瀑이다. 즉, 폭포도 아닌 것이 폭포처럼 보인다. 흐르는 물소리 또한 벽을 타고 흘러내리니 웅장하지 못하고 애절하게만 들린다. 흘러내리는 물을 자세히 응시하고 있노라면 너울거리는 모습이 마치 여인들이 치마를 뒤집어쓰고 줄줄이 벼랑을 뛰어내리는 바로 그 모습이다. 충절을 지키기 위해 산화하는 그 모습은 비장하고 애절하기도 하지만 진정 아름다움에 가깝지 않은가. 아래쪽 비교적 완만해 보이는 경사면 주위를 살펴보면 흘러내리는 가냘픈 유수流水 가닥 주변에 바위들이 붉게 물들어 있다. 멀리서 보면 마치 혈흔처럼 보인다.

피바위를 자세히 관찰하면서 피바위 해설을 되새기니 나도 모르게 1597년 정유년 당시의 아픈 역사의 장면이 떠오르고, 애절히 흘러내리는 물소리에 감상感傷에 젖고 있었다. 지도자의 무능이 초래하는 슬픈 희생들, 그런 희생을 막연히 충절이라 하는가? 때로는 국가와 민족이 그들 민초들의 희생을 거름 삼아 외적을 물리치기도 하고, 태평스런 나라를 일궈나가기도 했지만 무능한 지도자들이 나타나 그들의 희생이 아무런 소용없이 만들기도 한다. 역사에서 무능한 지도자들은 끊임없이 나타났다 사라지기를 반복했고 이때마다 민초들의 희생은 빛을 잃는다. 지금도 예외는 아니다. 역사는 과연 아이러니한 것인가.

한참을 피바위 아래, 위쪽을 오르내리며 감상에 사로잡히다 현실 속으로 돌아왔다. 7~8월에 핀다는 과남풀꽃이 피바위 틈에서 피어나 나를 반긴다.

황석산성 남문

원래는 짙은 하늘색이었을텐데 이제 가을로 접어들어서인지 보라색으로 변해 있었다. 정상으로 가는 수행로를 찾아보니 피바위 바로 옆에 돌계단 길이 나온다. 돌계단을 올라 조금 걸어가니 황석산은 암릉 본색을 곧바로 드러낸다. 약 10여 m 높이의 바위에 로프가 등장했다. 이 로프는 앞으로 로프가 자주 등장할 것임을 예고하는 전주곡이다. 로프를 타고 올라가면 곧바로 황석산 정상이 1.3km 남았음을 알리는 이정표가 나온다. 이정표가 나오는 수행로 왼편으로는 피바위보다 더 높고 가파른 암릉이 연속으로 이어져 있다. 황석산성에서 피바위보다 훨씬 가까운 거리다.

이정표를 지나 수행로를 계속 걸어 오르면 나오는 인공 석축물이 정유재란 당시 왜군과 조선 의병, 군관민 간에 치열한 전투가 벌어졌던 그 유명한 함양 황석산성이다. 황석산성 안내판에 소개된 내용을 그대로 옮겨본다.

"황석산성은 경상남도 사적 제322호로 경남 함양군 안의면과 서하면의 경계에 위치하는 황석산 정상에서 좌우로 뻗은 능선을 따라 계곡을 감싸듯 쌓은 포곡식包谷式 산성이다. 성벽은 돌로 쌓은 부분과 흙과 돌을 섞어 쌓은 부분으로 이루어져 있는데 전체의 길이는 2,750m, 높이는 3m의 성이다. 성문은 동·서·남·북동쪽에 있는데 작지만 문루門樓를 갖추고 있다. 성안 동쪽의 계곡 주변에서는 크고 작은 건물터가 확인되고 있다. 현재 면적은 446,186㎡(13만 5천여 평)로 신증동국여지승람의 내용과 대체로 일치하고 있다. 영호남의 관문으로서 전북 장수와 진안으로 통하는 요지에 위치하고 있으며 포곡식 산성 구조로 보아 가야를 멸망시킨 신라가 백제와 대결을 위해 쌓았던 것으로 추정되고 있다. 조선 시대의 정유재란 때, 함양 군수 조종도와 안의 현감 곽준 등이 왜적과 전투를 벌였으며 500여 명이 순국하기도 하였다."

그러나 이 안내판 해설 내용은 정말 불성실하고 어처구니없어 짜증이 날 정도다. 물론 나도 이 황석산성에 대해서는 황석산을 묵언수행하기 전까지는 전혀 알지 못했다. 또 나는 역사학자가 아니므로 내 스스로 사료를 찾아 논증할 능력도 없다. 그러나 이번 묵언수행을 계기로 관련 자료들을 찾아보니 정설은 없으나 상당히 연구가 진행돼 있었다. 2016년 11월 경 함양예술문화회관에서 열린 황석산성 전투의 역사적 가치를 재조명한 학술 회의에서 발표된 내용이 합리적으로 보여 여기에 소개한다.

"황석산성전투는 수성장 곽준, 전 함양군수 조종도, 김해부사 백사림, 거창좌 수 유명개 등이 안음, 함양, 거창, 합천, 초계, 삼가, 산음 등 7개 고을 의병과 백성 그리고 김해에서 온 관군 50여 명 등 7,000여 명이, 명군明軍이나 조선 정규군의 지원 없이, 정유년에 조선을 다시 침공한 왜군 14만 명 중 가또 기요마 사加藤淸正와 구로다 나가마사黑田長政가 이끄는 조총으로 무장한 일본 최정예 우군 7만여 명과 1597년 8월 16일부터 18일까지 3일간 천험지지天險之地의 험준한 산악의 이점과 불굴의 정신으로 목숨을 걸고 싸워 왜적에게 막대한 타격을 입혀 전쟁을 종식시키는 데 결정적 역할을 한 '백성의 전투'라는 데 방점을 찍고 싶다.(2016.11.17., 경남일보)"

숙종 40년(1714년) 황석산 아래에 황암사란 사당을 건립해 황석산성 전투에서 순절한 영령들을 추모해왔으나, 일제강점기에 헐려 없어졌다가 최근 들어 함양군청이 이 사당을 복원 건립해 매년 음력 8월 18일 제사를 봉향하고 있다고 한다. 수행자의 태도로는 바람직하지 않지만, 너무 성의 없는 해설판이라 열을 좀 올렸다.

이제 다시 수행자 본연의 자세로 돌아간다. 황석산성 남문을 뒤로 한 채 수행로를 따라 정상으로 향한다. 정상까지 1.2km, 1km 남았다는 이정표가 연이어 나온다. 여기서부터는 가을이 본색을 드러내고 있다. 지난 9월 8일~9일, <영남알프스>를 묵언수행하고 난 후, 억새를 칭송하면서 그 부드러운 칼춤이 무더위를 물리고 있었고, 은빛 옷으로 갈아입고 현란한 춤을 추면서 가을을 유혹해 불러들이고 있다고 노래한 바 있다. 그 억새 때문인지는 모르지만 땅바닥에서도 나뭇잎에서도 온 산은 가득 가을을 머금고 그 기운을 서서히 토해내고 있었다. 나무에는 단풍이 불타고 있고, 땅바닥에는 가을의 결실이 뒹굴고 있었다.

좀 더 가팔라지는 바위를 로프를 타고 오르기도 하고, 네 발로 기어오르기도 한다. 바위 한가운데 소나무 한 그루가 꿋꿋이 버티고 서서 나에게 손을 흔든다. 황석산성이 천험의 산악 지형과 연결돼 있는 난공불락의 성이라는 그 형세를 내보인다.

갑자기 수행자의 눈앞에 계단이 나온다. 계단은 정말 볼품없어 주변의 경관을 오히려 망치고 있었다. 산을 찾는 사람들의 편의를 위해 만들어졌다손 치더라도 이런 볼품없는 시설은 위대한 산에 대한 일종의 모독이다. 나는 사대주의와는 거리가 아주 먼 사람이지만 중국 황산이나 장가계 그리고 태항산을 가보라. 그곳에 설치된 자연 친화적 계단이나 잔도를 보라. 우리와 비교되는지를. 차라리 만들지나 말았으면 더 나을 뻔했다. 잘못 만든 계단이 아름다운 자연경관을 완전히 죽이고 있다. 그래도 가파른 계단을 올라가니 뾰족 솟은 남봉과 산성은 서로 제법 조화롭다. 최근에 만들어 놓은 조잡한 계단만 없다면 아주 자연스럽고도 아름다운 풍경일 것이다.

드디어 정상이다. 정상에는 산 중턱에서 나를 추월해 지나간 산객이 먼저 도착해 블랙야크 백대명산 인증 샷을 열심히 촬영하고 있었다. 그 사람은 내가 한 걸음 옮길 때 세 걸음을 내딛는 바로 그 사람이었다. 휴대폰 삼각대를 활용하여 촬영하다 바람이 세서 넘어지는 통에 휴대폰을 낭떠러지에 떨어뜨릴 뻔 한다. 내가 몇 컷 찍어주고 그도 나에게 멋진 인증 샷을 찍어주었다. 그는 나에게 "즐겁게 산행하세요."라고 말하면서 후다닥 일어서는 것이었다. 내가 왜 그렇게 서두르느냐고 물었더니 인근에 있는 장수군 장안산을 또 올라가야 한단다. 그래야 블랙야크 백대명산 탐방을 조기에 끝낼 수 있다며 서둘러 자리를 떠나고 만다.

정상에 바람이 제법 세게 불었지만 그렇다고 견디지 못할 그런 바람은 아니었다. 그래서 아무도 없는 정상 주위 여기저기를 다닌다. 바위 사이사이에 아름답고 청초하게 피어난 구절초꽃을 찍기도 하면서 나홀로 즐긴다.

황석산 정상 또한 멋진 조망을 보여주는 곳으로도 잘 알려져 있다. 지리산 천왕봉, 덕유산, 기백산, 거망산, 장안산 등등이 펼쳐져 있어 조망미가 탁월한 곳이다. 그러나 이번에는 주변 산들의 정상 부위가 구름으로 가려 제대로 볼 수 없어 아쉬웠다. 정상에서 비스듬히 누운 듯한 자세로 사과 한입을 베어 문다. 신선이 아니고서야 어디 그럴 수 있겠는가. 마치 신선이 된 기분이다.

거망산 방향으로 하산한다. 오늘은 단축 묵언수행 계획이지만 그래도 북봉을 올라가봐야지 하면서 묵언수행을 계속한다. 하산 길이라 약 20m 정도의 가파른 암벽을 타고 오르내려야 한다. 그러나 이 정도는 그렇게 힘들지 않다. 북봉 쪽으로 가기위해 길을 찾아 가는데 길이 좁고 험하기 짝이 없다. 오뚝 솟은 북봉이 아름다운 모습을 드러낸다. 가을의 전령인

정상에서 바라본 풍광

북봉으로 향하다 만난 아름답고 신비한 풍경들

단풍이 물들어 북봉을 더욱 아름답게 만들고 있다. 그런데 갑자기 북봉으로 진입하는 길이 사라져버렸다. 앞에는 천 길 낭떠러지가 앞을 가로막고 있다. 어찌하리오 북봉을 포기하고 정상 쪽으로 나아가다 갈림길에서 피바위 쪽으로 하산할 수밖에 없었다. 하산 길에서 정상을 다시 한 번 눈에 담고 거북바위와 정상 갈림길, 우전 마을 쪽으로 하산한다.

가을을 맞아 고개 숙인 나락 뒤에는 고추가 붉게 익어가고 있었다. 주차장으로 돌아오니 내 차량 이외에 여섯 대가 더 주차돼 있었다. 아침에 올라갈 때는 내 차 한 대뿐이었는데. 보통 때보다 훨씬 여유 있게 일찍 원위치로 돌아온 나는 차를 몰아 용추계곡에 있는 일품 폭포인 용추폭포를 구경하고 귀경하는 길에 아담하고 아름답게 가꾸어 놓은 막국수집을 들렀다. 나도 모르고 들렀는데 그곳은 함양 정자로 유명한 농월정이 있는 곳이었다. 점심 식사를 하고 난 다음 농월정으로 달려가 한참을 푹 빠져 놀다 귀경한다. 만약 보름달이 떠오르는 날에는 달을 희롱하며 몇 날 며칠 밤을 지새울 만큼 아름다운 곳인데 떠나야하니 정말 아쉽다.

함양 농월정 관광을 마치고 오후 4시 15분경에 농월정 주차장을 출발해 서울에는 오후 7시 30분에 도착했으니 대략 3시간 15분이 걸린 셈이다. 추석 연휴 마지막 날 나선 황석산 묵언수행이지만 하행·상행 도로가 모두 뻥 뚫려 막힘이 없었다. 당초 예상보다 훨씬 시간이 단축돼 더욱 기분 좋은 하루였다. 이제 백대명산 묵언수행은 섬에 있는 울릉도 성인봉과 홍도 깃대봉만 남겨두게 된다.

[묵언수행 경로]

우전 사방댐(0719) > 피바위(07:44) > 황석산성 남문(08:15) > 갈림길 (08:24) > 정상(09:06) > 거북바위(09:45) > 북봉조망(10:16) > 피바위 (11:55) > 우전 마을 사방댐(12:20)

<수행 거리: 6.14km, 소요 시간: 5시간 1분>

울릉도 남쪽 도동에서 성인봉, 나리분지를 거쳐
북쪽 천부 쪽으로 종주하며 묵언수행하다

성인봉 정상

　이제 백대명산 중 아흔여덟 좌 묵언수행을 완료한 나는 섬에 있는 명산인 울릉도 성인봉과 홍도 깃대봉 두 좌만을 남겨두고 있다. 마지막 백 번째 묵언수행에는 몇몇 친구들이 나를 축하해주겠다며 같이 여행처럼 떠나자고 한다. 별 대단한 일도 아닌데 친구들이 그렇게 나서니 한편으로는 쑥스럽기도 하고 한편으로는 고맙기도 하다. 그래서 남은 울릉도 성인봉과 홍도 깃대봉 두 좌 중 어느 산을 먼저 묵언수행 할까를 고민하다가 아흔아홉 번째 묵언수행 할 산으로 울릉도 성인봉을 정했다. 그 이유는 성인봉은 해발 987m로 산을 자주 오르지 않는 친구들에게는 다소 부담이 될 수 있는 반면, 깃대봉은 해발 365m에 지나지 않아 비교적 편안하게 오를 수 있기 때문이다.

지난 10월 5일 평양냉면 마니아 친구들 7명이 강남구청역 근처에 있는 평양냉면 맛집 <봉밀가>에 모여 냉면 맛을 음미하고 있었다. 이 자리에서 친구 '희'가 나에게 불쑥 울릉도에는 언제 가느냐고 묻는 것이었다. 당시 나는 울릉도 성인봉을 홍도 깃대봉보다 먼저 수행하는 것으로 정했지만 날짜를 정하지 못하고 있었다. 그 자리에서는 '희'에게 내일 알려준다고 하고, 그 다음날에 '희'에게 10월 14일부터 16일까지 울릉도에 갈 것이라고 기별을 했더니 '희'도 함께 가겠다는 것이었다. 이렇게 해서 나는 '희'와 함께 울릉도 묵언수행 겸 자유 여행을 떠나게 된 것이다.

오늘은 드디어 나의 친구 '희'와 함께 2박 3일간 울릉도 성인봉으로 묵언수행 겸 자유 여행을 떠나는 날이다. 울릉도로 가는 배편은 묵호항에서 오전 8시 50분 울릉도로 출발하는 <씨스타3호>다. 서울에서 묵호항까지는 잠실 롯데마트 인근에서 출발하는 셔틀버스를 타고 간다. 셔틀버스가 오전 4시 30분에 출발하니 시간을 맞추기 위해 새벽부터 준비하느라 부산하다. 새벽 3시에 일어나 출정 준비를 마무리하고 버스 정류장으로 나가니 4시 10분이다. 버스 정류장에는 벌써 많은 사람들이 나와 버스를 대기하고 있었다. 동행 '희'도 4시 20분경 버스 정류장으로 정확하게 나왔다.

4시 30분 셔틀버스는 거의 만차로 출발한다. 우리처럼 개별 자유 여행객도 있었지만 대부분이 단체 여행 팀인 것 같았다. 버스는 고속도로를 달려 묵호 근처의 허접한 식당에 우리를 내려놓는다. 운임에는 아침 식비로 일인당 5천 원이 포함돼 있어 아침 식사를 제공한다. 기대하지는 않았지만 역시나 허접한 식당에 부실한 식단이다. 그래도 어쩔 수 없이 다 먹어치운다. 고난의 행군, 묵언수행을 하려면 많이 먹어둬 에너지를 비축해야 하기 때문이다.

묵호항 여객터미널에 오전 7시 30분에 도착했다. 잠실에서 정확하게 3시간 걸렸다. 배표를 발급받고도 시간이 남는다. 버스로 이동하니 편안하다. 가면서 쉬고 자고를 마음대로 할 수 있고 시간도 빠르다. 자가용으로 움직이는 것보다 나은 것 같다. 울릉도로 여행을 가는 사람들로 터미널 대합실이 붐비고 있었다. 모두들 울릉도 혹은 독도 여행에 대한 기대감이 잔뜩 부풀어 올라 있는 것 같았다. 옹기종기 모여 재잘대며 울릉도행 <씨스타3호>의 승선을 기다리고 있다. 일상에 찌들었을 때 머리를 텅 비우며 '멍 때리는 것'만큼 좋은 휴식도 없다. 여행객으로 가득 찬 터미널 대합실에서 때로는 멍 때리기도 한다. 동행인 '희'도 여기저기 빈둥거리며 시간을 때우고 있었다.

배 멀미에 약한 사람들은 멀미약을 승선 30분 전에 먹어달라는 안내 방송이 나오고 있었는데, 동행인 '희'가 배 멀미에 꽤나 고생할 수도 있다며 은근히 나에게 겁을 준다. 나는 오래전에 연평도를 방문할 때와 통영 장사도를 여행할 때, 그리고 백대명산 중 하나인 사량도 지리망산을 묵언수행할 때 배를 타본 경험이 있다. 모두 잔잔한 바다라 동해의 거친 바다와는 그 급이 다르지만 그렇게 멀미가 심하지는 않았다. 그래서 그런 걱정은 추호도 하지 말라고 동행 '희'를 안심시킨다. 도리어 너나 걱정하라고 핀잔을 주기도 했다.

약 1시간을 기다렸나 보다. 8시 30분부터 배에 승선하기 시작한다. 기대가 커서 그런지 1시간 남짓인데도 오랜 시간이 흐른 마냥 지루하다. 8시 50분, 배는 울릉도 도동항으로 출발한다. 우리가 탄 <씨스타(SEA STAR) 3호>는 Seaspovill(주) 소속으로 약 550톤 급, 비교적 대형이다. 승선 정원은 587석이나 되고, 울릉도까지 운행 시간은 최대 35노트의 속력으로 달려 편도 약 3시간이 소요된다고 배의 벽면에 제원諸元설명서로 붙여놓았다.

배는 묵호항을 부드럽게 미끄러지듯 빠져 나와 수평선만 보이는 동해 바다 망망대해를 달리기 시작한다. 오늘은 날씨가 너무 맑고 청명하다. 푸른 하늘에는 솜털 같은 흰 구름이 둥실둥실 떠다닌다. 배 객실 창문 밖으로 보이는 에메랄드색 동해 바다는 조용하고 잔잔하다. 파도가 일렁거리지만 파고가 0.5~1m도 되지 않아 보인다. 배의 롤링(rolling)과 피칭(pitching)이 전혀 없었다. 마치 배가 얼음 위를 미끄러져 달리는 큰 썰매와 같았다. 배가 너무 조용히 미끄러져 달리니 이야기로 들어왔던 울릉도 여행을 가는 것 같지가 않다. 고생이야 좀 더 되겠지만 배가 앞뒤 좌우로 심하게 '울렁울렁'거려야 울렁거리는 '울릉'도 여행을 제대로 경험하는 것 아닌가라는 호사스런 생각도 든다. 그러나 이는 배 멀미의 역겨움을 경험하지 못한 사람의 순진하고 사치스런 생각에 지나지 않을 것이리라.

우리는 이번 울릉도 여행이 정말 환상적일 것이라는 예감이 들어 즐거운 마음으로 배와 바다를 즐긴다. 노랫가락이 절로 나온다. 나는 노래를 아는 게 거의 없는데도 갑자기 <울릉도 트위스트>가 저절로 튀어나온다. "울렁울렁 울렁대는 가슴 안고 …" 하면서 신나는 <울릉도 트위스트>를 흥얼거린다.

그런데 자리에 가만히 앉아 있을 때는 몰랐는데 자리에서 일어나 복도를 걸으니 배가 조금씩 기우뚱거린다. 선실 내 화장실 구경을 좀 하고 자리로 돌아가는 길에 배의 매점을 들러보니 거의 모든 상품이 2천 원이다. '새우깡'도, '맛동산'도, '고소미'도, 전부 2천 원이다. 월드콘도 2천 원이다. 가격이 아주 비싸다. 육지에 비해 거의 2배 이상이다. 종업원에게 왜 이렇게 비싸냐고 물어보았더니 대답이 아주 짧다. "배니까요."

배를 탄 지 2시간 반 정도나 지났을까. 잔잔하게 바다에서 미끄러지던 배가 좀 더 출렁인다. 눈을 감고 있다 눈을 뜨니 갑자기 시야에 울릉도의 아름다운 경치들이 선창船窓을 통해 보이기 시작한다. 사동 항구가 보이기 시작하고 사동 해안 뒤편으로 형성된 마을과 방송 중계탑이 보이고, 푸른 하늘이 보인다. 산들이 시시각각으로 모양이 변하는 흰 구름을 이고 천태만상의 조화로 그 아름다움을 드러내기 시작한다. 선창船窓을 통해 보이는 아름다운 경치가 희미해 감질 난다. 배 창문에는 일렁거리는 파도 물방울이 튀어 잔뜩 점적點滴을 이루고 있다. 울릉도 선경이 마치 꿈속에 나타난

도동항 인근 점적으로 얼룩진 선창 밖으로 보이는 울릉도 산봉우리들

듯 희미하고 오묘하다.

11시 50분경 배는 도동항에 접안했다. 우리가 배에서 내린 시각은 정오가 다 돼서다. 향후 일정은 먼저 점심을 먹고 성인봉을 묵언수행하

면서 천부에 있는 숙소로 이동하는 일정이다. 우리가 예약해둔 숙소가 성인봉을 넘어 도동 반대편 천부항 근처에 있으니 약 10여 km 거리를 울릉도 남쪽에서 중앙을 가로질러 북단까지 넘어가야 한다.

묵언수행도 식후경이다. 우선 점심을 먹으려고 식당을 찾는다. 옛 직장 동료들 중 맛집 유람 모임 멤버 중 한 분이 다녀왔다고 하면서 소개해 준 <구구식당>을 찾았다. 우리는 '따개비밥' 두 그릇과 울릉도 특산이라는 '호박 막걸리' 한 병을 반주로 주문한다. 우리뿐이던 식당에 젊은 아가씨 손님 세 사람이 찾아 들어온다. 그들은 틀림없이 맛집이라고 소개된 블로그 등 'SNS'를 찾아보고 왔겠지 지레짐작하면서 사진 몇 컷을 찍는 사이, 먼저 호박 막걸리가 나오고 이어 따개비밥이 나온다. 호박 막걸리 맛이 어떨까 생각하며 한 잔씩 마셔보는데, 아이쿠 별맛이다. 싱거워서 뭔가 2%가 부족해 보인다. 나는 내륙에서 자라서 따개비라는 게 뭔지 모른다. 그러나 '희'는 원래 모르는 게 없을 정도로 유식한데, 따개비가 뭐냐고 물었더니 주절주절 설명을 늘어놓는다. 따개비는 바위 어디에 붙어 자라는 조그만 조개인데 옛날에는 먹지도 않고 버렸다고 한다. 나는 생전 처음 먹어보는 따개비밥을 한 수저 먹어본다. 구수하고 쫀득한 맛이 별나다. 참기름이 범벅돼 있어 계속 먹으면 약간 느끼한 맛이 도는 게 흠이라면 흠이었다. 친구 '희'는 그럭저럭 먹을 만은 하지만 원래 참기름 범벅을 좋아하지 않아 자기 취향에는 맞지 않는다고 하면서도 꾸역꾸역 먹는다. 아니 먹어 둬야 한다. 울릉도 남쪽에서 그 중간을 가로질러 북쪽에 있는 숙소까지 걸어가려면 먹어두지 않으면 안 된다.

점심 식사를 마치고 우리는 어떻게 할 것인지를 의논하고 묵언수행 경로를 정했다. 처음에는 식당에서 KBS중계소까지도 걸어서 가는 것으로 생각했지만, 울릉도 택시도 타볼 겸 택시로 KBS중계소까지 이동한 다음 본격적으로 수행을 하기로 했다. <구구식당>에서 KBS중계소까지 2.5km 정도 거리인데 택시비는 1만 원이었다.

택시는 오후 1시 10분경, 성인봉으로 오르는 들머리에 도착한다. 본격적으로 수행을 시작한다. KBS중계소에서 성인봉까지는 약 4km 남짓한 거리다. 중계탑에서 좀 올라가니 도동항 주변에 옹기종기 모여 있는 건물들이 보이고, 그 뒤로 에메랄드 빛 동해 바다가 펼쳐진다. 수평선 위에는 흰 구름이 바다와 하늘의 경계를 이루고 있다. 흰 구름이 없다면 하늘과 바다가 경계가 없어 하늘이 바다인지, 바다가 하늘인지 구분이 되지 않을 것이다. 수행로 주변에 피어 있는 가을꽃들은 오염되지 않아서 그런지 색깔이 더욱 선명하고 예쁘다. 구름다리를 지나 팔각정에 오르니 그 아래로 동해 망망대해가 보인다. 에메랄드 색 망망대해는 쳐다보기만 해도 마음이 시원하다. 눈의 피로도 몽땅 사라진다.

팔각정을 지나자 수행로 주변에는 고목과 기이하게 생긴 기수괴목들이 나타난다. 고목을 두드려 보니 텅텅거리는 소리가 난다. 속이 비었나 보다. 그래도 꿋꿋하게 살아가고 있다. 어려움을 견디고 꿋꿋하게 살아가는 것, 그 자체가 곧 아름다움이다. 기수괴목도 힘든 여러 자연 환경을 견디며 꿋꿋하고 늠름하게 살아가고 있다.

울창한 나무들 사이로 레이더 기지인지 무슨 거대한 시설물이 산 정상에 자리 잡고 있다. 성인봉 정상에 올라서도 볼 수 있었는데 아마도 저 산이 성인봉(986.7m) 다음으로 높은 천두산인가 보다. 이어 도동과 나리분지로 하산하는 이정표가 나온다. 여기서 성인봉 정상까지는 약 50여 m 거리만 남았다. 오후 3시 22분경에 성인봉 정상에 도달한다. KBS중계탑에서 출발한 지 2시간 10여 분만이다.

성인봉 정상 하늘에는 새털 같은 하얀 구름이 두둥실 평화롭게 떠다니고 있다. 몽환적인 분위기다. 성인봉 정상 주변의 경치가 아름답다는 말을 익히 들어와 예상하고 있었지만 역시 조망이 좋다. 그러나 단지 주변 수목들

성인봉 정상에서 본 경치

성인봉 정상에서

이 듬성듬성 시야를 가리고 있어 아쉬움을 금치 못하고 있는데, 어느 분이 들릴 듯 말 듯 한 소리로 "아래로 내려가면 조망이 정말 좋다."라고 말한다. 북동쪽으로 자세히 살펴보니 아래로 내려가는 길이 있다. "그렇지! 맞아 맞아!" 친구 '희'에게 아래로 가자고 재촉한다. 약 50~100m 내려갔을까. 이곳에 바로 선경을 보여주는 성인봉 전망대가 있다. "우와, 이것이 울릉도 경치의 진면목이구나." 하면서 감탄에 감탄을 거듭한다. 정신이 아찔하다.

올망졸망한 산그리메, 그 위로는 구름이 두둥실 떠다니고 수평선 아득한 망망대해에서 뿜어져 나오는 아름답고 상쾌한 기가 서로 어우러져 한 폭의 산수화를 그려낸다. 공재 윤두서와 겸재 정선이 이 풍광을 그렸다면 곧바로 국보가 됐을 것이다. <몽유도원도>를 그린 현동자 안견이 이 풍광을 보았다면 추상적인 관념 산수화는 바로 포기했을 것 같다. 그들 관념 속에 있는 진경이 바로 그들 눈앞에서 펼쳐지기 때문이다. 선경에 정신이 홀려 그리 넓지 않은 정상 주위를 이리저리 돌아본다. 아름답고도 호연浩然한 기를 마음껏 받아들이고 있노라니 해는 서쪽 바다 저쪽으로 기울어지고 있었다. 이내 쪽빛 바다는 볼그레한 빛을 띤 황금색으로 변하기 시작한다. 더욱 환상적인 풍경을 드러낸다. 사진으로 표현되는 것보다 훨씬 더 아름다운 풍경이다.

그런 풍광을 뒤에 두고 발걸음을 돌리려니 걸음이 떨어지지 않는다. 자꾸 황금빛 물결이 일렁거리는 동해 바다 쪽으로 고개를 돌리고 또 돌린다. 그게 아쉬움 아니겠는가. 아쉬움이 뭉쳐지면 그리움이 될 것이다.

나리분지를 내려가는 수행로 근처의 고사목에서

울릉도 성인봉에서의 아쉬움을 뒤로 한 채 성인봉에서 내려와 나리분지로 향한다. 나리분지로 향하는 수행로는 계곡을 따라 나무 데크 계단이 끊임없이 이어지고 또 이어진다. 약간이라도 평지가 나오면 계단이 끊어지고 가파른 비탈이 나오면 바로 계단이 나온다. 계단이 무려 2,500개다. 단순히 계단만을 내려오면 지루하다. 그러나 그 지루함도 주변을 둘러보면서 자연과 동화되어 내려오면 즐거움으로 바뀐다. 마음을 비우고 데크 계단 수행로를 천천히 내려간다. 수행로 주변에는 울릉도 천남성이 빨간 열매를 맺고 있다. 아름다워 덥석 따 먹고 싶은 욕망이 인다. 일반적으로 천남성은 극독 식물이라고 알려져 있다. 울릉도 천남성도 독성을 함유하고 있을지도 모른다. 눈으로 보면서 예뻐하는 것으로 만족해야지 먹을 수는 없었다.

수행로를 계속 내려가니 <성인수>라고 이름 붙은 약수터가 나온다. 나는 약수터를 만나면 꼭 한잔씩 마셔본다. 약수터 이름도 그럴싸하다. <성인수>, 이 약수를 마시면 성인이 된다고 해서거나 성인들만 마시는 약수라서 그런 이름이 붙었나 보다. 성인수를 한 모금 마시려 약수터에 가보니 바가지는 걸려 있고 약수 주위는 돌로 잘 쌓아올려 형태는 그럴싸 한데, 물이 바싹 말라 물 한 방울도 없는 헛샘이었다. 이를 어쩌나. 나는 성인이 될 운명이 아니란 말인가. 성인수를 마시고 성인이 돼보겠다는 야무진 꿈이 무산되고 만다.

성인수 대신 생수 한 모금 마시고 데크를 따라 내려오니 고목들이 저마다 고고한 자태를 뽐내고 있다. 나무들은 나이를 먹어도, 병이 들어도, 속이 비어가도 의젓하게 자연 속 일부분이 되어 아름다운 풍경을 이룬다. 텅 빈 고목 속에 들어가 개구쟁이들처럼 사진도 찍고 만져 보며 촉감을 느껴보기도 한다. 인간들이 이 좋은 풍광을 이루고 있는 텅 빈 고목 속이 썩을까 염려해서인지 투명 광택 페인트로 칠을 해두었다. 잘하는 짓인지는 잘 모르겠다. 보기에도 안쓰럽다.

나리분지로 내려가는 중간 전망대에서, 나리분지와 송곳산 알봉이 보인다.

가을꽃들의 환영을 받으며 계단을 걸어 내려오면서 하산 수행을 계속하는데 갑자기 산으로 삥 둘러쌓인 분지가 나온다. 이 분지가 바로 나리분지다. 분지를 삥 둘러싸고 있는 산군들은 화산 폭발로 생긴 외륜산이다. 외륜산 중 가장 높은 봉우리가 바로 성인봉이고 성인봉에서 왼쪽으로는 미륵산(905m), 형제봉(717m), 송곳산(611m), 그리고 바로 바다에 인접한 기암괴석군 송곳봉(452m)이 우뚝하게 또 오뚝하게 솟아 있고, 오른쪽으로는 말잔등(907m), 천두산(968m), 나리봉(816m)이 나리분지를 에워싸고 있다. 나리분지의 북서쪽에는 알봉이 있는데, 이 알봉은 해발 538m인 이중화산이며 정상에는 분화구 흔적이 남아 있다. 마치 알처럼 생겼다하여 알봉이라 불린다고 한다. 나리분지가 울릉도 화산의 소규모 칼데라 지형이며, 알봉은 이 칼데라 내 나리분지가 만들어지고 난 이후에 지하에서 마그마가 분출해 솟아올라 형성됐다고 한다.

나리분지와 알봉 그리고 나리분지 외륜산을 보면서 끊임없이 이어지는 데크 계단을 따라 하산하다 보니 <신령수>가 나온다. <신령수>도 약수터인데 얼른 달려가 보니 어찌된 일인가. 여기도 물이 거의 바싹 말라 있었다. <신령수>를 뒤로 하고 천연기념물 제189호로 지정된 울릉 성인봉 원시림 지역을 통과한다. 원시림의 진면목을 제대로 보려면 말잔등과 천두산을 거쳐야 하는데 탐방로가 개설돼 있지 않은 것 같았다.

우리는 알봉 둘레길 입구로 진입하여 나리분지에 있는 중요 민속 문화재

울릉 나리 너와 투막집

제257호인 <억새투막집>을 관람하고 천연기념물 제52호로 지정된 울릉 나리동의 울릉국화와 섬백리향 군락지를 거쳐 수행을 계속한다. 하얀 꽃을 피우며 향기를 풍기는 울릉국화는 쉽게 볼 수 있었으나 섬백리향은 잎들이 말라있어 형태를 잘 알아볼 수 없었다.

울릉도에는 유달리 마가목이 많다. 마가목 열매는 빨갛다. 이 열매가 익으면 붉은 단풍잎보다 더 빨개진다. 마가목 열매는 여러 가지로 유용하게 쓰인다. 그런데 길을 지나가다 보니 마가목에 뭔가 주렁주렁 달려 있었다. 무언지 궁금해서 보니 그냥 돌멩이들이다. 왜 돌멩이를 달아놓았을까? 나는 나무를 위쪽으로 자라지 못하게 해 마가목 열매를 쉽게 채취하기 위한 수법이라고 단정 짓는다. 옛날 농업을 배울 때 복숭아 나무를 잔 꼴로 키우는 것이 한 때 유행했었는데, 이는 수확을 쉽게 하기 위한 것이라고 배웠다. 이것도 그 이치와 같다고 생각했다.

이제 나리분지에 도착한다. 나리분지는 전형적인 화산성 분지로 1.5~2km²로 좁다. 그러나 울릉도에 있는 유일한 평원이다. 앞에서 언급한 바와 같이 주변에는 성인봉을 비롯한 외륜산들이 나리분지를 감싸고 있다.

나리분지에서 다시 천부 쪽으로 넘어가야 한다. 우리는 어떻게 갈 것인가를 확인하다가 동행 '희'가 스마트폰 지도를 확인하더니 여기서 우리 숙소까지 2~3km 정도 밖에 안 된다고 한다. '맵' 안내대로 우리는 나리분지 전망대로 가는 차도를 거쳐 천부로 가는 길을 택했다. 그 덕분에 나리분지 전망대에서 나리분지 일대를 다시 한 번 조망하기는 했다. 그러나 우리가 택한 수행로가 아주 잘못됐다는 사실을 나중에 알게 된다. 잘못 선택한 대가를 톡톡히 치른 후에야 알았다. '티맵'이 안내하는 대로 가면 차도를 따라가야 한다. 그러나 차도를 따라가는 길은 오르막 내리막이 아주 심했고 헤어핀 형 도로라 꼬불꼬불하기까지 하다. 가도 가도 천부까지의 거리가 줄어들지 않았다. 2km도 넘게 걸었지만 아직도 미로를 걷고 있는 듯 산속의 헤어핀 도로위에 있었다. 다시 '티맵'을 확인해보니 아니 어떻게 된 건지 천부까지 거리가 처음 확인한 거리보다 좀 더 늘어나 있었다. 게다가 단단한 시멘트 포장이고 내리막이 심했다. 내가 좀 먼저 느릿느릿 내려가고 있는데 동행 '희'가 보이지 않는다. 좀 기다리니 그가 다리를 절룩거리며 내려오고 있었다. 아까 2,500계단을 내려오면서 오른쪽 무릎 부위의 인대가 좀 아프다고 했지만, 그때는 그래도 절룩거릴 정도는 아니었다. 지랄 같은 시멘트 포장의 내리막 차도를 내려오면서 충격을 더 받은 모양이었다. 더 이상 걷기가 어려워 보였다. 다시 '티맵'을 확인하니 아직 남은 거리가 2km 정도다. 큰일이라는 생각이 들었다. 아, '티맵'을 확인하지 말고 먼저 이정표를 확인했어야 했다. 이정표를 보면서 찬찬히 확인해보았다면 차분하고도 아름다운 하이킹이 연속되었을텐데 하는 아쉬움이 남는다.

궁하면 통한다 했던가. 이제 방법은 하나다. 지나가는 차를 무조건 잡아서 태워달라고 사정하는 방법 말고 다른 방도는 없었다. 좀 서서 기다리고 있으니 스타렉스 같이 보이는 차 한 대가 꼬불꼬불한 길을 비틀비틀 내려오고 있었다. 내가 손을 번쩍 들어 정지 신호를 보냈다. 그랬더니 그 차가 10m 정도 지나갔다가 세우면서 뒤로 후진을 한다. 차문이 열리면서 젊은 총각이 내린다. 차 안을 들여다보니 젊은 남녀들이 거의 꽉 차 있었다. 우리가 탈 자리가 없어 보였다. 다시 걱정이 앞선다. 내가 체면치레로 "탈 자리도 없어 보이니 그냥 가시지요."라고 하자 그들 중 두 명이 내리면서 맨 뒷자리로 이동하고 우리를 태워준다. 차를 타고 물어보니 분당 서울대병원 레지던트들이라고 한다. 그들은 휴가차 울릉도로 왔다고 한다. 엘리트도 보통 엘리트가 아닌 젊은이들이 이렇게 친절하고 배려심까지 많으니 감동하지 않을 수 없었다. 평소 요즘 젊은이들에 대해 안 좋게 평가하던 내 평가가 오늘로써 새롭게 바뀌게 됐다.

도움을 준 엘리트 젊은이들에게 또 다시 정중하게 고맙다고 인사하고 난 후, 숙소로 들어가면서 천부항 바다 쪽을 바라보니 하늘에는 저녁놀이 새빨갛게 물들어 있었고 바다는 검푸르게 변해 밤을 맞을 준비를 하고 있었다. 평화롭고 고요한 정적이 천부항 주변의 모든 사물을 포근하게 감싸고 있었다. '희'의 다리 부상이 걱정된다. 빨리 쾌유해야 될 텐데.

천부항의 낙조와 송곳봉

[묵언수행 경로]

KBS중계소 들머리(13:10) > 팔각정(15:18) > 성인봉(15;22) > 깃대봉 전망대(15:25) > 성인봉(15:39) > 성인수(15:51) > 고목 군락지(16:01) > 나리분지와 알봉 전망대(16:12) > 울릉 성인봉 원시림(천연기념물 제189호) 안내판(16:38) > 신령수(16:40) > 알봉 둘레길 탐방로 입구 (16:48) > 억새투막집(16:49) > 섬백리향, 울릉국화 군락지(16:53) > 나리분지(울릉나리동투막집, 울릉나리 너와투막집과 억새투막집) (17:15-17:29) > 나리분지 전망대(17:46) > 천부 숙소(18:12)

<수행 거리: 약 12km, 소요 시간: 약 5시간 2분>

홍도紅島 깃대봉

섬 전체가 천연기념물인 홍도에서
백대명산 묵언수행의 대미를 장식하다

백대명산 마지막 좌인 깃대봉에서

2016년 9월 20일 설악산 대청봉을 나홀로 오르면서 산림청 선정 우리나라 백대명산 묵언수행을 본격적으로 시작한 이래, 2018년 10월 14일 울릉도 성인봉을 아흔아홉 번째로 올랐고, 2018년 12월 1일, 드디어 마지막으로 홍도 깃대봉을 오른다. 오늘 홍도 깃대봉을 오르면 이제 백대명산 묵언수행의 대미를 장식하게 된다. 그동안 710일, 약 101주에 걸쳐 백대명산을 완등했다. 물론 서울에서 경남이나 전남에 있는 산은 길이 멀어 토요일에 한 번 나서면 일요일까지 양일간 두세 개의 산을 오르기도 했지만 대략 계산해도 매주 한 좌의 명산을 묵언수행한 꼴이다.

울릉도 성인봉 묵언수행에서도 말했지만 별 것 아닌 나의 백대명산 묵언수행 완등에 유별난 내 친구 몇몇이 "이건 대단한 일이야." 라며 마지막 백 번째 묵언수행에는 동행해서 축하해 주겠다고 한다. 한편으로는 성가시기도 하지만 한편으로는 너무 고맙다.

12월 1일~2일, 1박 2일로 홍도 깃대봉 등반 일정을 잡았다. 홍도 깃대봉은 산이 낮아 동행하는 모든 친구들이 쉽게 오를 수 있고, 아름다운 홍도의 유람도 겸할 수 있기 때문에 마지막 일정으로 잡아놓았다. 거기에다 홍도는 물론 흑산도 유람까지 겸하기로 했다. 동행할 친구들을 파악해보니 5명이다. 산과 유람이라면 모르는 것이 없는 대기업 사장 출신 산신령 이 모 친구, 맛깔나는 글을 잘 쓰기로 유명한 대기업 임원 출신 호박 김 모, 영혼이 있는 고위 공무원 국장 출신 정 모, 사업도 잘하고 친구들에게 냉면도 잘 사주는 심 모 회장, 우리나라 6시그마의 대가 최 모 교수 등이다. 나는 며칠 전부터 세부 일정 계획을 산신령에게 당부해놓았다. 그러던 중 산신령이 부친상을 당해 우리의 계획에 차질이 생기지 않을까 염려했지만 출발 전에 산신령 친구가 같이 합류하겠다는 통보를 해 일행 모두가 안도하게 된다.

12월 1일 오전 7시 50분 목포 발 홍도행 <남해퀸>호를 타기로 약속해두고 각자 형편대로 목포에서 만나기로 했다. 심 회장은 먼저 11월 30일 오전에 도착해 목포 관광을 했고, 그날 오후 6시에 호박이 목포에 도착해 둘이서 만나 회포를 풀었다고 한다. 마치 몇십 년 만에 헤어져 있던 친구가 상봉한 양 몇 인분이나 되는 회를 시켜놓고 무려 소주 여섯 병을 마셨다고 하니 모두 놀랄 수밖에 없다.

나와 최 교수가 오후 9시 10분경 심 회장이 미리 잡아둔 호텔에 도착하니 둘은 세상에서 가장 편한 자세를 하고 기다리고 있다. 호텔에 도착한 나와 최 교수는 간단하게 씻기만 하고 잠자리에 든다. 5분도 채 안 돼 호박이 지붕이 들썩거릴 정도로 코를 골며 잠이 들었고, 조금 있으니 심 회장도 맞장구를 친다. 마치 무림 절정고수가 맞대결을 하는 듯하다. 호박은 강한 외공을 구사하고, 심 회장은 부드러운 내공이 아주 심후하다. 외공과 내공이 대결을 펼친다. 두 무림 절정고수의 대결이 처연하게 펼쳐지는 곳에서 잠이 올 리 없다. 뜬 눈 아니, 눈을 감은 채 무림 고수 대결에 귀 기울이고 있는 사이, 정 국장과 산신령이 들이닥친다. 시각을 보니 새벽 4시 전후다. 좁은 방에 여섯 명이 들었으니 그 이후는 잠과는 거리가 먼 시간이었음을 미루어 짐작할 수 있으리라.

오늘 일정은 먼저 유람선을 타고 홍도 일주 관광을 한 후 나의 메인 미션인 깃대봉 묵언수행을 하도록 계획을 잡았다. 아침을 챙겨먹고 유람선 관광에 나선다. 홍도가 이렇게 아름다운 섬인지 새삼 실감한다. 깃대봉 묵언수행은 절대로 홍도 유람과는 동떨어져 생각할 수 없다. 먼저 홍도 유람을 떠나 홍도의 아름다움에 풍덩 빠져 본다. 그 후 나의 최종 미션인 홍도 깃대봉 묵언수행을 시작하도록 한다.

우리 일행들은 목포에서 오전 7시 50분에 배를 타고 홍도에 10시 30분에 도착한다. 바다는 아주 잔잔했다. 홍도에서 내린 순간부터 눈이 즐거워지기 시작한다. 미리 정해둔 숙소에 여장을 풀고 점심 전까지 시간이 꽤 남아 호텔에서 멀지 않은 몽돌해수욕장을 다녀와 점심 식사를 했다. 몽돌해수욕장의 풍광도 장난이 아니다.

여기 홍도에서는 대체로 호텔이 식당도 같이 운영한다. 몽돌해수욕장에

홍도 여행 출발

서 돌아와 호텔 일층 식당에서 우럭 매운탕과 막걸리 반주를 곁들여 간단히 점심 식사를 하고 유람선을 타고 홍도 일주에 나선다.

홍도 유람선은 시계 방향으로 홍도를 한 바퀴 도는데, 총 운항 거리는 20.4km다. 가장 단단하지만 잘 풍화되는 특징을 가진 규암과 사암으로 이루어진 이 섬은 바람과 파도와 끊임없이 투쟁하면서 자신만의 독특한 풍광을 만들어냈다. 바다를 향해 자신을 드러낸 홍도의 바위들은 두 시간 반 동안의 유람선 관광을 지루할 틈 없게 만들고 있다.

방구여의 촛대바위와 깃대바위 등이 있는 방구여의 풍광

남문을 배경으로

홍도 유람선은 아침 7시 50분과 낮 12시 30분, 하루 두 번 운행한다. 홍도항을 출발한 유람선은 방파제를 벗어나면서 오른쪽으로 방향을 틀어 방구여를 향한다.

이제부터는 홍도의 기묘한 바위들에 푹 빠져 즐길 시간이다. 촛대바위와 깃대바위가 있는 방구여 지역은 인생 사진을 찍어야 하는 포토 존이다. 여기서는 배가 멈추고 전문가가 단체 사진을 찍어준다.

바위에 하얀 페인트로 점을 찍어 놓은 것은 각 마을별로 미역과 김, 조개 등을 채취하는 구역을 구분하기 위한 것이라 한다. 바위굴 속에는 동굴 천장에 뿌리를 박고 거꾸로 자라는 사철나무가 있다고 한다. 나무가 무슨 죄를 지었기에 거꾸로 자라는 벌을 받고 있을까? 규암 절벽 위에는 멋들어진 소나무들이 풍광을 완성 시킨다. 규암은 산성의 토양을 만드는데, 산성에 강한 소나무와는 찰떡궁합이다.

홍도 해안 절벽에는 이백여 개의 굴이 있는데, 그 중에서 이름이 붙여진 것은 십여 개라고 한다. 실금리굴은 언젠가 유배 온 이가 굴속에서 가야금을 연주했는데 그 소리가 바위굴을 벗어나 멀리 퍼져 지나가는 뱃사람들의 심금을 울렸다 해서 붙여진 이름이다. 아차바위가 나온다. 큰 암벽 위 꼭대기

독립문바위

에 아차 하면 떨어질 듯한 바위가 얹혀 있다. 홍도를 받치고 있는 세 개의 기둥바위를 지나 시루떡바위가 나오고, 키스바위가 나온다. 남녀가 키스하는 장면을 뒤에서 또 다른 여인이 질투하는 모습으로 서 있다. 만물상이 조각된 만물상바위가 있는가 하면 독립문바위도 있다. 마치 서울 서대문구 현저동에 있는 대한제국의 석조문인 독립문을 닮았다.

독립문 앞에서 배가 멈추니 바다 횟집 배가 다가온다. 삼만 원을 주면 자연산 광어와 우럭회 한 접시를 맛볼 수 있다. 우리 일행 여섯은 소주 한 잔씩에 광어회 한 접시를 게 눈 감추듯 해치웠다. 사진 찍는 것도 잊어버린다. 횟집 배가 오면 갈매기들도 배 주변으로 몰려든다. 뭔가 쉽게 먹이를 얻을 수 있을까 갈매기도 잔머리를 굴리는 것처럼 느껴진다. 섬을 한 바퀴 돌아오면 신들이 조각한 조형물처럼 기이하고 아름답고 아기자기한 풍광이 마음을 설레게 한다.

두 시간 반의 유람을 마쳤다. 울산 삼남면에서 온 단체 손님들이 모여서 안내를 맡아 관광 해설을 해준 젊은 친구를 격려해주고 있다. 그의 구수한 전라도 사투리로 하는 해설은 홍도의 또 다른 명물이었다.

다시 항구로 돌아온다. 미처 소개하지 못한 곰바위, 공작바위, 거북바위, 부부바위, 콜라병바위, 거시기바위 등 무수히 많은 구경거리가 있었지만 아쉽게도 여기에선 모두 설명할 수 없다. 아무리 보아도 지루하지 않은 유람선 관광이었다.

홍도 유람선 관광을 마치고 우리들은 숙소로 돌아와 식당에서 점심을 먹고 본격적으로 백대명산인 깃대봉 묵언수행을 시작한다. 오후 3시 10분에 출발해 홍도분교 옆길로 깃대봉으로 향한다. 홍도 해안은 모두 붉은색이 감도는 바위 벼랑으로 이루어져 아름답기를 이루 말로 다 표현할 수 없음은 홍도 유람선 관광에서 언급한 바와 같다. 아름다운 벼랑처럼 산들도 아주 편안한 모습이었다. 하지만 산길에 들어서니 초입부터 오르막 데크가 길게 펼쳐져 있다. 그렇다. 아무리 편안해 보이는 산이라고 해도 오르막이 없으면 그건 산이 아니지 않는가.

데크 계단을 오르니 홍도항 전망이 한눈에 들어온다. 아름답다. 홍도 유람선 여행에서 이미 아름다움을 느꼈지만 데크 계단에서 보는 홍도 포구는 또 색다른 아름다움이다. 데크 계단 옆에는 아낙이 나물을 캐고 있다. 무얼 캐는지 물어보니 달래를 캔다고 한다. 초겨울 경사진 따뜻한 곳에 달래가 많을 것이라는 생각을 하면서 달래 된장국이 떠오르고 입 속에 침이 감돈다. 패랭이꽃이 지금껏 지지 않고 매혹적인 자줏빛을 발산하며 아름다움을 과시하고 있고, 바닷가를 바라보면 아름다운 풍광이 계속된다.

제1전망대가 나온다. 이곳에는 홍도에 대한 안내판이 설치돼 있다. 안내판에서는 홍도를 이렇게 소개하고 있었다.

"홍도는 우리나라 서남부 해상 끝자락에 위치해 있고, 1개의 유인도와 19개의 무인도로 이뤄져 있으며 홍도 1구와 2구, 2개 마을에 231가구 538명이 거주하고 있다. 1679년 고 씨 성을 가진 사람이 처음 정착했다. 홍도의 옛 이름은 홍의도다. 붉은 옷을 입은 섬이라는 뜻에서 붙여졌다. 해방 이후에는 석양이 시작되면 바닷물이 붉게 물들고 섬이 온통 붉게 보인다고 해 홍도라고 불리어지게 되었으며 1965년 섬전체가 천연기념물 170호로 지정돼 있다. 홍도 1구와 2구 간에는 연결되는 도로가 없어 배나 깃대봉을 걸어 넘어 다니는 수밖에 없다."

청어미륵

데크가 끝나니 마닐라삼 매트로 새로 깐 길이 나온다. 주변에는 동백나무들이 밀림을 이루듯 도열해 수행자들을 즐겁게 해준다. 수행길은 너무나 훌륭하다. 국립공원이라서 그런지, 아니면 전라도라 그런지 경북의 절경 울릉도 수행로와는 너무 차이가 난다. 울릉도보다는 면적도 좁고 주민수도 훨씬 적은데 말이다. 이렇게 비교하니 울릉도가 뭔가 잘못된 거 아닐까라는 생각이 든다.

청어미륵 2좌를 산길에 모셔놓았다. 그런데 이 미륵은 일반적인 미륵불상과는 판이하게 다르다. 미륵불의 형상을 하고 있지도 않고 홍도에서 흔히 볼 수 있는 매끈한 몽돌 모양의 돌을 2기 모셔놓은 형태지만 홍도 주민들은 이를 각각 남미륵, 여미륵이라 부른다고 한다. 청어미륵은 예전에 홍도에서 청어 파시波市가 열리던 시절의 전설이 어려 있다. 파시란 고기가 한창 잡힐 때 바다 위에서 열리는 생선 시장을 일컫는다. 황해도 연평의 조기 파시, 전라북도 위도의 조기 파시, 거문도 및 청산도의 고등어 파시, 추자도의 멸치 파시 따위가 특히 유명하다.

조금 더 올라가니 구실잣밤나무 나뭇가지 두 개가 연리지로 얽혔다. 나는 구실잣밤나무라는 것을 처음 대한

너도구실잣밤나무의 연리지

동백 숲 터널 길을 호젓이 걷고 있는 정 국장

다. 그런데 희한한 모습으로 두 나무가 하나로 붙어 자라고 있다. 홍도라서 이런 신기한 모습을 보나 보다.

친구 '호박'과 산길을 계속 오르니 정 국장이 우리를 기다리고 있었다. 목이 마를 것 같아서 물을 주려고 기다리고 있었다고 한다. 정 국장은 혼자서 물이며, 막걸리며, 주전부리 등을 다 짊어지고 있다. '호박'은 정 국장으로부터 물 한 모금을 얻어 마시더니 살 것 같다며 한결 등산이 상쾌하다고 환한 표정을 짓는다. 이렇게 남을 배려해주는 친구가 우리 동기회 사무총장을 맡고 있으니 우리 동기회가 한층 더 잘 운영되리라 믿어 의심치 않는다.

깃대봉이 1.1km 남았다. 할머니 한 분이 낙엽을 뒤집으면서 뭔가 열심히

너도구실잣밤 4알

너도구실잣밤을 줍고 있는 할머니

찾고 있었다. 내가 할머니에게 뭐하시느냐고 물어 보니 밤을 줍고 있다고 하신다. "여기 밤나무가 없는데요?" 하니 "여기 있잖아요. 구실잣밤."이라고 대꾸한다. "구실잣밤, 뭐 그것도 먹나요?"라고 재차 물어보니 "그럼요. 맛있어요."라고 대답하면서 할머니는 그것을 주워 팔기도 하고 식구들끼리 나누어 먹기도 한단다. 내가 "구실잣밤 하나 줘보세요. 나도 먹어볼게요."라니 "주워 먹어시라우."라고 한다. 다시 내가 "구실잣밤이 어떻게 생겼는지 내는 모르지라오."라며 조르니, 나에게 먹어보라고 네 알을 건넨다. 할머니에게 고맙다는 인사를 공손히 하고 받는다. 구실잣밤은 껍질은 마치 도토리처럼 생겼는데 크기가 도토리보다는 훨씬 작고 큰 잣알만 하다. 먹어보니 밤 맛인데 밤보다는 더 맛있다. 너무 작아 까먹기가 어렵고 먹을 게 없는 것이 흠이다. 호박에게 한 알, 정 국장에게 한 알을 주고 나는 두 알을 까먹었다.

다시 전망대가 나오고 홍도항이 저 아래 보인다. 이제는 제법 많이 올라왔다. <연인의 길>이라고 이름 붙은 수행로가 나온다. 여기서부터는 사계절 푸름을 간직하고 있는 상록활엽수인 동백나무, 후박나무, 황칠나무 군락이 펼쳐진다. 숲길은 아늑한 숲의 정취를 그대로 느낄 수 있고 깃대봉의 수행 코스 중 가장 편안한 길이다. 연리지나무를 지나 이 길을 지나면 연인들은 사랑의 결실을 이루고 부부들도 금슬이 더욱 좋아진다고 해서 붙여진 길 이름이 <연인의 길>이다.

홍도 깃대봉은 덩굴사철, 식나무 및 동백림 등이 자생하는 등 생태적 가치가 커, 1965년 섬 전체가 천연 보호구역으로 지정됐고 1981년에는 다도해 해상 국립공원으로 지정됐다. 이런 점 등을 감안해 백대명산으로 선정됐다고 한다. 더구나 깃대봉으로 오르는 수행로 좌우에는 울창한 동백림이 터널을 이루고 있으니 동백꽃이 만개하는 삼월 초에 이 길을 오르면 얼마나 좋겠는가? 내가 보기에는 이것 하나만으로도 충분히 백대명산으로 지정될 정도라 생각된다. 3월~4월 수행로위에 떨어진 동백의 아름답디 아름다운 붉은 낙화를 어찌 즈려밟고 갈 수 있겠는가.

백대명산 묵언수행 완료를 조촐히 축하해주는 친구들

정상 500m 이정표 너머로 깃대봉 정상이 보인다. 마지막 데크를 오른다. 일제 강점기의 슬픈 역사를 간직한 숯가마 터를 지나 오르니 정상이 바로 눈앞이다. 365m의 낮은 정상이지만 정상은 정상이다. 비록 낮지만 높은 정상에 비해 못한 게 무엇 하나 없다. 서해의 청정 바다에 섬 전체가 천연기념물인 보물 같은 섬, 홍도의 정상이다. 정상으로 향하는 나를 산신령, 최 교수, 심 회장, 정 국장이 도열해 박수와 함께 환호성을 지르며 반긴다. 내 귀에는 그 환호성이 저 아래 홍도 항구에서 유람선을 타고 내리는 사람에게도 들렸을 만큼 큰소리로 들렸다.

"청송, 백대명산 완등을 축하합니다. 부디 오래오래 건강하세요."라며 누군가가 나의 마지막 걸음 장면을 호박에게 동영상으로 찍으라고 한다. "에이, 동영상은 무슨! 부끄럽게 시리." 나는 손사래를 친다. 헹가래 치지 않아 덜 부끄럽게 되어 다행이라 생각하지만 그래도 부끄럽긴 마찬가지다. 그러나 이 순간 감격을 친구들과 나눌 수 있다니 친구들이 무지 고맙다. 그대들이 있었기에, 그렇게 대단하지는 않지만 백대명산 묵언수행을 무사히 그리고 순조롭게 끝낼 수 있었다고 감사해 마지않았다.

하산 길은 여유로웠다. 저 멀리 양산봉 너머로 해가 지고 있다. 낙조를 완전히 보면서 하산하기로 했지만 해는 무심하게 구름 속으로 들어가 버린다. 정상에서는 데크 공사가 한창이어서 우리는 정상에서 내려와 숯가마가 있는 곳에서 자리를 잡고 막걸리로 간단한 기념 파티를 했다. 그곳에서 백대명산 묵언수행 완료 기념사진, 마지막 한 장을 촬영한다. 숙소로 복귀해 씻은 후 농어회 약간과 매운탕 그리고 생선구이로 저녁 식사를 했다. 술은 적당히 마시고 아홉 시도 되기 전에 일찍 잠자리에 들었다.

굿 나잇! 나의 백대명산아!

어제는 여러 사정으로 한잠도 못 잤는데 그게 수면제였을까, 오늘은 폭 꼬꾸라지듯 잠자리에 들었다. 그리고 곤히 잘 잤다.

백대명산 산신령님!

앞으로도 기회가 있으면 자주 친견하겠사옵니다. 계속해서 저와 제 가족에게 마음의 평안과 건강, 행복을 베풀어주시옵소서. 그리고 저의 친구들과 가까운 친지들에게도 마찬가지로 영원히 바라옵니다.

[묵언수행 경로]

홍도 숙소: 1004호텔(15:10) > 홍도 분초등학교(15:13) > 제1전망대(15:17) > 청어미륵(15:29) > 연리지(15:30) > 연인의 길(15:47) > 숨골재(15:51) > 숯가마 터(16:07) > 정상(18:34) > 숯가마터-축하연16:28 > 숙소(18:30)

<수행 거리: 4.06km, 소요 시간: 3시간>